单墫◎著

数学竞赛研究教程

第 25 讲 计数(一)

计数的方法大致有以下几种：

（ⅰ）基本方法.其中包括分情况讨论——加法原理；在每种情况中，逐步递进，先做第一件事，再做第二件事，……这就需要乘法原理.还有，从反面考虑问题：在总数中减去 A 不出现的个数得到 A 出现的个数.

（ⅱ）应用公式.包括排列、组合、允许重复的排列、有重复元素的全排列、允许重复的组合、圆周排列等.这些公式在通常的课本中可以找到.

（ⅲ）建立递推关系.

（ⅳ）利用对应.

（ⅴ）利用容斥原理.

（ⅵ）利用母函数.

竞赛中的计数问题，多半不太困难.但必须细致地分析，防止出错.出错的原因可能是漏算了一个部分，也可能是多算(重复计算)了一个部分.

例 1 $2n$ 个人，每两个人一组，有多少种不同的分组方式？

解 先取定一个人，他必须与其余 $2n-1$ 个人中某个人组成一组，这有 $2n-1$ 种方式.

再考虑剩下的 $2n-2$ 个人.取定一个人，他有 $2n-3$ 种方式与另一个人组成一组.

如此继续下去.

根据乘法原理，答案为 $(2n-1)!!=(2n-1)(2n-3)\cdots 3\cdot 1$.

本题也可以由递推关系 $a_n=(2n-1)a_{n-1}$ 而导出结果.

例 2 从 n 个号码 $1,2,\cdots,n$ 中选出 k 个.号码允许重复选取，顺序不论.有多少种不同的选法？

解 如果选出的 k 个号码中，i 号有 x_i 个 $(1\leqslant i\leqslant n)$，那么 x_i 都是非负整数，而且 $x_1+x_2+\cdots+x_n=k$.可以由这种选法产生 $n+k$ 个球的一种排法：

第一个球标上 1，然后排 x_1 个球(不标号).再排一个球标上 2，然后排 x_2 个球(不标号)……最后，排一个球标上 n，然后排 x_n 个球(不标号).

反之，对排成一列的 $n+k$ 个球，第一个标上 1.然后，在其余 $n+k-1$ 个球中选取 $n-1$ 个，依照从左到右的顺序分别标上 $2,3,\cdots,n$.这样的选法有 $C_{n+k-1}^{n-1}=C_{n+k-1}^{k}$ 种.而每一种选法产生的排法显然是上面所说的排法.两者之间一一对应.

因此,所求的选法有 C_{n+k-1}^{k} 种.

注 这就是允许重复的组合的计算公式.

例 3 6 个系协商组成校足球队,共需 16 名队员,每个系至少出 2 名队员,有多少种不同的组成方式?(同一个系中的人不加区别)

解 每个系先各出 2 名队员,共 12 名队员. 剩下 4 名队员需在 6 个系中选取. 这是从 n 个元素中选 k 个的允许重复的组合($n=6,k=4$). 共有 $C_{n+k-1}^{k}=C_{9}^{4}=126$ 种.

例 4 在两个单位的围棋擂台赛中,双方各派 7 名队员按事先排好的顺序出场参加打擂. 先由 1 号队员比赛,负者即被淘汰. 胜者再与对方的下一名队员比赛. 如此继续下去,直至有一方队员全被淘汰. 试求所有可能出现的比赛过程的种数.

解 将 7 个白球与 7 个黑球排成一列有 C_{14}^{7} 种排法.

甲方队员可看成白球,乙方可看成黑球. 最后一个球为白或黑表明胜方为甲或乙. 因此,比赛过程亦有 C_{14}^{7} 种.

例 5 m 个同样的黑球与 n 个同样的白球($m\leqslant n+1$)排成一列,每两个黑球之间至少有一个白球. 问有多少种不同的排法? 如果每两个球均不相同呢?

解 前 $m-1$ 个黑球,每个"吃掉"紧跟它的 1 个白球,剩下的 $n-m+1$ 个白球与 m 个黑球排成一列的方法有

$$C_{n+1}^{m}=\frac{(n+1)!}{m!\ (n-m+1)!} \tag{1}$$

种(可以将(1)理解为从 $n+1$ 个位置中选 m 个放黑球的放法,也可以理解为 $n+1$ 个球中 m 个黑球,$n-m+1$ 个白球的含有重复元素的全排列的个数). 对于每一种排法,排定后,每个黑球"吐出"一个白球,就产生 m 个黑球与 n 个白球,每两个黑球间至少有一个白球的排法.

因此,在黑球全相同,白球全相同时,答案即(1). 在每两个球均不相同时,还应乘以 m 个黑球的全排列 $m!$ 及 n 个白球的全排列 $n!$,答案为 $\frac{(n+1)!\ n!}{(n-m+1)!}$.

例 5 中的"吃掉"是从集合 $A=\{m$ 个同样黑球,n 个同样白球,每两个黑球不相邻的排列$\}$到集合 $B=\{n-m+1$ 个同样白球,m 个同样黑球的排列$\}$的对应,而"吐出"则是它的逆对应. 由于 A,B 之间有一一对应"吃掉",因此 $|A|=|B|$.

这种手法称为对应原理，在计数问题中经常采用. 它将集 A 的计数化为集 B 的计数，使用得当可以化难为易.

例 6 8 名女生、20 名男生围成一个圆圈，每两名女生之间至少有 2 名男生. 问有多少种方法围成圆圈？

解法一 先将 8 名女生排好. 由圆圈排列公式，这样的排法有 $7!$ 种.

然后从 20 名男生中选 16 名排成一列，依照这排定的顺序，将 2 名男生插在 1 号女生后面，2 名男生插在 2 号女生后面，依此类推. 这样的排法有 $20\times19\times\cdots\times5$ 种.

每名女生与她前面的那名男生之间的“空隙”里可以插入若干名(小于等于 4)男生，也可以不插. 从 8 个“空隙”里选 4 个的允许重复的组合数为 C_{8+4-1}^{4}，4 名男生的全排列为 $4!$ 所以将最后 4 名男生安排在“空隙”里的方式有 $4!\times C_{11}^{4}$ 种.

因此，所求的种数为 $7!\times20\times19\times\cdots\times5\times4!\times\frac{11!}{4!\times7!}=\frac{20!\times11!}{4!}$.

解法二 从 20 名男生中选出 4 名，将他们与 8 名女生排在圆圈上，这有 $C_{20}^{4}\times(8+4-1)!$ 种方式.

然后在每名女生后面排 2 名男生. 这 16 名男生有 $16!$ 种排列方法.

于是，所求的种数为 $C_{20}^{4}\times11!\times16!=\frac{20!\times11!}{4!}$.

注 后一种解法中，在女生后面排 2 名男生，相当于例 5 中每个黑球“吐出”两个白球.

例 7 将正整数 m 写成 n 个正整数的和. 如果加数的位置不同，也认为是不同的写法.求有多少种不同的写法. (例如 $m=7$，$n=3$ 时，有 15 种写法：$7=5+1+1=1+5+1=1+1+5=4+2+1=4+1+2=2+4+1=2+1+4=1+2+4=1+4+2=3+3+1=3+1+3=1+3+3=3+2+2=2+3+2=2+2+3$)

解 设 $x_1+x_2+\cdots+x_n=m$，其中 $x_i\in\mathbf{N}(1\leqslant i\leqslant n)$，则

$$(x_1-1)+(x_2-1)+\cdots+(x_n-1)=m-n. \tag{2}$$

我们将(2)式左边 n 个加数看作 n 个盒子，右边的 $m-n$ 看作 $m-n$ 个球. 需要将 $m-n$ 个球分配给 n 个盒子. 分配的方式共有 $C_{n+(m-n)-1}^{m-n}=C_{m-1}^{m-n}=C_{m-1}^{n-1}$ 种(即从 n 个盒子中选 $m-n$ 个的、允许重复的组合数). 这就是本题的答案.

例 8 集$\{1,2,\cdots,n\}$的、不含连续整数的 k 元子集共有 $f(n,k)$个. 试求 $f(n,k)$及 $F_n=\sum_{k=0}^{n}f(n,k)$.

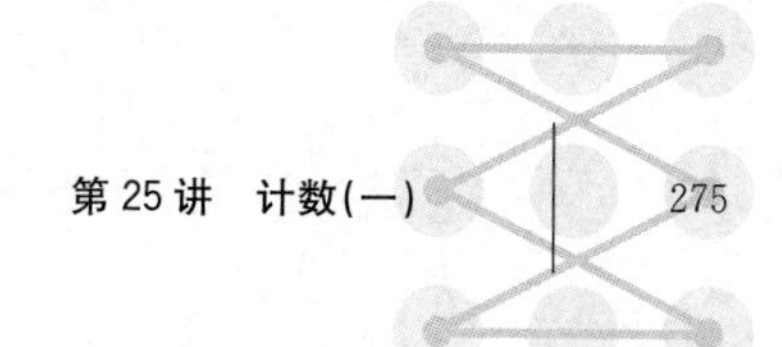

解 所述 k 元子集中的前 $k-1$ 个数,"吃掉"在$\{1,2,\cdots,n\}$中紧跟着它的数,问题就化为从 $n-k+1$ 个数中选出 k 个的种数. 因此 $f(n,k)=C_{n-k+1}^{k}$.

显然 $F_1=2,F_2=3$.

F_n 就是集$\{1,2,\cdots,n\}$的、不含连续整数的子集(包括空集)的个数. 这些子集可以分为两类:

第一类不含 n,它们是$\{1,2,\cdots,n-1\}$的子集,共有 F_{n-1}个.

第二类含有 n,因而不含 $n-1$,去掉 n 后,它们都是$\{1,2,\cdots,n-2\}$的子集,共有 F_{n-2}个.

因此得到递推公式 $F_{n+1}=F_n+F_{n-1}$. 因此 F_n 就是斐波纳奇数,其通项公式见第22讲($F_n=u_{n+3}$).

注 亦可由 $f(n,k)=f(n-1,k)+f(n-2,k)$得出 F_n 的递推公式.

例9 某国防仓库有11名警卫人员. 任何5个人都不能把锁全部打开,而任何6个人都能把锁全部打开. 问至少有几把锁? 钥匙怎样分配?

解 每5个人 $i_1,i_2,\cdots,i_5$ 有一把打不开的锁,记为 $L_{i_1i_2i_3i_4i_5}$. 由于每6个人均能把锁全部打开,所以 $L_{i_1i_2i_3i_4i_5}$ 互不相同. 因此,至少有 C_{11}^{5} 把锁. 每把锁可记为 $L_{i_1i_2i_3i_4i_5}$,$\{i_1,i_2,i_3,i_4,i_5\}$是1,2,…,11的一个5元子集. 将 $L_{i_1i_2i_3i_4i_5}$ 的钥匙分给 i_1,i_2,i_3,i_4,i_5 以外的那6个人,则每5个人都不能打开全部的锁,而每6个人都能打开全部的锁.

例10 数列

$$a_1,a_2,\cdots,a_n \tag{3}$$

是 $1,2,\cdots,n$ 的一个排列,并且对每一个 $a_i(1\leqslant i\leqslant n-1)$,都有某个 a_j 等于 a_i+1 或a_i-1,这里 $j>i$. 求(3)的个数 S_n.

解 在 $n=2$ 时,$S_2=2$. 设 $n>2$. 如果 a_1 为1或 n,$a_2,\cdots,a_n$ 均有 S_{n-1} 种. 如果 $a_1\neq 1,n$,那么 a_1+1 在 a_1 后面,a_1+2 必须在 a_1+1 后面(否则 a_1+1 后面无与它差1的数),a_1+3 必须在 a_1+2 后面,…,直至 $a_n>a_1$. 同样理由,$a_1-1,a_1-2,\cdots$,依这顺序排在 a_1 后面,直至 $a_n<a_1$. 矛盾! 所以 a_1 必须为1或 n,从而

$$S_n=2S_{n-1}. \tag{4}$$

由递推公式及 $S_2=2$ 立即得到 $S_n=2^{n-1}$.

例11 数列

$$a_1,a_2,\cdots,a_n \tag{5}$$

的每一项$\in\{0,1,2,\cdots,k-1\}$,这样的数列称作长为 n 的 k 元序列. 在这种序列中,0出现偶数次的与出现奇数次的各有多少?

解 设0出现偶数次的有 x_n 个,出现奇数次的有 y_n 个,则

$$x_n+y_n=k^n. \tag{6}$$

在 $a_1,a_2,\cdots,a_{n-1}$ 中含偶数个 0 时,取 $a_n\neq 0$. 否则,取 $a_n=0$. 这就产生长为 n 的、含偶数个 0 的序列. 并且,每个长为 n 的、含偶数个 0 的序列均可这样产生. 所以

$$x_n=(k-1)x_{n-1}+y_{n-1}. \tag{7}$$

由于(在(6)中将 n 换作 $n-1$)$x_{n-1}+y_{n-1}=k^{n-1}$,所以(7)可化为

$$x_n=(k-2)x_{n-2}+k^{n-1}. \tag{8}$$

由递推公式(8)易得(注意 $x_1=k-1$)

$$\begin{aligned}x_n&=k^{n-1}+k^{n-2}(k-2)+\cdots+k(k-2)^{n-2}+(k-1)(k-2)^{n-1}\\&=\frac{k^n-(k-2)^n}{2}+(k-2)^n=\frac{1}{2}(k^n+(k-2)^n).\end{aligned}$$

从而 $y_n=\dfrac{1}{2}(k^n-(k-2)^n)$.

例 12 将集$\{1,2,\cdots,n\}$分拆为三个互不相交的子集 A_1,A_2,A_3(其中允许有空集),满足:

(ⅰ) 若每个子集的元素依递增次序排列,则相邻的元素奇偶性不同.

(ⅱ) 若 A_1,A_2,A_3 均非空,则其中恰有一个集合的最小元素是偶数.

求这种分拆的个数.

解 不考虑 A_1,A_2,A_3 的顺序. 我们可设 $1\in A_1$,A_2 的最小元小于 A_3 的最小元. 显然 2 有两种放法:放入 A_1 或 A_2.

设小于 j 的数均有两种可能的放法,并已放妥. 考虑 j,这时有以下三种情况:

(ⅰ) A_2,A_3 均未放元素. j 可放入 A_1 或 A_2,但不能放入 A_3 中.

(ⅱ) A_2 中已有元素,A_3 中还没有元素. j 可放在 $j-1$ 所在的集合,不妨设为 A_2 中. 此外,当初 $j-1$ 还可以放入 A_1 或 A_3 的某一个中,不能放入另一个中. 现在 j 则与之相反,不能放入前一个中,能够放入后一个中.

(ⅲ) A_2,A_3 中均有元素. 与(ⅱ)类似,j 有两种放法.

于是,所求分拆数为 2^{n-1}.

例 13 设 n 为偶数. 从$\{1,2,\cdots,n\}$中选出 4 个不同的数 a,b,c,d 满足 $a+c=b+d$. 证明共有 $\dfrac{n(n-2)(2n-5)}{24}$ 种不同的选法(a,b,c,d 的顺序不必考虑).

解法一 和 $a+c=s(=b+d)$ 可以取以下值:$5,6,\cdots,n+1,n+2,\cdots,2n-3$. 在和 s 取定后,相应的两个最小(大)的加数取自 $\left[\dfrac{s-1}{2}\right]$ 个数中,分别有

$$C_2^2, C_2^2, C_3^2, C_3^2, \cdots, C_{n/2}^2, C_{n/2-1}^2, C_{n/2-1}^2, \cdots, C_2^2, C_2^2$$

种取法. 因此, 共有 $4(C_2^2+C_3^2+\cdots+C_{n/2-1}^2)+C_{n/2}^2=4C_{n/2}^3+C_{n/2}^2=\dfrac{n(n-2)(2n-5)}{24}$ 种选取 $\{a, b, c, d\}$ 的方法.

解法二 不妨设 a, b, c, d 中 a 最大. 由于 $a+c=b+d$, 因此 c 最小.

从 $\{1, 2, \cdots, n\}$ 中选出三个数 $a>b>c$ 的方法有 C_n^3 种. 对每一种选法, d 可由 $d=a+c-b$ 确定, 但其中 $d=b$, 即 $b=\dfrac{a+c}{2}$ 的情况应予排除. 由于这时 a, c 奇偶性相同, 它们从 $\dfrac{n}{2}$ 个偶数或 $\dfrac{n}{2}$ 个奇数中选出, 共有 $2\times C_{n/2}^2=\dfrac{n}{2}\left(\dfrac{n}{2}-1\right)$ 种. 因而合乎要求的 a, b, c 共有 $C_n^3-\dfrac{n}{2}\left(\dfrac{n}{2}-1\right)=\dfrac{1}{12}n(n-2)(2n-5)$ 组. d 也随之确定. 但 b, d 的顺序不予考虑, 所以总的选法种数为

$$\frac{1}{2}\times\frac{1}{12}n(n-2)(2n-5)=\frac{1}{24}n(n-2)(2n-5).$$

例 14 在不大于 1 000 的正整数中, 不被 3, 5, 7 中任何一个数整除的数共有多少个?

解 这是应用容斥原理的典型问题.

在 $1, 2, \cdots, m$ 中被 a 整除的有 $\left[\dfrac{m}{a}\right]$ 个, 所以答案为 $1\,000-\left[\dfrac{1\,000}{3}\right]-\left[\dfrac{1\,000}{5}\right]-\left[\dfrac{1\,000}{7}\right]+\left[\dfrac{1\,000}{3\times5}\right]+\left[\dfrac{1\,000}{3\times7}\right]+\left[\dfrac{1\,000}{5\times7}\right]-\left[\dfrac{1\,000}{3\times5\times7}\right]=457$(个).

一般地, 设 $A_1, A_2, \cdots, A_n$ 是集合 S 的 n 个子集, 则

$$\begin{aligned}&|\overline{A}_1\cap\overline{A}_2\cap\cdots\cap\overline{A}_n|\\=&|S|-\sum_{1\leqslant i\leqslant n}|A_i|+\sum_{1\leqslant i<j\leqslant n}|A_i\cap A_j|-\cdots\\&+(-1)^n|A_1\cap A_2\cap\cdots\cap A_n|.\end{aligned}\tag{9}$$

(9)就是容斥原理. 在例 14 中, $S=\{1, 2, \cdots, 1\,000\}$,

$$A_1=\{k \mid k\in S, 3\mid k\}, A_2=\{k \mid k\in S, 5\mid k\},$$
$$A_3=\{k \mid k\in S, 7\mid k\}.$$

用这原理立即得出欧拉函数

$$\varphi(n)=\sum(-1)^k\cdot\frac{n}{p_1p_2\cdots p_k}=n\prod_{p\mid n}\left(1-\frac{1}{p}\right).$$

例 15 设 m 为一给定的自然数. 集合 $B_h=\left\{\dfrac{k}{m^h-1}\,\middle|\,k=1, 2, \cdots, m^h-1\right\}$.

问:$B_{1\,989}$有多少个元素不在任一个 $B_h(h<1\,989)$中?

解 熟知$(m^h-1,m^{1\,989}-1)=m^{(h,1\,989)}-1$. 因此若有 $a\in B_{1\,989}\cap B_h(h<1\,989)$,则 $a\in B_{1\,989}\cap B_{(h,1\,989)}$. 所以可设 $h\mid 1\,989$.

由于 $1\,989=3^2\times13\times17$,因此在 $B_h(h<1\,989)$中的元素必在 $B_{3\times13\times17}$, $B_{3^2\times17}$, $B_{3^2\times13}$的某一个中.

由容斥原理,所求元素个数为

$$
\begin{aligned}
&|\overline{B}_{3\times13\times17}\cap\overline{B}_{3^2\times17}\cap\overline{B}_{3^2\times13}|\\
=&|B_{1\,989}|-|B_{3\times13\times17}|-|B_{3^2\times17}|-|B_{3^2\times13}|+\\
&|B_{3\times17}|+|B_{3^2}|+|B_{3\times13}|-|B_3|\\
=&(m^{1\,989}-1)-(m^{663}-1)-(m^{153}-1)-(m^{117}-1)+\\
&(m^{51}-1)+(m^9-1)+(m^{39}-1)-(m^3-1)\\
=&m^{1\,989}-m^{663}-m^{153}-m^{117}+m^{51}+m^{39}+m^9-m^3.
\end{aligned}
$$

例 16 在芝诺国,只有稻草人永远说真话,政府发言人永远说假话,其余的人以概率 p 说谎. 稻草人决定退出总统竞选,并告诉他身边的第一个人,这个人再告诉他身边的另一个人,如此继续下去,直至这链上第 n 个人将决定告诉政府发言人. 发言人在此之前未听到有关的信息. 问在 $n=19$ 与 20 这两种情况中,发言人宣布的结果与稻草人的决定相符合的可能性哪一种较大?

解 在竞赛中很少出现概率问题. 即使有,也都是古典的概型,其实质仍是计数(至多需要一点概率的定义与基本知识).

设发言人宣布的结果与稻草人决定相符的概率为 Q_n,不符的概率为 $P_n=1-Q_n$,则有递推关系

$$Q_n=pP_{n-1}+(1-p)Q_{n-1},\tag{10}$$

即

$$Q_n=p+(1-2p)Q_{n-1}.\tag{11}$$

将 n 换成 $n-1$ 得

$$Q_{n-1}=p+(1-2p)Q_{n-2}.\tag{12}$$

(11),(12)相减得

$$Q_n-Q_{n-1}=(1-2p)(Q_{n-1}-Q_{n-2}).\tag{13}$$

因为 $Q_0=0$,$Q_1=p$,所以由(13)导出 $Q_n-Q_{n-1}=p(1-2p)^{n-1}$. 于是当 $p\gtreqless\frac{1}{2}$时,$Q_{19}\gtreqless Q_{20}$.

习 题 25

1. 将集合 $X=\{1,2,\cdots,n\}$映入 X 的对应 f 满足 $f(f(k))=k(k\in X)$. 这样的(对合)对应有多少个?
2. 从年龄不同的 n 个人中选出两组,第一组 k 人,第二组 h 人$(n\geqslant k+h)$,使第一组中最年轻的人比第二组中最年长的人年龄还要大. 有多少种选法?

3. 从$\{11,12,\cdots,43\}$中选出两个不同的数，它们的和为偶数. 有多少种选法？

4. $m\times n$ 的长方形棋盘由 mn 个单位方格组成. 其中若干个单位方格组成的长方形称为子棋盘. 有多少个子棋盘？

5. 在 $m\times n$ 的棋盘上取两个方格，使它们既不在同一行也不在同一列. 有多少种取法？

6. 从集$\{1,2,\cdots,n\}$中取两个数，使它们的和大于 n. 如果允许这两个数相等，有多少种取法？如果不允许两个数相等呢？

7. $\triangle ABC$ 的边 BC,CA,AB 上各有 l,m,n 个分点. 将每个顶点与对边上的分点相连. 如果所有的连线中，每三条都没有在三角形内部的公共点，$\triangle ABC$ 被分成多少个小区域(这个小区域以上述连线的一部分为边界，并且内部没有上述连线穿过)？

8. 设 $n\geqslant 15$. 在长为 n 的 k 元序列中，第 10 项 a_{10}与 $a_1,\cdots,a_9$ 中某一个相同的有多少个？

9. 设 $k_i(1\leqslant i\leqslant n)$是给定整数，求方程 $x_1+x_2+\cdots+x_n=m$ 的满足 $x_i\geqslant k_i$ $(1\leqslant i\leqslant n)$的整数解$(x_1,x_2,\cdots x_n)$的个数$(m\geqslant k_1+k_2+\cdots+k_n)$.

10. 自然数 $1,2,\cdots,n$ 依顺时针方向依次放在一个圆周上. 从中选出 r 个，使这圆周上每 k 个相邻的数中至多选出 1 个，问：有多少种选法？

11. 手握 $2n$ 根线. 将上端两两连接，下端也两两连接. 如果这 $2n$ 根线恰好被连成一个圈，则称为“吉祥”. 问吉祥有多少种连法？吉祥出现的概率是多少？

12. 将 $1,2,\cdots,40$ 排成数列$\{a_n\}$，使其中第一个大于 a_{20}的项是 a_{31}. 问：这样的数列有多少个？

13. 掷 n 次硬币，无正面连续出现的概率是多少？

14. 从放在一个圆周上的 n 个数中选出一些数，不含在圆周上相邻的有多少种选法？

第 26 讲 计数(二)

计数问题,千姿百态,本讲再补充一些例子.

例 1 已知集 X,Y 的元数分别为 n,m,求从 X 到 Y 的满射的个数. 这里的满射是从 X 到 Y 的映射(对应),并且 Y 的每一个元都(至少)是 X 中一个元的象.

解 从 X 到 Y 的映射共 m^n 个(每个 $x\in X$ 的象可为 m 个 $y\in Y$ 中的任一个),其中 y_i 不是象的映射共 $(m-1)^n$ 个,y_{i_1},y_{i_2} 不是象的映射共 $(m-2)^n$ 个,…,y_{i_1},…,$y_{i_{m-1}}$ 不是象的映射 1 个. 根据容斥原理,满射的个数为 $m^n-\mathrm{C}_m^1(m-1)^n+\mathrm{C}_m^2(m-2)^n+\cdots+(-1)^k\mathrm{C}_k^m(m-k)^n+\cdots+(-1)^{m-1}\mathrm{C}_m^{m-1}$.

注 当 $n<m$ 时,满射的个数显然为 0. 当 $n=m$ 时,满射就是 n 个 y_i 的全排列,个数为 $n!$. 因此,我们得到欧拉的一个恒等式

$$\sum_k(-1)^k\mathrm{C}_m^k(m-k)^n=\begin{cases}0, & n<m,\\ n!, & n=m.\end{cases}\tag{1}$$

这个等式已在第 7 讲(例 14)中证明过,在第 27 讲(例 9)中还将给出第三个证明.

例 2 设 n 是正整数. 集合 $\{1,2,\cdots,2n\}$ 的一个排列 $(x_1,x_2,\cdots,x_{2n})$ 中,如果有 $|x_i-x_{i+1}|=n$ 对某个 $i(1\leqslant i\leqslant 2n-1)$ 成立,那么这个排列称为具有性质 P. 证明具有性质 P 的排列比不具有性质 P 的多.

解 本题是第 30 届国际数学奥林匹克的试题. 标准答案是利用容斥原理解答的,但借助对应解答则更为简单.

设集 A 由不具有性质 P 的排列组成,集 B 由恰有一个 i 使 $|x_i-x_{i+1}|=n$ 的排列组成.

我们称元素 $k(1\leqslant k\leqslant n)$ 与 $k+n$ 为一对伴侣. B 就是恰有一对伴侣相邻的那些排列所成的集. 显然 $|B|$ 小于具有性质 P 的排列的个数 m.

设 $(x_1,x_2,\cdots,x_n)\in A$,则 x_1 的伴侣不是 x_2. 设 $x_k(k>2)$ 是 x_1 的(唯一的)伴侣,令对应 f 为

$$(x_1,x_2,\cdots,x_n)\to(x_2,\cdots,x_1,x_k,\cdots,x_n),\tag{2}$$

即将 x_1 移到它的伴侣 x_k 的前一个位置,产生一个新的排列,这个排列当然属于 B. 所以 f 是 A 到 B 的映射.

如果 A 中元素 $(x_1,x_2,\cdots,x_n)$,$(x_1',x_2',\cdots,x_n')$ 的象相同,那么仅有的一

对相邻的伴侣必然相同，其余的元素也逐个相同，所以$(x_1, x_2, \cdots, x_n)$与$(x_1', x_2', \cdots, x_n')$相同. 即$f$为单射. 从而$|A| \leqslant |B| < m$.

例 3 设t_n为互不全等的、边长为整数、周长为n的三角形的个数(例如$t_3=1$). 证明：

$$t_{2n-1} - t_{2n} = \left[\frac{n}{6}\right] \text{或} \left[\frac{n}{6}\right] + 1 \quad (n \geqslant 2). \tag{3}$$

解 设集合$A_n = \{(a, b, c) \mid a \geqslant b \geqslant c > a - b, a + b + c = n, a, b, c \in \mathbf{N}\}$.

如果$(a, b, c) \in A_{2n}$，那么$b \leqslant a \leqslant n-1, c \geqslant 2$.

令映射f为

$$(a, b, c) \to (a, b, c-1), \tag{4}$$

则f是A_{2n}到A_{2n-1}的映射.

显然f是单射，但f不是满射. A_{2n-1}中形如(a, b, b)的元素没有原象，其他元素均有原象，所以

$$t_{2n-1} - t_{2n} = s, \tag{5}$$

这里s是满足

$$a + 2b = 2n - 1, \tag{6}$$

$$b \leqslant a \leqslant 2b - 1 \tag{7}$$

的数组(a, b, b)的个数.

由(6),(7)解得

$$\frac{2n-1}{3} \geqslant b \geqslant \frac{n}{2}. \tag{8}$$

从而b的个数为

$$\left[\frac{2n-1}{3}\right] - \left[\frac{n+1}{2}\right] + 1. \tag{9}$$

这也就是s(因为a由(6)式唯一确定). 因此

$$s = \begin{cases} \left[\frac{n}{6}\right], & n = 6k, 6k+1, 6k+3; \\ \left[\frac{n}{6}\right] + 1, & n = 6k+2, 6k+4, 6k+5. \end{cases}$$

所以(3)成立.

注 t_n可以算出，参见习题 26 第 11 题.

例 4 元素为非负整数，并且每一行、每一列的和都等于n的三阶方阵，有多少个?

解 设矩阵

$$\begin{pmatrix} a_1 & b_1 & c_1 \\ a_2 & b_2 & c_2 \\ a_3 & b_3 & c_3 \end{pmatrix}$$

满足要求. 由习题 25 第 9 题，满足

$$a_1 + b_1 + c_1 = n \tag{10}$$

的非负整数解(a_1,b_1,c_1)共有C_{n+2}^2个.同样,(a_2,b_2,c_2)也有C_{n+2}^2个.

第三行的元素由前两行确定:

$$a_3=n-(a_1+a_2),b_3=n-(b_1+b_2),c_3=n-(c_1+c_2), \tag{11}$$

但其中可能有负值.若$a_3<0$,则$a_1+a_2\geqslant n+1$,

$$b_1+c_1+b_2+c_2=2n-(a_1+a_2)\leqslant n-1, \tag{12}$$

从而b_3,c_3均为正数.即第三行至多一个元素不符合要求.由于习题25第9题方程

$$b_1+c_1+b_2+c_2=n+a_3 \tag{13}$$

的非负整数解为$C_{n+a_3+3}^3$,所以a_3为负值时产生的例外情况共有$\sum\limits_{a_3=-n}^{-1}C_{n+a_3+3}^3=C_{n+3}^4$.

于是,合乎要求的三阶方阵共$(C_{n+2}^2)^2-3C_{n+3}^4$个.

例5 从$\{1,2,\cdots,n\}$中选出k项的严格递增数列,每相邻两项的差小于等于m,$m(k-1)<n$,有多少种不同的选法?

解 设第一个数为x_1+1,第二个数为$(x_1+1)+(x_2+1)$,…,第i个数为$(x_1+1)+\cdots+(x_i+1)$,…,第k个数为$(x_1+1)+\cdots+(x_k+1)$,其中

$$0\leqslant x_i\leqslant m-1\quad(2\leqslant i\leqslant k). \tag{14}$$

设

$$x_2+x_3+\cdots+x_k=r, \tag{15}$$

则由(15)及

$$(x_1+1)+\cdots+(x_k+1)\leqslant n, \tag{16}$$

得

$$0\leqslant x_1\leqslant n-k-r. \tag{17}$$

因此对确定的r,x_1可取$n-k-r+1$个值.

将$(1+x+\cdots+x^{m-1})^{k-1}$展开,并按照$x$的幂集项,则$x^r$的系数$a_r$就是方程(15)的、满足条件(14)的整数解$(x_2,x_3,\cdots,x_k)$的个数,即

$$(1+x+\cdots+x^{m-1})^{k-1}=\sum_{r\geqslant 0}a_rx^r. \tag{18}$$

所求的选法共$\sum a_r(n-k-r+1)$种.

因为

$$\sum a_r(n-k-r+1)=(n-k+1)\sum a_r-\sum ra_r, \tag{19}$$

所以只需求出$\sum a_r$与$\sum ra_r$.

在(18)中令$x=1$便得

$$\sum a_r=m^{k-1}. \tag{20}$$

为了求出$\sum ra_r$,我们在(18)中令$x=1+y$.这时(18)的右边成为

$$\sum a_r(1+y)^r=\sum a_r(1+ry+C_r^2y^2+\cdots), \tag{21}$$

所以 $\sum ra_r$ 就是(21) 中 y 的系数.

另一方面,(18)的左边成为

$$
\begin{aligned}
&(1+(1+y)+\cdots+(1+y)^{m-1})^{k-1}\\
=&\left(m+\frac{(m-1)m}{2}y+\cdots\right)^{k-1}\\
=&m^{k-1}+m^{k-2}\cdot(k-1)\cdot\frac{(m-1)m}{2}y+\cdots.
\end{aligned}\tag{22}
$$

比较(21),(22) 即得 $$\sum ra_r=\frac{m^{k-1}(m-1)(k-1)}{2}.\tag{23}$$

由(19),(20),(23)得本题答案为

$$
\begin{aligned}
&(n-k+1)m^{k-1}-\frac{m^{k-1}(m-1)(k-1)}{2}\\
=&m^{k-1}\cdot\left(n-\frac{1}{2}(k-1)(m+1)\right).
\end{aligned}\tag{24}
$$

在上面的解法中,我们利用了多项式(18),(21),它的系数与问题的解密切相关,从而通过多项式的运算可以获得答案.这样的多项式就是第 28 讲中的母函数.

注 熟悉微积分的读者可以对(18)求导,然后令 $x=1$ 以求出 $\sum ra_r$.我们采用代换 $x=1+y$ 是为了避开微积分.两者的功效相当.

例 6 一个正三角形砍去头得到一个梯形 $ABCD$(如图 26－1),上底为 k,下底为 n(k,n 都是正整数).将下底等分为 n 份,过各个分点作两腰的平行线.将一腰等分为($n-k$)份,过各分点作另一腰及底的平行线.这些线将梯形分成许多小的正三角形.问在这梯形内共有多少个正三角形(大小不一定相同).

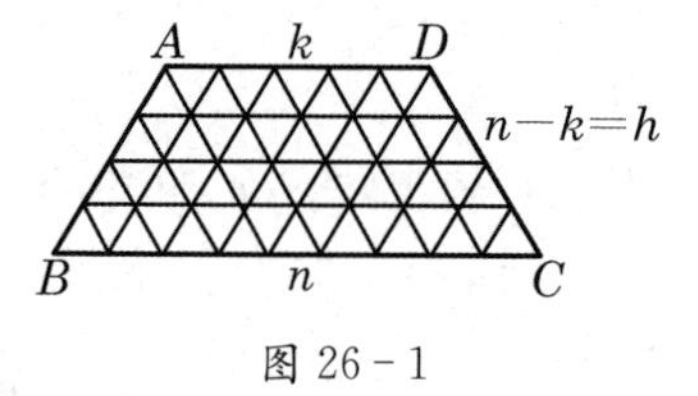

图 26－1

解 设有 a_n 个"尖向上"的正三角形,b_n 个"尖向下"的正三角形.先建立 a_n 的递推公式.

BC 边上有 $n+1$ 个分点,从中选出两个距离小于等于 h($=n-k$)的,它们必可与梯形 $ABCD$ 中另一个点构成正三角形.反之,一边在 BC 上的正三角形均可这样产生.根据上例(在(24)中将 n,m,k 分别换为 $n+1$,h,2),这种三角形的个数为

$$(n+1)h-\frac{(h+1)h}{2}.\tag{25}$$

因此，
$$a_n=a_{n-1}+(n+1)h-\frac{(h+1)h}{2}. \tag{26}$$

又显然 $a_k=0$，所以由(26)导出

$$\begin{aligned}a_n&=\sum_{i=k}^{n}(i+1)(i-k)-\sum_{i=k}^{n}\frac{(i-k)(i-k+1)}{2}\\&=\sum_{i=0}^{h}(i+k+1)i-\sum_{i=0}^{k}\frac{i(i+1)}{2}\\&=\sum_{i=0}^{h}\frac{i(i+1)}{2}+k\sum_{i=0}^{h}i\\&=\mathrm{C}_{h+2}^{3}+k\mathrm{C}_{h+1}^{2}.\end{aligned} \tag{27}$$

再建立 b_n 的递推公式. 这有两种情况：

（ⅰ）$n\leqslant 2k$. 这时一边在与底平行、长为 i 的线段 EF 上，另一个顶点在 BC 上的正三角形边长为 $n-i$，共有 $2i-n+1$ 个(这三角形左边的顶点可为 E，EF 的第一个分点，……，EF 的第 $2i-n$ 个分点)，如图 26－2 所示.

因此，

$$\begin{aligned}b_n&=b_{n-1}+\sum_{i=k}^{n-1}(2i-n+1)\\&=b_{n-1}+k(n-k).\end{aligned} \tag{28}$$

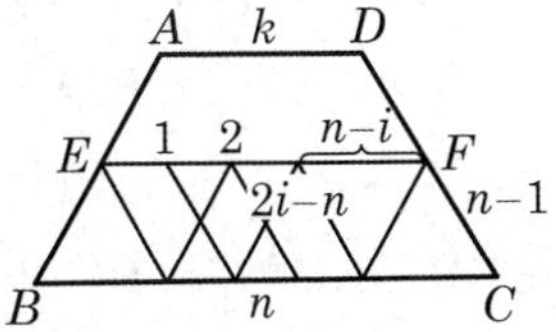

图 26－2

显然 $b_k=0$，所以由(28)导出

$$b_n=k\sum_{j=k}^{n}(j-k)=\frac{k(n-k)(n-k+1)}{2}=k\mathrm{C}_{h+1}^{2}. \tag{29}$$

（ⅱ）$n>2k$. 这时(28)需改为

$$b_n=b_{n-1}+\sum_{i=\left[\frac{n+1}{2}\right]}^{n-1}(2i-n+1)=b_{n-1}+\left(n-\left[\frac{n+1}{2}\right]\right)\left[\frac{n+1}{2}\right],$$

即
$$b_n=b_{n-1}+\left[\frac{n^2}{4}\right]. \tag{30}$$

由(29)，$b_{2k}=k\mathrm{C}_{k+1}^{2}$，所以由(30)推出

$$b_n=k\mathrm{C}_{k+1}^{2}+\sum_{j=2k+1}^{n}\left[\frac{j^2}{4}\right]. \tag{31}$$

当 $n=2t$ 时，$\sum\limits_{j=2k+1}^{n}\left[\frac{j^2}{4}\right]=t^2+t(t-1)+(t-1)^2+(t-1)(t-2)+\cdots+(k+1)k$

$$\begin{aligned}&=2\sum_{j=k+1}^{t}j(j-1)+\sum_{j=k+1}^{t}j\\&=4(\mathrm{C}_{t+1}^{3}-\mathrm{C}_{k+1}^{3})+\mathrm{C}_{t+1}^{2}-\mathrm{C}_{k+1}^{2}.\end{aligned} \tag{32}$$

所以由(31),(32)得 $$b_n=4C_{t+1}^3+C_{t+1}^2-C_{k+1}^3. \tag{33}$$
当 $n=2t+1$ 时,(33)需增加一项 $t(t+1)$. 综合起来得
$$b_n=4C_{[n/2]+1}^3+(2-(-1)^n)C_{[n/2]+1}^2-C_{k+1}^3. \tag{34}$$
本题的答案为
$$a_n+b_n=\begin{cases}C_{h+2}^3+2kC_{h+1}^2, n\leqslant 2k,\\ C_{h+2}^3+kC_{h+1}^2+4C_{[n/2]+1}^3+(2-(-1)^n)C_{[n/2]+1}^2-C_{k+1}^3, n>2k.\end{cases} \tag{35}$$
其中 $h=n-k$.

下面的几道例题与著名的卡塔兰(E. C. Catalan,1814—1894)数
$$C_n=\frac{1}{n+1}C_{2n}^n \tag{36}$$
有关.

例 7 用在多边形内部互不相交的对角线将凸多边形 $A_1A_2\cdots A_n$ 分为 $n-2$ 个三角形,有多少种分法?

解 设有 a_n 种分法. 如果点 A_1 处不引对角线,那么 A_n, A_1, A_2 组成三角形,凸 $n-1$ 边形 $A_2A_3\cdots A_n$ 有 a_{n-1} 种分法. 如果点 A_1 处引出对角线 A_1A_k,而 A_1 与 $A_3,\cdots,A_{k-1}$ 均不相连,那么在剖分中必有 $\triangle A_1A_2A_k$, $k-1$ 边形 $A_2A_3\cdots A_k$ 有 a_{k-1} 种分法, $n-k+2$ 边形 $A_kA_{k+1}\cdots A_nA_1$ 有 a_{n-k+2} 种分法. 所以
$$a_n=\sum_{k=2}^{n-1}a_ka_{n-k+1}, \tag{37}$$
其中约定 $a_2=1$.

显然 $a_3=1$. 为了从递推关系(37)导出 a_n 的通项公式,我们采用母函数
$$F(x)=a_2x+a_3x^2+\cdots+a_nx^{n-1}+\cdots. \tag{38}$$
因为
$$\begin{aligned}F(x)\cdot F(x)&=x^2+(a_2a_3+a_3a_2)x^3+\cdots+\sum_{k=2}^{n-1}a_ka_{n-k+1}x^{n-1}+\cdots\\&=F(x)-x,\end{aligned} \tag{39}$$
所以 $F(x)=\frac{1\pm\sqrt{1-4x}}{2}$. 由于 $F(0)=0$,我们取
$$F(x)=\frac{1-\sqrt{1-4x}}{2}. \tag{40}$$
利用二项式定理
$$(1-4x)^{\frac{1}{2}}=1-\sum_{n\geqslant 1}\frac{\frac{1}{2}\left(\frac{1}{2}-1\right)\cdots\left(\frac{1}{2}-n+1\right)}{n!}(-4x)^n$$

$$=1-\sum_{n\geqslant 1}\frac{2}{n}C_{2n-2}^{n-1}x^n,$$

得
$$F(x)=\sum_{n\geqslant 1}\frac{1}{n}C_{2n-2}^{n-1}x^n. \tag{41}$$

从而
$$a_n=\frac{1}{n-1}C_{2(n-2)}^{n-2}. \tag{42}$$

即 a_n 为卡塔兰数 C_{n-2}.

不利用母函数也能解决例 7,请参看例 9 后面的注.

例 8 给定两个不同的字 b_1 与 b_2,它们的积有两种:$b_1\times b_2$,$b_2\times b_1$. 给定三个不同的字 b_1,b_2,b_3,有 12 种方式组成它们的积:$b_1\times(b_2\times b_3)$,$(b_1\times b_2)\times b_3$,$b_1\times(b_3\times b_2)$,$(b_1\times b_3)\times b_2$,$b_2\times(b_3\times b_1)$,$(b_2\times b_3)\times b_1$,$b_2\times(b_1\times b_3)$,$(b_2\times b_1)\times b_3$,$b_3\times(b_1\times b_2)$,$(b_3\times b_1)\times b_2$,$b_3\times(b_2\times b_1)$,$(b_3\times b_2)\times b_1$. 有多少种方式可以组成 n 个不同字的积?(我们假定字的乘法中,交换集、结合律均不成立)

解 设所求的方式有 a_n 种,我们证明
$$a_{n+1}=2(2n-1)a_n. \tag{43}$$

事实上,对 n 个字 $b_1,\cdots,b_n$ 的每一个积 t,可以作出两个积:$b_{n+1}\times t$,$t\times b_{n+1}$. 此外,b_{n+1} 也可能在中间的某一步运算出现. 原来运算共 $n-1$ 步,设第 i 步运算是$(1\leqslant i\leqslant n-1)$
$$t_i\times t_{i+1}, \tag{44}$$
保持其余部分不动,我们将(44)变为
$$(t_i\times b_{n+1})\times t_{i+1},\quad (b_{n+1}\times t_i)\times t_{i+1},$$
$$t_i\times(b_{n+1}\times t_{i+1}),\quad t_i\times(t_{i+1}\times b_{n+1})$$
中的任何一种,便产生 $n+1$ 个字的积. 例如,对于$(b_1\times b_2)\times b_3$,将 b_4 插入第 2 步运算有 4 种插法$(i=2,t_i=b_1\times b_2,t_{i+1}=b_3)$:
$$((b_1\times b_2)\times b_4)\times b_3,\quad (b_4\times(b_1\times b_2))\times b_3,$$
$$(b_1\times b_2)\times(b_4\times b_3),\quad (b_1\times b_2)\times(b_3\times b_4).$$
对于 $b_1\times(b_2\times b_3)$,将 b_4 插入第 2 步运算也有 4 种插法$(i=2,t_i=b_2,t_{i+1}=b_3)$:
$$b_1\times(b_4\times(b_2\times b_3)),\quad b_1\times((b_4\times b_2)\times b_3),$$
$$b_1\times((b_2\times b_3)\times b_4),\quad b_1\times(b_2\times(b_3\times b_4)).$$
对于每个 $i(1\leqslant i\leqslant n-1)$,$b_{n+1}$均有 4 种插法,因此
$$a_{n+1}=2a_n+4(n-1)a_n=2(2n-1)a_n. \tag{43}$$

由(43)立即得出
$$a_{n+1}=\frac{(2n)!}{n!}. \tag{45}$$

如果$b_1,b_2,\cdots,b_{n+1}$必须依从左至右的顺序逐一出现,那么问题就是在

$$b_1\times b_2\times\cdots\times b_{n+1}$$

中增添括号,由(45)可以得出的积共有$\frac{(2n)!}{n!(n+1)!}=\frac{1}{n+1}C_{2n}^{n}$种,即卡塔兰数$C_n$.

例 9 已知$x_i\in\{+1,-1\}$,$i=1,2,\cdots,2n$,并且

$$x_1+x_2+\cdots+x_i\geqslant 0,\quad i=1,2,\cdots,2n-1,\tag{46}$$

$$x_1+x_2+\cdots+x_{2n}=0.\tag{47}$$

求有序数组$(x_1,x_2,\cdots,x_{2n})$的个数c_n.

解 由(47),可知$(x_1,x_2,\cdots,x_{2n})$中有n个$+1$,n个-1. $x_1,x_2,\cdots,x_{2n}$中选n个为$+1$,其余为-1的方法有C_{2n}^{n}种. 我们考虑这样作成的$(x_1,x_2,\cdots,x_{2n})$中有多少个不符合(46). 设这个数为t_n.

如果$(x_1,x_2,\cdots,x_{2n})$不符合(46),那么一定存在一个最小的自然数$s(s\leqslant n)$,满足:

(i) $x_1+x_2+\cdots+x_{2s-2}=0$;

(ii) $x_{2s-1}=-1$.

将$x_1,x_2,\cdots,x_{2s-1}$统统改变符号,这一对应f:

$$(x_1,\cdots,x_{2s-1},x_{2s},\cdots,x_{2n})\to(-x_1,\cdots,-x_{2s-1},x_{2s},\cdots,x_{2n})$$

将$(x_1,x_2,\cdots,x_{2n})$变为$n+1$个$+1$,$n-1$个-1组成的有序数组.

反之,对任一个$n+1$个$+1$,$n-1$个-1组成的有序数组$(x_1,\cdots,x_{2n})$,由于$+1$的个数多于-1,必存在一个最小的自然数s,满足

$$x_1+x_2+\cdots+x_{2s-1}=+1.$$

令对应g为 $(x_1,\cdots,x_{2s-1},x_{2s},\cdots,x_{2n})\to(-x_1,\cdots,-x_{2s-1},x_{2s},\cdots,x_{2n})$. 显然$g$是$f$的逆映射. 因此$t_n$就是$n+1$个$+1$,$n-1$个$-1$组成的有序数组的个数,即$C_{2n}^{n+1}$.

综上所述,

$$c_n=C_{2n}^{n}-C_{2n}^{n+1}=\frac{1}{n+1}C_{2n}^{n},\tag{48}$$

即卡塔兰数C_n.

注 例7、例8、例9的答案都是卡塔兰数,这三者之间当然有某种内在的联系. 事实上,在例9中,对合乎要求的C_n个$(x_1,\cdots,x_{2n})$,设k为使

$$x_1+x_2+\cdots+x_{2k}=0$$

成立的最小自然数,则$x_{2k}=-1$,$(x_2,\cdots,x_{2k-1})$满足$x_2+\cdots+x_i\geqslant 0(i=2,\cdots,2k-2)$,$x_2+\cdots+x_{2k-1}=0$. 所以$(x_2,\cdots,x_{2k-1})$有$C_{k-1}$个. 同样$(x_{2k+1},\cdots,$

x_{2n})有 C_{n-k} 个. 因此,有递推关系

$$C_n=\sum_{k=1}^{n}C_{k-1}C_{n-k}. \tag{49}$$

这与(37)实质是一致的. 又 $C_0=a_2=1, C_1=a_3=1$. 所以恒有 $a_n=C_{n-2}$. 这就导出(42)而不必采用母函数. 习题 26 第 7 题指出例 7 与例 8 之间存在一一对应,从而(42)也可由例 8 导出. 当然例 8 与例 9 之间也有一一对应,这就是习题 26 第 8 题.

习 题 26

1. 将一个正三角形的每一条边等分为 n 份,过每个分点作其他两边的平行线. 问在原三角形中一共有多少个正三角形(包括原正三角形在内).
2. 设 $X=\{1,2,\cdots,n\}$, k 为正整数, $\frac{n}{2}\leqslant k\leqslant n$. 求满足下列条件的映射 $f: X\to X$ 的个数. (ⅰ) $f^2=f$; (ⅱ) $|f(x)|=k$; (ⅲ)对每个 $y\in f(x)$, 使 $f(x)=y$ 的 $x\in X$ 至多两个.
3. 将凸 n 边形用对角线(它们在多边形内部互不相交)剖分为三角形,并且每个三角形均至少有一条边是原多边形的边. 问有多少种分法.
4. $1\leqslant r\leqslant n$. 有序数组 $(x_1,x_2,\cdots,x_r)$ 中每个 $x_j\in\{1,2,\cdots,n\}$, 并且对每个 $i=1,2,\cdots,n$, $x_1,\cdots,x_r$ 中至多有 $i-1$ 个小于等于 i. 求这种 r 元数组的个数.
5. 映射 $f:\{1,2,\cdots,n\}\to\{1,2,\cdots,n\}$ 为增函数,并且对每个 $i\in\{1,2,\cdots,n\}$, $f(i)\leqslant i$. 求 f 的个数.
6. $a_1=a_{2n+1}=0$, $|a_i-a_{i+1}|=1$ $(i=1,2,\cdots,2n)$, 并且 $a_2,a_3,\cdots,a_{2n}$ 都是非负整数. 求 $(a_2,a_3,\cdots,a_{2n})$ 的个数.
7. 试建立例 7 与例 8 这两个问题的对应关系.
8. 试建立例 9 与例 8 这两个问题的对应关系.
9. 将集 $\{1,2,\cdots,n\}$ 分为 k 个不相交的子集,称为 k 阶分拆,求链 $P_1<P_2<\cdots<P_n$ 的个数,其中 P_k 为 k 阶分拆, $P_k<P_{k+1}$ 表示 P_{k+1} 的每一个集都是 P_k 的某一个集的子集.
10. 设 n 为大于 2 的整数. 将一个圆等分为 n 份,从分点中取 3 个点组成锐角三角形,共能组成多少个不全等的三角形?
11. 求出例 3 中的 t_n.

第 27 讲 组合恒等式

组合数学中出现的恒等式，通常都与二项系数（组合系数）C_n^k 有关. 证明的方法有：

（i）恒等变形.

（ii）交换求和顺序.

（iii）以特殊值代入.

（iv）建立递推关系.

（v）数学归纳法.

（vi）考虑组合意义.

（vii）母函数.

（viii）其他.

当然，这些方法常常结合起来使用.

例 1 证明：

(a) $$\sum_{k=0}^{n} kC_n^k = n \cdot 2^{n-1}. \tag{1}$$

(b) $$\sum_{k=0}^{n} k^2 C_n^k = n(n+1)2^{n-2}. \tag{2}$$

解 (a) $kC_n^k = nC_{n-1}^{k-1}$，所以 $\sum\limits_{k=0}^{n} kC_n^k = n\sum\limits_{k=1}^{n} C_{n-1}^{k-1} = n\sum\limits_{h=0}^{n-1} C_{n-1}^h = n \cdot 2^{n-1}$. 最后一步利用了

$$\sum_{h=0}^{n} C_n^h = (1+1)^n = 2^n. \tag{3}$$

(b) $$\begin{aligned}\sum_{k=0}^{n} k(k-1)C_n^k &= \sum_{k=2}^{n} n(n-1)C_{n-2}^{k-2} \\ &= \sum_{h=0}^{n-2} n(n-1)C_{n-2}^h = n(n-1) \cdot 2^{n-2}.\end{aligned} \tag{4}$$

将(1)与(4)相加即得(2).

注 类似地可求出 $\sum k^3 C_n^k = n^2(n+3) \cdot 2^{n-3}$，等等. 在处理组合恒等式时，将 k 的多项式 k^m 用 $k(k-1)\cdots(k-m+1)$，$k(k-1)\cdots(k-m+2)$，…，$k(k-1)$，k 的线性组合来表示，常常是有益的.

例 2 证明：

(a) $$1-\frac{1}{2}C_n^1+\frac{1}{3}C_n^2+\cdots+\frac{(-1)^n}{n+1}C_n^n=\frac{1}{n+1}. \tag{5}$$

(b) $C_n^1-\frac{1}{2}C_n^2+\cdots+(-1)^{n-1}\cdot\frac{1}{n}C_n^n=1+\frac{1}{2}+\cdots+\frac{1}{n}.$ (6)

解 为了证明(5),设法将左边分母均变为 $n+1$. 因为 $\frac{1}{k+1}C_n^k=\frac{1}{n+1}C_{n+1}^{k+1}$,所以

$$\begin{aligned}&1-\frac{1}{2}C_n^1+\cdots+\frac{(-1)^n}{n+1}C_n^n\\=&\frac{1}{n+1}(C_{n+1}^1-C_{n+1}^2+\cdots+(-1)^nC_{n+1}^{n+1})\\=&\frac{1}{n+1}(1-(1-1)^{n+1})=\frac{1}{n+1},\end{aligned}$$

即(5)式成立.

在(5)中将 $n+1$ 换成 $n,n-1,\cdots,1$. 再将所得的 n 个等式相加即得(6),另一种证法是用归纳法.

当 $n=1$ 时,(6)显然成立.设(6)对于 n 成立,则将(5),(6)相加并利用熟知的恒等式

$$C_n^{k-1}+C_n^k=C_{n+1}^k, \tag{7}$$

得

$$\begin{aligned}&C_{n+1}^1-\frac{1}{2}C_{n+1}^2+\cdots+(-1)^{n-1}\cdot\frac{1}{n}C_{n+1}^n+(-1)^n\cdot\frac{1}{n+1}C_{n+1}^{n+1}\\=&1+\frac{1}{2}+\cdots+\frac{1}{n}+\frac{1}{n+1},\end{aligned}$$

即将(6)中 n 换成 $n+1$ 后仍然成立. 所以(6)式对一切自然数 n 均成立.

例 3 证明:

$$\sum_{n=0}^{m-1}\frac{C_u^n}{C_v^n}=\frac{v+1}{v-u+1}\left(1-\frac{C_u^m}{C_{v+1}^m}\right). \tag{8}$$

解 左边和式不易计算,如果对此进行归纳就可以扔掉这个“包袱”,而只需求两个加数的和. $m=1$ 时,(8)显然成立. 设(8)式成立,则

$$\begin{aligned}&\sum_{n=0}^{m}\frac{C_u^n}{C_v^n}=\frac{C_u^m}{C_v^m}+\frac{v+1}{v-u+1}\left(1-\frac{C_u^m}{C_{v+1}^m}\right)\\=&\frac{v+1}{v-u+1}-\frac{u!(v+1-m)!}{(v-u+1)\cdot v!(u-m)!}+\frac{u!(v-m)!}{v!(u-m)!}\\=&\frac{v+1}{v-u+1}-\frac{u!(v-m)!}{(v-u+1)\cdot v!\cdot(u-m)!}((v+1-m)-(v-u+1))\\=&\frac{v+1}{v-u+1}-\frac{u!(v-m)!}{(v-u+1)\cdot v!(u-m-1)!}\end{aligned}$$

$$=\frac{v+1}{v-u+1}\left(1-\frac{C_u^{m+1}}{C_{v+1}^{m+1}}\right),$$

即将 m 换成 $m+1$ 时(8)仍成立,所以(8)对一切自然数 m 成立.

注 (ⅰ) 通常,在组合数 C_u^n 中,u,n 都是自然数,并且 $u\geqslant n$. 这些限制可以取消,只需约定在 n 为负整数或 $u<n$ 时,$C_u^n=0$. 以下均采用这种约定.

(ⅱ) 对自然数 n,规定 $$C_u^n=\frac{u(u-1)\cdots(u-n+1)}{n!},\tag{9}$$

则 C_u^n 对一切实数(复数)u 均有意义,而且是 u 的 n 次多项式. (8)对于 u 的正整数值均成立,从而对一切 u(复数或实数)均成立. 同样对一切 v 均成立. 因为去掉分母后,(8)式两边都是 u 或 v 的多项式.

(ⅲ) 更一般地,对任意复数 u,n,可定义

$$C_u^n=\frac{\Gamma(u+1)}{\Gamma(n+1)\Gamma(u-n+1)},$$

其中 $\Gamma(u)$为 γ 函数,是阶乘的自然推广. 它以零与负整数为简单极点,在其他点解析.

例 4 证明: $$\sum_{k=0}^{n}\frac{1}{2^k}\cdot C_{n+k}^n=2^n.\tag{10}$$

解 设(10)的左边为 $f(n)$,则 $f(0)=1$,并且

$$\begin{aligned}f(n+1)&=\sum_{k=0}^{n+1}C_{n+1+k}^k\cdot\frac{1}{2^k}\\&=\sum_{k=0}^{n+1}C_{n+k}^k\cdot\frac{1}{2^k}+\sum_{k=1}^{n+1}C_{n+k}^{k-1}\cdot\frac{1}{2^k}\\&=f(n)+C_{2n+1}^{n+1}\cdot\frac{1}{2^{n+1}}+\sum_{k=1}^{n+1}C_{n+k}^{k-1}\cdot\frac{1}{2^k}\qquad(11)\\&=f(n)+C_{2n+1}^{n+1}\cdot\frac{1}{2^{n+1}}+\frac{1}{2}\cdot\sum_{k=0}^{n}C_{n+k+1}^k\cdot\frac{1}{2^k}\qquad(12)\\&=f(n)+\frac{1}{2}\left(\frac{1}{2^{n+1}}C_{2n+2}^{n+1}+\sum_{k=0}^{n}C_{n+k+1}^k\cdot\frac{1}{2^k}\right)\\&=f(n)+\frac{1}{2}f(n+1).\end{aligned}$$

即 $$f(n+1)=2f(n).\tag{13}$$

由(13)立即得出 $f(n)=2^n$.

注 (ⅰ) (11)中"哑标"k 与(12)中 k 虽为同一字母,后者实际是前者减去1.为"节省字母",常常用同一字母而意义不同. 在不致混淆时,也常常略去哑标

的上、下界，意即对一切哑标 k 求和. 由于例 1 注（ⅰ）的约定，实际上只有有限多项.

（ⅱ）本题也可以用归纳法证明. 还可考虑掷硬币，直至面或背出现 $n+1$ 次$\left(\text{在第 } n+k+1 \text{ 次结束的概率为}\frac{1}{2^{n+k}}C_{n+k}^{n}\right)$.

（ⅲ）由于我们知道 $f(n)=2^n$，因此(13)正是早就在预料之中的结果.

例 5 证明：$\sum\limits_{i=0}^{n-1}(C_n^0+C_n^1+\cdots+C_n^i)(C_n^{i+1}+C_n^{i+2}+\cdots+C_n^n)=\frac{n}{2}C_{2n}^n$.

解 在有几重求和运算时，常常变换求和的顺序，以导出结果.

$$
\begin{aligned}
\text{左边}&=\sum_{i=0}^{n-1}\left(\sum_{j=0}^{i}C_n^j\right)\left(\sum_{k=i+1}^{n}C_n^k\right)\\
&=\sum_{i=0}^{n-1}\sum_{j=0}^{i}\sum_{k=i+1}^{n}C_n^jC_n^k\\
&=\sum_{j=0}^{n-1}\sum_{i=j}^{n-1}\sum_{k=i+1}^{n}C_n^jC_n^k\quad\text{（交换和号）}\\
&=\sum_{j=0}^{n-1}C_n^j\sum_{k=j+1}^{n}C_n^k\sum_{i=j}^{k-1}1\quad\text{（交换和号）}\\
&=\sum_{j=0}^{n-1}C_n^j\sum_{k=j+1}^{n}C_n^k(k-j).
\end{aligned}
$$

由习题 27 第 6 题$\sum\limits_{k=0}^{m}C_p^kC_q^{m-k}=C_{p+q}^m$，立即得出

$$\sum_{k+j\leqslant m}C_p^kC_q^j=C_{p+q}^0+C_{p+q}^1+\cdots+C_{p+q}^m. \tag{14}$$

现在需要将原式左边改为$\sum\limits_{k+j\leqslant m}$ 形的和. 为此用 $n-k$ 代替 k.

$$
\begin{aligned}
\text{原式左边}&=\sum_{j=0}^{n-1}\sum_{k=0}^{n-1-j}C_n^jC_n^k(n-k-j)\\
&=\sum_{k+j\leqslant n-1}C_n^jC_n^k(n-k-j)\\
&=n\sum_{k+j\leqslant n-1}C_n^jC_n^k-\sum_{k+j\leqslant n-1}kC_n^jC_n^k-\sum_{k+j\leqslant n-1}jC_n^jC_n^k\\
&=n\sum_{k+j\leqslant n-1}C_n^jC_n^k-2\sum_{k+j\leqslant n-1}kC_n^jC_n^k\\
&=n\sum_{k+j\leqslant n-1}C_n^jC_n^k-2n\sum_{k+j\leqslant n-2}C_n^jC_{n-1}^k\\
&=n(C_{2n}^0+C_{2n}^1+\cdots+C_{2n}^{n-1})-2n(C_{2n-1}^0+C_{2n-1}^1+\cdots+C_{2n-1}^{n-2})
\end{aligned}
$$

$$=n(C_{2n}^0+C_{2n}^1+\cdots+C_{2n}^{n-1})-n(C_{2n-1}^0+(C_{2n-1}^0+C_{2n-1}^1)+\cdots+(C_{2n-1}^{n-3}+C_{2n-1}^{n-2})+C_{2n-1}^{n-2})$$
$$=n(C_{2n}^{n-1}-C_{2n-1}^{n-2})$$
$$=nC_{2n-1}^{n-1}=\text{右边}.$$

注 习题 27 第 6 题及前面的(7)都是常用的恒等式.

例 6 证明:在 $n\geqslant m\geqslant h$ 时,$\sum\limits_{k=h}^{n+h-m}C_{n-k}^{m-h}C_k^h=C_{n+1}^{m+1}$. (15)

解 考虑从$\{1,2,\cdots,n+1\}$中选出 $m+1$ 个数组成的递增数列

$$a_1<a_2<\cdots<a_{m+1}. \tag{16}$$

显然这种数列的个数为

$$C_{n+1}^{m+1}. \tag{17}$$

另一方面,设 A_k 为(16)中满足 $a_{h+1}=k+1$ 的那些数列所成的集合($k=h,h+1,\cdots,n+h-m$),则这种数列的前 h 项是从$\{1,2,\cdots,k\}$中选出的,后 $m-h$ 项是从$\{k+2,k+3,\cdots,n+1\}$中选出的. 所以

$$|A_k|=C_k^hC_{n-k}^{m-h}. \tag{18}$$

数列(16)的个数为 $\sum|A_k|=\sum C_k^hC_{n-k}^{m-h}$. (19)

综合(17),(19)即得(15).

注 本题也可以用母函数来解,见第 28 讲例 3.

例 7 证明:$\sum\limits_{i=0}^{t}\sum\limits_{j=0}^{i}(-1)^jC_{m-i}^{m-t}C_n^jC_{m-n}^{i-j}=2^t\cdot C_{m-n}^t$. (20)

解 m 名学生,其中 n 名男生. 从学生中选出 t 人组成一个组合班,t 人的考试成绩有及格与不及格两种.

在组合班中没有男生参加的限制下,考试报告共有 $C_{m-n}^t\cdot 2^t$ 种.

现在,我们换一种计算方法,证明所说考试报告的种数恰好等于(20)式左边.

首先(不限制男生参加),设 t 人中有 i 名及格,$t-i$ 名不及格,在及格的 i 人中有 j 名男生,$i-j$ 名女生. 应当有

$$C_n^jC_{m-n}^{i-j}C_{m-i}^{t-i} \tag{21}$$

种(恰好是(20)式左边每一项的绝对值).

如果班中有男生,将其中学号最大的男生(我们将这 n 名男生编上学号)的成绩改变(及格改为不及格,不及格改为及格),这时男生及格的人数 j 的奇偶性也随之改变,它是从集

$$A=\{\text{奇数名男生及格(的种种可能)}\}$$

到集

$$B=\{\text{班中有男生并且偶数名男生及格}\}$$

的一一对应. 因此
$$|A|=|B|. \tag{22}$$

由(21),我们知道(20)式左边是班中有偶数名男生及格与有奇数名男生及格的种数之差. 由(22),我们知道这差恰好是班中没有男生参加时的(考试报告的)种数.

于是,综合以上两个方面,(20)式成立.

注 (i) 本题是考虑组合意义的典型例子,可以说是一种"构造法",同时又利用了对应原理. 值得仔细玩味.

(ii) 本例还有其他解法,例如采用适当的母函数,见第 28 讲例 4.

对于函数 $f(x)$,差 $f(x+1)-f(x)$ 称为它的(一阶)差分,并记为 $\Delta f(x)$. $\Delta f(x)$的差分

$$\begin{aligned}\Delta f(x+1)-\Delta f(x)&=(f(x+2)-f(x+1))-(f(x+1)-f(x))\\&=f(x+2)-2f(x+1)+f(x)\end{aligned}$$

称为 $f(x)$的二阶差分,记为 $\Delta^2 f(x)$,依此类推.

例 8 证明 $f(x)$的 n 阶差分

$$\Delta^n f(x)=\sum_{k=0}^{n}(-1)^{n-k}C_n^k f(x+k). \tag{23}$$

解 采用归纳法. 奠基 $n=1$ 是显然的. 假定(23)成立,则

$$\begin{aligned}\Delta^{n+1} f(x)&=\sum_{k=0}^{n}(-1)^{n-k}C_n^k f(x+k+1)-\sum_{k=0}^{n}(-1)^{n-k}C_n^k f(x+k)\\&=\sum_{k=1}^{n+1}(-1)^{n-k+1}C_n^{k-1} f(x+k)-\sum_{k=0}^{n}(-1)^{n-k}C_n^k f(x+k)\\&=\sum_{k=0}^{n+1}(-1)^{n-k+1}(C_n^{k-1}+C_n^k) f(x+k)\\&=\sum_{k=0}^{n+1}(-1)^{n+1-k}C_{n+1}^k f(x+k).\end{aligned}$$

因此(23)对一切自然数 n 均成立.

注 (i) 上面的证明中,利用了 $C_n^{-1}=C_n^{n+1}=0$ 的约定. 不必为哑标的范围担心.

(ii) 通常约定 $\Delta^0 f(x)=f(x)$. 这样,(22)可以从 $n=0$ 奠基,更加显然(它就是我们自己作出的约定).

(iii) 若采用 I 为恒等算符,ε 为移位算符,即 $If(x)=f(x)$,$\varepsilon f(x)=$

$f(x+1)$. 则 $\Delta=\varepsilon-I$. (23)可形式地推导如下：

$$\begin{aligned}\Delta^n f(x)&=(\varepsilon-I)^n f(x)=\sum(-1)^{n-k}\mathrm{C}_n^k\varepsilon^k f(x)\\&=\sum(-1)^{n-k}\mathrm{C}_n^k f(x+k).\end{aligned}$$

(23)有很多应用.

例 9 证明：
$$\sum_{k=0}^{n}(-1)^{n-k}\mathrm{C}_n^k k^m=\begin{cases}0, & m<n,\\ n!, & m=n.\end{cases}\tag{24}$$

解 设 $f(x)$为 m 次多项式 $a_m x^m+a_{m-1}x^{m-1}+\cdots+a_0$,则

$$\begin{aligned}\Delta f(x)&=f(x+1)-f(x)\\&=a_m(x+1)^m+\cdots+a_0-a_m x^m-\cdots-a_0\\&=ma_m x^{m-1}+\cdots+a_1'\end{aligned}$$

为 $m-1$ 次多项式,首项为 $ma_m x^{m-1}$(其他各项系数 $a'_{m-1},\cdots,a'_1$不必具体写出).

依此类推,我们得到 $\Delta^{m-1}f(x)$是一次多项式,首项为 $m!\cdot a_m x$, $\Delta^m f(x)$是常数 $m!\cdot a_m$. $\Delta^{m+1}f(x)$及更高阶的差分为 0. 所以

$$\sum_{k=0}^{n}(-1)^{n-k}\mathrm{C}_n^k f(x+k)=\begin{cases}0, & m<n,\\ m!\cdot a_m, & m=n.\end{cases}\tag{25}$$

特别地,取 $f(x)=x^m$,再令 $x=0$ 即得(24).

例 10 证明：
$$n!=\sum_{k=0}^{n-1}(-1)^k\mathrm{C}_n^k(n-k)^n.\tag{26}$$

解
$$\begin{aligned}&\sum_{k=0}^{n-1}(-1)^k\mathrm{C}_n^k(n-k)^n\\=&\sum_{k=0}^{n}(-1)^k\mathrm{C}_n^k(n-k)^n\\=&\sum_{k=0}^{n}(-1)^{n-k}\mathrm{C}_n^{n-k}k^n,\end{aligned}$$

利用(24)即得(26).

例 11 证明：
$$\sum_k(-1)^k\mathrm{C}_{n-m}^k\cdot\frac{1}{m+k}=\frac{1}{m\mathrm{C}_n^m}.\tag{27}$$

解法一 (27)的左边基本上是函数 $f(x)=\dfrac{1}{x+m}$在 $x=0$ 处(即令 $x=0$)的 $n-m$ 阶差分. 直接算得 $-\Delta f(x)=\dfrac{1}{x+m}-\dfrac{1}{x+1+m}=\dfrac{1}{(x+m)(x+1+m)}$.

一般地(用归纳法不难证明)

$$(-1)^t\Delta^t f(x)=\frac{t!}{(x+m)(x+m+1)\cdots(x+m+t)}.$$

因此

$$\sum(-1)^k C_{n-m}^k\frac{1}{x+m+k}=\frac{(n-m)!}{(x+m)(x+m+1)\cdots(x+n)}.$$

特别地,(27)式($x=0$ 的情况)成立.

(5)是(27)的特例($m=1$,n 换为 $n+1$).

解法二 对 $n-m$ 归纳. $n=m$(即 $n-m=0$)时(27)显然成立. 假设(27)对 $n-m$ 成立,则由

$$\begin{aligned}&\sum_{k=0}^{n-m+1}(-1)^k C_{n-m+1}^k\cdot\frac{1}{m+k}-\sum_{k=0}^{n-m}(-1)^k C_{n-m}^k\cdot\frac{1}{m+k}\\&=\sum_{k=0}^{n-m+1}(-1)^k(C_{n-m+1}^k-C_{n-m}^k)\cdot\frac{1}{m+k}\\&=\sum_{k=0}^{n-m+1}(-1)^k C_{n-m}^{k-1}\cdot\frac{1}{(m+1)+(k-1)}\\&=-\sum_{k=0}^{n-m}(-1)^k C_{n-m}^k\frac{1}{m+1+k}\\&=-\frac{1}{(m+1)C_{n+1}^{m+1}}\end{aligned}\tag{28}$$

(最后一步利用了归纳假设,但 n,m 分别用 $n+1$,$m+1$ 代替,差仍为 $n-m$). 又

$$\frac{1}{mC_n^m}-\frac{1}{(m+1)C_{n+1}^{m+1}}=\frac{1}{mC_{n+1}^m},\tag{29}$$

(28),(29)及(27)三式相加得

$$\sum_{k=0}^{n-m+1}(-1)^k C_{n-m+1}^k\cdot\frac{1}{m+k}=\frac{1}{mC_{n+1}^m},\tag{30}$$

即(27)在 $n-m$ 换为 $n-m+1$ 时仍然成立,所以(27)对一切非负整数 $n-m$ 均成立.

注 解法二无非再作一次差分.

解法三 考虑定积分 $I_{m,n}=\int_0^1 x^{m-1}(1-x)^{n-m}\mathrm{d}x.$ (31)

如果将$(1-x)^{n-m}$展开再逐项积分,那么

$$I_{m,n}=\sum_{k=0}^{n-m}(-1)^k\int_0^1 C_{n-m}^k x^{m+k-1}\mathrm{d}x=\sum_{k=0}^{n-m}(-1)^k C_{n-m}^k\cdot\frac{1}{m+k}.\tag{32}$$

另一方面,熟悉B(贝塔)函数与Γ函数的读者立即看出(用分部积分也可直接算出最后结果)

$$I_{m,n}=\mathrm{B}(m,n-m+1)=\frac{\Gamma(m)\Gamma(n-m+1)}{\Gamma(n+1)}$$
$$=\frac{(m-1)!(n-m)!}{n!}=\frac{1}{m\mathrm{C}_n^m}. \tag{33}$$

因此(27)成立.

注 (i) 微积分,我们尽量避免使用.偶一为之是希望师范院校的同学知道稍稍"高级"的工具是可以处理初等问题的.其实,前面一些例题也有能用求导或求抓来处理的,请读者自己留意.

(ii) 用两种不同的方法来处理同一个量(如 $I_{m,n}$),从而导出一个等式(或关系),是一个很重要的方法,称为"算两次".本书中有不少这样的例子.

例12 设 $S_k=1^k+2^k+\cdots+n^k$,证明:

$$\sum_{k=0}^{m-1}\mathrm{C}_m^k\cdot S_k=(n+1)^m-1. \tag{34}$$

解 左边 $=\sum_{k=0}^{m-1}\mathrm{C}_m^k\sum_{r=1}^{n}r^k$

$$=\sum_{r=1}^{n}\sum_{k=0}^{m-1}\mathrm{C}_m^k r^k=\sum_{r=1}^{n}((1+r)^m-r^m)$$
$$=(n+1)^m-1=\text{右边}.$$

在证明中,我们交换了和号的顺序.这正是一种"算两次",也称为富比尼(G. Fubini, 1879—1943)原理.

例13 证明:

$$\sum_k\mathrm{C}_p^k\mathrm{C}_q^k\mathrm{C}_{n+k}^{p+q}=\mathrm{C}_n^p\mathrm{C}_n^q. \tag{35}$$

解 首先注意

$$\mathrm{C}_{n+k}^{p+q}=\sum_j\mathrm{C}_k^j\mathrm{C}_n^{p+q-j} \tag{36}$$

(即习题27第6题),所以(35)的左边等于

$$\sum_k\mathrm{C}_p^k\mathrm{C}_q^k\sum_j\mathrm{C}_k^j\mathrm{C}_n^{p+q-j}$$
$$=\sum_j\mathrm{C}_n^{p+q-j}\sum_k\mathrm{C}_p^k\mathrm{C}_q^k\mathrm{C}_k^j\quad\text{(交换和号)}$$
$$=\sum_j\mathrm{C}_n^{p+q-j}\mathrm{C}_q^j\sum_k\mathrm{C}_p^k\mathrm{C}_{q-j}^{q-k}$$
$$=\sum_j\mathrm{C}_n^{p+q-j}\mathrm{C}_q^j\mathrm{C}_{p+q-j}^q\quad\text{(利用(36))}$$
$$=\mathrm{C}_n^p\sum_j\mathrm{C}_p^j\mathrm{C}_{n-p}^{q-j}$$

$$=C_n^pC_n^q \quad (\text{利用}(36)).$$

注 (i) 证明中三次利用了等式(36),但其中字母需根据情况作出相应变更.

(ii) $\sum\limits_k$,$\sum\limits_j$ 等表示对 k、对 j 求和,范围不作限制(实际上只有有限多项非 0).

(iii) 证明中先(利用(36))"生出"一和,再改变求和顺序. 这种"无中生有"的方法是一种高级技巧,用处颇多.

例 14 证明: $$\sum_{k=0}^{p} C_p^k C_q^k C_{n+p+q-k}^{p+q} = C_{n+p}^p C_{n+q}^q. \tag{37}$$

解 (35)的两边都是 n 的$(p+q)$次多项式. 对于自然数 n,(35)成立. 从而对一切 n 两边相等. 将 n 换为$-1-n$,则 $C_n^p=\dfrac{n(n-1)\cdots(n-p+1)}{p!}$成为

$$\frac{(-1-n)(-2-n)\cdots(-n-p)}{p!}=(-1)^pC_{n+p}^p.$$

同样 C_n^q,C_{n+k}^{p+q}成为$(-1)^qC_{n+q}^q$及$(-1)^{p+q}C_{n+p+q-k}^{p+q}$. 这时(35)就是(37).

注 巧妙地利用多项式恒等定理,可将组合数 C_n^m 中的 n 换为$-n-1$,即将 C_n^m 换为$(-1)^m\cdot C_{n+m}^m$,而导出许多新的组合等式(但需注意 m 的变化范围必须与 n 无关).

$p=q$ 时,(37)成为 $$\sum_k (C_p^k)^2 C_{n+2p-k}^{2p} = (C_{n+p}^p)^2. \tag{38}$$

(38)就是誉满海内外的李壬叔恒等式. 李壬叔(Li Jen-shu, 1811—1882)即李善兰,是我国清代杰出的数学家.

例 15 证明: $$\sum_h \sum_{\substack{i_1+\cdots+i_h=m\\ i_1\geqslant 1,\cdots,i_h\geqslant 1}} \frac{m!}{i_1!\cdots i_h!}C_n^h = n^m. \tag{39}$$

解 从 h 种球中取出 m 个(每种球可取任意多个)排成一列有 h^m 种排法.

另一方面,设第 $1,2,\cdots,h$ 种球分别取出 $i_1,i_2,\cdots,i_h$ 个,排成一列的种数为$\dfrac{(i_1+i_2+\cdots+i_h)!}{i_1!\cdots i_h!}$. 因此, $$\sum_{\substack{i_1+\cdots+i_h=m\\ i_1\geqslant 0,\cdots,i_h\geqslant 0}} \frac{m!}{i_1!\cdots i_h!} = h^m. \tag{40}$$

熟悉多项式定理的读者可在$(x_1+x_2+\cdots+x_h)^m$ 的展开式中令 $x_1=\cdots=x_h=1$,便得到(40).

特别地, $$\sum_{\substack{i_1+i_2+\cdots+i_n=m\\ i_1\geqslant 0,i_2\geqslant 0,\cdots,i_n\geqslant 0}} \frac{m!}{i_1!i_2!\cdots i_n!} = n^m. \tag{41}$$

(41)的左边对每个 $h(0\leqslant h\leqslant n)$,$i_1,\cdots,i_n$ 中可取 h 个大于 0,其余的为 0. 所以它也就是(39)的左边.

习题 27

1. 证明:$\sum\limits_{k=m}^{n}C_k^mC_n^k=C_n^m\cdot 2^{n-m}$.

2. 证明:$\sum\limits_{k=0}^{n}(-1)^kC_{2n-k}^k=1,0,-1$,根据 n 除以 3 的余数为 0,1,2 而定.

3. 证明:$\sum\limits_{k=0}^{m}(-1)^kC_n^k=(-1)^mC_{n-1}^m$.

4. 证明:$\sum\limits_{m\leqslant k\leqslant n}(-1)^kC_n^kC_k^m=\begin{cases}0 & (n>m),\\ (-1)^n & (n=m).\end{cases}$

5. 设$\{a_k\}$为等差数列. 证明:$\sum a_kC_n^kx^k(1-x)^{n-k}$ 是 x 的一次多项式或常数.

6. 证明:$\sum\limits_{k=0}^{m}C_p^kC_q^{m-k}=C_{p+q}^m$.

7. 设 $a_i=\sum\limits_{k}C_{n-k}^{m-i}C_k^i$,证明 $a_i=a_{i-1}$,进而导出例 6.

8. 设对 $n\in\mathbf{N}\cup\{0\}$,有 $g(n)=\sum\limits_{k=0}^{n}C_n^kf(k)$. 证明:$f(n)=\sum\limits_{k=0}^{n}(-1)^{n-k}C_n^kg(k)$.

9. 求 $\sum\limits_{k=0}^{[n/2]}(-1)^kC_{n-k}^k$.

第 28 讲 母函数

母函数是一种重要的工具.

我们称
$$a_0+a_1x+a_2x^2+\cdots+a_nx^n+\cdots \tag{1}$$
为数列
$$a_0,a_1,a_2,\cdots,a_n,\cdots \tag{2}$$
的母函数. 这种母函数是所谓形式幂级数,它可以像多项式那样作加、乘等运算,并约定
$$a_0+a_1x+\cdots+a_nx^n+\cdots=b_0+b_1x+\cdots+b_nx^n+\cdots, \tag{3}$$
即
$$a_0=b_0,a_1=b_1,\cdots,a_n=b_n,\cdots. \tag{4}$$

我们关心的只是(1)中系数(即数列(2))的性质,而不讨论(1)的收敛性.

(1)可能只有有限多项. 事实上,最常见的母函数便是
$$(1+x)^n=1+nx+C_n^2x^2+\cdots+C_n^kx^k+\cdots+x^n. \tag{5}$$

例 1 证明:

(a) $\sum\limits_k(C_n^k)^2=C_{2n}^n.$ (6)

(b) $\sum\limits_k C_n^kC_m^{t-k}=C_{m+n}^t.$ (7)

(c) $\sum\limits_k(-1)^k(C_{2n}^k)^2=(-1)^nC_{2n}^n.$ (8)

解 考虑$(1+x)^n(1+x)^m$ 中 x^t 的系数. 一方面,$(1+x)^n(1+x)^m=(1+x)^{m+n}$,其中 x^t 的系数为 C_{m+n}^t.

另一方面,如果先将$(1+x)^n$,$(1+x)^m$ 展开成(5)的形式,再相乘便得 x^t 的系数为(7)式左边.

所以(7)式成立.

在(7)中令 $m=t=n$ 便得(6)(直接证明也不困难).

为了证明(8)式,利用母函数
$$(1-x)^n=1-x+\cdots+(-1)^kC_n^kx^k+\cdots+(-1)^nx^n. \tag{9}$$

考虑$(1-x)^{2n}(1+x)^{2n}$中 x^{2n}的系数. 与前面类似,一方面先乘后展开得这系数为$(1-x^2)^{2n}$中 x^{2n}的系数,即(8)右边. 另一方面,先展开后乘则这系数为(8)式左边. 所以(8)式成立.

注 这又是“算两次”.

例 2 证明:
$$\sum_k k(C_n^k)^2=nC_{2n-1}^{n-1}. \tag{10}$$

解 $kC_n^k=nC_{n-1}^{k-1}$,所以(10)式即

$$\sum_k C_n^k C_{n-1}^{k-1} = C_{2n-1}^{n-1}. \tag{11}$$

将(5)与

$$(1+x)^{n-1} = \sum C_{n-1}^{k-1} x^{k-1} \tag{12}$$

相乘,考虑其中 x^{n-1}的系数便得

$$\sum_k C_n^{n-k} C_{n-1}^{k-1} = C_{2n-1}^{n-1}. \tag{13}$$

所以(10)式成立.

例 3 证明:

$$\sum_k C_{n-k}^{m-i} C_k^i = C_{n+1}^{m+1}. \tag{14}$$

解 考虑母函数

$$\sum_k (1+x)^{n-k}(1+y)^k \tag{15}$$

中 $x^{m-i}y^i$ 的系数,它显然是(14)的左边(正是由于这样,我们才引进(15)).

另一方面,(15)等于

$$\frac{(1+x)^{n+1}-(1-y)^{n+1}}{x-y} = \sum \frac{C_{n+1}^h (x^h - y^h)}{x-y}.$$

当且仅当 $h=m+1$ 时,

$$\frac{x^h - y^h}{x-y} = x^{h-1} + x^{h-2}y + \cdots + xy^{h-2} + y^{h-1}$$

中含有 $x^{m-i}y^i$(系数为 1),所以(15)中 $x^{m-i}y^i$ 的系数为 C_{n+1}^{m+1}.

综上所述,(14)成立.

引进母函数,无非是期望对某一个量找到几种不同的计算方法. 算法越多,越有可能产生恒等式.

例 4 证明:

$$\sum_{i=0}^{t} \sum_{j=0}^{i} (-1)^j C_{m-i}^{m-t} C_n^j C_{m-n}^{i-j} = 2^t C_{m-n}^t. \tag{16}$$

解 记(16)的左边为 S_{tmn},则母函数

$$\begin{aligned}
\sum_t S_{tmn} x^t &= \sum_j (-1)^j C_n^j \sum_i C_{m-n}^{i-j} x^i \sum_t C_{m-i}^{t-i} x^{t-i} \\
&= \sum_j (-1)^j C_n^j \sum_i C_{m-n}^{i-j} x^i (1+x)^{m-i} \\
&= (1+x)^m \sum_j (-1)^j C_n^j \sum_i C_{m-n}^{i-j} \left(\frac{x}{1+x}\right)^i \\
&= (1+x)^m \sum_j (-1)^j C_n^j \left(\frac{x}{1+x}\right)^j \cdot \left(1+\frac{x}{1+x}\right)^{m-n} \\
&= (1+x)^m \cdot \left(\frac{1+2x}{1+x}\right)^{m-n} \left(1-\frac{x}{1+x}\right)^n \\
&= (1+2x)^{m-n},
\end{aligned}$$

其中 x^t 的系数为 $C_{m-n}^t \cdot 2^t$，所以(16)成立.

例 5 证明 $\sum_{k=0}^{n}(C_n^k)^2(1+x)^{2n-2k}(1-x)^{2k}$ 的展开式中 x 的奇次幂不出现.

解 如果直接展开，

$$\begin{aligned}&\sum_{k=0}^{n}(C_n^k)^2(1+x)^{2n-2k}(1-x)^{2k}\\=&\sum_{k=0}^{n}(C_n^k)^2\sum_h x^h\sum_t(-1)^{h-t}C_{2n-2k}^t C_{2k}^{h-t}\\=&\sum_{h=0}^{2n}(-1)^h\cdot x^h\sum_k\sum_t(-1)^t(C_n^k)^2 C_{2n-2k}^t C_{2k}^{h-t}.\end{aligned}\tag{17}$$

其中内和 $\sum_k\sum_t$ 不易计算，难以断定在 h 为奇数时，它的值为 0.

我们另辟蹊径. 注意

$$\sum_k(C_n^k)^2(1+x)^{2n-2k}(1-x)^{2k}\tag{18}$$

恰好是

$$(y+(1+x)^2)^n(y+(1-x)^2)^n\tag{19}$$

中 y^n 的系数. 而母函数(19)等于

$$(y+x^2+1+2x)^n(y+x^2+1-2x)^n=((y+x^2+1)^2-4x^2)^n,$$

展开后只有 x^2 的幂即 x 的偶次幂出现(它是 x 的偶函数)，这就是我们要证明的结论.

顺便得到结论：在 h 为奇数时

$$\sum_{k=0}^{n}(C_n^k)^2\sum_{t=0}^{h}(-1)^t C_{2n-2k}^t C_{2k}^{h-t}=0.\tag{20}$$

注 (ⅰ) 在 h 为偶数时，

$$\sum_{k=0}^{n}(C_n^k)^2\sum_{t=0}^{h}(-1)^t C_{2n-2k}^t C_{2k}^{h-t}=C_h^{h/2}C_{2n-h}^{n-h/2}.\tag{21}$$

(ⅱ) 选用不同的母函数，比较相应的系数，可以得出许许多多的组合恒等式，如上面的(20)，(21). 特别有力的一种母函数是高斯的超比函数

$$F(a,b,c,x)=\sum_{n=0}^{\infty}\frac{a(a+1)\cdots(a+n-1)b(b+1)\cdots(b+n-1)}{c(c+1)\cdots(c+n-1)\cdot n!}x^n.\tag{22}$$

上面的(20)，(21)就可由它导出. 再如

$$\sum_j C_{n+j}^{n-j}(-4)^j=(-1)^n\cdot(2n+1),\tag{23}$$

$$\sum_j jC_{n+j}^{n-j}\cdot(-4)^{j-1}=(-1)^{n-1}(1^2+2^2+\cdots+n^2),\tag{24}$$

$$\sum_k (-1)^{k-1} C_n^k C_{2k-2}^{k-1} C_k^m \cdot 4^{-k} = (-1)^{m-1} \cdot \frac{n}{m} C_{2n-2m}^{n-m} C_{2m-2}^{m-1} \cdot 4^{-n} \tag{25}$$

等,也都是复杂而优雅的组合恒等式.

我们只用$(1+x)^n$(及其种种变形)作为母函数,不准备走得过远,但指数 n 允许取负整数值及分数值$\left(\text{本讲只用到 } n=\pm\frac{1}{2}\right)$往往是方便的,熟知

$$(1-x)^{-1} = 1 + x + x^2 + \cdots + x^k + \cdots. \tag{26}$$

更一般地,在 n 为非负整数时,

$$(1-x)^{-n-1} = \sum_{k=0}^{\infty} C_{n+k}^n x^k. \tag{27}$$

例 6 证明:
$$\sum_{k=s}^{n} C_k^s C_{n-k}^t = C_{n+1}^{s+t+1}. \tag{28}$$

解 当哑标出现在二项系数的下位时,宜考虑形如(27)的母函数.

将$(1-x)^{-s-1}$与$(1-x)^{-t-1}$相乘得$(1-x)^{-(s+t+1)-1}$,其中 x^{n-s-t} 的系数为

$$C_{n-s-t+(s+t+1)}^{s+t+1} = C_{n+1}^{s+t+1}. \tag{29}$$

另一方面,先展开

$$(1-x)^{-s-1} = \sum C_k^s x^{k-s}, \tag{30}$$

$$(1-x)^{-t-1} = \sum C_{n-k}^t x^{n-k-t}, \tag{31}$$

再相乘,则 x^{n-s-t} 的系数为(28)的左边. 所以(28)成立.

注 如不用形如(27)的母函数,在恒等式$\sum\limits_h C_s^h C_t^{m-h} = C_{s+t}^m$(即习题 28 第 1 题)中将 s,t 分别换为$-s-1,-t-1$,便得出$\sum\limits_h C_{s+h}^h C_{m-h+t}^{m-h} = C_{s+t+m+1}^m$. 改记 $s+h,m+s+t$ 为 k,n,上式就是(28). 这两种方法殊途同归.

例 7 证明:
$$\sum_{s=0}^{t} (-1)^s C_{2n+1}^s C_{n-s}^{t-s} = (-1)^t C_{n+t}^n. \tag{32}$$

解 左边等于

$$\begin{aligned}
&\sum_s (-1)^s C_{2n+1}^s x^s (1+x)^{n-s} \\
=&(1+x)^n \sum_s C_{2n+1}^s \left(\frac{-x}{1+x}\right)^s \\
=&(1+x)^n \left(1-\frac{x}{1+x}\right)^{2n+1} \\
=&(1+x)^{-n-1}
\end{aligned}$$

中 x^t 的系数. 因此(32)成立.

例 8　证明：$\sum_{i=0}^{n-1}(C_n^0+C_n^1+\cdots+C_n^i)(C_n^{i+1}+C_n^{i+2}+\cdots+C_n^n)=\frac{n}{2}C_{2n}^n$.　(33)

解　本例即第 27 讲例 5.我们现在用母函数来处理它.

记 $S_i=C_n^0+C_n^1+\cdots+C_n^i$，则 $C_n^{i+1}+C_n^{i+2}+\cdots+C_n^n=S_{n-i-1}$.

$S_0,S_1,\cdots$的母函数是

$$\frac{1}{1-x}(1+x)^n \tag{34}$$

$\left(\text{一般地，设 } f(x)=a_0+a_1x+a_2x^2+\cdots, S_i=a_0+a_1+\cdots+a_i\text{，则}\frac{f(x)}{1-x}=S_0+S_1x+S_2x^2+\cdots\right)$.

(33) 的左边 $=\sum_{i=0}^{n-1}S_iS_{n-i-1}$ 是

$$\left(\frac{1}{1-x}(1+x)^n\right)^2 \tag{35}$$

中 $x^{i+(n-i-1)}=x^{n-1}$的系数.

$$\begin{aligned}\left(\frac{1}{1-x}(1+x)^n\right)^2&=(1-x)^{-2}(1+x)^{2n}\\&=\sum C_{2n}^kx^k\cdot\sum hx^{h-1}\\&=\sum_{k\leqslant m}(m-k)C_{2n}^kx^{m-1},\end{aligned}$$

其中 x^{n-1}的系数为

$$\begin{aligned}\sum_{k=0}^{n-1}(n-k)C_{2n}^k&=n\sum_{k=0}^{n-1}C_{2n}^k-2n\sum_{k=0}^{n-1}C_{2n-1}^{k-1}\\&=\frac{n}{2}(2^{2n}-C_{2n}^n)-n(2^{2n-1}-2C_{2n-1}^n)\\&=nC_{2n-1}^n.\end{aligned} \tag{36}$$

因此(33)成立.

例 9　证明：

$$\sum_t C_{2t}^tC_{2n-2t}^{n-t}C_t^k=C_{2k}^kC_n^k\cdot 4^{n-k}. \tag{37}$$

解　我们利用指数为$-\frac{1}{2}$的二项式

$$(1-4x)^{-\frac{1}{2}}=\sum C_{2s}^sx^s \tag{38}$$

$$\left(\frac{n(n-1)\cdots(n-s+1)}{s!}=\frac{\left(-\frac{1}{2}\right)\left(-\frac{3}{2}\right)\cdots\left(-\frac{2s-1}{2}\right)}{s!}\right.$$

$$=\left(-\frac{1}{2}\right)^{s}\cdot\frac{(2s-1)!!}{s!}=\left(-\frac{1}{4}\right)^{s}\cdot\frac{(2s)!}{s!s!}=\left(-\frac{1}{4}\right)^{s}\mathrm{C}_{2s}^{s}\Bigg)$$

及 $$(1-4x(1+y))^{-\frac{1}{2}}=\sum \mathrm{C}_{2t}^{t}x^{t}(1+y)^{t}. \tag{39}$$

考虑$(1-4x)^{-\frac{1}{2}}(1-4x(1+y))^{-\frac{1}{2}}$中 x^ny^k 的系数. 由(38),(39),这系数就是(37)的左边.

另一方面，
$$\begin{aligned}&(1-4x)^{-\frac{1}{2}}(1-4x(1+y))^{-\frac{1}{2}}\\=&(1-4x)^{-1}\left(1-\frac{4xy}{1-4x}\right)^{-\frac{1}{2}}\\=&(1-4x)^{-1}\sum \mathrm{C}_{2s}^{s}\left(\frac{xy}{1-4x}\right)^{s},\end{aligned}$$

其中 y^k 仅出现于 $s=k$ 这一项,它等于

$$(1-4x)^{-1}\mathrm{C}_{2k}^{k}\left(\frac{x}{1-4x}\right)^{k}y^{k}=\mathrm{C}_{2k}^{k}x^{k}(1-4x)^{-k-1}y^{k},$$

其中 x^ny^k 的系数为 $\mathrm{C}_{2k}^{k}\mathrm{C}_{k+(n-k)}^{k}\cdot 4^{n-k}=\mathrm{C}_{2k}^{k}\mathrm{C}_{n}^{k}\cdot 4^{n-k}$.

综合以上两方面即得(37).

$k=0$ 的特例即 $$\sum \mathrm{C}_{2t}^{t}\mathrm{C}_{2n-2t}^{n-t}=4^{n}. \tag{40}$$

这也是一个漂亮的恒等式.

除证明组合恒等式外,母函数还有很广泛的应用.

例 10 设 $n>1$,两个自然数的集合

$$\{a_1,a_2,\cdots,a_n\}\neq\{b_1,b_2,\cdots,b_n\}, \tag{41}$$

而集 $$\{a_i+a_j\mid 1\leqslant i<j\leqslant n\}=\{b_i+b_j\mid 1\leqslant i<j\leqslant n\}. \tag{42}$$

这里的相等计及元素的重数,即如果元素 s 在(42)的左边出现 k 次(用 k 种方法表示成a_i+a_j 的形式),那么 s 也在(42)的右边出现 k 次. 证明存在自然数 h,使

$$n=2^{h}. \tag{43}$$

解 考虑母函数 $$f(x)=x^{a_1}+x^{a_2}+\cdots+x^{a_n} \tag{44}$$

(注意这一次 a_i 不是母函数的系数,而是它的指数)

及 $$g(x)=x^{b_1}+x^{b_2}+\cdots+x^{b_n}. \tag{45}$$

$$\begin{aligned}(f(x))^2-f(x^2)&=(x^{a_1}+\cdots+x^{a_n})^2-(x^{2a_1}+\cdots+x^{2a_n})\\&=2\sum_{1\leqslant i<j\leqslant n}x^{a_i+a_j}.\end{aligned} \tag{46}$$

同样，$$(g(x))^2-g(x^2)=2\sum_{1\leqslant i<j\leqslant n}x^{b_i+b_j}. \tag{47}$$

(46),(47)中系数表示和 a_i+a_j, b_i+b_j 出现的次数. 由已知

$$(f(x))^2-f(x^2)=(g(x))^2-g(x^2), \tag{48}$$

即

$$(f(x))^2-(g(x))^2=f(x^2)-g(x^2). \tag{49}$$

由于 $f(1)-g(1)=n-n=0$,因此 $(x-1)\mid(f(x)-g(x))$. 从而存在自然数 h_1,使

$$f(x)-g(x)=(x-1)^{h_1}P(x), P(1)\neq 0. \tag{50}$$

因此

$$f(x^2)-g(x^2)=(x^2-1)^{h_1}P(x^2). \tag{51}$$

由(49),(50),(51)得

$$(f(x)+g(x))\cdot(x-1)^{h_1}P(x)=(x^2-1)^{h_1}P(x^2),$$

即

$$f(x)+g(x)=\frac{(x+1)^{h_1}P(x^2)}{P(x)}. \tag{52}$$

在(52)中令 $x=1$ 得

$$2n=2^{h_1}, \tag{53}$$

即 $n=2^{h_1-1}$.

由于 $n>1$,因此 $h_1>1$, h_1-1 为一自然数 h,故 $n=2^h$.

例 11 设 r, m 为自然数, $r\leqslant m$. 将 m 枚棋子,分为 $t(t\leqslant m)$ 堆. 设各堆棋子数为 $m_1, m_2, \cdots, m_t$. 从这 t 个数中取 r 个相乘,再将所有的积相加得出和 S_r. 则 t 及 $m_1, m_2, \cdots, m_t$ 取何值时, S_r 最大?

解 在 $t=m$ 并且 $m_1=m_2=\cdots=m_t=1$ 时, S_r 取得最大值 C_m^r.

为证明这一结论,考虑母函数

$$(1+m_1x)(1+m_2x)\cdots(1+m_tx), \tag{54}$$

其中 x^r 的系数就是 S_r.

我们有显然的不等式

$S_r\leqslant(1+m_1x+C_{m_1}^2x^2+\cdots+C_{m_1}^{m_1}x^{m_1})\cdots(1+m_tx+C_{m_t}^2x^2+\cdots+x^{m_t})$ 中 x^r 的系数

$=(1+x)^{m_1}(1+x)^{m_2}\cdots(1+x)^{m_t}$ 中 x^r 的系数

$=(1+x)^m$ 中 x^r 的系数

$=C_m^r$.

当且仅当 $m_1=m_2=\cdots=m_t=1$, $t=m$ 时等号成立.

注 (i) 母函数(54)中,每个因数 $1+m_ix$ 的一次项系数 m_i 不一定是 1. 它称为"权",在概率论中,常常表示概率.

(ii) 更进一步,分正数 m 为 t 个正数 $m_1, m_2, \cdots, m_t$(的和),这里 m_i 不一定为整数,但每一个均不小于已知正数 δ,按上面的要求算出和 S_r,那么可以证明

$$S_r\leqslant\frac{1}{r!}m(m-\delta)\cdots(m-(r-1)\delta). \tag{55}$$

例 11 是 $\delta=1$ 的特例情况.

例 12 阿丽丝有两只袋子. 每只中含 4 只球,每只球上写有一个自然数(允许重复). 阿丽丝从每只袋中随机地各抽一只球,算出这两只球上所标的数的和,然后将球放回各自的袋中. 这样重复多次. 毕尔发现在记录表上,各个和数出现的频率(概率)恰好与从$\{1,2,3,4\}$中允许重复地选取两个数,所得和数出现的频率完全相同. 如果有一只袋中的球,所写的数不组成集$\{1,2,3,4\}$,那么两只袋中的球各写了些什么数?

解 集$\{1,2,3,4\}$的母函数

$$x+x^2+x^3+x^4 \tag{56}$$

(与例 10 相同,1,2,3,4 不是母函数的系数,而是它的指数)自乘得

$$(x+x^2+x^3+x^4)^2. \tag{57}$$

(57)展开后 x^s 的系数即从$\{1,2,3,4\}$中允许重复地选取两个数,和为 s 的次数.

设两只袋中的球上所写的数为 a_1,a_2,a_3,a_4 及 b_1,b_2,b_3,b_4,则

$$(x^{a_1}+x^{a_2}+x^{a_3}+x^{a_4})(x^{b_1}+x^{b_2}+x^{b_3}+x^{b_4})$$

中 x^s 的系数即记录表上和数 s 出现的次数. 根据已知

$$(x^{a_1}+x^{a_2}+x^{a_3}+x^{a_4})(x^{b_1}+x^{b_2}+x^{b_3}+x^{b_4})$$
$$=(x+x^2+x^3+x^4)^2, \tag{58}$$

由于

$$(x+x^2+x^3+x^4)^2=x^2(1+x)^2(1+x^2)^2, \tag{59}$$

将$(1+x)^2(1+x^2)^2$ 写成两个系数和为 4 的因式之积,除了$(1+x+x^2+x^3)^2$ 外,只有

$$(1+x)^2\cdot(1+x^2)^2=(1+2x+x^2)\cdot(1+2x^2+x^4)$$

这一种. 即 $x^{a_1}+x^{a_2}+x^{a_3}+x^{a_4}$ 为

$$x(1+2x+x^2)=x+2x^2+x^3=x+x^2+x^2+x^3$$

或

$$x(1+2x^2+x^4)=x+x^3+x^3+x^4.$$

$$\{a_1,a_2,a_3,a_4\}=\{1,2,2,3\}\text{或}\{1,3,3,4\},$$

$$\{b_1,b_2,b_3,b_4\}=\{1,3,3,4\}\text{或}\{1,2,2,3\}.$$

例 13 骰子是正六面体,面上标有数 1,2,3,4,5,6. 掷一次骰子,出现点 k 的概率为 $p_k\geqslant 0(1\leqslant k\leqslant 6)$. 这里 $p_1+p_2+\cdots+p_6=1\left(\text{如果骰子是均匀的,那么 } p_1=p_2=\cdots=p_6=\frac{1}{6}\right)$. 能否造一只(非均匀的)骰子,掷两次时所得和数为 2,3,…,12 的机会(概率)均相同?

解 如果机会均等于$\frac{1}{11}$,那么

$$(p_1x^1+\cdots+p_6x^6)^2=\frac{(x^2+x^3+\cdots+x^{12})}{11}=\frac{x^2(1+x+\cdots+x^{10})}{11}. \qquad (60)$$

但$1+x+\cdots+x^{10}=\frac{1-x^{11}}{1-x}$的根为$e^{\frac{2k\pi i}{11}}(k=1,2,\cdots,10)$,无重根. 而$(p_1x^1+\cdots+p_6x^6)^2$的根均为重根. 所以(60)不可能成立. 这表明不可能造出满足要求的骰子.

习 题 28

1. 证明:$\sum\limits_{h}C_s^hC_t^{m-h}=C_{s+t}^m$.

2. 证明:$\sum\limits_{k}C_n^kC_{n-1}^{k-1}=C_{2n-1}^{n-1}$.

3. 计算$\sum\limits_{k}(-1)^k(C_n^k)^2$.

4. 证明:$\sum\limits_{k=0}^{[n/2]}(-1)^kC_{n+1}^kC_{2n-2k}^n=n+1$.

5. 证明:$\sum\limits_{k=0}^{[n/2]}(-1)^kC_n^kC_{2n-2k}^n=2^n$.

6. 证明:$\sum\limits_{k=0}^{n}(-1)^{n-k}2^{2k}C_{n+k+1}^{2k+1}=n+1$.

7. 证明:在实数p,q之和为1时,$\sum\limits_{k=0}^{n}C_{n+k}^np^kq^k(p^{n-k+1}+q^{n-k+1})=1$.

8. 证明:$\sum\limits_{k}(-1)^kC_n^kC_{m+h-k-1}^{h-k}=(-1)^hC_{n-m}^h$.

9. 证明:$\sum\limits_{k}C_{n+k-1}^kC_{m+h-k-1}^{h-k}=C_{m+n+h-1}^h$.

10. 证明:$\sum\limits_{k_1+k_2+\cdots+k_n=m}C_{k_1}^{h_1}C_{k_2}^{h_2}\cdots C_{k_n}^{h_n}=C_{m+n-1}^{h_1+\cdots+h_n+n-1}$.

11. 证明:$\sum\limits_{h=0}^{m}C_{n-h}^{m-h}C_{n-m+h}^h=C_{2n-m+1}^m$.

12. 求$\sum C_{n-h}^kC_{n-k}^h$.

第29讲 直线形

线段与角是直线形的基本元素.

线段的相等或成比例，与平行线关系很大. 角的相等除了利用平行线外，通过四点共圆来证明也是最为常用的.

直线形中最单纯，同时也最为丰富多彩的图形是三角形(二维单形)，有关三角形的问题特别多.

很多问题需要利用全等三角形或相似三角形. 因此，发现图形中隐藏的全等三角形或相似三角形往往是解题的关键. 必要时，也常常通过添辅助线形成全等或相似的三角形.

例1 如图29-1，D为$\triangle ABC$的边BC的中点. E，F分别在AB，AC的延长线上，并且$DE=DF$. 过E，F分别作AB，AC的垂线，相交于P. 求证：$\angle PBE=\angle PCF$.

解 图中重要元素都在BC下方. D是$\triangle PBC$的边BC的中点. 设G，H是$\triangle PBC$其他边的中点，则

$$DG \mathrel{\underline{\underline{/\!/}}} \frac{1}{2}PC, DH \mathrel{\underline{\underline{/\!/}}} \frac{1}{2}PB. \quad (1)$$

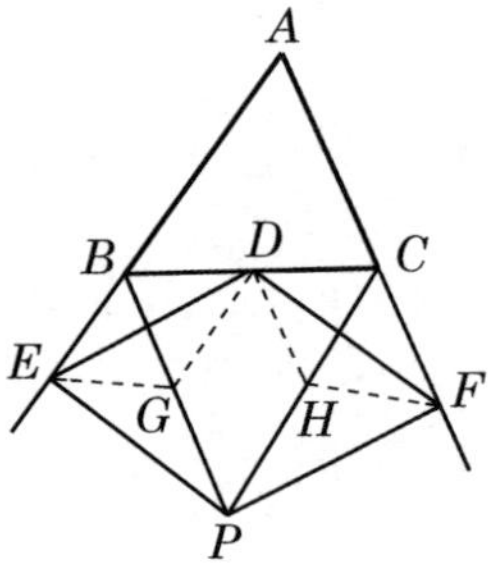

又在$\mathrm{Rt}\triangle PEB$中，

$$EG=BG=\frac{1}{2}PB. \quad (2)$$

同样，

$$FH=CH=\frac{1}{2}PC. \quad (3)$$

图29-1

由(1)，(2)，(3)得

$$DG=FH, DH=EG. \quad (4)$$

又已知$DE=DF$，所以

$$\triangle GDE \cong \triangle HFD, \quad (5)$$

$$\angle DGE=\angle FHD. \quad (6)$$

又由(1)，$$\angle BGD=\angle BPC=\angle DHC. \quad (7)$$

(6)－(7)得

$$\angle BGE=\angle CHF.$$

又由(2)，(3)知，$\triangle BEG$与$\triangle CHF$均为等腰三角形，且顶角分别是$\angle BGE$，$\angle CHF$，故有

$$\angle PBE=\angle PCF.$$

又解 在AE延长线上取E',使$EE'=BE$.在AF延长线上取F',使$FF'=CF$.连CE',BF',则$CE' \underline{\underline{/\!/}} 2DE$,$BF' \underline{\underline{/\!/}} 2DF$.

易知$\triangle PE'C \cong \triangle PBF'$.

从而$\angle E'PC=\angle BPF'$,$\angle E'PB=\angle CPF'$,$\angle PBE=\dfrac{180^\circ-\angle E'PB}{2}=\dfrac{180^\circ-\angle CPF'}{2}=\angle PCF$.

本题的关键是利用有关中点的性质(中位线、斜边上的中线等),找出全等三角形(即(5)).

几何题,常用执果索因的分析法解.但书写解答时,最好采用由因及果的综合法.写好解答是一项不可忽视的基本训练.在初学阶段,应该提倡用"因为……,所以……"表述,不用或少用"⇒"之类的符号.

例2 如图29-2,在梯形$ABCD$的腰AB,CD上向外作正方形$ABEF$,$CDGH$.又过AD中点I作AD的垂线,交FG于K.求证:

$$FK=KG. \tag{8}$$

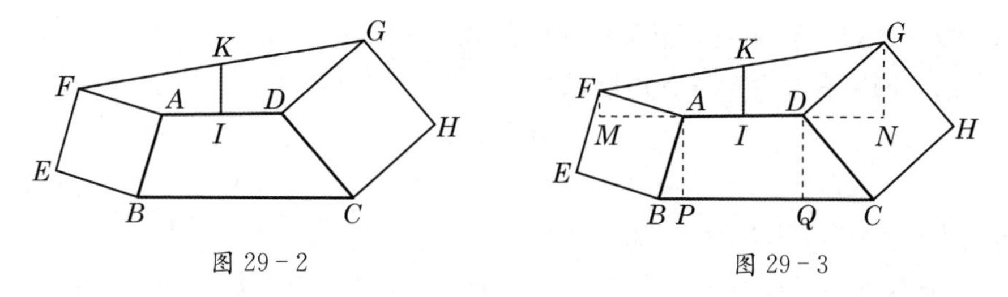

图29-2　　　　图29-3

解 作$FM\perp AD$,$GN\perp AD$,$AP\perp BC$,$DQ\perp BC$,垂足分别为M,N,P,Q(如图29-3).容易知道

$$\triangle AMF \cong \triangle APB, \tag{9}$$

所以
$$AM=AP. \tag{10}$$

同理
$$DN=DQ. \tag{11}$$

而$AP=DQ$,所以$AM=DN$.

I是AD中点,因而也是MN中点.IK过梯形$MNGF$的腰MN的中点,又与底FM平行,所以K是FG的中点,也即$FK=KG$.

$\triangle APB$绕A顺时针旋转90°得到$\triangle AMF$,$\triangle DQC$绕D逆时针旋转90°得到$\triangle DNG$.它们与四边形$ADGF$拼成梯形$MNGF$.这种"动"(也就是变换)的观点在第34讲还要专门论述.

也可以过 G,F 作 IK 的垂线，分别交 IK 于 S,T. 证明 $\triangle GKS \cong \triangle FKT$ $(GS=ID+DQ=FT)$.

在 A 与 D 重合时，梯形 $ABCD$ 退化为三角形. 这时的情况是一个大家熟悉的老问题(如见许莼舫《几何定理与证题》). 例 2 则是叶中豪先生所作的推广.

例 3 在等腰直角三角形 ABC 的腰 CA,CB 上，分别取 D,E，并且 $CD=CE$. 过 C,D 作 AE 的垂线，分别交 AB 于 G,H. 证明：

$$BG=GH. \tag{12}$$

解 延长 AC 到 F，使 $CF=DC$. 因为 $DH /\!/ CG$，要证(12)，只需证 $FB /\!/ CG$，也就是 $FB \perp AE$.

易知 $\triangle ACE \cong \triangle BCF$，所以

$$\angle BFC=\angle AEC=90^\circ-\angle CAE. \tag{13}$$

由(13)即得 $FB \perp AE$.

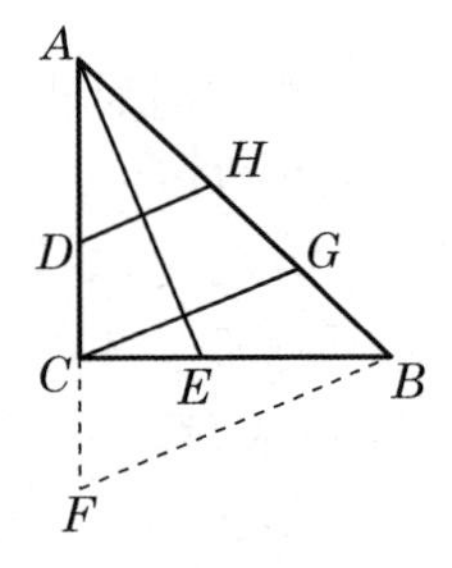

图 29－4

注 更简单的说法是 $\triangle ACE$ 绕 C 点顺时针旋转 90° 变成 $\triangle BCF$(A 变为 B，E 变为 F). 因为 AE 旋转 90° 变为 BF，所以 $AE \perp BF$.

例 4 在 $\triangle ABC$ 外面作正方形 $BCDE,ACFG,BAKH$，再作平行四边形 $FCDQ,EBKP$. 证明：$\triangle APQ$ 是等腰直角三角形.

解 图中有不少全等三角形，如

$$\triangle KBP \cong \triangle BAC$$

$(KB=BA, KP=BE=BC, \angle BKP=\angle HKP-90^\circ=\angle ABE-90^\circ=\angle ABC)$，所以 $BP=AC, \angle KBP=\angle BAC$.

同理，由 $\triangle FCQ \cong \triangle CAB$ 得 $CQ=AB, \angle FCQ=\angle CAB$.

于是 $\triangle ABP \cong \triangle QCA$ ($AB=QC, BP=CA, \angle ABP=90^\circ+\angle KBP=90^\circ+\angle BAC=90^\circ+\angle QCF=\angle QCA$)，从而 $AP=AQ$，

$\angle PAQ=\angle PAB+\angle BAC+\angle CAQ=\angle AQC+\angle QCF+\angle CAQ=90^\circ$.

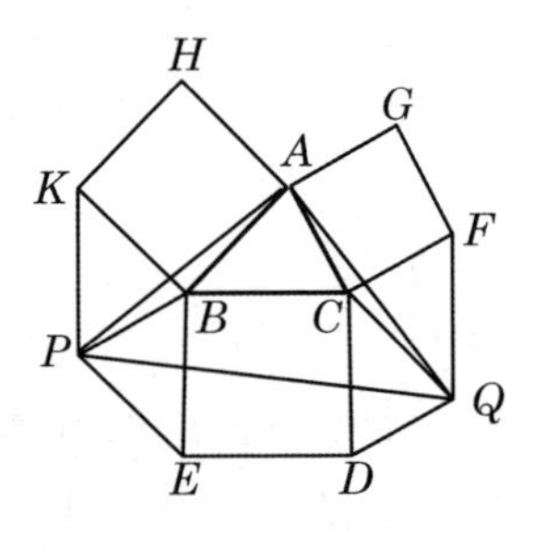

图 29－5

注 图 29－5 中，$\angle BAC<90^\circ$. 当 $\angle BAC \geqslant 90^\circ$ 时证明类似. 也可以约定角为有向角，即由始边逆时针转动到终边所得的角为正，否则为负. 这样，上面的证明无论 $\angle BAC$ 与 90° 的大小关系如何，均可适用.

相似三角形比全等三角形的应用更为广泛. 由相似三角形可以产生成比例的线段. 平行线与直线相截也可以产生比例线段.

例 5 在 Rt$\triangle ABC$ 中，$\angle BAC=90^\circ$，$\angle BAC$ 的平分线交 BC 于 D. 点 D 在 AB，AC 上的射影分别为 P，Q. BQ 交 DP 于 M，CP 交 DQ 于 N，BQ 交 CP 于 H. 证明：

(a) $PM=DN$.

(b) $MN /\!/ BC$.

(c) $AH\perp BC$.

（2003 年罗马尼亚数学奥林匹克试题）

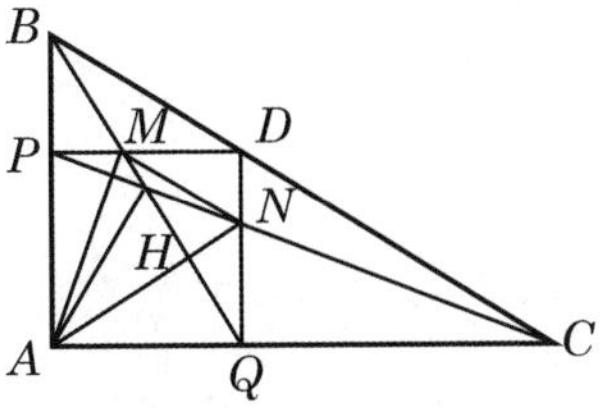

图 29-6

解 易知四边形 $AQDP$ 是正方形，因为

$$\triangle BPM \backsim \triangle BAQ,$$

所以
$$\frac{PM}{BP}=\frac{AQ}{AB}=\frac{DQ}{AB}. \tag{14}$$

又 $DQ /\!/ BA$，所以
$$\frac{DQ}{AB}=\frac{DN}{BP}. \tag{15}$$

由(14)，(15)得(a)，并且 $MD=PD-PM=DQ-DN=NQ$.

因为 $PD /\!/ QC$，所以
$$\frac{PN}{NC}=\frac{DN}{NQ}=\frac{PM}{MD}. \tag{16}$$

由(16)得(b).

因为 $PM=DN$，$AP=PD$，所以

$$\text{Rt}\triangle APM \cong \text{Rt}\triangle PDN,$$

$$\angle PAM=\angle DPN=90^\circ-\angle APC. \tag{17}$$

由(20)得
$$AM\perp CP.$$

同理
$$AN\perp BQ.$$

因此，H 是 $\triangle AMN$ 的垂心，$AH\perp MN$.

由(b)，$AH\perp BC$.

在本例中，比例式(16)导出直线平行. 又 $\triangle APM$ 旋转 90°（再平移）得到 $\triangle PDN$，所以 AM 与 PN 垂直.

例 6 设 $\triangle ABC$ 的边长为 $BC=a$，$CA=b$，$AB=c$，a，b，c 互不相等. AD，BE，CF 为角平分线，并且 $DE=DF$. 求证：

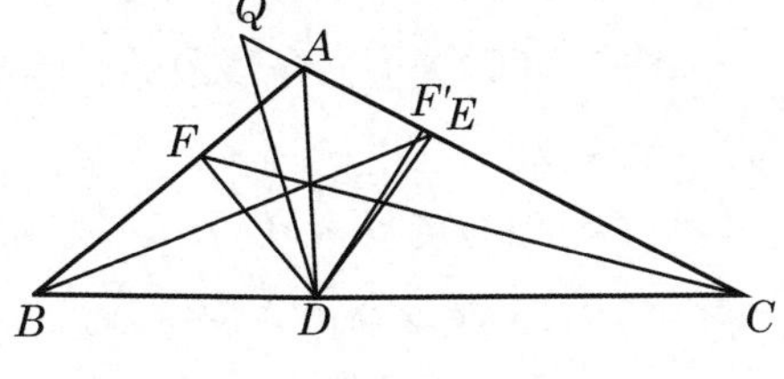

图 29-7

(a) $\dfrac{a}{b+c}=\dfrac{b}{c+a}+\dfrac{c}{a+b}$.

(b) $\angle BAC>90^\circ$.

（2003 年中国女子数学奥林匹克试题）

解 在(a)的两边同乘以 a，化成

$$\frac{a^2}{b+c}=\frac{ab}{c+a}+\frac{ac}{a+b}. \tag{18}$$

易知

$$CE=\frac{ab}{c+a}, BF=\frac{ac}{a+b}, \tag{19}$$

所以(a)式的几何意义就是 $CE+BF$ 等于$\frac{a^2}{b+c}$.

为此，我们先要将 CE 与 BF 加起来，也就是在 BF 的延长线上取 P，使 $FP=CE$.或者在 CE 的延长线上取 Q，使 $EQ=BF$.

不妨设 $b>c$，并且取点如上所述.

因为 $AE=\frac{bc}{c+a}>\frac{bc}{b+a}=AF$，所以可在 AE 上取 F'，使 $AF'=AF$（F' 与 F 关于角平分线 AD 对称）. $DF'=DF=DE$，

$$\angle AED=\angle EF'D=\angle BFD, \tag{20}$$

从而

$$\triangle QED\cong\triangle BFD,$$

$$\angle EQD=\angle FBD. \tag{21}$$

由(21)得$\triangle CQD\backsim\triangle CBA$，从而

$$CQ=\frac{CB\cdot CD}{CA}=\frac{a}{b}\cdot\frac{ab}{b+c}=\frac{a^2}{b+c}. \tag{22}$$

由(19)，(22)及 $CQ=CE+EQ=CE+BF$ 得(a).

现在证(b).

(a)去分母得

$$a(a+b)(a+c)=b(b+c)(b+a)+c(c+a)(c+b).$$

展开、整理得

$$\begin{aligned}a^2(a+b+c)&=b^2(a+b+c)+c^2(a+b+c)+abc\\&>b^2(a+b+c)+c^2(a+b+c),\end{aligned}$$

所以 $a^2>b^2+c^2$，$\angle BAC>90°$.

注 (ⅰ) 证明两条线段的和等于某个值，常常先将这两条线段加起来，成为一条线段.

(ⅱ) (20)表明 A,F,D,E 共圆，但我们并不需要这个结论.

(ⅲ) $\triangle BFD$ 绕 D 旋转得到$\triangle QED$.

(ⅳ) Q 在 CE 的延长线上，但是否在 EA 的延长线上，却不能预先知道.

例 7 已知$\triangle ABC$ 中，$\angle C=90°$. D 为 AC 上一点，K 为 BD 上一点，并且

$$\angle ABC=\angle KAD=\angle AKD. \tag{23}$$

证明：

$$BK=2DC. \tag{24}$$

解 过 A 作 $AE\perp AK$，交 BD 延长线于 E. 由 $\angle ABC=\angle AKD$ 得

$$\text{Rt}\triangle ABC\backsim\text{Rt}\triangle EKA, \tag{25}$$

$$\frac{AB}{EK}=\frac{AC}{EA}. \tag{26}$$

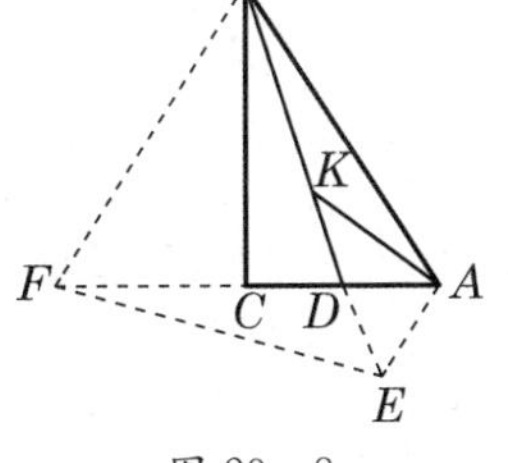

图 29-8

又由 $\angle KAD=\angle AKD$ 得

$$KD=DA.$$

$$\angle AED=90^\circ-\angle AKD=90^\circ-\angle KAD=\angle DAE,$$

$$AD=DE.$$

所以 D 是 KE 的中点，又

$$\angle AED=90^\circ-\angle AKD=90^\circ-\angle ABC=\angle BAC, \tag{27}$$

因此

$$\triangle BAD\backsim\triangle BEA, \tag{28}$$

$$\frac{AD}{EA}=\frac{AB}{EB}. \tag{29}$$

由(26)，(29)得

$$EB=\frac{AB\cdot EA}{AD}=\frac{2AB\cdot EA}{EK}=2AC, \tag{30}$$

所以

$$BK=EB-EK=2AC-2AD=2CD.$$

本题的辅助线不仅产生与原三角形相似的直角三角形（即(25)），而且还产生另一对相似三角形（即(28)）. $\triangle BAD$ 与 $\triangle BEA$ 有一个公共角，又有另一组角相等. 这种相似三角形在解题中常会出现，不可忽视. 如果作 $\triangle ADE$ 的外接圆，那么 BA 就是切线. $\angle BAC=\angle E$ 就是弦切角等于所夹弧上的圆周角.

在延长 BD 到 E，使 $DE=KD$ 时，我们就预期有(30)成立（因为 $KE=2DA$，所以(24)与(30)等价）. 而由证明(30)出发，又可以产生一种不用相似，只用全等的证明：

延长 AC 到 F，使 $CF=AC$，则 $AF=2AC$，$\angle BFC=\angle BAC=90^\circ-\angle ABC=90^\circ-\angle KAD=\angle DAE$. 所以 $BF/\!/AE$，四边形 $ABFE$ 为梯形.

由 $\angle FBE=\angle BEA=\angle BFC$，得 $FD=BD$. 所以 $EB=AF=2AC$，$BK=2CD$.

梯形 $ABFE$ 是等腰梯形.

例 7 也可以用三角来解：

设$\angle ABC=\angle KAD=\angle AKD=\alpha$，则

$$\angle BDC=2\alpha,\angle BAK=90^\circ-2\alpha. \tag{31}$$

在$\triangle ABK$中，由正弦定理

$$BK=\frac{AB\sin(90^\circ-2\alpha)}{\sin(180^\circ-\alpha)}. \tag{32}$$

又
$$CD=BD\cos2\alpha=\frac{AB\sin(90^\circ-\alpha)}{\sin2\alpha}\cos2\alpha, \tag{33}$$

要证(24)，只需证
$$\frac{\sin(90^\circ-2\alpha)}{\sin\alpha}=\frac{2\sin(90^\circ-\alpha)}{\sin2\alpha}\cos2\alpha, \tag{34}$$

即证
$$\sin2\alpha=2\sin\alpha\cos\alpha. \tag{35}$$

而(35)是显然的(倍角公式).

采用三角证法，图中的几何意义几乎完全丧失. 因此，我们更提倡几何的证明，除非万不得已(几何意义很不明显，又没有简明的几何证明)，才“以算代证”.

当然，计算也是几何中的一个重要内容.

例 8 $\triangle ABC$的外心是O，内心是I，内切圆分别切三边于D,E,F，三条高的中点分别为A_0,B_0,C_0，证明：A_0D,B_0E,C_0F,OI四线共点.

解 设A_0D与OI相交于X，证明比值

$$\lambda=\frac{IX}{OI} \tag{36}$$

是关于A,B,C对称的式子. 这样，B_0E,C_0F与OI的交点也都是X，即四线共点.

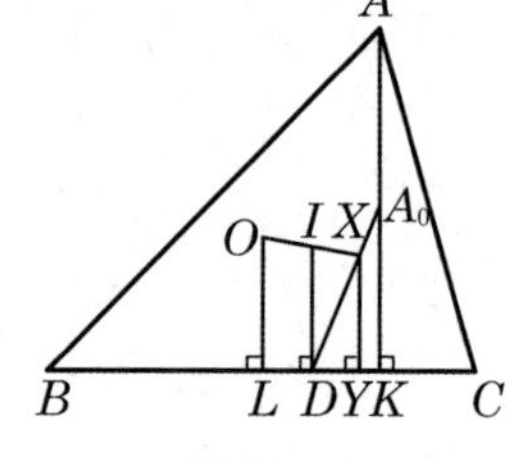

图 29-9

X的几何意义不明显，我们只得计算.

设O,X,A在BC上的射影分别为L,Y,K，三边长为a,b,c，$s=\frac{1}{2}(a+b+c)$，内切圆、外接圆半径分别为r,R，高$AK=h$，则

$$DY=\lambda LD, \tag{37}$$

$$BD=s-b, \tag{38}$$

$$LD=s-b-\frac{a}{2}=\frac{c-b}{2}, \tag{39}$$

$$BK=c\cos B, \tag{40}$$

$$DK=c\cos B-(s-b)=c\cos B-\frac{a+c-b}{2}, \tag{41}$$

$$OL=R\cos A. \tag{42}$$

由分点公式
$$(1+\lambda)r=\lambda\cdot OL+XY. \tag{43}$$

又在$\triangle A_0DK$中，
$$\frac{DY}{DK}=\frac{XY}{A_0K}.\tag{44}$$
由以上各式，(44)即
$$\frac{\lambda\cdot\frac{c-b}{2}}{c\cos B-\frac{a+c-b}{2}}=\frac{(1+\lambda)r-\lambda R\cos A}{\frac{h}{2}},\tag{45}$$
化简得
$$\frac{1+\lambda}{\lambda}r=R\cos A+\frac{h\cdot\frac{c-b}{2}}{2c\cos B+b-a-c}.\tag{46}$$
因为
$$h=c\sin B,\tag{47}$$
所以由正弦定理及(46)得
$$\frac{1+\lambda}{\lambda}\cdot\frac{r}{R}=\cos A+\frac{\sin B\sin C(\sin C-\sin B)}{2\sin C\cos B+\sin B-\sin A-\sin C}.\tag{48}$$
(48)右边的分母
$$\begin{aligned}&=\sin(C+B)+\sin(C-B)+\sin B-\sin A-\sin C\\&=\sin(C-B)+\sin B-\sin C\\&=2\sin\frac{C-B}{2}\left(\cos\frac{C-B}{2}-\cos\frac{C+B}{2}\right)\\&=4\sin\frac{C-B}{2}\sin\frac{C}{2}\sin\frac{B}{2},\end{aligned}\tag{49}$$
所以，(48)右边
$$\begin{aligned}&=\cos A+2\cos\frac{B}{2}\cos\frac{C}{2}\cos\frac{C+B}{2}\\&=\cos A+\left(\cos\frac{B+C}{2}+\cos\frac{B-C}{2}\right)\cos\frac{B+C}{2}\\&=\cos A+\frac{1}{2}(\cos(B+C)+1+\cos B+\cos C)\\&=\frac{1}{2}(1+\cos A+\cos B+\cos C).\end{aligned}\tag{50}$$
是关于A,B,C对称的式子，λ也是如此.

于是A_0D,B_0E,C_0F,OI四线共点.

当O,I重合时，显然$\triangle ABC$是正三角形，而A_0D,B_0E,C_0F就是三条高，都过中心O.

习 题 29

1. 凸四边形$ABCD$的边AB,DC延长后相交于K，AD,BC的延长线相交于

L. 证明：

$$AB+CD=BC+AD, BK+BL=DK+DL, AK+CL=AL+CK$$

中只要有一个成立，另两个也随之成立.

2. $\triangle ABC$ 中，$\angle A=90^\circ$，$\angle B$ 的平分线交 AC 于 D，交高 AH 于 E，过 E 作 BC 的平行线交 AC 于 F. 求证 $AD=FC$.

3. 已知锐角三角形 ABC 的外接圆半径为 R，点 D，E，F 分别在边 BC，CA，AB 上. 求证 AD，BE，CF 为 $\triangle ABC$ 的三条高的充分必要条件是

$$S_{\triangle ABC}=(EF+FD+DE)\cdot\frac{R}{2}.$$

4. 已知 $\triangle ABC$ 中，$AB>AC$，$\angle A$ 的外角平分线交外接圆于 E，E 在 AB 上的投影为 F. 求证 $2AF=AB-AC$.

5. 锐角三角形 ABC 的高为 AA_1，BB_1，CC_1. 已知 $BA_1+CB_1+AC_1=CA_1+AB_1+BC_1$. 求证 $\triangle ABC$ 为等腰三角形.

6. 直线 AB 与 CD 相交于点 Q，AC 与 BD 相交于点 P. 点 X，Y 使四边形 $BXCQ$，$DYAQ$ 为平行四边形. 证明点 P，X，Y 共线(图 29－10).

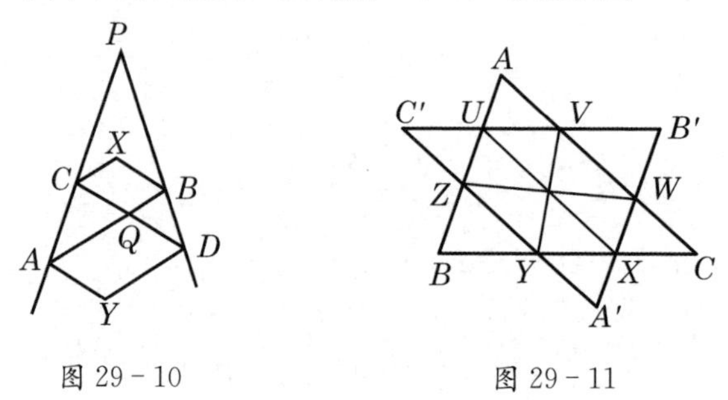

图 29－10　　图 29－11

7. 如图 29－11，两个全等三角形 ABC 与 $A'B'C'$ 的对应边互相平行，公共部分为六边形 $UVWXYZ$. 证明 UX，YV，WZ 交于一点.

8. $\triangle ABC$ 中，H 为垂心，R，r 分别为外接圆和内切圆半径. 在直线 AH，BH，CH 上分别取 L，M，N，使 $AL=BM=CN=R$. 求 $\triangle LMN$ 的角及外接圆半径(用 $\triangle ABC$ 的角及 R，r 表示).

9. 在四边形 $ABCD$ 的边 AB，BC，CD，DA 上分别取 K，L，M，N，使

$$\frac{AK}{KB}=\frac{DM}{MC}=\lambda, \frac{AN}{ND}=\frac{BL}{LC}=\mu.$$

连接 KM，LN，相交于 O. 证明 $\frac{NO}{OL}=\lambda$，$\frac{KO}{OM}=\mu$.

第30讲 圆

如果没有圆,平面几何将黯然失色.

圆的应用太多了.

平面几何中的轨迹问题几乎都与圆有关(直线也可以看成半径为无穷大的圆).

例1 已知点 B,C,求满足

$$\frac{|BM|}{|MC|}=\text{定值}\lambda>0 \tag{1}$$

的点 M 的轨迹. 这里 $|BM|$ 表示线段 BM 的长,在不致混淆(不涉及方向)时,$|BM|$ 常省记为 BM.

解 $\lambda=1$ 时,轨迹显然是线段 BC 的垂直平分线.

$\lambda\neq1$ 时,设 P 在线段 BC 内部,Q 在线段 BC 的延长线上($\lambda>1$ 时,Q 在 C 的右边;$\lambda<1$ 时,Q 在 B 的左边),满足 $\frac{|BP|}{|PC|}=\frac{|BQ|}{|QC|}=\lambda$. P,Q 分别称为内分点、外分点.

以 PQ 为直径作圆,这圆即为所求的轨迹.

一方面,对圆上任一点 M,(1)式成立.事实上,在 M 为 P 或 Q 时,这是显然的. 在 M 异于 P,Q 时,过 C 作 MB 的平行线分别交 MP,MQ 于 E,F(图 30-1(a)),则

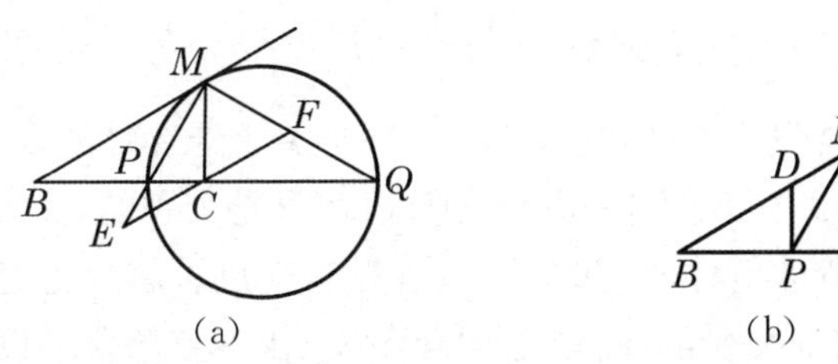

图 30-1

$$\frac{|BM|}{|CF|}=\frac{|BQ|}{|QC|}=\lambda,\frac{|BM|}{|CE|}=\frac{|BP|}{|PC|}=\lambda.$$

所以 $EC=CF$,C 为线段 EF 的中点.而 $\angle PMQ=90°$,所以 $MC=CF$,从而(1)式成立,点 M 满足条件.

另一方面,如果点 M 满足(1)式,那么 M 必在以 PQ 为直径的圆上. 事实上,在 M 为 P 或 Q 时,这是显然的. 在 M 异于 P,Q 时,过 P 作 CM 的平行线

交MB于D(图30-1(b)),则

$$\frac{|BD|}{|DM|}=\frac{|BP|}{|PC|}=\lambda,\frac{|BD|}{|DP|}=\frac{|BM|}{|MC|}=\lambda,$$

所以$DP=DM$,$\angle BMP=\angle DPM=\angle PMC$. 即$PM$是$\angle BMC$的平分线. 同理可证$QM$是$\angle BMC$的外角平分线. 因此$\angle PMQ=90°$,$M$在以$PQ$为直径的圆上.

以上两方面分别称为纯粹性、完备性.

例1中的轨迹称为阿氏(阿波罗尼奥斯,Apollonius,约公元前260—公元前190)圆,用处颇多.

例2 A为$\odot O$中定点. 动弦BC对A所张的角$\angle BAC=90°$,求BC中点M的轨迹.

解 易知轨迹是曲线,(在平面几何中)它应是圆(或圆弧),关键在于确定圆心.

注意直角三角形斜边上的中线等于斜边的一半,所以$AM=BM$. 而$OM\perp BC$,由勾股定理,得

$$OM^2+MA^2=OM^2+MB^2=R^2, \tag{2}$$

R为$\odot O$的半径.

设G为OA的中点,则

$$4GM^2=2(OM^2+MA^2)-OA^2=2R^2-OA^2. \tag{3}$$

即

$$GM=\frac{1}{2}\sqrt{2R^2-OA^2}. \tag{4}$$

于是轨迹是以OA中点G为圆心,定长$\frac{1}{2}\sqrt{2R^2-OA^2}$为半径的圆.

在竞赛中,通常只要求做到这一步,另一半关于纯粹性的证明往往省略. 因为在定出的曲线上即使有例外点,一般地说,都只是个别的,而且可以引入一些解释,使例外的变为非例外的(如平行直线没有交点可解释为有一交点在无穷远处). 如果坚持要证纯粹性,困难也没有多少,在多数场合可以归结为作出适合要求的图形. 在本例中,因为$\frac{1}{2}\sqrt{2R^2-OA^2}<R-\frac{1}{2}OA$,所以$\odot G$一定在$\odot O$内. 设$M$为$\odot G$上一点,过$M$作弦$BC\perp OM$,我们只需要证明$\angle BAC=90°$.

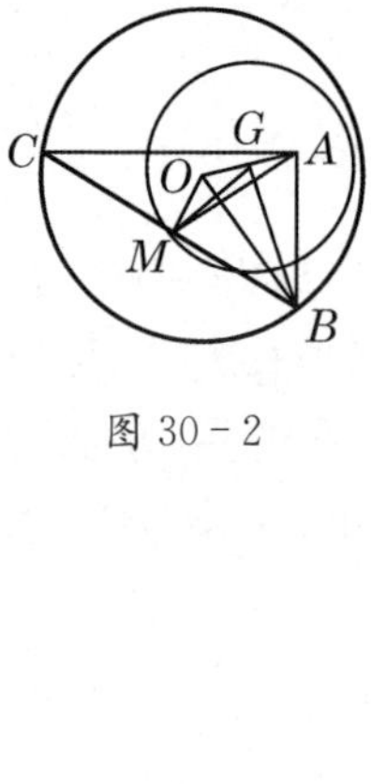

图30-2

M当然是弦BC的中点,由(4)倒推可导出$AM=MB$,从而$\angle BAC=90°$.

注 我们顺便证明了到定点O,A的距离的平方和为定

值R^2的点的轨迹是以OA的中点G为圆心，$\frac{1}{2}\sqrt{2R^2-OA^2}$为半径的圆.

例 3 将某城市的地图放在该城地上.证明必有一点与它在地图上的位置重合.

解 设点A在地图上为A'，A'所在地点B在地图上为B'.作出关于A，A'的阿氏圆$\odot K$与关于B，B'的阿氏圆$\odot K'$，其中的定比$\lambda=\frac{|AB|}{|A'B'|}$就是实地与地图的比(图 30-3 是理想的，实际的比λ当然要大得多).

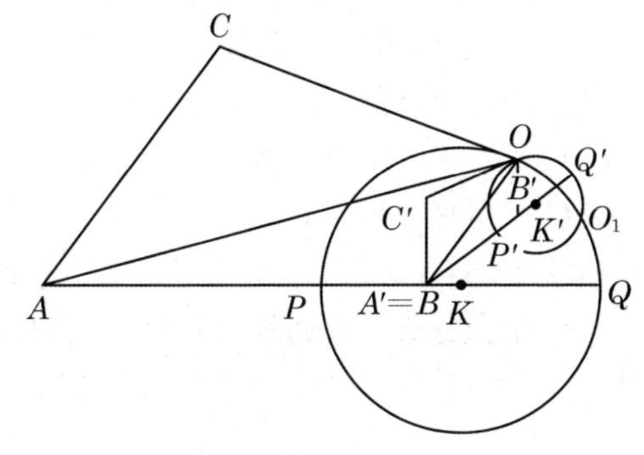

图 30-3

设P，Q为AB的内、外分点，P'，Q'为$A'B'$的内、外分点.

$A'B'$，$A'P'$，$A'Q'$分别为AB，AP，AQ的$\frac{1}{\lambda}$，因而$A'P'=PB=PA'$，$A'Q'=BQ=A'Q$.

因为PQ是$\odot K$的过A'的直径，所以A'到$\odot K$上任一点M的距离满足

$$A'M\geqslant KM-KA'=KP-KA'=A'P,$$

$$A'M\leqslant KM+KA'=KQ+KA'=A'Q,$$

因此P'在$\odot K$内，Q'在$\odot K$外.以$P'Q'$为直径的$\odot K'$与$\odot K$有公共点.

设O为$\odot K'$，$\odot K$的公共点，并且$\triangle OAB$与$\triangle OA'B'$的方向相同(即O，A，B与O，A'，B'同为逆时针顺序或同为顺时针顺序).这时O在地图上的位置O'应满足$\angle O'A'B'=\angle OAB$，$\angle O'B'A'=\angle OBA$.由于O在$\odot K$，$\odot K'$上，所以$\frac{OA}{OA'}=\frac{OB}{OB'}=\lambda=\frac{AB}{A'B'}$，从而$\triangle OA'B'\backsim\triangle OAB$，$\angle OA'B'=\angle OAB$，$\angle OB'A'=\angle OBA$.这就导出$O'$与$O$重合.

对于任一点C，设它在地图上的位置为C'，那么，$\triangle OCA\backsim\triangle OC'A'$，因此$O$被称为(顺)相似中心(请不要与位似中心混淆.相似中心O通常不在对应点的连线CC'上).

$\odot K$ 与 $\odot K'$ 的另一个交点 O_1 称为逆相似中心，如果将地图翻转放在地上，那么这时 O_1 就是不动点(与它在地图上的位置 O'_1 重合)，并且对任意的点 C，$\triangle O_1A'C' \backsim \triangle O_1AC$，$C'$ 是 C 在地图上的位置，但 $\triangle O_1A'C'$ 与 $\triangle O_1AC$ 的方向相反.

注 即使地图从墙上取下来时发生了变形，将它放到地上，仍有一个点与它在地图上的位置重合. 这属于拓扑的研究范畴.

在与圆有关的问题中，四点共圆是最重要的. 设四边形 $ABCD$ 中，

$$\angle BAD + \angle DCB = 180° \tag{5}$$

或

$$\angle BAC = \angle BDC, \tag{6}$$

那么 A，B，C，D 四点共圆. 我们常说 AD，BC(关于 AB，CD)逆平行(这时 AB，CD 也关于 AD，BC 逆平行). AD 的任一平行线交 AB 于 A'，CD 于 D'，则 $A'D'$，BC 也(关于 AB，CD)逆平行，即 A'，B，C，D' 共圆. 反过来，如果 A'，D' 分别在直线 AB，CD 上，并且 AD，$A'D'$ 均与 BC 逆平行，那么 $AD \parallel A'D'$(如同实数相乘的"负负得正"的符号法则). 类似地，在 A，B，C，D 共圆时，我们也说 AD，BC 关于 AC，BD 逆平行，并且 $A''D'' \parallel AD$ 时(图 30 - 4(a))，$A''D''$ 与 BC 关于 AC，BD 逆平行.

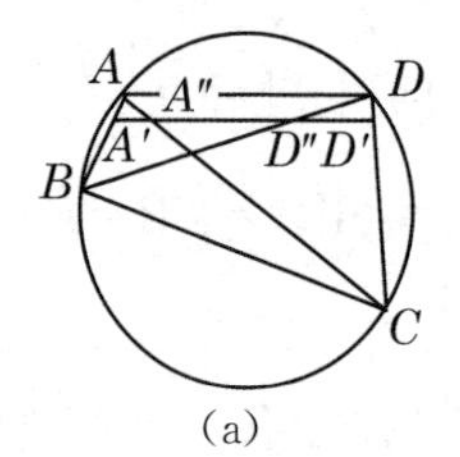

(a)

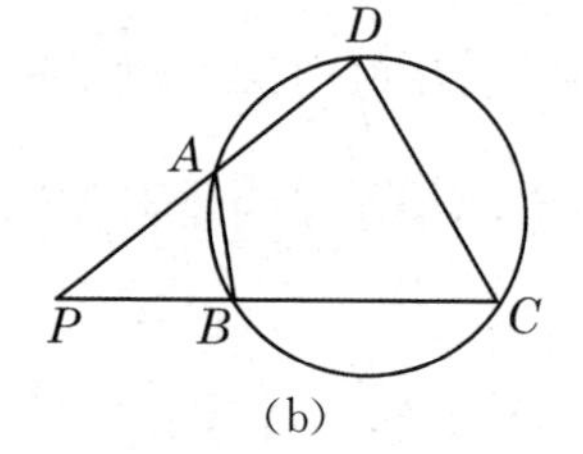

(b)

图 30 - 4

另一种证四点共圆的方法是设 P 为 AD，BC 的交点，若

$$PA \cdot PD = PB \cdot PC, \tag{7}$$

则 A，B，C，D 共圆.

显然 A，B，C，D 共圆时，(5)，(6)，(7)均成立.

例 4 在 $\triangle ABC$ 的边 BC，CA，AB(或其延长线)上各任取一点 X，Y，Z，则 $\triangle AYZ$，$\triangle BZX$，$\triangle CXY$ 的外接圆共点.

解 圆共点的问题可以化为点共圆(正像线共点的问题可以化为点共线). 设 $\odot AYZ$ 与 $\odot BZX$ 相交于点 Z，M，则

$$\angle AYM = \angle MZB = \angle MXC. \tag{8}$$

因此，M，X，C，Y 共圆. 即 $\odot CXY$ 也过点 M.

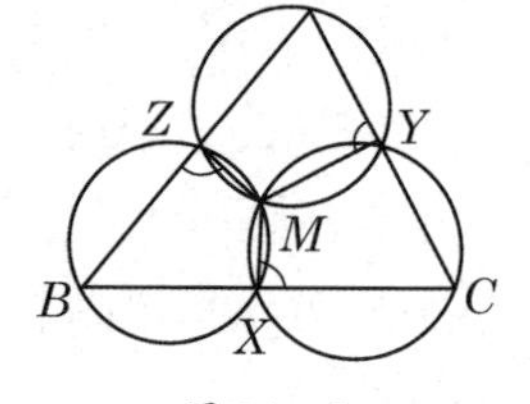

图 30 - 5

点 M 称为 Miquel 点. 上面的结论称为 Miquel 定理.

注 (8)与(5)是相同的,有时用(8)更方便些.

例 5 五边形 $FGHIJ$ 的边延长后得五角星 $ACEBD$(图 30-6). 每个"角"(三角形)的外接圆相交,除 F,G,H,I,J 外又有五个交点 F',G',H',I',J'. 证明这五点共圆.

解 $\angle CFG'=\angle CGG'=\angle G'AH$,所以 A,B,F,G' 共圆.

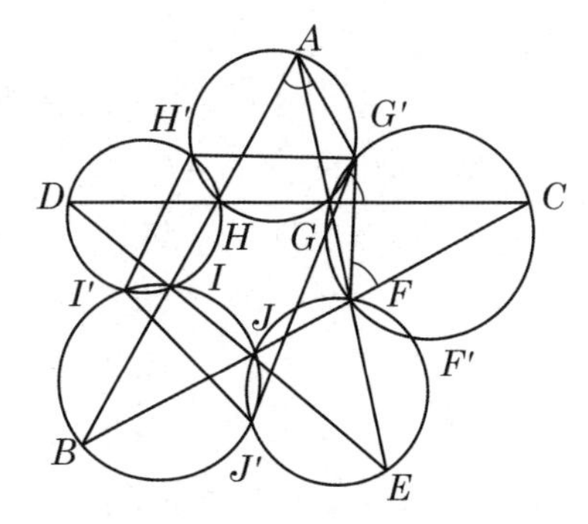

图 30-6

同理 A,B,F,J' 共圆. 于是 A,B,F,G',J' 五点共圆. 从而

$$\begin{aligned}180^\circ &=\angle AG'H'+\angle H'G'J'+\angle J'BA\\ &=\angle AHH'+\angle H'G'J'+\angle II'J'\\ &=\angle II'H'+\angle H'G'J'+\angle II'J'\\ &=\angle H'G'J'+\angle H'I'J',\end{aligned}$$

G',H',I',J' 四点共圆.

同理 H',I',J',F' 共圆,因此 F',G',H',I',J' 五点共圆.

例 6 如图 30-7(a),AB 是$\odot O$ 的直径,PA 为切线,过 P 任作一割线交$\odot O$ 于 C,D,BC,BD 分别与 PO 相交于 E,F. 求证 $EO=OF$.

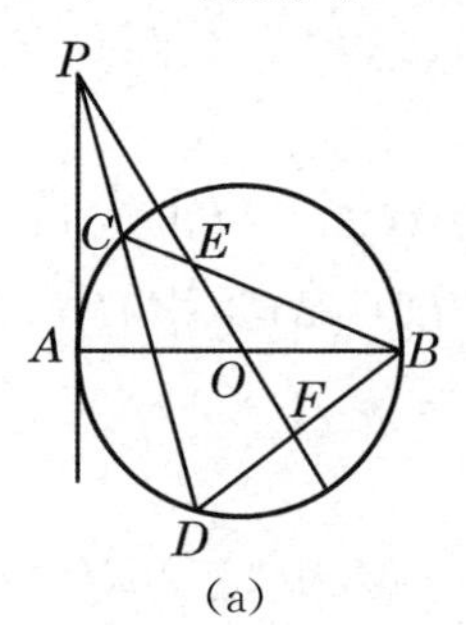

(a)

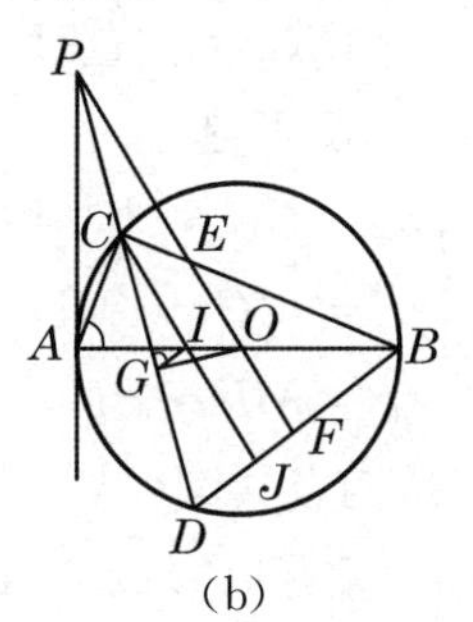

(b)

图 30-7

解 过 C 作 EF 的平行线分别交 BA,BD 于 I,J(图 30-7(b)). 要证 $EO=OF$,只需证

$$CI=IJ. \tag{9}$$

取 CD 中点 G,则 $OG\perp CD$. 连接 IG,设法证明 $IG/\!/JD$. 这就需要寻找 $\angle IGC,\angle CDB$ 间的关系.

因为$\angle OGP=\angle OAP=90^\circ$,所以 O,G,A,P 共圆. 因为 $CI/\!/OP$,所以根据上面关于逆平行线的结果,I,G,A,C 四点共圆. 从而$\angle IGC=\angle CAB=\angle CDB$,$IG/\!/JD$,(9)成立.

例 7 锐角三角形 ABC 中,$AB>AC$. AD, BE, CF 是高,EF 交 BC 于 P. 过 D 作 EF 的平行线,分别交 AC, AB 于 Q, R. N 是线段 BC 上一点,且

$$\angle NQP+\angle NRP<180^{\circ}, \tag{10}$$

求证:

$$BN>CN. \tag{11}$$

(1999 年台湾高中数学竞赛试题)

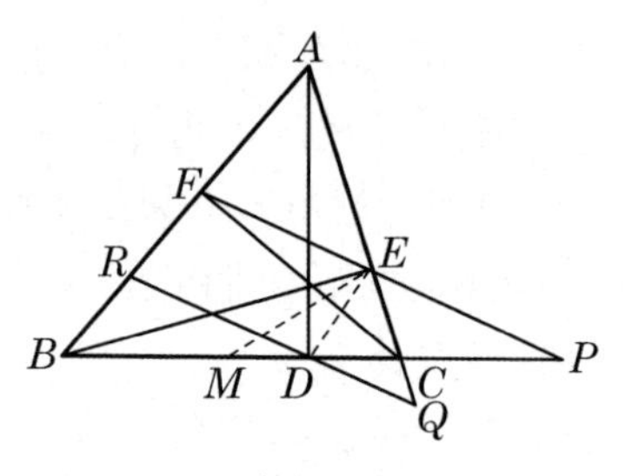

图 30-8

解 取 BC 中点 M,连接 ME, DE. 我们证明 R, M, Q, P 四点共圆.

因为
$$\begin{aligned}\angle MED &=\angle MEC-\angle DEC\\
&=\angle MCE-\angle DEC(\text{Rt}\triangle BEC \text{ 的中线 } ME=MC)\\
&=\angle MCE-\angle ABC(\text{因为 } A,B,D,E \text{ 共圆})\\
&=\angle MCE-\angle AEF(\text{因为 } B,C,E,F \text{ 共圆})\\
&=\angle MCE-\angle PEC\\
&=\angle MPE,\end{aligned}$$

所以 $\triangle MDE\backsim\triangle MEP$(这又是上一讲例 7 所说的相似三角形),从而

$$ME^2=MD\cdot MP. \tag{12}$$

又因为 $RQ/\!/FP$,所以

$$\angle BRD=\angle BFE=\angle DCQ(B,C,E,F \text{ 共圆}),$$

从而 B, R, C, Q 共圆.

$$\begin{aligned}RD\cdot DQ &=BD\cdot CD=(BM+MD)(CM-MD)\\
&=MC^2-MD^2=ME^2-MD^2=MD\cdot MP-MD^2\\
&=MD\cdot PD,\end{aligned}$$

所以 R, M, Q, P 四点共圆.

N 在 BC 上,又有(10)成立,即 $\angle NQP<\angle MQP$, $\angle NRP<\angle MRP$ 至少有一个成立,所以 N 必在线段 MC 上,从而(11)式成立.

例 8 如图,在锐角三角形 ABC 中,$AB<AC$. AD 是边 BC 上的高. P 是线段 AD 内的一点. 过 P 作 $PE\perp AC$,垂足为 E;作 $PF\perp AB$,垂足为 F. O_1, O_2 分别是 $\triangle BDF$, $\triangle CDE$ 的外心. 求证:O_1, O_2, E, F 四点共圆的充要条件为 P 是 $\triangle ABC$ 的垂心.

(2007 年全国高中联赛加试题)

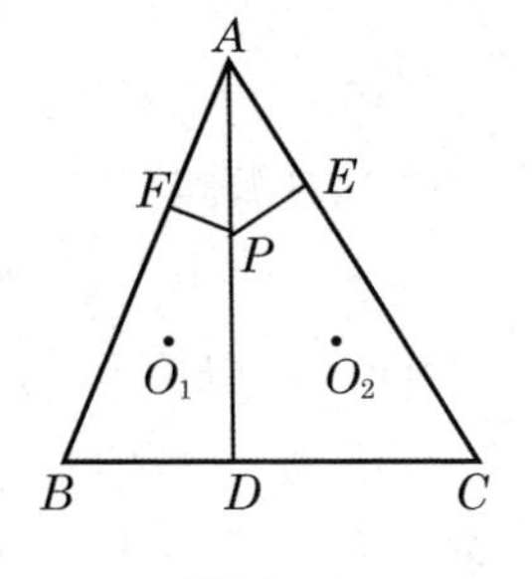

图 30-9

解 首先要定出 O_1 的位置. 由 $\angle PFB=90^{\circ}$ 得 PB 是这个圆的直径. 所以 O_1 在 PB 上,是 PB 的中点.

同理 O_2 是 PC 的中点.

在$\triangle PBC$ 中,中位线 $O_1O_2 /\!/ BC$.

如果 P 是$\triangle ABC$ 的垂心 H,那么 B,C,E,F 四点共圆(E,F 在以 BC 为直径的圆上). 所以 EF 与 BC 关于 BE,CF 逆平行. 而 $O_1O_2 /\!/ BC$,所以 EF 与 O_1O_2 关于 BE,CF 逆平行,即 O_1,O_2,E,F 四点共圆.

反之,设 O_1,O_2,E,F 四点共圆.

记$\angle O_1BF=\beta$,$\angle O_2CE=\gamma$,则易知

$$\angle FO_1O_2=\angle FO_1P+\angle PO_1O_2=2\beta+\angle PBC=\beta+\angle ABC, \tag{13}$$

$$\angle FEO_2=\angle FEP+\angle PEO_2=\angle FAP+90^\circ-\gamma=180^\circ-\angle ABC-\gamma. \tag{14}$$

因为
$$\angle FO_1O_2+\angle FEO_2=180^\circ, \tag{15}$$

所以
$$\beta=\gamma, \tag{16}$$

$$\mathrm{Rt}\triangle PFB\backsim \mathrm{Rt}\triangle PEC,$$

$$\frac{PF}{PE}=\frac{PB}{PC}. \tag{17}$$

设垂心 H 在 AB,AC 上的射影为 F_1,E_1,则易知

$$\frac{PF}{HF_1}=\frac{AP}{AH}=\frac{PE}{HE_1}, \tag{18}$$

而且与(17)相同有
$$\frac{HF_1}{HE_1}=\frac{HB}{HC}, \tag{19}$$

$$\angle HBA=\angle HCA. \tag{20}$$

所以由(17),(18),(19)得
$$\frac{PB}{PC}=\frac{HB}{HC}. \tag{21}$$

由(16),(20)得
$$\angle PBH=\angle PCH. \tag{22}$$

在 P 与 H 不重合时,(21),(22)表示$\triangle PBH$ 与$\triangle PCH$ 相似,而公共边 $PH=PH$,表示这两个三角形全等,所以 $HB=HC$,HD 为$\triangle ABC$ 的对称轴,$AB=AC$. 但已知 $AB<AC$. 所以 P 必须与垂心 H 重合.

上面的证明表示所说必要性仅在 $AB\neq AC$ 时才成立. 对于等腰三角形,只要 P 在底边 BC 的高上,O_1,O_2,E,F 均共圆.

习 题 30

1. 四边形 $ABCD$ 的边 AB,CD 相交于 E,BC,AD 相交于 F. 证明$\triangle EAD$,$\triangle EBC$,$\triangle FAB$,$\triangle FCD$ 的外接圆共点.

2. 四边形 $ABCD$ 内接于$\odot O$,AC 与 BD 相交于 P. 设$\triangle ABP$,$\triangle BCP$,

$\triangle CDP$，$\triangle DAP$ 的外心分别为 O_1，O_2，O_3，O_4. 求证 OP，O_1O_3，O_2O_4 三线共点.

3. $\triangle ABC$ 中，$AB<AC<BC$，D 点在 BC 上，E 点在 BA 的延长线上，且 $BD=BE=AC$，$\triangle BDE$ 的外接圆与 $\triangle ABC$ 的外接圆交于 F 点(如图 30－10). 求证 $BF=AF+CF$.

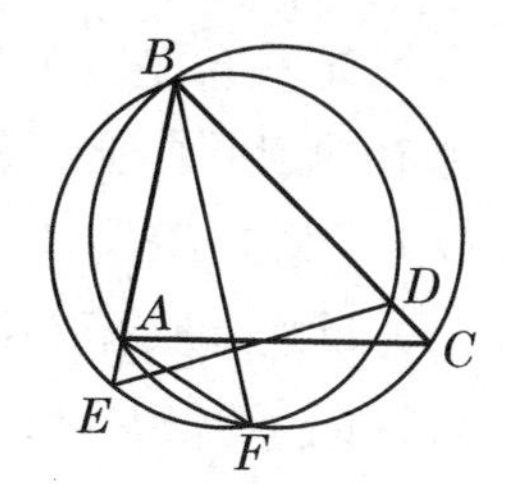

图 30－10

4. 已知⊙O 与 $\triangle ABC$ 的外接圆，AB，AC 均相切，切点分别为 T，P，Q. I 是 PQ 的中点. 证明 I 是 $\triangle ABC$ 的内心或旁心.

5. ⊙O 过 $\triangle ABC$ 的顶点 A，C，分别交 AB，BC 于 K，N(K 与 N 不同)，$\triangle BNK$ 的外接圆交 $\triangle ABC$ 的外接圆于 B，M(M 与 B 不同). 求证 $\angle BMO=90°$.

6. 凸四边形 $ABCD$ 内接于⊙O，对角线 AC 与 BD 相交于 P，$\triangle ABP$，$\triangle CDP$ 的外接圆相交于 P，Q，且 O，P，Q 三点两两不重合. 求证 $\angle OQP=90°$.

7. 凸四边形 $ABCD$ 中，AB 与 CD 不平行. ⊙O_1 过 A，B 且与边 CD 相切于 P，⊙O_2 过 C，D 且与边 AB 相切于 Q，⊙O_1 与⊙O_2 相交于 E，F. 求证 EF 平分线段 PQ 的充分必要条件是 $BC /\!/ AD$.

8. 在圆心为 O 的单位圆上顺次取五点 A_1，A_2，A_3，A_4，A_5. P 为⊙O 内一点，A_iA_{i+2}与 PA_{i+1}的交线为 Q_i($i=1,2,\cdots,5$. $A_{5+i}=A_i$)，$OQ_i=d_i$($i=1,2,\cdots,5$). 求乘积 $A_1Q_1\cdot A_2Q_2\cdot\cdots\cdot A_5Q_5$.

9. 已知凸四边形 $ABCD$. 四个圆，每一个与三条边相切，半径分别为 r_1，r_2，r_3，r_4，圆心分别为 O_1，O_2，O_3，O_4(⊙O_1 不与 CD 相切，⊙O_2 不与 DA 相切，等等). 求证：

(a) O_1，O_2，O_3，O_4 共圆.

(b) $\dfrac{AB}{r_1}+\dfrac{CD}{r_3}=\dfrac{BC}{r_2}+\dfrac{AD}{r_4}$.

10. 四边形 $ABCD$ 的边 BA，CD 延长后交于 P，BC，AD 延长后交于 Q. 如果四边形 $ABCD$ 有外接圆，P，Q 到这圆的切线长分别为 a，b. 求 PQ.

11. 若上题中，AC，BD 相交于 M，P，Q，M 到圆心 O 的距离分别为 p，q，m，圆半径为 R. 求 PQ，QM，MP.

12. 证明上题中 $\triangle PQM$ 的垂心为 O.

13. 四条直线，每三条组成一个三角形，证明四个三角形的外心一定共圆.

第 31 讲 几何证明

本讲，通过较多的分析，说明如何寻找几何问题的证明.

证明，可以由已知条件出发，逐步推出结论；也可以反过来，由结论开始，追溯原因，直至归结到已知的条件. 前者由因及果，称为综合法；后者执果索因，称为分析法. 证明，可以采用这两种方法中的任一种. 复杂的问题，也可以将两种方法结合起来使用. 当然，证明的困难，主要在如何由因及果或如何执果索因. 这需要多实践，积累经验，培养良好的感觉. 几何证明，往往还需要利用直观的图形与有关量的几何意义.

例 1 设 O，I 分别为$\triangle ABC$ 的外心与内心，R，r 分别为外接圆与内切圆的半径，记 $OI=d$. 证明欧拉公式： $d^2=R^2-2Rr$. (1)

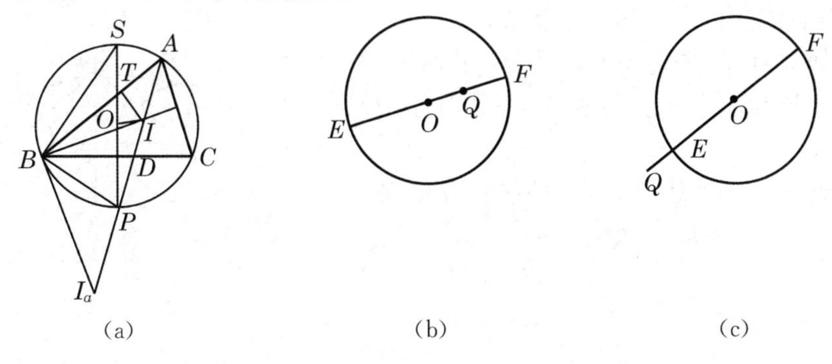

图 31 - 1

解 虽然 R^2 与 d^2 均有几何意义，但不便利用，R 是哪一条半径也不能确定. 将(1)改为

$$R^2-d^2=2Rr \tag{2}$$

更好一些. 这时 R^2-d^2 是内心 I 关于$\odot O$ 的幂.

对任一点 Q，设 QO 与$\odot O$ 相交于 E，F，则(如图 31 - 1(b)，(c))

$$|R^2-OQ^2|=|(EO+OQ)(EO-OQ)|=|EQ\cdot QF|,$$

即$|R^2-OQ^2|$等于 Q 对$\odot O$ 的幂. 所以，只需证明内心 I 对外接圆的幂为 $2Rr$.

设 AI 交$\odot O$ 于 P，则 I 对$\odot O$ 的幂为 $AI\cdot IP$. 要证明 $AI\cdot IP=2Rr$，即

$$\frac{AI}{2R}=\frac{r}{IP}. \tag{3}$$

为此，需要设法将 AI 与 r，$2R$ 与 IP 各放在一个三角形中，并且这两个三角形相似. 设$\odot I$ 与 AB 相切于 T，则第一个三角形就是直角三角形 ITA. 注意

$$\angle BIP=\angle BAP+\angle ABI=\angle PAC+\angle IBC$$

$$=\angle CBP+\angle IBC=\angle IBP,$$

所以 $IP=BP$. 过 P 作$\odot O$ 的直径 PS,则直角三角形 PSB 就是第二个三角形. 因为$\angle PSB=\angle IAT$,所以$\triangle PSB\backsim\triangle IAT$,从而(3)式成立,(1)也随之获证.

注 (ⅰ)由(1)立即得出 $R\geqslant 2r$.

(ⅱ)类似地,设 I_a 为与A 相对的旁切圆圆心,$\odot I_a$ 半径为 r_a,则

$$OI_a^2=R^2+2Rr_a. \tag{4}$$

由(3),(4)及$\triangle OII_a$ 不难得出

$$IP=PI_a=\sqrt{\frac{1}{4}(2\cdot OI^2+2\cdot OI_a^2)-OP^2}$$

$$=\sqrt{R(r_a-r)}. \tag{5}$$

(ⅲ)设 P 为$\overset{\frown}{BC}$中点,则 $PB=PI=PC$. 这类简单的小题目,要非常熟练. 小题目熟练了,大题目才能做好.

如果点 P 关于$\odot O_1$,$\odot O_2$ 的幂相等,那么 $PO_1^2-PO_2^2=r_1^2-r_2^2$,其中 r_1,r_2 分别为$\odot O_1$,$\odot O_2$ 的半径.

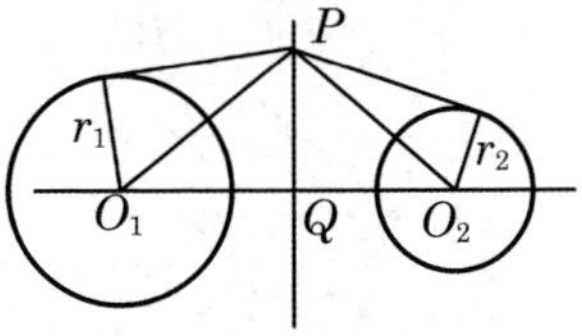

图 31 - 2

设 P 在连心线 O_1O_2 上的射影为 Q,则

$$QO_1^2-QO_2^2=r_1^2-r_2^2,$$

即
$$QO_1-QO_2=\frac{r_1^2-r_2^2}{O_1O_2}.$$

所以 Q 是 O_1O_2 上的定点$\left(Q\text{ 到 }O_1\text{ 的距离为 }QO_1=\frac{1}{2}\left(O_1O_2+\frac{r_1^2-r_2^2}{O_1O_2}\right)\right)$.

因此 P 在过定点 Q 的直线上. 反过来,过 Q 所作垂直于 O_1O_2 的直线上每一点关于$\odot O_1$,$\odot O_2$ 的幂相等.

这样的直线称为$\odot O_1$,$\odot O_2$ 的等幂轴或根轴. 在两圆相交时,根轴就是公共弦所在的直线. 在两圆相切时,根轴就是过切点的公切线.

例 2 $\triangle ABC$ 中,O 为外心,H 为垂心. 在 AB 上取 O',使 $AO'=AO$. 在 AC 上取 H',使 $AH'=AH$. 证明:$O'H'=AO$.

分析 如果结论成立,那么$\triangle AO'H'$ 是等腰三角形. 图 31 - 3 中,原来没有与它全等的三角形,我们设法构造一个. 为此,设 O 在 BC 上的射影为 D,在直线 OD 上取 N,使 $DN=OD$,连接 BN,则$\triangle OBN$ 是等腰三角形,并且 $OB=AO'$,$\angle BON=\frac{1}{2}\angle BOC=\angle O'AH'$.

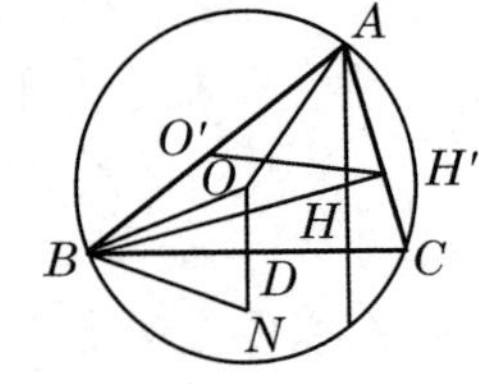

图 31 - 3

如果 $ON=AH'$，便有$\triangle BON\cong\triangle O'AH'$. 而 $ON=2OD$，所以只需证明 $AH=2OD$.

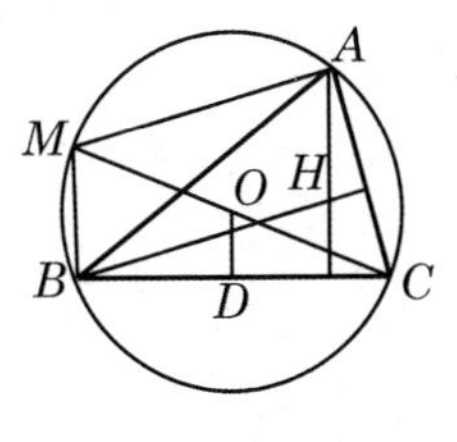

图 31－4

在图 31－4 中，设过 C 的直径为 CM，则$\angle MBC$，$\angle MAC$ 都是直角，所以 $MA\parallel BH$，$MB\parallel AH$. 从而 $MB=AH$. 又 $OD=\frac{1}{2}MB$，所以 $ON=2OD=MB=AH$.

于是，$\triangle BON\cong\triangle O'AH'$，$O'H'=BN=OB=AO$.

注 证明 $AH=2OD$ 也是一个常见的小题目.

例 3 如图 31－5，设$\triangle ABC$ 的面积为$\triangle$，外心为 O，外接圆的半径为 R. 任一点 P 在三边上的射影分别为 A_1，B_1，C_1. 设$\triangle A_1B_1C_1$ 的面积为$\triangle_1$，$OP=d$. 证明欧拉定理：

$$\triangle_1=\frac{\triangle}{4}\cdot\left|1-\frac{d^2}{R^2}\right|. \tag{6}$$

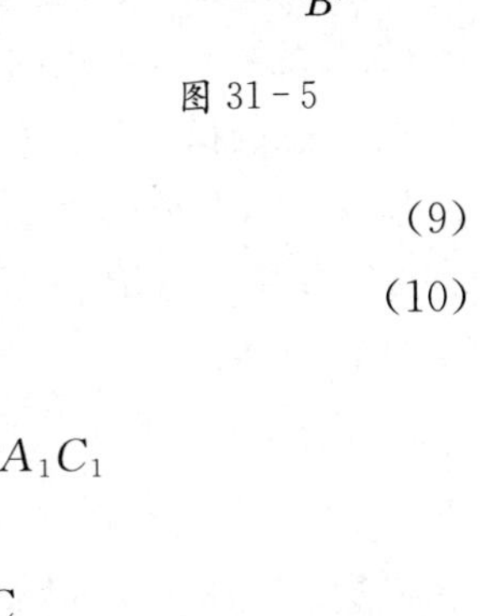

图 31－5

解 首先将(6)改写为

$$\triangle_1=\frac{\triangle}{4R^2}|R^2-d^2|. \tag{7}$$

$|R^2-d^2|$是例 1 中已经说过的、点 P 关于$\odot O$ 的幂. 如果延长 BP 交$\odot O$ 于 B'，那么

$$R^2-d^2=BP\cdot PB'. \tag{8}$$

显然 A_1，B_1 在以 BP 为直径的圆上，所以

$$A_1B_1=BP\cdot\sin\angle ABC. \tag{9}$$

同理
$$A_1C_1=PC\cdot\sin\angle ACB. \tag{10}$$

又 A_1B_1，A_1C_1 的夹角

$$\begin{aligned}\angle B_1A_1C_1&=2\pi-\angle B_1A_1P-\angle PA_1C_1\\&=\angle PBA+\angle PCA\\&=2\pi-\angle BAC-\angle BPC\\&=\angle PB'C+\angle B'PC\\&=\pi-\angle B'CP,\end{aligned} \tag{11}$$

所以
$$\begin{aligned}\triangle_1&=\frac{1}{2}A_1B_1\cdot A_1C_1\sin\angle B_1A_1C_1\\&=\frac{1}{2}BP\sin\angle ABC\cdot PC\sin\angle ACB\cdot\sin\angle B'CP\\&=\frac{1}{2}BP\sin\angle ABC\sin\angle ACB\cdot PB'\sin\angle PB'C\end{aligned}$$

$$=\frac{1}{2}\mid R^2-d^2\mid \sin\angle ABC\sin\angle ACB\sin A$$

$$=\frac{1}{2}\cdot\frac{1}{4R^2}\mid R^2-d^2\mid AC\cdot AB\sin A$$

$$=\frac{\triangle}{4R^2}\mid R^2-d^2\mid. \tag{12}$$

注 由(6)可知，当且仅当 P 在$\odot O$ 的同心圆上，相应的$\triangle_1$ 均相等. 特别地，当且仅当 P 在$\odot O$ 上，$\triangle_1=0$，即 A_1，B_1，C_1 共线. 这就是第 32 讲例 1 的西姆森(R. Simson，1687—1768)线.

每年全国高中联赛加试的第一题都是平面几何题. 每年的国际数学竞赛也都至少有一道平面几何题，而 2007 年的第 48 届竟有 2 道(还不包括第 6 道与几何有关的问题). 下面的例 4、例 5 就是这一届 IMO 的试题.

例 4 设有 A，B，C，D，E 五点，$ABCD$ 是平行四边形，$BCED$ 是圆内接四边形. 直线 l 过 A，分别交线段 DC，直线 BC 于点 F，G(F 是线段 DC 的内点). 如果 $EF=EG=EC$，求证：l 是$\angle DAB$ 的角平分线.

解 图不易画准，可先画一个草图，再画正式的图.

通过草图熟悉题意. 可以知道 E 是$\triangle CGF$ 的外心. 正式的图可以先画一个以 E 为圆心的圆. 如果 l 平分$\angle BAD$，那么$\angle BGA=\angle GAD=\angle GAB=\angle GFC=\angle AFD$，所以 $GB=GA$，$GC=CF$，$DF=DA$.

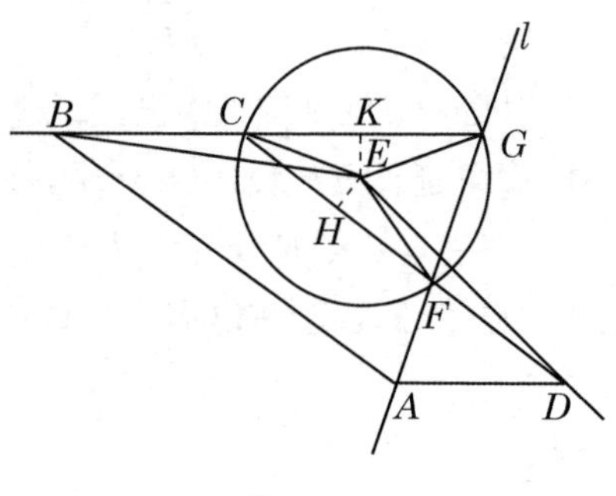

图 31-6

于是，在$\odot E$ 中任画一弦 CG 后，应作弦 $CF=GC$. 这时直线 GC，GF，CF 均已定出，再在 GC 上任取一点 B，完成平行四边形 $ABCD$ 即得上图(也可先取 A 或 D).

从图上看，$\triangle EDF$ 与$\triangle ECB$，$\triangle ECD$ 与$\triangle EGB$ 都应当是全等的. 事实上，如果 l 平分$\angle BAD$，那么上面已说过 $DF=DA=BC$，$GC=CF$，所以

$$\angle ECG=\angle ECF=\angle EFC,$$

$$\angle ECB=180^\circ-\angle ECG=180^\circ-\angle EFC=\angle EFD,$$

结合
$$EF=EC, \tag{13}$$

的确可得
$$\triangle EDF\cong\triangle EBC \tag{14}$$

(而且 B，C，E，D 四点共圆，故$\angle EBC=\angle EDF$).

但现在“l 平分$\angle BAD$”却正是需要证明的，不能倒果为因. 我们只能由 B，C，E，D 共圆得出

$$\angle EDF=\angle EBC, \tag{15}$$

由平行得出

$$\frac{DF}{BC}=\frac{DF}{DA}=\frac{CF}{CG}. \tag{16}$$

加上(13)，却不能证明(14). 虽然我们知道(14)应当成立，却连$\triangle EDF\backsim\triangle EBC$ 也不能直接证明.

但由(15)，我们可以构造一对相似三角形，即作 $EH\perp CF$，$EK\perp CG$，垂足分别为 H，K. 这时

$$\triangle EHD\backsim\triangle EKB, \tag{17}$$

而由(16)得$\dfrac{DF}{BC}=\dfrac{CF}{CG}=\dfrac{2FH}{2CK}=\dfrac{FH}{CK}$，所以在(17)的两个相似三角形中，$F$，$C$ 是一对对应点. 因此，

$$\triangle EDF\backsim\triangle EBC. \tag{18}$$

而 $EF=EC$，所以(18)即(14).

由(14)得 $DF=BC=AD$. 从而

$$\angle DAF=\angle DFA=\angle BAF.$$

即 l 平分$\angle BAD$.

本题的关键即构造出一对相似(实际上也是全等)的三角形.

例 5 在$\triangle ABC$ 中，$\angle BCA$ 的角平分线与$\triangle ABC$ 的外接圆交于点 R，与边 BC 的垂直平分线交于点 P，与边 AC 的垂直平分线交于点 Q. 设 K 与 L 分别是边 BC 和 AC 的中点.

证明：$\triangle RPK$ 和$\triangle RQL$ 的面积相等.

解 本题的图很容易画. 圆心 O 显然在边 BC 的垂直平分线 KP 上，也在边 AC 的垂直平分线 LQ 上. 图中有两个直角三角形：$\triangle CLQ$，$\triangle CKP$ 可以利用(它们是相似的).

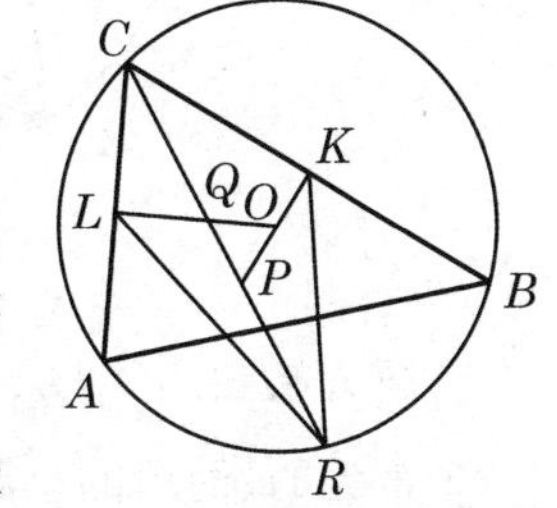

图 31-7

如果 $CA=CB$，那么 Q，O，P 重合，而且都在直径 CR 上. 由于$\triangle RQL$ 与$\triangle RPK$ 关于 CR 对称，结论显然.

设 $CA\neq CB$.

$$\angle CQL=90^\circ-\angle LCQ=90^\circ-\angle QCK=\angle CPK, \tag{19}$$

所以

$$\angle LQR=\angle KPR. \tag{20}$$

要证

$$S_{\triangle RPK}=S_{\triangle RQL}, \tag{21}$$

只需证

$$LQ\cdot QR=KP\cdot PR, \tag{22}$$

即
$$\frac{LQ}{KP}=\frac{PR}{QR}. \tag{23}$$

由$\triangle CLQ\backsim\triangle CKP$得
$$\frac{LQ}{KP}=\frac{CQ}{CP}, \tag{24}$$

所以只需证
$$\frac{PR}{QR}=\frac{CQ}{CP}. \tag{25}$$

注意由(19)还可得出 $\angle OQP=\angle CPK$, (26)

所以$\triangle OQP$是等腰三角形. 底边QP的高过O点,平分QP,而这高也平分弦CR,所以
$$PR=CQ,QR=CP. \tag{27}$$

(25)当然成立.

例6 凸四边形$ABCD$内接于$\odot O$,BA,CD的延长线相交于点H,对角线AC,BD相交于点G. $\odot O_1$,$\odot O_2$分别为$\triangle AGD$,$\triangle BGC$的外接圆. 设O_1O_2与OG交于点N,射线HG分别交$\odot O_1$,$\odot O_2$于点P,Q. 设M为PQ的中点,求证:$NO=NM$.

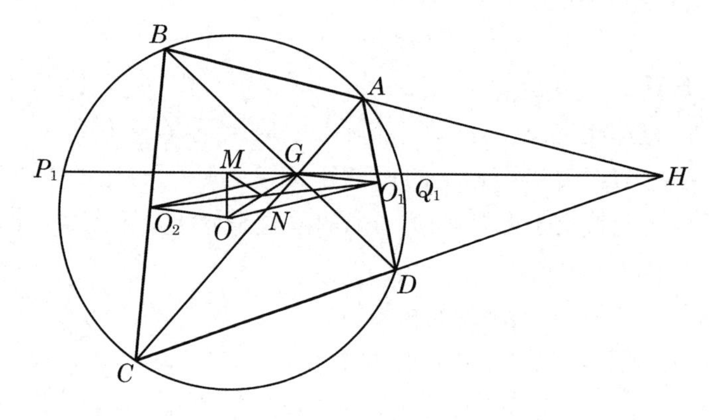

图 31 - 8

解 易知$\angle O_1GA=90°-\angle ADG=90°-\angle GCB$,所以$O_1G\perp BC$(这也是一个常见的、简单的小题目). 又$BC$是$\odot O$,$\odot O_2$的公共弦,所以$OO_2\perp BC$,因此$OO_2/\!/O_1G$. 同理$OO_1/\!/O_2G$. 所以四边形$OO_1GO_2$是平行四边形. N是OG(也是O_1O_2)的中点.

设HG交$\odot O$于P_1,Q_1. 如果M也是P_1Q_1的中点,那么$OM\perp P_1Q_1$.

直角三角形OMG的斜边中线
$$NM=\frac{1}{2}OG=ON.$$

因此,只要证明 PQ 的中点 M 与 P_1Q_1 的中点 M' 是一致的.

我们将图 31－8 中有关部分放大成图 31－9.

设 O_1,O_2,N 在 PQ 上的射影分别为 E,F,K,则 E,F 分别为 GP,QG 的中点. 而 K 是 $M'G$ 的中点,也是 EF 的中点.

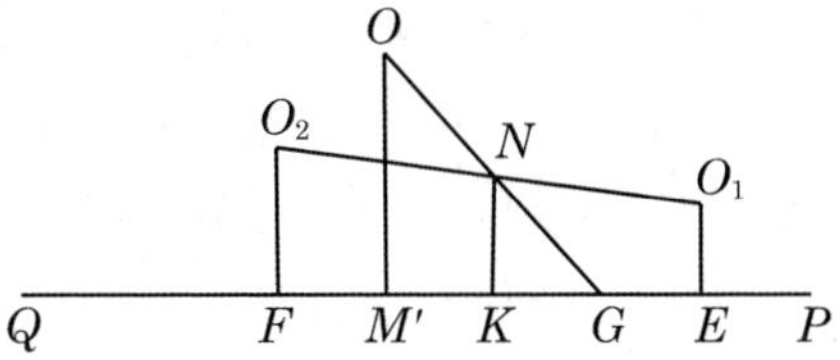

图 31－9

$M'P=M'G+GP=2(KG+GE)=2KE$,

$QM'=QG-M'G=2(FG-KG)=2FK$,

所以 $QM'=M'P$,即 M' 就是 PQ 的中点 M.

注 设 $\odot O_3$,$\odot O_4$ 分别为 $\triangle AGB$,$\triangle CGD$ 的外接圆. 可以证明 $\odot O_3$,$\odot O_4$ 均过点 M. 事实上,G 是这两个圆的一个公共点,H 关于这两个圆的幂相等:$HA\cdot HB=HC\cdot HD$. 所以 GH 就是两个圆的根轴,也就是公共弦所在的直线. 与上面同样,O_3O_4 的中点也是 N. OM,O_3O_4 均与公共弦所在直线 GH 垂直,所以 $OM\parallel O_3O_4$. 而 O_3O_4 又过 OG 中点 N,所以也过 GM 中点,即 M 是 $\odot O_3$,$\odot O_4$ 的另一个公共点.

例 7 $\odot O$ 与 $\odot O_1$ 内切于 T. 自大圆 $\odot O$ 上 C,D 两点作 $\odot O_1$ 的切线,切点分别为 P,Q. PQ 交 CD 于 R. 求证 TR 平分 $\angle CTD$.

解 TR 平分 $\angle CTD$ 等价于

$$\frac{CR}{RD}=\frac{CT}{DT}.\tag{28}$$

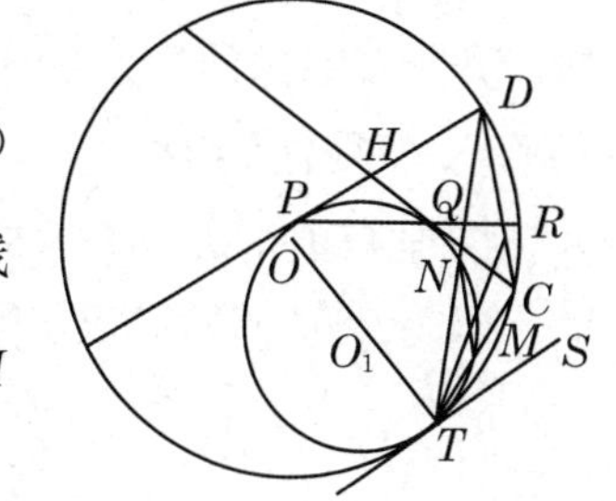

图 31－10

设 CQ 与 DP 相交于 H. 对 $\triangle CDH$ 与截线 RQP,由门奈劳斯定理,$\frac{CR}{RD}\cdot\frac{DP}{PH}\cdot\frac{HQ}{QC}=1$,而 $PH=HQ$,所以

$$\frac{CR}{RD}=\frac{CQ}{DP}.\tag{29}$$

因此只需要证明

$$\frac{CQ}{DP}=\frac{CT}{DT}.\tag{30}$$

设 TC,TD 分别交 $\odot O_1$ 于 M,N. 易证

$$MN\parallel CD,\tag{31}$$

于是

$$\left(\frac{CQ}{DP}\right)^2=\frac{CM\times CT}{DN\times DT}=\left(\frac{CT}{DT}\right)^2.\tag{32}$$

从而(30)成立.

注 本题由(29),(31),(28)这三部分组成,每一部分都很熟悉,例7自然不难.其中(31)可通过作两圆公切线 TS,由 $\angle TNM=\angle MTS=\angle TDC$ 得出;亦可由 T 为 $\odot O$,$\odot O_1$ 的位似中心,N,M 分别与 D,C 对应立即得出.

例8 在 $\triangle ABC$ 的边或延长线上取点 B_A,C_A,A_B,C_B,B_C,A_C,使 $BB_A=CC_A=BC$,$AA_B=CC_B=AC$,$BB_C=AA_C=AB$(图31-11).证明:

(a) $\triangle AB_AC_A$,$\triangle BC_BA_B$,$\triangle CA_CB_C$ 的外接圆相等.

(b) 上述三个外接圆及 $\triangle ABC$ 的外接圆与同一个圆外切,也与同一个圆内切.这两个圆是同心圆,它们的圆心恰好是 $\triangle ABC$ 的内心 I.

(c) $B_AC_A /\!/ C_BA_B /\!/ A_CB_C$,并且均与 OI 垂直,O 是 $\triangle ABC$ 的外心.

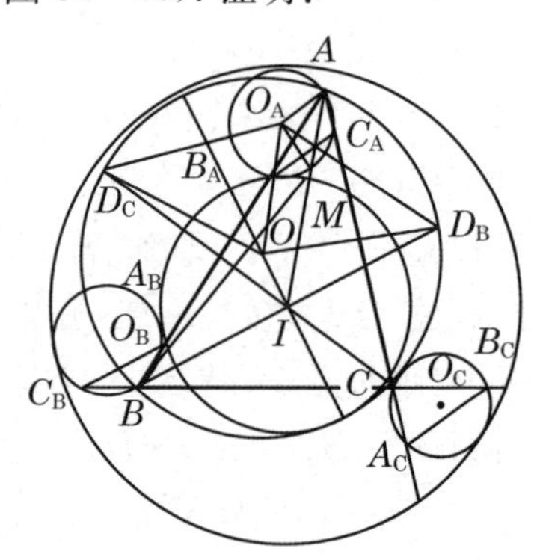

图 31-11

解 这个问题是叶中豪先生告诉作者的.它的证法很多.

作 $\odot O$ 的半径 $OD_B\perp AC$,$OD_C\perp AB$.完成菱形 $OD_CO_AD_B$.

因为 $OD_B\perp AC$,所以 $D_CO_A\perp AC$.因为 D_C 是 $\overset{\frown}{AB}$ 的中点,所以 CD_C 是等腰三角形 CBC_A 的顶角平分线,过点 I,并且 $D_CC_A=D_CB=D_CA$.从而 D_CO_A 是 AC_A 的垂直平分线.

同理 D_BO_A 是 AB_A 的垂直平分线.所以 O_A 是 $\triangle AB_AC_A$ 的外心.

因为 $OD_C\perp AB$,$OD_B\perp AC$,所以 $\angle D_COD_B=180^\circ-\angle BAC$.因为 O_AO 平分 $\angle D_COD_B$,所以 O_AO 与 AB 所成的角 $=90^\circ-\angle D_CO_AO=90^\circ-\dfrac{1}{2}\angle D_COD_B$ $=\dfrac{1}{2}\angle BAC$,从而 $OO_A /\!/ AI$.

设 AI 交 $\odot O_A$(即 $\odot AB_AC_A$)于 M,则 M 是 $\overset{\frown}{B_AC_A}$ 的中点,$O_AM\perp B_AC_A$.

如果(c)成立,$OI\perp B_AC_A$,那么 $OI /\!/ O_AM$.从而四边形 O_AOIM 是平行四边形,$O_AM=OI$.即 $\odot O_A$ 是半径为 $d=OI$ 的圆.四边形 O_AOIA 是等腰梯形,$IO_A=OA=R$.从而 $\odot O_A$ 与以 I 为圆心,$R-d$ 为半径的圆外切;也与以 I 为圆心,$R+d$ 为半径的圆内切.$\odot O$ 也是这样.

因此,只需要证明(c),即 $OI\perp B_AC_A$.

因为 $OD_C\perp AB$,$ID_C\perp BB_A$,所以 $\angle OD_CI=\angle C_ABB_A$.

又 $$\frac{BB_A}{D_CO}=\frac{a}{R}=2\sin\angle BAC=2\sin\angle BD_CC=\frac{BC_A}{BD_C}=\frac{BC_A}{D_CI},$$

所以 $$\triangle OD_CI\backsim\triangle B_ABC_A.$$

从而 $$OI\perp B_AC_A.$$

注 以 I 为圆心的圆中，只有$\odot(I,R-d)$与$\odot O$ 外切，$\odot(I,R+d)$与$\odot O$ 内切，因此(b)暗示我们$\odot O_A$ 的半径为 d，并且 $O_AI=R$. 上面的证明过程正是先确定 O_A 位置，再证明 $O_AI=R$，$O_AA=d$. 所以要证明的结论往往启发我们如何去证明.

例 9 在锐角三角形 ABC 中，ω，Ω，R 分别表示内切圆、外接圆、外接圆半径. 圆 ω_A 与 Ω 内切于点 A，且与 ω 外切；圆 Ω_A 与 Ω 内切于点 A，且与 ω 内切. P_A，Q_A 分别是 ω_A，Ω_A 的圆心. 同样定义 P_B，Q_B；P_C，Q_C. 求证：

$$8P_AQ_A\cdot P_BQ_B\cdot P_CQ_C\leqslant R^3 \tag{33}$$

当且仅当$\triangle ABC$ 为正三角形时，等号成立

（2007 年美国数学奥林匹克试题）.

解 图太复杂了，没有必要把它完整地画出来. 那样反而扰乱我们的视线，不能突出主要部分.

我们可以只画出一个“局部”，即图 31－12.

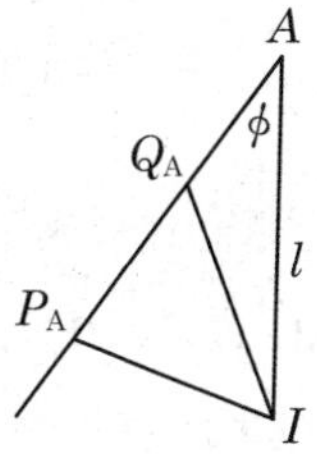

记 $IA=l$，$\angle IAQ_A=\phi$，内切圆半径为 r，则

$$Q_AI=Q_AA+r,P_AI=P_AA-r. \tag{34}$$

图 31－12

由余弦定理，有

$$Q_AA^2+l^2-2l\cdot Q_AA\cos\phi=(Q_AA+r)^2, \tag{35}$$

$$P_AA^2+l^2-2l\cdot P_AA\cos\phi=(P_AA-r)^2. \tag{36}$$

由(35)得 $$Q_AA=\frac{l^2-r^2}{2(l\cos\phi+r)}, \tag{37}$$

由(36)得 $$P_AA=\frac{l^2-r^2}{2(l\cos\phi-r)}. \tag{38}$$

(38)－(37)得 $$P_AQ_A=\frac{(l^2-r^2)r}{(l\cos\phi)^2-r^2}. \tag{39}$$

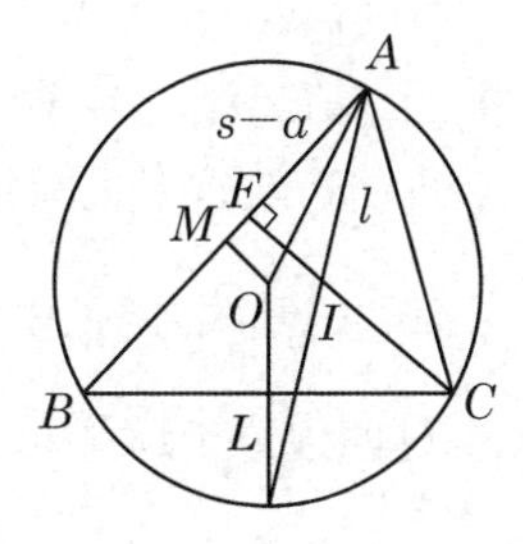

图 31－13

设$\triangle ABC$ 的三个角为 2α，2β，2γ，则由图 31－13 中的直角三角形 IFA 与 OMA 易知

$$l^2-r^2=(s-a)^2=(s-a)r\cot\alpha, \tag{40}$$

$$l=\frac{r}{\sin\alpha}=\frac{r}{\cos(\beta+\gamma)}. \tag{41}$$

又 Q_A，P_A 都在 OA 上，所以

$$\phi=\angle OAI=\alpha-\angle OAB=\alpha-(90^\circ-2\gamma)=\gamma-\beta. \tag{42}$$

于是
$$P_AQ_A=\frac{(l^2-r^2)r}{l^2(\cos^2(\gamma-\beta)-\cos^2(\beta+\gamma))}=\frac{(l^2-r^2)r}{l^2\sin2\beta\sin2\gamma}$$
$$=\frac{(s-a)\sin\alpha\cos\alpha}{\sin2\beta\sin2\gamma}=\frac{(s-a)aR}{bc}. \tag{43}$$

$$8P_AQ_A\cdot P_BQ_B\cdot P_CQ_C=8(s-a)(s-b)(s-c)\cdot\frac{R^3}{abc}$$
$$\leqslant(s-a+s-b)(s-b+s-c)(s-c+s-a)\cdot\frac{R^3}{abc}=R^3.$$

平面几何,既有优美的图形,令人赏心悦目;又有众多的问题,供大家思考探索. 因此,吸引了大批数学爱好者对它进行研究.

关于平面几何,可参考以下著作:

1. 近代欧氏几何学,约翰逊著,单墫译,上海教育出版社.

2. 几何,阿达玛著,朱德祥译,上海科学技术出版社.

3. 初等数学复习及研究,梁绍鸿著,高等教育出版社.

4. 平面几何中的小花,单墫著,上海教育出版社.

习 题 31

1. 设△ABC 的内切圆分别与边 BC,CA,AB 相切于点 A_1,B_1,C_1,线段 AA_1 与内切圆再交于点 Q. 直线 l 过 A,平行于 BC. 直线 A_1C_1,A_1B_1 分别交 l 于 P,R. 证明:$\angle PQR=\angle B_1QC_1$.

2. 已知四边形 $ABCD$ 是圆内接四边形. 直线 AC,BD 相交于 P 点,并且$\frac{AB}{AD}=\frac{CB}{CD}$.设 E 为 AC 的中点. 求证:$\frac{EB}{ED}=\frac{PB}{PD}$.

3. 两小圆外切于 A,又内切于另一个大圆 O 于 B,C. 两小圆的内公切线交⊙O 于 M,N. D 为 MN 的中点. 求证 A 为△DBC 的内心.

4. 已知△ABC 中,$AB=AC$. 以 BC 中点 O 为圆心的半圆切 AB 于 D,切 AC 于 G. EF 与这个半圆相切,E,F 分别在 AB,AC 上. 过 E 作 AB 的垂线,过 F 作 AC 的垂线,两条垂线相交于 P. 作 $PQ\perp BC$,Q 为垂足. 求证:$PQ=\frac{EF}{2\sin B}$.

5. 设四边形 $ABCD$ 的边长为 a,b,c,d,对角线长为 m,n,证明:
$$m^2n^2=a^2c^2+b^2d^2-2abcd\cos(A+C).$$

下面的三道例题是关于双心四边形的. 所谓双心四边形,就是既有内切圆(内心)，又有外接圆(外心)的四边形.

6. 圆内接四边形 $ABCD$ 的对角线交点 P 在四条边上的射影为 K,L,M,N.

(1) 证明垂足四边形 $KLMN$ 有内切圆.

(2) 如果 $AC\perp BD$，四边形 $ABCD$ 的外接圆半径为 R，圆心 O 与 P 的距离为 d，求四边形 $KLMN$ 的内切圆的半径.

7. $\odot O$ 的内接四边形 $ABCD$ 中，$AC\perp BD$. AC 与 BD 的交点 P 在各边的射影为 K,L,M,N，各边中点为 E,F,G,H. 证明：这八点共圆，并且这圆的半径 ρ 满足 $\rho=\frac{1}{2}\sqrt{2R^2-d^2}$，$R$ 为 $\odot O$ 半径，$d=OP$.

8. 设双心四边形 $KLMN$ 的内切圆半径为 r，外接圆半径为 ρ，外心与内心之间的距离为 h，证明：$\frac{1}{(\rho+h)^2}+\frac{1}{(\rho-h)^2}=\frac{1}{r^2}$，并且有无穷多个双心四边形与四边形 $KLMN$ 有相同的外接圆和内切圆.

9. 设 I 为 $\triangle ABC$ 的内心，M,N 分别为 AB,AC 的中点，点 D,E 分别在直线 AB,AC 上，满足 $BD=CE=BC$. 过 D 作 IM 的垂线，过 E 作 IN 的垂线，两垂线相交于 P. 求证：$AP\perp BC$.

10. AB 是 $\odot O$ 的弦，M 是 $\overset{\frown}{AB}$ 的中点，C 在 $\odot O$ 外，过 C 作切线 CS,CT，切点为 S,T. MS,MT 分别交 AB 于 E,F. 过 E,F 作 AB 的垂线，分别交 OS,OT 于 X,Y. 再过 C 作割线，交 $\odot O$ 于 P,Q. 连接 MP，交 AB 于 R. 设 Z 为 $\triangle PQR$ 的外心. 求证：X,Y,Z 三点共线.

第32讲 共线点与共点线

证明三点 A,B,C 共线的方法很多,常用的有以下几种:

1. 如图32-1,设 B 在线段 XY 上,证明

$$\angle ABX+\angle XBC=\pi$$

或

$\angle ABX=\angle CBY$(对顶角相等的逆定理).

图32-1　　图32-2

而在图32-2中,应改为证明

$$\angle ABX=\angle CBX.$$

2. 证明 AB,AC 与同一条直线平行.

3. 证明 $AB+BC=AC$.

4. 利用一些与共线有关的定理,如梅内劳斯(Menelaus of Alexandria,约1世纪)定理、笛沙格(G. Desargues, 1591—1661)定理等.

此外,还可以利用位似(如第34讲例7)、面积(如第35讲例11)、解析几何等.

第一种方法是最普通、最常用的.

例1　P 为 $\triangle ABC$ 的外接圆上任意一点,P 在三边上的射影为 D,E,F. 证明 D,E,F 共线(西姆森线).

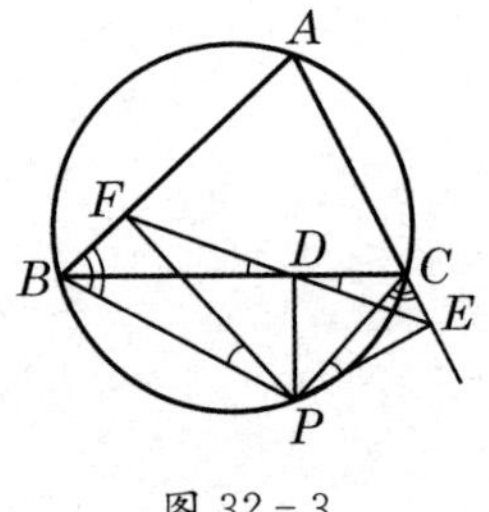

图32-3

解　因为 $\angle PFB=\angle PDB=90°$,所以 P,D,F,B 四点共圆,$\angle FDB=\angle FPB$. 同理 $\angle EDC=\angle EPC$.

因为 A,B,P,C 共圆,所以 $\angle PCE=\angle PBA$. 从而它们的余角 $\angle EPC=\angle FPB$,所以 $\angle FDB=\angle EDC$. 于是 F,D,E 共线.

例2　设 AD,BE,CF 是 $\triangle ABC$ 的高,H 是垂心. X,Y 在直线 BC 上 D 点两侧,满足 $\dfrac{DX}{DB}=\dfrac{DY}{DC}$. X 在 CF,CA 上的射影分别为 M,N,Y 在 BE,BA 上的

射影分别为 P, Q. 求证 M, N, P, Q 四点共线.

解 设 XM 交 DA 于 S. 因为 $XM // AB$, 所以

$$\frac{DS}{DA}=\frac{DX}{DB}=\frac{DY}{DC}.$$

从而 $YS // AC$. 即 S 也是 YP 与 DA 的交点.

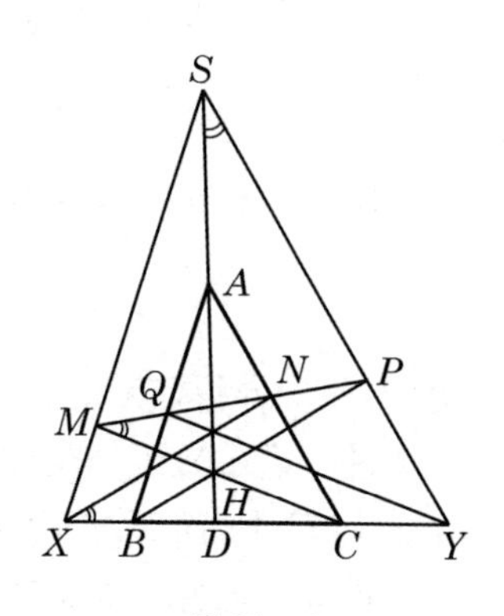

图 32-4

由 H, M, S, P 共圆, X, M, N, C 共圆得

$$\begin{aligned}\angle PMH &= \angle PSH = 90^\circ - \angle SYX \\ &= 90^\circ - \angle ACB = \angle NXC \\ &= \angle NMH.\end{aligned}$$

于是 P, N, M 共线.

同理 P, Q, M 共线.从而 P, Q, M, N 共线.

注 (i) 我们将 $\triangle ABC$ 放大为 $\triangle SXY$(D 是位似中心), 以便更好地处理问题. 关于位似可参看第 34 讲.

(ii) 解中首先证明了 S, Y, P 共线, 证法也是常用的方法.

(iii) 在证明 P, N, M 共线时, 我们没有利用 P, N, M 共线. 否则就犯了循环论证的错误.

例 2 是证明四点共线, 它可以化为两个三点共线. 有时为了证明三点共线, 却需要引入第四个(共线的)点.

例 3 P 在 $\triangle ABC$ 的边 BC(或其延长线)上. 若点 X, Y, Z 满足 $\triangle XBP \backsim \triangle YAC$, $\triangle XCP \backsim \triangle ZAB$, 并且 $\triangle XBP$ 与 $\triangle YAC$ 的方向相同(即 X, B, P 与 Y, A, C 同为逆时针顺序或同为顺时针顺序), 证明 X, Y, Z 共线, 并且

$$\frac{XY}{XZ}=\frac{PC}{PB}. \tag{1}$$

解 设 $\triangle YAC$, $\triangle ZAB$ 的外接圆相交于 Q 点(Q 不与 A 点重合). 易知

$$\begin{aligned}\angle BQC &= \angle BZA + \angle AYC \\ &= \angle BXP + \angle PXC \\ &= \angle BXC,\end{aligned}$$

所以 Q 也在 $\triangle XBC$ 的外接圆上.

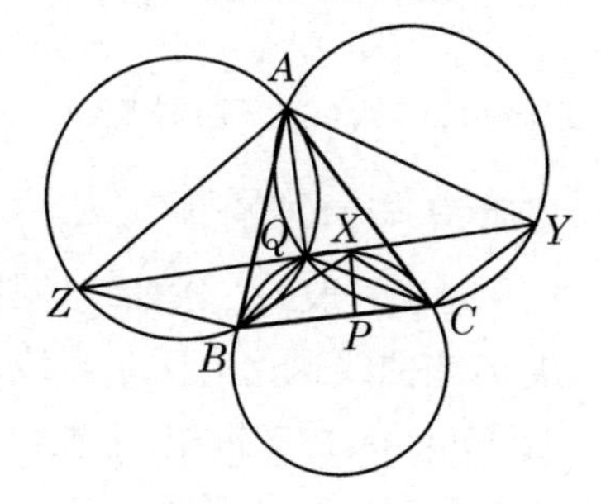

图 32-5

$$\begin{aligned}\angle BQX &= \pi - \angle BCX \\ &= \pi - \angle BAZ \\ &= \pi - \angle BQZ,\end{aligned}$$

Z, Q, X 三点共线.

同理 Q, X, Y 三点共线. 因此, X, Y, Z, Q 共线.

设 S 为$\triangle XCP$ 与$\triangle ZAB$ 的相似中心(参见第30讲例3),则$\triangle SPB\backsim\triangle SXZ$,

$$\frac{SP}{SX}=\frac{PB}{XZ}. \tag{2}$$

因为$\triangle SAC\backsim\triangle SBP$,$S$ 也是$\triangle XBP$ 与$\triangle YAC$ 的相似中心,所以

$$\frac{SP}{SX}=\frac{PC}{XY}. \tag{3}$$

由(2),(3)导得(1).

注 若$\odot YAC$ 与$\odot ZAB$ 相切,则 $Q=A$. 此时由$\angle BQC=\angle BXC$ 可知 X 在$\odot ABC$ 上,而 Y,Z 均在直线 AX 上.

例4 证明帕斯卡(B. Pascal, 1623—1662)定理:圆内接六边形三对对边(所在直线)的交点共线.

这一定理是帕斯卡在16岁时发现的. 证法甚多,这里只介绍一种.

解 如图32-6,设 AB,ED 相交于 L,CD,AF 相交于 N,BC 与 LN 相交于 M,FE 与 LN 相交于 M'. 我们证明 M,M'重合.

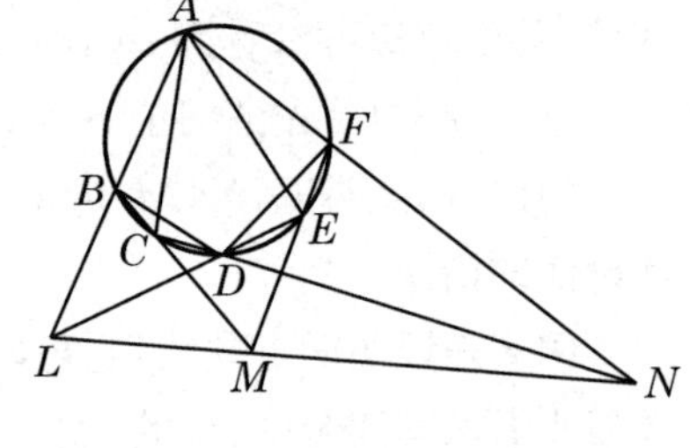

图32-6

由正弦定理

$$\frac{LM}{MN}=\frac{LB\cdot\sin\angle LBM}{CN\cdot\sin\angle MCN}=\frac{LB\cdot AC}{CN\cdot BD}. \tag{4}$$

同理
$$\frac{LM'}{M'N}=\frac{LE\cdot FD}{AE\cdot FN}. \tag{5}$$

由$\triangle LBD\backsim\triangle LEA$,得
$$\frac{LB}{BD}=\frac{LE}{AE}, \tag{6}$$

由$\triangle NDF\backsim\triangle NAC$,得
$$\frac{AC}{CN}=\frac{FD}{FN}. \tag{7}$$

由(4),(5),(6),(7)导出
$$\frac{LM}{MN}=\frac{LM'}{M'N}.$$

从而 M 与 M'重合.

对于一般的二次曲线(圆锥曲线),帕斯卡定理依然成立. 当曲线退化为两条直线时,帕斯卡定理就是帕普斯(Pappus,约3世纪)定理:

在直线 l_1 上任取三点 A,C,E,在直线 l_2 上任取三点 D,F,B,则 AB 与 DE 的交点、BC 与 EF 的交点、CD 与 FA 的交点共线(图32-7).

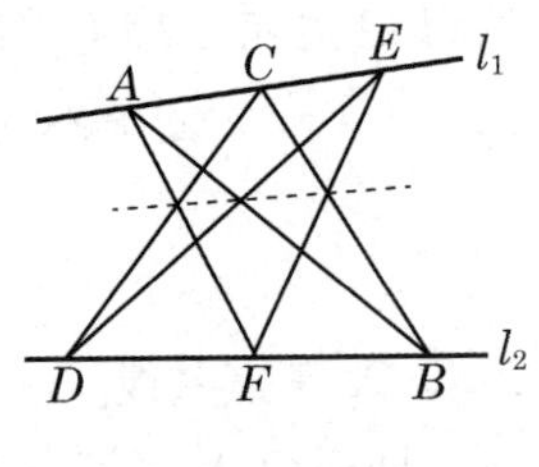

图32-7

梅内劳斯定理在证明共线时也常常用到.

例 5 过$\triangle ABC$的顶点A作外接圆的切线与对边相交于A_1. 类似地定义B_1,C_1. 证明A_1,B_1,C_1三点共线(这条线称为三角形的勒莫恩(E. M. H. Lemoine, 1840—1912)线).

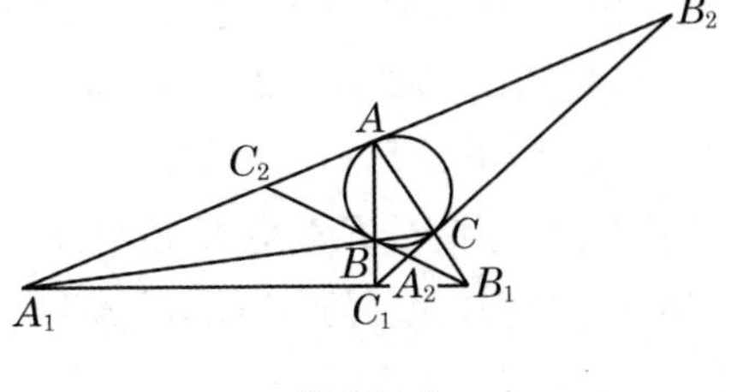

图 32 - 8

解 如图 32 - 8,设AA_1,BB_1,CC_1交成$\triangle A_2B_2C_2$. 由$\triangle A_2BC$及直线A_1A得

$$\frac{A_1B}{A_1C}\cdot\frac{B_2C}{B_2A_2}\cdot\frac{C_2A_2}{C_2B}=1. \qquad (8)$$

由$\triangle B_2CA$及直线B_1B得 $\frac{B_1C}{B_1A}\cdot\frac{C_2A}{C_2B_2}\cdot\frac{A_2B_2}{A_2C}=1.$ (9)

由$\triangle C_2AB$及直线C_1C得 $\frac{C_1A}{C_1B}\cdot\frac{A_2B}{A_2C_2}\cdot\frac{B_2C_2}{B_2A}=1.$ (10)

三式相乘并注意$A_2B=A_2C$,$B_2A=B_2C$,$C_2B=C_2A$,得

$$\frac{A_1B}{A_1C}\cdot\frac{B_1C}{B_1A}\cdot\frac{C_1A}{C_1B}=1.$$

于是A_1,B_1,C_1共线.

证明几条直线共点,常用的办法有:

1. 设其中两条直线相交于点A,然后证明A在其他直线上,即化为证明A与在其他直线上的两个点共线.

2. 证明各条直线都经过某个特殊点.

3. 利用已知的定理,如三角形的三条高交于一点、塞瓦(G. Ceva, 1648—1734)定理等.

例 6 在$\triangle ABC$中,$\angle A=90°$,$\angle A$的平分线为AD. 点B,C在$\angle A$的外角平分线上的射影分别为E,F. 证明AD,BF,CE共点.

解法一 如图 32 - 9,设BF与CE相交于点H. 因为$BE /\!/ CF$,所以

$$\frac{BH}{HF}=\frac{BE}{CF}. \qquad (11)$$

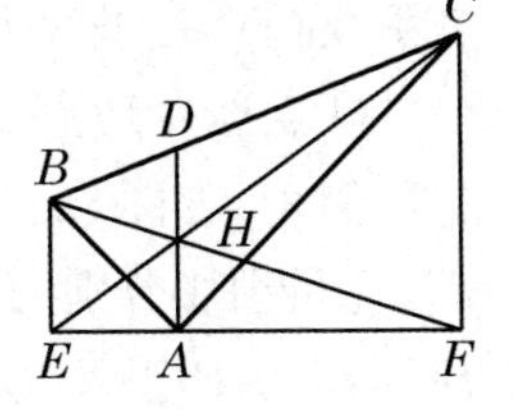

图 32 - 9

设BF与AD相交于H',则由$BE /\!/ AD$得

$$\frac{BH'}{H'F}=\frac{EA}{AF}. \qquad (12)$$

因为AE是直角$\angle BAC$的外角平分线,所以$\angle BAE=45°$,$\triangle BEA$是等腰直角三角形,$BE=EA$. 同理$CF=$

AF. 因此由(11),(12)得$\dfrac{BH}{HF}=\dfrac{BH'}{H'F}$.从而$H'$与$H$重合,$BF$,$CE$,$AD$三线共点.

注 证明AD,CE过BF上同一点H,这种手法在例4中已用过.

解法二 如图32-10,延长AD到G,使$AG=EF$. 因为$BE=EA$,$\angle GAE=\angle FEB=90°$,所以$\triangle GAE\cong\triangle FEB$. 由$\triangle FEB$绕$E$旋转$90°$(逆时针方向),再沿$EA$平移到$A$,就得到$\triangle GAE$,所以$BF\perp GE$.

同理,$CE\perp GF$.

在$\triangle GEF$中,AD,BF,CE都是高. 因此这三条线相交于垂心H.

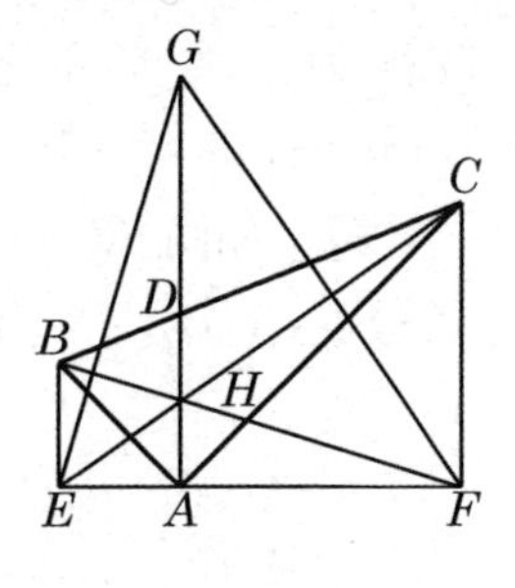

图 32-10

例7 设P为$\triangle ABC$内任一点,作射线AL,BM,CN,使$\angle CAL=\angle PAB$,$\angle MBC=\angle PBA$,$\angle NCA=\angle BCP$. 证明AL,BM,CN交于一点或互相平行.

解 如图32-11,设AL与BM相交于Q. P到AB,AC的距离之比为$\dfrac{\sin\angle PAB}{\sin\angle CAP}$,

P到BC,AB的距离之比为$\dfrac{\sin\angle PBC}{\sin\angle ABP}$,

P到AC,BC的距离之比为$\dfrac{\sin\angle PCA}{\sin\angle BCP}$,

所以
$$\frac{\sin\angle PAB}{\sin\angle CAP}\cdot\frac{\sin\angle PBC}{\sin\angle ABP}\cdot\frac{\sin\angle PCA}{\sin\angle BCP}=1. \tag{13}$$

Q到AC,AB的距离之比为$\dfrac{\sin\angle PAB}{\sin\angle CAP}$,

Q到AB,BC的距离之比为$\dfrac{\sin\angle PBC}{\sin\angle ABP}$.

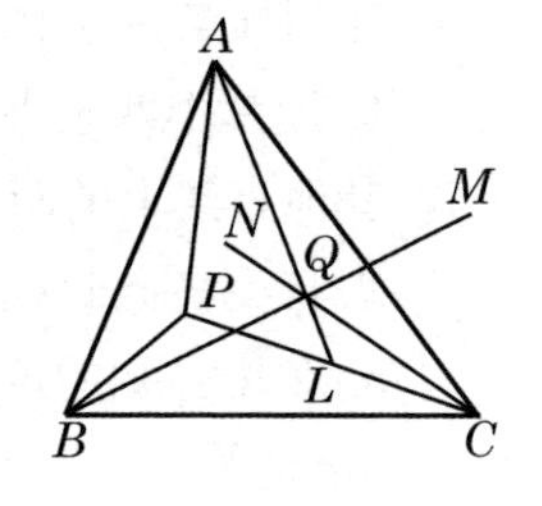

图 32-11

所以由(13),Q到BC,AC的距离之比为$\dfrac{\sin\angle PCA}{\sin\angle BCP}$,即$\dfrac{\sin\angle BCN}{\sin\angle NCA}$. 因此,$Q$也在射线$CN$上,即$AL$,$BM$,$CN$三线共点.

Q点称为P点的等角共轭点.

例8 如图32-12,点P在$\triangle ABC$的三边BC,CA,AB上的射影分别为X,Y,Z. 过X,Y,Z作圆,这圆又交BC,CA,AB于X',Y',Z'. 过X',Y',Z'分别作BC,CA,AB的垂线. 证明这三条垂线交于一点.

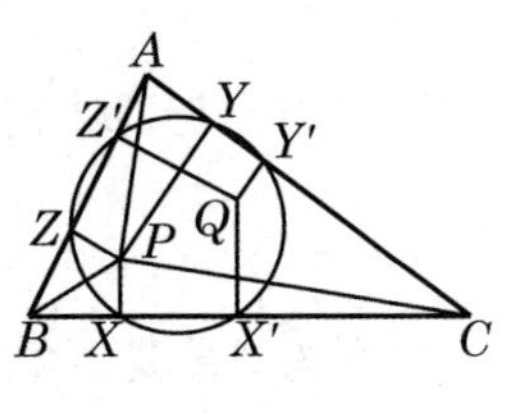

图 32-12

解 $PB^2-PC^2=XB^2-XC^2$,

$PA^2-PB^2=ZA^2-ZB^2$,

$PC^2-PA^2=YC^2-YA^2$,

三式相加得

$$XB^2-XC^2+YC^2-YA^2+ZA^2-ZB^2=0. \tag{14}$$

又

$$BX\cdot BX'=BZ\cdot BZ', \tag{15}$$

$$CY\cdot CY'=CX\cdot CX', \tag{16}$$

$$AZ\cdot AZ'=AY\cdot AY'. \tag{17}$$

由(14)减去(15),(16),(17)的2倍,整理得

$(XB-X'B)^2-X'B^2-(XC-X'C)^2+X'C^2+(YC-Y'C)^2-Y'C^2-(YA-Y'A)^2+Y'A^2+(ZA-Z'A)^2-Z'A^2-(ZB-Z'B)^2+Z'B^2=0.$

注意 $XB-X'B=XX'=XC-X'C$, $YC-Y'C=YY'=YA-Y'A$, $ZA-Z'A=ZZ'=ZB-Z'B$,所以上式成为

$$X'B^2-X'C^2+Y'C^2-Y'A^2+Z'A^2-Z'B^2=0. \tag{18}$$

设过 X', Y' 所作的 BC, CA 的垂线相交于 Q, Q 在 AB 上的射影为 Z'',则同样可以导出

$$X'B^2-X'C^2+Y'C^2-Y'A^2+Z''A^2-Z''B^2=0.$$

与(18)比较即得 $Z''A^2-Z''B^2=Z'A^2-Z'B^2$,所以 Z'' 与 Z' 重合. 过 Z' 所作的 AB 的垂线也通过 Q.

注 (ⅰ)我们导出的(14)是过 X, Y, Z 分别作 BC, CA, AB 的垂线,三条垂线相交于一点的充分必要条件.

(ⅱ)不论 $\triangle ABC$ 是钝角、直角或锐角三角形,不论 P 在 $\triangle ABC$ 内或外,结论与上面的证明均是正确的.

例 9 (笛沙格定理)$\triangle ABC$ 与 $\triangle A'B'C'$ 中, BC 与 $B'C'$, CA 与 $C'A'$, AB 与 $A'B'$ 的交点分别为 X, Y, Z. 若 AA', BB', CC' 交于同一点 O,则 X, Y, Z 共线. 反之,若 X, Y, Z 共线,则 AA', BB', CC' 交于同一点 O 或互相平行.

解 设 AA', BB', CC' 交于点 O. 对 $\triangle OBC$, $\triangle OCA$, $\triangle OAB$ 用梅内劳斯定理得

$$\frac{XB}{XC}\cdot\frac{C'C}{C'O}\cdot\frac{B'O}{B'B}=1,$$

$$\frac{YC}{YA}\cdot\frac{A'A}{A'O}\cdot\frac{C'O}{C'C}=1,$$

$$\frac{ZA}{ZB}\cdot\frac{B'B}{B'O}\cdot\frac{A'O}{A'A}=1,$$

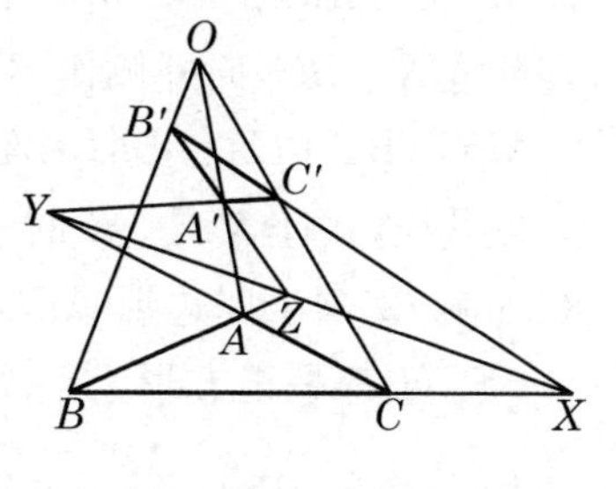

图 32-13

相乘得
$$\frac{XB}{XC}\cdot\frac{YC}{YA}\cdot\frac{ZA}{ZB}=1.$$
所以就$\triangle ABC$来看，由梅内劳斯定理（的逆定理），X，Y，Z共线.

反之，设AA'与BB'交于O. 由于$\triangle AA'Y$，$\triangle BB'X$的对应顶点的连线交于同一点Z，所以对应边的交点O，C，C'共线，即CC'与AA'，BB'共点.

注 （ⅰ）本例及前面的一些例子体现了数学中的整齐、对称之美.

（ⅱ）如果$AA'\parallel BB'\parallel CC'$，不难证明仍有$X$，$Y$，$Z$共线.

（ⅲ）可以约定两条平行直线交于一理想的“无穷远点”. 这样在许多问题中（如例9），就可以统一起来，不必将相交与平行作为两种情况分别处理.

习题 32

1. $\odot O_1$，$\odot O_2$，$\odot O_3$两两外切，切点为A_1，A_2，A_3. A_1在$\odot O_2$，$\odot O_3$上. 作直线A_1A_2，A_1A_3交$\odot O_1$于B_2，B_3. 证明B_2B_3是$\odot O_1$的直径.
2. O为$\triangle ABC$内任一点，L，M，N分别为OA，OB，OC的中点，D，E，F分别为BC，CA，AB的中点，证明DL，EM，FN共点.
3. 自$\odot O$上一点P引三条弦PA，PB，PC，以它们为直径画圆，这三个圆中每两个有一个不同于P的交点. 证明这三点共线.
4. 设AD为$\triangle ABC$的高，H为垂心. 若X，Y在AD上D的两侧，并且$\frac{XD}{DY}=\frac{BD}{DC}$. 证明：$X$在$AB$，$BH$上的射影$M$，$N$与$Y$在$AC$，$CH$上的射影$P$，$Q$四点共线.
5. $\odot I$是$\triangle ABC$的内切圆，切AB于E，切AC于F. B在CI上的射影为G，C在BI上的射影为H. 证明E，F，G，H共线.
6. 四边形$ABCD$中，$\angle B=90^\circ$，$AC=BD$. AD，BC的垂直平分线相交于Q，AB，CD的垂直平分线相交于P. 证明B，P，Q共线.
7. M是$\triangle ABC$的BC边的中点. 向三角形的内侧作$MX\perp BC$，向外侧作$BY\perp AB$，$CZ\perp AC$，使$MX:BY:CZ=BM:AB:AC$. 求证：X，Y，Z共线，并且X是YZ的中点（如图32-14）.

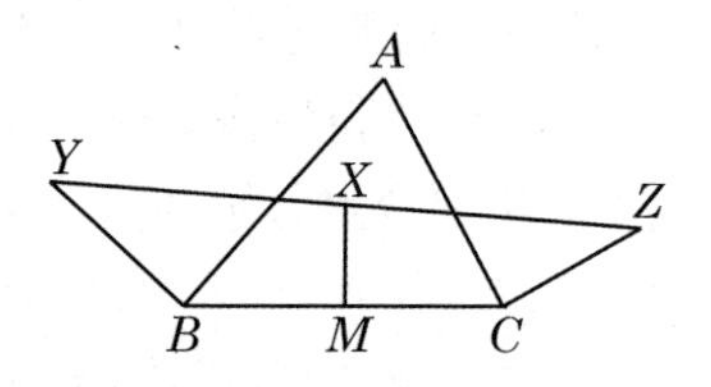

图 32-14

8. 如图32-15，四边形$ABCD$，$PQRS$，$DQEF$，$CSGH$都是正方形，其中P点在AB上，且$PR\perp AB$，$PR=\frac{AB}{2}$. 求证：E，R，G三点共

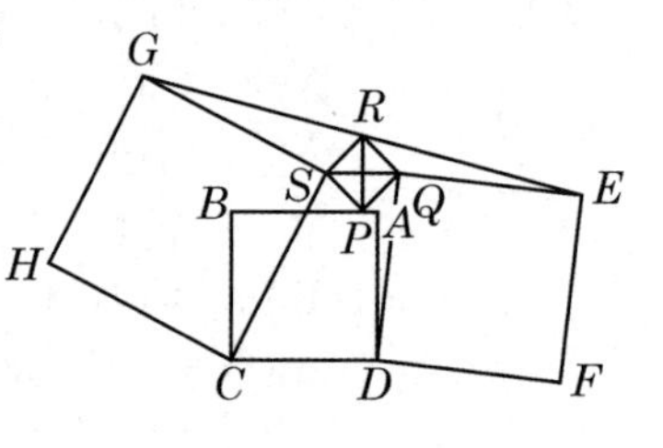

图 32-15

线，且 R 是 EG 的中点.

9. 在$\triangle ABC$ 中，以 BC 为直径的圆交 AB，AC 于 E，F. 求证自这两点所引的切线与 BC 边上的高共点.

10. 已知$\odot O$ 及圆内一点 P，过 P 作三条弦 AA'，BB'，CC'，再作弦 $A'X$，$B'Y$，$C'Z$ 分别平行于 BC，CA，AB. 证明 AX，BY，CZ 共点.

11. 已知$\triangle ABC$ 及一点 P. P 在$\angle BAC$ 的平分线与外角平分线上的射影分别为 X，X'. 类似地定义 Y，Y'和 Z，Z'. 证明 XX'，YY'，ZZ'共点.

12. 在$\triangle ABC$ 外作正方形 $ABEF$，$ACGF$，并引高 AD. 证明：

(a) BH，CF，EG 三线共点.

(b) AD，BG，CE 三线共点.

13. AB 是$\odot O$ 的直径，AA'，BB'，$A'B'$都是切线，$A'B'$切圆于 C. 证明 $A'B$，AB'与 C 引向 AB 的垂线共点.

14. 已知$\triangle ABC$ 及直线 l. A 在 l 上的射影为 A'，A'在 BC 上的射影为 A''. 类似地定义 B'，B''和 C'，C''. 证明 $A'A''$，$B'B''$，$C'C''$共点.

15. 点 X，Y，Z 分别在$\triangle ABC$ 的边 BC，CA，AB 上. 在 BC 上取 X'，使 $CX'=XB$. 类似地定义 Y'，Z'. 如果 AX，BY，CZ 共点，证明 AX'，BY'，CZ'共点.

16. 如图 32－16，$\odot O$ 与$\triangle ABC$ 的每条边或其延长线交于两个点(可能重合为一个点) X 与 X'，Y 与 Y'，Z 与 Z'. 如果 AX，BY，CZ 共点，证明 AX'，BY'，CZ'共点.

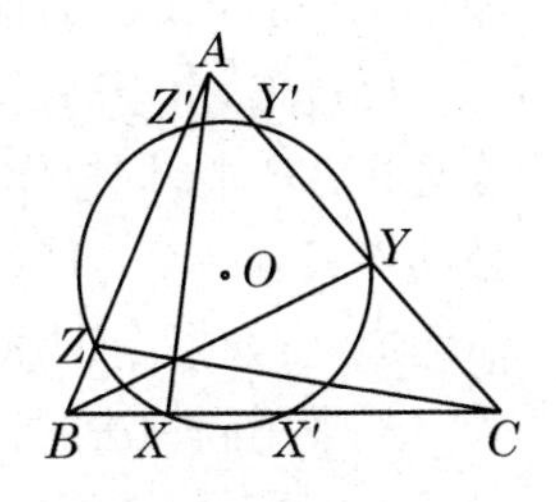

图 32－16

第33讲 同一法

有些命题，难以证明，而它们的逆命题却容易得多，我们就转而证明逆命题. 虽然，一般说来，逆命题与原命题并不等价. 但在某种唯一性成立的前提下，逆命题成立也就导出原命题成立. 这正是同一法的精神实质.

例1 点 M 在正方形 $ABCD$ 内，如果

$$\angle MAB=\angle MBA=15°, \tag{1}$$

证明 $\triangle MDC$ 为正三角形.

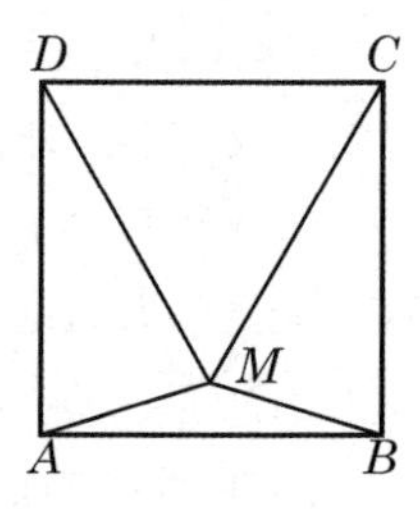

图 33-1

解 逆命题是"如果 $\triangle MDC$ 是正三角形，那么(1)式成立". 证明很容易：

$$\angle MDA=90°-\angle MDC=90°-60°=30°,$$

$$\angle DAM=\angle DMA=\frac{180°-30°}{2}=75°,$$

$$\angle MAB=90°-\angle DAM=15°.$$

同理 $\angle MBA=15°$.

即正三角形 MDC 的顶点 M 使(1)式成立.

反过来，由于满足(1)式的点 M 是唯一的(在正方形内作 $\angle PAB=15°$，M 点必在 AP 上. 同样作 $\angle QBA=15°$，M 点必在 BQ 上，这两条射线 AP，BQ 的公共点只有一个)，使(1)成立的点 M 也必须是正三角形 MCD 的顶点 M. 即原命题成立：如果点 M 使(1)式成立，那么 $\triangle MDC$ 是正三角形.

从采用同一法的证明可以"诱导"出一个不用同一法的证明(其实这是毫无必要的，只不过使不相信同一法、坚持不用同一法的人放心、信服). 例如，在例1中，可以另作一个正方形 $A'B'C'D'$ 与正方形 $ABCD$ 全等. 在正方形 $A'B'C'D'$ 内作正三角形 $M'C'D'$. 连接 $M'A'$，$M'B'$，根据上面所说，

$$\angle M'A'B'=\angle M'B'A'=15°.$$

于是 $\triangle M'A'B'\cong\triangle MAB$，$MA=M'A'$. 又 $\angle MAD=\angle M'A'D'=90°-15°$，所以 $\triangle MAD\cong\triangle M'A'D'$，$MD=M'D'=D'A'=DA=DC$. 同样 $MC=DC$. 所以 $\triangle MCD$ 为正三角形.

例2 如图 33-2，已知 E 为矩形 $ABCD$ 的边 BC 上一点，$AD=2AB$. 如果 $\angle BAE=15°$，求证：$DA=DE$.

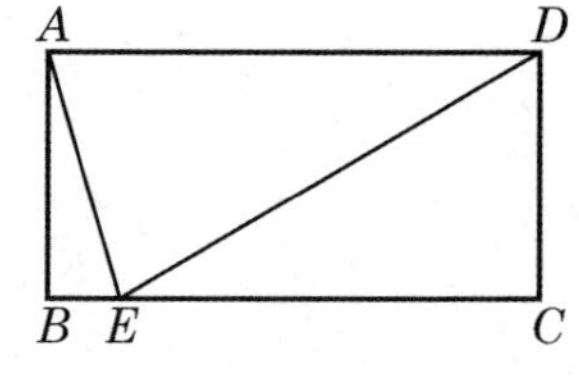

图 33-2

解 逆命题"如果 $DA=DE$，那么 $\angle BAE=15°$"不难证明. 事实上，$DE=DA=2DC$，所以 $\angle DEC=30°$. 等腰三角形 DAE 的顶角 $\angle ADE=\angle DEC=30°$，

所以$\angle DAE=75^\circ$，$\angle BAE=90^\circ-75^\circ=15^\circ$.

在BC上满足$\angle BAE=15^\circ$的点E只有一个，所以在$\angle BAE=15^\circ$时，必有$DA=DE$.

注 例2中的图33-2不过是例1中的“一半”.

如果$P_1, P_2, \cdots, P_n, Q$都是命题，复合命题

$$(P_1 \cup P_2 \cup \cdots \cup P_n) \Rightarrow Q \tag{2}$$

的逆命题究竟是 $Q \Rightarrow (P_1 \cup P_2 \cup \cdots \cup P_n)$

还是 $(Q \cup P_2 \cup \cdots \cup P_n) \Rightarrow P_1$，

是一件颇有争议的事. 我们无意卷入这种“公有公理，婆有婆理”的无休无止的争吵中. 就使用同一法来说，采用后一种看法较好，即认为$P_2 \cup P_3 \cup \cdots \cup P_n$已有，在这个前提下，$P_1 \Rightarrow Q$与$Q \Rightarrow P_1$互为逆命题. 不仅如此，对任一个$k(1 \leqslant k \leqslant n)$，

$$(Q \cup (\bigcup_{i \neq k} P_i)) \Rightarrow P_k$$

都可以看作(2)的逆命题. 这样，我们就享有充分的自由去选择(在上述意义下的)逆命题.

例3 在$\triangle ABC$中，$\angle A=90^\circ$，以AB为直径作圆，D在这圆上，CD是切线，E在AB上，DE与BC相交于M，$DM=ME$. 求证$DE \perp AB$.

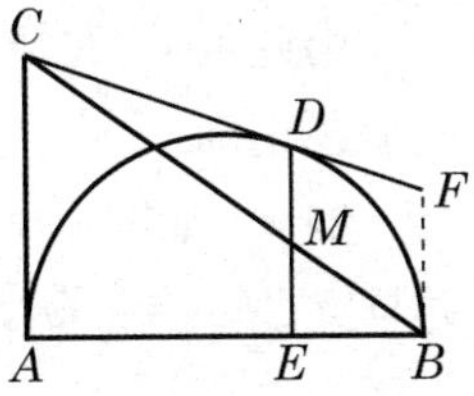

解 我们可以将$DE \perp AB$作为已知，将$DM=ME$作为结论. 这个逆命题可以证明如下：

过B作切线BF交CD于F. 因为$AC /\!/ DE /\!/ FB$，所以

$$\frac{ME}{AC}=\frac{BM}{BC}, \frac{MD}{BF}=\frac{CM}{BC}.$$

C D F M A E B

图33-3

两式相除得 $$\frac{ME}{MD} \cdot \frac{BF}{AC}=\frac{BM}{CM}. \tag{3}$$

因为$BF=FD$，$AC=CD$，所以$\dfrac{BF}{AC}=\dfrac{FD}{CD}=\dfrac{BM}{CM}$，结合(3)式得$\dfrac{ME}{MD}=1$，即$ME=DM$.

由于CB不与AB平行，AB上满足DE被CB平分的点E至多一个(否则DE_1，DE_2的中点连线$CB /\!/ AB$)，从而在$DM=ME$时，必有$DE \perp AB$.

例3中条件(P_i)很多. 因此，可构成各种各样的逆命题. 例如：

“在$\triangle ABC$中，$\angle A=90^\circ$，以AB为直径作圆，D在这圆上，E在AB上，DE与BC相交于M，$DM=ME$，$DE \perp AB$，则CD为切线.”

"在$\triangle ABC$中,$\angle A=90°$,过A,B作圆,CD为切线,D在圆上,E在AB上,DE与BC相交于M,$DM=ME$,$DE\perp AB$,则AB为圆的直径."

因此,采用同一法不仅增添了许多的解题途径,而且产生了许多新的问题(这些问题是由(2)中Q与某个P_k互换而产生的).

必须注意,只有存在某种唯一性时,才能使用同一法.在上面的两种"逆命题"中,前一个是正确的.因为自半圆上一点D向直径AB作垂线DE(E为垂足),其中被BC平分的只有一条(图 33-4 表明$DM=ME$,而$D_1M_1>D_1'M_1=M_1E_1$,$D_2M_2<D_2'M_2=M_2E$).已经证明在CD为切线时,DE被BC平分,所以DE被BC平分时CD一定是切线.

后一个"逆命题"不成立.图 33-5 中所有条件均满足,但AB不是直径.

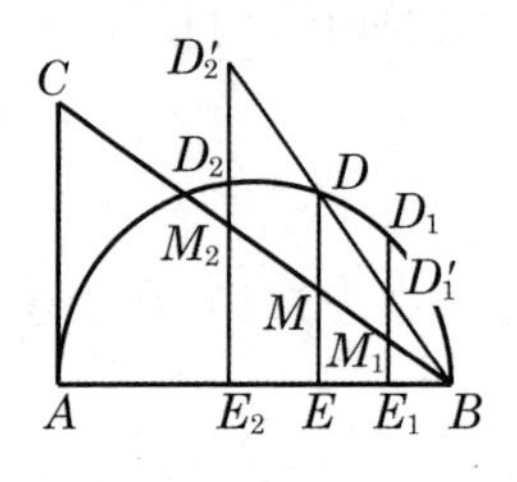

图 33-4

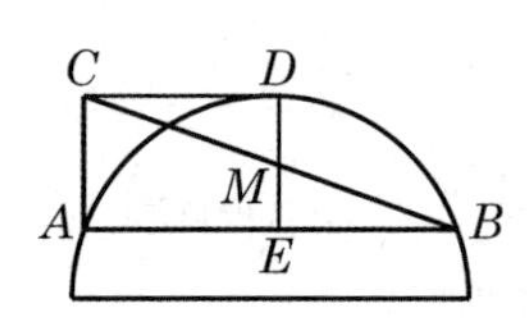

图 33-5

由此可见,在缺乏唯一性时,逆命题未必正确;即使逆命题正确也不能导出原命题正确.

例 4 如图 33-6,AB是$\odot O$的直径,P在AB上,C,D在$\odot O$上AB同侧并且$\angle CPA=\angle DPB=45°$. C,D在AB上的射影分别为E,F.证明$EO=PF$.

解 在OA上取E',使$OE'=PF$.过E'作AB的垂线交半圆于C'.连接OC',OD(图 33-6 中,C,E可当作C',E'.实际上我们要证明C'与C,E'与E重合).

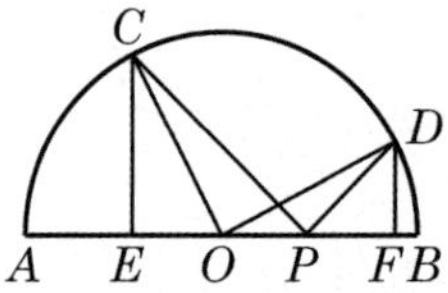

图 33-6

因为$\angle DPF=45°$,所以$DF=PF=OE'$.又$OC'=OD$,所以两个直角三角形$OC'E$与DOF全等,

$$C'E'=OF=OP+PF=OP+E'O=E'P,$$

$$\angle C'PE'=45°,$$

因此PC'与PC,C'与C,E'与E重合,$OE=OE'=PF$.

上面的证法仍然是同一法,只不过换了一种写法而已.

注 设G为OP中点,则$EG=GF$.本例实际上是第 30 讲例 2 的一部分.

例5 在$\triangle ABC$中,已知$AB=AC$,$\angle A=100°$,BD是$\angle ABC$的平分线并交AC于D,求证:

$$BC=BD+AD. \quad (4)$$

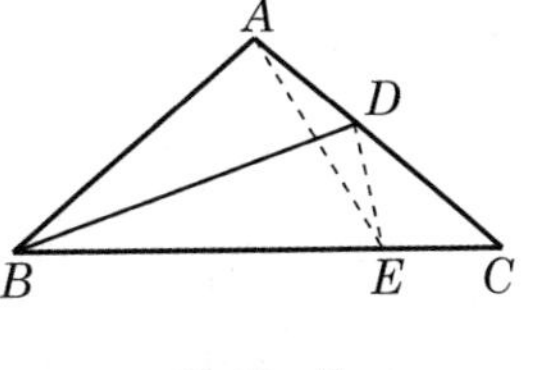

图 33-7

解法一 要证明两条线段BD,AD之和等于另一条线段BC,方法很多.例如先在BC上取E,使$EC=AD$,然后证明$BE=BD$.

但$BE=BD$并不容易直接证明.于是我们转而考虑"如果$BE=BD$,那么$EC=AD$"(转换命题,这正是同一法的精髓).

容易知道$\angle ABC=\angle ACB=40°$,$\angle DBE=20°$.如果在$BC$上取$E$使$BE=BD$,那么$\angle BED=\dfrac{180°-20°}{2}=80°$,从而$\angle EDC=\angle BED-\angle ACB=40°=\angle ACB$,$EC=ED$.

剩下的问题是证明$ED=AD$,也就是证明

$$\angle DAE=\angle DEA. \quad (5)$$

如果(5)式成立,易知$\angle DAE=\dfrac{1}{2}\angle EDC=20°=\angle DBE$,从而必有$A$,$B$,$E$,$D$共圆.这一推理是可逆的,因此只需证明$A$,$B$,$E$,$D$共圆.

我们有很多已知的角,特别地$\angle EDC=40°=\angle ABC$,所以$A$,$B$,$E$,$D$共圆,从而(5),(4)均成立.

可见常用的"分析法"(分析与综合,是两种思维方法)经常伴随着同一法(的思想).

解法二 延长BD到E,使$DE=DA$,然后证明$BE=BC$,即$\angle ECD=40°$.但这一条路似有困难.于是我们变通一下,改作$\angle ECD=40°$,CE交BD的延长线于E,然后证明$DE=DA$.

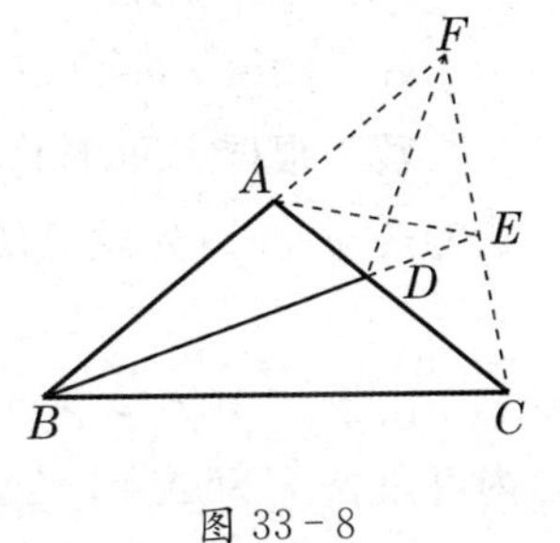

图 33-8

这时$\angle BCE=40°+40°=80°$,$\angle EBC=20°$,所以

$$\begin{aligned}\angle BEC &=180°-80°-20°\\ &=80°=\angle BCE,\end{aligned}$$

$$BC=BE=BD+DE. \quad (6)$$

延长CE交BA的延长线于F,则

$$\angle FAC=180°-\angle BAC=80°=\angle BEC,$$

所以A,D,E,F共圆,$\angle DAE=\angle DFE$,$\angle AED=\angle AFD$.

在$\triangle BFC$中,BE,CA都是角平分线,所以FD也是$\angle BFC$的平分线,

从而

$$\angle DAE=\angle AED,$$

$$AD=DE. \tag{7}$$

(6),(7)导出(4).

遇到困难时,同一法可以帮助我们变更问题,绕过障碍. 所谓"灵活性",在很大程度上就表现在善于变换问题,改弦更张,绕过面临的困难,而不是死死坚持一条道路,陷身泥淖,不能自拔.

注 (ⅰ) 上面的两种解法,关键都是四点共圆.

(ⅱ) 由例 5 可以构造出不少逆命题(如习题 33 第 2 题).

如果命题 $P_1,P_2,\cdots,P_n$ 面面俱到而且互不相容,即

$$P_1\cup P_2\cup\cdots\cup P_n$$

永远为真,而且对于 $i\neq j\ (1\leqslant i,j\leqslant n)$,$P_i\cap P_j$ 一定不真;命题 $Q_1,Q_2,\cdots,Q_n$ 也是如此. 那么

$$P_1\Rightarrow Q_1,P_2\Rightarrow Q_2,\cdots,P_n\Rightarrow Q_n \tag{8}$$

称为分断式命题.

分断式命题与它的逆命题

$$Q_1\Rightarrow P_1,Q_2\Rightarrow P_2,\cdots,Q_n\Rightarrow P_n \tag{9}$$

同时成立或同不成立.

例 6 $\triangle ABC$ 中,BE,CF 分别为$\angle ABC$,$\angle ACB$ 的平分线. 证明:

(a) 如果 $BE=CF$,那么 $AB=AC$.

(b) 如果 $BE>CF$,那么 $AB>AC$.

(c) 如果 $BE<CF$,那么 $AB<AC$.

解 根据上面所说,我们可以转而证明这个分断式命题的逆命题. 首先设 $AB>AC$,要证

$$BE>CF. \tag{10}$$

由于$\angle ACB>\angle ABC$,$\angle ACF>\angle ABE$,在$\angle FCA$内可以作$\angle FCN=\angle ABE$,CN 交 BE 于 N,N 在线段 BE 内部,$BE>BN$.

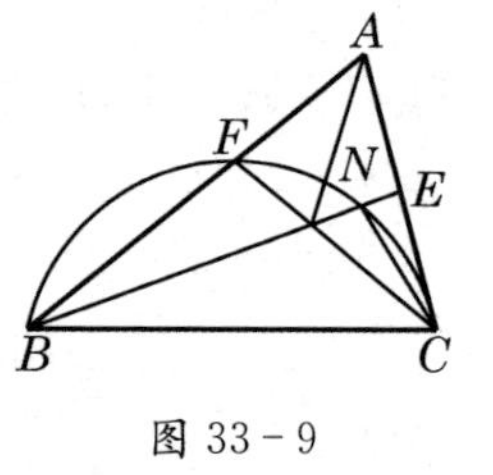

图 33-9

F,B,C,N 四点共圆,如图 33-9. 在这个圆中,因为 $90^\circ=\dfrac{1}{2}\angle A+\angle BCF+\angle FCN>\angle BCN>\angle ABC$,所以弦 $BN>CF$.

因此更有 $BE>CF$.

如果 $AB<AC$,那么根据刚才所证 $BE<CF$.

如果 $AB=AC$，显然 $BE=CF$.

例 6 的结论业已得到证明.

注 例 6(a)称为斯坦纳(J. Steiner，1796—1863)-Lehmus 定理.

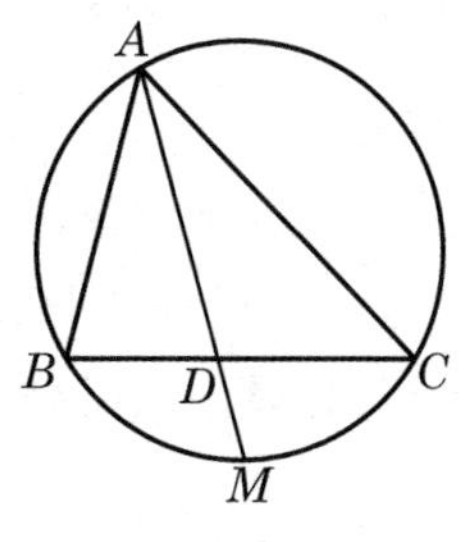

图 33－10

在图 33－10 中，设△ABC 的外接圆上，M 为$\overset{\frown}{BC}$的中点，AD 为∠BAC 的角平分线，则易知

$$AB\cdot AC=AD\cdot AM,$$
$$AD\cdot DM=BD\cdot DC,$$

从而角平分线 AD 的长

$$t_a=\frac{2}{b+c}\sqrt{bcs(s-a)} \tag{11}$$

其中 a,b,c 为△ABC 的边长，$s=\frac{a+b+c}{2}$.

利用公式(11)，不难得出例 6 的结论，即

$$b\wedge c\Leftrightarrow t_b\vee t_c, \tag{12}$$

这里“∧”表示“>”“=”“<”中的任一个，而“∨”表示与“∧”方向相反的符号.

例 7 设 AD 为△ABC 的角平分线，I 在 AD 上，并且 $\angle BIC=90^\circ+\frac{1}{2}\angle BAC$. 证明 I 是内心.

解 在 I 是内心时，显然有

$$\begin{aligned}\angle BIC&=\angle IBA+\angle BAC+\angle ICA\\&=90^\circ+\frac{1}{2}\angle BAC.\end{aligned} \tag{13}$$

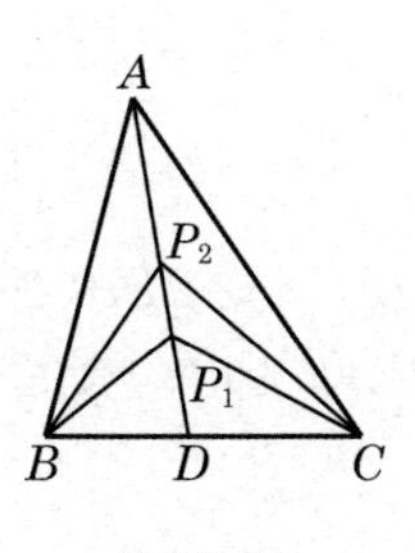

图 33－11

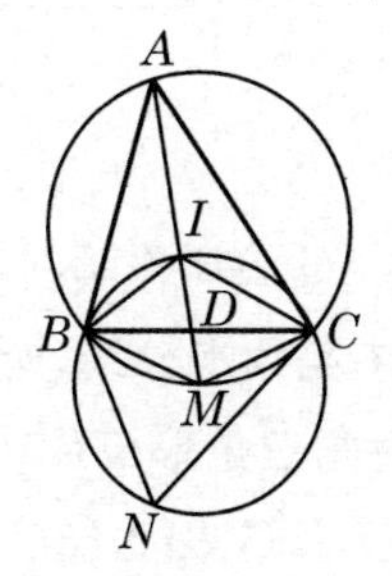

图 33－12

对于角平分线 AD 上任意两点 P_1,P_2，当 P_2 在线段 AP_1 上时，

$$\angle BP_1C=\angle P_2BP_1+\angle BP_2C+\angle P_1CP_2>\angle BP_2C,$$

所以当 P 在线段 AD 上，由 D 向 A 移动时，$\angle BPC$ 严格递减，其中能使 $\angle BPC=90^\circ+\frac{1}{2}\angle BAC$ 的点 P 只有一个，即内心. 已知 I 使此式成立，所以 I 必为内心.

我在苏州讲课时，有一位同学提出如下的解法：

设 AI 交外接圆于 M，则 M 为 $\overset{\frown}{BC}$ 的中点，$MB=MC$. 以 M 为圆心，MB 为半径作圆. C 在这圆上，设 N 为 $\odot M$ 上任一点，与 A 分居 BC 的两侧，则

$$\angle BNC=\frac{1}{2}\angle BMC=\frac{1}{2}(180^\circ-\angle BAC)=90^\circ-\frac{1}{2}\angle BAC=180^\circ-\left(90^\circ+\frac{1}{2}\angle BAC\right)=180^\circ-\angle BIC.$$

因此，I 在 $\odot M$ 上，$MI=MB$，$\angle MIB=\angle MBI$，即

$$\angle IAB+\angle IBA=\angle MBC+\angle CBI=\angle MAC+\angle CBI.$$

所以
$$\angle IBA=\angle CBI.$$

I 是角平分线 AI，BI 的交点，因而是内心.

在第 31 讲例 1 说过，I 是内心时，$IM=MB$，即 I 在 $\odot M$ 上. 现在则是反过来，先证 I 在 $\odot M$ 上，再证 I 是内心.

另一位同学提出的证法更有趣：

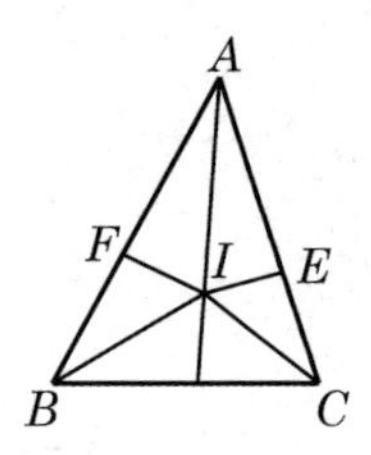

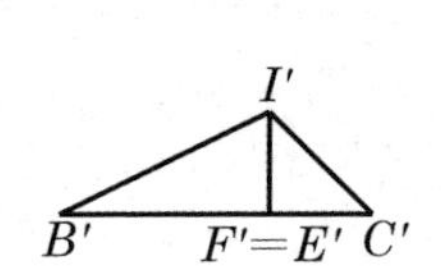

图 33－13

由 I 向 AC，AB 作垂线，垂足分别为 E，F.

因为 AI 是角平分线，所以 $IE=IF$. 将 $\mathrm{Rt}\triangle IEC$ 与 $\triangle IFB$“拼”在一起. 确切地说，作直角三角形 $I'B'F'\cong\triangle IBF$. 延长 $B'E'$（E' 即 F'）到 C'，使 $E'C'=EC$，则 $\mathrm{Rt}\triangle I'E'C'\cong\triangle IEC$. 这时，

$I'B'=IB$，$I'C'=IC'$，

$$\angle B'I'C'=\angle B'I'F'+\angle E'I'C'=\angle BIF+\angle EIC$$
$$=360^\circ-\angle BIC-\angle EIF=360^\circ-\left(90^\circ+\frac{1}{2}\angle BAC\right)-(180^\circ-\angle BAC)$$

$$=90^\circ+\frac{1}{2}\angle BAC=\angle BIC.$$

因此，$\triangle B'I'C'\cong\triangle BIC$，$\angle IBC=\angle I'B'C'=\angle IBF$.

所以 I 为内心.

数学需要想象，大胆的想象. 以上三种证法，当然以第一种最为简单，但后两种证法巧妙地绕过困难，也反映这两位同学能够开动脑筋，善于想象.

例 8 （莫莱(F. Morley, 1860—1937)定理）将任意三角形的各角三等分，则每两个角的相邻的三等分线的交点构成正三角形.

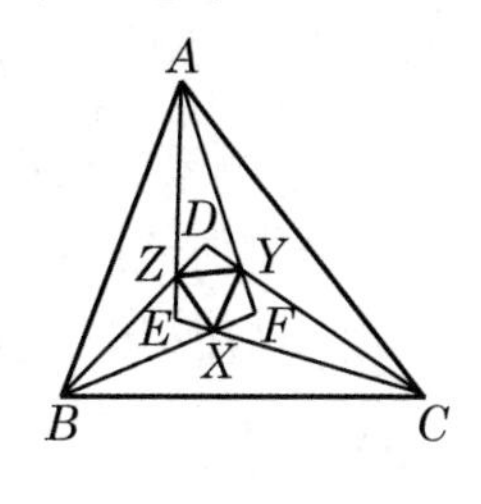

图 33－14

如图 33－14，我们要证明$\triangle XYZ$ 是正三角形. 直接去证，颇为困难. 采用同一法的思想，“反其道而行之”，设$\triangle XYZ$ 是正三角形，看看如何“还原”出$\triangle ABC$ 来.

为此，设$\triangle ABC$ 的内角为 3α，3β，3γ. 又设 CY，BZ 延长后相交于 D. 类似地定义 E，F.

在$\triangle BDC$ 中，$\angle BDC=180^\circ-2(\beta+\gamma)$，$X$ 是内心，DX 平分$\angle BDC$. 因此以 YZ 为底（在 X 的异侧）作含角为 $180^\circ-2(\beta+\gamma)$的弓形弧，弓形弧的中点就是 D（只有这样 XD 才能平分$\angle BDC$）.

因此，由任一个正三角形 XYZ 出发，可以定出 D 点. 同样可以定出 E，F 点. 延长 DZ，FX 交得 B'点，同样可得 C'，A'.

我们来证明$\triangle A'B'C'$的内角恰好是 3α，3β，3γ，而且 $A'Y$，$A'Z$ 等恰好是各内角的三等分线.

由作法，$\angle DZY=\angle DYZ=\beta+\gamma$. 所以

$$\angle B'ZX=180^\circ-60^\circ-(\beta+\gamma)=120^\circ-(\beta+\gamma).$$

同样

$$\angle B'XZ=120^\circ-(\beta+\alpha).$$

从而$\left(注意\ \alpha+\beta+\gamma=\frac{180^\circ}{3}=60^\circ\right)$

$$\angle XB'Z=180^\circ-120^\circ+(\beta+\gamma)-120^\circ+(\beta+\alpha)=\beta.$$

同样
$$\angle XC'Y=\gamma.$$

所以
$$\angle B'XC'=\beta+\gamma+\angle B'DC'=90^\circ+\frac{1}{2}\angle B'DC'. \tag{14}$$

X 在$\angle B'DC'$的平分线上，而且(14)式成立，所以 X 就是$\triangle B'DC'$的内心 I.

同理 Y, Z 也分别为$\triangle EA'C'$, $\triangle FA'B'$的内心. 于是 $B'X$, $B'Z$ 是$\angle A'B'C'$的三等分线, $\angle A'B'C'=3\beta$, $\angle B'A'C'=3\alpha$ 等.

$\triangle A'B'C' \backsim \triangle ABC$,不妨设$\triangle A'B'C'$就是$\triangle ABC$(否则将$\triangle A'B'C'$连同整个图形适当地放缩). 由于三等分线及相应的交点均是唯一的,所以得出的$\triangle XYZ$ 是正三角形.

习 题 33

1. 以正方形 $ABCD$ 的边 BC 为底,在正方形的同侧作等腰三角形 EBC,顶角$\angle BEC=30°$,连接 EA, ED. 证明$\triangle EAD$ 为等边三角形.
2. 在$\triangle ABC$ 中, $AB=AC$, BD 是$\angle ABC$ 的平分线,交 AC 于 D, $BC=BD+AD$. 求证$\angle BAC=100°$.
3. 整数数列$\{a_n\}$定义为 $a_1=2$, $a_2=7$,
$$-\frac{1}{2}<a_{n+1}-\frac{a_n^2}{a_{n-1}}\leqslant\frac{1}{2} \quad (n\geqslant 2). \qquad (*)$$
证明:对所有 $n>1$, a_n 为奇数.
4. 在梯形 $ABCD$ 的底边 AD 上有一点 E,使三角形 ABE, BCE 和 CDE 的周长相等. 证明 $BC=\frac{AD}{2}$.
5. 在四边形 $ABCD$ 中, $\triangle ABD$, $\triangle BCD$, $\triangle ABC$ 的面积之比为 $3:4:1$. 点 M, N 分别在 AC, CD 上,满足$\frac{AM}{AC}=\frac{CN}{CD}$,并且 B, M, N 在一条直线上. 证明 M, N 分别为 AC, CD 的中点.
6. $\triangle ABC$ 中, $\angle C=90°$, $AC\neq BC$, D 为 AB 中点, $\angle C$ 的平分线与 AB 的中垂线相交于 E.证明 $CD=DE$.
7. $\triangle ABC$ 中, $\angle B=75°$, BC 上的高 $AD=\frac{1}{2}BC$. 求证 $AC=BC$.
8. $\triangle ABC$ 中, $AB=AC$, $\angle A=36°$. D 在 AC 上, $AD=BC$. 求证:
   (a) $\angle ABD=\angle CBD$.
   (b) $BD=BC$.
9. 已知 V 为$\triangle ABC$ 内一点, $\triangle A'B'C'$的边 $B'C' /\!/ VA$, $C'A' /\!/ VB$, $A'B' /\!/ VC$. 分别过 A', B', C'作 BC, CA, AB 的平行线. 证明这三条线交于同一点.

第34讲 几何变换

几何学中所研究的图形并非孤立静止的，它们之间可能存在着各种各样的联系，通过变换可以把一个几何图形变为另一个几何图形.

虽然在中学课程里不可能(也没有必要)采用变换群的观点，但是注意培养学生用变换的思想来考察问题还是十分必要的.

本讲的目的就是通过一些例题说明如何利用变换来证题.

例1 如图 34－1，$\triangle ABC\cong\triangle A'B'C'$，$AD$ 为$\angle BAC$ 的平分线，$A'D'$ 为$\angle B'A'C'$ 的平分线，证明 $AD=A'D'$.

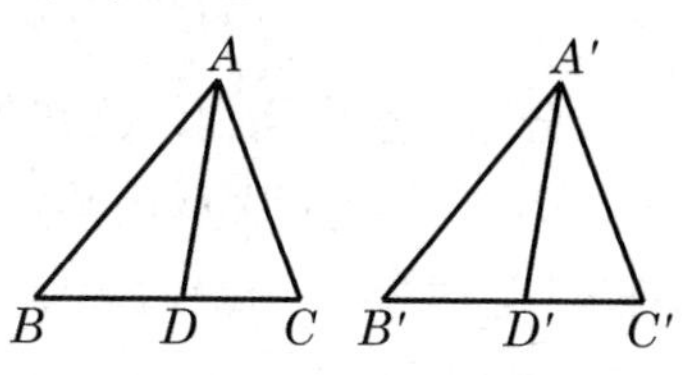

图 34－1

分析 这个问题，如果不采取变换的观点，证起来还不很容易(当然也不难). 但是，采取变换的观点，问题就成为显然的了. 我们把$\triangle ABC$ 放在$\triangle A'B'C'$ 上，由于$\triangle ABC\cong\triangle A'B'C'$，可以使对应的顶点(与边)全部重合，这时$\angle BAC$ 的平分线与$\angle B'A'C'$的平分线重合，因此 $AD=A'D'$.

这里采用的变换就是全等变换，或者叫做合同变换、运动.

采用合同变换的观点，两个全等的图形都可以看成是一个图形，因此两个全等的图形中对应的线段一定相等.

可以证明平面上的合同变换都可以由平移、(绕一个定点的)旋转及反射(轴对称)组成.

我们先来看看反射在证题中的应用.

例2 在正三角形 ABC 的三条边上各取一点 D，E，F，证明这个内接三角形 DEF 的周长不小于$\triangle ABC$ 的周长的一半.

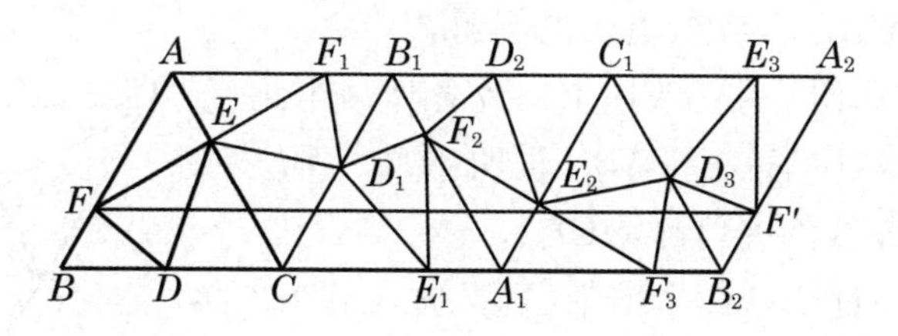

图 34－2

分析 为了解这个问题，我们将$\triangle ABC$ 接连作 5 次反射(对称轴依次为 AC，CB_1，B_1A_1，A_1C_1，C_1B_2)，不难看出图 34－2 中，折线 $FED_1F_2E_2D_3F'\geqslant$

FF'，而折线 $FED_1F_2E_2D_3F'$是$\triangle DEF$ 的周长的两倍，$FF'=AA_2$ 是$\triangle ABC$ 的周长. 因此

$$\triangle DEF \text{ 的周长} \geqslant \frac{1}{2}\triangle ABC \text{ 的周长}.$$

这里正三角形也可改为正 n 边形.

在几何作图中常常采用平行移动法. 在证明题中利用平行移动的例子也不少.

例 3 如图 34 - 3，平行四边形 $ABCD$ 中有一点 P，已知$\angle PAD=\angle PCD$. 求证$\angle PBC=\angle PDC$.

分析 这个问题的已知条件中有两个角相等，要证明的结论是另两个角相等，这就启发我们去利用共圆点的性质，但通常共圆的四点构成图 34 - 4. 将图 34 - 3 与图 34 - 4 比较，不难发现，只要将$\triangle PAB$ 沿 BC 方向平行移动，使 B 变成 C，则因为 $AD \underline{\underline{/\!/}} BC$，$A$ 变成 D. 设这时 P 变为 P'，则$\triangle PAB$ 变为$\triangle P'DC$（参见图 34 - 5）.

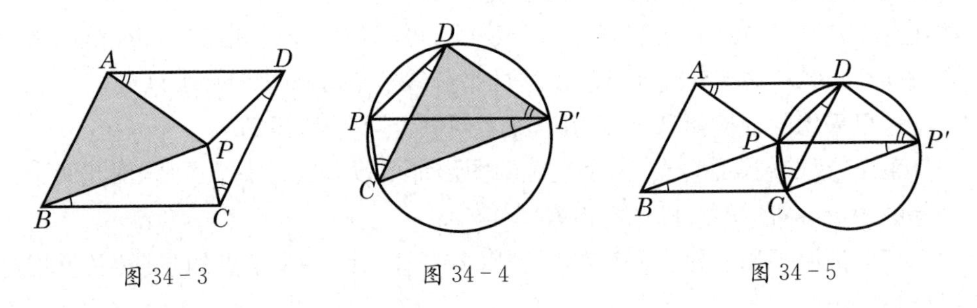

图 34 - 3　　图 34 - 4　　图 34 - 5

由于 $PP' \underline{\underline{/\!/}} BC \underline{\underline{/\!/}} AD$，易知$\angle PP'C=\angle PBC$，$\angle PAD=\angle PP'D$. 从而$\angle PCD=\angle PAD=\angle PP'D$，$P$，$C$，$P'$，$D$ 四点共圆，$\angle PDC=\angle PP'C=\angle PBC$.

现在我们举几道与旋转有关的例题.

例 4 在$\triangle ABC$ 的三条边上向外各作一个正三角形：$\triangle ABC'$，$\triangle BCA'$，$\triangle CAB'$. 证明：$AA'=BB'=CC'$，并且每两条线的夹角都是 60°.

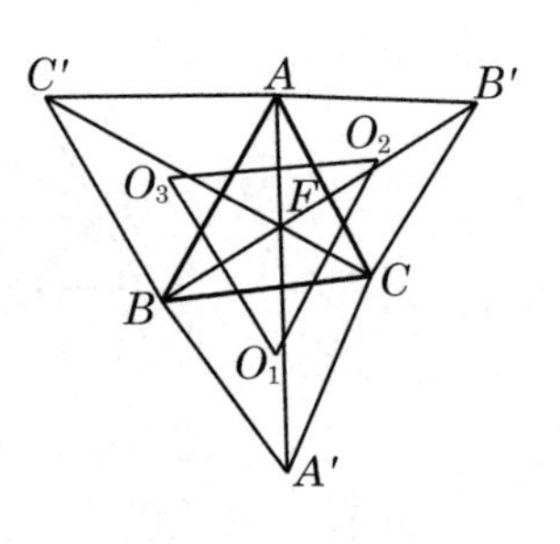

图 34 - 6

分析 为了证明这两个结论，只要绕 A 作 60°的（顺时针方向的）旋转. 如图 34 - 6. 因为$\angle B'AC=60°$，$AB'=AC$，所以 B'变成 C. 同理 B 变成 C'. 从而 BB'经过旋转变成 CC'. 因此 $BB'=CC'$，并且 BB'与

CC'的交角为 $60°$.

设 BB',CC'的交点为 F,则$\angle C'FB=\angle BAC'$,$\angle CFB'=\angle CAB'$,所以 F 也是$\triangle AC'B$ 的外接圆与$\triangle ACB'$的外接圆的交点(另一个交点是 A). 从而

$$\angle BFC=360°-\angle AFB-\angle CFA=360°-120°-120°=120°.$$

于是 F 也在$\triangle A'CB$ 的外接圆上.

根据同样道理,AA'与 CC'的交点是$\triangle AC'B$ 的外接圆与$\triangle A'CB$ 的外接圆的交点. 因此,AA'与 CC'的交点就是 F. 即 AA',BB',CC'交于同一点 F.

当$\triangle ABC$ 的每个内角都小于 $120°$时,F 在这三角形的内部,它对三条边的张角都是 $120°$,即

$$\angle BFC=\angle CFA=\angle AFB=120°.$$

这时 F 称为费马点.

例 5 在$\triangle ABC$ 内求一点 P,使 $PA+PB+PC$ 为最小.

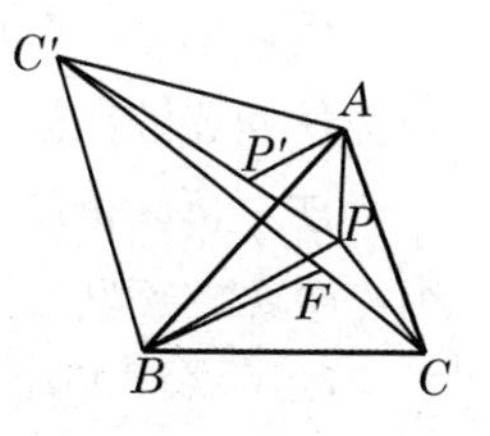

图 34 - 7

解 (ⅰ) 如果$\triangle ABC$ 的内角均小于 $120°$,绕 A 点作 $60°$旋转,这时 B 变为 C',P 变为 P',因此 PB 变为 $P'C'$(图 34 - 7).

连接 PP',则$\triangle APP'$为正三角形,所以

$$PA+PB+PC$$
$$=C'P'+P'P+PC\geqslant CC'. \tag{1}$$

当 P 为费马点 F 时,由上例,绕 A 旋转后,BB'变为 CC',所以 P'仍在 CC'上,(1)成为等式. 反之,在(1)为等式时,P,P'均在 CC'上,$\angle APP'=60°$,所以 P 是$\triangle ABC'$的外接圆与 CC'的公共点,即费马点 F.

因此,当且仅当 P 为费马点 F 时,$PA+PB+PC$ 为最小.

(ⅱ) 如果$\triangle ABC$ 有一个内角大于等于 $120°$,不妨设$\angle A\geqslant 120°$,绕 A 点作 $60°$的旋转,与(ⅰ)相同,

$$PA+PB+PC=C'P'+P'P+PC.$$

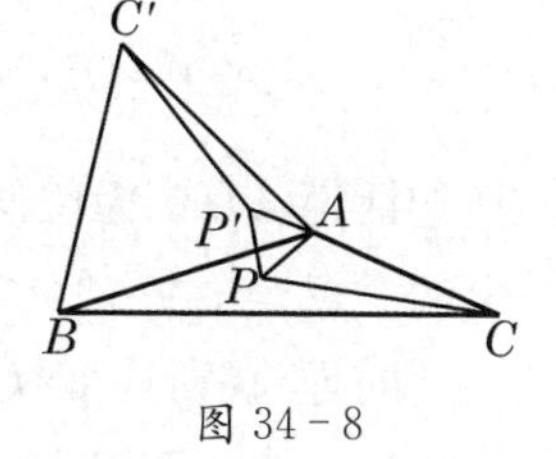

图 34 - 8

因为 P、P'都在$\triangle ABC$ 或$\triangle ABC'$内,所以闭折线 $CPP'C'C$ 包围闭折线 $CAC'C$(图 34 - 8). 于是,

$$C'P'+P'P+PC\geqslant CA+AC'=CA+AB,$$

即

$$PA+PB+PC\geqslant CA+AB. \tag{2}$$

当且仅当 P 为 A 时,$PA+PB+PC$ 最小.

例 6　如图 34－9，过 P 点作直线分别与$\triangle ABC$ 的边 AB，AC 及中线 AE 垂直，这些垂线分别与高 AD 相交于 L，M，N. 证明 $LN=MN$.

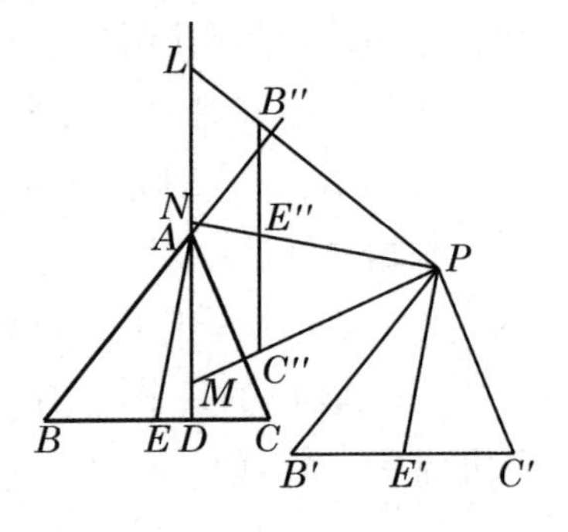

图 34－9

分析　这次我们先将$\triangle ABC$ 平行移动，使得 A 点与 P 点重合(即图中$\triangle PB'C'$)，再绕 P 作 $90°$ 的旋转(顺时针方向)，成为$\triangle PB''C''$. 经过这样变换后，直线 AB，AC，AE 分别与它们的垂线 PL，PM，PN(也就是 PB''，PC''，PE'')重合，并且直线 BC 的新位置 $B''C''$与它原来的垂线 AD 平行.

由于 AE 平分 BC，PE''平分 $B''C''$，即 PN 平分 $B''C''$，因而 PN 也平分与 $B''C''$ 平行的线段 LM.

例 6 也是一个典型的例子，它显示了从变换(运动)的观点来看待问题，可以抓住问题的实质，免去许多繁琐的论证与叙述.

注　可以证明一次平行移动与一次旋转结合起来等于一次旋转(当然是绕另一个点的旋转).

除了合同变换，中学里最常见的变换是相似变换，它可以分成一次位似变换与一次合同变换，因此我们主要讨论位似变换.

例 7　自$\triangle ABC$ 的顶点 A 向$\angle ABC$，$\angle ACB$ 及其外角平分线作垂线，证明四个垂足 D，E，F，G 共线.

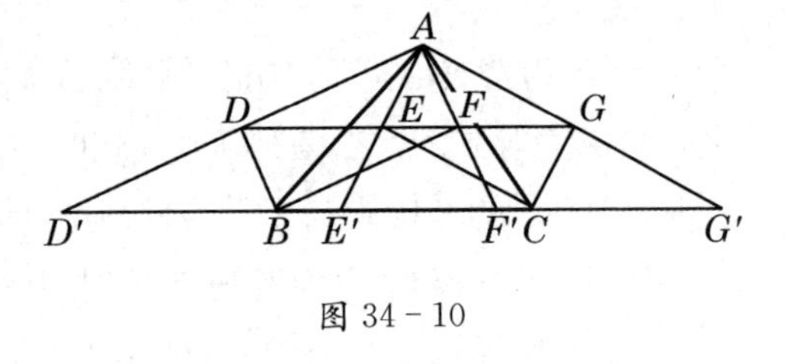

图 34－10

分析　延长 AD 交 BC 于 D'. 由于

$\angle ABD=\angle D'BD$，$\angle ADB=\angle D'DB=90°$，$BD=BD$，所以

$$\triangle ABD\cong\triangle D'BD,$$

$$AD=DD'=\frac{1}{2}AD'.$$

换句话说，以 A 为位似中心，$2:1$ 为相似比作位似变换，则 D 点变为直线 BC 上的一点 D'.

同理，在所述变换下，E，F，G 分别变为 BC 上的点 E'，F'，G'. 由于 D'，E'，F'，G'在同一条直线 BC 上，因此在变换前，D，E，F，G 也在一条直线上(而且这条直线就是$\triangle ABC$ 的中位线).

例 8　$\triangle ABC$ 中，AD，BE，CF 为中线，AD_1，BE_1，CF_1 为高，O，G，H 分别为外心，重心，垂心. 证明

(a) O,G,H 共线，并且 $OG=\frac{1}{2}GH$.

(b) D,E,F,D_1,E_1,F_1 及 AH 的中点 D_2，BH 的中点 E_2，CH 的中点 F_2 九点共圆，这圆的圆心 K 在线段 GH 上，并且 $GK=\frac{1}{2}OG$.

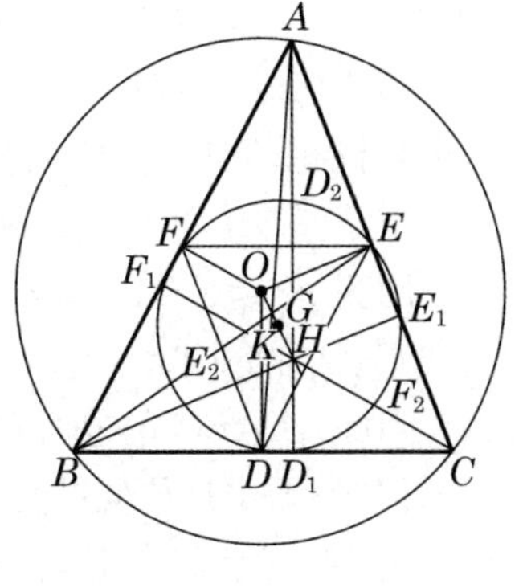

图 34 - 11

解 G 在 AD 上，并且 $GD=\frac{1}{2}AG$. 所以以 G 为位似中心，$1:(-2)$ 为相似比作位似变换，则 A 变为 D.

同样，在这位似变换下，B,C 分别变为 E,F，$\triangle ABC$ 变为 $\triangle DEF$.

因为 $OD\perp BC$，$EF\parallel BC$，所以 $OD\perp EF$. 同理 $OE\perp DF$. 所以 O 是 $\triangle DEF$ 的垂心.

于是，在上述位似变换下，H 变为 O. 即(a)成立.

同理，O 变为 $\triangle DEF$ 的外心 K，所以 K 在 GH 上，并且 $GK=\frac{1}{2}OG$.

因为 $KO=\frac{3}{2}GO=\frac{1}{2}HO$，所以 K 是 OH 的中点.

因为 AH 变为 DO，所以 $DO=\frac{1}{2}AH=D_2H$. 又 $DO\parallel D_2H$，所以四边形 D_2ODH 是平行四边形，DD_2 的中点就是 OH 的中点 K.

直角三角形 DD_1D_2 中，K 为斜边 DD_2 的中点，所以 $KD_1=KD=KD_2$，即 D_1,D_2 都在以 K 为圆心，KD 为半径的圆上.

因此 $\triangle DEF$ 的外接圆过 D_1,D_2,E_1,E_2,F_1,F_2.

例 8 中的直线 OH 称为欧拉线. $\odot K$ 称为 $\triangle ABC$ 的九点圆，也称为欧拉圆或费尔巴哈(K. W. Feuerbach, 1800—1834)圆. 外接圆与九点圆的内相似中心是重心 G，外相似中心是垂心 H.

例 9 三个全等的圆有一个公共点 K，并且都在 $\triangle ABC$ 内，每个圆与 $\triangle ABC$ 的两条边相切. 证明 $\triangle ABC$ 的内心 I，外心 O 与 K 共线.

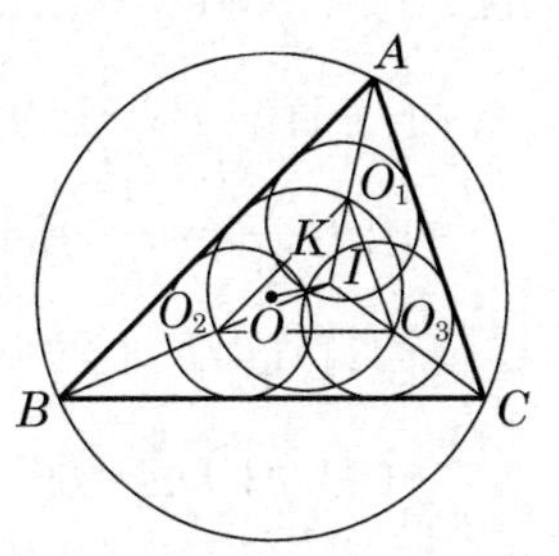

图 34 - 12

分析 本题是第 22 届国际数学竞赛的第 5 题. 如果熟知位似变换，就不难证明.

设已知圆的圆心为 O_1,O_2,O_3(图 34 - 12). 因为 $\odot O_1$ 与 AB,AC 相切，所以 O_1 在 $\angle BAC$ 的平分线

AI 上. 同理 O_2 在 BI 上,O_3 在 CI 上.

因为$\odot O_1$,$\odot O_2$ 均与 AB 相切,所以 O_1,O_2 到 AB 的距离相等,即 $O_1O_2 /\!/ AB$. 同理$\triangle O_1O_2O_3$ 的其他两边分别与 BC,CA 平行.

于是$\triangle O_1O_2O_3$ 与$\triangle ABC$ 位似,位似中心为 I.

因为 K 是$\odot O_1$,$\odot O_2$,$\odot O_3$ 的公共点,所以 $KO_1=KO_2=KO_3$,即 K 是$\triangle O_1O_2O_3$ 的外心.

因此,$\triangle ABC$ 的外心 O,$\triangle O_1O_2O_3$ 的外心 K 与位似中心 I 共线.

相似,无非是位似结合旋转.

例 10 (拿破仑定理)在图 34-6 中,$\triangle BCA'$,$\triangle ACB'$,$\triangle ABC'$的外心分别为 O_1,O_2,O_3. 证明$\triangle O_1O_2O_3$ 是正三角形.

分析 我们将$\triangle AO_2O_3$ 绕 A 点旋转 30°(顺时针方向),则 O_3 落到 AC' 上,O_2 落到 AC 上. 易知

$$\frac{AO_3}{AC'}=\frac{AO_2}{AC}=\frac{2}{3}\times\frac{\sqrt{3}}{2}=\frac{\sqrt{3}}{3},$$

所以$\triangle AO_2O_3 \backsim \triangle ACC'$,并且 $O_2O_3=\frac{\sqrt{3}}{3}C'C$.

同理 $O_3O_1=\frac{\sqrt{3}}{3}A'A$,$O_1O_2=\frac{\sqrt{3}}{3}B'B$. 而例 4 中已经证明 $A'A=B'B=C'C$,所以 $O_2O_3=O_3O_1=O_1O_2$,即$\triangle O_1O_2O_3$ 是正三角形.

例 11 $\triangle ABC$ 为正三角形,$MP /\!/ BC$,M 在 AB 上,P 在 AC 上,D 为$\triangle AMP$ 的外心,E 为 BP 的中点. 求$\angle DEC$ 与$\angle CDE$.

分析 显然$\triangle MAP$ 为正三角形. 设 AP 中点为 N,MP 中点为 F. 易知 N,F,E 共线,并且 $NE /\!/ AB$,$\frac{NE}{AC}=\frac{NE}{AB}=\frac{1}{2}$.

先绕 D 点作 60°(顺时针)的旋转,再以 D 为位似中心,1∶2 为相似比作一个位似变换. 因为$\angle PDF=60°$,并且 $DF=\frac{1}{2}DP$,所以 P 点变为 F 点. 同理 A 点变为 N 点. 于是直线 PA 变为直线 NF.

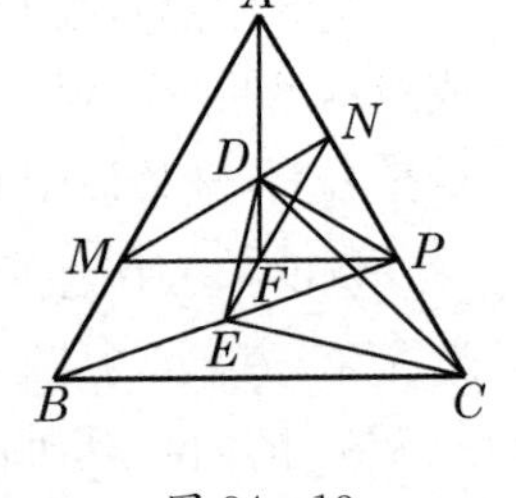

图 34-13

因为$\frac{NE}{AC}=\frac{1}{2}$,所以在上述变换下,直线 PA 上的点 C 变为直线 NF 上的点 E.

于是$\angle CDE=60°$,并且$\frac{DE}{DC}=\frac{1}{2}$,从而$\angle DEC=90°$.

虽然不用变换的观点也可以证明,但采用变换更加生动.

习 题 34

1. P 为正三角形 ABC 内任一点，证明：$PA\leqslant PB+PC$.

2. $\triangle ABC$ 为正三角形，P 在外接圆的 $\overset{\frown}{BC}$ 上. 证明：$PA=PB+PC$.

3. (托勒密定理)四边形 $ABCD$ 内接于圆. 证明：$AC\cdot BD=AB\cdot CD+BC\cdot DA$.

4. 证明：对任意四边形 $ABCD$，$AC\cdot BD\leqslant AB\cdot CD+BC\cdot DA$. 并当且仅当四边形为圆内接四边形时等号成立.

5. $\triangle ABC$ 为正三角形，P 为任意一点，不在外接圆上. 证明 PA，PB，PC 可以组成三角形. 如果这个三角形的面积为定值 m，求 P 点的轨迹.

6. 以 $\triangle ABC$ 的边为一边向外作 $\triangle DBC$，$\triangle ECA$，$\triangle FAB$，满足

(ⅰ) $\angle D+\angle E+\angle F=360°$；

(ⅱ) $\dfrac{AF}{FB}\cdot\dfrac{BD}{DC}\cdot\dfrac{CE}{EA}=1$.

证明：$\angle EDF=\angle ECA+\angle ABF$.

7. 证明：

(a) 绕定点 O 旋转 α 等价于两次轴对称，对称轴均过 O 点，夹角为 $\frac{\alpha}{2}$. 平移等价于两次轴对称，对称轴互相平行.

(b) 关于点 O_1 旋转 α_1，再关于点 O_2 旋转 α_2 等价于绕一定点 O 旋转 $\alpha_1+\alpha_2$，这里 $0\leqslant\alpha_1,\alpha_2<2\pi$ 并且 $\alpha_1+\alpha_2\neq 2\pi$. 求 $\triangle O_1O_2O$ 的角.

8. 在任意三角形 ABC 的边上作等腰三角形 AKB，BLC，CMA，顶角分别为 α，β，γ，$\alpha+\beta+\gamma=360°$. 这些等腰三角形均在 $\triangle ABC$ 外侧(或均在内侧). 求 $\triangle KLM$ 的角.

9. 如图 34 - 14，$\triangle ABC$ 和 $\triangle ADE$ 是两个不全等的等腰直角三角形. 固定 $\triangle ABC$，将 $\triangle ADE$ 绕 A 点在平面内旋转. 证明：不论 $\triangle ADE$ 转到什么位置，线段 EC 上必存在点 M，使 $\triangle BMD$ 为等腰直角三角形.

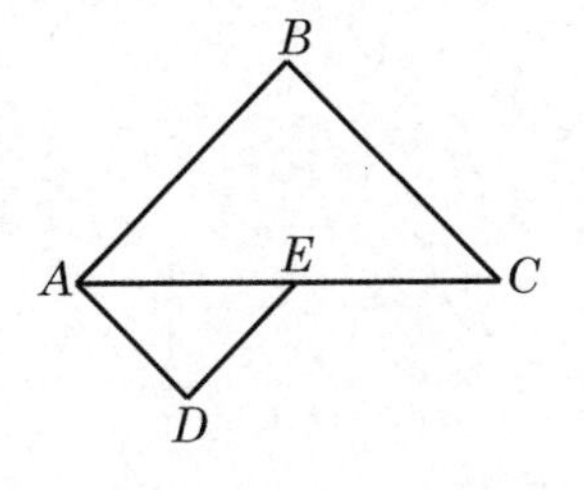

图 34 - 14

10. 证明：$\triangle ABC$ 的外心、内心及 $\triangle I_1I_2I_3$ (I_1，I_2，I_3 为三个旁心)的外心共线.

11. 如图 34 - 15，E，F 分别在正方形 $ABCD$ 的边 BC，CD 上，$\angle EAF=45°$. 求证：A 到 EF 的距离等于 AB.

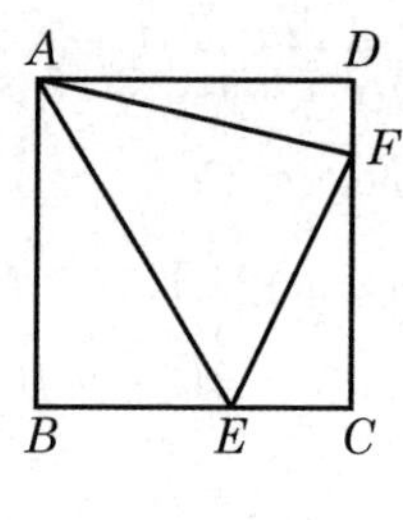

图 34 - 15

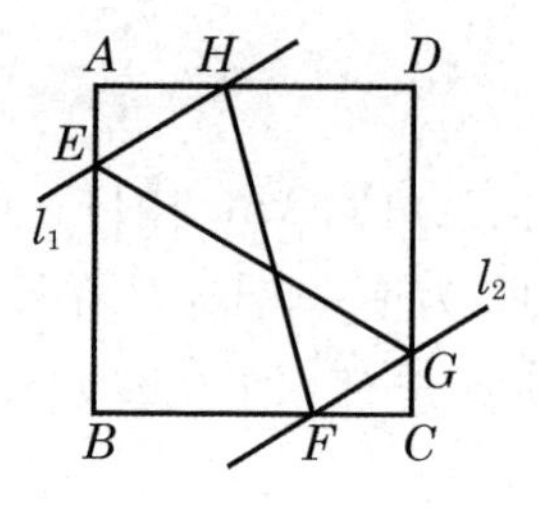

图 34 - 16

12. 平行直线 l_1,l_2 间的距离等于正方形 $ABCD$ 的边长,并且与正方形的周界相交于 E,F,G,H,如图 34 - 16. 证明:EG 与 FH 的夹角为 45°.

第 35 讲 面积

利用面积关系解决几何问题,古已有之,最典型的例子就是勾股定理的许多采用面积割补的证明.平面几何中几乎所有的证明题与计算题,都能用面积来解.当然,过于迂回曲折时,我们宁愿采用其他方法,但在很多场合,面积法常常能给我们提供一个简洁明快的解答.

面积法的基本思想是:

用两种不同的方法计算同一块面积,得到的结果应当相等,再由这个等式导出所需要的结果.

例 1 如图 35-1,$\triangle ABC$ 中,$AB>AC$,CD,BE 分别为 AB,AC 上的高,证明:$CD<BE$. (1)

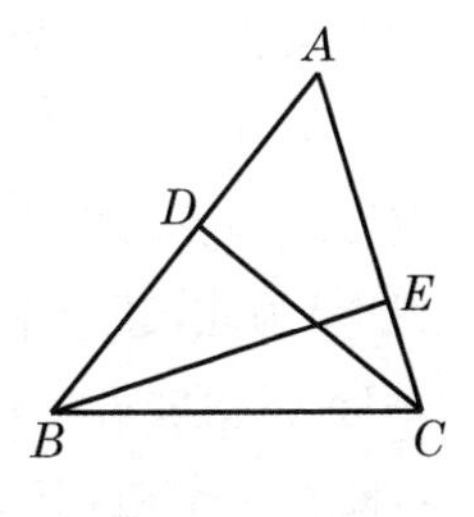

图 35-1

解 本题的解法很多,如果采用面积法,我们有

$$BE\cdot AC=CD\cdot AB=2\cdot S_{\triangle ABC}.$$

由已知 $AC<AB$,两式相除即得(1).

例 2 $\triangle ABC$ 中,$AB=AC$,P 为底边 BC 上一点.证明:P 到 AB,AC 的距离之和为定值.

解 容易看出,在图 35-2 中,

$$S_{\triangle ABP}+S_{\triangle APC}=S_{\triangle ABC}, \tag{2}$$

所以

$$h_1\cdot AB+h_2\cdot AC=h\cdot AB, \tag{3}$$

其中 h_1,h_2 分别为 P 到 AB,AC 的距离,h 为等腰三角形 ABC 的腰上的高.

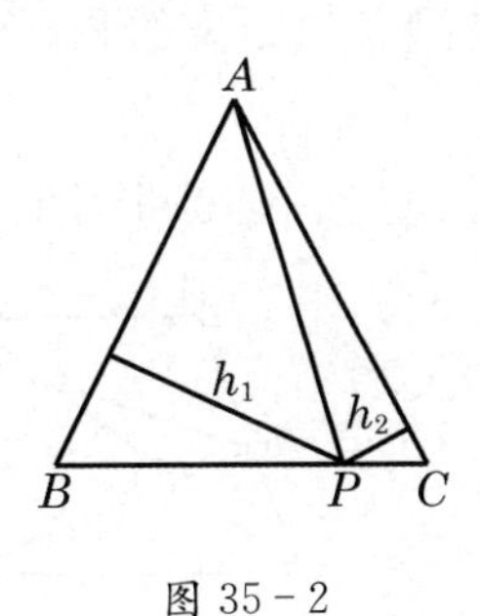

图 35-2

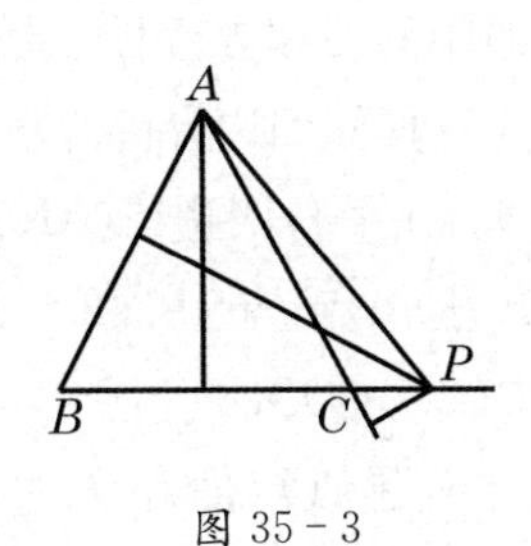

图 35-3

由(3)易得 $$h_1+h_2=h.$$

注 若 P 在 BC 的延长线上(图 35-3),用同样方法可得 $|h_1-h_2|=h$.这

时(2)的左边应改为差,但也可以约定 $S_{\triangle APC}$ 在 A,P,C 成顺时针顺序时,取负值 $-|S_{\triangle APC}|$,这样约定后(2)仍成立,其中的面积称为有向面积.

例 3 证明:正三角形 ABC 内任一点 P 到三边的距离之和等于这三角形的高.

例 3 的证明与例 2 类似.

例 3 可推广为:

各边相等的凸 n 边形内任一点 P 到各边距离的和为定值,这值等于 n 边形面积的 2 倍除以边长.

还可以推广为:

例 4 各角相等的凸 n 边形 $A_1A_2\cdots A_n$ 内任一点 P 到各边距离的和为定值.

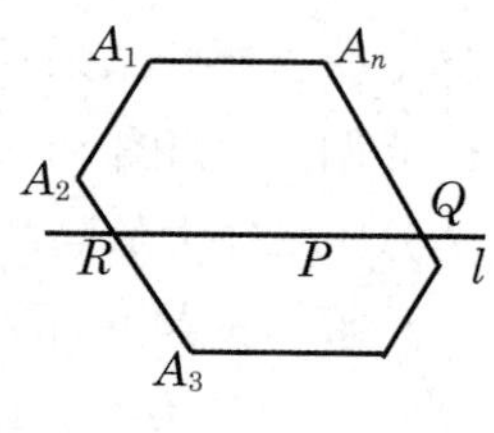

图 35-4

例 4 可以借助例 3 的推广来证明(习题 35 第 1 题). 这里介绍的方法是利用例 2 的结论,将点 P 移到边界上. 为此,过 P 作一条直线 l 与一条边,比如说 A_1A_n 平行. 这直线 l 将 n 边形分成两个多边形. 每个多边形中可能有一条边(如 A_1A_n)与 l 平行,当 P 在 l 上移动时,P 到这边的距离不变. 其余的边两两成对,每一对边与直线 l(即与边 A_1A_n)成相等的角,当 P 在 l 上移动时(不越出图 35-4 中的 R 与 Q),由例 2,P 到这一对边的距离的和不变. 因此,P 到各边距离的和等于 R 到各边距离的和,这里 R 是 l 与 n 边形边界的交点.

不妨设 R 在边 A_2A_3 上. 与上面的推理完全相同,当 R 在边 A_2A_3 上移动时,它到各边的距离的和为定值. 因此,P 到各边距离的和等于 A_2 到各边距离的和. A_2 也可以在多边形的边界上自由移动,保持到各边距离的和不变. 所以 P 到各边距离的和等于任一顶点到各边距离的和.

注 这种移到边界的方法在求极值时常常使用. 参见第 40 讲例 8、例 9.

例 5 在平行四边形 $ABCD$ 中,E 为 AD 上一点,F 为 AB 上一点,并且 $BE=DF$,BE,DF 交于 G. 求证:$\angle BGC=\angle DGC$.

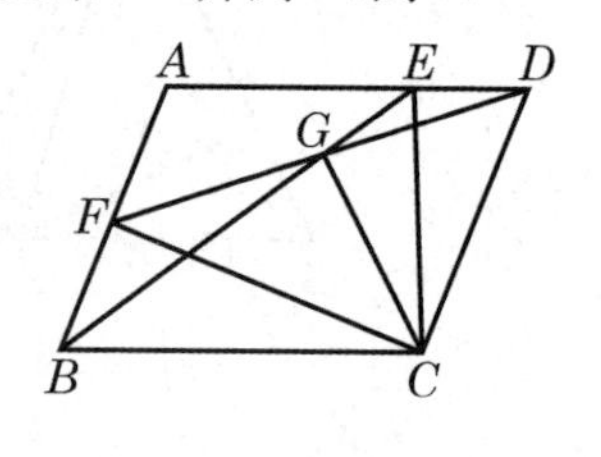

图 35-5

解 本题似与面积无关. 但细细一想,CG 平分 $\angle BGD$ 等价于 C 到 BE,DF 的距离相等. 因而问题化为证明

$$S_{\triangle EBC}=S_{\triangle DFC}. \tag{4}$$

$\triangle EBC$ 与$\square ABCD$ 同底等高，所以

$$S_{\triangle EBC}=\frac{1}{2}S_{\square ABCD}.$$

同样
$$S_{\triangle DFC}=\frac{1}{2}S_{\square ABCD}.$$

因此(4)成立. 在(4)两边约去 $BE(=DF)$ 即产生结论.

例 6 如图 35－6，正三角形 PQR 与 $P'Q'R'$ 全等，$AB=a_1$，$BC=b_1$，$CD=a_2$，$DE=b_2$，$EF=a_3$，$FA=b_3$. 求证：

$$a_1^2+a_2^2+a_3^2=b_1^2+b_2^2+b_3^2. \tag{5}$$

解 易证得$\triangle PBA \backsim \triangle Q'BC$（$\angle P=\angle Q'=60°$，$\angle PBA=\angle Q'BC$），所以$\frac{S_{\triangle PBA}}{S_{\triangle Q'BC}}=\frac{a_1^2}{b_1^2}$.

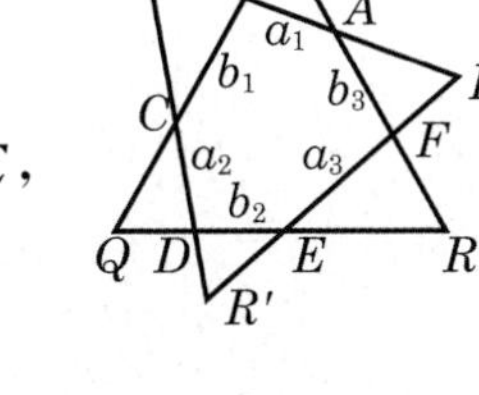

图 35－6

同理六个小三角形 PBA，$Q'BC$，QDC，$R'DE$，RFE，$P'FA$ 彼此相似，所以

$$\begin{aligned}&S_{\triangle PBA}=a_1^2t, S_{\triangle Q'BC}=b_1^2t,\\&S_{\triangle QDC}=a_2^2t, S_{\triangle R'DE}=b_2^2t,\\&S_{\triangle RFE}=a_3^2t, S_{\triangle P'FA}=b_3^2t.\end{aligned} \tag{6}$$

注意
$$\begin{aligned}S_{\triangle PBA}+S_{\triangle QDC}+S_{\triangle RFE}&=S_{\triangle PQR}-S_{六边形ABCDEF}\\&=S_{\triangle P'Q'R'}-S_{六边形ABCDEF}\\&=S_{\triangle Q'BC}+S_{\triangle R'DE}+S_{\triangle P'FA},\end{aligned}$$

将(6)式代入再约去 t 便得到(5).

例 7 如图 35－7，B 在 AC 上，Q 在 PR 上，$PB /\!/ QC$，$AQ /\!/ BR$. 求证：$AP /\!/ CR$.

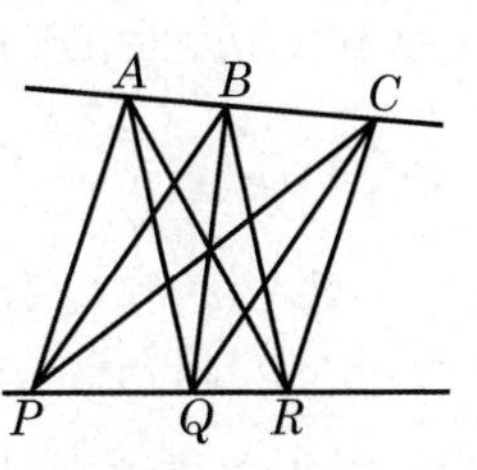

图 35－7

解 我们只需证明

$$S_{\triangle PCR}=S_{\triangle ACR}. \tag{7}$$

因为 $PB /\!/ QC$，所以

$$S_{\triangle PCQ}=S_{\triangle BCQ},$$
$$\begin{aligned}S_{\triangle PCR}=S_{\triangle PCQ}+S_{\triangle QCR}&=S_{\triangle BCQ}+S_{\triangle QCR}\\&=S_{四边形BCRQ}.\end{aligned}$$

同理
$$S_{\triangle ACR}=S_{\triangle ABR}+S_{\triangle BCR}=S_{\triangle BRQ}+S_{\triangle BCR}=S_{四边形BCRQ}.$$

所以(7)及结论成立.

从上述诸例可以看出，面积与平行线段关系密切.

与面积有关的问题很多，特别是求一个图形的面积.

例 8 在$\triangle ABC$的边BC,CA,AB上分别取A',B',C',使$\frac{BA'}{A'C}=\lambda$,$\frac{CB'}{B'A}=\mu$,$\frac{AC'}{C'B}=\nu$. 连接AA',BB',CC',交成$\triangle A''B''C''$(如图 35－8). 求$\triangle A''B''C''$的面积与$\triangle ABC$的面积之比.

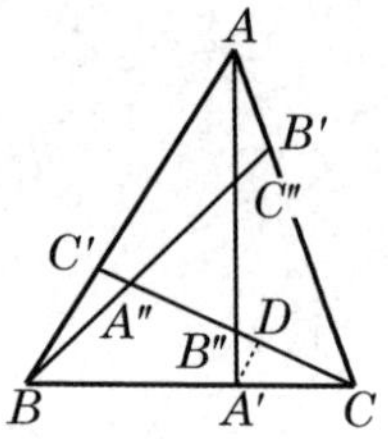

图 35－8

解 过A'作AB的平行线,交CC'于D,

则
$$DA'=C'B\times\frac{A'C}{BC},$$
$$\frac{AB''}{B''A'}=\frac{AC'}{DA'}=\nu(1+\lambda),$$
所以
$$\frac{AB''}{AA'}=\frac{\nu(1+\lambda)}{1+\nu+\lambda\nu},$$
$$\frac{S_{\triangle AB''C}}{S_{\triangle ABC}}=\frac{S_{\triangle AB''C}}{S_{\triangle AA'C}}\cdot\frac{S_{\triangle AA'C}}{S_{\triangle ABC}}=\frac{\nu}{1+\nu+\lambda\nu}.$$
同理
$$\frac{S_{\triangle BC''A}}{S_{\triangle ABC}}=\frac{\lambda}{1+\lambda+\mu\lambda},$$
$$\frac{S_{\triangle CA''B}}{S_{\triangle ABC}}=\frac{\mu}{1+\mu+\nu\mu}.$$
所以
$$\frac{S_{\triangle A''B''C''}}{S_{\triangle ABC}}=1-\frac{\nu}{1+\nu+\lambda\nu}-\frac{\lambda}{1+\lambda+\mu\lambda}-\frac{\mu}{1+\mu+\nu\mu}$$
$$=\frac{(1-\lambda\mu\nu)^2}{(1+\lambda+\lambda\mu)(1+\mu+\mu\nu)(1+\nu+\nu\lambda)}.\tag{8}$$

例 9 四边形$ABCD$的对边AB,CD相交于E. 对角线AC,BD的中点分别为M,N(如图 35－9). 证明$S_{\triangle ENM}=\frac{1}{4}S_{\text{四边形}ABCD}$.

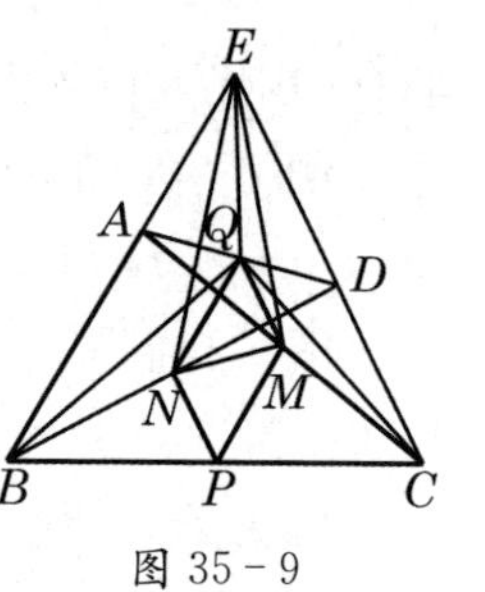

图 35－9

解 设P,Q分别为BC,AD的中点. 连接PM,MQ,QN,NP,则$QN\parallel MP\parallel AB$,$PN\parallel MQ\parallel CD$. 所以四边形$PMQN$是平行四边形.

因为$QN\parallel AB$,所以$S_{\triangle ENQ}=S_{\triangle BNQ}=\frac{1}{2}S_{\triangle BDQ}=\frac{1}{4}S_{\triangle BDA}$.

同理
$$S_{\triangle EQM}=S_{\triangle CQM}=\frac{1}{4}S_{\triangle ACD}.$$
因为
$$S_{\triangle ENM}=S_{\triangle ENQ}+S_{\triangle EQM}+S_{\triangle QNM}$$
$$=\frac{1}{4}(S_{\triangle BDA}+S_{\triangle ACD})+\frac{1}{2}S_{\square PMQN},\tag{9}$$

所以只需证明 $$S_{\square PMQN}=\frac{1}{2}(S_{\triangle ABC}-S_{\triangle BDA}).\tag{10}$$

延长 PN, MQ 分别交 BA 于 R, S(图 35－10). 平行四边形 $PMSR$ 的底 $PM=\frac{1}{2}AB$, PM 上的高(即 PM 与 AB 之间的距离)等于$\triangle ABC$ 的边 AB 上的高的$\frac{1}{2}$,

所以

$$S_{\square PMSR}=\frac{1}{2}S_{\triangle ABC}.\tag{11}$$

同理 $$S_{\square NQSR}=\frac{1}{2}S_{\triangle BDA}.\tag{12}$$

(11),(12)相减即得(10). 将(10)代入(9)中即得结论.

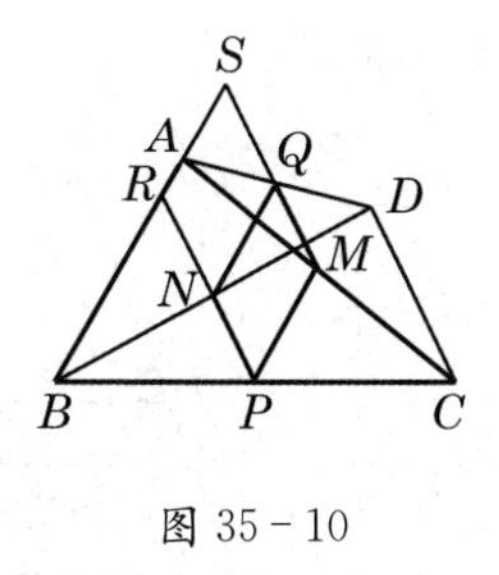

图 35－10

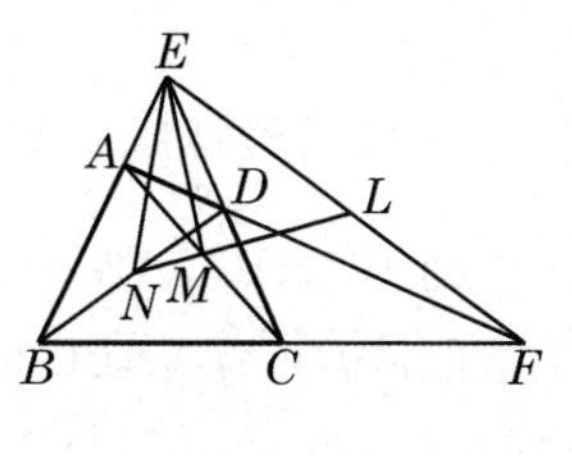

图 35－11

设例 9 中 AD 与 BC 相交于 F. 这样由四条直线 AB, BC, CD, DA 组成的图形称为完全四边形,线段 AC, BD, EF 称为它的对角线(图 35－11).

下面的例 10 是例 9 的直接应用.

例 10 证明完全四边形的三条对角线的中点共线.

解 由上例 $$S_{\triangle ENM}=\frac{1}{4}S_{\text{四边形}ABCD}.$$

同理 $$S_{\triangle FMN}=\frac{1}{4}S_{\text{四边形}ABCD}.$$

设 NM 交 EF 于 L. 因为

$$S_{\triangle ENM}=S_{\triangle FMN},\tag{13}$$

所以 E, F 到 NM 的距离相等,从而 L 是对角线 EF 的中点.

直线 NM 称为完全四边形的牛顿线.

注 习题 36 第 1 题中有另一个证明.

三角形的面积△与其他的量之间有很多关系. 例如

$$\triangle=\frac{1}{2}bc\sin A=\frac{1}{2}ca\sin B=\frac{1}{2}ab\sin C, \tag{14}$$

$$\begin{aligned}\triangle&=\sqrt{s(s-a)(s-b)(s-c)}\\&=\frac{1}{4}\sqrt{2a^2b^2+2b^2c^2+2c^2a^2-a^4-b^4-c^4},\end{aligned} \tag{15}$$

$$\triangle=rs=r_a(s-a)=r_b(s-b)=r_c(s-c), \tag{16}$$

$$\triangle=2R^2\sin A\sin B\sin C=\frac{abc}{4R}, \tag{17}$$

其中 a,b,c 为 $\triangle ABC$ 的边长，$s=\dfrac{a+b+c}{2}$，r,R 分别为内切圆、外接圆的半径，r_a,r_b,r_c 为三个旁切圆的半径.

例 11 在锐角三角形 ABC 中，BE,CF 为高，BM,CN 为角平分线. 证明 $\triangle ABC$ 的内心 I 在线段 EF 上的充分必要条件是外心 O 在 MN 上.

解 由角平分线性质，$AM=\dfrac{bc}{a+c}$，$AN=\dfrac{bc}{a+b}$.

又 O 到 BC,AC,AB 的距离分别为 $R\cos\alpha$，$R\cos\beta$，$R\cos\gamma$，这里 α,β,γ 为 $\triangle ABC$ 的三个内角.

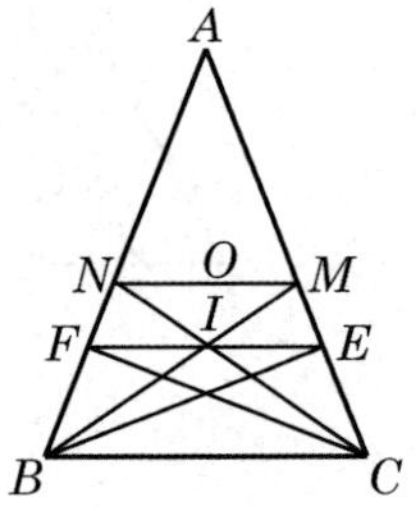

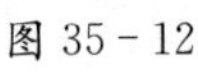

图 35 - 12

O 在 MN 上

$\Leftrightarrow S_{\triangle ANM}=S_{\triangle ANO}+S_{\triangle AOM}$

$\Leftrightarrow S_{\triangle ABC}\cdot\dfrac{AN}{AB}\cdot\dfrac{AM}{AC}=S_{\triangle ANO}+S_{\triangle AOM}$

$\Leftrightarrow\left(\dfrac{1}{2}a\cdot R\cos\alpha+\dfrac{1}{2}b\cdot R\cos\beta+\dfrac{1}{2}c\cdot R\cos\gamma\right)\cdot\dfrac{b}{a+b}\cdot\dfrac{c}{a+c}=\dfrac{1}{2}\cdot\dfrac{bc}{a+b}\cdot R\cos\gamma$

$\quad+\dfrac{1}{2}\cdot\dfrac{bc}{a+c}\cdot R\cos\beta$

$$\Leftrightarrow\cos\alpha=\cos\beta+\cos\gamma. \tag{18}$$

$$AE=c\cos\alpha,AF=b\cos\alpha.$$

I 在 EF 上

$\Leftrightarrow S_{\triangle AFE}=S_{\triangle AFI}+S_{\triangle AIE}$

$\Leftrightarrow S_{\triangle ABC}\cdot\dfrac{AF}{AB}\cdot\dfrac{AE}{AC}=\dfrac{1}{2}r\cdot c\cos\alpha+\dfrac{1}{2}r\cdot b\cos\alpha$

$\Leftrightarrow\dfrac{1}{2}r(a+b+c)\cos^2\alpha=\dfrac{1}{2}r(b+c)\cos\alpha$

$\Leftrightarrow(a+b+c)\cos\alpha=b+c.$ (19)

因为 $AC=AE+EC$，即 $b=c\cos\alpha+a\cos\gamma$.

同理 $$c=b\cos\alpha+a\cos\beta.$$

所以(19)即

I 在 EF 上

$\Leftrightarrow(a+b+c)\cos\alpha=(c\cos\alpha+a\cos\gamma)+(b\cos\alpha+a\cos\beta)$

$\Leftrightarrow\cos\alpha=\cos\beta+\cos\gamma.$ (20)

由(18)，(20)得

O 在 MN 上 $\Leftrightarrow I$ 在 EF 上. (21)

注 例 2 中的(2)在本例中起了重要的作用.

例 12 设凸四边形 $ABCD$ 的边长为 a,b,c,d，对角和为 2φ，证明：

$$S_{四边形ABCD}=\sqrt{(s-a)(s-b)(s-c)(s-d)-abcd\cos^2\varphi}. \tag{22}$$

其中 $s=\dfrac{a+b+c+d}{2}$.

解 由余弦定理

$$BD^2=a^2+d^2-2ad\cos A=b^2+c^2-2bc\cos C,$$

所以 $$\frac{1}{2}(a^2+d^2-b^2-c^2)=ad\cos A-bc\cos C. \tag{23}$$

又 $$2\cdot S_{四边形ABCD}=ad\sin A+bc\sin C. \tag{24}$$

(23)，(24)分别平方再相加得

$$\begin{aligned}4S^2_{四边形ABCD}+\frac{1}{4}(a^2+d^2-b^2-c^2)^2&=a^2d^2+b^2c^2-2abcd\cos2\varphi\\&=(ad+bc)^2-4abcd\cos^2\varphi.\end{aligned}$$

从而

$$\begin{aligned}S^2_{四边形ABCD}&=\frac{1}{16}[(2ad+2bc)^2-(a^2+d^2-b^2-c^2)^2]-abcd\cos^2\varphi\\&=(s-a)(s-b)(s-c)(s-d)-abcd\cos^2\varphi.\end{aligned}$$

由此即得(22).

(22)有很多应用. 例如在四边形有外接圆时，面积为

$$\sqrt{(s-a)(s-b)(s-c)(s-d)}.$$

再如 $d=0$ 时便得到三角形的面积公式(15).

习 题 35

1. 利用例 3 的推广来证明例 4.

2. 四边形 $ABCD$ 有内切圆，证明：

$$S_{四边形ABCD}=\sqrt{abcd}\sin\varphi,$$

其中 a,b,c,d 为边长，$\varphi=\frac{1}{2}(\angle A+\angle C)$.

3. 已知 D,E 是 AB 的三等分点. 以 DE 为直径作圆，C 为圆上任意一点（图 35-13）. 证明：$\tan\alpha\cdot\tan\beta=\frac{1}{4}$.

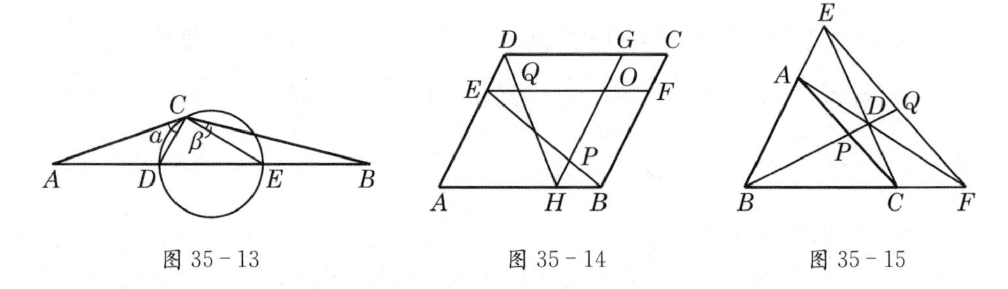

图 35-13　　图 35-14　　图 35-15

4. 在平行四边形 $ABCD$ 内取定一点 O，过 O 作 $EF\,/\!/\,AB$，$GH\,/\!/\,BC$，分别交各边于 E,F,G,H. 连接 BE,HD，分别交 GH,EF 于 P,Q. 如果 $OP=OQ$，证明四边形 $ABCD$ 为菱形（图 35-14）.

5. 延长四边形 $ABCD$ 的边得交点 E,F. 如果 $S_{\triangle DEA}=S_{\triangle DCF}$，证明 BD 平分 AC 与 EF（图 35-15）.

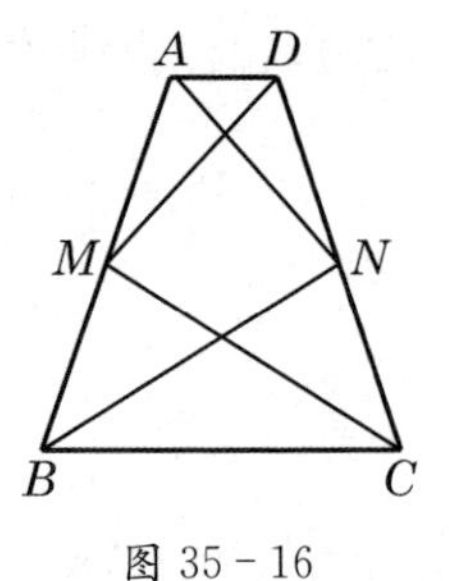

图 35-16

6. 梯形 $ABCD$ 的腰 AB,CD 的中点分别为 M,N. 已知 $S_{梯形ABCD}=2(AN\cdot NB+CM\cdot MD)$. 证明：$AB=CD=BC+AD$（图 35-16）.

7. 点 M,N 分别在 $\triangle ABC$ 的边 AB,AC 上，并且 $S_{\triangle AMN}=S_{四边形MBCN}$. 证明：$\frac{BM+MN+NC}{AM+AN}>\frac{1}{3}$.

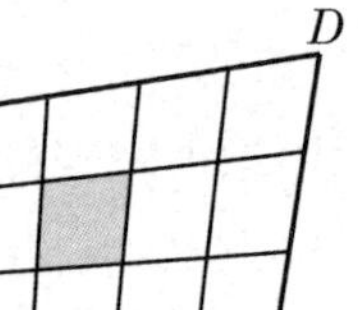

图 35-17

8. 将凸四边形 $ABCD$ 的边 AB,CD 分为 m 等分，连接对应的分点. 再将边 AD,BC 分为 n 等分，连接对应分点. 这里 m,n 都是大于 1 的奇数. 求中间那个四边形的面积与四边形 $ABCD$ 面积的比（图 35-17）.

第 36 讲 解析法

所谓解析法，无非是用解析几何的方法来解题. 有人以为几何问题化为代数问题后就万事大吉，剩下的仅仅是计算(或验算). 殊不知代数问题未必容易，采用解析法就必须有面对代数困难的准备.

采用解析法需要注意两个方面(也就是解析法的主要技巧)：

1. 尽可能化为较简单的代数问题. 为此，需利用适当的几何知识；选择坐标系；采取便于使用的方程形式等.

2. 运用各种代数技巧(如巧妙的消元、利用行列式等)，不宜一味死算.

例 1 在$\triangle ABC$的边AB上取B_1，AC上取C_1，使$\frac{AB_1}{AB}=\lambda$，$\frac{AC_1}{AC}=\mu$. 再在线段B_1C_1上取D_1，使$\frac{B_1D_1}{D_1C_1}=\frac{m}{n}$($\lambda$，$\mu$，$m$，$n$都是正实数). 延长$AD_1$交$BC$于$D$，求$\frac{BD}{DC}$.

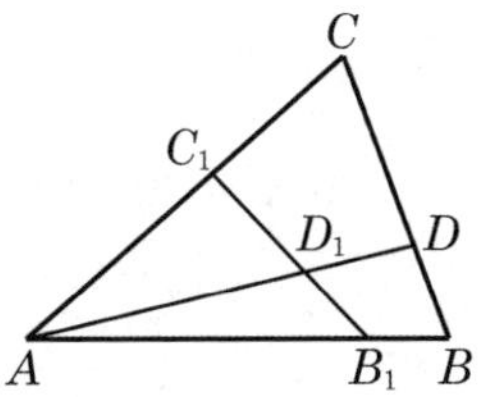

C C₁ D₁ D A B₁ B

图 36 - 1

解 本题以采用斜坐标为好(如有现成的直角坐标，当然用直角坐标，可惜这里没有)：以A为原点，AB，AC分别作为x，y轴，并且长AB，AC分别作为x，y轴上的单位.

在斜坐标中，分点公式、直线方程的各种形式都与直角坐标相同(只是与直角有关的法线式，不能直接用来计算点到该直线的距离).

现在，B_1坐标为$(\lambda,0)$，C_1坐标为$(0,\mu)$，所以D_1坐标为$\left(\frac{n\lambda}{m+n},\frac{m\mu}{m+n}\right)$，

直线AD_1的方程为
$$\frac{y}{m\mu}=\frac{x}{n\lambda}.\tag{1}$$

点B，C的坐标分别为$(1,0)$，$(0,1)$，所以BC上的点D的坐标为$\left(\frac{DC}{BC},\frac{BD}{BC}\right)$，从而由(1)得$\frac{BD}{DC}=\frac{m\mu}{n\lambda}$.

注 原点、坐标轴、单位长都可以由我们自己选择，这有很大的自由度，切勿以为只有一个固定的、先验的坐标系，自己束缚自己的手足.

例 2 设四边形$BCEF$的边BF，CE延长后相交于A，BE，CF相交于H，直线AH分别交BC，EF于D，P，求证：

$$\frac{1}{DA}+\frac{1}{DH}=\frac{2}{DP}. \tag{2}$$

解 以 D 为原点,DC 为 x 轴,DA 为 y 轴,建立斜坐标. 设 B,C,H,P,A 的坐标分别为 $(b,0),(c,0),(0,h),(0,p),(0,a)$,则 AC 方程为

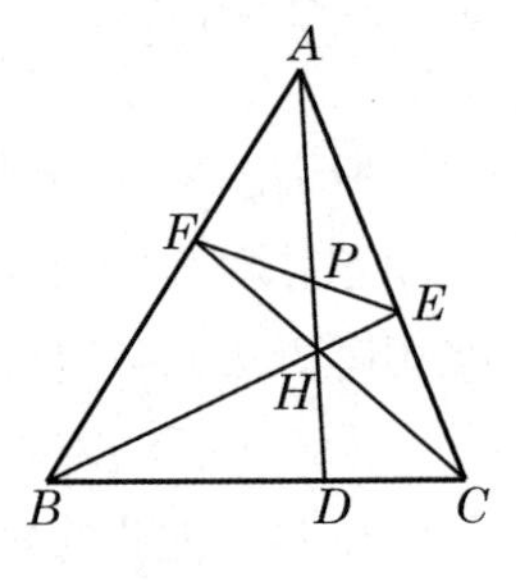

图 36-2

$$\frac{x}{c}+\frac{y}{a}=1, \tag{3}$$

BE 方程为
$$\frac{x}{b}+\frac{y}{h}=1, \tag{4}$$

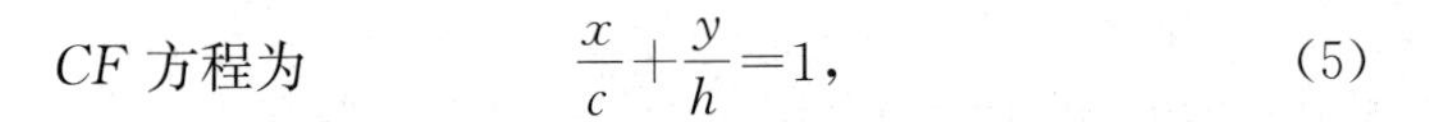

CF 方程为
$$\frac{x}{c}+\frac{y}{h}=1, \tag{5}$$

AB 方程为
$$\frac{x}{b}+\frac{y}{a}=1. \tag{6}$$

AC,BE 都过 E 点,所以 E 的坐标适合(3),(4),也适合(3)+(4),即

$$x\left(\frac{1}{c}+\frac{1}{b}\right)+y\left(\frac{1}{a}+\frac{1}{h}\right)=2. \tag{7}$$

(7)是一次方程,表示直线,这直线过 E 点.

同理,F 坐标适合(5),(6),也适合(5)+(6),即(7). 所以直线(7)过 F. EF 的方程就是(7).

P 点在直线 EF 上,所以 P 点坐标适合(7),即

$$p\left(\frac{1}{a}+\frac{1}{h}\right)=2. \tag{8}$$

这也就是(2).

注 1 例 2 是射影几何中的一个基本定理,(8)可以改写为

$$\frac{p-h}{h}=\frac{a-p}{a}, \tag{9}$$

即
$$\frac{DH}{HP}:\frac{DA}{AP}=-1 \tag{10}$$

(其中 DH,HP,DA,AP 都是有向线段,即 AP 与 PA 大小相同,而符号相反. $AP=p-a$,而 $PA=a-p$). (10)的左边称为 D,H,P,A 四点的复比. 满足(10)的(即复比为-1的)四个点 D,H,P,A 称为调和点列.

注 2 如果两条相交直线的方程为

$$a_ix+b_iy+c_i=0, i=1,2, \tag{11}$$

那么

$$a_1x+b_1y+c_1+\lambda(a_2x+b_2y+c_2)=0 \tag{12}$$

表示通过这两条直线交点的直线束(在 $\lambda=0$ 时,即 $a_1x+b_1y+c_1=0$,约定在 $\lambda=\infty$时,(12)表示 $a_2x+b_2y+c_2=0$). 上面的(5)+(6),是过 E 的直线束中的一条直线. 它刚好就是 EF. 看出这一点需要一点眼力.

例 3 $\triangle ABC$ 中,AD 是高,H 是 AD 上任一点,BH,CH 分别交 AC,AB 于E,F,EF 交 AD 于 P. 过 P 任作直线,分别交 AC,CF 于M,N. 证明:

(a) $\angle EDA=\angle ADF$.

(b) $\angle MDA=\angle ADN$.

解 以 D 为原点,DC 为 x 轴,DA 为 y 轴建立直角坐标. 设 A,B,C,H 的坐标分别为$(0,a)$,$(b,0)$,$(c,0)$,$(0,h)$. AC 方程为

$$\frac{x}{c}+\frac{y}{a}=1, \tag{13}$$

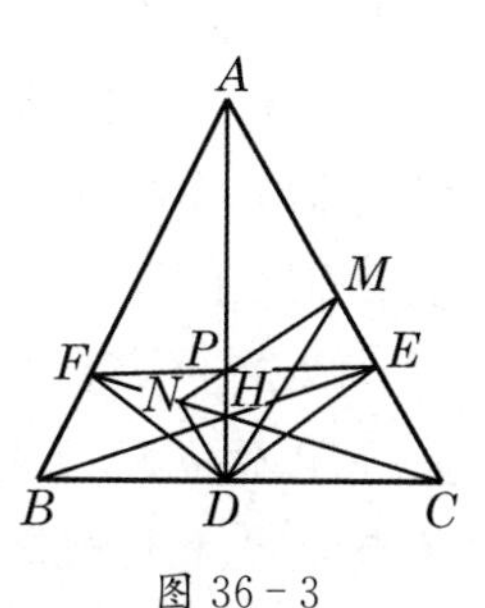

图 36-3

BE 方程为

$$\frac{x}{b}+\frac{y}{h}=1. \tag{14}$$

(13)−(14)得

$$x\left(\frac{1}{c}-\frac{1}{b}\right)+y\left(\frac{1}{a}-\frac{1}{h}\right)=0. \tag{15}$$

E 在AC 上,也在 BE 上,因而在 AC,BE 所成直线束的任一条直线上. 特别地,(15)表示的直线过 E. 又原点 D 显然在(15)上(因为(15)的常数项为 0),所以(15)就是直线 DE 的方程.

同理,直线 DF 的方程为

$$x\left(\frac{1}{b}-\frac{1}{c}\right)+y\left(\frac{1}{a}-\frac{1}{h}\right)=0. \tag{16}$$

(15),(16)的斜率成相反数,所以(a)成立.

设直线 MN 的方程为

$$y-p=kx, \tag{17}$$

即

$$\frac{y-kx}{p}=1. \tag{18}$$

(13)−(18)得

$$\frac{x}{c}+\frac{y}{a}=\frac{y-kx}{p}. \tag{19}$$

(19)过(13),(18)的交点 M,又过原点 D(因为没有常数项),所以一次方程(19)表示直线 DM.

同理,直线 DN 的方程是

$$\frac{x}{c}+\frac{y}{h}=\frac{y-kx}{p}. \tag{20}$$

由例 2，
$$\frac{1}{p}-\frac{1}{a}=\frac{1}{h}-\frac{1}{p},$$

所以(19)的斜率
$$\left(\frac{1}{c}+\frac{k}{p}\right)\div\left(\frac{1}{p}-\frac{1}{a}\right)$$

与(20)的斜率
$$\left(\frac{1}{c}+\frac{k}{p}\right)\div\left(\frac{1}{p}-\frac{1}{h}\right)$$

成相反数，(b)成立.

注 为了获得过原点的直线，我们使常数项为 0. 在(13)，(18)的常数项都是 1(截距式)时，两式相减就可达到这一目的.

例 4 在四边形 $ABCD$ 中，$AB=AD$，$BC=CD$. 过 AC，BD 的交点 O 任作两条直线，分别交 AD 于 E，交 BC 于 F，交 AB 于 G，交 CD 于 H. GF，EH 分别交 BD 于 I，J. 求证 $IO=OJ$.

解法一 容易知道 AC 是 BD 的垂直平分线. 因此，可以建立以 O 为原点，直线 BD，AC 为坐标轴的直角坐标系，利用解析几何来解决问题.

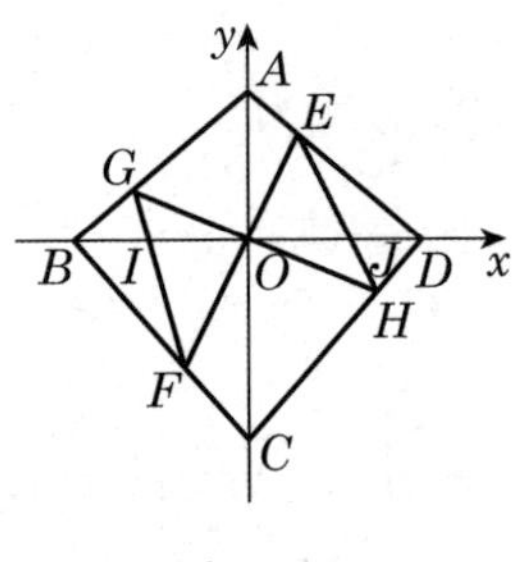

图 36-4

设 A，B，C，D 的坐标分别为 $(0,a)$，$(b,0)$，$(0,c)$，$(d,0)$，则 $b=-d$，直线 AB 的方程为
$$\frac{x}{b}+\frac{y}{a}-1=0. \tag{21}$$

设 GH 的方程为 $x-ky=0$ (22)

(在 GH 与 BD 重合时，结论显然成立，所以总可以假定 GH 方程为(22))，则过 G 的直线 GF 应为
$$\frac{x}{b}+\frac{y}{a}-1+\lambda(x-ky)=0. \tag{23}$$

同样，设 EF 的方程为
$$x-hy=0, \tag{24}$$
则过 F 的直线 GF 应为
$$\frac{x}{b}+\frac{y}{c}-1+\mu(x-hy)=0. \tag{25}$$

由于(23)，(25)为同一直线，所以 $\lambda=\mu$，并且
$$\frac{1}{a}-\lambda k=\frac{1}{c}-\lambda h,$$

即
$$\lambda=\frac{1}{k-h}\left(\frac{1}{a}-\frac{1}{c}\right).$$

在(23)中令 $y=0$ 即得 I 的横坐标为

$$x_I=\left(\frac{1}{b}+\lambda\right)^{-1}.$$

同样，J 的横坐标为 $$x_J=\left(\frac{1}{d}+\lambda'\right)^{-1},$$

其中 $$\lambda'=\frac{1}{k-h}\left(\frac{1}{c}-\frac{1}{a}\right).$$

注意 $d=-b$，$\lambda'=-\lambda$，所以 $x_I=-x_J$，即 $IO=OJ$.

我们将 GH 写成(22)，而不是通常的 $y=kx$，乃是为了使(23)，(25)中待定的参数相等，省去许多麻烦. 此外，注意到字母的对称性，J 的横坐标可以立即写出(将 x_I 中字母 b 与 d，a 与 c 互换)，不必再一步步推导. 这些都是解析几何的技巧.

解法二 设 EH 的方程为 $$\frac{x}{e}+\frac{y}{h}=1. \tag{26}$$

由于 AD 的方程为 $$\frac{x}{d}+\frac{y}{a}=1, \tag{27}$$

两式相减得 $$x\left(\frac{1}{e}-\frac{1}{d}\right)+y\left(\frac{1}{h}-\frac{1}{a}\right)=0. \tag{28}$$

这就是 OE 的方程，因为它过原点 O(无常数项)，也过(26)，(27)的交点 E.

同样 OH 的方程为 $$x\left(\frac{1}{e}-\frac{1}{d}\right)+y\left(\frac{1}{h}-\frac{1}{c}\right)=0. \tag{29}$$

设 GF 的方程为 $$\frac{x}{g}+\frac{y}{f}=1, \tag{30}$$

则 OG，OF 的方程分别为

$$x\left(\frac{1}{g}-\frac{1}{b}\right)+y\left(\frac{1}{f}-\frac{1}{a}\right)=0, \tag{31}$$

$$x\left(\frac{1}{g}-\frac{1}{b}\right)+y\left(\frac{1}{f}-\frac{1}{c}\right)=0. \tag{32}$$

由于(28)与(32)，(29)与(31)是同一条直线，所以

$$\frac{\frac{1}{e}-\frac{1}{d}}{\frac{1}{g}-\frac{1}{b}}=\frac{\frac{1}{h}-\frac{1}{a}}{\frac{1}{f}-\frac{1}{c}}=\frac{\frac{1}{h}-\frac{1}{c}}{\frac{1}{f}-\frac{1}{a}}.$$

由比的性质得

$$\frac{\frac{1}{e}-\frac{1}{d}}{\frac{1}{g}-\frac{1}{b}}=\frac{\left(\frac{1}{h}-\frac{1}{a}\right)-\left(\frac{1}{h}-\frac{1}{c}\right)}{\left(\frac{1}{f}-\frac{1}{c}\right)-\left(\frac{1}{f}-\frac{1}{a}\right)}=-1,$$

从而 $g=-e$,即 $IO=OJ$.

注 (i)在解法二中,如果 EH 与 y 轴平行,那么 $\frac{y}{h}$ 这一项应当略去. 这时,EH 在 y 轴上的"截距" $h=\infty$,而 $\frac{1}{\infty}=0$. GF 与 y 轴平行时也作同样处理. 推导依然成立.

(ii)条件减弱为 AC 过 BD 的中点(不需要 $AC\perp BD$),结论依然成立. 证法也无须太大变动,只要用斜坐标代替直角坐标.

(iii)本例可称为筝形的蝴蝶定理,是叶中豪先生告诉作者的.

(iv)仅与直线(没有圆)有关的问题,用解析几何是有把握解决的,只不过解法有繁简之分. 上面采用的直线束(解法一),(解法二中的)消去法(消去常数项得到 OE,OF,OH,OG 的方程;消去 x,y 得到比例式;最后消去参数 h,f 得出结论)都是解析法中惯用的技巧.

例 5 $\triangle ABC$ 中,O 为外心,三条高 AD,BE,CF 交于点 H. DE 交 AB 的延长线于 M,DF 交 AC 的延长线于 N. 求证:

(a) $OB\perp DF$.

(b) $OC\perp DE$.

(c) $OH\perp MN$.

(2001 年全国高中联赛加试第一题)

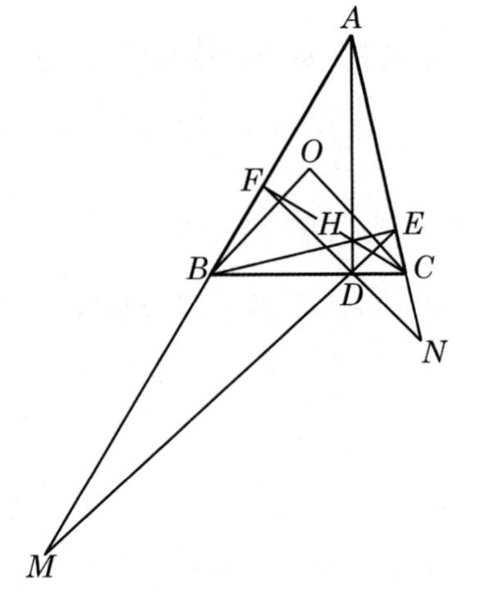

图 36-5

解 $\angle OBC=\angle OCB=\frac{1}{2}(180^\circ-\angle BOC)$

$=90^\circ-\angle BAC$

$=90^\circ-\angle FDB$(F,D,C,A 四点共圆),

所以(a)成立. 同样,(b)成立.

(a),(b)容易,(c)较难,可用解析法.

以 D 为原点,DC,DA 为 x,y 轴,建立直角坐标系. 设 A,B,C,H 坐标分别为 $(0,a)$,$(b,0)$,$(c,0)$,$(0,h)$.

BE 方程为 $$\frac{x}{b}+\frac{y}{h}=1, \tag{33}$$

AC 方程为 $$\frac{x}{c}+\frac{y}{a}=1. \tag{34}$$

因为这两条直线互相垂直，所以 $\frac{1}{bc}+\frac{1}{ha}=0$，

即
$$bc=-ah. \tag{35}$$

(33)−(34)得 DE 方程
$$x\left(\frac{1}{b}-\frac{1}{c}\right)+y\left(\frac{1}{h}-\frac{1}{a}\right)=0. \tag{36}$$

AB 方程是
$$\frac{x}{b}+\frac{y}{a}=1. \tag{37}$$

(36)−2×(37)得
$$-x\left(\frac{1}{b}+\frac{1}{c}\right)+y\left(\frac{1}{h}-\frac{3}{a}\right)=-2. \tag{38}$$

利用(35)去分母，上式即 $x(b+c)+y(a-3h)+2ah=0$. (39)

(39)过 AB，DE 的交点 M.

由于(39)关于 b，c 对称，它也过 N，因此(39)就是直线 MN 的方程.

O 的横坐标为 $\frac{1}{2}(b+c)$. 设 O 的纵坐标为 y，则由 $OA=OB$ 得

$$y^2+\left(\frac{b-c}{2}\right)^2=\left(\frac{b+c}{2}\right)^2+(y-a)^2,$$

从而
$$y=\frac{a^2+bc}{2a}. \tag{40}$$

利用(35)得
$$y=\frac{a-h}{2}. \tag{41}$$

因此，HO 的方向是
$$\left(\frac{b+c}{2},\frac{a-3h}{2}\right). \tag{42}$$

正好与直线 MN 垂直.

注 (ⅰ) 由几何知识(参见第31讲例2注)可以直接得到(41).

(ⅱ) 导出 MN 的方程(38)，是本题的关键. (36)，(37)的线性组合都是过 DE，AB 交点 M 的直线，但只有(38)才是关于 b，c 对称的表达式，所以其他的组合都不表示直线 MN，唯独(38)表示直线 MN.

另一方面，也可以先求出 OH 的方向，从而预先知道 MN 的方程中，x，y 的系数即 $b+c$，$a-3h$(或同时乘一个常数).

例6 已知△ABC，对任一点 T，自 T 到 BC，CA，AB 作垂线，垂足分别为 T_a，T_b，T_c.

(a) 证明当且仅当△ABC 是正三角形时，
$$AT_c+BT_a+CT_b=T_bA+T_cB+T_aC \tag{43}$$
对任一点 T 均成立.

(b) 证明在△ABC 不是正三角形时，满足(43)的点 T 的轨迹是直线 OI，

其中 O, I 分别为$\triangle ABC$ 的外心、内心.

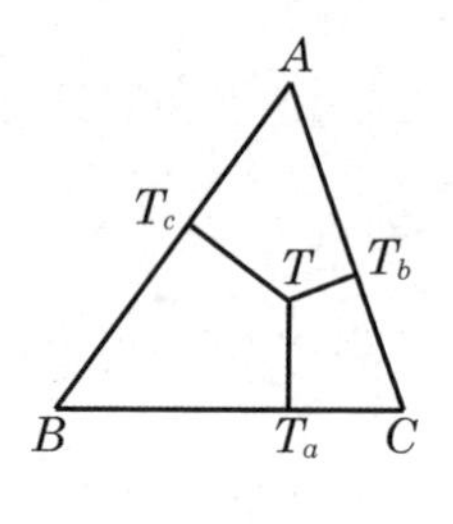

图 36-6

在(43)中,AT_c 等均为有向线段,即约定 T_c 在射线 AB 上时,AT_c 为正;T_c 在 BA 延长线上时,AT_c 为负等.

解 建立直角坐标系. 已知点 A, B, C 的坐标均为已知,边的方程也均为已知. 设 T 的坐标为(x_T, y_T). 直线 TT_a 的斜率乘直线 BC 的斜率等于-1,因而是已知的(与 x_T, y_T 无关). 将直线 TT_a 的方程写成法线式,再以 B 的坐标代替其中的 x, y,便得到 BT_a,它是 x_T, y_T 的一次式.

同理 AT_c, CT_b 也都是 x_T, y_T 的一次式. 因此和 $AT_c+BT_a+CT_b$ 是 x_T, y_T 的一次式

$$\alpha x_T+\beta y_T+\gamma, \tag{44}$$

其中 α, β, γ 是常数(与 x_T, y_T 无关). 我们允许 $\alpha=\beta=0$,即这里 x_T, y_T 的"一次式",包括不出现 x_T, y_T 的常数.

(43)即指一次式(44)的值 $\alpha x_T+\beta y_T+\gamma=AT_c+BT_a+CT_b=\frac{1}{2}(AT_c+BT_a+CT_b+T_bA+T_cB+T_aC)=\frac{1}{2}(a+b+c)=s.$ (45)

如果$\triangle ABC$ 是正三角形,那么 A 点、B 点、C 点显然都满足(45),即设 A, B, C 坐标为

$$(x_i, y_i), \quad i=1,2,3, \tag{46}$$

则

$$\alpha x_i+\beta y_i+\gamma=s. \tag{47}$$

于是,对直线 BC 上任一点 P,它的坐标可写为

$$(\mu x_2+\nu x_3, \mu y_2+\nu y_3), \quad \mu+\nu=1. \tag{48}$$

我们有

$$\begin{aligned}
&\alpha(\mu x_2+\nu x_3)+\beta(\mu y_2+\nu y_3)+\gamma \\
=&\mu(\alpha x_2+\beta y_2+\gamma)+\nu(\alpha x_3+\beta y_3+\gamma) \\
=&\mu s+\nu s \\
=&s.
\end{aligned}$$

即直线 BC 上任一点 P 满足(45).

对平面 ABC 上任一点 T,设直线 AT 交 BC 于 P,则由于 A, P 满足(45),用上面的方法,AP 上任一点 T 满足(45).

反之,设平面 ABC 上任一点 T 满足(45),则取 T 为 A,有

$$BD+CA=s, \tag{49}$$

其中 D 为 A 在 BC 上的射影.

又取 T 为 D，有
$$BD+CE+AF=s, \tag{50}$$
其中 E, F 为 D 在 AC, AB 上的射影.

由(49)，(50)得
$$EA=AF. \tag{51}$$
从而高 AD 也是 $\angle BAC$ 的平分线，$AB=AC$.

同理 $AB=BC$. $\triangle ABC$ 是正三角形.

在$\triangle ABC$ 不是正三角形时，O 与 I 不重合，而 O 与 I 显然满足(45)，所以直线 OI 上的每一点均满足(45)(理由同前). 而直线 OI 外的任一点 P 不满足(45)，否则由 O、I、P 均满足(45)，导出任一点均满足(45)，$\triangle ABC$ 为正三角形.

因此，满足(43)的点 T 的轨迹是直线 OI.

注 (i) 对任一点 T，$AT /\!/ BC$，$BT /\!/ CA$，$CT /\!/ AB$ 不可能全成立. 所以上面我们假定 AT 与 BC 相交.

(ii) 在已知三个不共线的点 (x_i, y_i)，$i=1,2,3$ 时，平面上任一点 T 的坐标可写成
$$(\lambda x_1+\mu x_2+\nu x_3, \lambda y_1+\mu y_2+\nu y_3), \quad \lambda+\mu+\nu=1, \tag{52}$$
于是可由(47)直接推出 T 满足(45)，不必经过点 P 的中介.

与圆有关的问题，用解析几何往往涉及较多的计算，代数的困难不易克服，所以在这样的场合，宁愿采用纯几何的证明. 当然，也有一些问题，采用解析几何比较简单. 请参见《解析几何的技巧》(单墫著，中国科学技术大学出版社 2001 年出版).

轨迹问题，常常用解析法处理. 纯粹的几何方法难以研究直线与圆以外的曲线，即使轨迹为直线与圆，用解析法探讨也更为简单直接，不需要太多的思考.

与椭圆、双曲线、抛物线有关的问题，解析法是首先的方法(当然，也可以用纯几何的方法处理. 请参见《圆锥曲线的几何性质》，科克肖特等著，蒋声译，上海教育出版社 2002 年出版).

例 7 如图，A，D 分别为线段 EF，BC 的中点，$\angle EDC=\angle CDF=\alpha$，$\angle BAE=\angle EAC=\beta$. 求证：

(a) $DE+DF=AB+AC$.

(b) B，E，C，F 共圆.

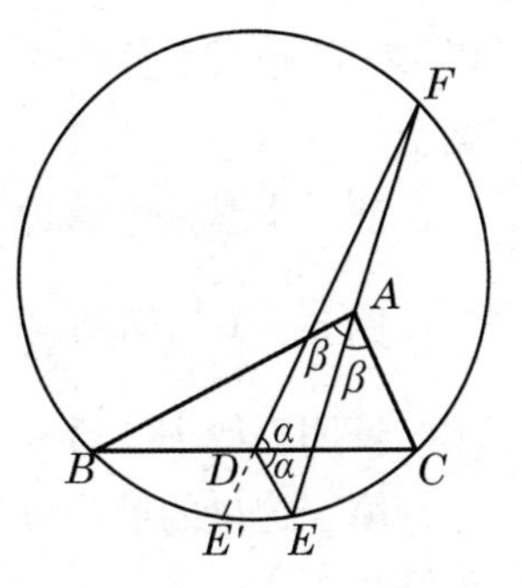

图 36 - 7

解 设 $AB+AC=2a$，$BC=2c$，则 A 在以 B，C 为焦点，$2a$ 为长轴的椭圆上.

以 D 为原点，DC 为 x 轴，建立直角坐标系，上述椭圆的方程为

$$\frac{x^2}{a^2}+\frac{y^2}{b^2}=1, \tag{53}$$

其中 $b=\sqrt{a^2-c^2}$.

设 DF,DE 的长为 ρ_1,ρ_2,则 F,E 的坐标为

$$(\rho_1\cos\alpha,\rho_1\sin\alpha),(\rho_2\cos\alpha,-\rho_2\sin\alpha).$$

因为 A 是 EF 的中点,A 的坐标是

$$x_A=\frac{1}{2}(\rho_1+\rho_2)\cos\alpha, \tag{54}$$

$$y_A=\frac{1}{2}(\rho_1-\rho_2)\sin\alpha. \tag{55}$$

由于 $\angle BAE=\angle EAC$,EF 是椭圆(53)的法线,与切线

$$\frac{x_A x}{a^2}+\frac{y_A y}{b^2}=1 \tag{56}$$

垂直,即 $$(\rho_1+\rho_2)\sin\alpha\cdot\frac{x_A}{a^2}=(\rho_1-\rho_2)\cos\alpha\cdot\frac{y_A}{b^2}. \tag{57}$$

将(54),(55)代入得 $$\frac{(\rho_1+\rho_2)^2}{a^2}=\frac{(\rho_1-\rho_2)^2}{b^2}. \tag{58}$$

又由(54),(55)得 $$\frac{x_A^2}{\left(\frac{\rho_1+\rho_2}{2}\right)^2}+\frac{y_A^2}{\left(\frac{\rho_1-\rho_2}{2}\right)^2}=1. \tag{59}$$

由(58),(59),(53)得 $$\rho_1+\rho_2=2a, \tag{60}$$

$$\rho_1-\rho_2=2b. \tag{61}$$

(60)即(a). 由(60),(61)得

$$\rho_1\rho_2=(a+b)(a-b)=a^2-b^2=c^2. \tag{62}$$

延长 FD 到 E',使 $DE'=DE=\rho_1$,则由上式,B,E',C,F 四点共圆. 这圆以 BC 的垂直平分线为对称轴. E' 与 E 关于这条直线对称,所以 E 也在这个圆上.

注 本题是上海钟建国老师告诉作者的.

例 8 A 为椭圆 $\frac{x^2}{a^2}+\frac{y^2}{b^2}=1$ 上一个定点. 过 A 任作两条互相垂直的弦 AB,AC. 证明直线 BC 通过一个定点.

解 这里的椭圆可改为一般的二次曲线(在椭圆为圆时,这个定点显然就是圆心).

为了解决这个问题,我们改以 A 为原点. 设过 A 的已知曲线方程为

$$ax^2+bxy+cy^2+dx+ey=0, \tag{63}$$

其中 a,b 并不是原来的 a,b(可换成其他字母).

(63)过原点 A,所以没有常数项.

设直线 BC 的方程为 $$mx+ny=1. \tag{64}$$

则过 B,C 两点的直线 AB,AC 的方程是

$$ax^2+bxy+cy^2+(dx+ey)(mx+ny)=0 \tag{65}$$

((65)的左边是 x,y 的二次齐次式,所以它表示两条过原点 A 的直线. 而 B,C 的坐标均适合(65),所以(65)表示 AB,AC). 因为 AB,AC 互相垂直,所以(65)作为$\frac{y}{x}$的方程,两根之积为-1,即

$$(a+dm)+(c+en)=0, \tag{66}$$

整理为 $$m\left(\frac{-d}{a+c}\right)+n\left(\frac{-e}{a+c}\right)=1. \tag{67}$$

比较(64)与(67),可见直线 BC 经过定点

$$\left(\frac{-d}{a+c},\frac{-e}{a+c}\right). \tag{68}$$

注 在 $a+c=0$,即二次曲线为等轴双曲线时,这个"定点"为无穷远点,即本题结论应认为直线 BC 平行于一条固定直线

$$ex-dy=0. \tag{69}$$

习题 36

1. 四边形 $ABCD$ 的对边 AB,CD 相交于 E,AD 与 BC 相交于 F. AC,BD,EF 的中点分别为 L,M,N. 证明 L,M,N 共线(完全四边形的牛顿线).

2. 动点 M 满足条件 $m\cdot MB^2-n\cdot MC^2=$定值 k,其中 B,C 为定点,m,n 为给定实数. 求 M 的轨迹.

3. 等腰梯形 $ABCD$ 中,对角线相交于 O,$\angle AOB=60^\circ$,P,Q,R 分别为 OA,腰 BC,OD 的中点. 求证$\triangle PQR$ 是等边三角形.

4. 在矩形 $ABCD$ 中,点 M,N 分别为 AD,BC 的中点,P 在直线 CD 上,PM 交 AC 于 Q. 求证$\angle QNM$ 与$\angle MNP$ 相等或互补.

5. P 为$\triangle ABC$ 内一点. P 到三边距离之和为 s.

(a) 求(并作出)到三边距离之和为 s 的点的轨迹.

(b) 设点 A_1,A_2 在 BC 上,B_1,B_2 在 CA 上,C_1,C_2 在 AB 上,并且 $A_1A_2=B_1B_2=C_1C_2$. G_1,G_2 分别为$\triangle A_1B_1C_1$,$\triangle A_2B_2C_2$ 的重心. 证明 G_1G_2 与

(a)中的轨迹平行.

6. 四边形$ABDC$内接于圆,$DB=DC$. O为AD上一定点,CO交AB于E,BO交AC于F,DF交CE于N,DE交BF于M. 如果$\frac{AF}{AE}=k$,求$\frac{NF}{ME}\cdot\frac{MD}{ND}$.

7. $\triangle ABC$的垂心为H. 在直线AH,BH,CH上分别取L,M,N,使$AL=BM=CN=$定值x. 证明:$\triangle LMN$的面积为$\frac{1}{2}(\sin A+\sin B+\sin C)(x^2-2Rx+2Rr)$,其中$R$,$r$分别为$\triangle ABC$的外接圆与内切圆半径.

8. $\triangle ABC$的垂心为H,在直线AH,BH,CH上分别取A_1和A_2,B_1和B_2,C_1和C_2,使$AA_1=BB_1=CC_1=x_1$,$AA_2=BB_2=CC_2=x_2\neq x_1$. 证明:$S_{\triangle A_1B_1C_1}=S_{\triangle A_2B_2C_2}$的充分必要条件是$x_1+x_2=2R$,$R$为$\triangle ABC$的外接圆半径.

9. 符号同上题. 如果A_1,B_1,C_1共线,A_2,B_2,C_2共线,证明这两条直线的交点是$\triangle ABC$的内心并且$A_1B_1\perp A_2B_2$.

10. 已知过点(0,1)的直线l与曲线C:$y=x+\frac{1}{x}(x>0)$交于两个不同点M和N. 求曲线C在点M,N处的切线的交点轨迹(2007年全国高中联赛试题).

第37讲 向量(一)

在本书第一版中，笔者曾说过希望将向量引入中学教材. 现在，这件事情已经基本实现.

n 元实数组$(a_1,a_2,\cdots,a_n)$称为 n 维向量. 特别地，二维向量称为平面向量.

向量可以做加法与减法：

$$(a_1,a_2,\cdots,a_n)\pm(b_1,b_2,\cdots,b_n)=(a_1\pm b_1,a_2\pm b_2,\cdots,a_n\pm b_n). \tag{1}$$

数可以与向量相乘：设 k 为实数，则

$$k\cdot(a_1,a_2,\cdots,a_n)=(ka_1,ka_2,\cdots,ka_n). \tag{2}$$

向量与向量可以相乘，而且有不同的乘法. 一种乘法称为内积或数量积，即

$$(a_1,a_2,\cdots,a_n)\cdot(b_1,b_2,\cdots,b_n)=a_1b_1+a_2b_2+\cdots+a_nb_n. \tag{3}$$

(3)中的乘号，约定用“·”表示，不能写成“×”. 写成“×”的是另一种乘法，将在下一节说到.

$$(a_1,a_2,\cdots,a_n)\cdot(a_1,a_2,\cdots,a_n)=a_1^2+a_2^2+\cdots+a_n^2 \tag{4}$$

是向量$(a_1,a_2,\cdots,a_n)$的平方，显然是非负实数.

向量也可以用一个字母来表示，如记

$$\boldsymbol{\alpha}=(a_1,a_2,\cdots,a_n),\boldsymbol{\beta}=(b_1,b_2,\cdots,b_n). \tag{5}$$

$$\sqrt{\boldsymbol{\alpha}^2}=\sqrt{a_1^2+a_2^2+\cdots+a_n^2} \tag{6}$$

称为 $\boldsymbol{\alpha}$ 的模，记为$|\boldsymbol{\alpha}|$，它是数的绝对值的推广. 由柯西不等式，

$$|\boldsymbol{\alpha}|\cdot|\boldsymbol{\beta}|=\sqrt{a_1^2+a_2^2+\cdots a_n^2}\sqrt{b_1^2+b_2^2+\cdots+b_n^2}\geqslant a_1b_1+a_2b_2+\cdots+a_nb_n=\boldsymbol{\alpha}\cdot\boldsymbol{\beta}, \tag{7}$$

所以

$$\frac{\boldsymbol{\alpha}\cdot\boldsymbol{\beta}}{|\boldsymbol{\alpha}|\cdot|\boldsymbol{\beta}|}\leqslant 1. \tag{8}$$

即有 $0\leqslant\theta<2\pi$，满足

$$\boldsymbol{\alpha}\cdot\boldsymbol{\beta}=|\boldsymbol{\alpha}|\cdot|\boldsymbol{\beta}|\cos\theta. \tag{9}$$

又不难证明

$$|\boldsymbol{\alpha}\pm\boldsymbol{\beta}|\leqslant|\boldsymbol{\alpha}|+|\boldsymbol{\beta}|. \tag{10}$$

在二维(三维)的情况，可以建立直角坐标系. 每一个点可以用它的坐标表示. 如果点 A 的坐标为(a,b)，原点为 O，那么向量(a,b)可记为$\overrightarrow{OA}$或$\mathbf{A}$，甚至

在不致混淆时,简记为 A.

向量(a,b)的模就是 OA 的长,而向量$\overrightarrow{OA}=\boldsymbol{\alpha}$,$\overrightarrow{OB}=\boldsymbol{\beta}$ 的夹角就是(9)中的 θ.

复数 $a+b\mathrm{i}$ 也可以看成二维向量. 但复数的乘法与上面向量的数量积不同.

设 $A(a,b)$,$B(c,d)$是坐标平面内两个点,则向量

$$\overrightarrow{AB}=\overrightarrow{OB}-\overrightarrow{OA}=(c-a,d-b). \tag{11}$$

如果点 D 在直线 AB 上,并且

$$\frac{AD}{DB}=\frac{\lambda}{\mu}, \tag{12}$$

并且 $\lambda+\mu=1$,那么

$$\boldsymbol{D}=\mu\boldsymbol{A}+\lambda\boldsymbol{B}. \tag{13}$$

(13)称为定比分点公式,有很多应用. 请注意(13)中 $\boldsymbol{A}$ 的系数是(12)中的分母而不是分子.

如果已知 A,B,C 三点不共线,那么平面上任一点 P 可以写成

$$\boldsymbol{P}=\lambda\boldsymbol{A}+\mu\boldsymbol{B}+\nu\boldsymbol{C}, \tag{14}$$

其中 λ,μ,ν 为实数,满足

$$\lambda+\mu+\nu=1. \tag{15}$$

这一点在上一讲例 6 的注 2 已经说过.

向量 $\boldsymbol{A}$,$\boldsymbol{B}$ 平行或重合的充分必要条件是

$$\boldsymbol{A}=\lambda\boldsymbol{B},\lambda\in\mathbf{R}. \tag{16}$$

向量 $\boldsymbol{A}$,$\boldsymbol{B}$ 垂直的充分必要条件是

$$\boldsymbol{A}\cdot\boldsymbol{B}=0. \tag{17}$$

在 $\boldsymbol{\beta}$ 为单位向量时,

$$\boldsymbol{\alpha}\cdot\boldsymbol{\beta}=|\boldsymbol{\alpha}|\cos\theta \tag{18}$$

是 $\boldsymbol{\alpha}$ 在 $\boldsymbol{\beta}$ 方向($\boldsymbol{\beta}$ 所在射线)上的射影.

向量运算的一些基本性质在教科书已有,这里不再一一赘述.

例 1 设 O 在$\triangle ABC$ 内部,且有

$$\overrightarrow{OA}+2\overrightarrow{OB}+3\overrightarrow{OC}=\mathbf{0}, \tag{19}$$

则$\triangle ABC$ 的面积与$\triangle AOC$ 的面积的比为 ( )

(A) 2 (B) $\frac{3}{2}$ (C) 3 (D) $\frac{5}{3}$

(2004 年全国高中联赛试题)

解 如图 37-1,延长 OC 到 D,使 $OD=3OC$. 完成平行四边形 $OAED$,则

$$\overrightarrow{OE}=\overrightarrow{OA}+3\overrightarrow{OC}=-2\overrightarrow{OB}.$$

所以 E 在 BO 的延长线上,并且

$$OE=2\cdot BO.$$

设 AD 交 OE 于 F，AC 交 OE 于 G，又设 CD 中点为 H. 连 FH，则 F 为 AD 中点，$FH /\!/ AC$. 从而 G 为 OF 中点，

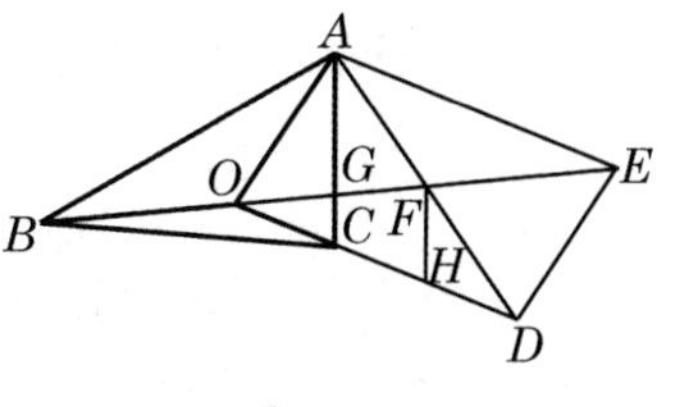

图 37－1

$$OG=\frac{1}{2}OF=\frac{1}{2}BO=\frac{1}{3}BG,$$

$$S_{\triangle ABC}:S_{\triangle AOC}=BG:OG=3.$$

应选(C).

以上解法中规中矩，但我们希望有更一般的方法与更一般的结论.

设坐标原点 O 满足

$$\lambda\overrightarrow{OA}+\mu\overrightarrow{OB}+\nu\overrightarrow{OC}=\mathbf{0}, \tag{20}$$

其中 λ,μ,ν 的和可设为 1（否则在(20)两边同时除以 $\lambda+\mu+\nu$ 即化成和为 1 的情况）.

向量 $$\overrightarrow{OD}=\frac{\mu}{\mu+\nu}\overrightarrow{OB}+\frac{\nu}{\mu+\nu}\overrightarrow{OC}$$

的端点 D，根据分点公式，应当在直线 BC 上.

另一方面，由 $$\overrightarrow{OD}=\frac{-\lambda}{\mu+\nu}\overrightarrow{OA},$$

所以 D 也在直线 OA 上.

因此，D 就是 OA 与 BC 的交点，从而

$$S_{\triangle OBC}:S_{\triangle ABC}=OD:AD$$

$$=\frac{\lambda}{\lambda+\mu+\nu}=\lambda. \tag{21}$$

同理 $$S_{\triangle OCA}:S_{\triangle ABC}=\mu, \tag{22}$$

$$S_{\triangle OAB}:S_{\triangle ABC}=\nu. \tag{23}$$

特别地，在例 1 中， $$S_{\triangle ABC}:S_{\triangle AOC}=\frac{2}{1+2+3}=\frac{1}{3}.$$

在上面的推导中，λ,μ,ν 可正可负（当然也可以是 0），而所有面积都是有向面积.

设点 P 满足

$$\frac{S_{\triangle PBC}}{S_{\triangle ABC}}=\lambda,\frac{S_{\triangle PCA}}{S_{\triangle ABC}}=\mu,\frac{S_{\triangle PAB}}{S_{\triangle ABC}}=\nu, \tag{24}$$

则 $$\boldsymbol{P}=\lambda\boldsymbol{A}+\mu\boldsymbol{B}+\nu\boldsymbol{C}. \tag{25}$$

(λ,μ,ν)称为 P 点的重心坐标，也称为面积坐标，它们满足(15)，值可正可负.

设$\triangle ABC$的高为h_a,h_b,h_c,P到三边的距离为d_a,d_b,d_c,则

$$\lambda=\frac{d_a}{h_a},\mu=\frac{d_b}{h_b},\nu=\frac{d_c}{h_c}. \tag{26}$$

当P与A在BC同侧时,λ为正;P与A在BC异侧时,λ为负. μ,ν类似.

$\triangle ABC$称为坐标三角形,三个顶点的重心坐标分别为$(1,0,0)$,$(0,1,0)$,$(0,0,1)$,重心G的坐标为$\left(\frac{1}{3},\frac{1}{3},\frac{1}{3}\right)$.

重心坐标由于有(15)的限制,仍然是二维向量. 重心坐标的优点是关于A,B,C对称.

设AP交BC于D,则

$$\boldsymbol{D}=\frac{\mu}{\mu+\nu}\boldsymbol{B}+\frac{\nu}{\mu+\nu}\boldsymbol{C}. \tag{27}$$

例 2 设A,B,C分别是复数$z_0=a\mathrm{i}$,$z_1=\frac{1}{2}+b\mathrm{i}$,$z_2=1+c\mathrm{i}$对应的不共线的三点($a,b,c$都是实数). 证明:曲线$z=z_0\cos^4 t+2z_1\cos^2 t\cdot\sin^2 t+z_2\sin^4 t$ $(t\in\mathbf{R})$与$\triangle ABC$中平行于AC的中位线只有一个公共点,并求出此点.

(2003 年全国高中联赛试题)

解 首先注意可限定$0\leqslant t\leqslant\frac{\pi}{2}$. 因为

$$\cos^4 t+2\cos^2 t\sin^2 t+\sin^4 t=1, \tag{28}$$

所以$(\cos^4 t,2\cos^2 t\sin^2 t,\sin^4 t)$就是点$z$关于点$A(z_0)$,$B(z_1)$,$C(z_2)$的重心坐标.

特别地,点z到AC的距离等于

$$BD\cdot 2\cos^2 t\sin^2 t, \tag{29}$$

其中BD是高,即(25)中的h_b.

$$2\cos^2 t\sin^2 t=\frac{1}{2}\sin^2 2t,$$

当且仅当

$$t=\frac{\pi}{4} \tag{30}$$

时,上式的值是$\frac{1}{2}$. 所以所述曲线与平行于AC的中位线只有一个公共点,这点是

$$z_0\cos^4\frac{\pi}{4}+2z_1\cos^2\frac{\pi}{4}\sin^2\frac{\pi}{4}+z_2\sin^4\frac{\pi}{4}$$

$$=\frac{1}{4}(z_0+2z_1+z_2)$$
$$=\frac{1}{2}+\frac{a+2b+c}{4}\mathrm{i}.$$

例 3 设△ABC 的边长为 a,b,c,G 为重心,P 为任一点. 证明:

$$PA^2+PB^2+PC^2=3PG^2+\frac{1}{3}(a^2+b^2+c^2) \tag{31}$$

解 以 G 为原点,则 $$\boldsymbol{A}+\boldsymbol{B}+\boldsymbol{C}=\boldsymbol{0}, \tag{32}$$

$$PA^2=(\boldsymbol{A}-\boldsymbol{P})^2=\boldsymbol{A}^2+\boldsymbol{P}^2-2\boldsymbol{A}\cdot\boldsymbol{P}, \tag{33}$$

$$PB^2=\boldsymbol{B}^2+\boldsymbol{P}^2-2\boldsymbol{B}\cdot\boldsymbol{P}, \tag{34}$$

$$PC^2=\boldsymbol{C}^2+\boldsymbol{P}^2-2\boldsymbol{C}\cdot\boldsymbol{P}. \tag{35}$$

(33)+(34)+(35)并注意到(32)得

$$PA^2+PB^2+PC^2=3\boldsymbol{P}^2+\boldsymbol{A}^2+\boldsymbol{B}^2+\boldsymbol{C}^2-2(\boldsymbol{A}+\boldsymbol{B}+\boldsymbol{C})\cdot\boldsymbol{P}$$
$$=3\boldsymbol{P}^2+\boldsymbol{A}^2+\boldsymbol{B}^2+\boldsymbol{C}^2. \tag{36}$$

由中线公式 $$\boldsymbol{A}^2=GA^2=\left(\frac{2}{3}m_a\right)^2=\frac{1}{9}(2b^2+2c^2-a^2), \tag{37}$$

所以 $$\boldsymbol{A}^2+\boldsymbol{B}^2+\boldsymbol{C}^2=\frac{1}{3}(a^2+b^2+c^2). \tag{38}$$

从而(31)成立.

例 4 设 I 为△ABC 的内心,证明

(a) $\boldsymbol{I}=\dfrac{a\boldsymbol{A}+b\boldsymbol{B}+c\boldsymbol{C}}{a+b+c}$.

(b) $a\cdot IA^2+b\cdot IB^2+c\cdot IC^2=abc$.

解 (a)设内切圆半径为 r,BC 边上的高为 h_a,则$\dfrac{r}{h_a}=\dfrac{ra}{2\triangle}$,△为△$ABC$ 的面积.

所以 I 的重心坐标为$\left(\dfrac{a}{a+b+c},\dfrac{b}{a+b+c},\dfrac{c}{a+b+c}\right)$,(a)成立.

(b)以 I 为原点,则 $$a\boldsymbol{A}+b\boldsymbol{B}+c\boldsymbol{C}=\boldsymbol{0},$$

两边平方得 $$\sum a^2\boldsymbol{A}^2+2\sum bc\boldsymbol{B}\cdot\boldsymbol{C}=0. \tag{39}$$

因为 $$a^2=(B-C)^2=\boldsymbol{B}^2+\boldsymbol{C}^2-2\boldsymbol{B}\cdot\boldsymbol{C}, \tag{40}$$

所以 $$2\boldsymbol{B}\cdot\boldsymbol{C}=\boldsymbol{B}^2+\boldsymbol{C}^2-a^2.$$

代入(39)得 $$\sum(a^2+ab+ac)\boldsymbol{A}^2=abc(a+b+c).$$

约去 $a+b+c$ 即得结果.

注 由三角亦可推出

$$a \cdot IA^2 = a \cdot \frac{r^2}{\sin^2 \frac{A}{2}} = 4Rr^2 \cot \frac{A}{2} = 4Rr(s-a),$$

所以 $$\sum a \cdot IA^2 = 4Rr \sum (s-a) = 4Rrs = 4R\triangle = abc.$$

例 5 设 D 为三棱锥 $S-ABC$ 的底面内一点. 过 A 作 SD 的平行线交平面 SBC 于 A_1. 类似地得到 B_1, C_1. 证明三棱锥 $D-A_1B_1C_1$ 的体积是 $S-ABC$ 的 3 倍.

解 以 S 为原点. 设 D 关于$\triangle ABC$ 的重心坐标为(λ,μ,ν). 又设 AD 交 BC 于 E,则 $DE=\lambda AE$.

A_1 是 AA_1 与 SE 的交点,所以

$$\boldsymbol{A}_1 = \boldsymbol{A} - \frac{1}{\lambda}\boldsymbol{D}. \tag{41}$$

关于 B_1, C_1 亦有类似的结果.

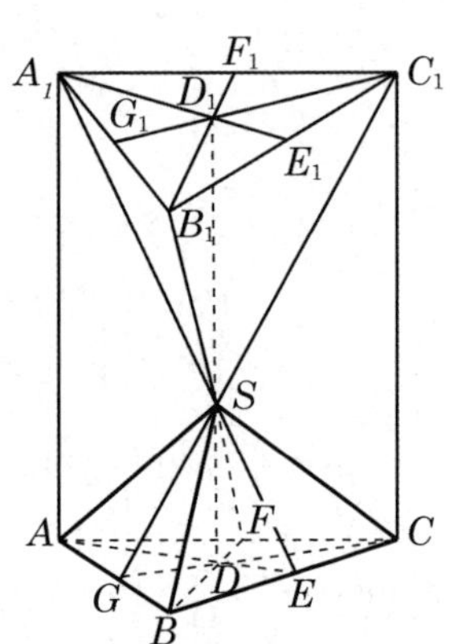

图 37 - 2

设 SD 交面 $A_1B_1C_1$ 于 D_1. 过 E 作 SD 的平行线交 B_1C_1 于 E_1. 因为$AA_1 /\!/ DD_1 /\!/ EE_1$,所以

$$\frac{D_1E_1}{A_1E_1} = \frac{DE}{AE} = \lambda. \tag{42}$$

类似地,定义点 F, G, F_1, G_1(如图所示),亦有相应的结果. 从而 D_1 对于$\triangle A_1B_1C_1$ 的重心坐标也为(λ,μ,ν). 并且

$$D_1 = \sum \lambda \boldsymbol{A}_1 = \sum (\lambda \boldsymbol{A} - \boldsymbol{D}) = \boldsymbol{D} - 3\boldsymbol{D} = -2\boldsymbol{D}, \tag{43}$$

即 $$SD_1 = 2 \cdot DS. \tag{44}$$

从而 $$V_{D-A_1B_1C_1} = \frac{3}{2} V_{S-A_1B_1C_1}. \tag{45}$$

如果过 D_1 作一个平面与面 ABC 平行,截直线 SA_1, SB_1, SC_1 于 A_2, B_2, C_2,那么由(44)得

$$V_{S-A_2B_2C_2} = 2V_{S-ABC}, \tag{46}$$

但 $$V_{S-A_1B_1C_1} = V_{S-A_2B_2C_2}. \tag{47}$$

事实上,如果过 S 也作一平面与面 ABC 平行,截 AA_1, BB_1, CC_1 于 L, M, N,那么三棱柱 $LMN-A_2B_2C_2$ 的体积是棱锥 $S-A_2B_2C_2$ 的 3 倍. 这个三棱柱的体积是

$$\frac{1}{2} h S_{\square LMB_2A_2} = \frac{1}{2} hh' \cdot SD_1, \tag{48}$$

其中 h 是 CC_1 与平面 AA_1B_1B 的距离，h' 是 AA_1 与 BB_1 之间的距离. 所以在面 $A_2B_2C_2$ 绕 D_1 转动(相应地面 LMN 保持与它平行)时，三棱柱的体积不变，从而(47)成立.

因此，由(45)，(47)，结论成立.

本题虽是立体的体积问题，主要部分仍是平面向量，特别是重心坐标. 比平面几何所多的只是平行于 SD(即平行于棱)的向量.

在几何不等式中，(10)有重要作用.

例 6 实数 $x_1, x_2, \cdots, x_n (n \geqslant 2)$ 满足

$$A = \left| \sum_{i=1}^{n} x_i \right| \neq 0, \tag{49}$$

$$B = \max_{1 \leqslant i < j \leqslant n} |x_j - x_i| \neq 0. \tag{50}$$

求证：对所有向量 $\boldsymbol{\alpha}_1, \boldsymbol{\alpha}_2, \cdots, \boldsymbol{\alpha}_n$，存在 $1, 2, \cdots, n$ 的排列 $k_1, k_2, \cdots, k_n$，使

$$\left| \sum_{i=1}^{n} x_{k_i} \boldsymbol{\alpha}_i \right| \geqslant \frac{AB}{2A+B} \max_{1 \leqslant i \leqslant n} |\boldsymbol{\alpha}_i|. \tag{51}$$

(2007 年中国国家集训队选拔试题，由朱华伟提供)

解 先考虑 $\alpha_1, \alpha_2, \cdots, \alpha_n$ 为实数(一维向量)的情况.

不妨设 $\alpha_n \geqslant \alpha_{n-1} \geqslant \cdots \geqslant \alpha_1$，并且

$$\alpha_n = \max_{1 \leqslant i \leqslant n} |\alpha_i|,$$

又不妨设

$$x_n \geqslant x_{n-1} \geqslant \cdots \geqslant x_1,$$

并且

$$A = \sum x_i > 0. \tag{52}$$

这时

$$B = x_n - x_1 > 0. \tag{53}$$

令

$$M = \max \left| \sum_{i=1}^{n} x_{k_i} \alpha_i \right|,$$

其中最大是对所有 $1, 2, \cdots, n$ 的排列 $k_1, k_2, \cdots, k_n$ 而取的.

又令

$$\beta_1 = x_n\alpha_n + x_1\alpha_1 + x_2\alpha_2 + \cdots + x_{n-1}\alpha_{n-1},$$

$$\beta_2 = x_1\alpha_n + x_n\alpha_1 + x_2\alpha_2 + \cdots + x_{n-1}\alpha_{n-1},$$

则

$$M \geqslant \frac{1}{2}(|\beta_1| + |\beta_2|) \geqslant \frac{1}{2}|\beta_1 - \beta_2|$$

$$= \frac{1}{2}(x_n - x_1)(\alpha_n - \alpha_1) = \frac{B}{2}(\alpha_n - \alpha_1). \tag{54}$$

如果 $\alpha_1 \leqslant 0$，那么立即就有

$$M \geqslant \frac{B}{2}\alpha_n \geqslant \frac{AB}{2A+B}\alpha_n.$$

如果 $\alpha_1>0$，那么所有 $\alpha_i>0$. 设 $x_h>0>x_{h-1}$，则

$$\begin{aligned} M &\geqslant \beta_1 = x_n\alpha_n + x_{n-1}\alpha_{n-1} + \cdots + x_1\alpha_1 \\ &\geqslant \sum_{i=1}^{h-1} x_i\alpha_h + \sum_{i=h}^{n} x_i\alpha_h \\ &= A\alpha_h \geqslant A\alpha_1. \end{aligned} \tag{55}$$

由(54)，(55)消去 α_1 得

$$\left(\frac{2}{B}+\frac{1}{A}\right)M \geqslant (\alpha_n-\alpha_1)+\alpha_1=\alpha_n,$$

所以

$$M \geqslant \frac{AB}{2A+B}\alpha_n.$$

对于向量 $\boldsymbol{\alpha}_1,\boldsymbol{\alpha}_2,\cdots,\boldsymbol{\alpha}_n$，设

$$|\boldsymbol{\alpha}_n| \geqslant |\boldsymbol{\alpha}_{n-1}| \geqslant \cdots \geqslant |\boldsymbol{\alpha}_1|.$$

根据上面所证，对于实数 $\boldsymbol{\alpha}_1\cdot\boldsymbol{\alpha}_n, \boldsymbol{\alpha}_2\cdot\boldsymbol{\alpha}_n,\cdots,\boldsymbol{\alpha}_n\cdot\boldsymbol{\alpha}_n$，有 $1,2,\cdots,n$ 的排列 k_1，$k_2,\cdots,k_n$，使

$$\left|\sum_{i=1}^{n} x_{k_i}\boldsymbol{\alpha}_i\cdot\boldsymbol{\alpha}_n\right| \geqslant \frac{AB}{2A+B}\boldsymbol{\alpha}_n^2. \tag{56}$$

(56)的左边 $=\left|\left(\sum_{i=1}^{n} x_{k_i}\boldsymbol{\alpha}_i\right)\cdot\boldsymbol{\alpha}_n\right| \leqslant \left|\sum_{i=1}^{n} x_{k_i}\boldsymbol{\alpha}_i\right|\cdot|\boldsymbol{\alpha}_n|$，所以约去 $|\boldsymbol{\alpha}_n|$ 得

$$\left|\sum_{i=1}^{n} x_{k_i}\boldsymbol{\alpha}_i\right| \geqslant \frac{AB}{2A+B}|\boldsymbol{\alpha}_n|.$$

F. W. Levi 证明了下面的定理：

设 $a_{ij}(i=1,2,\cdots,p;j=1,2,\cdots,r)$，$b_{ij}(i=1,2,\cdots,q;j=1,2,\cdots,r)$ 为给定实数. 如果不等式

$$\sum_{i=1}^{p}\left|\sum_{j=1}^{r} a_{ij}v_j\right| \geqslant \sum_{i=1}^{q}\left|\sum_{i=1}^{r} b_{ij}v_j\right|$$

对所有实数 $v_1,v_2,\cdots,v_r$ 均成立，那么它对于 n 维向量 $\boldsymbol{v}_1,\boldsymbol{v}_2,\cdots,\boldsymbol{v}_r$ 也成立.

$q=1$ 的情况可以用例 6 的方法证明. 一般的情况需要利用积分证明.

复数解几何题在第 16 讲已经说过，这里结合本讲内容再举一例.

例 7 在 $\triangle ABC$ 的边 AB 上向外作 $\triangle ABF$，$\angle ABF=90°$. 再在边 AC 上向外作 $\triangle ACE \backsim \triangle ABF$. 证明 BE，CF 与 BC 边上的高 AH 三线共点.

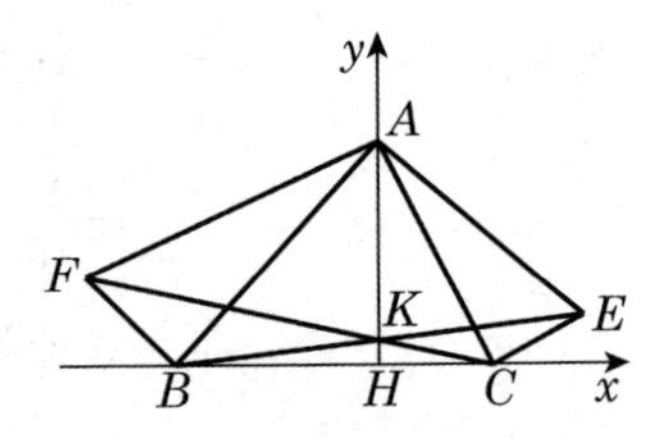

图 37 - 3

解 当然以直线 BC 为实轴，AH 为虚轴.

设 A,B,C 的复数表示分别为 $a\mathrm{i},b,c$，这里 a，

b,c 都是实数.

$\overrightarrow{BA}$可用复数$a\mathrm{i}-b$表示,$\overrightarrow{BF}$可用复数$(a\mathrm{i}-b)\mathrm{i}\rho$表示,其中$\rho$为一个实常数,表示比值$\frac{|BF|}{|AB|}$. 于是$F$可用复数表示为

$$b+(a\mathrm{i}-b)\mathrm{i}\rho=(b-a\rho)-b\rho\mathrm{i}. \tag{57}$$

CF上任一点可表示为 $\lambda[(b-a\rho)-b\rho\mathrm{i}]+\mu c$, (58)

其中λ,μ为实数,并且 $\lambda+\mu=1$. (59)

CF与AH的交点,满足 $\lambda(b-a\rho)+\mu c=0$. (60)

由(59),(60)消去μ,解得

$$\lambda=\frac{c}{c+a\rho-b}. \tag{61}$$

所以交点的复数表示为

$$-\lambda b\rho\mathrm{i}=\frac{bc\rho\mathrm{i}}{b-c-a\rho}. \tag{62}$$

同样可得E点复数表示为

$$c-\mathrm{i}(a\mathrm{i}-c)\rho=(c+a\rho)+c\rho\mathrm{i}. \tag{63}$$

将b,c互换,ρ换为$-\rho$,(62)不变,所以BE与AH的交点也为(62).

因此结论成立.

习 题 37

1. 在四边形$ABCD$中,过A作$AM/\!/BC$交BD于M,过B作$BN/\!/AD$交AC于N. 求证:$MN/\!/DC$.

2. 在四边形$ABCD$中,对角线AC,BD的中点分别为M,N. 直线MN分别交AB,CD于$M',N',MM'=NN'$. 求证:四边形是梯形或平行四边形.

3. 过$\angle AOB$内一点C引$CD\perp OA,CE\perp OB$,垂足为D,E. 又过D引$DN\perp OB$,过E引$EM\perp OA$,垂足为N,M. 求证:$OC\perp MN$.

4. M是直角三角形ABC斜边AB的中点,P,Q分别在AC,BC上,$PP_1\perp AB$于$P_1,QQ_1\perp AB$于$Q_1,P_1Q_1=\frac{1}{2}AB$. 求证:$MP\perp MQ$.

5. A,B,C,D为空间四点. 已知$AB\perp CD,AC\perp BD$. 求证:$AD\perp BC$.

6. 如果自$\triangle ABC$的顶点A,B,C分别向$\triangle A_1B_1C_1$的边B_1C_1,C_1A_1,A_1B_1所作的三条垂线交于同一点,那么就称$\triangle ABC$正交于$\triangle A_1B_1C_1$. 证明:在$\triangle ABC$正交于$\triangle A_1B_1C_1$时,$\triangle A_1B_1C_1$也正交于$\triangle ABC$.

7. $\triangle ABC$ 中,AD,BE,CF 是三条中线,R 为外接圆半径. 求证:

(a) $AB^2+BC^2+CA^2\leqslant 9R^2$.

(b) $AD+BE+CF\leqslant \frac{9}{2}R$.

8. 设 O,G 分别为$\triangle ABC$ 的外心、重心. P 在以 OG 为直径的圆上,AP,BP,CP 延长后分别交$\triangle ABC$ 的外接圆于 A',B',C'. 求证:$\frac{AP}{PA'}+\frac{BP}{PB'}+\frac{CP}{PC'}$为定值(与 P 的位置无关).

9. 设$\triangle ABC$ 的外接圆半径为R,内切圆半径为 r,外心 O、内心 I 到重心G 的距离分别为 e,f. 证明:$R^2-e^2\geqslant 4(r^2-f^2)$.

10. 设 O,H 分别为$\triangle ABC$ 的外心、垂心. 证明:$\overrightarrow{OH}=\overrightarrow{OA}+\overrightarrow{OB}+\overrightarrow{OC}$.

11. 过$\square ABCD$ 的顶点 A 作一圆分别交 AB,AC,AD 于 E,G,F. 求证:$AC\cdot AG=AB\cdot AE+AD\cdot AF$.

12. 正 n 边形 $A_1A_2\cdots A_n$ 的中心为 O. 自任一点 P 作 OA_i 的垂线,垂足为 Q_i. 求证:

$$Q_1A_1+Q_2A_2+\cdots+Q_nA_n=nR,$$

其中 R 为外接圆半径,而$\overrightarrow{A_iQ_i}$与$\overrightarrow{OA_i}$同向时,A_iQ_i 为正;异向时,A_iQ_i 为负.

13. $P_1,P_2,\cdots,P_n$ 在以 O 为心的单位球上,并且

$$\overrightarrow{OP_1}+\overrightarrow{OP_2}+\cdots+\overrightarrow{OP_n}=\mathbf{0}.$$

证明:对任一点 Q,$|\overrightarrow{QP_1}|+|\overrightarrow{QP_2}|+\cdots+|\overrightarrow{QP_n}|\geqslant n$.

14. 设在四面体 $ABCD$ 中,$AB\perp CD,AC\perp BD$,求证:$AB^2+CD^2=AC^2+BD^2=BC^2+AD^2$.

第38讲 向量(二)

本讲主要讨论三维向量,特别是向量的向量积.向量积是目前中学教材中尚未引入的内容.

在三维空间中,如果建立起直角坐标系,那么任一点 M 可以用三元(有序)实数组(x,y,z)表示.从原点 O 到 M 的向量$\overrightarrow{OM}$也可以用这组实数(x,y,z)表示.如果用向量 $\boldsymbol{i},\boldsymbol{j},\boldsymbol{k}$ 来表示三个坐标轴上的单位向量,即

$$\boldsymbol{i}=(1,0,0),\boldsymbol{j}=(0,1,0),\boldsymbol{k}=(0,0,1),$$

那么$\overrightarrow{OM}$可以表示成 $\overrightarrow{OM}=(x,y,z)=x\boldsymbol{i}+y\boldsymbol{j}+z\boldsymbol{k}.$

向量可以在空间中自由地平行移动.

对于向量 $\boldsymbol{a}=(x,y,z),\boldsymbol{b}=(x',y',z')$,它们的向量积定义为向量

$$(yz'-y'z,zx'-z'x,xy'-x'y),$$

并记为 $\boldsymbol{a}\times\boldsymbol{b}$.

采用行列式也可以将 $\boldsymbol{a}\times\boldsymbol{b}$ 写成

$$\left(\begin{vmatrix} y & z \\ y' & z' \end{vmatrix},\begin{vmatrix} z & x \\ z' & x' \end{vmatrix},\begin{vmatrix} x & y \\ x' & y' \end{vmatrix}\right)$$

或

$$\begin{vmatrix} \boldsymbol{i} & \boldsymbol{j} & \boldsymbol{k} \\ x & y & z \\ x' & y' & z' \end{vmatrix}.$$

当 $\boldsymbol{a},\boldsymbol{b}$ 为二维向量且所在平面与 $\boldsymbol{k}$ 垂直时,$z=z'=0$,

$$\boldsymbol{a}\times\boldsymbol{b}=\begin{vmatrix} x & y \\ x' & y' \end{vmatrix}\cdot\boldsymbol{k}=(xy'-x'y)\boldsymbol{k}.$$

显然向量积不适合交换律,事实上

$$\boldsymbol{a}\times\boldsymbol{b}=-\boldsymbol{b}\times\boldsymbol{a}.$$

由行列式的性质(或直接验证)易知向量积适合(对加法的)分配律.

例1 证明 $\boldsymbol{a}\times\boldsymbol{b}$ 与 $\boldsymbol{a},\boldsymbol{b}$ 垂直,并且

$$|\boldsymbol{a}\times\boldsymbol{b}|=|\boldsymbol{a}||\boldsymbol{b}|\sin\theta, \tag{1}$$

其中 θ 为 $\boldsymbol{a}$ 与 $\boldsymbol{b}$ 所夹的锐角.

解 $(\boldsymbol{a}\times\boldsymbol{b})\cdot\boldsymbol{a}$

$$=x\begin{vmatrix} y & z \\ y' & z' \end{vmatrix}+y\begin{vmatrix} z & x \\ z' & x' \end{vmatrix}+z\begin{vmatrix} x & y \\ x' & y' \end{vmatrix}$$

$$=\begin{vmatrix} x & y & z \\ x & y & z \\ x' & y' & z' \end{vmatrix}=0,$$

所以 $$(\boldsymbol{a}\times\boldsymbol{b})\perp\boldsymbol{a}.$$

同样 $$(\boldsymbol{a}\times\boldsymbol{b})\perp\boldsymbol{b}.$$

由于
$$\begin{aligned} & |\boldsymbol{a}\times\boldsymbol{b}|^2+|\boldsymbol{a}\cdot\boldsymbol{b}|^2 \\ =&(yz'-y'z)^2+(zx'-z'x)^2+(xz'-x'z)^2 \\ &+(xx'+yy'+zz')^2 \\ =&(x^2+y^2+z^2)(x'^2+y'^2+z'^2)=|\boldsymbol{a}|^2|\boldsymbol{b}|^2, \end{aligned}$$

因此
$$\begin{aligned} |\boldsymbol{a}\times\boldsymbol{b}|^2 &=|\boldsymbol{a}|^2|\boldsymbol{b}|^2-|\boldsymbol{a}\cdot\boldsymbol{b}|^2 \\ &=|\boldsymbol{a}|^2|\boldsymbol{b}|^2-|\boldsymbol{a}|^2|\boldsymbol{b}|^2\cos^2\theta \\ &=|\boldsymbol{a}|^2|\boldsymbol{b}|^2\sin^2\theta. \end{aligned}$$

注 可以进一步证明$\boldsymbol{a}$,$\boldsymbol{b}$,$\boldsymbol{a}\times\boldsymbol{b}$构成右手系(如果$\boldsymbol{i}$,$\boldsymbol{j}$,$\boldsymbol{k}$成右手系).

(1)的几何意义表示$|\boldsymbol{a}\times\boldsymbol{b}|$等于$\boldsymbol{a}$,$\boldsymbol{b}$所构成的平行四边形的面积,所以$\boldsymbol{a}\times\boldsymbol{b}$也常称为面积向量.

由定义或由例1,不难得出

$$\boldsymbol{i}\times\boldsymbol{j}=\boldsymbol{k},\boldsymbol{j}\times\boldsymbol{k}=\boldsymbol{i},\boldsymbol{k}\times\boldsymbol{i}=\boldsymbol{j}. \tag{2}$$

利用向量的数量积或向量积,可以计算异面直线的夹角θ:

$$\cos\theta=\frac{\boldsymbol{a}\cdot\boldsymbol{b}}{|\boldsymbol{a}||\boldsymbol{b}|}, \tag{3}$$

$$\sin\theta=\frac{|\boldsymbol{a}\times\boldsymbol{b}|}{|\boldsymbol{a}||\boldsymbol{b}|}. \tag{4}$$

例2 将一副三角板如图38-1拼接后,再将三角板BCD沿BC竖起来,使两块三角板所在平面互相垂直.求异面直线AD和BC所成角.

解 我们有$\angle BAC=\angle BCD=90°$,$\angle CBA=45°$及$\angle BDC=60°$.

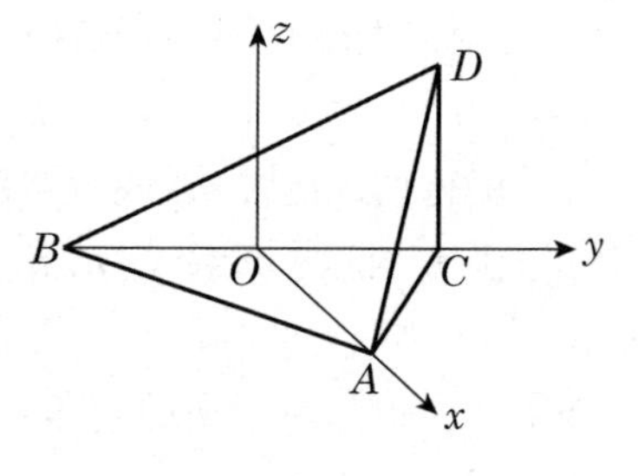

图38-1

以BC中点O为原点,建立坐标系,如图38-1,其中OC作为单位长度.易知C点为$(0,1,0)$,A点为$(1,0,0)$,D点为$(0,1,2/\sqrt{3})$.所以

$$\begin{aligned} \overrightarrow{AD} &=(0,1,2/\sqrt{3})-(1,0,0) \\ &=(-1,1,2/\sqrt{3}), \end{aligned}$$

$$\overrightarrow{AD}\cdot\overrightarrow{OC}=1,$$

$$\cos\theta=\frac{1}{\sqrt{(-1)^2+1^2+(2/\sqrt{3})^2}}=\sqrt{\frac{3}{10}}.$$

用向量来解题，过程是“机械化”的，而用纯几何，则需要较多的思考，添置适当的辅助线．两者的差别如同解析几何与纯几何，或者列方程解应用题与算术解法．

求异面直线间的距离，是立体几何中的一大“难题”．采用向量可以统一地处理，化难为易．

设 $\boldsymbol{a},\boldsymbol{b}$ 分别为两条异面直线 l_1,l_2 上的单位向量，则 $\boldsymbol{a}\times\boldsymbol{b}$ 是 l_1,l_2 的公垂线的方向．再在 l_1,l_2 上各取一点 A,B，那么 $\overrightarrow{AB}$ 在公垂线上的射影就是 l_1,l_2 的距离．而 $\overrightarrow{AB}$ 在向量 $\boldsymbol{c}$ 上的射影

$$|\overrightarrow{AB}\cos\theta|=\frac{|\overrightarrow{AB}\cdot\boldsymbol{c}|}{|\boldsymbol{c}|},$$

所以 l_1,l_2 的距离

$$d=\frac{|\overrightarrow{AB}\cdot(\boldsymbol{a}\times\boldsymbol{b})|}{|\boldsymbol{a}\times\boldsymbol{b}|}. \tag{5}$$

例 3 已知正三棱柱 $ABC-A'B'C'$ 中，$AB=a$，$CC'=b$，D 为 AC 的中点．求 BD 与 AC' 的距离．

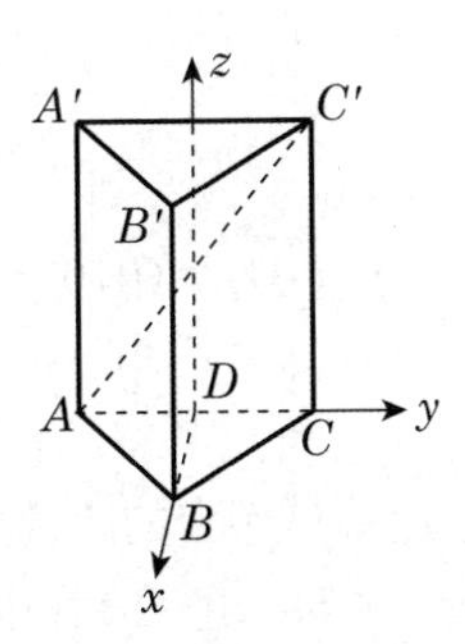

图 38－2

解 以 D 为原点建立坐标系，如图 38－2．

$$\overrightarrow{DB}=\left(\frac{\sqrt{3}}{2}a,0,0\right),$$

$$\overrightarrow{AC'}=\left(0,\frac{a}{2},b\right)-\left(0,-\frac{a}{2},0\right)$$
$$=(0,a,b),$$

所以
$$\overrightarrow{DB}\times\overrightarrow{AC'}=\begin{vmatrix}\boldsymbol{i} & \boldsymbol{j} & \boldsymbol{k}\\ \frac{\sqrt{3}}{2}a & 0 & 0\\ 0 & a & b\end{vmatrix}$$
$$=\left(0,-\frac{\sqrt{3}}{2}ab,\frac{\sqrt{3}}{2}a^2\right)$$
$$=\frac{\sqrt{3}}{2}a(0,-b,a),$$
$$\frac{\overrightarrow{DB}\times\overrightarrow{AC'}}{|\overrightarrow{DB}\times\overrightarrow{AC'}|}=\frac{1}{\sqrt{a^2+b^2}}(0,-b,a).$$

$\overrightarrow{DA}=(0,-\frac{a}{2},0)$在$\overrightarrow{DB}\times\overrightarrow{AC'}$上的射影为

$$(0,-\frac{a}{2},0)\cdot\frac{1}{\sqrt{a^2+b^2}}(0,-b,a)=\frac{ab}{2\sqrt{a^2+b^2}},$$

这也就是 BD 与 AC'的距离.

在长方体中有很多求异面直线距离的问题,利用向量来解尤为方便.

例 4 长方体 $ABCD-A_1B_1C_1D_1$ 中,$AB=10$,$BC=6$,$BB_1=8$. 求 CD 与 BD_1 的距离.

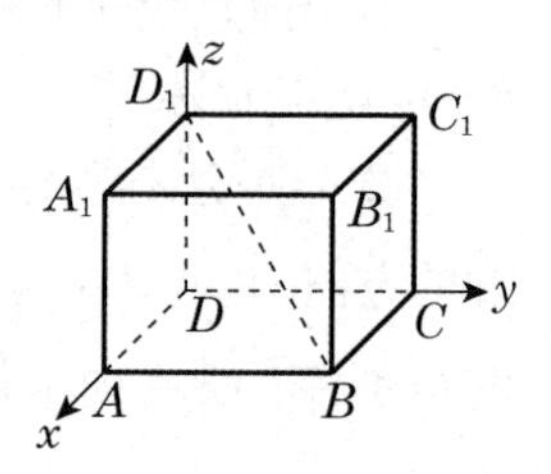

图 38-3

解 长方体本身就是一个天然的直角坐标系. 我们以 D 为原点,DA,DC,DD_1 分别为 x,y,z 轴.

$\overrightarrow{DC}=(0,10,0)$,

$\overrightarrow{BD_1}=(0,0,8)-(6,10,0)=(-6,-10,8)$,

所以
$$\overrightarrow{DC}\times\overrightarrow{BD_1}=\begin{vmatrix}\boldsymbol{i}&\boldsymbol{j}&\boldsymbol{k}\\0&10&0\\-6&-10&8\end{vmatrix}=(80,0,60)=100\left(\frac{4}{5},0,\frac{3}{5}\right),$$

$\overrightarrow{DD_1}=(0,0,8)$在$\overrightarrow{DC}\times\overrightarrow{BD_1}$ 上的射影为

$$(0,0,8)\cdot\left(\frac{4}{5},0,\frac{3}{5}\right)=\frac{24}{5}.$$

这就是所求的距离.

注 当(5)式中的 $\boldsymbol{a}\times\boldsymbol{b}$ 为单位向量时,分母$|\boldsymbol{a}\times\boldsymbol{b}|=1$ 可以略去. 例 4 的解法中,将(80,0,60)用单位向量$\left(\frac{4}{5},0,\frac{3}{5}\right)$代替,例 3 也采取了类似的做法,均是为了简便.

例 5 在棱长为 1 的正方体 $ABCD-A_1B_1C_1D_1$ 中,BD_1 交平面 ACB_1 于 E.

(a) 求证:

① $BD_1\perp AC$; ② $BD_1\perp$平面 ACB_1;

③ $BE=\frac{1}{2}D_1E$; ④ 平面 ACB_1∥平面 A_1DC_1.

(b) 求:

① 平行平面 ACB_1 与 A_1DC_1 的距离;

线 稿 别 册

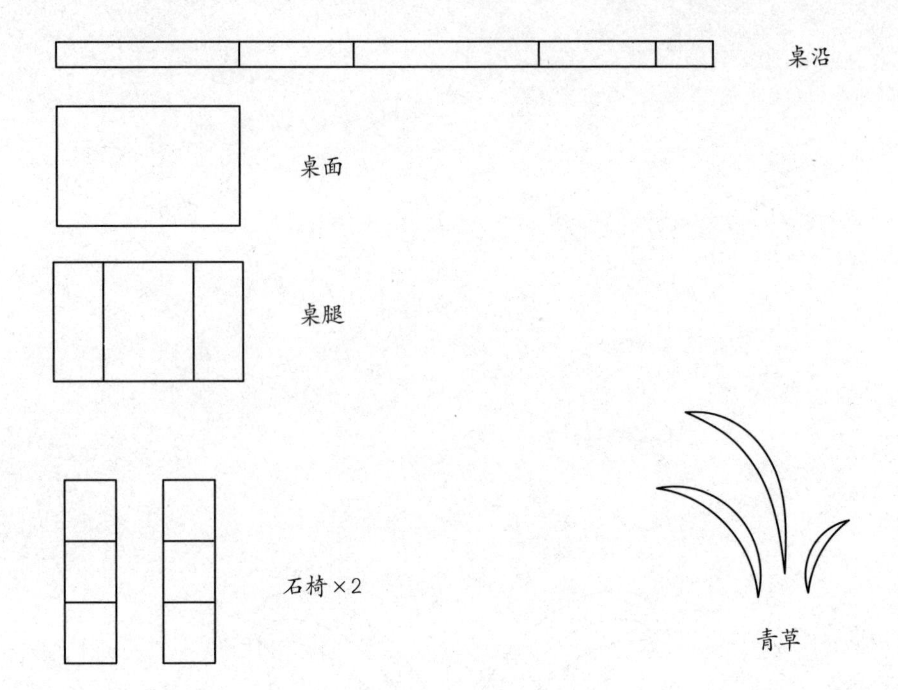

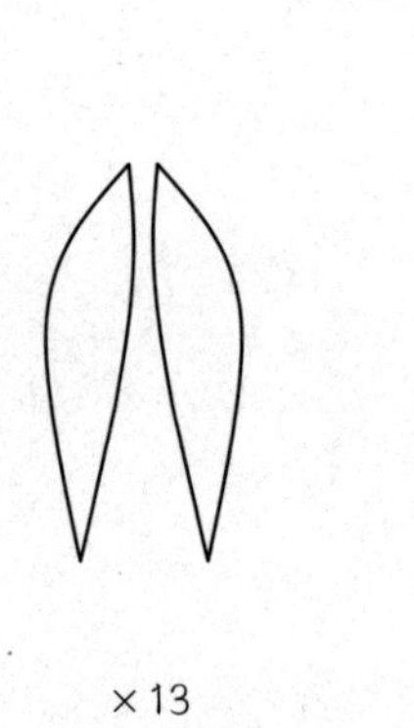

×13

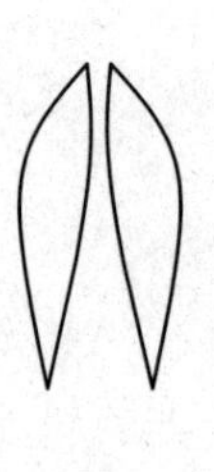

×26

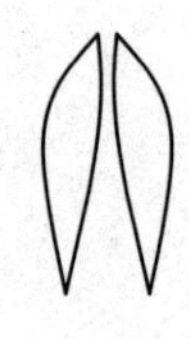

×18

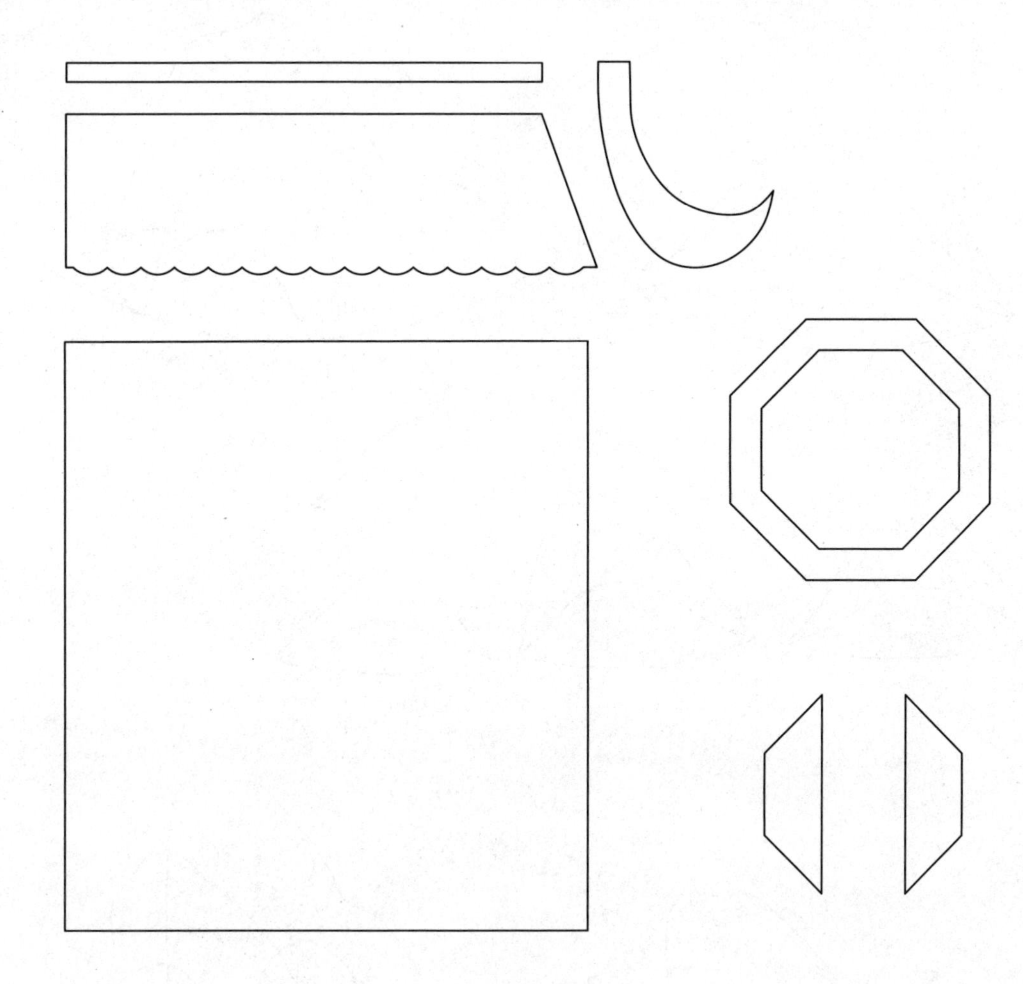

房屋

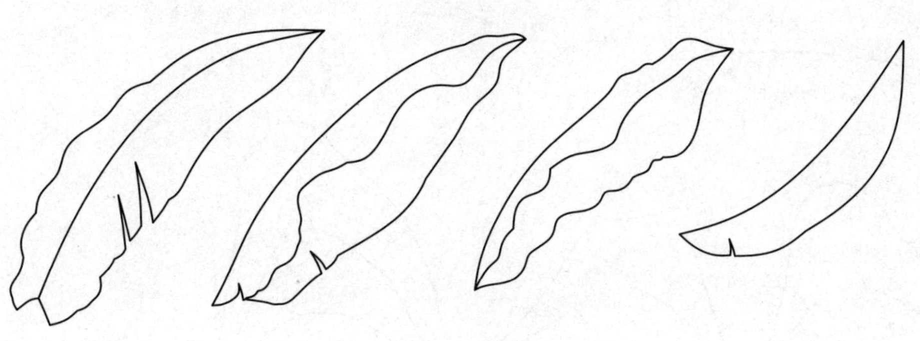

芭蕉叶

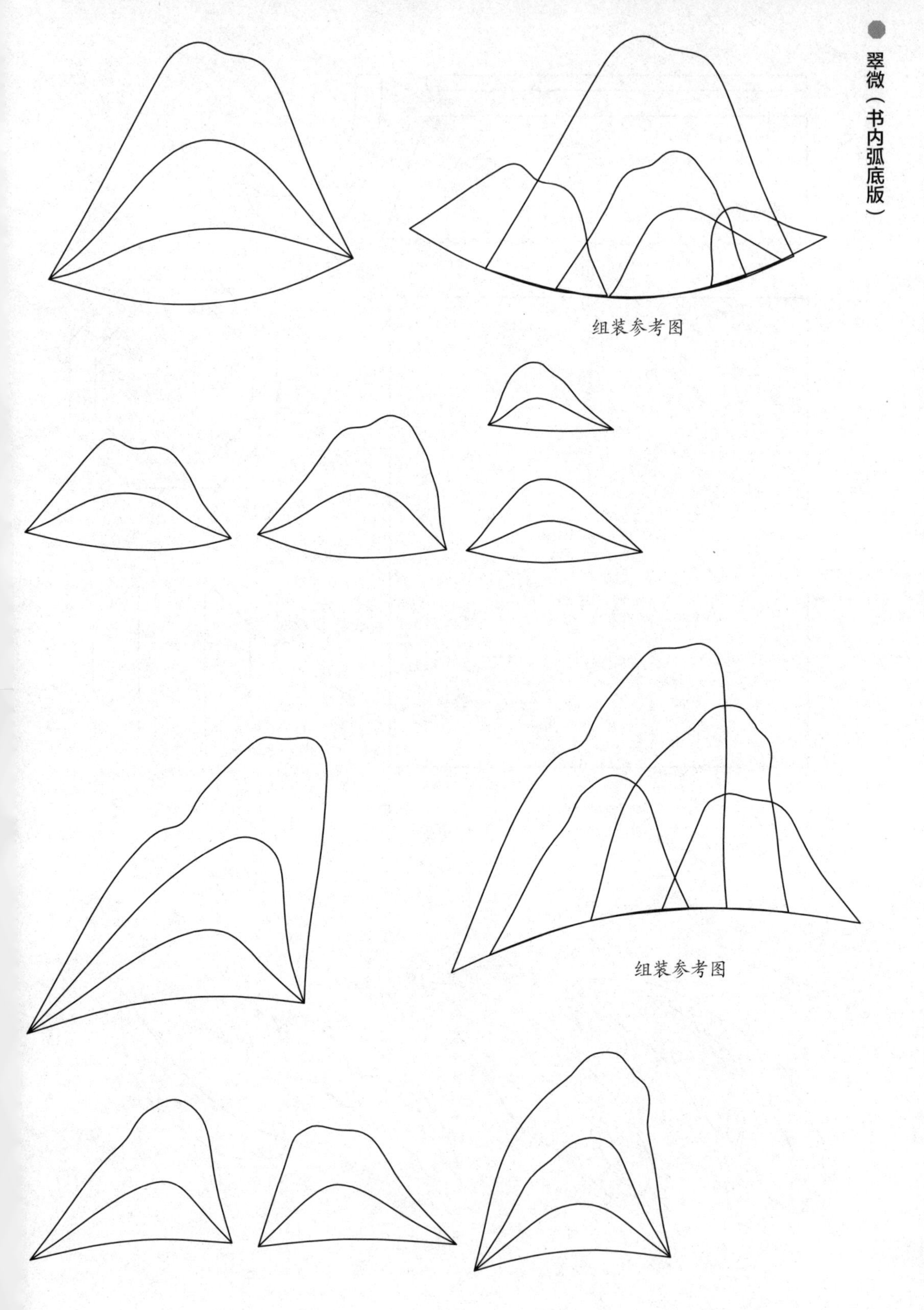
组装参考图
组装参考图

● 翠微（平底版）

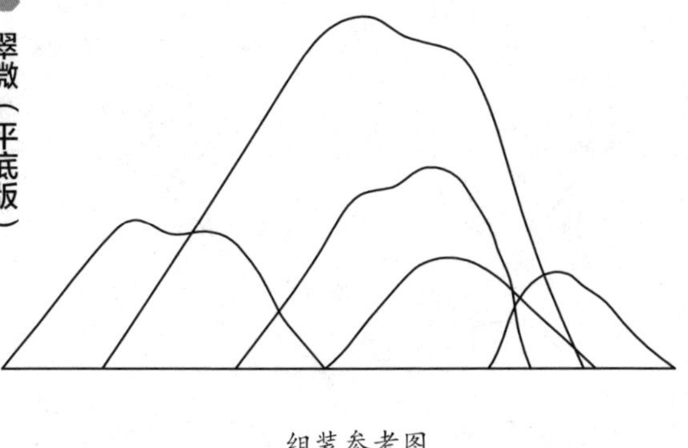

组装参考图

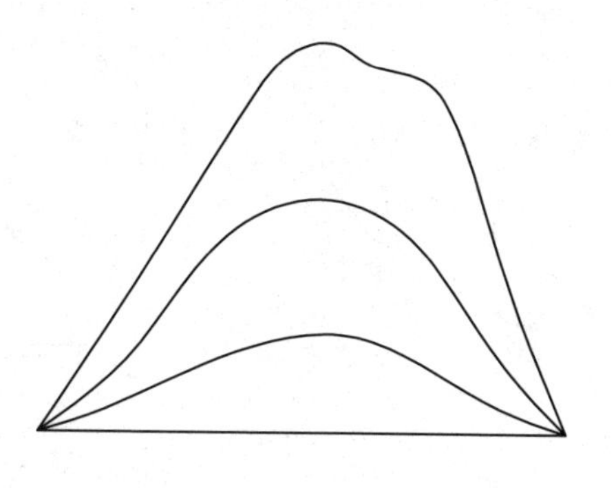

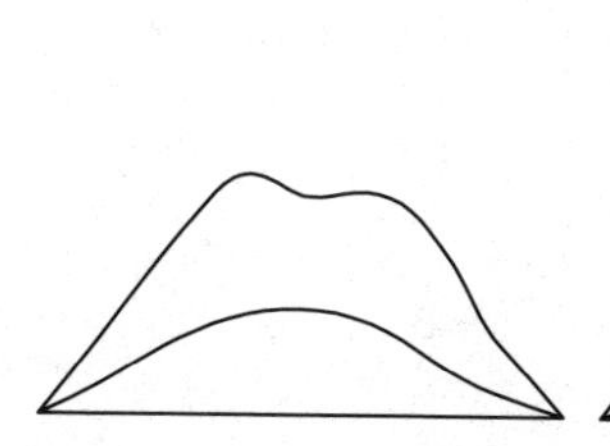

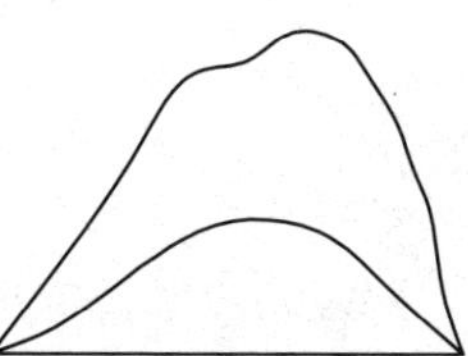

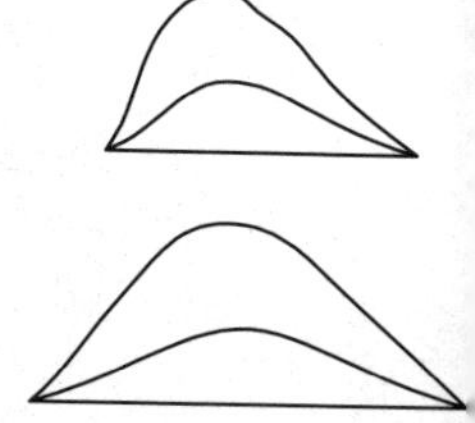

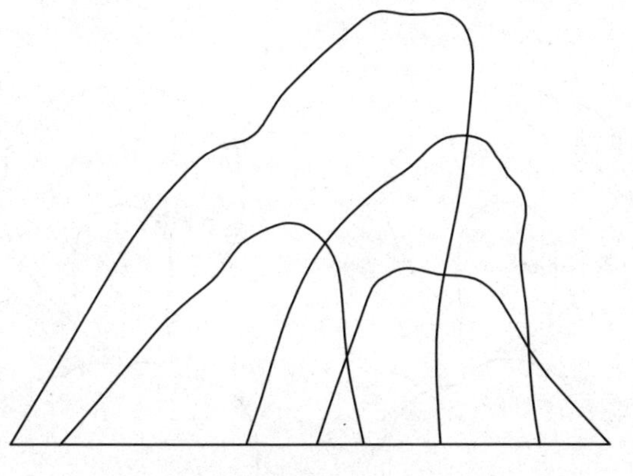

组装参考图

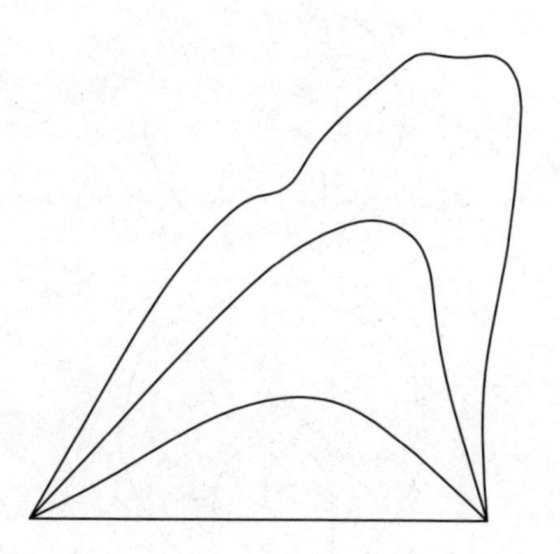

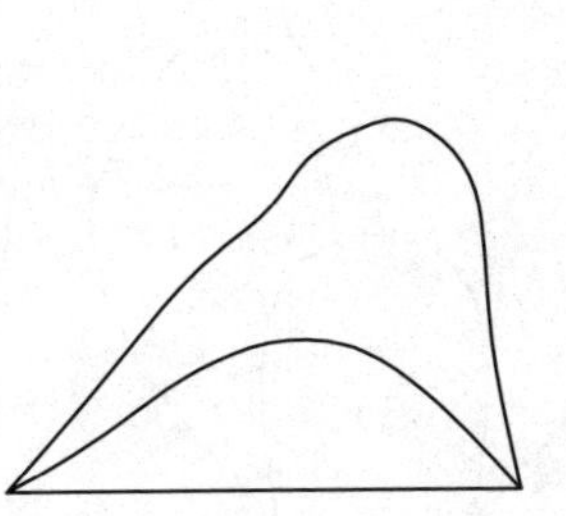

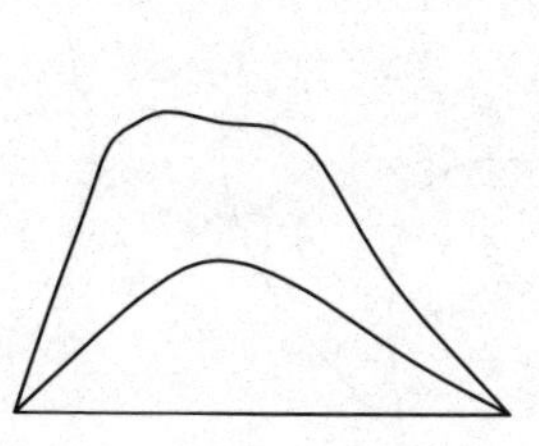

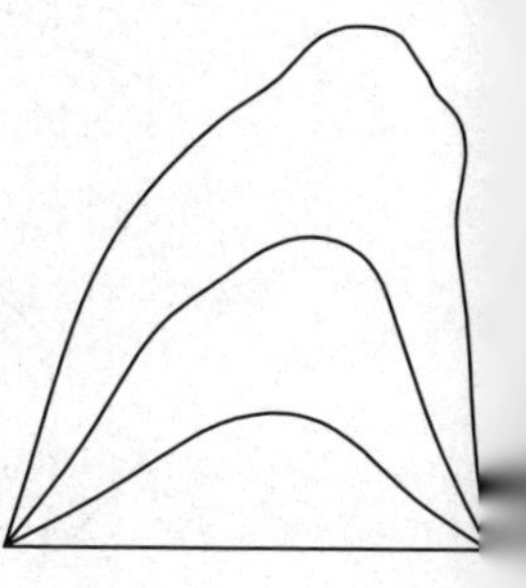

牡丹亭－叶子
牡丹亭－亭子

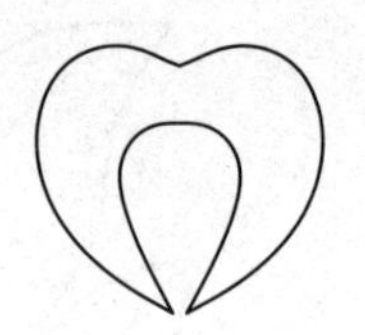

心形花瓣

×6

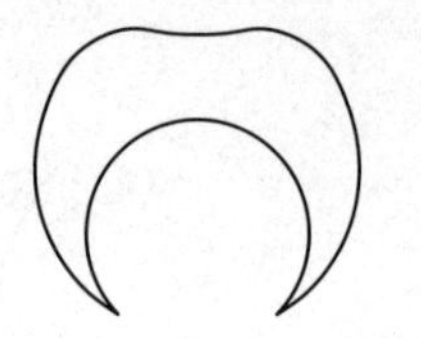

卷边花瓣

×10

组合叶

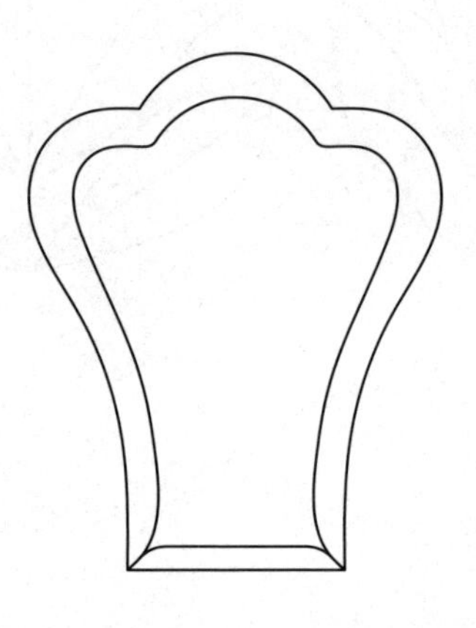

×7

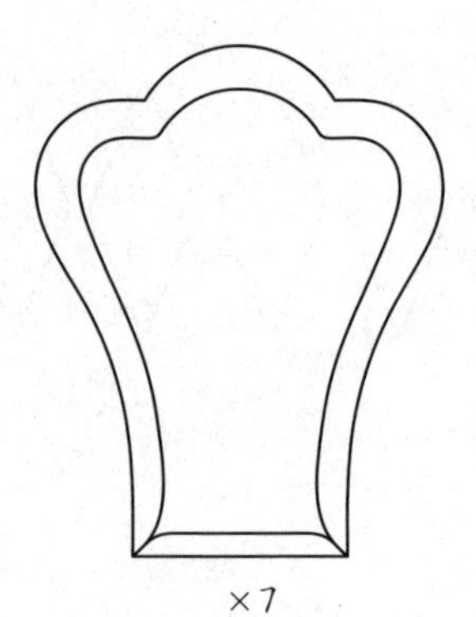

×7

底部花片可根据个人喜好添加

弦音

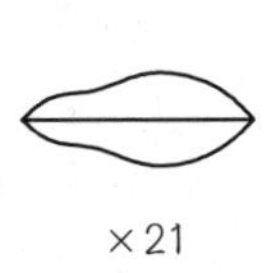

×21

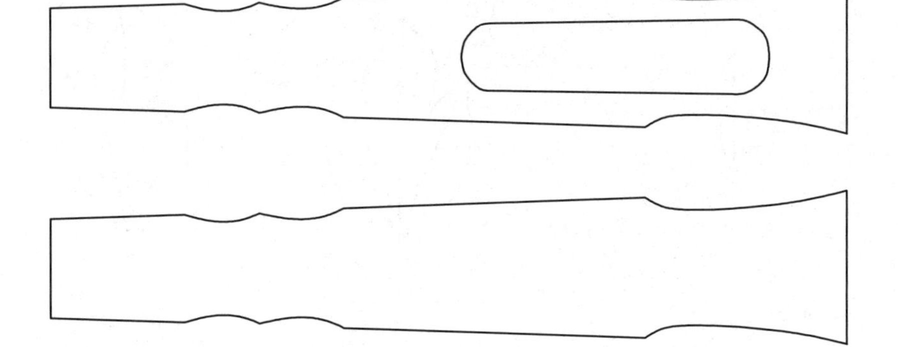

相思断

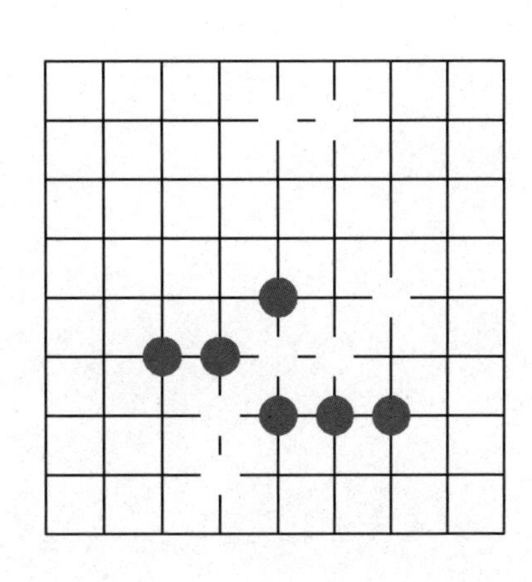

×2

妙笔

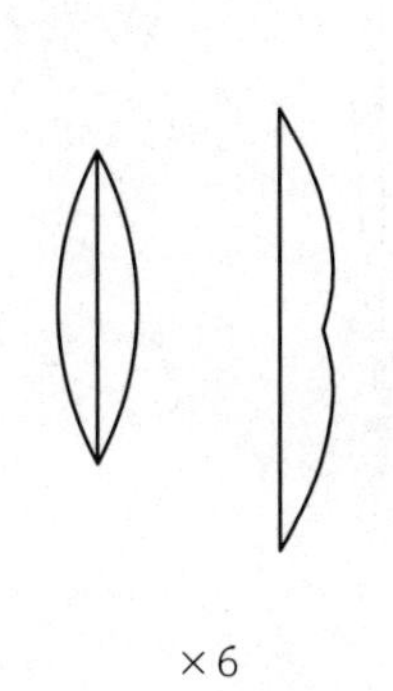

×6

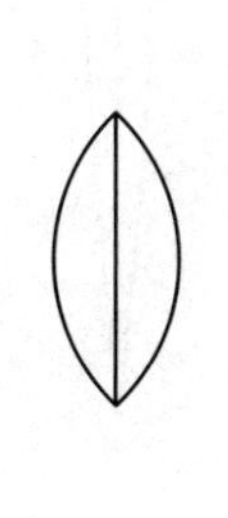

×5

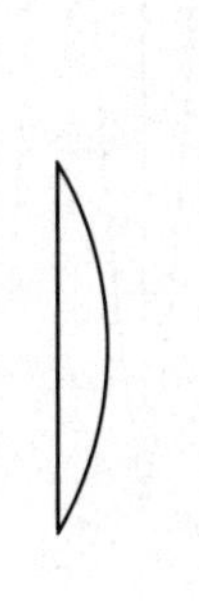

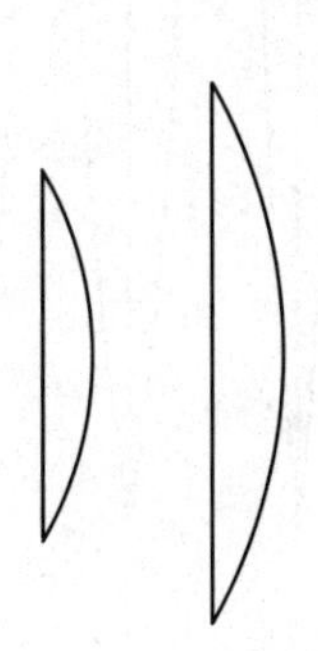

×3

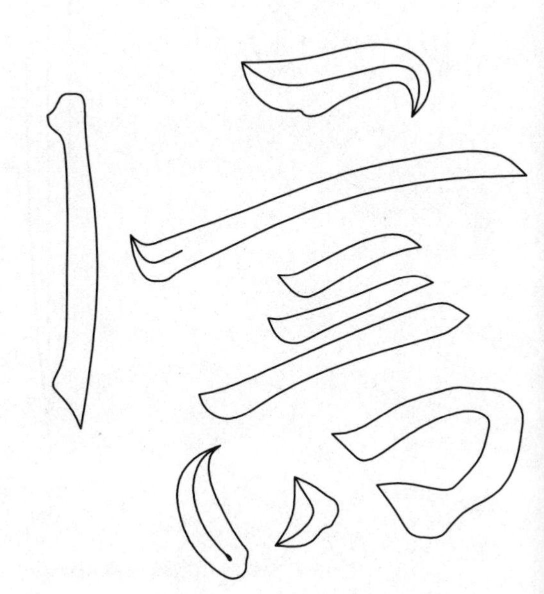

菊（书中教程版）

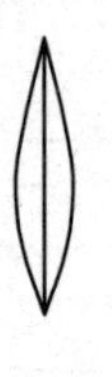

×38

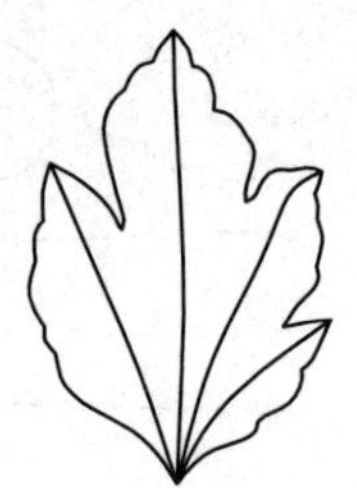

三角梅（书中教程版）

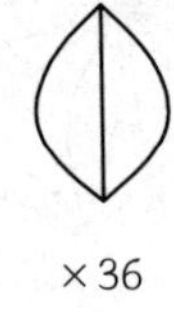

×36

水仙（书中教程版）

×8

×4

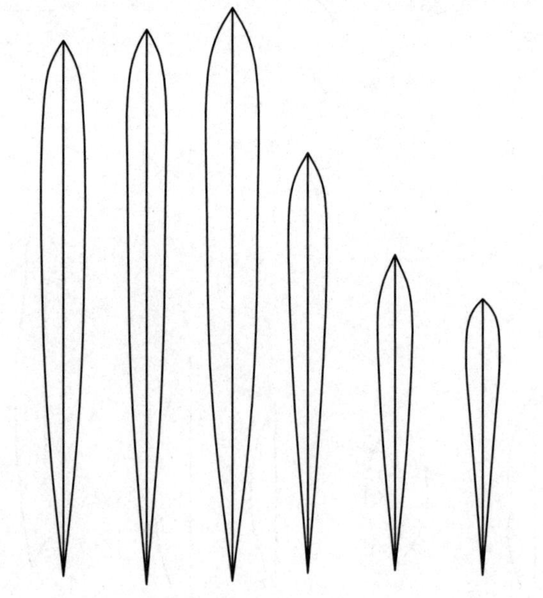

书中教程版比常规版略小一些，大家可以根据自己的需求选择

兰（书中教程版）

竹（书中教程版）

可自行调整叶片数量

三角梅（常规版）

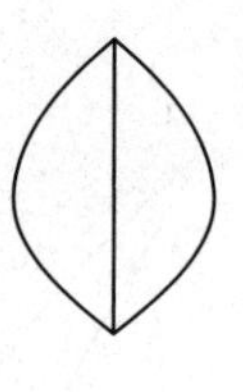

×36

水仙（常规版）

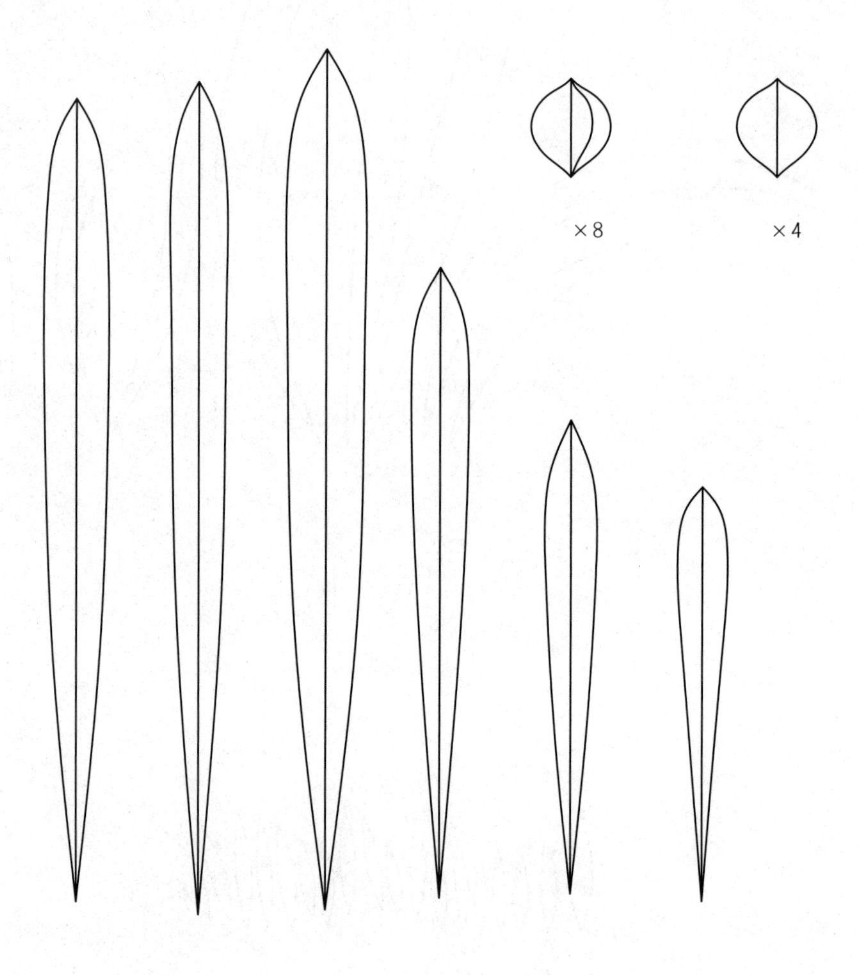

×8　×4

梅（书中教程版）

×15

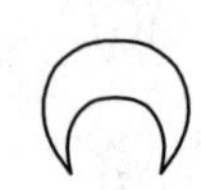

×31

竹（常规版）

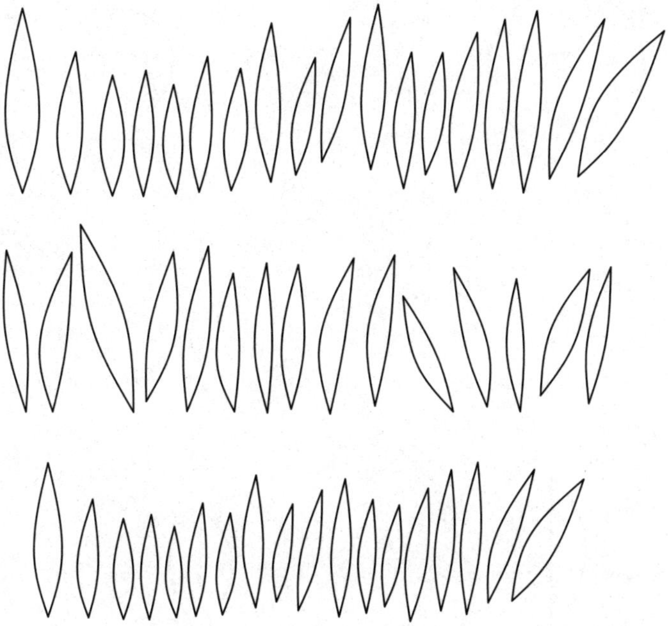

菊（常规版）

×38

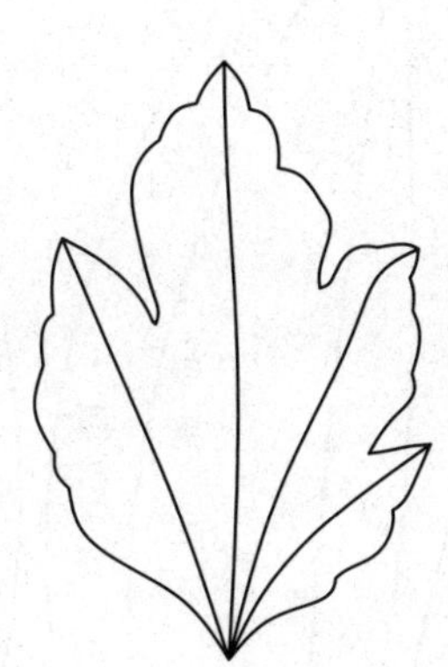

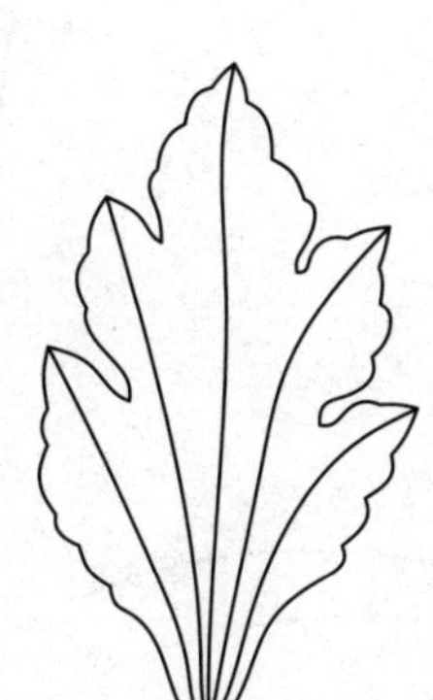

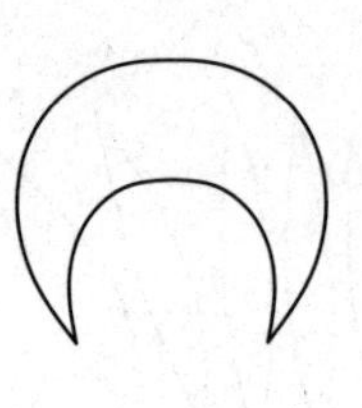

×15

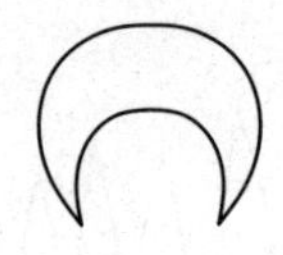

×31

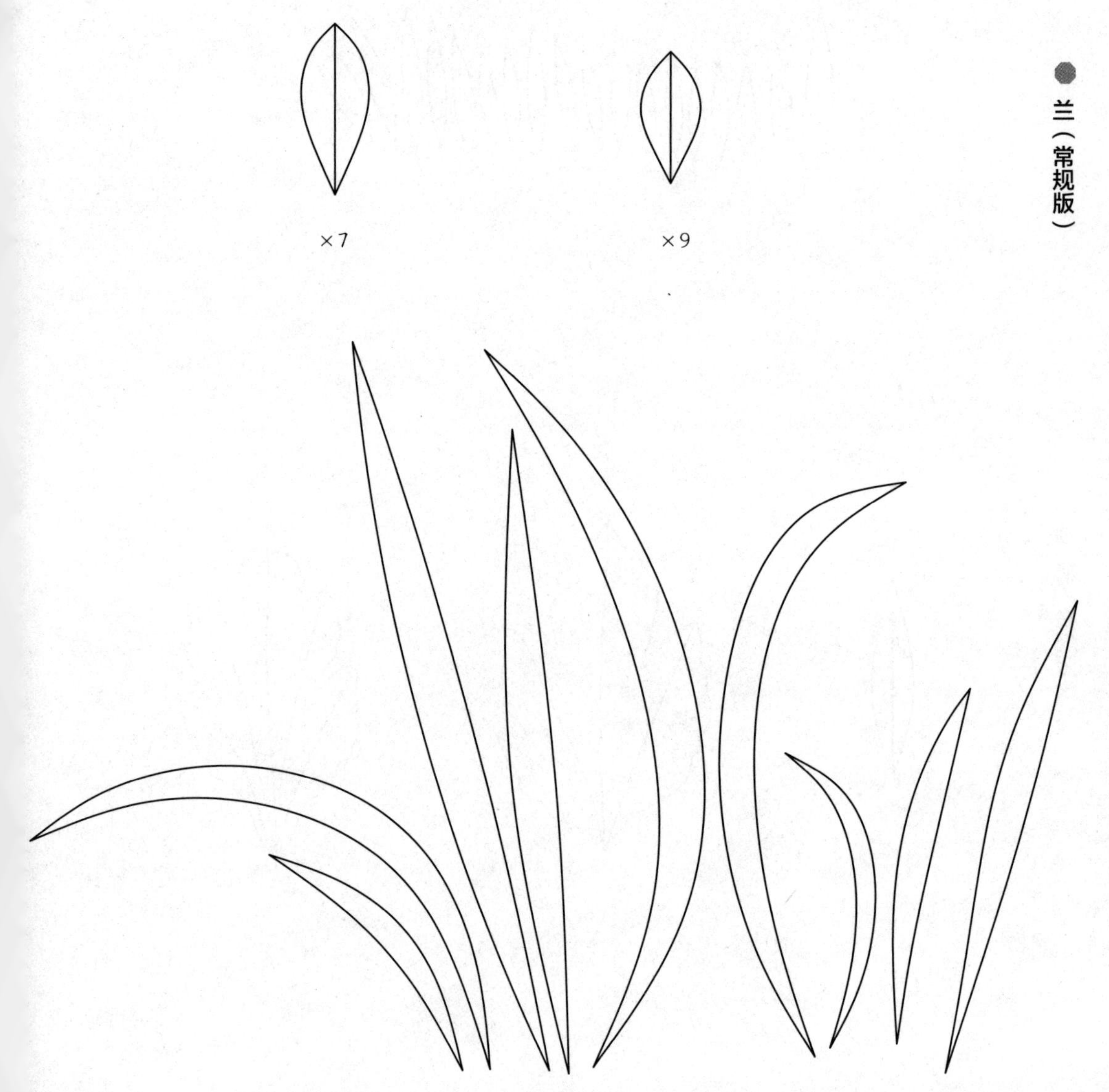

×7

×9

青玉

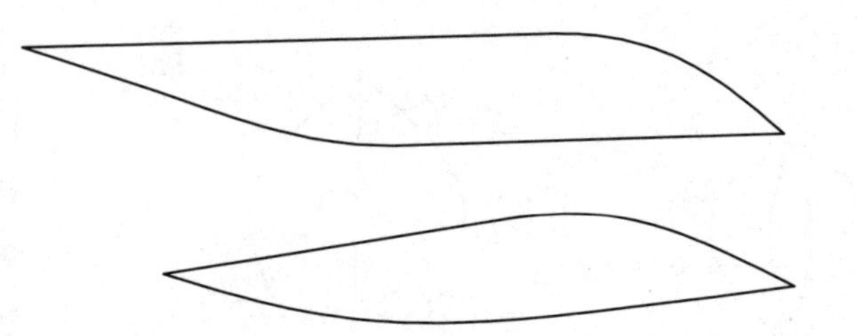

降雪

书内部分成品图纸

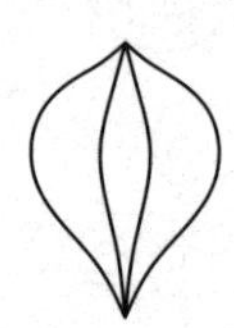

×9

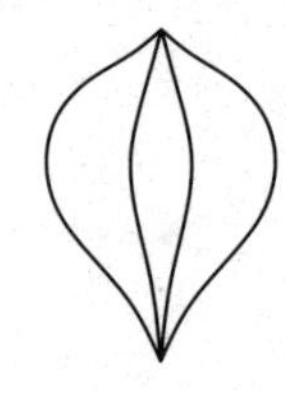

×9

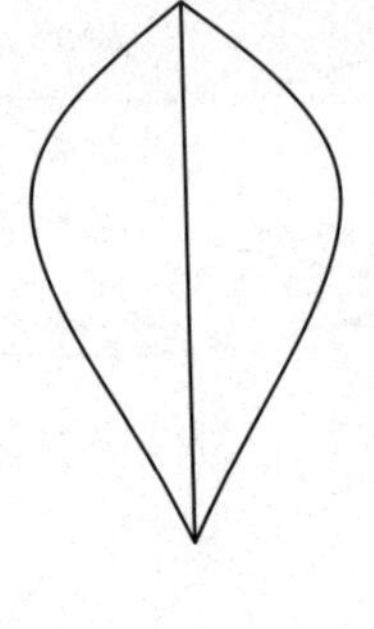

×1

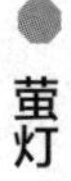

叶子

×10

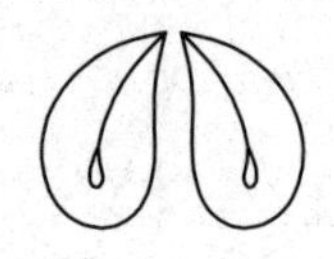

翅膀

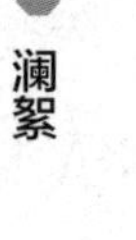

×9

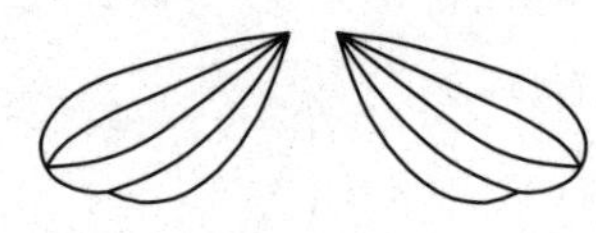

舜英

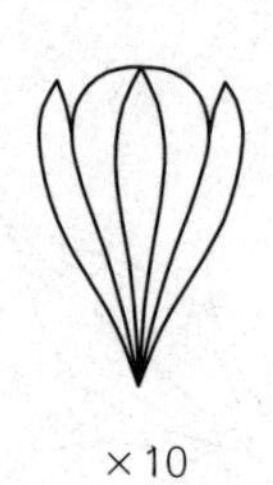

×10

传统纹样

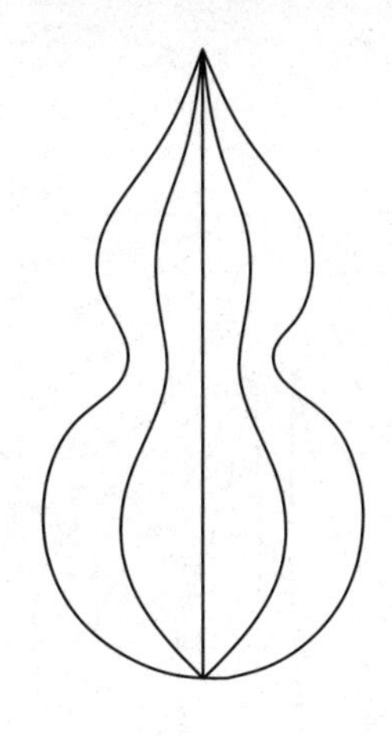

葫芦

团纹

云纹

组装参考

酒壶

组装参考

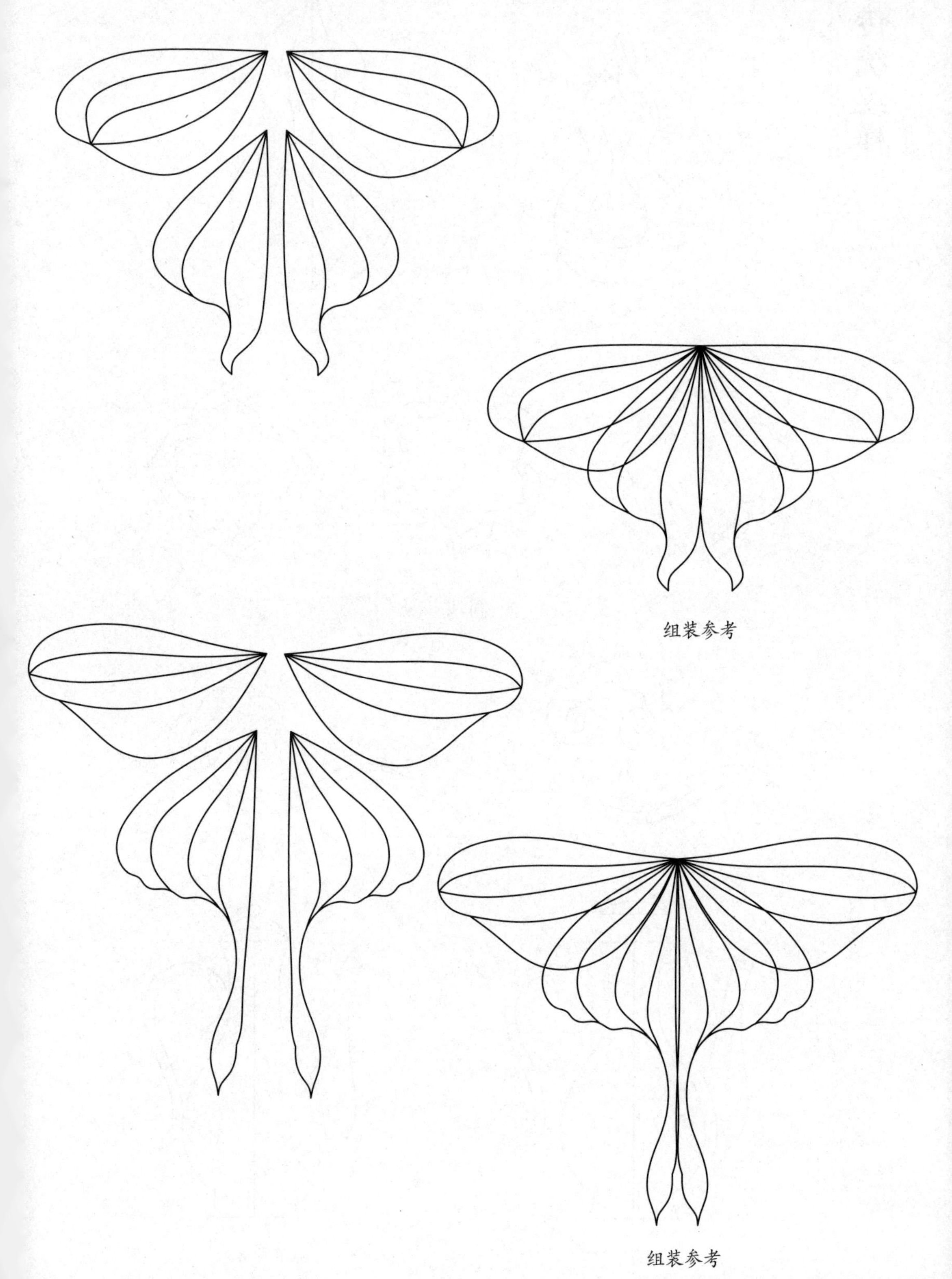
组装参考
组装参考

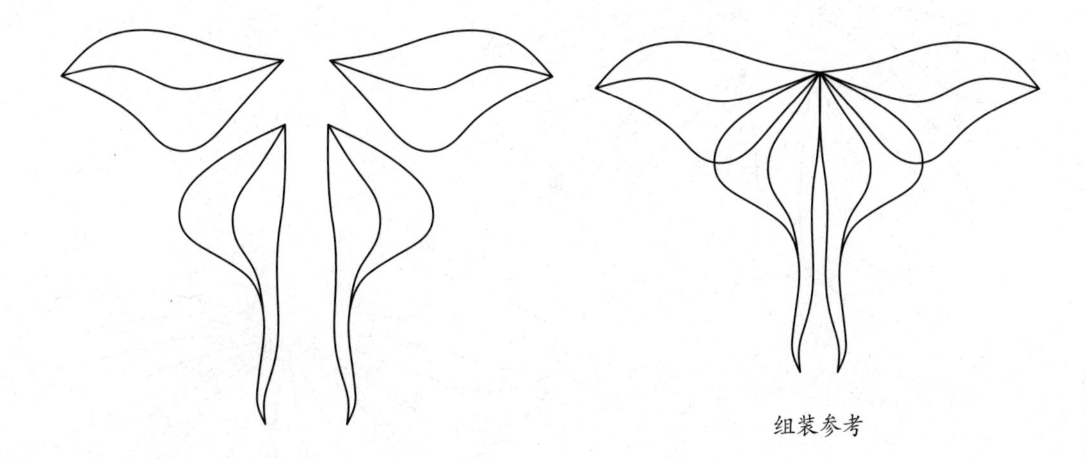

组装参考

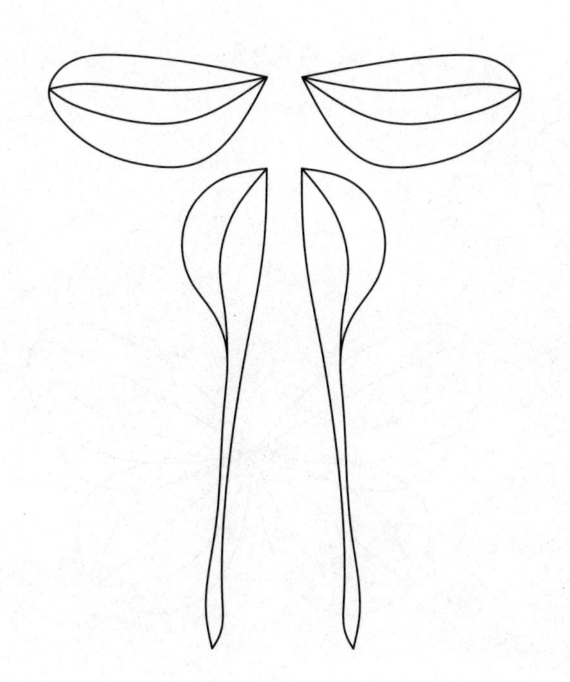

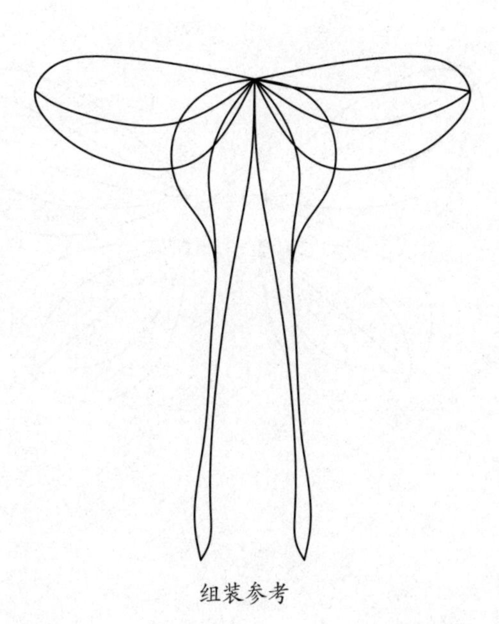

组装参考

组装参考
组装参考

组装参考
组装参考
组装参考

蝴蝶

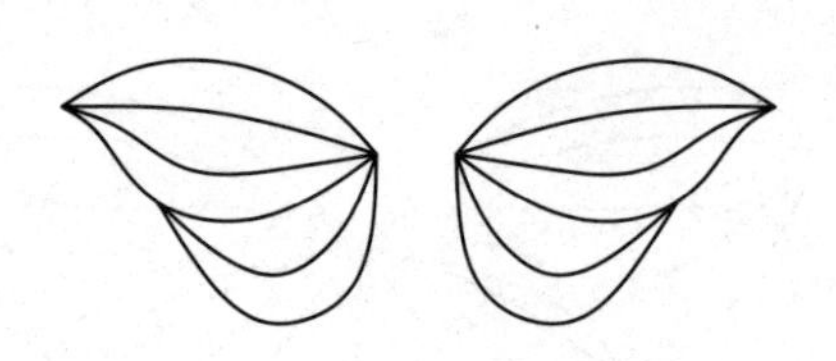

组装参考

组装参考

组装参考

组装参考

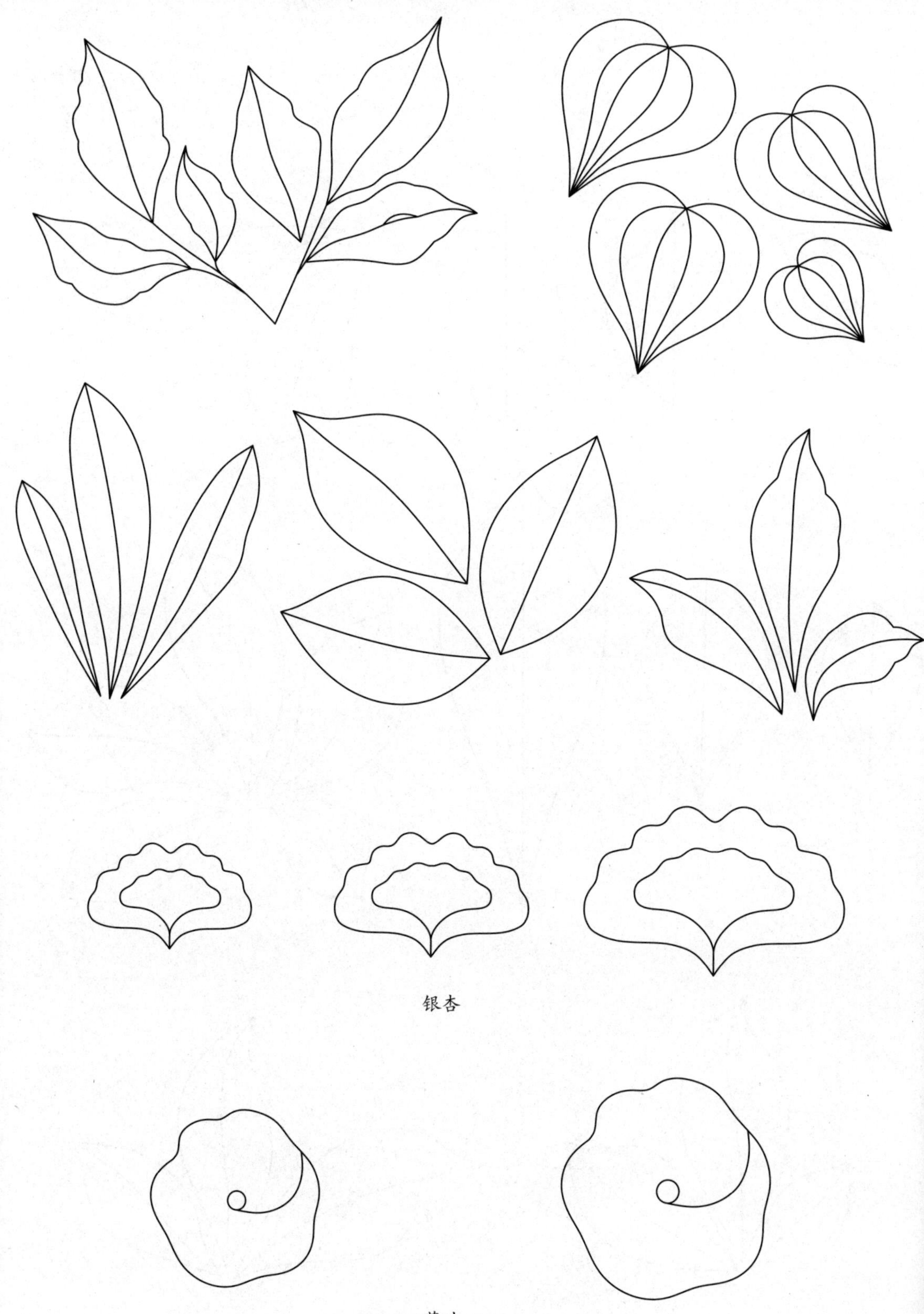

银杏

荷叶

叶子

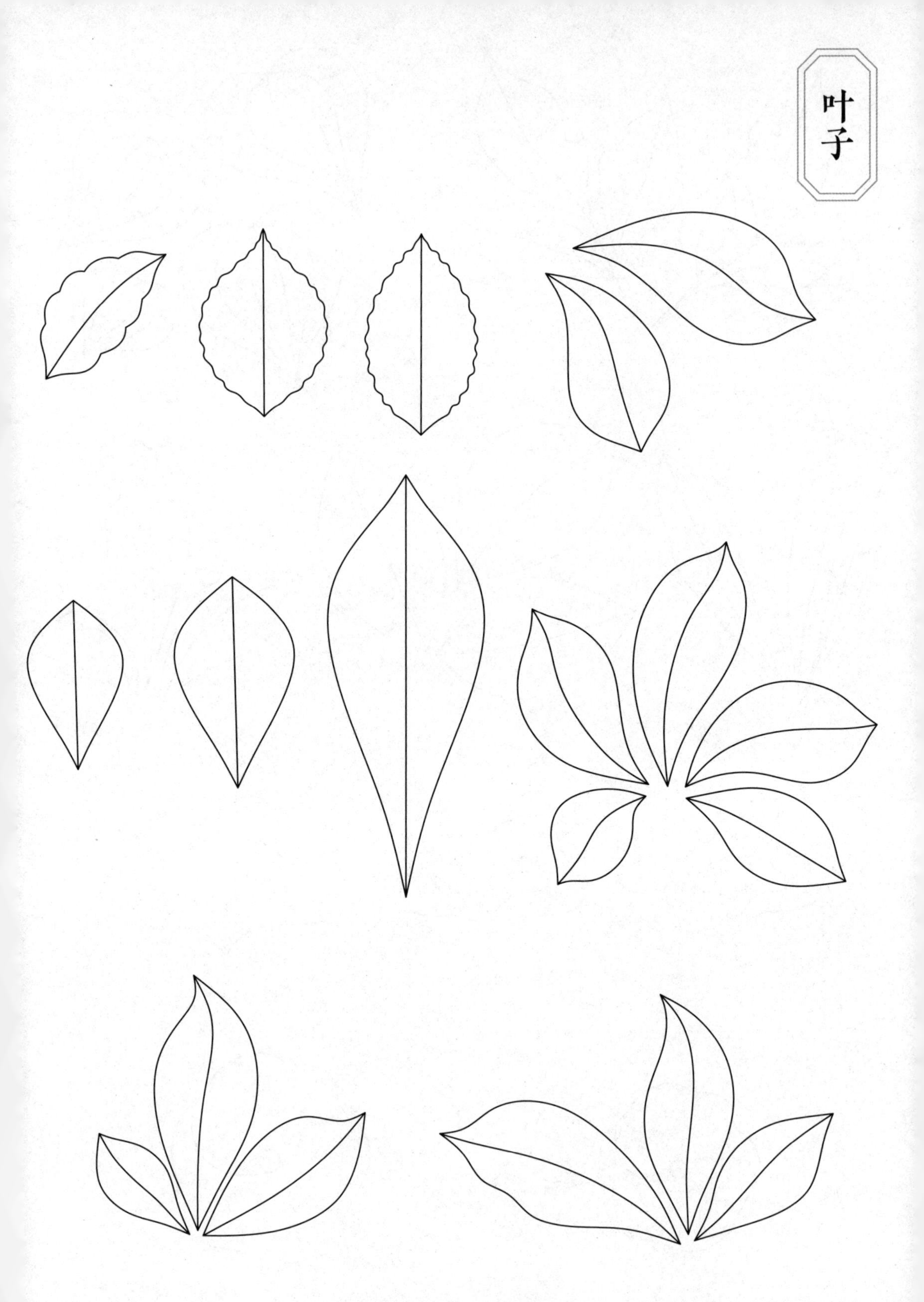

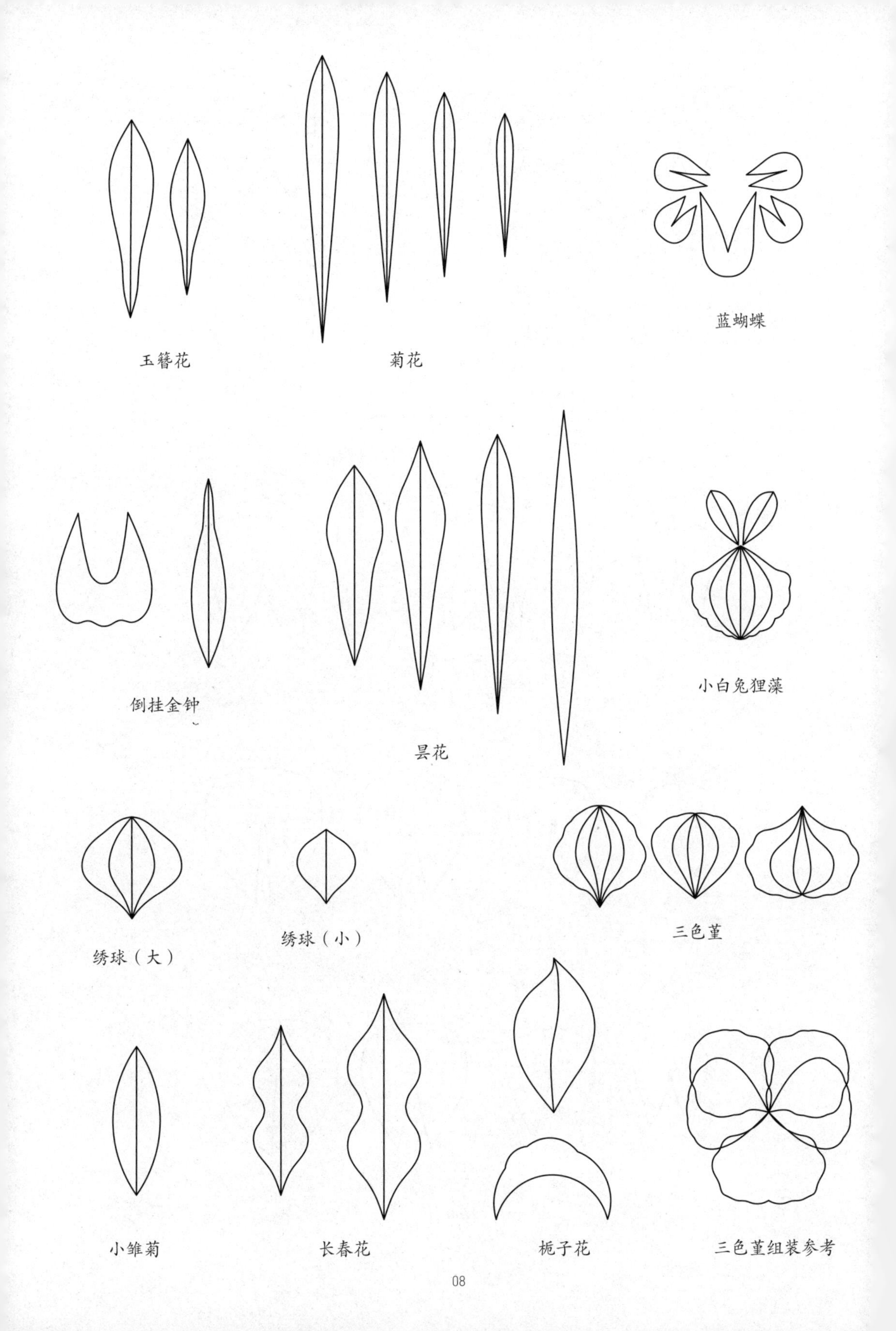
玉簪花
菊花
蓝蝴蝶
倒挂金钟
昙花
小白兔狸藻
绣球（大）
绣球（小）
三色堇
小雏菊
长春花
栀子花
三色堇组装参考

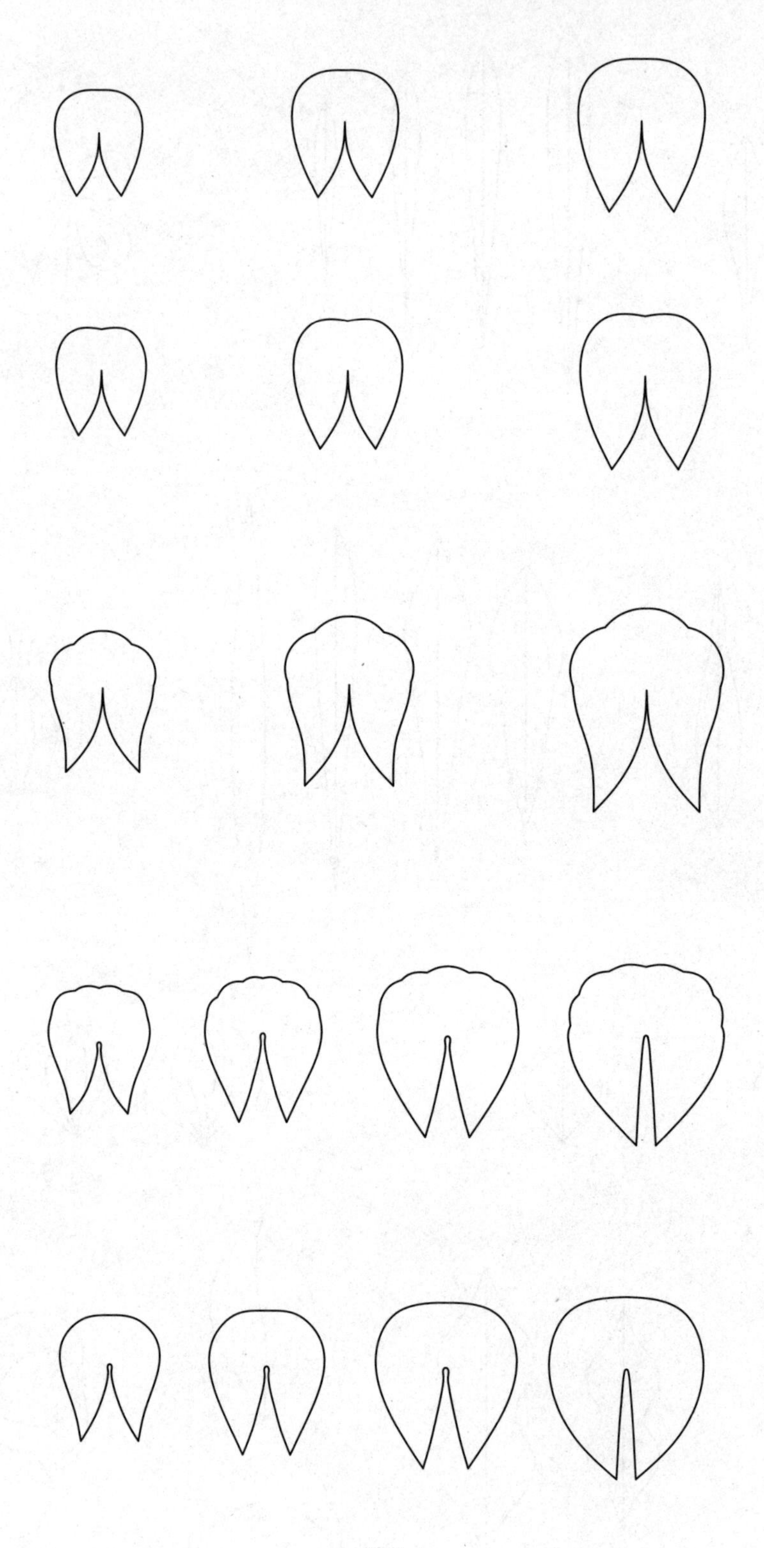

洋牡丹

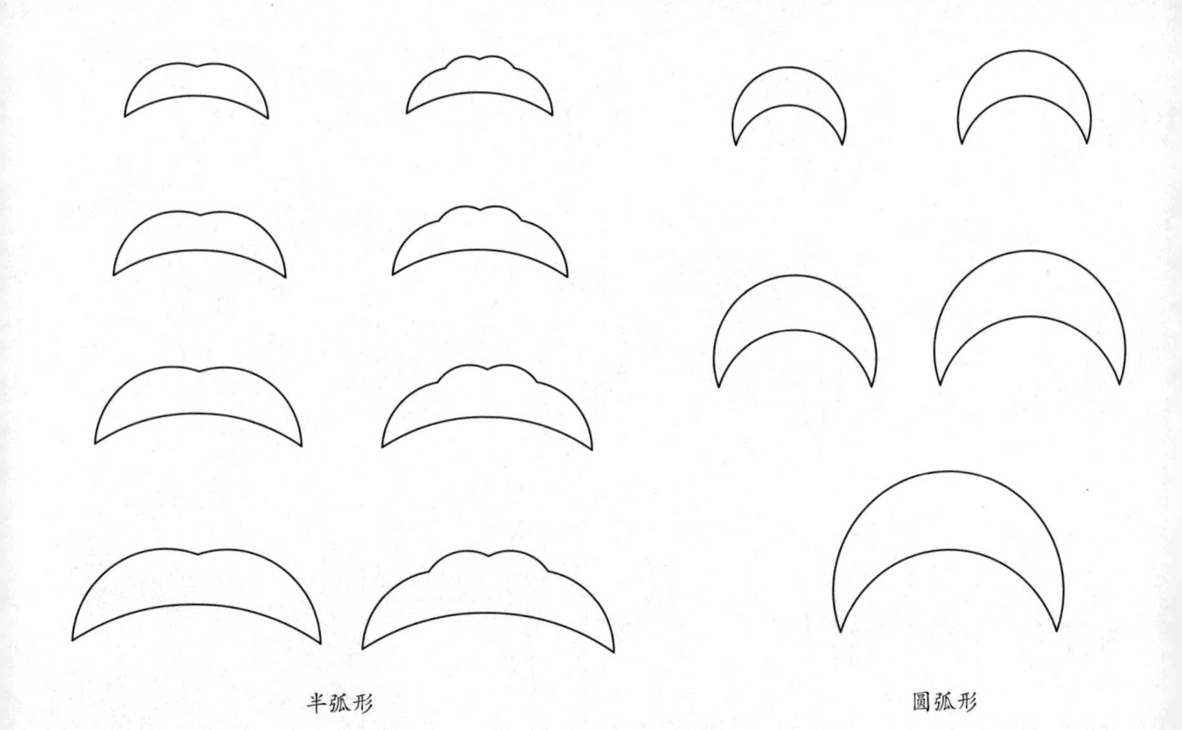

半弧形

圆弧形

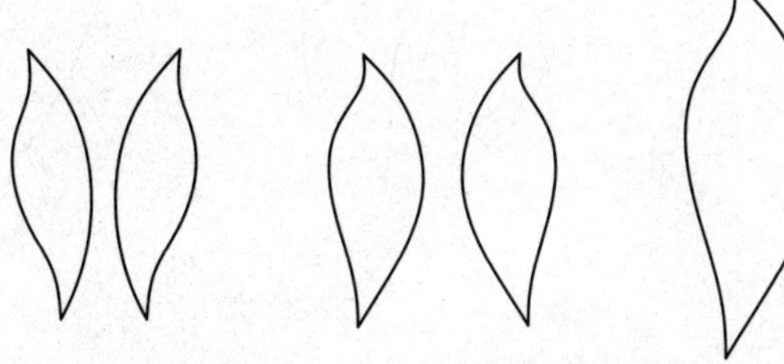

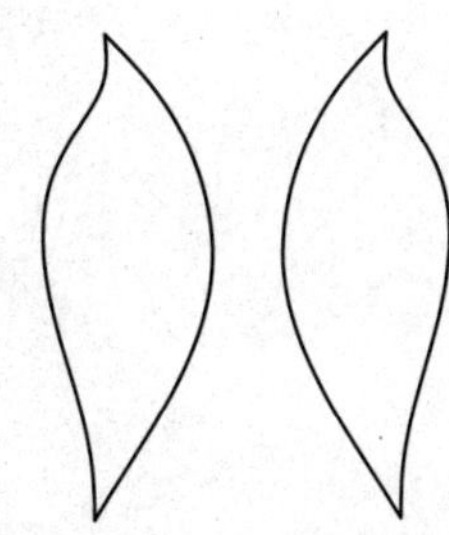

立体荷花（胖版）

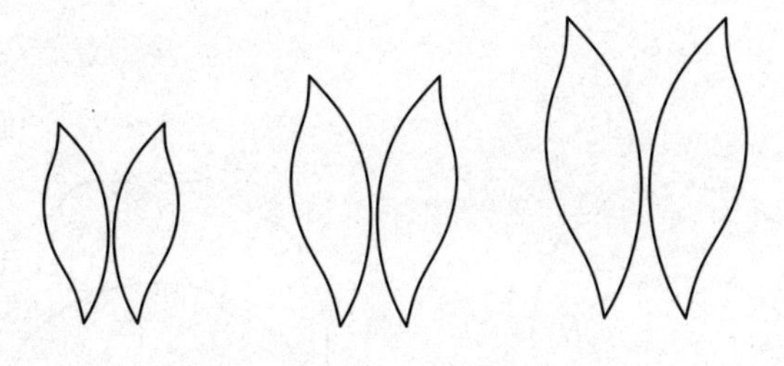

立体荷花（瘦版）

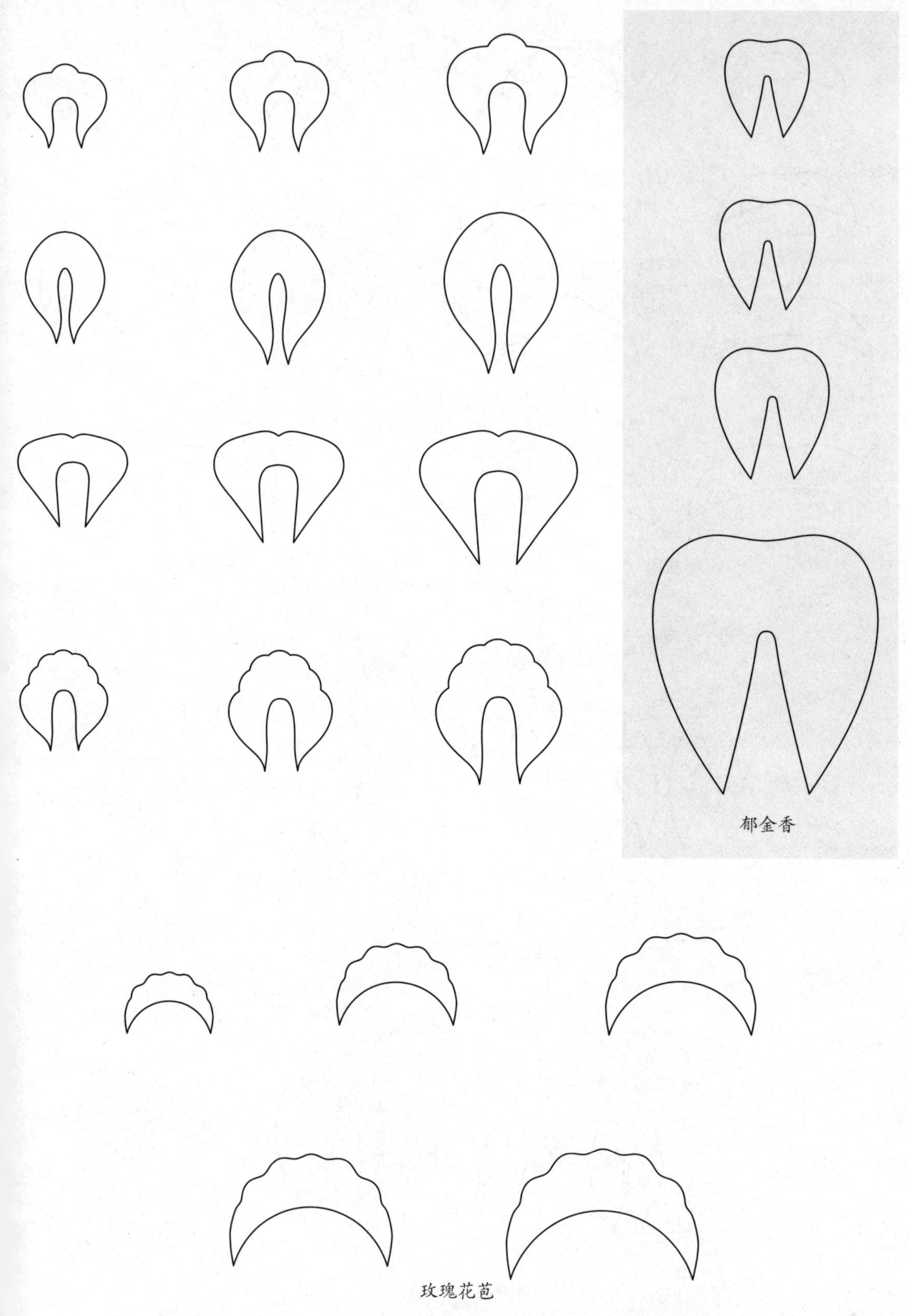
郁金香
玫瑰花苞

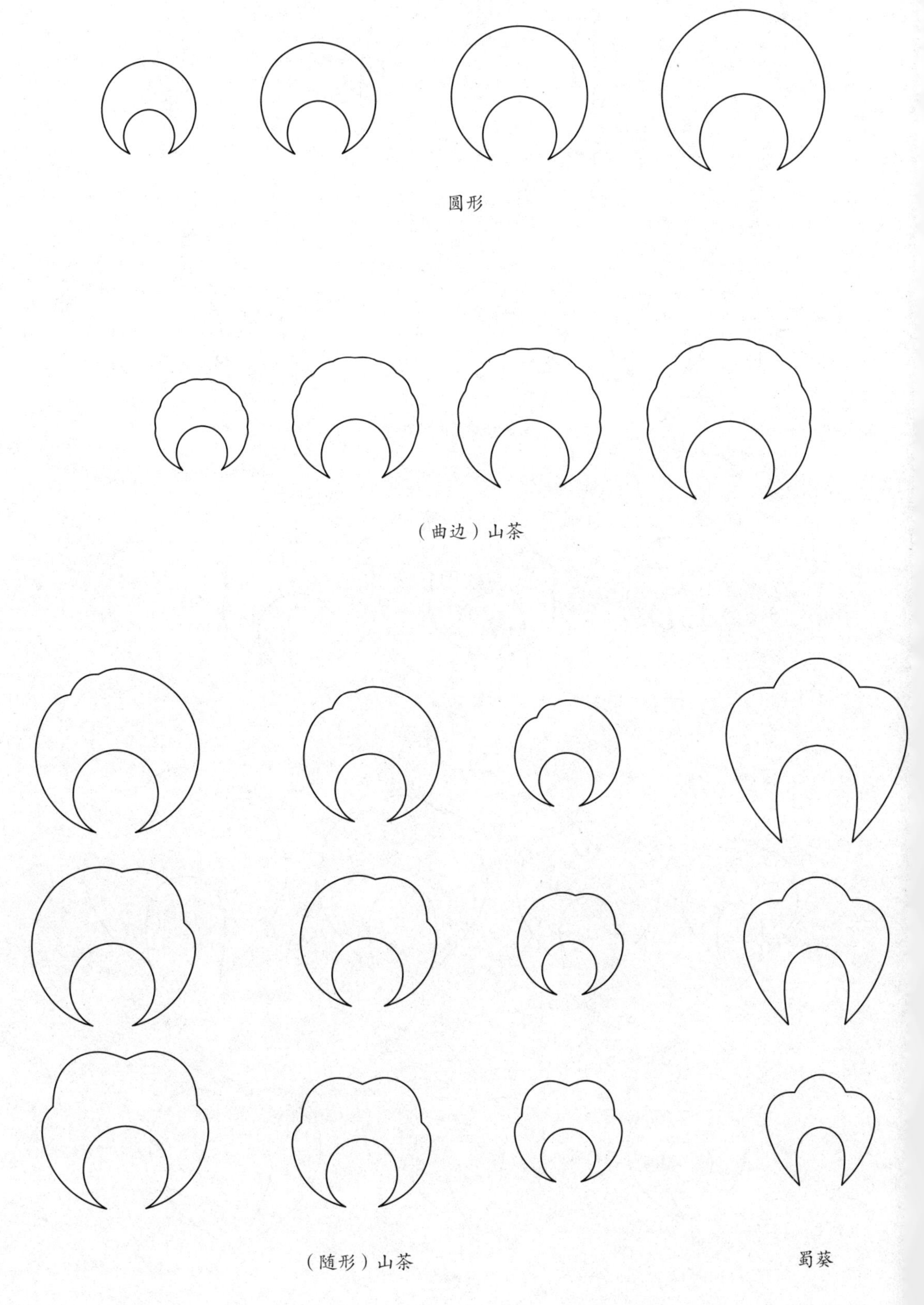
圆形
（曲边）山茶
（随形）山茶
蜀葵

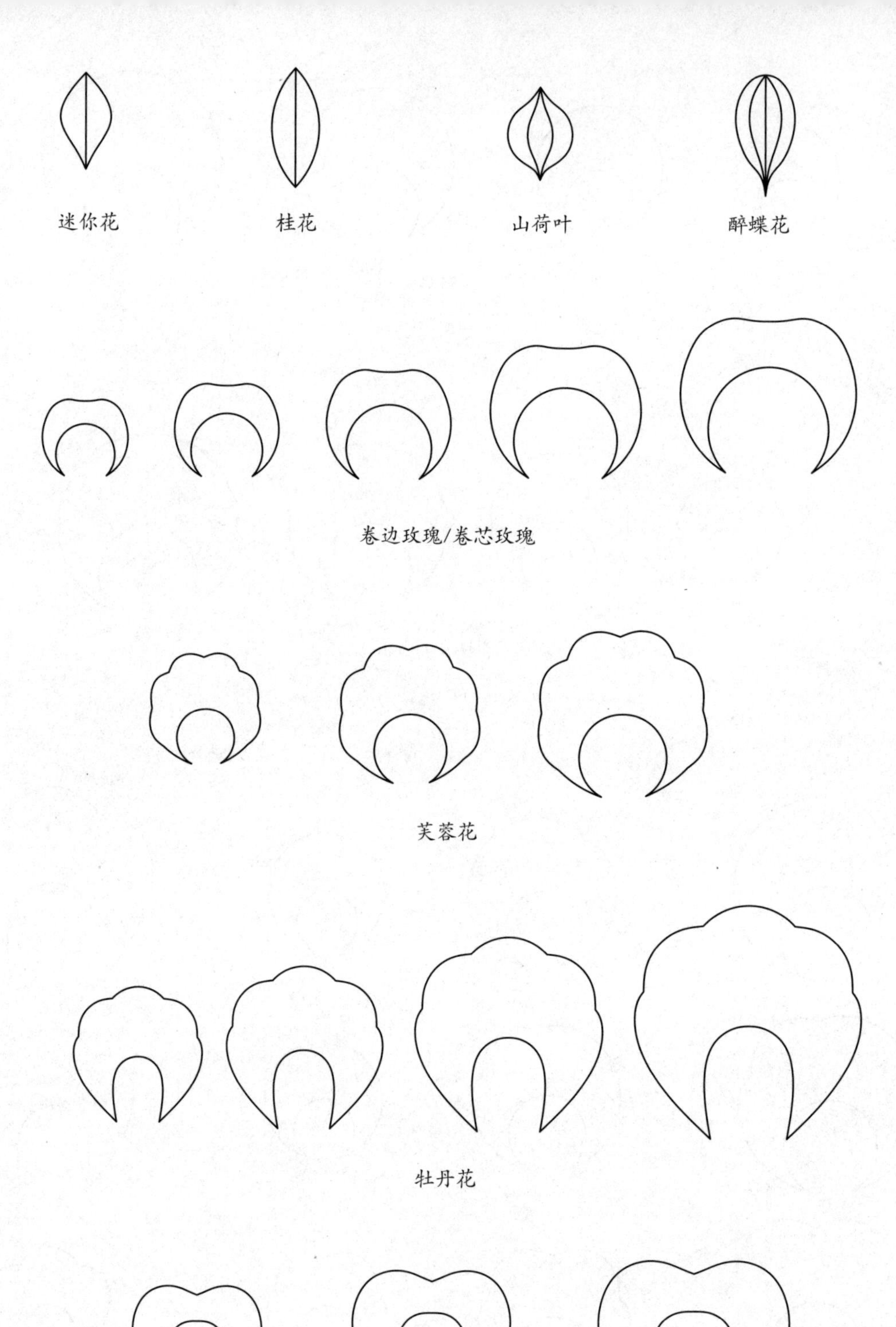

心形

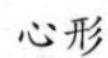

基础形

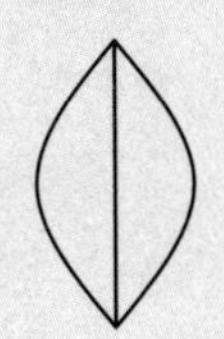
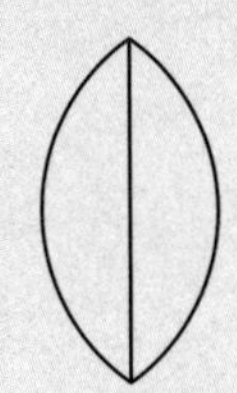
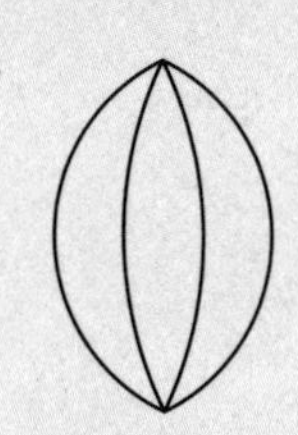

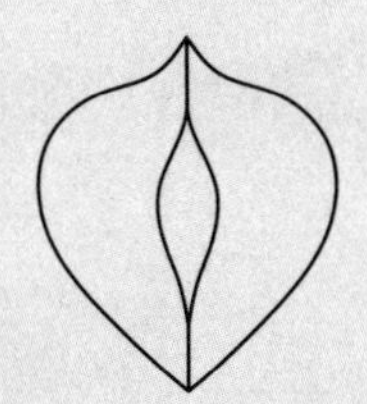

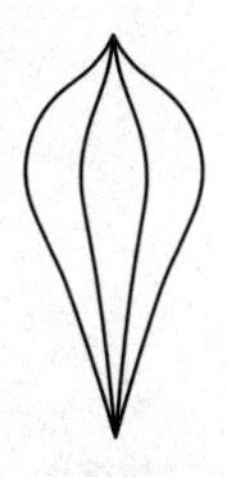

夕颜花

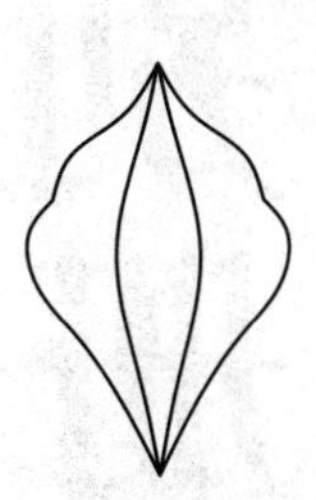

鸢尾花

水菜花

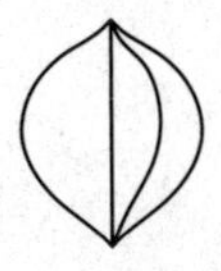

水仙①

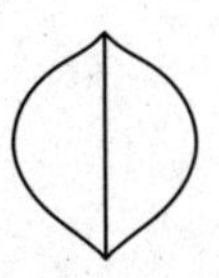

水仙②

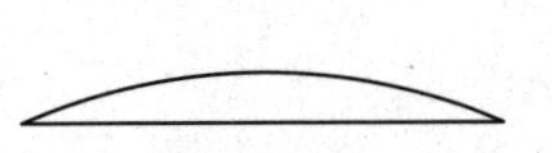

水仙花花蕊

线稿别册

花瓣·叶子·蝴蝶·飞蛾·传统纹样·书内部分成品图纸

② AC 与 A_1D 的距离.

解 建立与上题相同的坐标系.

$$\overrightarrow{BD_1}=(0,0,1)-(1,1,0)=(-1,-1,1),$$

$$\overrightarrow{AC}=(0,1,0)-(1,0,0)=(-1,1,0),$$

所以 $$\overrightarrow{BD_1}\cdot\overrightarrow{AC}=(-1)\cdot(-1)+(-1)\cdot 1+1\cdot 0=0,$$

即 $$BD_1\perp AC.$$

同样(或由对称性) $$BD_1\perp CB_1.$$

所以 $BD_1\perp$ 平面 ACB_1.

同理 $BD_1\perp$ 平面 A_1DC_1,所以平面 ACB_1 // 平面 A_1DC_1.

又 $\overrightarrow{AB}=(0,1,0)$,它在 $\overrightarrow{BD_1}$ 上的射影

$$EB=\left|(0,1,0)\cdot\frac{1}{\sqrt{3}}(-1,-1,1)\right|=\frac{1}{\sqrt{3}}=\frac{\sqrt{3}}{3},$$

即 $EB=\frac{1}{3}BD_1$,所以 $EB=\frac{1}{2}D_1E$.

同样,线段 BD_1 与平面 A_1DC_1 的交点 F 满足 $D_1F=\frac{\sqrt{3}}{3}$,所以平面 ACB_1 与 A_1DC_1 的距离 $EF=\frac{\sqrt{3}}{3}$.

$\overrightarrow{DA_1}=(1,0,1)$,所以

$$\overrightarrow{AC}\times\overrightarrow{DA_1}=(1,1,-1)=\sqrt{3}\left(\frac{1}{\sqrt{3}},\frac{1}{\sqrt{3}},-\frac{1}{\sqrt{3}}\right).$$

$$\overrightarrow{DA}=(1,0,0),$$

所以 AC 与 A_1D 的距离为

$$(1,0,0)\cdot\left(\frac{1}{\sqrt{3}},\frac{1}{\sqrt{3}},-\frac{1}{\sqrt{3}}\right)=\frac{\sqrt{3}}{3}.$$

例 6 正方体 $ABCD-A_1B_1C_1D_1$,棱长为 1,在 A_1B 上取 $A_1M=\frac{1}{3}A_1B$,在 B_1D_1 上取 $B_1N=\frac{1}{3}B_1D_1$. 连接 MN. 求证 MN 是 A_1B 与 B_1D_1 的公垂线.

解 建立如图 38-4 所示的坐标系. 易知 M 点坐标为

$$\frac{2}{3}(1,0,1)+\frac{1}{3}(1,1,0)$$

$$=\left(1,\frac{1}{3},\frac{2}{3}\right),$$

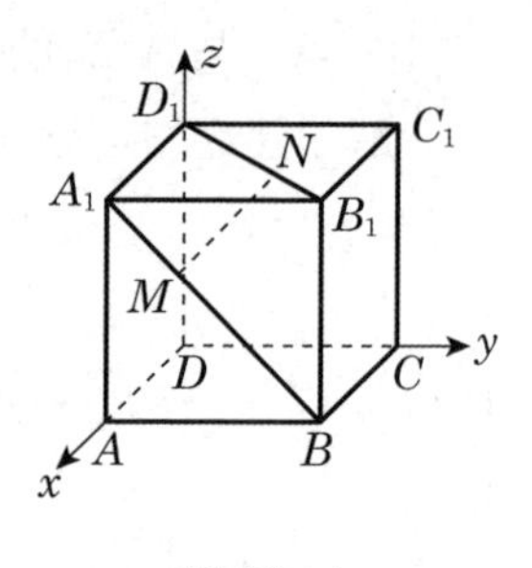

图 38－4

N 点的坐标为

$$\frac{2}{3}(1,1,1)+\frac{1}{3}(0,0,1)=\left(\frac{2}{3},\frac{2}{3},1\right).$$

所以 $$\overrightarrow{MN}=\left(-\frac{1}{3},\frac{1}{3},\frac{1}{3}\right).$$

而 $$\overrightarrow{A_1B}=(1,1,0)-(1,0,1)=(0,1,-1),$$

$$\overrightarrow{D_1B_1}=\overrightarrow{DB}=(1,1,0),$$

所以 $$\overrightarrow{MN}\cdot\overrightarrow{A_1B}=\overrightarrow{MN}\cdot\overrightarrow{D_1B_1}=0,$$

即 MN 与 A_1B，D_1B_1 垂直.

以平面上任意两个不共线的向量作向量积，积是这个平面的法向量，即与这个平面垂直的向量.

例 7 斜三棱柱 $ABC-A_1B_1C_1$ 中，侧面 AA_1C_1C 是菱形，$\angle ACC_1=60°$. 侧面 $ABB_1A_1\perp AA_1C_1C$，$A_1B=AB=AC=1$.

(a) 求证 $AA_1\perp BC_1$.

(b) 求 A_1 到平面 ABC 的距离.

解 由于面 $ABB_1A\perp AA_1C_1C$，我们宁愿将图画成图 38－5，而不将面 ABB_1A 画在“侧面”. 图中 B_1 点也无关紧要，我们故意将它略去了.

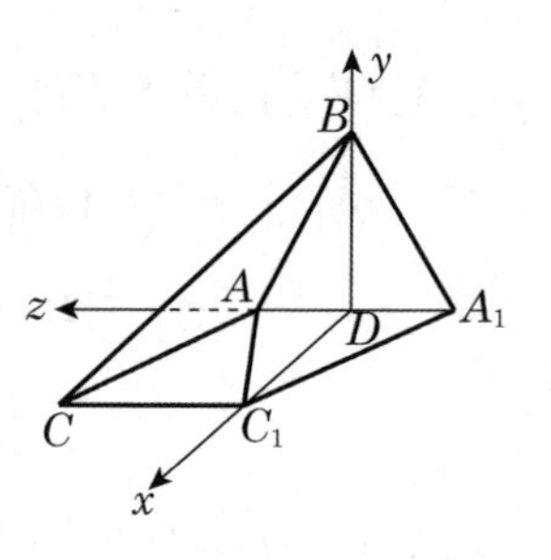

图 38－5

$\triangle ACC_1$，$\triangle A_1AC_1$，$\triangle ABA_1$ 都是边长为 1 的正三角形.

以 AA_1 中点 D 为原点，DA 为 z 轴，DB 为 y 轴，DC_1 为 x 轴，各点坐标为

$$A\left(0,0,\frac{1}{2}\right),B\left(0,\frac{\sqrt{3}}{2},0\right),C_1\left(\frac{\sqrt{3}}{2},0,0\right),$$

$$A_1\left(0,0,-\frac{1}{2}\right),C\left(\frac{\sqrt{3}}{2},0,1\right).$$

$$\overrightarrow{AA_1}\cdot\overrightarrow{BC_1}=(0,0,-1)\cdot\left(\frac{\sqrt{3}}{2},-\frac{\sqrt{3}}{2},0\right)=0.$$

所以 $AA_1\perp BC_1$.

$$\overrightarrow{AB}\times\overrightarrow{AC}=\left(0,\frac{\sqrt{3}}{2},-\frac{1}{2}\right)\times\left(\frac{\sqrt{3}}{2},0,\frac{1}{2}\right)$$

$$=\begin{vmatrix} \boldsymbol{i} & \boldsymbol{j} & \boldsymbol{k} \\ 0 & \frac{\sqrt{3}}{2} & -\frac{1}{2} \\ \frac{\sqrt{3}}{2} & 0 & \frac{1}{2} \end{vmatrix}$$

$$=\left(\frac{\sqrt{3}}{4},-\frac{\sqrt{3}}{4},-\frac{3}{4}\right).$$

平面 ABC 的单位法向量 $\quad \boldsymbol{n}=\frac{1}{\sqrt{5}}(1,-1,-\sqrt{3})$.

$$\overrightarrow{AA_1}\cdot n=\frac{\sqrt{15}}{5},$$

即 A_1 到平面 ABC 的距离为$\frac{\sqrt{15}}{5}$.

注 $\left(\frac{\sqrt{3}}{4},-\frac{\sqrt{3}}{4},-\frac{3}{4}\right)$,$(\sqrt{3},-\sqrt{3},-3)$,$(1,-1,-\sqrt{3})$都是平面 ABC 的法向量,而长为 1 的 $\boldsymbol{n}$ 是单位法向量. $\overrightarrow{AA_1}$ 在 $\boldsymbol{n}$ 上的射影,即 A_1 到平面 ABC 的距离.

两个平面的法向量相乘(数量积),可以得出这两个平面的夹角.

例 8 直四棱柱底面为梯形 $ABCD$,$AA_1=AB=2a$,$AD=DC=CB=a$. 求二面角 $C-A_1B-D$.

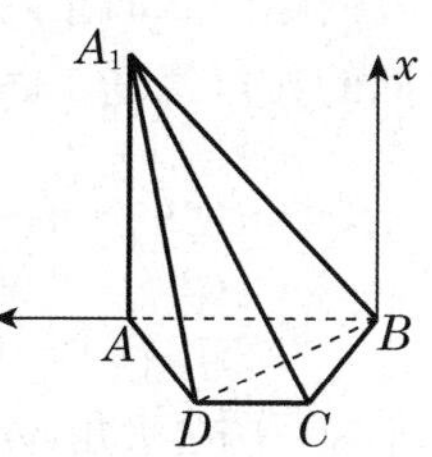

图 38-6

解 我们只画出图中主要的部分,如图 38-6,不妨设 $a=1$. 以 B 为原点,BA 为 y 轴,BB_1 为 x 轴,建立直角坐标系. 各点坐标为

$$A_1(2,2,0),C\left(0,\frac{1}{2},\frac{\sqrt{3}}{2}\right),D\left(0,\frac{3}{2},\frac{\sqrt{3}}{2}\right)$$

(如图 38-7,取 AB 中点 E,则四边形 $BCDE$ 是平行四边形,$DE=BC=1$. 从而$\triangle ADE$ 是正三角形,梯形 $ABCD$ 的底角为 $60°$)

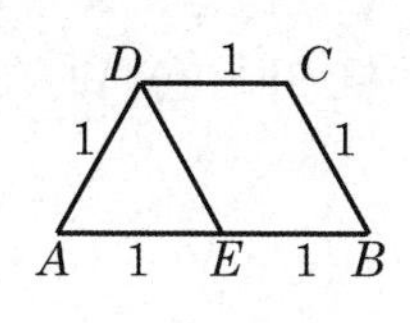

图 38-7

$$\overrightarrow{BA_1}=(2,2,0),\overrightarrow{BC}=\left(0,\frac{1}{2},\frac{\sqrt{3}}{2}\right).$$

平面 A_1BC 的法向量

$$\overrightarrow{BA_1}\times\overrightarrow{BC}=\begin{vmatrix} \boldsymbol{i} & \boldsymbol{j} & \boldsymbol{k} \\ 2 & 2 & 0 \\ 0 & \frac{1}{2} & \frac{\sqrt{3}}{2} \end{vmatrix}=(\sqrt{3},-\sqrt{3},1).$$

$$\overrightarrow{BD}=\left(0,\frac{3}{2},\frac{\sqrt{3}}{2}\right).$$

平面 A_1BD 的法向量 $\overrightarrow{BA_1}\times\overrightarrow{BD}=\begin{vmatrix} \boldsymbol{i} & \boldsymbol{j} & \boldsymbol{k} \\ 2 & 2 & 0 \\ 0 & \frac{3}{2} & \frac{\sqrt{3}}{2} \end{vmatrix}$

$$=(\sqrt{3},-\sqrt{3},3).$$

所以平面 A_1BC 的单位法向量

$$\boldsymbol{n}_1=\left(\sqrt{\frac{3}{7}},-\sqrt{\frac{3}{7}},\sqrt{\frac{1}{7}}\right)$$

方向指向二面角外(y 坐标为负表明$\boldsymbol{n}_1$ 从半平面 A_1BC 背向平面A_1BD). 平面 A_1BD 的单位法向量

$$\boldsymbol{n}_2=\left(\sqrt{\frac{1}{5}},-\sqrt{\frac{1}{5}},\sqrt{\frac{3}{5}}\right)$$

方向指向二面角内(y 坐标为负表明$\boldsymbol{n}_2$ 从半平面 A_1BD 指向半平面A_1BC). 它们的夹角就是二面角 $C-A_1B-D$ 的平面角θ,即

$$\cos\theta=\boldsymbol{n}_1\cdot\boldsymbol{n}_2=\sqrt{\frac{1}{5}}\cdot\sqrt{\frac{3}{7}}+\left(-\sqrt{\frac{1}{5}}\right)\left(-\sqrt{\frac{3}{7}}\right)+\sqrt{\frac{3}{5}}\cdot\sqrt{\frac{1}{7}}=\frac{3\sqrt{3}}{\sqrt{35}}.$$

在得出两个平面的法向量后,不难求出它们的夹角,也就是平面的夹角. 但两个平面有两个夹角,究竟是哪一个夹角,或者说是哪两个二面角的平面角,值得注意.

如图 38-8(1),在 $\boldsymbol{n}_1,\boldsymbol{n}_2$ 一个指向二面角内,一个指向二面角外时,它们的夹角就是二面角 α. 而图 38-8(2)表明在 $\boldsymbol{n}_1,\boldsymbol{n}_2$ 均指向二面角外或均指向二面角内时,它们的夹角是二面角 α 的补角.

图 38-8

例 9 在正三角形 ABC 中，E,F,P 分别是 AB,AC,BC 边上的点，满足 $AE:EB=CF:FA=CP:PB=1:2$（如图 38－9），将 $\triangle AEF$ 沿 EF 折起到 $\triangle A_1EF$ 的位置，使二面角 A_1-EF-B 成直二面角，连接 A_1B,A_1P（如图 38－10）.

(a) 求证：$A_1E\perp$ 平面 BEP；

(b) 求直线 A_1E 与平面 A_1BP 所成角的大小；

(c) 求二面角 $B-A_1P-F$ 的大小（用反三角函数值表示）.

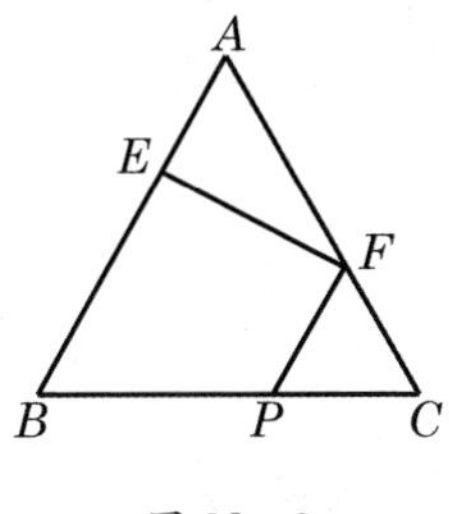

图 38－9

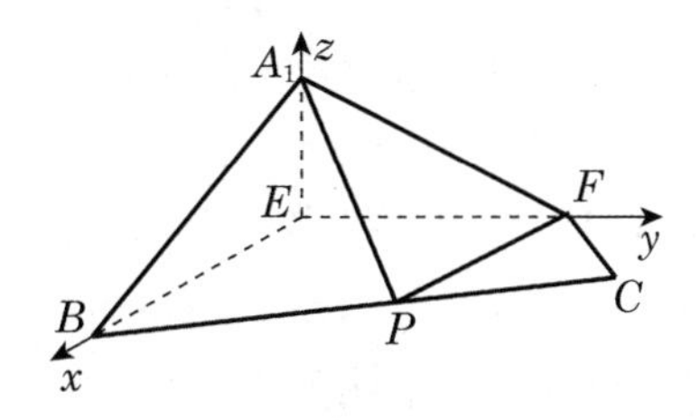

图 38－10

解 易知 $FP\parallel AB$. 设 $CF=1$，则 $AF=2,AE=1$. 因为 $\angle A=60^\circ$，所以 $AE\perp EF$.

因为 A_1-EF-B 是直二面角，$A_1E\perp EF$，所以 $A_1E\perp$ 平面 BEP.

以 E 为原点，EB 为 x 轴，EF 为 y 轴，EA_1 为 z 轴，各点坐标为

$A_1(0,0,1)$，$B(2,0,0)$，$F(0,\sqrt{3},0)$，$P(1,\sqrt{3},0)$. ($BP=2$，$\angle PBE=60^\circ$，P 在 BE 上的射影是 BE 的中点 D，$PD=EF=\sqrt{3}$).

平面 A_1BP 的法向量

$$\overrightarrow{A_1B}\times\overrightarrow{A_1P}=(2,0,-1)\times(1,\sqrt{3},-1)=(\sqrt{3},1,2\sqrt{3}),$$

单位法向量 $\boldsymbol{n}=\left(\frac{\sqrt{3}}{4},\frac{1}{4},\frac{\sqrt{3}}{2}\right)$.

A_1E 与 $\boldsymbol{n}$ 所成角 β 满足

$$\cos\beta=(0,0,1)\cdot\left(\frac{\sqrt{3}}{4},\frac{1}{4},\frac{\sqrt{3}}{2}\right)=\frac{\sqrt{3}}{2},$$

$\beta=30^\circ$，$90^\circ-\beta=60^\circ$，即 A_1E 与面 A_1BP 所成角为 60°.

平面 A_1PF 的法向量

$$\overrightarrow{A_1P}\times\overrightarrow{FP}=(1,\sqrt{3},-1)\times(1,0,0)=(0,-1,-\sqrt{3}).$$

单位法向量 $\boldsymbol{n}_1=\left(0,-\frac{1}{2},-\frac{\sqrt{3}}{2}\right)$. 因为 y 坐标为负，方向指向二面角 $B-A_1P-F$

内,而 $\boldsymbol{n}$ 则指向二面角外,它们的夹角 α 满足

$$\cos\alpha=\left(\frac{\sqrt{3}}{4},\frac{1}{4},\frac{\sqrt{3}}{2}\right)\cdot\left(0,-\frac{1}{2},-\frac{\sqrt{3}}{2}\right)=-\frac{7}{8}.$$

即二面角 $B-A_1P-F$ 的大小为 $\alpha=\pi-\arccos\frac{7}{8}$.

另一种计算二面角的方法是利用球面三角.

设三面角 $O-ABC$ 的面角 $\angle BOC=a$(弧度),$\angle COA=b$,$\angle AOB=c$. 以 O 为球心,作单位球交三面角的棱于 A,B,C,则由大圆弧 $\overset{\frown}{AB}$,$\overset{\frown}{BC}$,$\overset{\frown}{CA}$ 围成一个球面三角形 ABC. 这三角形的边,也就是 $\overset{\frown}{BC}$,$\overset{\frown}{CA}$,$\overset{\frown}{AB}$ 的长正好是 a,b,c. 角 A,B,C 正好是三面角的三个二面角.

在球面三角中有很多公式. 例如边的余弦定理:

$$\cos a=\cos b\cos c+\sin b\sin c\cos A. \tag{6}$$

这个公式可以证明如下:

在平面 AOB 内,过 A 作 OA 的垂线,交 OB 于 B. 在平面 AOC 内,过 A 作 OA 的垂线,交 OC 于 C. 设 $OA=1$,则

$$OB=\sec b,OC=\sec c,AB=\tan b,AC=\tan c.$$

在 $\triangle OBC$ 与 $\triangle ABC$ 中,由余弦定理,

$$\sec^2 b+\sec^2 c-2\sec b\sec c\cos a=BC^2,$$

$$\tan^2 b+\tan^2 c-2\tan b\tan c\cos A=BC^2.$$

相减并化简得 $$1+\tan b\tan c\cos A=\sec b\sec c\cos a,$$

再两边同乘以 $\cos b\cos c$ 即得(6).

例 10 利用边的余弦定理,计算例 8 与例 9 中的二面角.

解 在例 8 中,$BD\perp DA$,所以 $BD\perp A_1D$. 又 $BD=\sqrt{3}$,$BA_1=2\sqrt{2}$,所以

$$\cos\angle A_1BD=\frac{\sqrt{3}}{2\sqrt{2}},\ \sin\angle A_1BD=\frac{\sqrt{5}}{2\sqrt{2}}.$$

同样,$A_1C\perp BC$, $\cos\angle A_1BC=\frac{1}{2\sqrt{2}}$, $\sin\angle A_1BC=\frac{\sqrt{7}}{2\sqrt{2}}$.

又 $\angle DB_1C=30^\circ$,所以由(6),

$$\cos\theta=\frac{\cos30^\circ-\frac{\sqrt{3}}{2\sqrt{2}}\cdot\frac{1}{2\sqrt{2}}}{\frac{\sqrt{5}}{2\sqrt{2}}\cdot\frac{\sqrt{7}}{2\sqrt{2}}}=\frac{3\sqrt{3}}{\sqrt{35}}.$$

在例 9 中,$\angle BPF=120^\circ$,$PF=1$,$A_1F=2$,$PE=BE=PB=2$,$A_1E=1$,

$$\cos\angle A_1PF=\frac{(1^2+2^2)+1^2-2^2}{2\sqrt{1^2+2^2}}=\frac{1}{\sqrt{5}},$$

$$\sin\angle A_1PF=\frac{2}{\sqrt{5}},$$

$$\cos\angle BPA_1=\frac{(1^2+2^2)+2^2-(1^2+2^2)}{2\sqrt{1^2+2^2}\times 2}=\frac{1}{\sqrt{5}},$$

$$\sin\angle BPA_1=\frac{2}{\sqrt{5}}.$$

所以由(6)，
$$\cos\alpha=\frac{\cos 120^\circ-\frac{1}{\sqrt{5}}\times\frac{1}{\sqrt{5}}}{\frac{2}{\sqrt{5}}\times\frac{2}{\sqrt{5}}}=-\frac{7}{8}.$$

“混合积”$\boldsymbol{c}\cdot(\boldsymbol{a}\times\boldsymbol{b})$还可解释为平行六面体的体积：

设一平行六面体 $ABCD-A_1B_1C_1D_1$. 记$\overrightarrow{AB}=\boldsymbol{a}$，$\overrightarrow{AD}=\boldsymbol{b}$，$\overrightarrow{AA_1}=\boldsymbol{c}$，则$\overrightarrow{A_1B_1}=\overrightarrow{AB}=\boldsymbol{a}$，并且 A_1B_1 与 AD 的距离

$$d=\frac{|\boldsymbol{c}\cdot(\boldsymbol{a}\times\boldsymbol{b})|}{|\boldsymbol{a}\times\boldsymbol{b}|},$$

即
$$|\boldsymbol{c}\cdot(\boldsymbol{a}\times\boldsymbol{b})|=d|\boldsymbol{a}\times\boldsymbol{b}|. \tag{7}$$

但$|\boldsymbol{a}\times\boldsymbol{b}|$表示平行四边形 $ABCD$ 的面积，d 就是平行平面 $A_1B_1C_1D_1$ 与 $ABCD$ 的距离，所以(6)式右边表示平行六面体 $ABCD-A_1B_1C_1D_1$ 的体积，即$|\boldsymbol{c}\cdot(\boldsymbol{a}\times\boldsymbol{b})|$是三个向量 $\boldsymbol{a}$，$\boldsymbol{b}$，$\boldsymbol{c}$ 张成的平行六面体的体积.

如果 $\boldsymbol{a}=(a_1,a_2,a_3)$，$\boldsymbol{b}=(b_1,b_2,b_3)$，$\boldsymbol{c}=(c_1,c_2,c_3)$，那么这平行六面体的体积就是

$$\begin{vmatrix} a_1 & a_2 & a_3 \\ b_1 & b_2 & b_3 \\ c_1 & c_2 & c_3 \end{vmatrix}.$$

在这行列式为零时，向量 $\boldsymbol{a}$，$\boldsymbol{b}$，$\boldsymbol{c}$ 共面(平行六面体“退化”为平面图形). 在 $\boldsymbol{a}$，$\boldsymbol{b}$，$\boldsymbol{c}$ 成右手系时，行列式为正，否则为负.

习 题 38

1. 设平面 $DBC\perp$平面 ABC. $\angle BAC=\angle BDC=90^\circ$，$\angle ABC=45^\circ$，$\angle DBC=30^\circ$. 求 AD 与 BC 所成的角.

2. 求例 2 及第 1 题中 AD 与 BC 的距离.

3. 四面体 $ABCD$ 的面都是边长为 a 的正三角形,求 AB,CD 所成的角与它们的距离.

4. 试证正方体 $ABCD-A_1B_1C_1D_1$ 中,BD_1 与 AC 互相垂直,并求它们的距离.

5. 在正四面体 $ABCD$ 中,$AC=1$,M 为 AC 中点,N 为 $\triangle BCD$ 的中心,$DE\perp AB$,垂足为 E,求 MN 与 DE 所成的角与它们的距离.

6. 在正方体 $ABCD-A_1B_1C_1D_1$ 中,M,N 分别为 B_1B,B_1C_1 的中点,P 为 MN 的中点. 若棱长 $AB=1$,求 DP 与 AC_1 的距离.

7. 在上题中,设 E 为 A_1D_1 的中点,K 在 CC_1 上,并且 $CK:KC_1=1:2$. 求平面 DEK 与 $A_1B_1C_1D_1$ 的交角.

8. 过 A 作三条不共面的射线. 在第一条上取点 B_1,B_2,在第二条上取点 C_1,C_2,在第三条上取点 D_1,D_2,证明:

$$\frac{V_{AB_1C_1D_1}}{V_{AB_2C_2D_2}}=\frac{|AB_1|\cdot|AC_1|\cdot|AD_1|}{|AB_2|\cdot|AC_2|\cdot|AD_2|}.$$

9. 证明:四面体的体积 $V=\frac{1}{6}abd\sin\varphi$,其中 a,b 是两条相对的棱,d 是它们的距离,φ 是它们的夹角.

10. 过正方体 $ABCD-A_1B_1C_1D_1$ 的棱 AA_1 作平面与 BC_1,B_1D 成等角. 求这个角的大小.

11. 对四面体的每一个面作一个向量,与这个面垂直,方向向外,长度等于这个面的面积. 证明:四个向量的和为零向量(这些向量称为面积向量).

12. $\overrightarrow{OA}$,$\overrightarrow{OB}$,$\overrightarrow{OC}$是三个互相垂直的单位向量,π 是过点 O 的一个平面,A',B',C'分别为 A,B,C 在 π 上的射影. 对任意平面 π,求数 $OA'^2+OB'^2+OC'^2$ 所成的集合.

13. 证明:四面体的二面角的余弦的和为正,并且不超过 2. 当且仅当四面体为等面四面体(四个面的面积相等)时,这和为 2.

14. 设 $\boldsymbol{a}$,$\boldsymbol{b}$,$\boldsymbol{c}$ 为任意向量,证明:

$$|\boldsymbol{a}|+|\boldsymbol{b}|+|\boldsymbol{c}|+|\boldsymbol{a}+\boldsymbol{b}+\boldsymbol{c}|\geqslant|\boldsymbol{a}+\boldsymbol{b}|+|\boldsymbol{b}+\boldsymbol{c}|+|\boldsymbol{c}+\boldsymbol{a}|.$$

第39讲 立体几何

立体几何中的计算题(特别是求立体的体积或与立体有关的面积),在竞赛中也常常出现.这类问题往往归结为平面几何.因此,既要善于将立体几何的问题转化为平面几何,又要善于处理相关的平面几何问题.

例1 已知正三棱锥 $S\text{-}ABC$ 中,相邻侧面所成的二面角为 2α,底面中心 O 到侧棱的距离为 1.求 $V_{S\text{-}ABC}$.

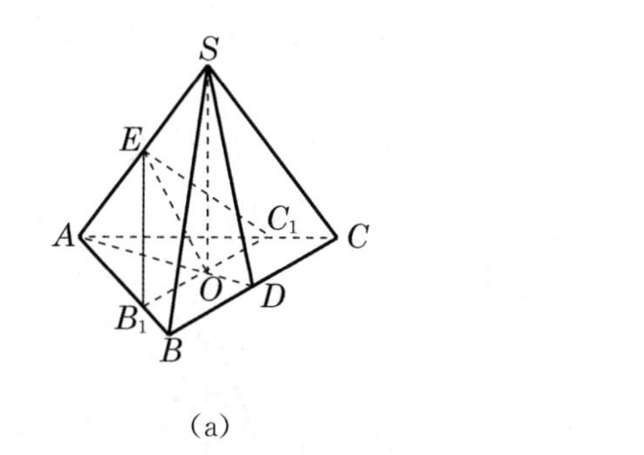

(a)

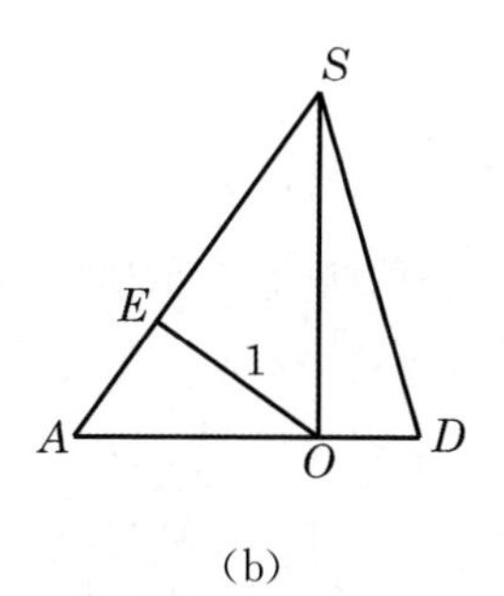

(b)

图 39-1

解 SO 是平面 ABC 的垂线.设平面 SOA 与 BC 相交于 D.在平面 SAD 内,作 $OE\perp SA$,E 为垂足,则 $OE=1$.

过 OE 作 SA 的垂面分别交 AB,AC 于 B_1,C_1,则 B_1E,C_1E 均与 SA 垂直,$\angle B_1EC_1$ 是二面角 $B\text{-}SA\text{-}C$ 的平面角.由对称性(或用全等三角形)易知

$$\angle B_1EO=\angle OEC_1=\alpha,$$
$$EB_1=EC_1, AB_1=AC_1.$$

所以 $B_1C_1 /\!/ BC$.平面 EB_1C_1 与 ABC 的交线 B_1C_1 过 O,所以 $B_1C_1=\dfrac{2}{3}BC$.

由等腰三角形 EB_1C_1 易知 $B_1C_1=2\tan\alpha$.从而正三角形 ABC 的边长、高、面积分别为

$$BC=3\tan\alpha,$$

$$AD=\frac{3\sqrt{3}}{2}\tan\alpha,$$

$$\triangle=\frac{\sqrt{3}}{4}\cdot(3\tan\alpha)^2.$$

在$\triangle SAD$中(图 39-1(b)),易知

$$SO=\frac{\sqrt{3}\tan\alpha}{\sqrt{(\sqrt{3}\tan\alpha)^2-1^2}}=\frac{\sqrt{3}\tan\alpha}{\sqrt{3\tan^2\alpha-1}}.$$

从而
$$V_{S\text{-}ABC}=\frac{1}{3}\cdot SO\cdot\triangle=\frac{9\tan^3\alpha}{4\sqrt{3\tan^2\alpha-1}}.$$

在本例中起作用的是三个平面(三角形):底面ABC,含有棱锥的高SO与$\triangle ABC$的高AD的面SAD,棱SA的过O的垂面(含有二面角$B\text{-}SA\text{-}D$的平面角).

例 2 已知三棱锥$S\text{-}ABC$的顶点S在底面的投影H是$\triangle ABC$的垂心. $BC=2$,$SB=SC$,侧面SBC与底面所成二面角的度数为$60°$. 求棱锥的体积.

解 设AH交BC于D,则$AD\perp BC$,平面$SAD\perp BC$,$\angle ADS$是侧面SBA与底面所成二面角的平面角,$\angle ADS=60°$,$SH=\sqrt{3}DH$.

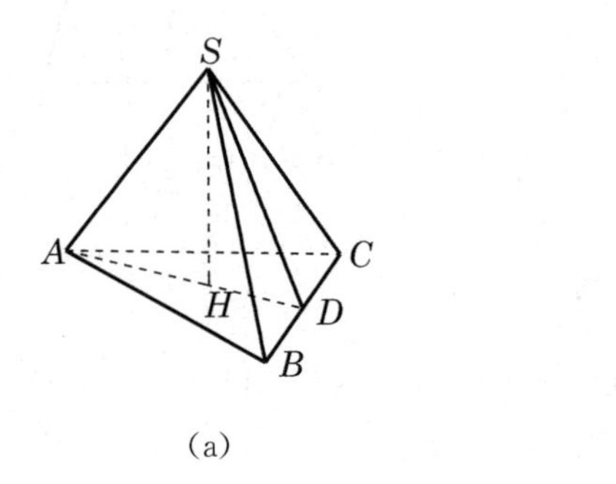

(a)

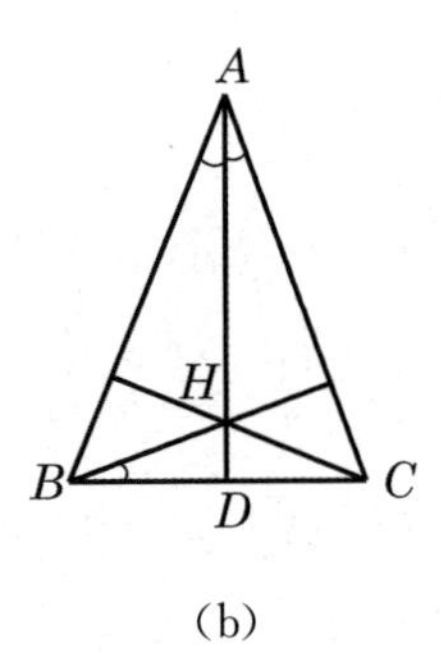

(b)

图 39-2

需要求出$SH\cdot AD\left(V_{S\text{-}ABC}=\frac{1}{6}\cdot SH\cdot AD\cdot BC\right)$,即$\sqrt{3}DH\cdot AD$. 问题已化为平面几何,只需注意$\triangle ABC$,这是一个等腰三角形($AB=AC$).

熟知$\angle BAD=\angle DAC=\angle DBH$,所以$DB^2=DH\cdot AD$,从而

$$V_{S\text{-}ABC}=\frac{1}{6}\cdot\sqrt{3}\cdot DB^2\cdot BC=\frac{\sqrt{3}}{3}.$$

注 例 2 中SH与AD都是不确定的,无法一一求出. 但它们的积却是定值,可以求出. 我们需要的也就是这个值.

例 3 设正三棱锥$P\text{-}ABC$的高PO的中点为M. 过AM作与BC平行的平面将三棱锥截为两部分. 求这两部分的体积之比.

解 设平面PAO交BC于D,过AM且与BC平行的平面分别交PB,

PC, PD 于 B_1, C_1, D_1.

四面体 APB_1C_1 与 $APBC$ 从 A 点引出的高相同,因此体积之比即面积之比 $S_{\triangle PB_1C_1} : S_{\triangle PBC}$.

由于 $B_1C_1 /\!/ BC$,所以 $\frac{S_{\triangle PB_1C_1}}{S_{\triangle PBC}}=\left(\frac{PD_1}{PD}\right)^2$.

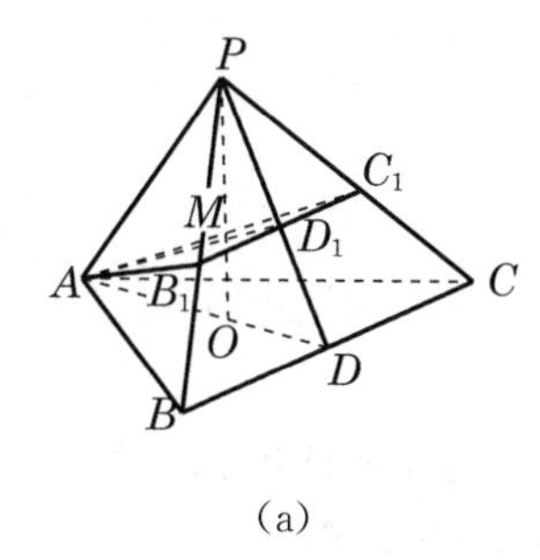

(a)

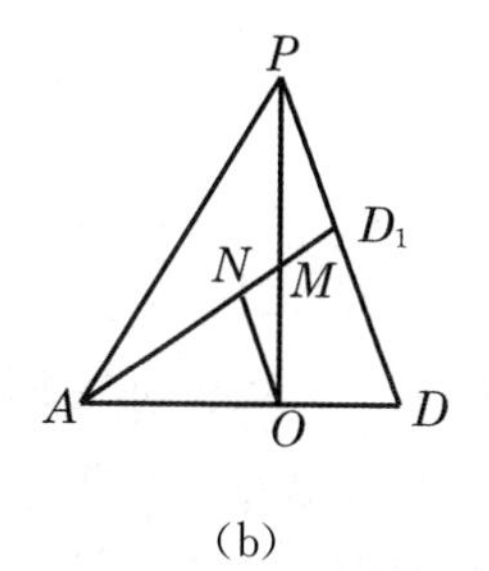

(b)

图 39 - 3

在$\triangle APD$ 中(图 39 - 3(b)),过 O 作 DD_1 的平行线交 AD_1 于 N,则

$$\frac{ON}{PD_1}=\frac{OM}{MP}=1,\ \frac{ON}{DD_1}=\frac{AO}{AD}=\frac{2}{3},$$

所以

$$\frac{PD_1}{DD_1}=\frac{2}{3},\ \frac{PD_1}{PD}=\frac{2}{5}.$$

从而

$$\frac{V_{APB_1C_1}}{V_{APBC}}=\left(\frac{2}{5}\right)^2=\frac{4}{25}.$$

所以正三棱锥 $P\text{-}ABC$ 被面 AB_1C_1 分成的两部分的体积之比为 4∶25.

注 本题的关键之一是以$\triangle PB_1C_1$ 作为四面体 APB_1C_1 的底面,因为这时四面体 APB_1C_1 与 $APBC$ 有相同的(自 A 引出的)高(并且两者的底面在同一平面 PBC 上). 用其他面作底面则比较麻烦. 另一个关键是算出比$\frac{PD_1}{PD}$,这是平面几何的问题.

例 4 设斜三棱柱 $ABC\text{-}A'B'C'$的底面 ABC 中,$\angle C=90^\circ$,$BC=2$. 又设 B'在底面 ABC 上的射影 B''恰好是 BC 的中点,侧棱与底面所成的角为 60°,侧面 $A'ABB'$ 与 $B'BCC'$ 所成的角为 30°. 求这三棱柱的体积 V 与侧面积 Q.

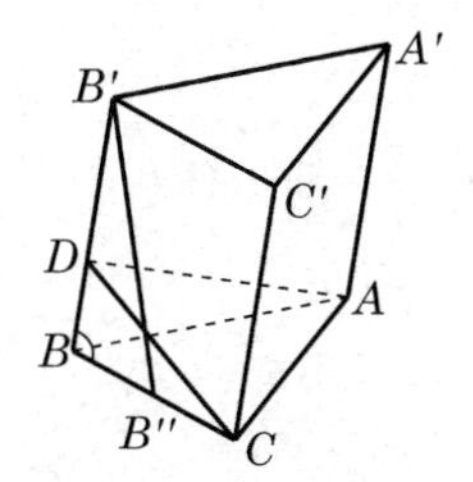

图 39 - 4

解 $\angle B'BB''$就是侧棱与底面所成的角,所以$\angle B'BB''=60^\circ$,$BB'=2BB''=BC=2$,$B'B''=\sqrt{3}$.

因为$\angle ACB=90^\circ$，$B'B''\perp AC$，所以$AC\perp$平面$B'BC$，$AC\perp BB'$. 过AC作BB'的垂面交BB'于D，则$\angle CDA$就是侧面$A'ABB'$与$B'BCC'$所成的角，从而$\angle CDA=30^\circ$. 又$AC\perp CD$，$CD\perp BB'$，所以

$$AC=\frac{CD}{\sqrt{3}}=\frac{\sqrt{3}}{\sqrt{3}}=1,$$

$$V=B'B''\cdot S_{\triangle ABC}=\sqrt{3}\times\frac{1}{2}\times2\times1=\sqrt{3},$$

$$AD=2AC=2,$$

$$Q=BB'\cdot\triangle ACD\text{ 的周长}=2\times(2+1+\sqrt{3})=2(3+\sqrt{3}).$$

注　（ⅰ）V也可用$BB'\cdot S_{\triangle ACD}$求出.

（ⅱ）凡已知中有线面所成的角或二面角（面与面所成的角），均应把这些角（或相应的平面角）找出，这是解题的第一步，非跨出不可.

三棱锥就是四面体. 四面体与平行六面体是最常见的立体. 四面体相当于平面几何中的三角形，而平行六面体则相当于平行四边形.

例 5　异面直线l_1，l_2，l_3两两垂直，相距为a. 平行六面体$ABCD$-$A_1B_1C_1D_1$的顶点A，C在l_1上，B，C_1在l_2上，D，B_1在l_3上. 求这平行六面体的体积.

解　我们采用向量求解，以l_1为x轴，l_1与l_2的公垂线为z轴建立坐标系，则A，C，B，C_1，D，B_1的坐标分别为

$(x_1,0,0)$，$(x_2,0,0)$，$(0,y_1,a)$，$(0,y_2,a)$，(a,a,z_1)，(a,a,z_2).

因为$\overrightarrow{AD}$，$\overrightarrow{BC}$，$\overrightarrow{B_1C_1}$是同一向量，所以

$$a-x_1=x_2=-a,\ a=-y_1=y_2-a,\ z_1=-a=a-z_2,$$

即A，C，B，C_1，D，B_1的坐标分别为

$$(2a,0,0),(-a,0,0),(0,-a,a),$$
$$(0,2a,a),(a,a,-a),(a,a,2a).$$
$$\overrightarrow{BB_1}=(a,2a,a),\ \overrightarrow{BA}=(2a,a,-a),$$
$$\overrightarrow{BC}=(-a,a,-a).$$

所以体积
$$V_{ABCD\text{-}A_1B_1C_1D_1}=\overrightarrow{BB_1}\cdot(\overrightarrow{BA}\times\overrightarrow{BC})$$
$$=\begin{vmatrix}a & 2a & a\\ 2a & a & -a\\ -a & a & -a\end{vmatrix}=9a^3.$$

例 6　四面体$ABCD$中，E，F分别为AB，CD的中点，过E，F任作一平面

M. 证明平面 M 将四面体分为两个体积相等的部分.

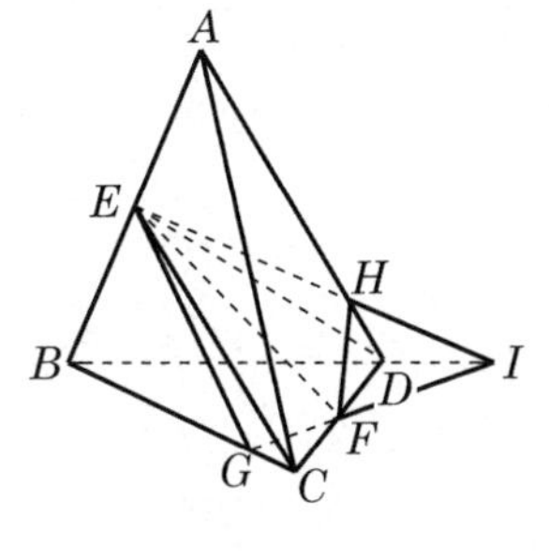

图 39-5

解 设平面 M 交 AD 于 H,交 BC 于 G,则 EH 是平面 M 与面 ABD 的交线,GF 是平面 M 与面 BCD 的交线.

因为 $V_{A\text{-}DEC}=V_{B\text{-}DEC}=\frac{1}{2}V_{ABCD}$,所以只需证明

$$V_{EGFC}=V_{DHEF}. \tag{1}$$

由于锥 $E\text{-}GFC$ 的高是锥 $A\text{-}BCD$ 的高的 $\frac{1}{2}$,底 GFC 是底 BCD 的 $\frac{1}{2}\cdot\frac{CG}{CB}$,因此

$$V_{EGFC}=\frac{1}{4}\cdot\frac{CG}{CB}V_{ABCD}.$$

同样

$$V_{DHEF}=\frac{1}{4}\cdot\frac{DH}{DA}V_{ABCD}.$$

如果 $EH/\!/GF$,那么它们均与 BD 平行,从而 H 为 AD 的中点,G 为 BC 的中点,$\frac{CG}{GB}=\frac{DH}{DA}$,(1)式成立.

如果 EH 与 GF 不平行,那么 EH 与 GF 相交于一点 I,I 也是平面 ABD 与 BCD 的公共点,因而在它们的交线 BD 上.

由梅内劳斯定理,

$$1=\frac{DH}{HA}\cdot\frac{IB}{ID}\cdot\frac{EA}{BE}=\frac{DH}{HA}\cdot\frac{IB}{ID},$$

$$1=\frac{CG}{GB}\cdot\frac{IB}{ID}\cdot\frac{FD}{CF}=\frac{CG}{GB}\cdot\frac{IB}{ID},$$

所以 $\frac{DH}{HA}=\frac{CG}{GB}$,即 $\frac{DH}{DA}=\frac{CG}{CB}$. (1)式成立.

当 G,H 分别为 BC,AD 的中点时,四边形 $EGFH$ 为平行四边形. 熟知它平分四面体 $ABCD$ 的体积. 例 6 是这个结论的推广.

过四面体的每条棱各作一个平面,平行于这条棱所对的面,所作的面构成一个平行六面体,称为这个四面体的伴随六面体(如图 39-6). 两者之间关系密切,很多关于四面体的问题可以通过伴随六面体来解决.

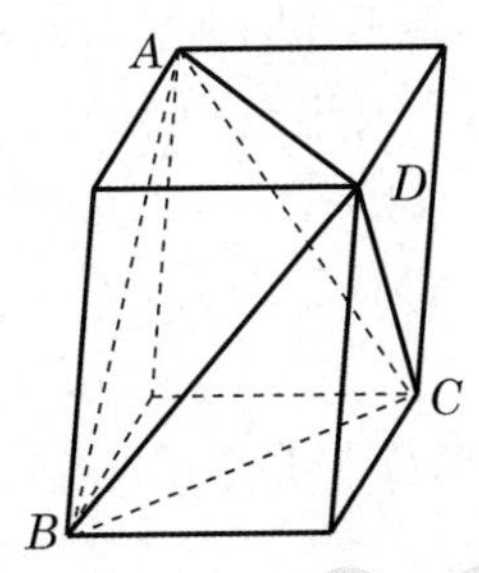

图 39-6

例 7 证明正四面体各棱在任一平面上的射影的平方和为定值.

解 设正四面体的棱长为 a,则它的伴随六面体(参

见图 39 - 6)是正方体,棱长为 $b=\frac{\sqrt{2}}{2}a$.

设正方体自顶点 A 引出的三条棱与平面 M 的垂线所成的角分别为 α,β,γ. 熟知

$$\cos^2\alpha+\cos^2\beta+\cos^2\gamma=1 \tag{2}$$

(作 AE 与平面 M 垂直并且长度为 1,以 AE 为对角线作一长方体,长、宽、高分别与正方体的三条棱平行,则它们分别等于 $\cos\alpha,\cos\beta,\cos\gamma$,所以(2)成立). 因此正方体 12 条棱在平面 M 上的射影的平方和为定值

$$\begin{aligned}&4b^2(\sin^2\alpha+\sin^2\beta+\sin^2\gamma)\\=&4b^2(3-\cos^2\alpha-\cos^2\beta-\cos^2\gamma)=8b^2=4a^2.\end{aligned}$$

正方体每个面的射影为平行四边形,所以这个面的两条对角线的射影的平方和等于四条边的射影的平方和.

由于正四面体的棱是伴随六面体各面的对角线,因此正四面体各棱在任一平面 M 上的射影的平方和恰好等于正方体 12 条棱的射影的平方和,即 $4a^2$.

例 8 如果四面体的四条高交于一点,那么这个四面体称为垂心四面体,这一点称为四面体的垂心. 证明下列条件都是四面体为垂心四面体的充分必要条件:

(ⅰ) 对棱互相垂直.

(ⅱ) 一条高通过底面的垂心.

(ⅲ) 对棱的平方和相等.

(ⅳ) 连接对棱中点的线段相等.

解 若四面体 $ABCD$ 为垂心四面体,垂心为 H,则 AH,BH 均与 CD 垂直,从而 $AB\perp CD$. 因此(ⅰ)成立.

反之,若(ⅰ)成立,则棱 $AB\perp CD$. 过 AB 作 CD 的垂面交 CD 于 E,设 H 为 $\triangle ABE$ 的垂心,则 $AH\perp BE$,$AH\perp CD$,所以 AH 是面 BCD 的垂线. 同样 BH 是面 ACD 的垂线. 四面体 $ABCD$ 的每两条高(例如 AH,BH)相交,每三条不在同一平面内,所以四条高必交于同一点.

于是(ⅰ)是四面体为垂心四面体的充分必要条件.

若(ⅰ)成立,设顶点 A 在面 BCD 上的射影为 F.因为 $AB\perp CD$,所以 AB 的射影 $BF\perp CD$. 同样 $CF\perp BD$. 即 F 是$\triangle BCD$ 的垂心,(ⅱ)成立.

若(ⅱ)成立,则顶点 A 在面 BCD 上的射影 F 为$\triangle BCD$ 的垂心. 设 BF 交 CD 于 E,则

$$AC^2-AD^2=CF^2-DF^2=CE^2-DE^2=BC^2-BD^2,$$

即 $AC^2+BD^2=AD^2+BC^2$. 因而(ⅲ)成立.

若(ⅲ)成立,设 E,F 分别为 AB,CD 的中点,则

$$\begin{aligned}4EF^2&=2(AF^2+BF^2)-AB^2\\&=AC^2+AD^2-\frac{1}{2}CD^2+BC^2+BD^2-\frac{1}{2}CD^2-AB^2\\&=AC^2+BD^2=BC^2+AD^2=AB^2+CD^2,\end{aligned}$$

因而(ⅳ)成立.

若(ⅳ)成立,考虑四面体的伴随六面体. 六面体的棱恰好等于连接四面体对棱中点的线段,因此六面体的棱均相等,各面为菱形,对角线互相垂直. 这也就是(ⅰ).

我们已经证明

$$(\text{i})\Rightarrow(\text{ii})\Rightarrow(\text{iii})\Rightarrow(\text{iv})\Rightarrow(\text{i}),$$

所以(ⅱ),(ⅲ),(ⅳ)也都是四面体为垂心四面体的充分必要条件.

立体几何中的球,相当于平面几何中的圆. 关于球的问题很多. 但我们不拟作这一方面的探讨. 只介绍一个利用欧拉公式的例题.

设多面体的顶点数为 v,棱数为 e,面数为 f,则

$$v+f-e=2. \tag{3}$$

(3) 称为欧拉公式.

例 9 已知点 O 及 $n(n\geqslant 4)$ 个具有如下性质的点:对于其中任意三个,必有(这 n 个点中的)第四个点,使得 O 在以这四个点为顶点的多面体的内部(不在面或棱上). 证明 $n=4$.

解 首先以 O 为球心,作一个足够大的球,使 n 个已知点都在球内.

作射影 OA_i,$A_i(i=1,2,\cdots,n)$为已知点. 设 OA_i 交球面于 $B_i(i=1,2,\cdots,n)$. 显然 B_i 仍具有已知中所说的性质.

用大圆弧连接这些 B_i,将球面分为若干个球面三角形.

设三角形的个数为 f,大圆弧的条数为 e,则 $3f=2e$,结合欧拉公式

$$n-e+f=2,$$

消去 e 得

$$f=2(n-2).$$

每一个 $\triangle B_iB_jB_k$,有一点 B_s,使得 O 在四面体 $B_sB_iB_jB_k$ 内部. 在 $\triangle B_{i'}B_{j'}B_{k'}$ 不同于 $\triangle B_iB_jB_k$ 时,对应的 $B_{s'}$ 不同于 B_s,否则 B_s 的对径点既在 $\triangle B_iB_jB_k$ 内部又在 $\triangle B_{i'}B_{j'}B_{k'}$ 内部,这是不可能的.

因此,三角形的个数 $2(n-2)$ 不大于点数 n,从而 $n=4$.

例 9 中的球面射影(将点 A_i 变为 B_i),三角剖分(将曲面分为三角形区域),

欧拉公式都是拓扑中常用的手法. 经过球面射影与三角剖分后,三角形与第四个点的对应成为单射(三个点与第四个点的对应未必是单射),因而产生所需要的估计式 $2(n-2)\leqslant n$,导出 $n\leqslant 4$.

习 题 39

1. 斜三棱柱 $ABC\text{-}A'B'C'$ 的底面为正三角形,$\angle A'AB=\angle A'AC=60°$,$AB=4$,$A'A=6$. 求此三棱柱的侧面积.
2. 设正三棱锥 $P\text{-}ABC$ 的底面边长为 a,过 A 平行于 BC 的截面与侧面 PBC 垂直,与底面的交角为 $30°$. 求截面面积.
3. 设三棱锥的三个侧面与底面的夹角都是 $60°$,底面边长为 7,8,9. 求棱锥的侧面积.
4. 将立方体切成四面体,至少切成几个?
5. 一个直圆锥与一个直圆柱同底同高,全面积分别为 a,a'. 求圆锥的高与母线的比值.
6. 正方体 $ABCD\text{-}A_1B_1C_1D_1$ 的棱 C_1D_1 与正四面体 $PQRS$ 的棱 RS 在同一直线上,并且它们所对的棱 AB 与 PQ 有相同的中点 K. 已知正方体的棱长为 a,求这两个立体的公共部分的体积.
7. 正四棱锥 $S\text{-}ABCD$ 有一截面为正五边形. 已知正五边形的边长为 a,求棱锥的体积.
8. 证明:四面体的体积 $V=\dfrac{1}{6}abc\sin\alpha\sin\beta\sin C$,其中 a,b,c 为自同一顶点 S 发出的三条棱,α,β 为点 S 处的两个面角,C 为 α,β 所在的面之间的二面角.
9. 证明:四面体的体积 $V=\dfrac{2}{3c}S_1S_2\sin C$,其中 S_1,S_2 为以 c 为公共棱的两个面的面积,C 为这两个面的夹角.
10. 立方体 $ABCD\text{-}A_1B_1C_1D_1$ 的棱长为 a,N 在 AB_1 上. 在底面 $ABCD$ 内,以正方形 $ABCD$ 的中心 O 为圆心,作半径为 $\dfrac{5}{12}a$ 的圆,点 M 在这圆上变动. 求 MN 的最小值.
11. 证明:在任一四面体中有一顶点,以这点为顶点的三个面角都是锐角.
12. 证明:四面体的二面角的和在 2π 与 3π 之间,并且除去任一对对棱处的二面角后,剩下的和小于 2π.
13. 证明:若四面体有一个顶点处的四角都是直角,则它的对面的面积的平方等于其他三个面面积的平方和.

14. 各面为全等三角形(也就是等边皆相等)的四面体称为等面四面体. 证明以下条件是四面体 $ABCD$ 为等面四面体的充分必要条件:

(a) 每个顶点处的三个面角之和都是 $180°$.

(b) 某两个顶点处的面角和都为 $180°$,并且某两条对棱相等.

(c) 某个顶点处的面角和为 $180°$,并且某两条相交的棱各与自己的对棱相等.

(d) $\angle ABC = \angle ADC = \angle BAD = \angle BCD$.

(e) 各面的面积相等.

(f) 连接对棱中点的线段两两垂直.

15. 证明:任一凸多面体必有一个面的边数少于 6.

16. 证明:任一凸多面体必有一面为三角形或必有一顶点引出三条棱.

17. 证明:凸多面体的棱数不等于 7;对任意的 $n \geqslant 8$,均有凸多面体棱数为 n.

18. 证明:任一凸多面体有两个面的边数相等.

第40讲 几何不等式

经典的平面几何中，对相等的量给予了较多的注意，不等的问题只有一些零散的结果. 近代，人们发现不等式有着远为丰富的内容，特别是组合几何中产生了大量的问题需要估计，因此几何不等式的研究兴旺起来，其中有不少内容渗透到数学竞赛之中.

关于三角形的几何不等式特别多.

例1 已知 I 是 $\triangle ABC$ 的内心，AI，BI，CI 分别交 BC，CA，AB 于 A'，B'，C'. 求证：

$$\frac{1}{4}<\frac{AI\cdot BI\cdot CI}{AA'\cdot BB'\cdot CC'}\leqslant\frac{8}{27}. \tag{1}$$

解 记 $BC=a$，$CA=b$，$AB=c$. 由角平分性质 $\frac{BA'}{A'C}=\frac{c}{b}$，所以

$$BA'=\frac{ca}{b+c},\frac{AI}{IA'}=\frac{AB}{BA'}=\frac{b+c}{a},\frac{AI}{AA'}=\frac{b+c}{a+b+c}.$$

同样

$$\frac{BI}{BB'}=\frac{a+c}{a+b+c},\frac{CI}{CC'}=\frac{a+b}{a+b+c}.$$

由算术-几何平均不等式有

$$\frac{AI\cdot BI\cdot CI}{AA'\cdot BB'\cdot CC'}\leqslant\left[\frac{1}{3}\left(\frac{AI}{AA'}+\frac{BI}{BB'}+\frac{CI}{CC'}\right)\right]^3$$

$$=\left[\frac{1}{3}\left(\frac{b+c}{a+b+c}+\frac{a+c}{a+b+c}+\frac{a+b}{a+b+c}\right)\right]^3=\frac{8}{27}.$$

另一方面

$$\frac{(b+c)(c+a)(a+b)}{(a+b+c)^3}>\frac{1}{4}, \tag{2}$$

即

$$\sum a^3-\sum a^2(b+c)+2abc<0, \tag{3}$$

这是第17讲例6又解中的不等式.

注 (ⅰ) 例1中用到一些几何性质(如角平分线的性质)，也用到一些代数工具. 几何与代数结合，正是许多几何不等式的共同特点.

(ⅱ) 三角形两边之和大于第三边，是最基本，也是最有用的几何不等式. 关于边长 a，b，c 的三次不等式常常归结为 $\prod(b+c-a)>0$.

例2 等腰三角形 ABC 中，$AB=AC$. A' 与 A 在直线 BC 的同侧，并且 $A'B+A'C=AB+AC$. AC 与 $A'B$ 相交于 O. 证明：$OA>OA'$.

解法一 由于在三角形中，大角(边)对大边(角)，因此只需证明

$$\psi>\varphi. \tag{4}$$

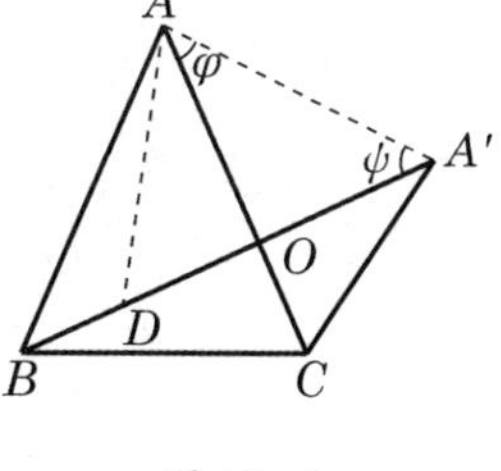

图 40 - 1

因为$\angle A'CB>\angle ACB=\angle ABC>\angle A'BC$，所以$A'B>A'C$. 因为 $A'B+A'C=AB+AC=2AC$，所以$A'B>AC$.

在 $A'B$ 上取 D，使 $A'D=AC$，则 $A'C=AB+AC-A'B=AB-BD$.

连接 AD. 在$\triangle ABD$ 中，$AD>AB-BD$.

在$\triangle AA'D$ 与$\triangle A'AC$ 中，

$$A'D=AC, AA'=A'A, AD>A'C,$$

所以(4)成立.

解法二　设 $AB=AC=b$，$A'B=m$，$A'C=n$，$AA'=d$. 则在$\triangle ACA'$与$\triangle ABA'$中，用余弦定理可得

$$\begin{aligned}\cos\varphi-\cos\psi&=\frac{b^2+d^2-n^2}{2bd}-\frac{m^2+d^2-b^2}{2md}\\&=\frac{d^2(m-b)+b(b^2-m^2)+m(b^2-n^2)}{2mbd}\\&=\frac{(m-b)(d^2-bm-b^2+mb+mn)}{2mbd}\text{（因为 }b-n=m-b\text{）}\\&=\frac{(m-b)(d^2-b^2+m(2b-m))}{2mbd}\\&=\frac{(m-b)(d+m-b)(d+b-m)}{2mbd}>0\end{aligned}$$

(最后一步是由于$\triangle ABA'$的两边之和大于第三边). 所以(4)成立.

解法一是纯粹几何的；解法二是代数的，几乎完全依靠计算. 两种解法互有短长.

例 3　$\triangle ABC$ 中，$BC\geqslant CA\geqslant AB$，$AD$ 为 BC 边上的中线. 证明：

(a) $\angle BAD\geqslant\angle DAC$.

(b) $\angle DAC>\frac{1}{2}\angle C$.

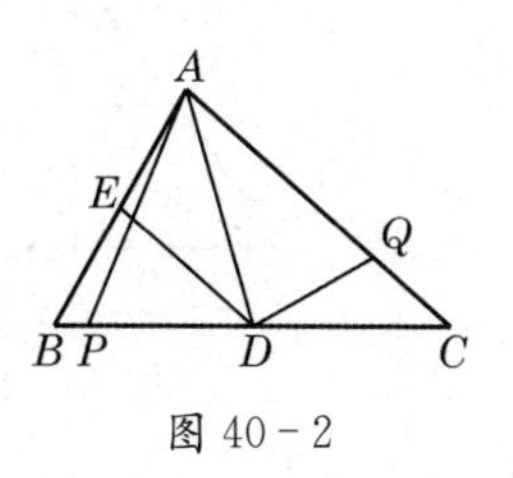

图 40 - 2

解　取 AB 中点 E，连接 DE，则 $DE/\!/AC$，

$$DE=\frac{1}{2}CA\geqslant\frac{1}{2}AB=AE,$$

$$\angle BAD\geqslant\angle EDA=\angle DAC.$$

(如果延长 AD 至 D'，使 $AD'=2AD$，然后考察$\triangle AD'C$ 或$\triangle AD'B$，也可收到

同样的效果)

现在证明(b),即 $2\angle DAC>\angle C$. 为此作 $\angle DAP=\angle DAC$,AP 交线段 BD 于 P. 因为 $\angle APC>\angle B>\angle C$,所以 $AC>AP$. 在 AC 上取 Q,使 $AQ=AP$. $\triangle ADP\cong\triangle ADQ$,所以 $DP=DQ$.

$$CQ>CD-DQ=CD-DP=BD-DP=BP,$$

所以
$$AP=AQ=AC-CQ<BC-BP=CP,$$
$$\angle PAC>\angle C.$$

即
$$\angle DAC>\frac{1}{2}\angle C.$$

例 4 $\triangle ABC$ 中,$AB>AC$,点 M 在 BC 边上. 证明:
$$(AM-AC)\cdot BC\leqslant(AB-AC)\cdot MC.$$

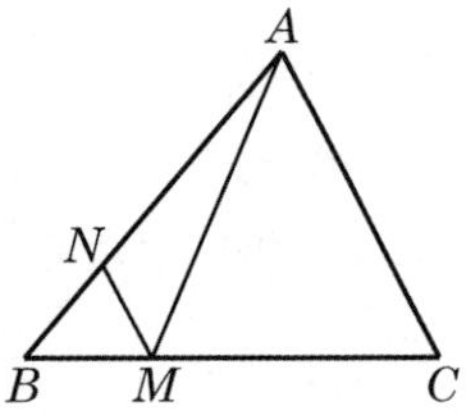

图 40－3

解 过 M 作 CA 的平行线交 AB 于 N. 易知原不等式即

$$AM\leqslant AB\cdot\frac{MC}{BC}+AC\cdot\frac{BM}{BC}.\tag{5}$$

(5)的右边 $=AB\cdot\dfrac{AN}{AB}+MN=AN+MN>AM$.

因此原不等式成立.

当且仅当 M 与 B 重合时,等号成立.

下面的例 5 是著名的厄迪斯-莫德尔(L. J. Mordell,1888—1972)不等式.

例 5 设 P 为$\triangle ABC$ 内的一点. P 到顶点 A,B,C 的距离分别为 x,y,z,到边 BC,CA,AB 的距离分别为 u,v,w. 证明:

$$x+y+z\geqslant 2(u+v+w).\tag{6}$$

解 第一次遇到这个不等式,恐怕不容易独立证明它. 现在已有多种证法,这里的证法主要利用面积.

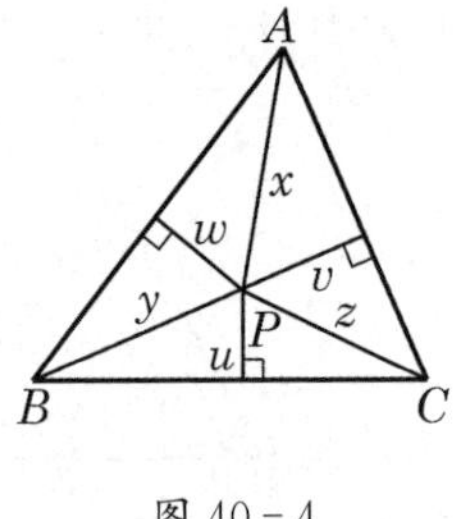

图 40－4

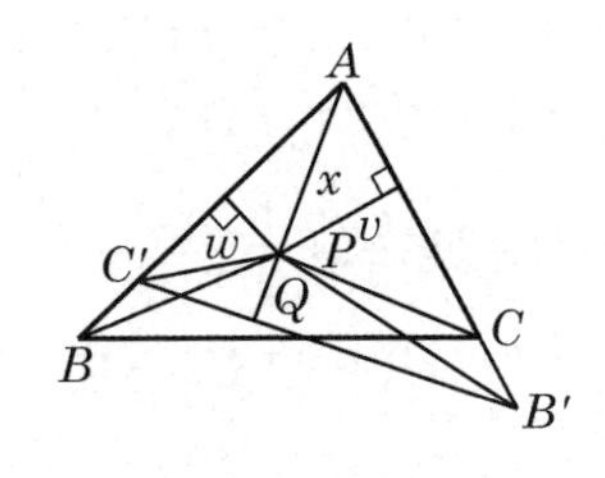

图 40－5

设$\triangle ABC$ 的边长为 a,b,c. 通常利用 $S_{\triangle PAB}=\dfrac{1}{2}wc$ 等式子. 本题的诀窍却

是利用$\frac{1}{2}wb$等. 即在AB,AC上分别取C',B',使$AC'=AC=b$,$AB'=AB=c$. 易知这时$B'C'=BC=a$. 设AP交$B'C'$于Q,则

$$S_{\triangle APC'}+S_{\triangle APB'}\leqslant\frac{1}{2}x\cdot C'Q+\frac{1}{2}x\cdot QB'=\frac{1}{2}xa. \tag{7}$$

于是

$$\frac{1}{2}wb+\frac{1}{2}vc\leqslant\frac{1}{2}xa.$$

即

$$w\cdot\frac{b}{a}+v\cdot\frac{c}{a}\leqslant x. \tag{8}$$

同样有

$$v\cdot\frac{a}{c}+u\cdot\frac{b}{c}\leqslant y, \tag{9}$$

$$u\cdot\frac{c}{b}+w\cdot\frac{a}{b}\leqslant z. \tag{10}$$

(8),(9),(10)相加得

$$\begin{aligned}x+y+z&\geqslant u\left(\frac{b}{c}+\frac{c}{b}\right)+v\left(\frac{c}{a}+\frac{a}{c}\right)+w\left(\frac{a}{b}+\frac{b}{a}\right)\\&\geqslant 2(u+v+w).\end{aligned}$$

厄迪斯-莫德尔不等式有很多应用.

例 6 圆内接六边形$ABCDEF$中,$AB=BC$,$CD=DE$,$EF=FA$. 求证

$$AB+BC+CD+DE+EF+FA\geqslant AD+BE+CF. \tag{11}$$

解 设BE与DF相交于L,则

$$\angle FLB=\frac{1}{2}(\overset{\frown}{FE}+\overset{\frown}{DC}+\overset{\frown}{CB})=90°,$$

即BL是$\triangle BFD$的高.

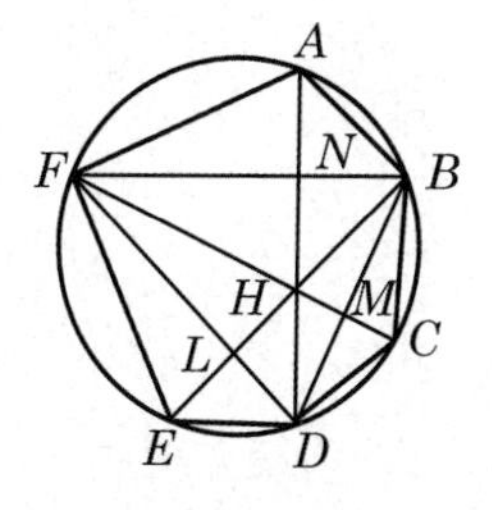

图 40-6

同理,设AD,CF分别交BF,BD于N,M,则DN,FM分别为BF,BD上的高. 因此,BL,DN,FM交于一点,这点就是$\triangle BFD$的垂心H.

因为$\angle HDL=\angle EDL$,$\angle HLD=\angle ELD=90°$,$DL=DL$,所以$\triangle HDL\cong\triangle EDL$,

$$HE=HL+LE=2HL,$$

$$HD=DE.$$

同理

$$HC=2HM, HA=2HN,$$

$$HB=BC, HF=AF.$$

由厄迪斯-莫德尔不等式,得

$$
\begin{aligned}
HB+HF+HD &\geqslant 2(HL+HM+HN)\\
&=HE+HC+HA.
\end{aligned}
$$

所以
$$
\begin{aligned}
2(HB+HF+HD) &\geqslant HE+HC+HA+HB+HF+HD\\
&=AD+BE+CF,
\end{aligned}
$$

即(11)式成立.

例 7 设 P 为$\triangle ABC$ 内一点. 求证$\angle PAB$,$\angle PBC$,$\angle PCA$ 中至少有一个小于或等于 30°.

解法一 设 P 到 BC,CA,AB 的距离分别为 u,v,w. 则

$$PA+PB+PC\geqslant 2(u+v+w).$$

所以三个不等式

$$PA\geqslant 2w,PB\geqslant 2u,PC\geqslant 2v$$

中至少有一个成立,不妨设 $PA\geqslant 2w$,

即
$$\sin\alpha=\frac{w}{PA}\leqslant\frac{1}{2}.$$

于是有
$$\alpha\leqslant 30^\circ\text{或}\alpha\geqslant 150^\circ.$$

在 $\alpha\geqslant 150^\circ$时,$\beta$,$\gamma$ 均小于等于 30°.

图 40-7

解法二 本例也可不用厄迪斯-莫德尔不等式来证.

如果 $\alpha+\beta+\gamma\leqslant 90^\circ$,那么 α,β,γ 中至少有一个$\leqslant 30^\circ$.

如果 $\alpha+\beta+\gamma>90^\circ$,那么 $\alpha'+\beta'+\gamma'\leqslant 90^\circ$. 因为

$$
\begin{aligned}
\sin\alpha\sin\beta\sin\gamma=\frac{w}{PA}\cdot\frac{u}{PB}\cdot\frac{v}{PC}&=\sin\alpha'\sin\beta'\sin\gamma'\\
&\leqslant\left(\frac{\sin\alpha'+\sin\beta'+\sin\gamma'}{3}\right)^3\text{(算术-几何平均不等式)}
\end{aligned}
$$

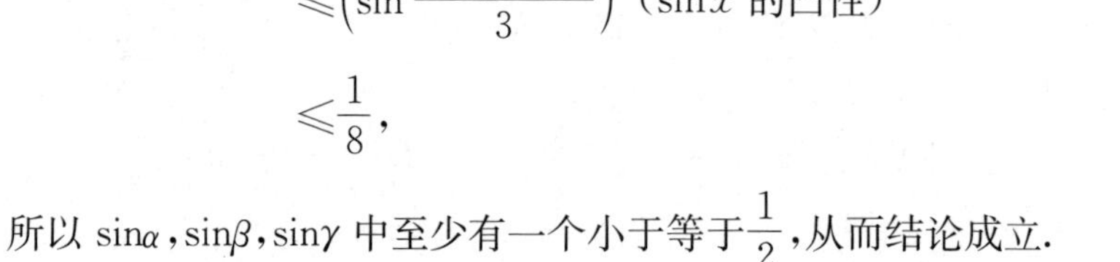

$$
\begin{aligned}
&\leqslant\left(\sin\frac{\alpha'+\beta'+\gamma'}{3}\right)^3\text{(}\sin x\text{ 的凸性)}\\
&\leqslant\frac{1}{8},
\end{aligned}
$$

所以 $\sin\alpha$,$\sin\beta$,$\sin\gamma$ 中至少有一个小于等于$\frac{1}{2}$,从而结论成立.

从解法二可以看出厄迪斯-莫德尔不等式相当于某个函数的凸性.

不等式与极值关系密切.

例 8 已知边长为 4 的正三角形 ABC,D,E,F 分别在 BC,CA,AB 上,并且 $AE=BF=CD=1$. 连接 AD,BE,CF,交成$\triangle RQS$. P 点在$\triangle RQS$ 内部及其边上移动. P 到$\triangle ABC$ 三边的距离为 u,v,w.

（a）求证：当 P 点在$\triangle RQS$ 的顶点位置时，乘积 uvw 有最小值.

（b）求 uvw 的最小值.

解 对于变数较多的问题，我们常常将某几个变数先固定不动，考察函数值（在其他变数变化时）的变化情况. 例如，我们先固定 u，也就是让 P 在与 BC 平行的直线上变动，看看 uvw 的变化情况.

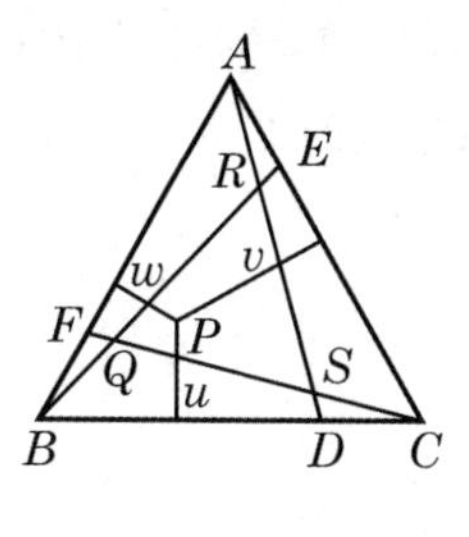

图 40－8

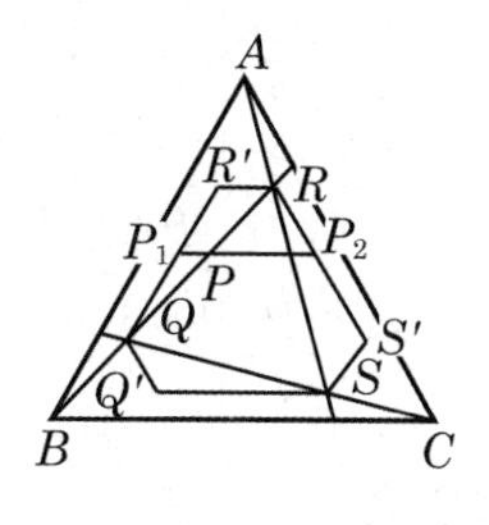

图 40－9

极值通常在边界或内部的特殊点达到. 因此我们首先证明当 P 沿着与 BC 平行的直线移动时，到达边界，即沿着$\triangle RQS$ 的边时，uvw 最小. 然后证明当 P 沿着边移动时，在边的边界即顶点处，取得最小值.

但$\triangle RQS$ 的边不与$\triangle ABC$ 的边平行，因此上述计划的第二步难以实现. 为了克服这一困难，我们过 R，Q，S 作直线与$\triangle ABC$ 的边平行，交成六边形 $RR'QQ'SS'$（图 40－9）. uvw 如果在六边形的顶点 R，Q，S 处取得最小值，那么在较小的$\triangle RQS$ 上，R，Q，S 处的值也必然小.

对任一点 P，过 P 作 BC 的平行线交六边形的边于 P_1，P_2. 由于 $u\cdot BC+v\cdot AC+w\cdot AB=2\cdot S_{\triangle ABC}=8\sqrt{3}$，$u+v+w=2\sqrt{3}$，因此在 u 固定时（即 P 在线段 P_1P_2 上移动），uvw 在 v 与 w 的差最大时，也就是 P 移动到端点 P_1 或 P_2 时，取得最小值. 不妨设在 P_1 处取最小值. 同样，当 P_1 在 $R'Q$ 上移动时，uvw 在 Q 或 R' 处取最小值，也就是 uvw 在 Q 或 R 处取最小值.

容易知道，在 R 处（同样在 Q，S 处），

$$uvw=\frac{9}{13}\times\frac{3}{13}\times\frac{1}{13}\times\left(\frac{\sqrt{3}}{2}\right)^3=\frac{81\sqrt{3}}{17\,576}.$$

向量或复数在几何不等式中也有不少应用.

例 9 P 为$\triangle ABC$ 内一点，证明：

$$PA+PB+PC\leqslant\max(a+b,b+c,c+a),\tag{12}$$

其中 a，b，c 为$\triangle ABC$ 的三边.

解 过 P 作直线分别交 AB，AC 于 P_1，P_2. 则由分点公式

$$\overrightarrow{AP}=\lambda_1\overrightarrow{AP_1}+\lambda_2\overrightarrow{AP_2},0\leqslant\lambda_1,\lambda_2\leqslant1,\lambda_1+\lambda_2=1.$$

取模得 $$AP\leqslant\lambda_1 AP_1+\lambda_2 AP_2.$$

同样 $$BP\leqslant\lambda_1 BP_1+\lambda_2 BP_2,$$

$$CP\leqslant\lambda_1 CP_1+\lambda_2 CP_2.$$

三式相加得

$$PA+PB+PC\leqslant\lambda_1(P_1A+P_1B+P_1C)+\lambda_2(P_2A+P_2B+P_2C).$$

不妨设 $P_1A+P_1B+P_1C\leqslant P_2A+P_2B+P_2C$. 这时

$$PA+PB+PC\leqslant P_2A+P_2B+P_2C.$$

同理 $$\begin{aligned}P_2A+P_2B+P_2C&\leqslant\max(AA+AB+AC,CA+CB+CC)\\&=\max(b+c,c+a).\end{aligned}$$

因此(12)成立.

例 9 与例 8 类似,都是先将 P 点移至三角形的边界,再将 P 从边界(三角形的边)移到边界的边界,即三角形的顶点.

当然,例 9 利用重心坐标更为简单.

习题 40

1. 在$\triangle ABC$ 的边 AC,BC 上分别取 M,N,在线段 MN 上取点 L,$\triangle ABC$,$\triangle AML$,$\triangle BNL$ 的面积分别为 S,P,Q. 证明:$\sqrt[3]{S}>\sqrt[3]{P}+\sqrt[3]{Q}$.

2. 设$\triangle ABC$ 的边长为 a,b,c,面积为 S,证明:

$$a^2+b^2+c^2\geqslant4\sqrt{3}S+(a-b)^2+(b-c)^2+(c-a)^2.$$

3. 设$\triangle ABC$ 的外接圆半径为 R,内切圆半径为 r,最大的高为 h_a,最小的高为 h_c. 证明:在三角形不是钝角三角形时,$h_c\leqslant R+r\leqslant h_a$.

4. 点 P,Q,R 分别在$\triangle ABC$ 的边 BC,CA,AB 上,并且将周长三等分(即 $PC+CQ=QA+AR=RB+BP$). 证明:$\triangle PQR$ 的周长不小于$\triangle ABC$ 的周长的一半.

5. $\triangle ABC$ 中,边长为 a、b、c,相应的中线长为 m_a,m_b,m_c. 证明:

(ⅰ) 若 $b\geqslant c$,则 $m_c-m_b\geqslant\dfrac{1}{2}(b-c)$.

(ⅱ) $2(bm_c-cm_b)^2\geqslant(b^2-c^2)^2$.

6. 证明:$\left(\dfrac{1}{a}+\dfrac{1}{b}+\dfrac{1}{c}\right)(m_a+m_b+m_c)>\dfrac{15}{2}$.

7. 证明:锐角三角形的三条中线组成的三角形,它的外接圆半径大于原三角形外接圆半径的$\frac{5}{6}$.

8. 在$\triangle ABC$中，设t_a, t_b, t_c为角平分线的长，角平分线分别交外接圆于P, Q, R，证明：$\frac{t_a}{AP\sin^2 A}+\frac{t_b}{BQ\sin^2 B}+\frac{t_c}{CR\sin^2 C}\geqslant 3$.

9. 设锐角三角形ABC的外心为O，外接圆半径为R，AO交$\triangle OBC$的外接圆于D，BO交$\triangle OCA$的外接圆于E，CO交$\triangle OAB$的外接圆于F. 证明：$OD\cdot OE\cdot OF\geqslant 8R^3$.

10. G为$\triangle ABC$的重心，证明：$\sin\angle CAG+\sin\angle CBG\leqslant\frac{2}{\sqrt{3}}$.

11. 题设同5. 证明：

(ⅰ) $\sum\frac{b^2+c^2}{m_b^2+m_c^2}\geqslant 4$.

(ⅱ) $\sum\frac{m_b m_c}{bc}\geqslant\frac{9}{4}$.

(ⅲ) $\sum\frac{bc}{m_b m_c}\geqslant 4$.

12. 题设同5. 又设旁切圆半径为r_a、r_b、r_c. 证明：

(ⅰ) $\sum\frac{b^2+c^2-a^2}{m_b m_c}\geqslant 4$.

(ⅱ) $\sum\frac{r_b r_c}{m_b m_c}\geqslant 3$.

第41讲 组合几何(一)

几何中一些具有组合性质的问题,被归入组合几何,按厄迪斯的说法,凸性、覆盖、嵌入、计数、几何不等式都属于这一类.

例1 平面上已给 $4n+1$ 个点,每三点不共线.证明可以用其中的 $4n$ 个点组成 $2n$ 对,连接每对点的 $2n$ 条线段至少有 n 个不同的交点.

解 先考虑最简单的情况,即已给5个点($n=1$),要证明有两条连接这些点的线段相交(在内部的点).

熟知凸四边形的对角线(线段)相交.因此,只需证明

在五个一般位置的点(即每三点不共线)中,必有四点组成凸四边形.

已知五点中,每三点组成一个三角形.设其中面积最大的为$\triangle ABC$.过A,B,C分别作对边的平行线,它们围成$\triangle A'B'C'$(如图41-1).

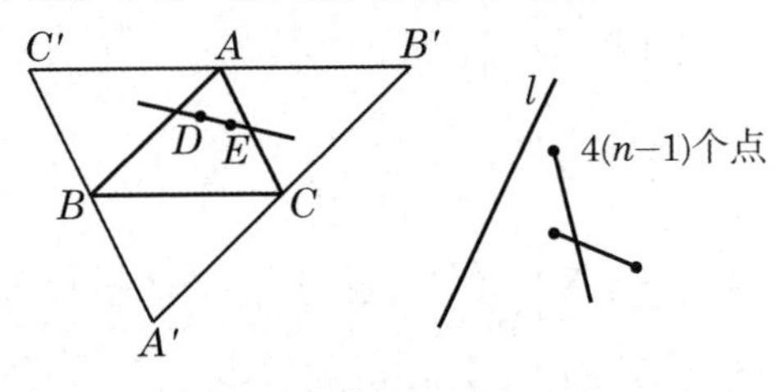

图41-1

由于$\triangle ABC$的面积最大,其他两点D,E必与A'在直线$B'C'$同一侧,进而D,E均在$\triangle A'B'C'$内.

如果有一点D在$\triangle A'BC$中,那么四边形$ABCD$是凸的(每个内角均小于$180°$).因此,可以设D,E均在$\triangle ABC$中.A,B,C中必有两点在直线DE的同一侧,设B,C在DE的同侧,这时四边形$BCED$是凸四边形.

对于一般情况,当然利用归纳法.先取出5个点.由上面所证,其中有两对点,组成的两条线段有交点.去掉这两对点后,$4n+1$个点中还剩下$4(n-1)+1$个点,援引归纳假设,又得到$n-1$个交点.困难在于如何保证这$n-1$个交点与上面的1个交点不同.

只要对开始所取的5个点略加限制就可以克服上述困难.为此,取一条直线l,l与已知点中每两点的连线均不平行.将l平行移动,开始时,已知点在l同一侧,经过移动可以使l的另一侧的点数逐渐增加,由0至5(每次增加1个).设其中B与E、C与D这两对点所成线段相交于Q,剩下一点A与其他$4(n-1)$个点,可产生$2(n-1)$条线段及$n-1$个不同的交点,这些线段中至多有一条(以A为端点的)例外,其他的完全在l的一侧(Q的异侧),因而$n-1$个交点均与Q异侧.这就得到了n个不同的交点.

注 （ⅰ）“侧”是一个有用的概念，组合几何中经常用到.

（ⅱ）有限性，也是极重要的. 例 1 中两次用到：三角形个数有限，所以面积中有最大的；有限个点的连线为有限多条，所以有与它们均不平行的直线 l（不过，在例 1 中即使对 l 不加这一限制，证明只需略加修改仍然适用）.

如果点集 M 具有性质：

对于集 M 中任意两点 A，B，线段 AB 上的点都属于 M，那么集 M 称为凸集.

凸多边形，圆，平面，半平面（无论包括边界还是不包括边界）都是凸集.

容易知道凸集的交仍是凸集.

对任一点集 M（不一定是凸的），包含它的所有凸集的交称为 M 的凸包，记为 $\overline{M}$. $\overline{M}$ 是包含 M 的最小凸集. 当 M 是凸集时，$\overline{M}=M$.

有限点集的凸包是一个凸多边形，它的顶点是这有限点集中的点.

利用凸包的知识，例 1 的第一部分可以证明如下：

考虑 5 个点 A，B，C，D，E 的凸包.

如果凸包为五边形 $ABCDE$，那么其中任四点成凸四边形.

如果凸包为四边形，结论显然.

如果凸包为$\triangle ABC$，那么与前面相同，四边形 $BCED$ 为凸四边形.

由于已知每三点不共线，所以凸包不会为线段或点，这就穷尽了一切可能的情况.

例 2 已给 100 个点. 证明可以用某些互不相交的圆（盘）覆盖这些点，并且圆的直径的和小于 100，任两个圆的距离都大于 1（点集 M，N 之间的距离指线段 AB 的最小值，其中 A 为 M 中任一点，B 为 N 中任一点）.

解 如果两个圆盘（指圆周及其内部）有公共点，那么它们间的距离为零. 如果$\odot O_1$，$\odot O_2$ 外离，设 O_1O_2 交两圆于 C，D，E，F（如图 41 - 2），那么两个圆的距离为线段 DE 的长，显然以 CF 为直径的圆覆盖$\odot O_1$，$\odot O_2$. CF 等于$\odot O_1$，$\odot O_2$ 的直径之和再加上 DE.

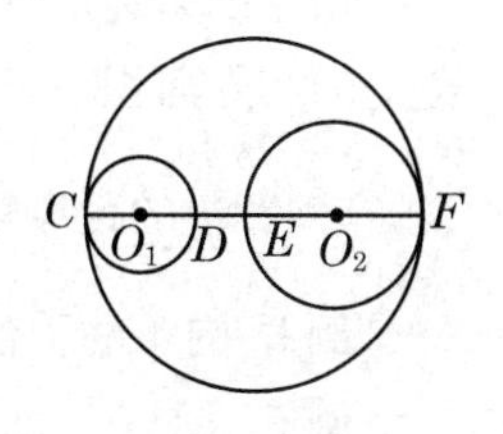

图 41 - 2

在本题中，以每一点为圆心，正数 ε 为半径作圆. 当 ε 足够小时，这些圆的直径之和小于 100. 如果每两点之间的距离大于 1，那么 ε 足够小时，这些圆之间的距离也都大于 1，它们即为所求的圆.

如果某两点之间的距离小于等于 1，那么将相应的$\odot O_1$，$\odot O_2$ 换作覆盖它们的圆$\odot O$，直径的总和至多增加 1. 如果还有两个圆之间的距离小于等于 1，继续将它们换成一个覆盖圆，如此进行下去，每次直径之和至多增加 1. 最后每两个圆之间的距离大于 1，或只剩下一个圆，直径的和至多为 $200\varepsilon+99$. 在开始时取 $\varepsilon<\frac{1}{200}$，则最后剩下的圆即为所求.

例 2 中将一些圆(包括点圆)“膨胀”(或“收缩”)为半径较大(小)的圆，这是覆盖中常用的“胀缩法”.

例 3 在半径为 16 的圆中有 650 个红点. 证明有一个内半径为 2、外半径为 3 的圆环，在这环内至少有 10 个红点.

解 如果有这样的环，那么它的中心 O 至少与 10 个红点的距离小于等于 3，同时大于等于 2.

以每个红点为圆心，2 为内半径，3 为外半径作圆环，则 O 至少被 10 个圆环覆盖.

所作的圆环，每个面积为 $\pi(3^2-2^2)=5\pi$，总面积为 $650\times5\pi$. 这些圆环完全在与已知圆同心、半径为 $16+3$ 的圆内，这圆的面积为 $19^2\pi$. 由于 $\frac{650\times5\pi}{19^2\times\pi}>9$，所以在这圆内至少有一点被 10 个上面所作的圆环覆盖. 反过来，以这点为圆心，2 为内半径、3 为外半径的圆环至少覆盖 10 个点.

例 4 证明在周长为 p，面积为 S 的凸多边形中，可嵌入一个半径为 $\frac{S}{p}$ 的圆.

解 对每条边 a_i，向多边形内作一个矩形，矩形的一条边是 a_i，另一条边是 $\frac{S}{p}$. 这些矩形的面积之和为 $\sum a_i\cdot\frac{S}{p}=S$.

由于凸多边形的内角小于 180°，因此每两个相邻矩形有重叠部分，这些矩形覆盖的实际面积小于 S. 因而凸多边形中必有一点 O 未被这些矩形覆盖，换句话说，O 到各边的距离均大于 $\frac{S}{p}$. 从而以 O 为圆心，$\frac{S}{p}$ 为半径的圆完全在多边形内.

例 3、例 4 的手法有类似之处.

例 5 在一个面积为 1 的正三角形内任放 5 个点. 证明可作 3 个三条边分别与原三角形的边平行的正三角形覆盖这 5 个点，这 3 个正三角形的面积之和 $S<\left(\frac{10}{13}\right)^2+\varepsilon$，$\varepsilon$ 为任意正数.

解 设 λ 为区间 $(0,1)$ 中的数. 在 AB 上取 B_1，使 $BB_1=\lambda\cdot BA$，在 AC 上取 C_1，使 $CC_1=\lambda\cdot CA$. 则 $\triangle AB_1C_1$ 是正三角形，面积为 $(1-\lambda)^2$. 如果这个三角形的内部至少覆盖 3 个已知点，那么还可将 B_1C_1 适当向上平移，使 $\triangle AB_1C_1$

仍然覆盖 3 个已知点. 另两个已知点可各用一个任意小的正三角形覆盖. 因此, 可用面积和不超过$(1-\lambda)^2$ 的 3 个正三角形将已知 5 点覆盖.

类似地, 在 BA, BC 上分别取 A_1, C_2, 使 $AA_1=\lambda AB$, $CC_2=\lambda CB$. 如果 $\triangle A_1BC_2$ 的内部至少覆盖 3 个已知点, 那么可用面积和不超过$(1-\lambda)^2$ 的 3 个正三角形将已知 5 点覆盖.

如果$\triangle AB_1C_1$, $\triangle A_1BC_2$ 的内部覆盖的点均少于 3, 那么它们的并集至多覆盖 4 个点, 从而图 41－3 的菱形 CC_1FC_2 中至少有 1 个已知点.

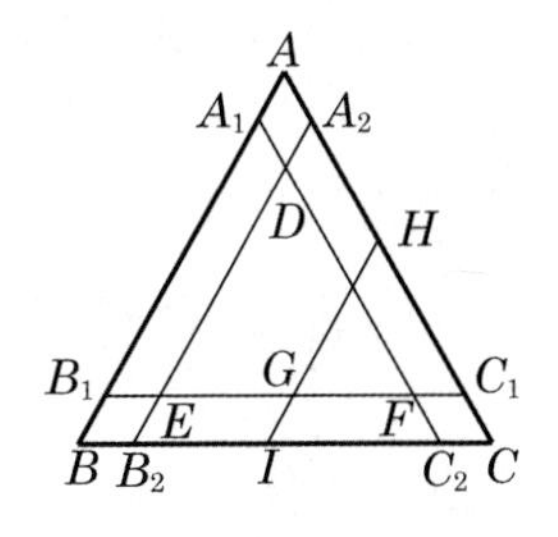

图 41－3

类似地, 定义 A_2, B_2 等. 如果不能用面积和不大于 $(1-\lambda)^2$ 的 3 个正三角形将 5 个已知点覆盖, 那么菱形 AA_1DA_2, BB_1EB_2 中均至少有 1 个已知点.

如果三个菱形 AA_1DA_2, BB_1EB_2, CC_1FC_2 中均只有 1 个已知点, 那么无论其他两个点怎样分布, 均可用 $\triangle AB_1C_1$, $\triangle A_1BC_2$, $\triangle A_2B_2C$ 中的一个将它们覆盖, 从而 $S\leqslant(1-\lambda)^2$. 因此, 我们设菱形 AA_1DA_2 中恰有两个已知点, 另两个菱形中均至少有 1 个已知点, 第 5 个已知点在梯形 BCC_1B_1 中.

过 B_1C_1 的中点 G 作 AB, AC 的平行线与原三角形的边相截得到的两个正三角形中至少有一个包含第 5 个已知点. 不妨设图 41－3 中$\triangle HIC$ 覆盖两个已知点. 因为

$$CH=CC_1+\frac{1}{2}AC_1=\left(\lambda+\frac{1-\lambda}{2}\right)\cdot AC=\left(\frac{1+\lambda}{2}\right)\cdot AC,$$

所以$\triangle HIC$ 的面积为$\left(\frac{1+\lambda}{2}\right)^2$.

过 D 作 BC 的平行线截原三角形得出一个正三角形, 面积为$\triangle AA_1A_2$ 的 4 倍, 即 $4\lambda^2$. 它覆盖菱形 AA_1DA_2 中的两个已知点.

菱形 BB_1EB_2 中的一个已知点可用面积任意小的正三角形覆盖, 因此 3 个正三角形的面积之和比$\left(\frac{1+\lambda}{2}\right)^2+4\lambda^2$ 略大.

综上所述, 我们可以用三条边与$\triangle ABC$ 的边分别平行的正三角形覆盖已知 5 点, 它们的面积之和

$$S<\max\left((1-\lambda)^2, 4\lambda^2+\left(\frac{1+\lambda}{2}\right)^2\right)+\varepsilon, \qquad (1)$$

其中 ε 为任意正数.

现在确定 λ，使(1)式右端为最小. 易知 $(1-\lambda)^2$ 是减函数，$4\lambda^2+\left(\frac{1+\lambda}{2}\right)^2$ 是增函数($\lambda\in(0,1)$).

从图 41 - 4 可以看出在 $f(x)$ 递增，$g(x)$ 递减时，$y=\max(f(x),g(x))$ 的图象由粗线表示(我们假定 $y=f(x)$，$y=g(x)$ 都是连续的曲线)，这函数在

$$f(x)=g(x) \tag{2}$$

时取得最小值.

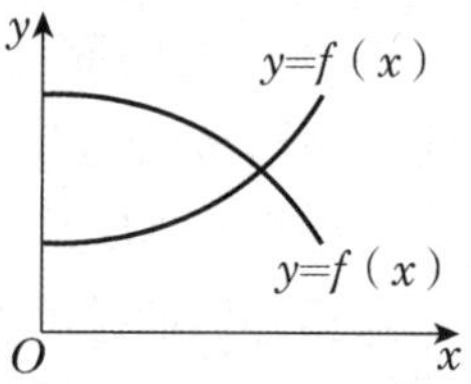

图 41 - 4

于是，由

$$(1-\lambda)^2=4\lambda^2+\left(\frac{1+\lambda}{2}\right)^2 \tag{3}$$

得出 $\lambda=\frac{3}{13}$，从而

$$S<\left(\frac{10}{13}\right)^2+\varepsilon. \tag{4}$$

注 (ⅰ) (4)中的 ε 不能省去. 例如，5 个已知点为 A,B,C,D,G(图 41 - 3)，则用面积和为 $\left(\frac{10}{13}\right)^2$ 的 3 个边平行于 $\triangle ABC$ 的边的正三角形不能覆盖这 5 个点. 由此可见(4)中的 $\left(\frac{10}{13}\right)^2$ 是最佳的，不能用更小的值代替.

(ⅱ) 虽然在一开始就可以用 $\frac{3}{13}$ 来代替 λ，但 $\frac{10}{13}$ $\left(\text{或}\frac{3}{13}\right)$ 是怎么得出的呢？我们的解法便是这一问题的答案. 第二届全国中学生冬令营的试题中结论是比 $\left(\frac{10}{13}\right)^2$ 差的 0.64 $\left(\text{即}\left(\frac{4}{5}\right)^2\right)$. 上面的解法保留了对 λ 的选择，从而导出最佳结果.

(ⅲ) 求 $\min\max(f(x),g(x))$ 或 $\max\min(f(x),g(x))$ 是一类问题. 通常在满足(2)的 x 处达到 min max 或 max min.

(ⅳ) 省略题中的“正”字，即考虑任意三角形，结论与推导均仍然有效.

例 6 能否在边长为 1 的正方形内取 1 704 个点，使得任何包含在正方形内的、边平行于正方形的边的、面积为 $\frac{1}{200}$ 的矩形内部都至少含有一个取定的点？

解 答案是肯定的. 我们采用构造法来证明，即给出这 1 704 个点的取法.

不妨设已知正方形为 $\{(x,y)\mid 0\leqslant x,y\leqslant 1\}$. 首先在中间的横线 $y=\frac{1}{2}$ 上均匀地取 200 个点：

$$\left(\frac{k}{201},\frac{1}{2}\right),k=1,2,\cdots,200.$$

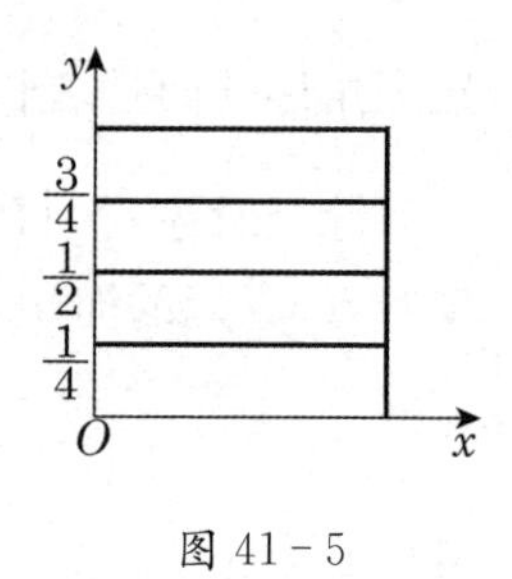

图 41 - 5

这样打好 200 个“木桩”后，由于木桩间的距离为$\frac{1}{201}<\frac{1}{200}$，因此宽为$\frac{1}{200}$的矩形（木片）无法通过. 而面积为$\frac{1}{200}$的矩形 M，长 $a\leqslant 1$，所以宽 $b\geqslant\frac{1}{200}$，它只能整个地在 $y=\frac{1}{2}$ 的上方，或者整个地在 $y=\frac{1}{2}$ 的下方. 即 $a\leqslant\frac{1}{2}$，$b\geqslant\frac{1}{100}$.

再在直线 $y=\frac{1}{4}$ 与 $y=\frac{3}{4}$ 上各打 100 个木桩（取 100 个点）：

$$\left(\frac{k}{101},\frac{1}{4}\right),\left(\frac{k}{101},\frac{3}{4}\right),k=1,2,\cdots,100.$$

木桩间的距离$\frac{1}{101}<\frac{1}{100}\leqslant b$，所以矩形 M 不能通过直线 $y=\frac{1}{4}$ 或 $y=\frac{3}{4}$，它只能整个地在直线 $y=\frac{1}{4}$，$y=\frac{1}{2}$，$y=\frac{3}{4}$ 所分成的四个矩形的某一个中.

这样继续下去，对于 $m=2,3,\cdots,7$，在直线 $y=\frac{2n-1}{2^{m+1}}$（$1\leqslant n\leqslant 2^m$）上均匀地取$\left[\frac{200}{2^m}\right]$个点：

$$\left(\frac{k}{\left[\frac{200}{2^m}\right]+1},\frac{2n-1}{2^{m+1}}\right),k=1,2,\cdots,\left[\frac{200}{2^m}\right].$$

一共取了

$$200+100\times 2+50\times 4+25\times 8+12\times 16+6\times 32+3\times 64+1\times 128=1\,704$$

个点. 由于恒有$\frac{1}{200}<a\leqslant\frac{1}{2^m}$及$\frac{1}{\left[\frac{200}{2^m}\right]+1}<\frac{1}{200}\times 2^m\leqslant b$，因此矩形 M 不能通过每道木桩所成的横线，也不能完整地落到这些横线之间的矩形内. 换句话说，这样的矩形 M 内部必须含有所取的点.

覆盖也是组合几何中的重要问题，其中特别著名的是海莱（E. Helly，1884—1943）定理：

设平面上有 n（$n\geqslant 3$）个凸集 $M_1,M_2,\cdots,M_n$. 如果其中每三个都有公共点，那么这 n 个凸集也有公共点.

海莱定理有各种变形与推广. 例如“n 个凸集”可改为“无限多个凸形”. 这里凸形指有界的闭凸集.

关于覆盖与海莱定理可参阅《覆盖》（单墫著，上海教育出版社 1983 年出版). 这里仅举一个例子.

例 7 已知一个平面有界图形 M,证明平面上存在一点 P,过 P 的任一条直线分 M 为两个部分,每一部分的面积都不小于$\frac{1}{3}|M|$. 这里$|M|$表示 M 的面积.

解 考虑所有含 M 的面积大于$\frac{2}{3}|M|$的闭半平面(即一条直线 l 的一侧,包括这条直线在内).

因为 M 有界,可以假定 M 在一个大的闭正方形 S 内. 上述闭半平面与 S 的交是凸形. 其中每三个凸形的补集,所含 M 的面积

$$<3\times\frac{1}{3}|M|=|M|.$$

因而 M 必有一点不属于这三个凸形的补集. 换句话说,这点是三个凸形的公共点.

根据海莱定理,这无限多个凸形有公共点 P. 我们证明 P 符合要求.

如图 41 - 6,过 P 任作一条直线 l,假如 M 在 l 的左侧的面积小于$\frac{1}{3}|M|$. 这时 M 在 l 的右侧的面积大于$\frac{2}{3}|M|$. 因而可作一条在 l 右侧的直线 $l' /\!/ l$,使得 M 在 l'右侧的面积仍大于$\frac{2}{3}|M|$,但 l' 右侧的闭半平面不含 P 点,与上面 P 的定义矛盾. 所以 M 在 l 左侧的面积不小于$\frac{1}{3}|M|$. 因此 P 具有所述性质.

图 41 - 6　　　　图 41 - 7

$\frac{1}{3}$不能改为更大的数. 例如,M 由三个互相外离的等圆组成(图 41 - 7),$\frac{1}{3}$就是最佳结果. 但在 M 为凸集时,$\frac{1}{3}$可改为$\frac{4}{9}$.

习题 41

1. 在平面上已给 5 点，连接这些点的直线互不平行，互不垂直，也互不重合. 过每点向其他四点所连直线作垂线. 这些垂线至多有多少个交点（已知 5 点除外）？

2. 平面上给定 100 个点，其中任三点可组成三角形. 证明：至多有 70％的三角形为锐角三角形.

3. 平面上给定 $n(n>4)$ 个点，每三点不共线. 证明至少有 C_{n-2}^2 个凸四边形以已知点为顶点.

4. $m\times n$ 的棋盘，能否用 1×2 的骨牌铺满而没有裂缝（有裂缝即可以沿一条直线将棋盘分成两部分，并且这条直线不穿过任一骨牌）？这里 mn 为正偶数.

5. 边长为 1 的正方形内有一条长度为 1 000 的（自身不相交的）折线. 证明：有一条与正方形的边平行的直线，它与折线至少有 500 个交点.

6. 在边长为 1 的正方形内给定 n^2 个点. 证明：一定存在连接这 n^2 个点的一条折线，其长度不超过 $2n$.

7. 树林中任意两棵树之间的距离不超过它们的高度之差，所有树的高度均小于 100 m. 证明：可以用长度为 200 m 的篱笆将树林围起来.

8. 在单位正方形内能否找到两个点，将每个点与正方形的顶点连接起来，这些线段将正方形分成 9 份，各份面积相等？

9. 用 $2n(n>1)$ 条直线将平面分成若干部分. 这些直线中任两条不平行，任三条不交于一点. 所分成的部分中有一些是角（即由一点引出的两条射线所组成的图形）. 证明角的个数少于 $2n$.

10. 在平面上，由若干条直线组成集合 A. 已知对 A 的任意由 $k^2+1(k\geqslant 3)$ 条直线组成的子集 B，都有 k 个点，使得 B 中任意一条直线至少过这 k 个点中的一个点. 证明：对于子集 A，也可找到 k 个点，使得 A 中任意一条直线至少过这 k 个点中的一个点.

11. 圆周上的 $4n$ 个点交替地染为蓝色和黄色，将其中的 $2n$ 个蓝点分成 n 对，并将每对中的两个点用一条蓝色的弦相连. 对黄点也进行类似的操作，而得到 n 条黄色的弦. 已知这些弦中任意三条弦不共点，证明：至少有 n 个点是一条黄弦与一条蓝弦的公共点.

12. 在一个 6×6 的棋盘上已经放了 11 张 1×2 的骨牌. 证明：至少能再放进一张骨牌（每张骨牌恰好占据棋盘上两个方格，放了以后不准移动）.

第42讲 组合几何(二)

距离,是组合几何中关心的问题.

例1 $P_1,P_2,\cdots,P_n(n\geqslant 3)$为平面上 n 个已知点. 线段 $P_iP_j(i,j=1,2,\cdots,n,i\neq j)$中值 r 出现的次数记为 $g(r)$,P_iP_j 的最小值为 r_0. 证明:

(a) $g(r_0)\leqslant 3n-6$.

(b) $g(r)<\frac{1}{\sqrt{2}}n^{\frac{3}{2}}$.

解 (a) $n=3$ 时,显然 $g(r_0)\leqslant 3=3n-6$.

设结论对 $n(n\geqslant 3)$个点成立,考虑 $n+1$ 个点. 设这些点的凸包有一个顶点 P_{n+1},则$\angle P_{n+1}<180°$.

如果 $P_iP_{n+1}=P_jP_{n+1}=r_0$,那么$\angle P_iP_{n+1}P_j\geqslant 60°(i\neq j)$. 这样,从 P_{n+1} 至多引出3条长为 r_0 的线段(否则有3个大于等于60°的角以 P_{n+1} 为顶点,与$<P_{n+1}<180°$矛盾). 去掉 P_{n+1} 后,由归纳假设,至多有 $3n-6$ 条长为 r_0 的线段. 因此,这 $n+1$ 个点所成线段中 $g(r_0)\leqslant 3n-6+3=3(n+1)-6$. 从而结论对一切自然数 $n\geqslant 3$ 成立.

可以证明 $\max g(r_0)=[3n-(12n-3)^{\frac{1}{2}}]$.

(b) 对每个点 P_i,以 r 为半径作圆,设圆上有 k_i 个已知点,则

$$\sum_{i=1}^{n} k_i=2g(r). \tag{1}$$

考虑以已知点为两个端点的线段. 显然共有 C_n^2 条,其中成为所作圆的半径及弦的至少 $\sum_{i=1}^{n} k_i+\sum_{i=1}^{n} C_{k_i}^2-C_n^2$ 条(其中公共弦至多 C_n^2 条),因此

$$C_n^2\geqslant \sum_{i=1}^{n} k_i+\sum_{i=1}^{n} C_{k_i}^2-C_n^2,$$

即

$$2C_n^2\geqslant \frac{1}{2}\sum_{i=1}^{n} k_i(k_i+1)\geqslant \frac{1}{2}\sum_{i=1}^{n} k_i^2\geqslant \frac{1}{2n}\left(\sum_{i=1}^{n} k_i\right)^2.$$

结合(1)并化简得

$$\frac{n^2(n-1)}{2}>(g(r))^2,$$

从而 $g(r)<\frac{1}{\sqrt{2}}n^{\frac{3}{2}}$.

用精深的工具已经证明 n 的指数 $\frac{3}{2}$ 可以减小为 $\frac{4}{3}$. 猜测有

$$g(r)<C(\varepsilon)n^{1+\varepsilon},$$

其中 ε 为任一正数，$C(\varepsilon)$ 为与 ε 有关的常数(与 n 无关). 另一方面，可以证明

$$\max g(r)>n^{1+\frac{c}{\log\log n}},$$

其中 c 为常数.

例 2 在例 1 中，设 P_iP_j $(1\leqslant i<j\leqslant n)$ 中有 k 个不同值. 证明：

$$k\geqslant\left(n-\frac{3}{4}\right)^{\frac{1}{2}}-\frac{1}{2}. \tag{2}$$

解 设 P_1 为(已知的 n 个点的)凸包的顶点，P_1P_i $(i=2,3,\cdots,n)$ 中至多有 m 个相等，则显然有

$$km\geqslant n-1. \tag{3}$$

设 $P_1P_2=P_1P_3=\cdots=P_1P_{m+1}$，则 $P_2,P_3,\cdots,P_{m+1}$ 在以 P_1 为圆心的半圆上(因为 P 是凸包的顶点，$\angle P<180°$). 不妨设这些点依照顺时针次序排列，则

$$P_{m+1}P_2>P_{m+1}P_3>\cdots>P_{m+1}P_m.$$

于是

$$k\geqslant m-1. \tag{4}$$

由(3)，(4)得

$$k\geqslant\max\left(\frac{n-1}{m},m-1\right). \tag{5}$$

(5)的右边在

$$\frac{n-1}{m}=m-1 \tag{6}$$

时最小(参见第 41 讲例 5)，由(6)解出 m，从而

$$k\geqslant m-1=\left(n-\frac{3}{4}\right)^{\frac{1}{2}}-\frac{1}{2}. \tag{2}$$

(2) 表明 $k\geqslant cn^{\frac{1}{2}}$ (c 为常数). 已经证明 $\frac{1}{2}$ 可以改进为 $\frac{58}{81}-\varepsilon$，其中 ε 为正的常数.

如果 n 个点组成凸多边形，可以证明 $k\geqslant\left[\frac{n}{2}\right]$. 猜测这时存在一个顶点，自这顶点至少引出 $\left[\frac{n}{2}\right]$ 条长度互不相同的线段.

例 3 设例 1 中 P_iP_j 的最大值为 1. 证明：可以将 $P_1,P_2,\cdots,P_n$ 分为三组，每一组中的最大距离小于 1.

解 $n=3$ 时结论显然，设命题对 $n-1$ 成立.

由习题 42 第 1 题，在 n 个点中最大距离 1 至多出现 n 次. 于是必有一点 P_1，与它距离为 1 的点至多两个.

将 P_1 去掉. 由归纳假设，其余的 $n-1$ 个点可以分为三组，每一组中的最大距离小于 1. 这三组中必有一组，这组中的点与 P_1 的距离小于 1，将 P_1 加入这组，则每一组中的最大距离仍小于 1.

例 4 平面无穷点集 M 中任两点的距离为整数，证明 M 中的点在一条直线上.

解 采用反证法. 设 M 中有 A, B, C 三点不共线. M 中任一点 D 到 A, B 的距离为整数，因而差 $|DA-DB|$ 也是整数. 这差小于等于 AB，所以只有有限多种取值. 对应于每一个差，有一条以 A, B 为焦点的双曲线（线段 AB 的垂直平分线，我们也当作双曲线）. D 必在这种双曲线上.

同理，D 也在以 A, C 为焦点的有限多条双曲线（包括线段 AC 的垂直平分线）上.

每两条双曲线至多 4 个交点，从而 D 只有有限多个，与 M 为无穷集矛盾.

例 5 平面上任给五点，λ 为这些点间最大距离与最小距离之比. 证明 $\min\lambda=2\sin 54°$.

解 考虑这五点的凸包 M.

（ⅰ）若凸包 M 为线段 A_1A_5，则对已知点 A_2，

$$\frac{A_1A_5}{\min(A_1A_2, A_2A_5)}\geqslant 2>2\sin 54°.$$

（ⅱ）若凸包 M 为 $\triangle A_1A_2A_3$，则对已知点 A_4，$\angle A_1A_4A_2$，$\angle A_2A_4A_3$，$\angle A_3A_4A_1$ 中必有一个不小于 120°，不妨设 $\angle A_1A_4A_2\geqslant 120°$，则由余弦定理

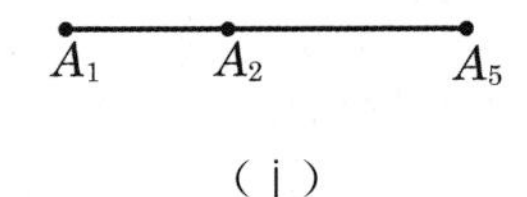

（ⅰ）

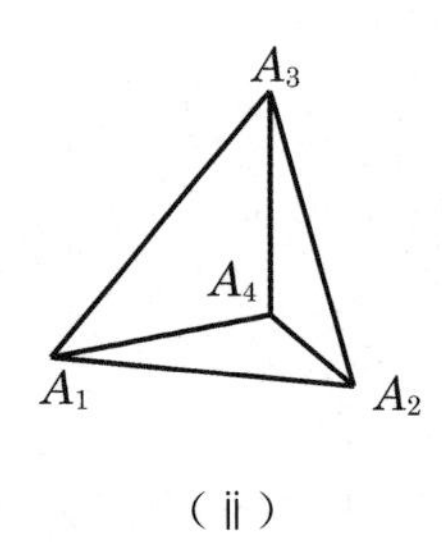

（ⅱ）

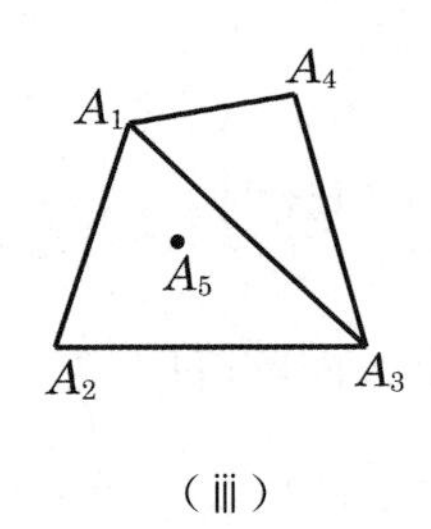

（ⅲ）

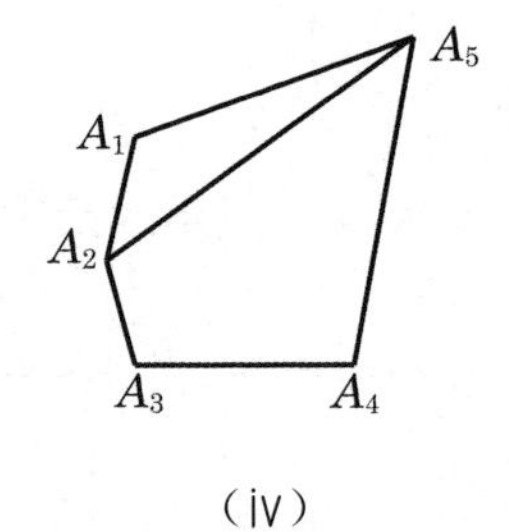

（ⅳ）

图 42-1

$$A_1A_2^2 \geqslant A_1A_4^2 + A_2A_4^2 + A_1A_4 \cdot A_2A_4 \geqslant 3(\min(A_1A_4, A_2A_4))^2.$$

从而 $$\frac{A_1A_2}{\min(A_1A_4, A_2A_4)} \geqslant \sqrt{3} = 2\sin 60° > 2\sin 54°.$$

（ⅲ）若凸包 M 为凸四边形 $A_1A_2A_3A_4$，则已知点 A_5 在这四边形内，不妨设 A_5 在 $\triangle A_1A_2A_3$ 中，情况与（ⅱ）相同.

（ⅳ）若凸包 M 为凸五边形 $A_1A_2A_3A_4A_5$，则由于内角和为 $(5-2)\times 180° = 540°$，其中必有一个内角不小于 $\frac{540°}{5} = 108°$. 设 $\angle A_1 \geqslant 108°$，则在 $\triangle A_1A_2A_5$ 中，

$$\begin{aligned} A_2A_5^2 &= A_1A_2^2 + A_1A_5^2 - 2A_1A_2 \cdot A_1A_5 \cos\angle A_1 \\ &\geqslant A_1A_2^2 + A_1A_5^2 + 2A_1A_2 \cdot A_1A_5 \cos 72° \\ &\geqslant 2(1+\cos 72°) \cdot (\min(A_1A_2, A_1A_5))^2, \end{aligned}$$

从而 $$\frac{A_2A_5}{\min(A_1A_2, A_1A_5)} \geqslant 2\sqrt{\frac{1+\cos 72°}{2}} = 2\cos 36° = 2\sin 54°. \tag{7}$$

综合以上情况，恒有 $\lambda \geqslant 2\sin 54°$，当且仅当五点组成正五边形时等号成立.

一般地，对于 $n \geqslant 3$ 个点，用 λ_n 表示这些点间的最大距离与最小距离的比，则

$$\min\lambda_3 = 1, \min\lambda_4 = \sqrt{2}, \min\lambda_5 = 2\sin 54°,$$

$$\min\lambda_n \geqslant 2\sin\frac{n-2}{2n}\pi \quad (n = 3, 4, 5, 6, \cdots). \tag{8}$$

当 $n \geqslant 6$ 时，(8)中的等号不成立.

与距离类似，也可以考虑角度或三角形(多边形)的面积. 例如，已知 n 个点，以其中三点为顶点的三角形有多少种不同的面积？其中最大面积与最小(非零)面积的比 ρ_n 的最小值是多少？这些问题往往是困难的. 厄迪斯等曾证明当 $n \geqslant 37$ 时，

$$\min\rho_n = \left[\frac{n-1}{2}\right]. \tag{9}$$

猜想在 $n > 5$ 时，(9)成立. 而

$$\min\rho_5 = \frac{\sqrt{5}+1}{2}. \tag{10}$$

例 6 设凸四边形 $ABCD$ 的面积为 1，求证在它的边上(包括顶点)或内部可以找出四个点，使得以其中任意三点为顶点所构成的四个三角形的面积均大于 $\frac{1}{4}$.

解 如果四边形是平行四边形，那么四个顶点即为所求.

设四边形 $ABCD$ 不是平行四边形. 不妨设 BA，CD 延长后相交于 E. 作

BC 的平行线 l 与四边形 $ABCD$ 的边界相交于 F,G. 移动 l 直至 $FG=\frac{1}{2}BC$(当 l 由 BC 向 E 平移时,FG 逐渐减小),则 F,G,C,B 四点即为所求. 事实上,在图 42-2(a)中,由于 $S_{\triangle EBC}>S_{四边形ABCD}=1$,所以 $S_{\triangle FBC}=S_{\triangle GBC}>S_{\triangle GFB}=S_{\triangle GFC}=\frac{1}{4}S_{\triangle EBC}>\frac{1}{4}$.

在图 42-2(b)中,延长 CG 交 BA 的延长线于 E'. $S_{\triangle AGE'}>S_{\triangle DGC}$(在直线 AG 上取 H 使 $GH=AG$,则由于 FG 是 $\triangle BE'C$ 的中位线,G 平分 $E'C$,所以 $S_{\triangle AGE'}=S_{\triangle HGC}$,$CH\parallel BA$. 由于 CD 与 BA 相交,所以 D 在线段 GH 内),所以将 E 换为 E',上面的推导仍然有效.

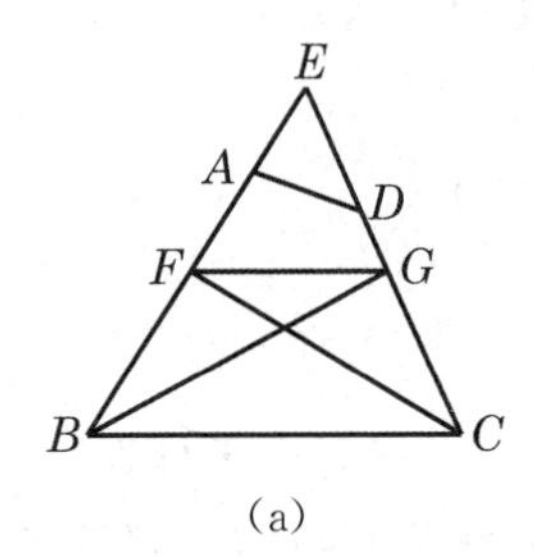

(a)

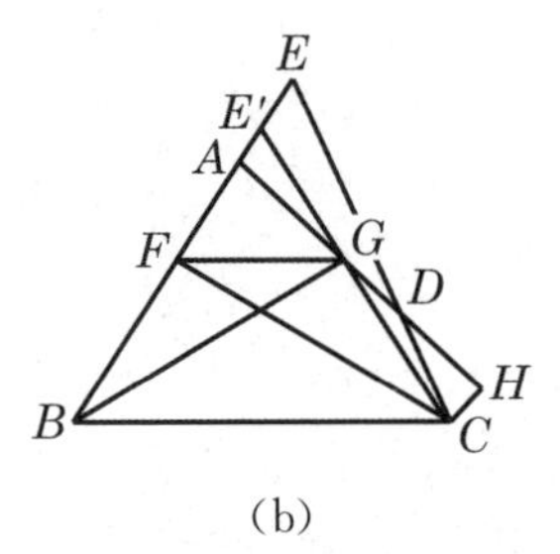

(b)

图 42-2

注 题目中“或内部”三字可以删去.

格点也是组合几何研究的内容. 以格点为顶点的多边形称为格点多边形.

例 7 设格点多边形的内部有 I 个格点,边界上有 P 个格点,则它的面积

$$S=\frac{P}{2}+I-1. \tag{11}$$

解 如果格点多边形是矩形,边分别与 x 轴、y 轴平行,(11)显然成立.

如果格点多边形是直角梯形,两底与 y 轴平行,将这梯形 $ABCD$ 与一个同样的梯形拼成矩形 $ABFE$(图 42-3(a)),对于这矩形有

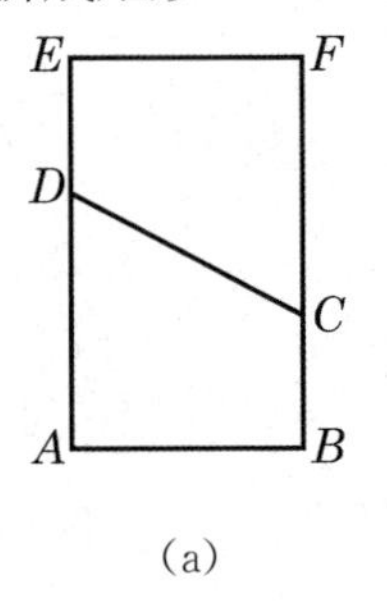

(a)

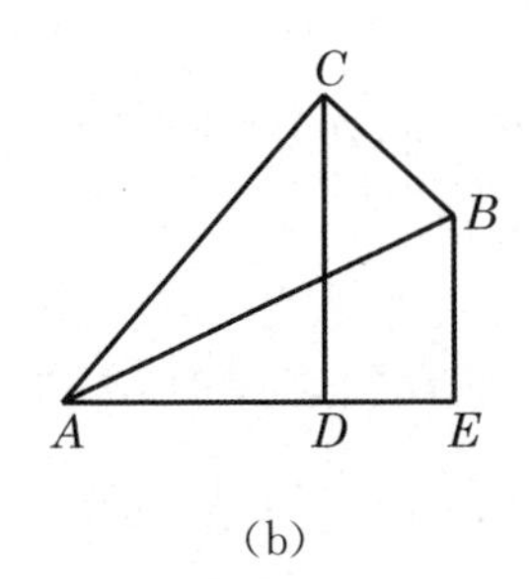

(b)

图 42-3

$$S'=\frac{P'}{2}+I'-1, \tag{12}$$

其中
$$S'=2S, \tag{13}$$

S',S 分别为矩形、梯形的面积,

$$I'=2I+P_1, \tag{14}$$

I',I 分别为矩形、梯形内部的格点数,P'为线段 CD 内部的格点数.

$$P'=2(P-P_1-1). \tag{15}$$

将(13),(14),(15)代入(12)即得出(11).

如果格点多边形是$\triangle ABC$(图 42-3(b)),那么它的面积

$$S=S_1+S_2-S_3, \tag{16}$$

其中 S_1,S_2,S_3 分别为$\triangle ACD$、梯形 $CDEB$、$\triangle ABE$ 的面积.

将(16)右边的面积分别用相应的公式(11)代入. 这时$\triangle ABC$ 内的格点恰被计算 1 次,$\triangle ABE$ 内的每个格点贡献为 0(被作为+1、−1 各计算 1 次),线段 AB 内部的每个格点贡献为$\frac{1}{2}\left(\text{即 }1-\frac{1}{2}\right)$,顶点 C 贡献为 $1\left(\text{即}\frac{1}{2}+\frac{1}{2}\right)$,$A$,$B$,$E$ 贡献为 $0\left(\text{即}\frac{1}{2}-\frac{1}{2}\right)$,$D$ 贡献为$\frac{1}{2}\left(\text{即}\frac{1}{2}+\frac{1}{2}-\frac{1}{2}\right)$. 因此,最后仍得到(11).

每个格点多边形可以分解为格点三角形,从而(11)对格点多边形成立.

例 8 证明正 n 边形不可能为格点多边形,除非 $n=4$.

解 在 $n\geqslant 7$ 时,如果正 n 边形 $A_1A_2\cdots A_n$ 是格点多边形,我们将边 A_1A_2,A_2A_3,…,A_nA_1 平移,使端点为原点 O,这时另一端 B_1,B_2,…,B_n 都是格点,而且组成正 n 边形(图 42-4). 这个正 n 边形的边长为 $OB_1\cdot 2\sin\frac{\pi}{n}=A_1A_2\cdot 2\sin\frac{\pi}{n}$.

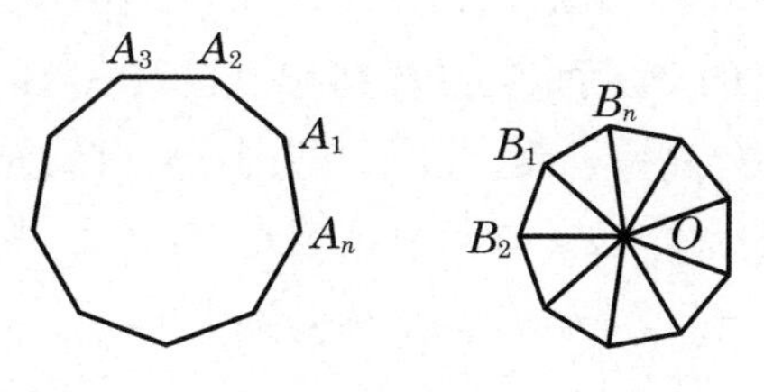

图 42-4

对多边形 $B_1B_2\cdots B_n$ 作同样的处理,产生一个格点多边形,它是正多边形,边长为

$$A_1A_2\cdot\left(2\sin\frac{\pi}{n}\right)^2.$$

如此继续下去，由于 $2\sin\frac{\pi}{n}\leqslant 2\sin\frac{\pi}{7}<1$，所以这些格点多边形的边长

$$A_1A_2\cdot\left(2\sin\frac{\pi}{n}\right)^k\to 0\quad(k\to+\infty).$$

但两个格点的距离至少为 1. 矛盾表明当 $n\geqslant 7$ 时正 n 边形不可能是格点多边形.

在 $n=5$ 时，如果正五边形 $A_1A_2A_3A_4A_5$ 是格点多边形，那么连接对角线所得的五边形 $B_1B_2B_3B_4B_5$ 也是正五边形. 由于四边形 $A_1A_2B_1A_5$ 是平行四边形，因此 B_1 也是格点，从而正五边形 $B_1B_2B_3B_4B_5$ 是格点多边形. 易知正五边形 $B_1B_2B_3B_4B_5$ 的边长 $=A_1A_2\cdot 4\sin^2 18°$，而 $4\sin^2 18°=\left(\frac{\sqrt{5}-1}{2}\right)^2<1$，根据前面对 $n\geqslant 7$ 的推理即知同样会产生矛盾.

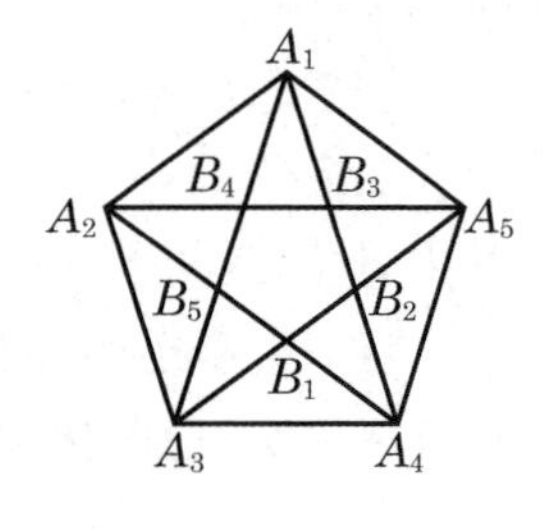

图 42-5

正六边形 $A_1A_2A_3A_4A_5A_6$ 的顶点 A_1,A_3,A_5 组成正三角形，只需证明正三角形不是格点三角形.

如果正三角形是格点三角形，那么它的边长的平方 a^2 是整数，从而面积 $S=\frac{\sqrt{3}}{4}a^2$ 是无理数. 但由例 7，$S=\frac{P}{2}+I-1$ 是有理数. 矛盾.

数的几何(几何数论)中最著名的定理是闵科夫斯基定理，即下面的例 9.

例 9 一个凸集 M 面积大于 4，关于原点 O 对称，证明这个凸集 M 中至少有一个不同于 O 的格点.

解 考虑所有以偶整点 $(2m,2n)(m,n\in\mathbf{Z})$ 为中心，边长为 2 的正方形. 如果正方形含有凸集 M 的点，就将它平移到与中心为原点的正方形 K 重合. 这样凸集 M(经过上述平移)就完全落入以原点为中心，边长为 2 的正方形 K 中.

由于点集 M 面积大于 4，必有两个属于 M 的点 A,B 经上述平移后与正方形 K 中同一点 (x_0,y_0) 重合. A,B 的坐标分别为

$$(x_0+2r,y_0+2s),\quad(x_0+2m,y_0+2n).$$

A 关于 O 的对称点 $A_1(-x_0-2r,-y_0-2s)$ 也属于 M. 由于 M 为凸集，线段 A_1B 的中点 C 也属于 M，而由中点公式，C 是格点 $(m-r,n-s)$. 由于 A,B 不同，C 与原点不同.

除了通常的直角坐标系中的整点外，还可以考虑其他的“格点”. 例如，用同样大小的正三角形铺满平面，则这些正三角形的顶点也可以称为格点. 而用同样大小的正方形铺满平面就产生通常的格点.

例 10 如图 42-6，平面被边长为 1 的正六边形铺满，一只甲虫沿正六边形的边爬行，从点 A 沿最短路线爬到另一点 B 共爬过 1 000 条边. 证明甲虫在某一个方向上爬行的路途等于全程的 $\frac{1}{2}$.

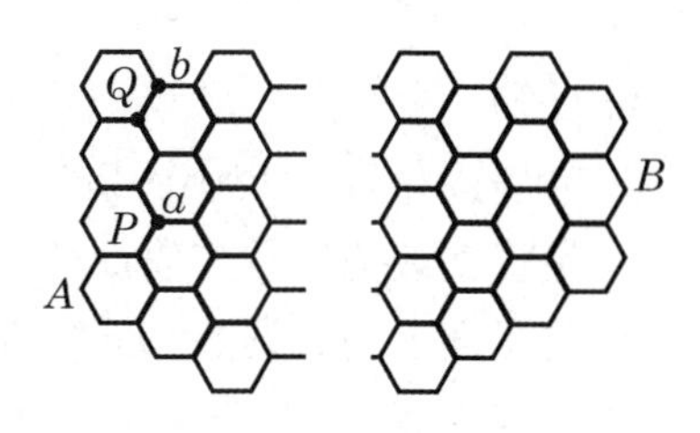

图 42-6

解 网格有三个方向：水平方向及与水平方向成 60°和 120°的方向. 将甲虫爬过的边顺次标上号码 1，2，3，….

设号码 a 为水平边，下一个水平边号码为 b. a 与 b 不可能在同一个垂直的带子上，否则如图 42-6，甲虫可沿其他两个方向从 a 的端点 P 走到 b 的端点 Q，而不需要走过 a 边. 与甲虫的路线为最短矛盾.

b 在下一个垂直带子上，a，b 的奇偶性必然相同. 由此，同一方向的边，号码的奇偶性相同.

不妨设两个方向的边，号码均为偶数；一个方向的边，号码均为奇数. 这个方向上爬行的路途就等于全程的 $\frac{1}{2}$.

习 题 42

1. 设例 1 中，P_iP_j 的最大值为 R. 求证 $n \geqslant 3$ 时 $g(R)$ 的最大值为 n.
2. 证明或否定命题：任一凸曲线上必有一点，以这点为圆心的圆均至多与曲线有两个公共点.
3. 对任意的 n，是否存在一个有限的平面点集 A，A 中每一点恰与 A 中 n 个点的距离为 1?
4. 空间有 n 个点，其中任三点构成的三角形中都有一个角大于 120°. 证明可将这些点排成 $A_1, A_2, \cdots, A_n$，使得每个角 $\angle A_iA_jA_k > 120°$，这里 $1 \leqslant i < j < k \leqslant n$.
5. 证明：对任意自然数 $n \geqslant 3$，存在 n 个点，每两点之间的距离为无理数、每三点构成面积为正有理数的三角形.
6. 将平面上的每个点染上 7 种颜色中的一种，使得没有两种颜色相同的点距离为 1.

7. 剪一个面积大于 n 的纸片(形状任意),证明:它一定能盖住直角坐标系中 $n+1$个格点.

8. 有限多个半径为 1 的圆(盘)覆盖一块区域,面积为 S. 证明:可从中选出若干个互不相交的圆,它们覆盖的面积$\geqslant\frac{\pi}{8\sqrt{3}}S$.

9. 是否有无穷多个点,每三点不共线,并且每两点之间的距离为有理数?

10. 已知一个整点三角形,一条边的长度为$\sqrt{n}$,n 无平方因数. 证明:这个三角形的外接圆与内切圆半径的比是无理数(即 n 不被大于 1 的平方数整除). 如果将 n 改为非平方数,外接圆与内切圆半径的比能否为有理数?

11. 将平面上的点染上红、黄、蓝三种颜色之一,证明必有一个等腰三角形,三个顶点同色.

第43讲 图论(一)

图论问题,近年来在各种数学竞赛中频繁地出现.一方面,图论迅猛发展,问题层出不穷.另一方面,图论问题可以用通俗的形式表达,没有太多的术语,也不需要艰深的理论,重要的是灵活机敏,作为竞赛试题最为合适.

若干个点,有些点之间有边相连,这就构成了一个图.最著名的、也是最早的图论问题是哥尼斯堡的七桥问题.

例1 帕瑞格尔河从哥尼斯堡城中穿过,河中有两个岛 A 与 D,河上有七座桥连接这两个岛及河的两岸 B,C(图 43-1).问:

(a) 一个旅行者能否经过每座桥恰好一次,既无重复也无遗漏?

(b) 能否经过每座桥恰好一次,并且最后能够回到原来的出发点?

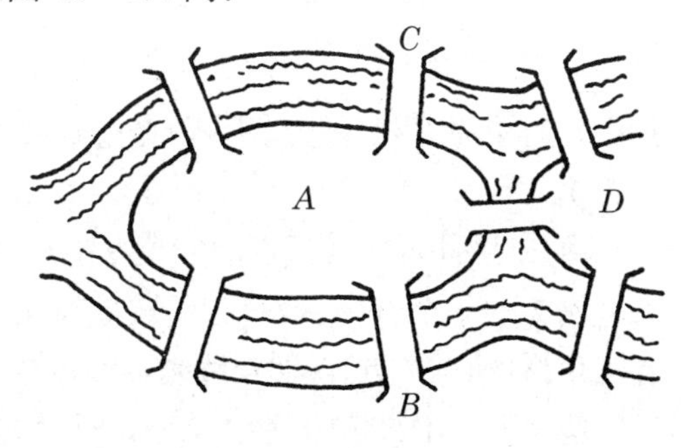

图 43-1

大数学家欧拉的解法现在成为经典.他用四个点表示 A,B,C,D,每两点之间的边就表示相应的桥,这样图 43-1 就变成图 43-2.

问题就变为(a)能否将图 43-2 一笔画成(能一笔画成的图称为一笔画)?(b)能否将图 43-2 一笔画成并且最后回到出发点?

如果图是一笔画,对于中间的点,每有一条进入这点的边,就有一条自这点引出的边.因此,每个中间点都是偶顶点,即以这点为一个端点的边共偶数条.只有起点与终点可能为奇顶点,即以这点为一个端点的边共奇数条.

于是,一个图为一笔画的必要条件是:

图中至多有两个奇顶点. (1)

图 43-2 中,每个点都是奇顶点,它们的次数(即以它为端点的边的条数)分别为 5,3,3,3.因此不是一笔画,(a)的答案是否定的,(b)更是如此.

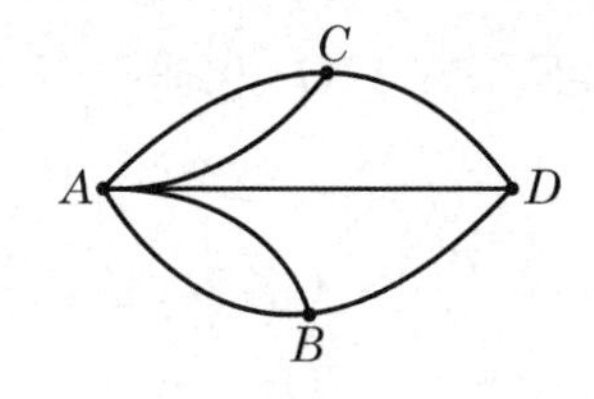

图 43-2

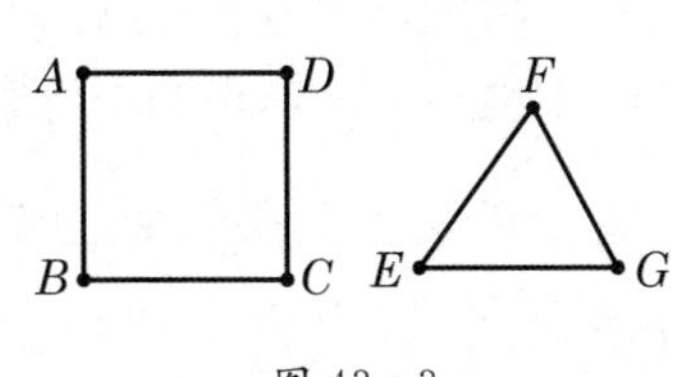

图 43-3

(1) 并非充分条件. 图 43－3 中 7 个顶点都是偶顶点，但这个图显然不是一笔画. 原因在于它不连通. 如果从图中任一点出发，可以沿着边走到任一其他的点，我们就说图是连通的. 否则就说图不连通. 不连通的图可以分成几个部分，每一部分是连通的，各部分之间不连通. 这些部分称为连通分支. 图 43－3 中 A,B,C,D 四点组成一个连通分支，E,F,G 组成另一个连通分支. 对边数用归纳法不难证明：

如果图是连通的，并且奇顶点的个数为 2 或 0，那么图是一笔画，而且在奇顶点的个数为 0 时，这个一笔画最后回到出发点.

次数是一个极重要的量.

点 A 的次数通常记为 $d(A)$. 所有点的次数的和

$$\sum d(A)=2e. \tag{2}$$

其中 e 为图的边数，这是因为每条边连接两个点，所以每条边在(2)的左边计算了 2 次.

由(2)立即得出奇顶点的个数一定是偶数.

例 2 $2n$ 个点($n\geqslant 2$)，有些点之间连了线. 证明线的条数$\geqslant n^2+1$ 时，一定有三角形(即三个点，两两连线)，而线的条数为 n^2 时，不一定有三角形.

解法一 用数学归纳法. $n=2$ 时，结论显然，假设命题对于 n 成立. 考虑 $2(n+1)$个点，其中连线的条数$\geqslant(n+1)^2+1$.

设其中 A,B 两点相连.其余 $2n$ 个点中，任一点 C 若与 A,B 都相连，则已经有三角形. 否则，每点至多与 A,B 中一点相连. $2n$ 个点之间的连线的条数

$$\geqslant(n+1)^2+1-1-2n=n^2+1.$$

根据归纳假设，必有三角形存在.

解法二 设 $2n$ 个点中，点 A 的次数最大. $d(A)=m$，并且与 A 相连的点为 $B_1,B_2,\cdots,B_m$. 如果 $B_1,B_2,\cdots,B_m$ 之间有线相连，那么相连的两点与 A 构成三角形. 否则 $B_1,B_2,\cdots,B_m$ 互不相连. 图中除 $B_1,B_2,\cdots,B_m$ 外，还有($2n-m$)个点，每点的次数$\leqslant m$. 图中线的条数

$$\leqslant m(2n-m)\leqslant n^2<n^2+1.$$

另一方面，取 $2n$ 个点 $A_1,A_2,\cdots,A_n,B_1,B_2,\cdots,B_n$，$A_i$ 与 B_j 相连($1\leqslant i,j\leqslant n$)，共连 n^2 条线，但图中没有三角形.

对于奇数个点，类似结论成立. 即 n($n\geqslant 3$)个点，连$\left[\frac{n^2}{4}\right]+1$ 条线，必有三角形.

例 2 的结论可以加强.

例 3 设$n\geqslant 2$.平面上已给$2n$个点,每三点不共线.在这些点之间连n^2+1条线段.证明至少形成n个以已知点为顶点的三角形.

解 $n=2$的情况不难验证.假设命题对于$n-1(n-1\geqslant 2)$成立,考虑n的情况.

首先证明至少形成一个(以已知点为顶点的)三角形.

与例2解法一类似.设已知点A,B之间连有一条线段.如果点C与A,B均相连,$\triangle ABC$即为所求.如果其余的$2(n-1)$个点均至多与A,B中一个相连,那么去掉A,B及与A或B相连的线段,剩下的$2(n-1)$个点之间至少有

$$n^2+1-2(n-1)-1=(n-1)^2+1$$

条线段.由归纳假设,至少形成一个三角形.

设$\triangle A_1A_2A_3$为以已知顶点为顶点的三角形.A_i向其他点(不包括$\triangle A_1A_2A_3$的顶点)引出$a_i(i=1,2,3)$条线段.

(ⅰ)如果$a_1+a_2+a_3\geqslant 3n-4$,那么这$3n-4$条线段比其他点的个数$2n-3$多出

$$(3n-4)-(2n-3)=n-1,$$

而每多一条至少形成一个三角形,其中两个顶点在$\{A_1,A_2,A_3\}$中,一个是其他顶点.因而三角形的个数$\geqslant(n-1)+1=n$.

(ⅱ)如果$a_1+a_2+a_3\leqslant 3n-5$,那么$a_1+a_2,a_2+a_3,a_3+a_1$中至少有一个$\leqslant 2n-4$(因为$3(2n-3)>2(3n-5)$).不妨设$a_1+a_2\leqslant 2n-4$.去掉$A_1,A_2$(及由它们引出的线段)后,剩下$2(n-1)$个点,而线段不少于

$$n^2+1-(2n-4)-3=(n-1)^2+1$$

条.因此,根据归纳假设,至少形成$n-1$个三角形,连同$\triangle A_1A_2A_3$在内至少n个.

于是,命题对一切$n>1$均成立.

例3中的n不能改成更大的数.我们取$2n$个点$C_1,C_2,\cdots,C_n,D_1,D_2,\cdots,D_n$.将$C_i$与$D_j(1\leqslant i,j\leqslant n)$用线段相连,再将$D_1$与$D_2$连接起来,共连$n^2+1$条线段,恰形成$n$个三角形.

图论问题,所用知识不多,但需要细致、深入地分析.

例 4 某公司有17个人,其中每个人都恰认识4个人.求证:必有2个人互不相识,而且没有共同的熟人.

解 用17个点代表17个人,在两人相识时,相应的两点之间连一条线.

假设结论不成立,则每两个不相连的点,必有第三个点与它们都相连.

点A引出4条线AB,AC,AD,AE.B,C,D,E又各引出3条线.不与A

相连的点，必与 B,C,D,E 之一相连（反证法的假设）. 因此，线 BX_1，BX_2，BX_3，CY_1，CY_2，CY_3，DU_1，DU_2，DU_3，EV_1，EV_2，EV_3 的端点及 A 就是全部的 17 个点.

B 与 $Y_i,U_j,V_k(1\leqslant i,j,k\leqslant 3)$ 这 9 个点均不相连，所以这 9 个点各与 X_1，X_2，X_3 中的一个点相连. 而 X_1，X_2，X_3 除与 B 相连外，各引出 3 条线，所以每个 $X_t(1\leqslant t\leqslant 3)$恰与上述 9 点中的 3 个点相连. 没有一个 Y_i（或 U_j，V_k）与 X_1，X_2，X_3 中的两个相连. X_1，X_2，X_3 也互不相连.

对 Y_i,U_j,V_k，与 X_t 类似的结论同样成立.

不妨设 X_i 与 $Y_i,U_i,V_i(1\leqslant i\leqslant 3)$相连.

X_1 与 $Y_i,U_i,V_i(i=2,3)$这 6 个点不相连. 因此 Y_1,U_1,V_1 中每一个恰与上述 6 点中的 2 个相连. Y_1与 Y_2,Y_3 互不相连，所以 Y_1 与 $U_i,V_i(i=2,3)$中的 2 个相连.从而 Y_1 与 U_1,V_1 互不相连. $Y_i,U_i,V_i(i=2,3)$类似结论成立.

如果 Y_1 与 U_2,V_2 相连，那么 X_3,Y_1 互不相连，而且没有点与它们都相连.

如果 Y_1 与 U_2,V_3 相连，那么 U_3,Y_1 互不相连，而且没有点与它们都相连.

如果 Y_1 与 U_3,V_3 相连或与 U_3,V_2 相连，情况与上面类似.

例 5 能否在正 45 边形的顶点上各放一个数 $0,1,2,\cdots,9$（数允许重复），使得由这些数构成的任一个数对(a,b)都有一条边，这边一端的数为 a，另一端为 b？更一般地，对于数 $0,1,2,\cdots,n$，能否将它们放在正$\dfrac{(n+1)n}{2}$边形的顶点上，使得相应的要求成立？

解 当 n 为奇数（例如 9）时，答案是否定的. 当 n 为偶数时，答案是肯定的.

为此，考虑 $n+1$ 个点 $0,1,\cdots,n$. 在每两个点之间连一条边，这样的图称为**完全图**，记为 K_{n+1}. 它有 $C_{n+1}^2=\dfrac{(n+1)n}{2}$条边.

如果能将 $0,1,\cdots,n$ 放在正$\dfrac{(n+1)n}{2}$边形的顶点上，符合题中要求，那么沿着这正多边形的边前进正好相当于在图 K_{n+1} 中沿着边前进：从数 a 走到数 b 也就是从 K_{n+1}的点 a 走到点 b，绕正多边形一周也就是将 K_{n+1}一笔画成$\Bigg($由于无序数对(a,b)恰好$\dfrac{(n+1)n}{2}$个，所以这种数对与正多边形的边一一对应，在前进过程中不会重复出现，因而 K_{n+1}的边也不会重复出现$\Bigg)$.

当 n 为奇数时，K_{n+1}的每个点都是奇顶点（次数为 n），所以在 $n+1\geqslant 4$ 即

$n \geqslant 3$ 时,不是一笔画. 特别地,不能在正 45 边形的顶点上各放一个数 $0,1,\cdots,9$,满足题述要求.

当 n 为偶数时,连通图 K_{n+1} 的每个点都是偶顶点,所以能一笔画成. 从而,可以将数 $0,1,2,\cdots,n$ 放在正 n 边形的顶点上,满足题述要求.

例 6 一次大型会议有 500 名代表参加,如果每名代表认识的人数为 400(我们约定甲认识乙,则乙也认识甲),是否一定能选出 6 名代表,每两名互相认识?

解 未必.

构造例子(正例与反例)在数学中极为重要. 只有通过各种各样的例子,才能真正理解、把握有关的概念、命题、理论(参见第 5 讲).

为了表明未必能选出 6 名代表,每两名互相认识,我们取 5 个完全图 K_{100}.

每个点代表一个人,500 个点就是 500 名代表. 如果两个点之间有边相连,我们就认为两名代表互不认识;如果两个点之间无边相连,我们就认为两名代表互相认识. 由于每个完全图 K_{100} 的点与这个完全图的其他点均相连,而不与其他 4 个完全图的点相连,因此每名代表认识的人数为 400.

任 6 个点中, 至少有两个点在同一个完全图 K_{100} 中(只有 5 个 K_{100}). 这两个点有边相连,也就是说每 6 名代表中,必有两名互不相识.

例 6 中的 400 是最佳的.

例 7 在例 6 中,如果每名代表认识的人数大于 400,证明一定能找到 6 名代表,每两名互相认识.

解 我们仍然用 500 个点表示 500 名代表. 如果两名代表互相认识,就在相应的两个点之间连一条边(请注意,这里是互相认识时连边,与例 6 恰好相反. 不过,这只是为了叙述上的方便,并非本质的差异).

由于每名代表认识的人数大于 400,因此每个点的次数大于 400.

任取一个点 v_1,与 v_1 相连的点的集合记为 A_1,那么 A_1 中的点的个数 $|A_1|>400$.

在 A_1 中任取一个点 v_2,与 v_2 相连的点的集合记为 A_2,同样 $|A_2|>400$.

考虑 $A_1 \cap A_2$(也就是与 v_1, v_2 都相连的点的集合). 我们知道

$$|A_1 \cap A_2| = |A_1| + |A_2| - |A_1 \cup A_2|,$$

因此 $|A_1 \cap A_2| > 400 \times 2 - 500 > 0$. 这就是说 $A_1 \cap A_2$ 不是空集. 在 $A_1 \cap A_2$ 中任取一个点 v_3,类似地定义 A_3 为与 v_3 相连的点集,这时有 $|A_3|>400$,并且根据容斥原理

$$|A_1 \cap A_2 \cap A_3| = |A_1 \cap A_2| + |A_3| - |(A_1 \cap A_2) \cup A_3|$$

$$>(400\times2-500)+400-500=400\times3-500\times2>0.$$

于是 $A_1\cap A_2\cap A_3$ 不是空集，取 $v_4\in A_1\cap A_2\cap A_3$，类似地定义 A_4，可得

$$\begin{aligned}|A_1\cap A_2\cap A_3\cap A_4|&=|A_1\cap A_2\cap A_3|+|A_4|-|(A_1\cap A_2\cap A_3)\cup A_4|\\&>(400\times3-500\times2)+400-500\\&=400\times4-500\times3>0.\end{aligned}$$

再取 $v_5\in A_1\cap A_2\cap A_3\cap A_4$，同样定义 A_5 并得出

$$|A_1\cap A_2\cap A_3\cap A_4\cap A_5|>400\times5-500\times4=0.$$

于是有 $v_6\in A_1\cap A_2\cap A_3\cap A_4\cap A_5$，这样得到的 $v_1,v_2,\cdots,v_6$ 两两相连，也就是说，有 6 位代表互相认识.

例 8 在一车厢里，任何 $m(m\geqslant3)$ 个旅客都有唯一的公共朋友(当甲是乙的朋友时，乙也是甲的朋友.任何人不作为他自己的朋友).问：在这车厢里，有多少人?

解 根据已知，每个人都有朋友.

如果有 $k(k\leqslant m)$ 个人彼此是朋友，那么根据已知他们有一个公共的朋友.我们得到 $k+1$ 个人彼此是朋友. 依此类推(或者用归纳法)，导出有 $m+1$ 个人 $A_1,A_2,\cdots,A_{m+1}$ 彼此是朋友.

如果 B 是这 $m+1$ 个人以外的人，并且 B 至少与 $A_1,A_2,\cdots,A_{m+1}$ 中两个人是朋友.设 B 与 A_1，A_2 是朋友，则 $B,A_3,A_4,\cdots,A_{m+1}$ 这 m 个人有两个公共的朋友 A_1,A_2. 与已知矛盾.

因此，$A_1,A_2,\cdots,A_{m+1}$ 之外的人 B 至多与 $A_1,A_2,\cdots,A_{m+1}$ 中一个人是朋友.设 B 与 $A_2,A_3,\cdots,A_{m+1}$ 都不是朋友，则 $B,A_1,A_2,\cdots,A_{m-1}$ 的公共朋友 C 不是 A_m,A_{m+1}，当然也不是 $A_1,A_2,\cdots,A_{m-1}$. 由于 $m\geqslant3$，C 与 $A_1,A_2,\cdots,A_{m+1}$ 中 $m-1\geqslant2$ 个人是朋友. 但上面已证 C 至多与 $A_1,\cdots,A_{m+1}$ 中一个人是朋友，矛盾.

于是，车厢中只有 $A_1,A_2,\cdots,A_{m+1}$ 这 $m+1$ 个人，每个人的朋友为 m 个(恰好是完全图 K_{m+1}).

下面是图论的一个应用.

例 9 平面上有 n 个点，每两个点之间的距离大于等于 r. 证明其中至多有 $3n$ 对点，每对点之间的距离为 r.

解 如果某两点之间的距离为 r，我们就在这两点之间连一条边，从而产生一个由 n 个点组成的图 G.

对 G 中任一点 v，与 v 相邻的点都在以 v 为心，r 为半径的圆上. 设这些点(依顺时针次序)为 $v_1,v_2,\cdots,v_k$，则由于 $v_1v_2,v_2v_3,\cdots,v_kv_1$ 均大于等于 r，所

以$\angle v_1vv_2$，$\angle v_2vv_3$，…，$\angle v_kvv_1$ 均大于等于 $60°$. 从而 v 的次数 $k\leqslant 6$.

G 中每个点的次数小于等于 6，所以 G 中至多有 $\frac{6n}{2}=3n$ 条边（利用(3)式），即至多有 $3n$ 对点，每对点之间的距离为 r.

注 请与第 42 讲例 1 比较.

在图论中，极端性原则也是常常用到的.

例 10 有三所中学，每所有 n 名学生. 每名学生都认识其他两所中学的 $n+1$名学生. 证明可以从每所中学中各选一名学生，这 3 名选出的学生互相认识.

解 将学生用点表示. 如果两个学生互相认识，我们就在相应的点之间连一条边.

将第一所学校与第二所学校（的学生）之间连的边染成红色，第二所与第三所学校之间的边染成蓝色，第三所与第一所学校之间的边染成黄色.

每个点的次数都是 $n+1$，这 $n+1$ 条边分为两种颜色，同一种颜色的边的条数称为这点的一种同色次数.

设在所得图中，点 x 的一种同色次数为最大. 记这最大值为 m. 不妨设 x 在第一所学校，自 x 引出 m 条红边 xy_1，xy_2，…，xy_m，又至少有一条黄边 xz.

由 m 的最大性，自 z 引出的黄边小于等于 m 条，从而自 z 引出的蓝边大于等于$n+1-m$ 条. 因为 $m+(n+1-m)=n+1>n$，所以 y_1，y_2，…，y_m 中必有一点 y_k 与 z 相连. x，y_k，z 就是三名互相认识的学生.

习 题 43

1. 设 G 是有 n 条边的连通图. 证明可以将边标上 1，2，…，n，使得自一点引出几条边时，各边标号的最大公因数为 1.
2. 在 20 个城市之间开辟 172 条航线（每两个城市之间至多 1 条航线）. 试证明利用这些航线，可以由其中任何一个城市飞往其他的任一个城市（包括经过若干次中转后到达）.
3. 对于给定的正整数 m，求最小的正整数 n，使得完全图 K_n 在任意地将边染成红色或蓝色时，都有 m 条同色的边，两两没有公共端点.
4. 某国有若干城市，某些城市之间有公路相连，每个城市连出 3 条公路，证明存在一个由公路组成的圈，它的长度（即组成这个圈的公路的条数）不被 3 整除.
5. 某省任一城市至多与三个城市有铁路直接相连. 从任一城市到其他城市中间

至多经过一个城市. 问:该省至多有几个城市?

6. $n(n>4)$个城市,每两个城市之间有一条直达道路.证明:可将这些道路改为单行道,使得从任意城市可以到达任一其他城市,中间至多经过一个城市.

7. 由 18 个队参加的足球循环赛,已赛过 8 轮,即每个队都与 8 个不同的队赛过. 证明:一定能找出三个队,它们之间尚未赛过.

8. n 个队参加的循环赛,赛完后第 i 队胜 x_i 场,负 y_i 场($i=1,2,\cdots,n$),已知无平局,证明:$x_1^2+x_2^2+\cdots+x_n^2=y_1^2+y_2^2+\cdots+y_n^2$.

9. 21 个城市之间的航空旅行由若干家航空公司经营,每家公司为 5 个城市服务,使其中每两个城市均有直达航线. 要使 21 个城市中每两个城市均有直达航线,至少需几家公司?

10. 一次会议有 $12k$ 人参加,每人恰与 $3k+6$ 个其他人打过招呼. 对任意两人,与他们都打过招呼的人数均相同,问:会议有多少人?

11. 一个"网"由珍珠及连接它们的线组成. 珍珠排成 m 行 n 列(图 43-4 中 $m=5,n=6$). 试确定 m 与 n 的值,使得去掉若干条线后,"网"就变成项链.

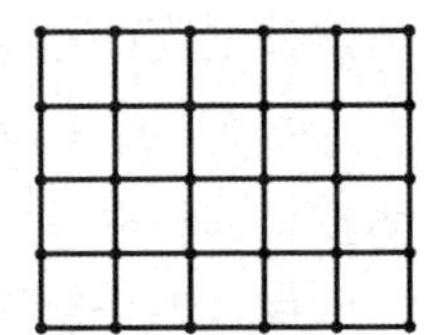

图 43-4

12. 凸 n 边形及 $n-3$ 条在形内不相交的对角线组成的图形称为剖分图. 证明当且仅当 $3|n$ 时,存在一个剖分图是可以一笔画成的圈(即可以从一个顶点出发,经过图中各线段恰一次,最后回到出发点).

13. 8 个点,连 12 条边,一定产生四边形(即由 4 条边组成的圈).

14. 9 个点之间连若干条线,如果图中没有完全图 K_4,那么至多有多少个三角形?

第44讲 图论(二)

本讲介绍树、两部分图及哈密尔顿(W. R. Hamilton,1805—1865)链.

没有圈的连通图称为树. n 个顶点的树记为 T_n.

树是一种重要的图,应用极为广泛.

树有很多特征. 首先,T_n 有次数为 1 的点, 这种点称为梢. 事实上,我们可以从树上任一点出发, 沿边前进. 在路口选哪一条边走是完全任意的,只要注意已走过的不再重复. 由于图中没有圈,因此经过的点也绝不会重复.我们的旅行在经过若干个点(至多 n 个点) 后必然终止. 这个终点就是次数为 1 的梢(如果次数大于 1,还可以继续旅行). 因此 T_n 至少有一个梢.

其次,T_n 的边数为 $n-1$. 这就是下面例 1 的结论.

例 1 n 个点的图,如果每两点 v,v' 都有一条路(由不同的边 vv_1,v_1v_2,…,v_kv'组成的序列)而且也只有一条路相连. 证明边的总数为 $n-1$.

解 每两点都有路相连,意即图是连通的.

每两点只有一条路相连,意即图中没有圈.

所以,这个图是树 T_n,它有一个梢 v.

我们将梢 v 所引出的唯一的边连同 v 一起取消(把这根树枝折掉),剩下的图仍然是树(仍然连通、没有圈),但少了一个顶点,变成 T_{n-1}.

对树 T_{n-1}采取同样措施,又折掉一根树枝. 这样继续下去,最后得到两个顶点的树 T_2.

T_2 只有一条边. 由于我们共折掉 $n-2$ 条边,因此树 T_n 有 $n-1$ 条边.

注 (ⅰ) 上面的证法实际就是归纳法.

(ⅱ) $n>1$ 时树 T_n 至少有两个梢,参见习题 44 第 1 题.

例 2 10 个学生参加一次考试,试题共 10 道,已知没有两个学生做对的题目完全相同. 证明在这 10 道题中可以找到一道试题,将这道试题取消后,每两个学生所做对的题目仍然不会完全相同.

解 我们采用反证法,假设命题不成立,即对每一道题 $h(1\leqslant h\leqslant 10)$,如果除掉 h 后,就可以找到一对学生 v_i 与 v_j 做对的题目相同(如果有好几对这样的学生,任取其中的一对).

将学生用点表示,并在上述的 v_i 与 v_j 之间连一条边,边的标号为 h. 这样,得到一个图 G ,有 10 个点,10 条边,各边的标号为 1,2,…,10.

图 G 由若干个连通分支组成(如果 G 是连通的,那么只有一个连通分支即 G 本身). 由于 G 的点数等于边数,必有一个连通分支 G_1 的点数小于等于边数.

根据例 1, G_1 不是树,所以 G_1 必有圈. 设 $v_1, v_2, \cdots, v_k$ 是一个圈,那么沿着这个圈前进时,每通过一条边就相当于做对的题目增加或减少一道. 由于各边的标号不同,增减的题目是互不相同的. 但绕圈一周后仍回到出发点 v_1,这就是说,由 v_1 做对的题目增减一些不同的题,最后的结果与 v_1 原来做对的完全相同. 这显然是矛盾的.

注 只要学生数小于等于题目数,则总可以取消一道题,使每两个学生做对的题目仍然不完全相同. 证法不变.

例 3 n 个镇,每个镇都可以通过一些中转镇与另一个镇通话. 证明至少有 $n-1$ 条直通的电话线路,每条连接两个镇.

解 仍用 n 个点表示 n 个镇,每两个镇之间如果有直通电话,就用一条边连接.

题中条件表明所得的图是连通图. 这个图可能有圈. 如果有圈,我们就去掉这个圈的一条边,这时图虽然少了一条边,但仍然是连通的. 如果还有圈,再去掉圈的一条边. 这样继续下去,直到图中没有圈. 这时的图是树 T_n,它有 $n-1$ 条边. 因此原来的图至少有 $n-1$ 条边,这就是要证明的结论.

上面所得到的树称为原来的连通图的生成树. 在生成树上添若干条边,就可以得到(生成)原来的图.

每个连通图都有生成树(而且不仅一个),因而有 n 个点的连通图中,边数最少的是树 T_n.

例 4 一位主人准备了 77 粒糖果作为礼物. 如将糖果装在 n 只袋中,使得不论来的孩子是 7 个还是 11 个,每个孩子都可以得到整袋的糖果,并且每个孩子得到的糖果数相等. 求 n 的最小值.

解 这 n 袋糖果可分成 7 份,每份 11 粒糖果,用 7 个点 $x_1, x_2, \cdots, x_7$ 表示. 这 n 袋糖果又可分成 11 份,每份 7 粒糖果,用 11 个点 $y_1, y_2, \cdots, y_{11}$ 表示. 如果某一袋糖果分别出现在 x_i 和 y_j 中,就在 x_i 与 y_j 之间连一条边,这样得到一个图 G.

图 G 一定连通. 因为我们可以取 G 的一个最大的连通分支 G',设 G' 中有 a 个 x_i, b 个 y_j,那么由糖果数的计算得 $11a=7b$,从而 $a=7, b=11$,即 G' 就是 G.

连通图 G 有 $7+11=18$ 个点,所以 G 至少有 17(即 $18-1$)条边.

由于每条边表示一袋糖果,因此至少有 17 袋糖果.

如果17袋的糖果数分别为

$$7,7,7,7,7,7,7,4,4,4,4,3,3,3,1,1,1,$$

那么无论来的孩子是7个还是11个,每个孩子都可以得到整袋糖果,并且每人得到的糖果数相等.

因此,n的最小值为17.

如果图G的点可以拆为两个点集X,Y,并且X的点之间没有边相连,Y的点之间也没有边相连,那么图G称为两部分图.例4中的图便是两部分图.第43讲例2中所举的例子也是两部分图.

例5 图G为两部分图的充分必要条件是G的圈长均为偶数.

解 如果G是两部分图,那么任一个圈上集X,Y的点交错出现,因此圈长为偶数.

反过来,设G的圈长均为偶数.不妨设G是连通的(否则考虑G的每一个连通分支).任取一点x,将它染上红色,然后根据下面的规则将G的顶点v'染上红色或蓝色:

如果有一条自v到v'的链长为偶数,那么就将v'染上红色.

如果有一条自v到v'的链长为奇数,那么就将v'染上蓝色.

由于G的每个圈的长均为偶数,所以如果从v到v'有几条链,那么这几条链的长具有相同的奇偶性,因此按照上面的规则,每个点都可以染上一种确定的颜色,并且显然相邻的两个点一定染上不同的颜色.

于是G是两部分图,它的点分为两部分:红点的集X,蓝点的集Y.并且X的点互不相邻,Y的点也互不相邻.

对于图G,将它的点染上颜色,使得相邻的点颜色不同,所需的颜色种数的最小值称为G的色数,记为$\chi(G)$.

两部分图G就是色数$\chi(G)=2$的图.

例6 在两部分图G中,$X=\{x_1,x_2,\cdots,x_n\}$,$Y=\{y_1,y_2,\cdots,y_m\}$是G的点所分拆成的两个集,X的点互不相邻,Y的点也互不相邻.G有一组无公共点的边,一端恰好组成集Y的充分必要条件是与任意k个y_j(中至少一个)相邻的顶点x_i的个数不小于$k(1\leqslant k\leqslant m)$.

解 必要性是显然的,只需证充分性.

假定与任意$k(1\leqslant k\leqslant m)$个$y_j$相邻的点$x_i$的个数不少于$k$.我们对$m$进行归纳.

$m=1$时命题显然成立,假定命题对$m-1$已经成立,要证明命题对m也成立.这时有两种情况:

(1) 如果对每个 $k \leqslant m-1$,与任意 k 个 y_j 相连的 x_i 的个数大于等于 $k+1$. 我们去掉两个相邻的点,不妨设它们是 x_1 与 y_1. 在剩下的图 G' 中,与任意 k 个 y_j 相邻的点 x_i 的个数大于等于 k,因此由归纳假设,有一组无公共点的边一端组成$\{y_2, y_3, \cdots, y_m\}$. 将边$(x_1, y_1)$加进去即得结论.

(2) 如果对某个 $h \leqslant m-1$,有 h 个 y_j,与它们相邻的 x_i 的个数等于 h. 不妨设与 $y_1, y_2, \cdots, y_h$ 相邻的只有 $x_1, x_2, \cdots, x_h$. 我们将 G 分为两个"子图",由点 $x_1, x_2, \cdots, x_h, y_1, y_2, \cdots, y_h$ 及它们之间的边组成的子图记为 G_1,其余部分记为 G_2. G_1 显然满足命题中的条件(m 换成 h),因此存在一组无公共点边,一端组成$\{y_1, y_2, \cdots, y_h\}$,另一端组成$\{x_1, x_2, \cdots, x_h\}$. 另一方面,$G_2$ 也满足命题中的条件(不然的话,例如设与 $y_{h+1}, y_{h+2}, \cdots, y_{h+k}$ 相邻的点少于 k,那么与 $y_1, y_2, \cdots, y_{h+k}$ 相邻的点少于 $k+h$,与已知矛盾),所以也有一组无公共点的边,一端组成$\{y_{h+1}, y_{h+2}, \cdots, y_m\}$. 将这两组边并在一起即得结论.

例 6 称为荷尔(M. Hall, 1910—2011)定理.

例 7 有 n 名绅士与 n 名太太参加一次舞会,每名绅士恰好认识 δ 名太太,每名太太也恰好认识 δ 名绅士. 证明可以适当安排,使得每位太太均与她所认识的绅士跳舞.

解 绅士、太太均用点表示,分别组成点集 X, Y. 在相识的人之间连线,就得到一个两部分图 G,每一点的次数为 δ. 要证明结论成立,只需验证这个图满足例 6 的条件.

对 Y 中任意 k 点,由于每点次数为 δ,次数之和为 δk. 与这 k 点(中至少一点)相邻的 x_i,每个至多与这 k 点中 δ 个相邻,所以 x_i 的个数至少为$\frac{\delta k}{\delta}=k$ 个,即例 6 的条件成立.

注 (i) 如果图 G 的每点次数均为 δ,那么 G 称为 δ 正则图.

(ii) 如果图 G 有一个子图 G_1, G_1 含有 G 的所有点,并且在 G_1 中每一点的次数为 1,那么 G_1 称为 G 的 1-因子或匹配. 例 7 的结论就是图 G 有 1-因子. 将这个 1-因子去掉后,剩下的图仍然有 1-因子,这样继续下去,我们便得到:

δ 正则的两部分图可以分解成 δ 个 1-因子,这些 1-因子无公共边.

(iii) 更一般地,如果图 G 有一个子图 G_1, G_1 含有 G 的所有点,并且在 G_1 中每一点的次数为 k,那么 G_1 称为 G 的 k-因子. 一个图的连通的 2-因子是后面将要说到的哈密尔顿圈.

例 8 如果两部分图 G 中,次数的最大值为 r,那么可以将它的边染色,每

条边染 r 种颜色中的一种，使得同一个点引出的边颜色不同.

解 如果 G 是 r 正则图，那么它可以分解为 r 个 1-因子. 将每个 1-因子的边染同一种颜色，不同 1-因子的边染不同的颜色. 这样的染色就满足要求.

如果 G 不是 r 正则图，我们先增加一些点使 G 的两部分 X，Y 的点数相等，然后在两部分之间尽可能地连边，直至再连任一边则最大次数超过 r 时为止. 这时得到的图 G' 一定是 r 正则图（因设 $x\in X$ 的次数小于 r，则总边数 $<r|X|=r|Y|$，从而必有 $y\in Y$ 的次数小于 r. 可以连边 (x,y) 而不破坏 r 的最大性）. 根据上面所证，G' 的边可以染上 r 种颜色之一，使得同一种颜色的边无公共点，G 是 G' 的子图，当然更是如此.

注 如果图 G 的边可以染上 r 种颜色之一，使得同一种颜色的边无公共点，那么 r 的最小值称为 G 的色指数.

例 9 奥芝国的城市分为两类，同一类城市之间无道路直接连通，每个城市均有 δ 条道路直接通向另一类的 δ 个城市，$\delta\geqslant 2$. 如果从任何城市均可沿着道路走到所有其他的城市. 证明即使洪水冲断一条道路，仍然能从任何城市走到所有其他城市.

解 用图论的术语来说，要证明 $\delta\geqslant 2$ 时，

"δ 正则的两部分图没有桥".

所谓"桥"是指这样的边，将它取消后，图就增加一个连通分支.

采用反证法，设去掉某条边后，图 G 成为两块：G_1 与 G_2，G_1 与 G_2 不连通.

这时 G_1 有一个点的次数为 $\delta-1$，其余点的次数为 δ（G_2 也是如此）. 但 G_1 是两部分图，它的边数等于任一部分的点的次数的和，而一部分的次数之和是 δ 的倍数，另一部分的次数之和是 δ 的倍数加上 $(\delta-1)$，不是 δ 的倍数. 于是产生矛盾.

很多图论定理可以编成有趣的问题.

例 10 将正三角形的每一条边 n 等分，过各分点引其他两边的平行线，将原三角形分为 n^2 个小的正三角形. 每个小三角形是一个房间，每两个相邻的房间（有公共边的小三角形）之间有门相通. 如果每次参观，参观者经过每个房间至多一次，问参观者至多参观到多少个房间？

解 将每个房间染上红、蓝两种颜色之一，相邻的房间颜色不同，如图 44-1(a)所示.

参观路线是一条"交错链"，即经过的房间的颜色红、蓝交错. 从而经过的房间数

$$\leqslant 2\times(\text{蓝色房间数})+1.$$

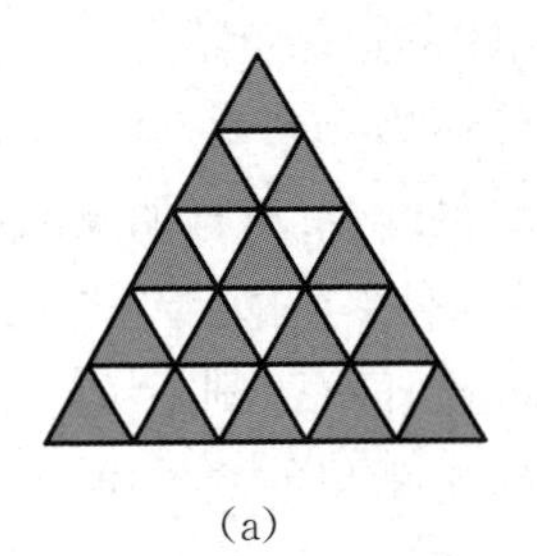
(a)

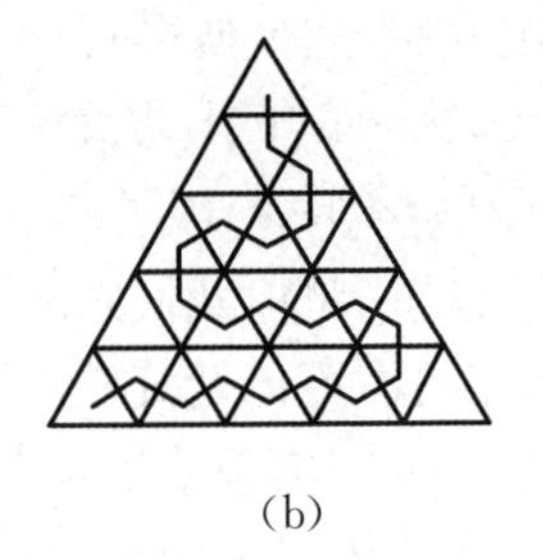
(b)

图 44 - 1

图 44 - 1(a)中,红色房间有$\frac{1}{2}(n+1)n$ 个,蓝色房间有$\frac{1}{2}(n-1)n$ 个,所以经过的房间数至多为 n^2-n+1 个. 图(b)显示经过 n^2-n+1 个房间是可以做到的.

例 11 亚瑟王在王宫中召见他的 $2n(n>1)$名骑士,其中某些骑士之间互有怨仇. 已知每个骑士的仇人不超过 $n-1$ 个. 证明亚瑟王的谋士摩林能够让这些骑士围着那张著名的圆桌坐下,使得每一个骑士不与他的仇人相邻.

解 首先让这些骑士依任意顺序围着圆桌坐下,这时可能有若干对仇人相邻,我们证明总可以经过调整,使得相邻仇人的对数减少.

设 A 与他的仇人 B 相邻,不妨假定 B 在 A 右边. A 的朋友至少有 n 个,而 B 的仇人至多有 $n-1$ 个,因此一定有一个 A'存在,A'是 A 的朋友并且 A'右边的 B'不是 B 的仇人(抽屉原则). 我们将 B 至 A'这一部分人的顺序颠倒过来,使 A 与 A'相邻,B 与 B'相邻(图 44 - 2 的(a)变为(b)). 这样仇人相邻的对数减少 1 对(如果 A'与 B'是朋友)或 2 对(如果 A'与 B'是仇人).

于是经过有限次调整,一定可以使相邻仇人的对数为 0.

如果将每名骑士用一个点表示,并且在朋友之间连上线,我们就得到一个图.

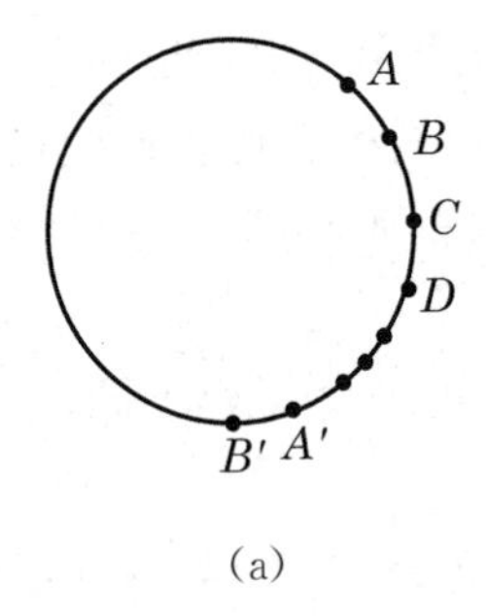

(a)

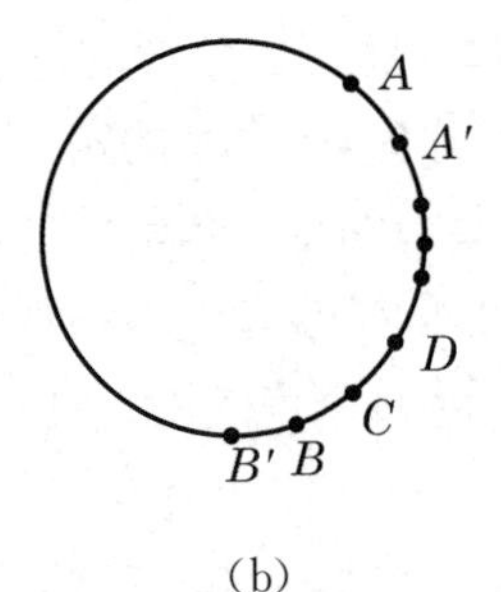

(b)

图 44 - 2

如果在图中，有一个链(圈)经过每个点恰好一次，那么这个链(圈)称为哈密尔顿链(圈).

例 11 表明：

如果图 G 共 $2n(n>1)$ 个点，每点的次数大于等于 n，那么 G 有哈密尔顿圈.

如果将例 10 的小正三角形(房间)作为点，相邻的房间表示的点用边相连，我们得到一个图.根据例 10 的证明，这个图没有哈密尔顿链.

习题 44

1. 证明 $n>1$ 时树 T_n 至少有两个梢.

2. 某市街道成棋盘状，横 n 条，竖 m 条.现在决定封闭一些街道，使得汽车仍然能从任一个十字路口走到其他十字路口，但决不会兜圈子. 问：应当封闭多少段路(每两个相邻的十字路口间的路称为一段)?

3. n 个人，每人一根香烟，但火柴仅有一根(只能用一次). 问：有多少种不同的方式将烟全点着(假定每根烟可以点任意多次)?

4. n 个不同的点可以产生多少种不同的树?

5. 某城市中，对任意三个路口 A,B,C，都有从 A 到 B 而且不经过 C 的路. 证明从任一路口到任一其他路口，均有两条不相交的路(路口均至少有两条路相交，该城市至少有三个路口).

6. 求出最小的正整数 n，使得在 n 个无理数中总有三个数，这三个数中每两个的和为无理数.

7. 奥芝国有若干城堡，每个城堡与三个城堡有边相连.一名骑士从自己的城堡出发，在开始时任选一条边，走过两条边后，遵循下面的基本原则：如果上次是向右(左)转的，那么下一次就向左(右)转.证明这位骑士一定能回到自己的城堡.

8. 有 2 000 个城市，每个城市有三条航线(双向)经过，每个城市可以飞抵其他 1 999个城市(允许转机). 能否将其中 200 个城市关闭，使得剩下的城市仍能(不经过这 200 个城市)通航?

9. 设集 $X=\{1,2,\cdots,n\}$. $X^{(r)}$是 X 的全部 $r(r=0,1,\cdots,n)$元子集所成的族.

证明：

(a) 当 $r<\frac{1}{2}n$ 时，有 $X^{(r)}$ 到 $X^{(r+1)}$ 的单射 f_r，对每个 r 元集 $A\in X^{(r)}$，$f_r(A)\supset A$.

(b) 当 $r>\frac{1}{2}n$ 时，有 $X^{(r)}$ 到 $X^{(r-1)}$ 的单射 g_r，对每个 r 元集 $A\in X^{(r)}$，$g_r(A)\subset A$.

10. 在有 n 名女生与 n 名男生参加的一次集会上，每名女生认识半数以上的男生，每名男生也认识半数以上的女生(认识是相互的). 求证：他们可围成一圈，使每名男生的两旁都是他认识的女生，每名女生的两旁都是她认识的男生.

11. 在 8×8 的棋盘中已选定 16 个方格，每行每列均恰有两个选定的方格. 证明：可以将其中 8 个染成红色，8 个染成蓝色，使得每行每列都恰有一个红格.

12. 图 G 有 $n\geqslant 3$ 个点，每两个不相连的点，次数之和不小于 n. 证明 G 有哈密尔顿圈.

13. 图 G 有 $n(n\geqslant 3)$ 个点，边数不少于 $\frac{1}{2}(n-1)(n-2)+2$. 证明它必有一条哈密尔顿圈.

14. 如果圈 G 中次数的最大值为 d，证明它的色数不大于 $d+1$.

15. 在凸多面体中，顶点 A 的次数是 5，其余点的次数都是 3. 将每条棱染成蓝色、红色或紫色. 如果从任一个 3 次顶点引出的 3 条棱都恰好染成 3 种不同的颜色，则称这种染色方式是“好的”. 已知所有不同的“好的”染色方式的总数不是 5 的倍数. 求证一定有某种“好的”染色方式，其中有 3 条由 A 引出的相邻的棱被染成相同的颜色.

第 45 讲 图论(三)

本讲介绍图论中的其他内容,特别是有向图、子图.

例 1 已知两国有航空业务,使得任两个分属这两国的城市之间,都恰有一条单向的航线,并且每个城市都有飞往另一国某些城市的航线. 证明可以找出 4 个城市 A,B,C,D,使得可由 A 直飞 B,由 B 直飞 C,由 C 直飞 D,由 D 直飞 A.

(1991 年第 54 届莫斯科数学奥林匹克)

解 采用"极端性原则"(第 43 讲例 10 已经用过).

设在第一个国家的城市中,A 能直接飞到的(第二个国家的)城市最少. B 是这些城市中的一个.

根据已知,B 可以直接飞到第一个国家的城市 C.

C 能直接飞到的城市不少于 A 能直接飞到的城市,而且其中没有城市 B,所以其中必有一个城市是 A 不能直接飞到的. 设这个城市为 D,则根据已知,D 可直接飞到 A.

A,B,C,D 即为所求的 4 个城市.

在例 1 中,将城市用点表示.如果城市 A 至城市 B 有一条单向的航线,那么就在相应的点 A,B 之间作一条有向的边,即在边上加一个指向 B 的箭头表示方向. 这样的图称为有向图.

在有向图中,由 A 引出、方向向外的边数称为 A 的出次,记为 $d^+(A)$. 而指向 A 的边数称为 A 的入次,记为 $d^-(A)$.

例 1 中的 A,是出次最小的点.

显然,所有出次的和等于所有入次的和,而且等于图中的边数.

例 2 100 种昆虫,每两种之中有一种能消灭另一种. 证明能将这 100 种昆虫排成一列,使得每一种昆虫能消灭紧接在它后面的那一种昆虫.

解 100 可以改为更一般的自然数 $n\geqslant 2$. 用归纳法来证明.

作一个图 G,G 的每一个点 v_i 表示一种昆虫,如果昆虫 v_i 可以消灭昆虫 v_j,我们就作一条从 v_i 到 v_j 的有向边. 这样得到的图称为有向完全图(或竞赛图). 如果不考虑方向,它就是完全图 K_n.

要证明的结论是有向完全图中必有哈密尔顿链,即可以沿着边(当然要按照这条边的方向前进)走过每个点恰好一次.

$n=2$ 时结论显然. 假设命题对 $n-1$ 成立,$n-1$ 个点排列为 $v_1\to v_2\to\cdots$

$\rightarrow v_{n-1}$.

这时有三种情况:

(a) 如果有边 $v_{n-1}\rightarrow v_n$,那么 $v_1\rightarrow v_2\rightarrow\cdots\rightarrow v_{n-1}\rightarrow v_n$ 即为所求.

(b) 如果有边 $v_n\rightarrow v_1$,那么 $v_n\rightarrow v_1\rightarrow v_2\rightarrow\cdots\rightarrow v_{n-1}$ 即为所求.

(c) 如果(a),(b)都不成立,那么有边 $v_1\rightarrow v_n$ 及 $v_n\rightarrow v_{n-1}$. 在 $1,2,\cdots,n-2$ 中一定有一个 i,使得边 $v_i\rightarrow v_n$ 与 $v_n\rightarrow v_{i+1}$ 同时存在(我们选取 i 为 $1,2,\cdots,n-2$ 中第一个使边 $v_n\rightarrow v_{i+1}$ 存在的数). 这时

$$v_1\rightarrow v_2\rightarrow\cdots\rightarrow v_i\rightarrow v_n\rightarrow v_{i+1}\rightarrow v_{i+2}\rightarrow\cdots\rightarrow v_{n-1}$$

即为所求.

例 3 在一个有向图中,已知每点的出次不超过 6. 证明:可将它的顶点各染上 13 种颜色中的一种,使得同色的顶点之间没有边相连.

解 还是对点数 n 进行归纳. $n\leqslant 13$ 时,结论显然.假设结论对 $n-1$ 成立,考虑 n 个点的图.

由于 $\sum d^+(A)=\sum d^-(A)$,而所有 $d^+(A)\leqslant 6$,因此 $\sum d^-(A)\leqslant 6n$,从而必有一点 A 的入次 $\leqslant\frac{6n}{n}=6$.

去掉 A 及以 A 为端点的边. 对剩下的图用归纳假设,将它的顶点各染上 13 种颜色中的一种, 使得同色的点之间无边相连.

由于 $d^+(A)+d^-(A)\leqslant 6+6=12$,因此可将 A 染色,使得 A 的颜色与相连的点(至多 12 个)均不同色.

例 4 已知一个有向图中,每点的出次不超过 2,证明可将它的顶点各染上 13 种颜色中的一种,使得从任一点到它的同色上,至少要经过 3 条边.

解 考虑一个与原图 G 相关的图 G'. G' 的点与 G 一一对应. 如果在 G 中,从点 A 可以直接到达点 B ,即有一条有向边 $A\rightarrow B$;或者从点 A 经过某个点 C 可以到达 B,即有两条有向边 $A\rightarrow C$,$C\rightarrow B$,那么,就在图 G' 中,连一条有向边 $A'\rightarrow B'$,这里 A',B' 为 G' 中与 A,B 对应的点.

由于 $d^+(A)\leqslant 2$,A 可以直接到达的点至多 2 个,而且对于 A 能直接到达的每个点 B,B 能直接到达的点至多 2 个,因此 A 能直接到达或经过一个中间点到达的点不超过 $2+2\times 2=6$ 个. 即在图 G' 中,每点 A' 的出次 $d^+(A)\leqslant 6$.

根据例 3,可将 G' 的顶点各染上 13 种颜色中的一种,使得同色的点互不相连.

在图 G 中,相应的染色(A 与 A' 同色)满足要求.

例 1 至例 3 的方法: 归纳法、枚举、极端性原则,都是图论中常用的.例 4 中

作一个辅助的图,尤为巧妙,值得玩味.

例3、例4都源于下面一道俄罗斯赛题.

例5 某城市有若干广场,有些广场之间有单行道相连.每个广场都恰好有两条往外的单行道.证明:可以将这个城市分成1 014个小区,使得每条单行道所连接的两个广场都分属两个不同的小区,并且对任何两个小区,所有连接它们的单行道都是同一个方向的(即都是由小区甲驶往小区乙的单行道,或者全反过来).

解 广场作为点,单行道就是连接两个点的有向边.这样得到一个有向图G,每点的出次为2,根据例4,可将G的点各染上13种颜色中的一种,使得从一个点到与它同色的点,中间至少经过2个点.

每种颜色的点又可以分为78类:设A是第一种颜色的点,A有两条引出的边$A\to B$,$A\to C$.B,C可以同色,这有12种;B,C也可以异色,这有$C_{12}^2=66$种.因此,根据B,C的颜色,可将第一种颜色的点A分为$12+66=78$类.

将同一类的点归在一个小区.小区个数为$13\times78=1\ 014$.

我们证明所分的小区满足要求.假设不然,那么有甲小区与乙小区,甲小区中的点(广场)A_1有边$A_1\to B_1$,指向乙小区的点B_1,而乙小区中的点B_2有边$B_2\to A_2$,指向甲小区的点A_2.

因为A_1,A_2同属于甲小区,所以它们是同一类,A_2也应有一条边$A_2\to C$,指向与B_1同色的点C.这样,就有$B_2\to A_2\to C$.而B_2与B_1也就与C同色,但上面已经说过,从G中一个点到与它同色的点,中间至少经过2个点.矛盾表明所分小区满足要求.

在一个图G中,由一部分点以及这些点之间的边,所组成的图G_1,称为G的子图.我们常常关心某种特定形状的子图.如第43讲例2,就是问有没有一个子图是三角形.

例6 图G有n个点,e条边,证明在

$$e>\frac{1}{4}n(1+\sqrt{4n-3}) \tag{1}$$

时,图G中必有四边形.

解 考虑"角":由一点A及A引出的两条边AB,AC组成的图形.

设n个点的次数分别为$a_1,a_2,\cdots,a_n$,则角的总数为$\sum\limits_{i=1}^{n}C_{a_i}^2$.

如果图中没有四边形,那么每一对点B,C至多产生一个角($\angle BAC$),所以点对的总数C_n^2不小于角的总数,即$C_n^2\geqslant\sum\limits_{i=1}^{n}C_{a_i}^2$.由柯西不等式得

$$
\begin{aligned}
n(n-1) &\geqslant \sum_{i=1}^{n} a_i(a_i-1)=\sum_{i=1}^{n} a_i^2-\sum_{i=1}^{n} a_i \\
&\geqslant \frac{1}{n}\Big(\sum_{i=1}^{n} a_i\Big)^2-\sum_{i=1}^{n} a_i=\frac{1}{n}(2e)^2-2e. \qquad (2)
\end{aligned}
$$

解不等式(2)就得到(1).

当然(1)只是一个估计式.对于具体的 n, e 的值可以比(1)的右边小,而 G 中仍有四边形,例如 $n=8$ 时,$e=12$(习题 43 第 13 题).

子图中有完全图的问题,第 47 讲还要讨论,这里只举一个例子.

例 7 已知 8 个点的图 G 中,任 5 点组成的子图都有三角形,证明 G 中有一个完全图 K_4.

解 如果有一点 A 的次数 $\geqslant 5$,那么与 A 相连的 5 个点中有三角形,它们与 A 组成 K_4.

因此,可设每点次数 $\leqslant 4$.

如果有 3 个点,两两不连,那么其余的点中,任两点一定相连(否则它们与这三点合成 5 点, 其中没有三角形),从而必有 K_5,更有 K_4.

因此,可设任 3 点中,至少有 2 点相连.

如果有一点 A 的次数 $\geqslant 3$,设 A 与 B, C, D 相连,不与 E, F, H 相连,在 B, C, D 两两相连时,它们与 A 构成 K_4. 设 B 与 C 不相连. 这时由于 A 不与 E, F 相连,因此 E, F 一定相连. 同理有边 FH, EH. 从而 E, F, H 成三角形. 在 B 与 E, F, H 均相连时,已有 K_4. 可设 B 与 E 不连, C 也与 E, F, H 中至少一点不连,而且这点不是 E(因为 3 点 B, C, E 中, C, E 必相连). 设 C 与 F 不连. 考虑 A, E, B, C, F 5 点,其中无三角形,与已知矛盾.

如果每点次数 $\leqslant 2$,那么有点 A, D 互不相邻,而且还有点 C 与 A, D 均不相邻($1+2+1+2=6<8$),即有 3 个点两两不连,这也与上面的结果矛盾.

因此, G 中一定有完全图 K_4.

例 7 的证法很多,大致均需用枚举法.

例 8 某国有 n 个城市,某些城市之间有直达的双向飞机航线(航线可以超过 1 条). 已知对任意 k $(2\leqslant k\leqslant n)$,在任意 k 个城市之间,航线的数目都不多于 $2k-2$ 条. 证明:可以将所有航线划归两个航空公司,使得任何一个公司所拥有的航线都不形成封闭的折线.

解 将城市用点表示,如果两个城市之间有直达航线,就在相应的两点之间连一条边,这样得到一个图 G.

图 G 中,每一条边 AB,表示从 A 可到 B,从 B 也可到 A. 这是无向图与有向图不同之处. 图 G 中, A, B 之间的边可以多于 1 条, 这是与以前所说的图不同之处. 以前所说的图, 两点间至多有 1 条边, 通常称为简单图(在不致混淆时, 图即指简单图).

在本例的条件中, 取 $k=2$, 得出 2 点间至多有 $2\times2-2=2$ 条边.

本题的结论即证明 G 的边可以染成两种颜色, 同一种颜色的边不形成圈.

采用归纳法.

$n=2$ 时, 至多有 2 条边, 染成不同颜色即可.

$n=3$ 时, 至多有 $2\times3-2=4$ 条边. 如图 45-1 染色即可.

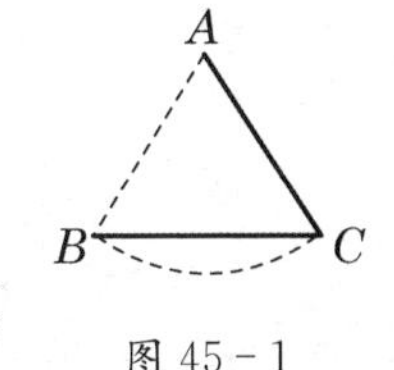

图 45-1

假设结论在 n 换为较小的数时均成立. 考虑 n 的情况. 这时边数 $\leqslant 2n-2$. 因而有一点 A 的次数 $\leqslant\left[\frac{2\times(2n-2)}{n}\right]=3$.

如果 $d(A)<3$, 那么将 A 及 A 引出的边去掉. 由归纳假设, 剩下的图可以染色满足要求, 再将 A 引出的边染上不同颜色即可.

设 $d(A)=3$. A 与 B 相邻, A, B 之间至多 2 条边, 所以 A 至少还与一点 C 相邻.

去掉 A 及 A 引出的边. 剩下的图中, 如果任一个含有 B, C 的子图 H, 边数都少于 $2h-2$, 其中 h 是子图 H 的顶点数, 那么在 B, C 之间添上一条边(原来 B, C 之间的边少于 2 条), 仍满足归纳假设的要求. 因此, 可将边染成两种颜色, 同一种颜色的边不形成圈. 然后, 去掉所添的边 BC, 补回点 A 及 A 引出的边. 将 AB, AC 染成与 BC 同样的颜色, 而将 A 引出的第 3 条边染成另一种颜色, 如图 45-2(a)或(b), 这时图中没有同色的圈.

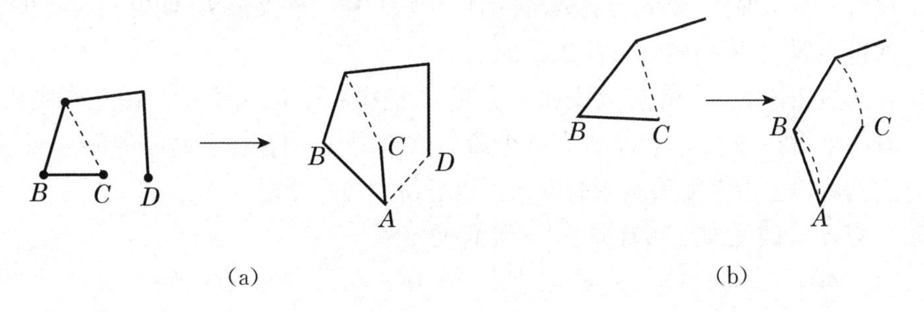

图 45-2

如果有一个含有 B, C 的子图 V, 点数为 h, 边数恰好为 $2h-2$, 那么将 V “紧缩”为一点 v, 即去掉整个图 V, 换成一个点 v, 并且凡与 V 的点相连的点, 均改为与 v 相连(图 45-3). 与 V 中 t 个点相连的点与 v 连 t 条边(但下面我们看

到 $t\leqslant 2$).

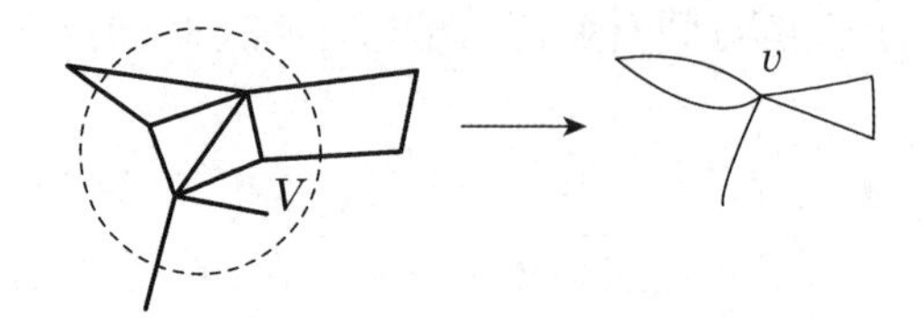

图 45-3

这样得到的新图 G',满足归纳假设的条件:考察 G'中的子图 V_1,设 V_1 有 k 个点. v 不在 V_1 中时,V_1 的边数与紧缩前相同,$\leqslant 2k-2$. v 在 V_1 中时,紧缩前,即去掉 v 而恢复 V,$V_1-\{v\}\cup V$ 共有边数$\leqslant 2(k-1+h)-2$,其中 V 的边数$=2h-2$,所以 V_1 的边数$\leqslant 2k-2$(特别地,每点与 v 的连线条数 $t\leqslant 2$). 于是,由归纳假设,可将 G'中的边按照要求染色,也可将 V 中的边按照要求染色. 这样,G 中的边也就染成两种颜色. G 中的圈,如果也是 G'的圈,或者也是 V 的圈,当然不会同色. 如果这圈既有一部分在 G'中,又有一部分在 V 中,那么必可从 V 中某个顶点离开 V,沿这圈前进,经过多于 1 条的边,又回到 V. 在“紧缩”后,这一段成为 G'中的圈,它是不同色的. 因此,上述染色合乎要求.

紧缩的方法, 在习题 43 第 4 题中,我们也曾用过.

俄罗斯的竞赛中,编制了不少好的图论问题.这三讲(第 43、44、45 讲)的例题与习题, 有不少选自俄罗斯的赛题.

习 题 45

1. 设有一个多面体,棱数为偶数. 证明可在它的棱上标上箭头,使每个顶点的入次都为偶数,即指向它的箭头是偶数个.

2. 在凸多面体的每一条棱上安放一个箭头,使得对多面体每一个顶点分别至少有一个箭头进入它,也至少有一个箭头离开它. 证明存在多面体的两个面,在它们的边上沿着箭头所指的方向可以环绕周边一圈.

3. 在集合 S 的元素之间有关系“$\rightarrow$”,满足:

(1) 对任意不同的 $a,b\in S$,必有 $a\rightarrow b$ 或 $b\rightarrow a$,二者恰有一种出现;

(2) 对任意不同的 $a,b,c\in S$,若 $a\rightarrow b$,$b\rightarrow c$,则 $c\rightarrow a$.

问:集合 S 至多有多少个元素?

4. 某城的街道原来均可双向行车. 现决定在两年内翻修全部街道. 为此,在第一年中,有些街道成为单行线;到了第二年,这些街道恢复为双向行车,其余道路则限制为单向行车. 已知在翻修过程中,任何时候都能从城中任一地点驱车前往其他任一地点. 证明可将这城的所有道路全都改为单行线，使得仍可由城中任一地点驱车前往其他任一地点.

5. 证明：在 $2n$ 个人中，必有 2 个人，他们(在这些人中)的公共朋友有偶数个.

6. 某国有 1 001 个城市，每两个城市间有一条单向的道路. 每个城市有 500 条出城的道路，也有 500 条进城的道路. 由这个国家分裂出一个独立的国家，有 668 个城市.

证明：新独立的国家中，由任一个城市可以到达其他的任一个城市，不必驶出国界.

7. 有 n 个城市，k 个航空公司. 每两个城市之间或者没有航线，或者有一条属于某个航空公司的双向直飞航线. 已知每个航空公司的任意两条航线都有公共端点. 证明可将 n 个城市分为 $k+2$ 组，同一组中任何两个城市都没有航线.

8. 图 G 的边各染上 4 种颜色中的一种，使得每一条由 3 条边顺次相连而成的路上，第一条边与第三条边颜色不同，证明：可以将 G 的顶点各染上 4 种颜色中的一种，同色的点互不相邻.

9. 如果图 G 的任三点中必有两点相连，那么 G 称为“三连的”. 如果图 G 由一点 O 及 n 对点 A_i，B_i($1\leqslant i\leqslant n$)组成，并且 A_i 与 B_i 相连，又都与 O 相连($1\leqslant i\leqslant n$)，那么 G 称为具有 n 个“叶片”的“风车”. 设 m 点的三连图一定包含 n 叶(n 个叶片的)风车. 求 m 的最小值(用 n 表示).

10. 设正整数 $k\leqslant n\leqslant m$. 图 G 中，每点的次数不小于 n 并且不大于 m. 证明：可在 G 中去掉若干条边得到一个新图，图中每点的次数不小于 $n-k$ 并且不大于 $m-k$.

11. 一些少先队员参加夏令营. 每人认识 50 到 100 个其他队员. 证明可以造一批帽子，每人发一顶，帽子的颜色不超过 1 331 种，使得每个队员认识的人中，戴的帽子至少有 20 种不同的颜色.

12. 多头蛇由一些头与 100 条颈组成. 每一条颈连接两个头. 每砍一剑，可以斩断一个头 A 所连出的所有颈，但由头 A 立即长出一些新颈连接原来不与 A 相连的头(每个头只连一个新颈). 只有将多头蛇斩成两个不连通的部分才能击败它. 求最小的 n，斩 n 剑就可击败多头蛇.

第46讲 抽屉原理

解决存在性的问题,除了构造法外,最常用的是抽屉原理.

10个苹果放入9个抽屉中,无论怎样放,一定有一个抽屉里放了2个或更多个苹果.这个简单的道理就是抽屉原理.它是德国数学家狄利克雷(P. G. L. Dirichlet, 1805—1859)首先明确地提出来的.因此,也称为狄利克雷原理.

抽屉原理有各种表现形式,例如

(ⅰ)将$n+1$个元素分为n组,那么必有一组中含有两个或更多个元素.

(ⅱ)将$nm+1$个元素分为n组,那么必有一组中含有m个或更多个元素.

(ⅲ)将k个元素分为n组,那么必有一组中元素的个数不少于$\frac{k}{n}$,也必有一组中元素的个数不多于$\frac{k}{n}$.

(ⅳ)将$q_1+q_2+\cdots+q_n-n+1$个元素分为n组,那么必有一个$i(1\leqslant i\leqslant n)$,在第$i$组中元素的个数不少于$q_i$.

(ⅴ)将无穷多个元素分为有限多组,那么必有一组含有无穷多个元素.

这几种表现形式的证明大体相似,现以(ⅳ)为例,证明如下:

假设结论不成立,那么对于$i=1,2,\cdots,n$,在第i组中至多有q_i-1个元素,因此总共只有

$$\begin{aligned}&\leqslant(q_1-1)+(q_2-1)+\cdots+(q_n-1)\\&=q_1+q_2+\cdots+q_n-n\\&<q_1+q_2+\cdots+q_n-n+1\end{aligned}$$

个元素,与已知矛盾.

应用抽屉原理时需搞清三个问题:

1. 什么是"苹果"?

2. 什么是"抽屉"?

3. "苹果""抽屉"各多少?

本讲准备通过一些典型的例题来说明这些问题.

例1 一次象棋比赛共有n名选手参加,证明必有两名选手与同样多的对手下过棋.

解 我们把与同样多的对手下过棋的人归入同一组.这里的"苹果"就是人,

“抽屉”就是所分的组.“苹果”有 n 个.“抽屉”的个数呢?根据对手的个数,有 n 种情况,即对手数分别为 $0,1,\cdots,n-1$. 但 0 与 $n-1$ 这两种情况不能同时出现(如果有选手没有和其他人赛过,那么就不可能有人和 $n-1$ 个人都赛过),所以实际上只有 $n-1$ 种情况,即 $n-1$ 个抽屉. 因此根据(ⅰ),必有两个人在同一组,也就是他们与同样多的对手下过棋.

例 2 一位棋手参加 11 周(77 天)的集训,每天至少下一盘棋,每周至多下 12 盘棋. 证明这棋手必在连续的几天内恰好下了 21 盘棋.

解 用 $a_i(i=1,2,\cdots,77)$ 表示这位棋手在第 1 天至第 i 天(包括第 i 天在内)所下的总盘数.

由于每天至少下一盘棋,因此

$$a_1<a_2<\cdots<a_{77}. \quad (1)$$

由于每周至多下 12 盘,因此 $a_{77}\leqslant 12\times 11=132$.

我们要证明存在两个正整数 $i>j$,使 $a_i=a_j+21$ 成立,这只要证明

$$a_1,a_2,\cdots,a_{77},a_1+21,a_2+21,\cdots,a_{77}+21 \quad (2)$$

中必有两个相等就可以了(因为在 $i\neq j$ 时,$a_i\neq a_j$,$a_i+21\neq a_j+21$,所以只可能 $a_i=a_j+21$). 由于

$$a_{77}+21\leqslant 132+21=153<2\times 77=154,$$

我们遇到的情况是将 154 个“苹果”(即(2)中的 154 个数)放入 $1,2,\cdots,153$ 这 153 个“抽屉”中,因而其中必有两个“苹果”放入同一个“抽屉”之中,即(2)中必有两个数相等. 证毕.

例 3 一家旅馆有 90 个房间,住有 100 名旅客. 每次都恰有 90 名客人同时回来. 证明至少要准备 990 把钥匙分给这 100 名客人,才能使得每次客人回来时,每名客人都能用自己分到的钥匙打开一个房间住进去,并且避免发生两个人同时住进一个房间.

解 如果钥匙数小于 990,那么根据(ⅲ),90 个房间中至少有一个房间的钥匙数少于 $\frac{990}{90}=11$. 当持有这房间钥匙的客人(至多 10 名)全部未回来时,这个房间就打不开,因此 90 个人无法照所说的方式在 89 个房间里住下来.

另一方面,990 把钥匙已经足够了. 这只要将 90 把不同的钥匙分给 90 个人,其余的 10 名旅客,每人各拿 90 把钥匙(每个房间一把),那么任何 90 名旅客返回时,都能按照题述要求住进房间.

例 3 的关键是每个房间需要 11 把钥匙.

例 4 从 n 个字母 $x_1,x_2,\cdots,x_n$ 中任意取出 m 个(允许重复),并依任意的

次序排列. 证明如果 $m\geqslant 2^n$，那么一定可以在所写的序列中，找出若干个连续的项，它们的乘积是一个单项式的平方（例如 $x_1,x_2,x_3,x_1,x_2,x_1,x_3,x_1$ 中，从第二项到第七项的乘积是单项式 $x_1x_2x_3$ 的平方）.

解 设写出的序列为

$$a_1,a_2,\cdots,a_m. \tag{3}$$

我们把 $a_1a_2\cdots a_i(1\leqslant i\leqslant m)$ 当作"苹果"，它的个数为 $m\geqslant 2^n$. 每个 $a_1a_2\cdots a_i$ 可以写成

$$x_1^{\alpha_1}x_2^{\alpha_2}\cdots x_n^{\alpha_n} \tag{4}$$

的形式. 如果 $\alpha_1,\alpha_2,\cdots,\alpha_n$ 都是偶数，$a_1a_2\cdots a_i$ 已经是平方式. 如果 $\alpha_1,\alpha_2,\cdots,\alpha_n$ 不全为偶数，那么根据它们的奇偶性可分为 2^n-1 种情况（"抽屉"），即

$$000\cdots01,000\cdots11,\cdots,111\cdots11, \tag{5}$$

其中第 k 个数码为 0 或 1，表示 α_k 为偶数或奇数. 于是，必有 $a_1a_2\cdots a_s$ 与 $a_1a_2\cdots a_t(s<t)$ 写成形式(4)后，对应指数的奇偶性完全相同，从而在商

$$\frac{a_1a_2\cdots a_t}{a_1a_2\cdots a_s}=a_{s+1}a_{s+2}\cdots a_t \tag{6}$$

中，每个 $x_k(k=1,2,\cdots,n)$ 的指数全为偶数，即(6)是单项式的平方.

例 5 任意给定一个 $mn+1$ 项的实数数列

$$a_1,a_2,\cdots,a_{mn+1}, \tag{7}$$

证明可以从中选出 $m+1$ 项（依(7)中顺序）单调递增，或者可以从中选出 $n+1$ 项（依(7)中顺序）单调递减.

解 我们采用著名数学家厄迪斯的解法. 对(7)中任一项 a_i，设从

$$a_i,a_{i+1},a_{i+2},\cdots,a_{mn+1} \tag{8}$$

中选出的以 a_i 为首项的递增数列至多 x_i 项，以 a_i 为首项的递减数列至多 y_i 项. 显然

$$1\leqslant x_i,y_i.$$

如果恒有

$$x_i\leqslant m,y_i\leqslant n, \tag{9}$$

那么形如(x_i,y_i)的数对至多 mn 种，而 $i=1,2,\cdots,mn+1$ 共 $mn+1$ 个，因此必有 $i<j$，使

$$x_i=x_j,y_i=y_j. \tag{10}$$

但在 $a_i\leqslant a_j$ 时，$x_i\geqslant x_j+1$（每个以 a_j 为首的递增数列添上 a_i 便成了以 a_i 为首的递增数列），在 $a_i>a_j$ 时，$y_i\geqslant y_j+1$. 因此(10)不可能成立，从而(9)中至少有一个不成立，即 $x_i\geqslant m+1$ 或 $y_i\geqslant n+1$ 成立.

例 6 设实数 $x_1,x_2,\cdots,x_n$ 满足

$$x_1^2+x_2^2+\cdots+x_n^2=1. \tag{11}$$

证明对每一个整数 $k\geqslant 2$,存在不全为零的整数 $a_1,a_2,\cdots,a_n$,满足

$$|a_i|\leqslant k-1(i=1,2,\cdots,n) \tag{12}$$

及

$$|a_1x_1+a_2x_2+\cdots+a_nx_n|\leqslant\frac{(k-1)\sqrt{n}}{k^n-1}. \tag{13}$$

解 不妨假定 $x_i\geqslant 0$, $i=1,2,\cdots,n$(如果某个 $x_i<0$,我们就用 $-x_i$ 来代替 x_i).

由柯西定理,对于 $0\leqslant b_i\leqslant k-1(i=1,2,\cdots,n)$,

$$\begin{aligned}0&\leqslant b_1x_1+b_2x_2+\cdots+b_nx_n\leqslant(k-1)(x_1+x_2+\cdots+x_n)\\&\leqslant(k-1)\cdot\sqrt{(1^2+1^2+\cdots+1^2)(x_1^2+x_2^2+\cdots+x_n^2)}\\&=(k-1)\sqrt{n}.\end{aligned}$$

将区间$[0,(k-1)\sqrt{n}]$等分为 k^n-1 份,每一份是一个“抽屉”,长度为$\frac{(k-1)\sqrt{n}}{k^n-1}$.

整数 $b_i(i=1,2,\cdots,n)$有 k 个值:$0,1,2,\cdots,k-1$,所以 $b_1x_1+b_2x_2+\cdots+b_nx_n$ 有 k^n 个,这 k^n 个“苹果”必有两个在同一个抽屉中,设它们是

$$b_1'x_1+b_2'x_2+\cdots+b_n'x_n,\quad b_1''x_1+b_2''x_2+\cdots+b_n''x_n,$$

其中 b_i' 与 $b_i''(i=1,2,\cdots,n)$不全相等,则有

$$\begin{aligned}&|(b_1'x_1+b_2'x_2+\cdots+b_n'x_n)-(b_1''x_1+b_2''x_2+\cdots+b_n''x_n)|\\&\leqslant\frac{(k-1)\sqrt{n}}{k^n-1}.\end{aligned} \tag{14}$$

令

$$a_i=b_i'-b_i''(i=1,2,\cdots,n), \tag{15}$$

则 $a_1,a_2,\cdots,a_n$ 是不全为 0 的整数,满足(12),(13).

注 凡要证明存在分量不全为 0 的$(a_1,a_2,\cdots,a_n)$满足性质 P,往往利用抽屉原理找出两个不相等的$(b_1^{(i)},b_2^{(i)},\cdots,b_n^{(i)})(i=1,2)$,它们的差就是所要求的$(a_1,a_2,\cdots,a_n)$.

有时需要反复运用抽屉原理.

例 7 6 个代表队共 1 958 名运动员,编上号码 1,2,…,1 958. 证明至少有一个运动员的号码等于他的两个队友的号码的和或者等于一个队友的号码的 2 倍.

解 不妨设第 1 个代表队人数最多,它的人数$\geqslant\left\lceil\frac{1\,958}{6}\right\rceil=327$.

设其中最大的号码为 a_1，用 a_1 减其他的(326 个)号码，得到的差如果仍是第 1 个代表队中的号码，结论已经成立.

如果这 326 个差 a_1-a_j 都不在第 1 个代表队中，那么不妨设其中有 $\left\lceil\frac{326}{5}\right\rceil=66$ 个在第 2 个代表队中. 同样设最大的号码为 b_1，用 b_1 减其他的 65 个号码，差

$$b_1-b_i=(a_1-a_s)-(a_1-a_t)=a_t-a_s$$

如果在第 1 或第 2 个代表队中结论均成立.

设这 65 个差 b_1-b_i 不在第 1 或第 2 个代表队中，继续考虑 $\left\lceil\frac{65}{4}\right\rceil=17$，$\left\lceil\frac{16}{3}\right\rceil=6$，$\left\lceil\frac{5}{2}\right\rceil=3$ 个相应的差，或者结论成立，或者最后得到两个号码在第 6 个代表队中，而这两个号码的差形如 $a_t-a_s=b_j-b_i=c_n-c_m=d_p-d_q=e_k-e_h$，无论属于哪个代表队结论均成立.

例 7 是舒尔(I. Schur, 1875—1941)定理(第 47 讲例 6)的特殊情况.

例 8 设 ε 为正数. 在数轴上 $\sqrt{2}$，$2\sqrt{2}$，…，$n\sqrt{2}$，…处各挖一个宽为 2ε 的“小沟”(以这些点为沟的中点). 一个“圆规式”的机器人自实数 α 出发，每步 1 米，沿 x 轴正方向前进. 证明这个机器人的脚(圆规的尖端)迟早要落到沟里.

解 这个问题与“用有理数逼近无理数”有关.

为了证明结论，我们将数轴(直线)卷到一个周长为 $\sqrt{2}$(米)的圆上(相当于 $\bmod\sqrt{2}$)，这时所有的“沟”都与同一段长为 2ε 的弧重合，而机器人的“足迹”可以用圆周上的点表示，第 k 个足迹与第 $k+1$ 个足迹之间的弧长为 1(米). 需要证明的是：无论沟宽 2ε 怎么小，至少有一个足迹落在这条沟里.

首先，我们指出一个显然的事实：由于圆周长 $\sqrt{2}$ 是无理数，步长 1 是有理数，因此任何两个足迹都不可能落在圆周的同一点上(它们的差不是 $\sqrt{2}$ 的整数倍，$\bmod\sqrt{2}$ 不同余).

其次，我们证明一定有两个足迹之间的距离小于 2ε. 这只需要将圆周分为若干份，每份的弧长小于 2ε(份数大于 $\frac{\sqrt{2}}{2\varepsilon}$ 即可)，根据抽屉原理(Ⅴ)，无穷多个足迹中必有两个在同一份中，它们的距离小于 2ε.

最后，设第 k 个足迹与第 $k+l$ 个足迹间的距离 $d<2\varepsilon$，可以认为自第 k 个足迹开始，机器人的步长改为 d(即将 l 步并作一步). 由于 $d<2\varepsilon$，因此足迹不

能越过宽为 2ε 的沟. 换句话说,必在某一步落到沟里.

在例 8 中,如果第 m 步落到第 n 条沟里,那么

$$n\sqrt{2}-\varepsilon<m\cdot 1+\alpha<n\sqrt{2}+\varepsilon,$$

即

$$|n\sqrt{2}-m\cdot 1-\alpha|<\varepsilon.$$

完全同样地可以证明下面的克罗内克(L. Kronecker, 1823—1861)定理:

设 θ 为正无理数,α 为实数,则对任给正数 ε,都存在两个正整数 m,n,使得

$$|n\theta-m+\alpha|<\varepsilon. \tag{16}$$

$\alpha=0$ 的特殊情况称为狄利克雷定理.

以上两个定理有很多推广与应用.

例 9 证明存在正整数 n,使 2^n 的前三位数字都是 9,即 $2^n=999\cdots$.

解 问题即证明存在两个正整数 n,m,使得 $999\times 10^m\leqslant 2^n<10^{m+3}$,也就是

$$m+\lg 999\leqslant n\lg 2<m+3.$$

应用克罗内克定理($\theta=\lg 2, 2\varepsilon=3-\lg 999$)立即得到结论.

999 可以换成任一个正整数.

例 10 证明存在自然数 m,使得

$$|\sin m|<0.000\,000\,001. \tag{17}$$

解 首先取一个足够小的正数 ε,使

$$|\sin\varepsilon|<0.000\,000\,001. \tag{18}$$

根据狄利克雷定理,存在自然数 m,n,使

$$|m-n\times 2\pi|<\varepsilon. \tag{19}$$

由(18),(19)导出(17),所以 m 即为所求.

狄利克雷定理还有另一种常见的形式,见下面的例 11.

例 11 设 θ 为无理数,则对任意的正整数 n,存在整数 p,q,其中 $|q|$ 不大于 n,并且 $|q\theta-p|<\frac{1}{n}$. (20)

解 将区间 $[0,1]$ 分为 n 等分,每份长 $\frac{1}{n}$.

考虑 $n+1$ 个数 $\{j\theta\}, j=0,1,2,\cdots,n$. 这里

$$\{j\theta\}=j\theta-[j\theta] \tag{21}$$

是 $j\theta$ 的小数部分,值在 0 与 1 之间. 根据抽屉原理,必有 $h,k\in\{0,1,2,\cdots,n\}$, $h\neq k$,使得 $\{h\theta\},\{k\theta\}$ 在同一个上述的长为 $\frac{1}{n}$ 的小区间中,即 $|\{h\theta\}-\{k\theta\}|\leqslant\frac{1}{n}$,从而

$$|(h-k)\theta-([h\theta]-[k\theta])|\leqslant\frac{1}{n}.$$

令 $q=h-k$，$p=[h\theta]-[k\theta]$，则 $|q\theta-p|\leqslant\frac{1}{n}$.

由于 θ 为无理数，因此等号不可能成立.

从以上一些例题可以看出，重要的是构造适当的抽屉，这是只有在实践中仔细体察才能逐步掌握的技术.在其他讲中也有不少这方面的例子，其中尤以各种同余类最为常用. 在组合与图论方面，抽屉原理发展成拉姆赛(F. P. Ramsey，1903—1930)定理，详见第 47 讲.

习 题 46

1. 从任意 $mn+1$ 个自然数 $a_1,a_2,\cdots,a_{mn+1}$（允许有相同的）中可选出 $m+1$ 个，每一个不能整除其他任何一个；或者可选出 $n+1$ 个 $a_{i_1},a_{i_2},\cdots,a_{i_{n+1}}$（$i_1<i_2<\cdots<i_{n+1}$），每一个整除它后面的数.

2. 任意 n^2+1 个数 $x_0,x_1,\cdots,x_{n^2}$ 中可选出 $n+1$ 个，这 $n+1$ 个或者全部相等或者互不相等. 对于 n^2 个数，结论是否成立？

3. $lmn+1$ 个人排成一列，证明可从中选出 $l+1$ 个人年龄相等，或 $m+1$ 个人年龄递增，或 $n+1$ 个人年龄递减，这些人的顺序均与原来排列的顺序相同.

4. 证明：在任意的 11 个十进制无穷小数中，一定有两个数，它们的差或者含有无穷多个数字 0，或者含有无穷多个数字 9.

5. 已知一个集合由 10 个互不相同的两位的正整数组成. 证明：这个集合一定有两个没有公共元素的子集，这两个子集中各个数的和相等.

6. 设 $S=\{1,2,3,\cdots,280\}$. 求最小的自然数 n，使得 S 的每个有 n 个元素的子集都含有 5 个两两互素的数.

7. 平面上任作 8 条直线，互不平行，证明其中必有两条直线的夹角小于 $23°$.

8. 从 $1,2,\cdots,200$ 中取 100 个数，其中有一个小于 16，证明这选出的数中一定有一个是另一个的倍数.

9. 从 $1,2,\cdots,200$ 中能否取 100 个数，使其中每个数都不是另一个数的倍数？

10. 15 个人围着一张圆桌坐下，圆桌上预先写好 15 个人的名字，但大家没有注意，坐下后才发现没有一个人与写好的名字相符. 证明可以转动圆桌使得至少有两个人与他们的名字相符.

11. 将例 2 中“11 周”“12 盘”改为“15 周”“13 盘”，证明同样结论.

12. 将平面上 12×12 个格点 $\{(i,j)\mid 1\leqslant i,j\leqslant12\}$，任意染上红、黄、蓝三种颜色. 证明必有 4 个同色的点是一个矩形的 4 个顶点.

第 47 讲 拉姆赛理论

拉姆赛是英国的逻辑学家，在一篇 20 页的论文《论形式逻辑的一个问题》中，用前 8 页证明了著名的拉姆赛定理(见例 7 后). 这个定理有众多的推广与应用，甚至形成了一个专门的“拉姆赛理论”. 它的各种特例常常被用作数学竞赛题.

例 1 世界上任意的 6 个人中，必定有 3 个人互相认识或 3 个人互不相识.

解 我们用 6 个点表示 6 个人，作一个完全图 K_6. 如果两个人认识，就将对应的边染成红色，否则染成蓝色. 要证明的结论就是：

“如果 K_6 每条边染上两种颜色中的一种，那么必定有一个同色三角形(即三条边颜色相同的三角形). ”

证明并不困难. 从点 v_1 引出的边有 5 条，其中至少有 3 条是同一种颜色(抽屉原理). 不妨设 v_1v_2，v_1v_3，v_1v_4 都是红色. 如果$\triangle v_2v_3v_4$ 有一条边是红色，比如 v_2v_3，那么$\triangle v_1v_2v_3$ 就是同色三角形(三边同为红色). 如果$\triangle v_2v_3v_4$ 的边都不是红色，那么$\triangle v_2v_3v_4$ 就是三边同为蓝色的三角形.

例 1 有不少应用.

例 2 空间 6 条直线，每 3 条不在同一平面上，证明其中存在 3 条直线满足以下三个条件之一：

(a) 两两异面；

(b) 互相平行；

(c) 三线共点.

解 我们将这 6 条线用 6 个点表示. 如果两条直线异面，就在相应的两个点之间连一条红线；否则就连一条蓝线. 根据例 1，在所得的图 K_6 中存在一个同色三角形.

如果是红色三角形，那么对应的直线两两异面.

如果是蓝色三角形，那么对应的三条直线两两共面. 设直线 b，c 在平面 P 上，直线 c，a 在平面 Q 上，直线 a，b 在平面 R 上. 我们分两种情况来讨论：

(ⅰ) $a /\!/ b$. 这时 $a /\!/$ 平面 P，因而过 a 的平面 Q 与平面 P 的交线 c 也与 a 平行，即三条直线 a，b，c 互相平行.

(ⅱ) a 与 b 相交于一点 A. 这时 A 是过 a 的平面 Q 与过 b 的平面 P 的公共点，从而 A 在平面 P，Q 的交线 c 上，即 a，b，c 三线共点.

例 1 的结论还可以加强.

例 3 将 K_6 的每条边染上红色或蓝色. 证明必有两个同色三角形(这两个三角形的颜色不一定相同).

考虑自同一点引出的两条边. 如果它们颜色相同,就称它们组成一个“同色角”. 设点 v 引出 r 条红边, $5-r$ 条蓝边,则 v 点引出的同色角共

$$C_r^2+C_{5-r}^2 \tag{1}$$

个. 易知(1)式在 $r=2$(或 3)时取最小值 4. 因此, K_6 中至少有 $4\times6=24$ 个同色角.

另一方面,每个同色三角形中有 3 个同色角,每个边不(全)同色的三角形中只有 1 个同色角. 设同色三角形有 x 个,则不同色的三角形有 (C_6^3-x) 个. 因此,同色角共 $3x+(C_6^3-x)=20+2x$ 个.

综合以上两个方面,得 $20+2x\geqslant24$,从而 $x\geqslant2$.

例 3 的手法是典型的“算两次”,参见第 48 讲.

例 4 17 位学者,每一位都给其余的人写一封信,信的内容是讨论三个问题中的一个,而且两个人互相通信所讨论的是同一个问题. 证明至少有三位学者,他们之间通信所讨论的是同一个问题.

解 作完全图 K_{17},它的 17 个点表示 17 位学者,它的边涂上三种颜色. 如果两位学者讨论的是第 i 个问题,那么就将连接相应的两个点的边染上第 $i(i=1,2,3)$ 种颜色. 要证明这个 K_{17} 中有一个同色三角形.

任取一点 v_1,自 v_1 引出的边共 16 条,因而一定有 $\left\lceil\frac{16}{3}\right\rceil=6$ 条边具有同样的颜色. 不妨设 $v_1v_2, v_1v_3, v_1v_4, v_1v_5, v_1v_6, v_1v_7$ 都是第一种颜色. $v_2, v_3, v_4, v_5, v_6, v_7$ 构成的子图 K_6 中,如果有一条边,比如说 v_2v_3 也是第一种颜色,那么 $\triangle v_1v_2v_3$ 就是一个同色三角形. 如果这个 K_6 的边都是第二种或第三种颜色,那么由例 1,也有一个同色三角形.

如果将 17 改为 16,结论不成立,参见第 49 讲例 5.

更一般的结论见下面的例 5.

例 5 设完全图 K_N 的边上涂上 n 种颜色,则在 N 充分大时, K_N 中必有一个同色三角形. 并且,设 r_n 为使 K_N 中有同色三角形的 N 的最小值,则

(a) $r_1=3, r_2=6, r_3=17$.

(b) $r_n\leqslant n(r_{n-1}-1)+2$.

(c) $r_n\leqslant[n!\,e]+1$,其中 $e=1+\frac{1}{1!}+\frac{1}{2!}+\cdots+\frac{1}{n!}+\cdots$

解 (a) $r_1=3$ 显然. $r_2=6$ 即例 1 与习题 47 第 4 题. $r_3=17$ 即例 4.

(b) 如果 $N=n(r_{n-1}-1)+2$,那么自完全图 K_N 的点 v_1 引出 $n(r_{n-1}-1)+1$ 条边,其中必有一种颜色超过 $r_{n-1}-1$ 条. 不妨设 r_{n-1} 条边 v_1v_2, v_1v_3, $\cdots$, $v_1v_{r_{n-1}+1}$ 均为红色,点 v_2, v_3, $\cdots$, $v_{r_{n-1}+1}$ 构成完全图 $K_{r_{n-1}}$. 如果这个 $K_{r_{n-1}}$ 中有一条边,比如说 v_2v_3 是红色的,那么 $\triangle v_1v_2v_3$ 就是一个同色三角形. 如果这个 $K_{r_{n-1}}$ 中没有红色的边,那么它的边只有 $n-1$ 种不同的颜色,根据 r_{n-1} 的定义,这个 $K_{r_{n-1}}$ 中有同色三角形.因此 $r_n\leqslant n(r_{n-1}-1)+2$.

(c) 用归纳法. $n=1$ 时显然. 假设命题对于 $n-1$ 成立,那么由(b)得

$$\begin{aligned}r_n&\leqslant n(r_{n-1}-1)+2\\&\leqslant n\left[1+(n-1)+(n-1)(n-2)+\cdots+\frac{(n-1)!}{2}+(n-1)!+(n-1)!\right]+2\\&=1+1+n+n(n-1)+\cdots+\frac{n!}{2!}+n!+n!\\&=1+[n!e],\end{aligned}$$

其中利用了

$$\begin{aligned}&n!\left(\frac{1}{(n+1)!}+\frac{1}{(n+2)!}+\cdots\right)\\&<\frac{1}{n+1}+\frac{1}{(n+1)(n+2)}+\frac{1}{(n+2)(n+3)}+\cdots\\&=\frac{1}{n+1}+\left(\frac{1}{n+1}-\frac{1}{n+2}\right)+\left(\frac{1}{n+2}-\frac{1}{n+3}\right)+\cdots\\&=\frac{2}{n+1}<1.\end{aligned}$$

例 6 (舒尔定理)将自然数 $1,2,\cdots,N$ 分到 n 个类中,则在 $N\geqslant[n!e]+1$ 时,必有一个类同时含有数 x, y 及它们的差 $|x-y|$.

解 我们将每个数看作一个点,N 个点 $1,2,\cdots,N$ 组成完全图. 若差 $|a-b|$ 在第 $i(i=1,2,\cdots,n)$ 个类中,将点 a, b 之间的边染成第 i 种颜色. 根据例 5,存在一个同色三角形. 设 $\triangle abc$ 的边全为第 j 种颜色,$a>b>c$,那么 $x=a-c$, $y=b-c$ 及它们的差 $x-y=a-b$ 都在第 j 类中.

特别地,当 $n=6$ 时,就得到第 46 讲的例 7.

例 6 的结论是德国数学家舒尔在 1916 年发现的,当时他发表了一篇研究费马大定理的论文,讨论 $x^n+y^n\equiv z^n\pmod p$ 是否有解,在论文中他以例 6 的结论作为引理. 这个舒尔定理后来成为拉姆赛理论发展的一个源头.

例 1 还可以向另一个方向推广.

例 7 9 个人中一定有 3 个人互相认识或者 4 个人互不相识.

解 用图的语言来说,这个命题相当于将 K_9 的边染上红色或蓝色,那么必有一个红色三角形(即 K_3)或一个(各边全为)蓝色的 K_4.

证明与前面类似,仍然是枚举法.

(a) 如果 K_9 中有一个点 v_1 引出至少 4 条红边,不妨设 v_1v_2, v_1v_3, v_1v_4, v_1v_5 为红边. 这时 v_2, v_3, v_4, v_5 四个点所成的 K_4 中或者每条边都是蓝色,或者至少有一条边为红色. 在后一种情况,设红边为 v_2v_3,则 $\triangle v_1v_2v_3$ 为红色三角形.

(b) 如果 K_9 中每个点引出的红边都少于 4 条,那么每点至少引出 5 条蓝边. 由于蓝边总数的 2 倍 $\geqslant 5\times 9=45$,所以

$$\text{蓝边总数的 2 倍}\geqslant 46.$$

从而至少有一点 v_1 引出 6 条蓝边. 设 v_1v_2, v_1v_3, v_1v_4, v_1v_5, v_1v_6, v_1v_7 为蓝边,这时 v_2, v_3, $\cdots$, v_7 所成的 K_6 中必有一个同色三角形. 如果是红色三角形,结论成立. 如果是蓝色三角形,那么它的三个顶点与 v_1 构成蓝色的 K_4.

注 在情况(b)中,导出有一点引出 6 条蓝边是关键的一步.

沿着例 7 的路线可以证明 14 个人中一定有 3 个人互相认识或者有 5 个人互不相识(习题 47 第 2 题). 更一般地,设 m, $n\geqslant 2$,用 $r(m,n)$表示最小的自然数 N,使得当 K_N 的边染上红色或蓝色时,必有一个红色的 K_m 或一个蓝色的 K_n,则有

$$r(m,n)\leqslant r(m,n-1)+r(m-1,n) \tag{2}$$

及

$$r(m,n)\leqslant \mathrm{C}_{m+n-2}^{m-1}. \tag{3}$$

参见习题 47 第 5 题.

设有 n 个点 v_1, v_2, $\cdots$, v_n. 我们称集$\{v_1, v_2, \cdots, v_n\}$的 b 元子集$\{v_{i_1}, v_{i_2}, \cdots, v_{i_b}\}$为与点 v_{i_1}, v_{i_2}, $\cdots$, v_{i_b} 相邻的 b 级边,并且说这 n 个点与所有的 b 级边组成一个 b 级完全图,记为 K_n^b. 显然 $b=2$ 时,b 级边就是通常的边,b 级完全图也就是通常的完全图. $b>2$ 时,b 级完全图是所谓的"超图".

拉姆赛定理 将 b 级完全图 K_n^b 的边以任意方式染上颜色,颜色共 t 种. n_1, n_2, $\cdots$, n_t 为给定正整数,则在 n 充分大时,b 级完全图 K_n^b 中一定含有一个 b 级完全图 $K_{n_i}^b$,它的 b 级边都是第 i 种颜色,这里 i 为满足 $1\leqslant i\leqslant t$ 的某个整数.

即设 b, t, n_1, n_2, $\cdots$, n_t 为给定正整数,将 n 元集 S 的 b 元子集族 P 分拆为 t 个子族 A_1, A_i, $\cdots$, A_t,则在 n 充分大时,必有 S 的一个 n_i 元子集,这个子集的所有 b 元子集都在 A_i 中,i 为满足 $1\leqslant i\leqslant t$ 的某个整数.

定理的证明可在很多图论书中找到(采用数学归纳法)，这里就不详述了.

使同色的 $K_{n_i}^b$ 存在的 n 的最小值称为拉姆赛数，记为 $r(n_1,n_2,\cdots,n_t;b)$. 例 5 的 r_n 即现在的 $r(\underbrace{3,3,\cdots,3}_{n个};2)$. (2)中的 $r(m,n)$ 即 $r(m,n;2)$.

拉姆赛定理只给出了 $r(n_1,n_2,\cdots,n_t;b)$ 的存在性，并没有给出计算 $r(n_1,n_2,\cdots,n_t;b)$ 的方法. 确定拉姆赛数是一件十分困难的事，到目前为止，知道的拉姆赛数只有为数不多的几个，即例 5 的(a)及下表.

$r(m,n)$ (m \ n)	3	4	5	6	7	8	9	10	11	12
3	6	9	14	18	23	28	36	40～43	46～51	51～60
4		18	25～27	34～43	49	53	69	72	77	86
5			43～53	58～94	76	94～245	370			
6				102～169	328	553	902			

例 8 m 为大于 2 的整数. $v_1,v_2,\cdots,v_n$ 为平面上 n 个一般位置的点(即其中任三点不共线). 证明:在 n 充分大时，其中有 m 个点组成凸 m 边形.

解 考虑完全(超)图 K_n^3. 如果与 3 级边 $\{v_i,v_j,v_k(i<j<k)\}$ 相应的点 v_i,v_j,v_k 成逆时针顺序，我们就将边 $\{v_i,v_j,v_k\}$ 染成红色. 否则就染成蓝色. 由拉姆赛定理，当 n 充分大($n\geqslant r(m,m;3)$)时必有一个 m 边形，不妨设它的顶点为 $v_1,v_2,\cdots,v_m$，这 m 边形的每三个顶点 $v_i,v_j,v_k(i<j<k)$ 都成逆时针顺序或都成顺时针顺序. 这样的 m 边形显然是凸多边形.

平面几何中，有许多将点或线染色的命题，与上述拉姆赛定理相近或类似，通常称为几何中的拉姆赛理论.

例 9 将平面上的每个点染成红、蓝、黄三种颜色之一. 证明必有两个同色的点距离为 1.

解 作边长为 1 的正三角形 ABC 与 BCD. 如 A,B,C 中有两点同色，结论已经成立. 因此，我们设 A,B,C 三点颜色各不相同. 同样，设 B,C,D 三点颜色各不相同. 于是，A 与 D 颜色相同.

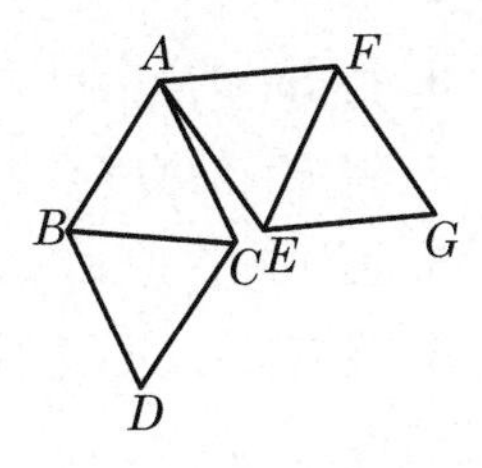

图 47-1

类似地，作边长为 1 的正三角形 AEF 与 EFG，可以设 A 与 G 颜色相同. 于是 D,G 颜色相同.

图 47-1 如同螃蟹的两只蟹螯，螯尖 D,G 同色. 蟹螯

可绕 A 点转动. 设想开始时 E 与 B 重合，当 E 逐渐离开 B 时，G 逐渐离开 D. 当 G 与 D 距离为 1 时，它们就是所要求的点.

例 10 将平面上的每个点染上红色或蓝色. 证明必有一个顶点同色的正三角形，它的边长为 1 或$\sqrt{3}$. 但不一定有顶点同色的、边长为 1 的正三角形.

解 先证前一个断言. 如果平面上的点均同色，结论显然. 否则设点 A 为红色，点 B 为蓝色.

不妨设 A，B 间的距离小于等于 2，否则取线段 AB 的中点C，用 C 代替 A(若 C 与 A 同色)或 B(若 C 与 B 同色). 在线段 AB 的垂直平分线上取一点 D，满足 $DA=2$，这时 $DB=2$. D 必与 A，B 之一同色. 不妨设 D 为蓝色，则线段 AD 是长为 2 的(两端)异色的线段.

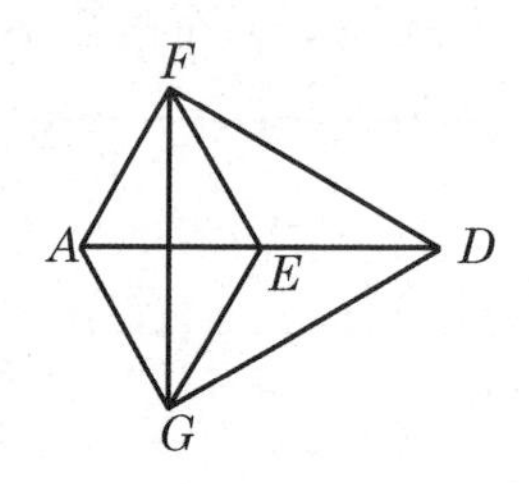

图 47－2

设 AD 的中点为E，不妨设 E 为红色. 在 AE 两侧分别作正三角形AEF，AEG(图 47－2).

若 F，G 中有一个为红色，$\triangle AEF$ 或$\triangle AEG$ 即为所求.

若 F，G 均为蓝色，$\triangle FGD$ 即为所求.

另一方面，我们可以设计一种染色法，使得边长为 1 的正三角形的顶点不全同色. 为此，用距离为$\sqrt{3}/2$ 的平行线将平面分成带形，每个带形包括“下底”，不包括“上底”. 将每个带形(内的点)染成同一种颜色，相邻的带形染上不同的颜色. 不难验证每个边长为 1 的正三角形必有两个顶点分别落在两个相邻的带形中，因此这两个顶点颜色不同.

习 题 47

1. 平面上任意 6 点，每 3 点不在一条直线上，以这些点为顶点可组成一些三角形，证明其中必有一个三角形的最大边同时是一个三角形的最小边.
2. 14 个人中一定有 3 个人互相认识或者有 5 个人互不相识，试证明之.
3. 将 K_7 的边涂上红色或蓝色. 证明至少有 3 个同色三角形.
4. 将 K_5 的边染上红色或蓝色，是否一定有同色三角形?
5. 证明本讲中式(2)，(3)成立.
6. 设有 n 个点，边数最多而不含四边形的图为 M_n，它的边数记为 e_n. 求 e_4，e_5，e_6，e_7，e_8.
7. 初试与复试共 28 道题，每位参试者都恰好解出 7 道题，每两道题都恰好有两个人同时解出.证明一定有一位参试者至少解出 4 道初试题或者没有解出任何一道初试题.

8. 某地规定：围着圆桌打桥牌的 4 个人中，必须每个人认识两旁的人或者每个人不认识两旁的人.证明只要有 6 个人，就一定能凑集 4 个人在一起打桥牌.如果只有 5 个人，结论成立吗？

9. 证明可将 K_{1024} 的边 2 染色，使得其中没有同色的 20 边形.

10. 6 名选手，编号分别为 1，2，3，4，5，6，进行循环赛.证明赛完后必有 3 个人，这 3 个人中编号大的都战胜编号小的，或者编号小的都战胜编号大的（假定没有平局）.

11. 证明 $r_{m+n}-1\geqslant(r_m-1)(r_n-1)$.

12. 举例说明例 7 中 9 不能改成更小的数.

13. 求最小的正整数 n，使得以任意方式将完全图 K_n 的每条边染上红色或蓝色时，总存在两个具有相同颜色的、没有公共顶点的同色三角形.

第 48 讲 算两次

在组合数学中，往往需要选择一个适当的量，从两个方面去考虑它，然后综合起来得到一个关系式. 这种方法称为算两次或富比尼原理. 在列方程解应用题时，正是运用(或许是不明确地运用)这一原理来列出方程的. 当然，算两次不仅可以建立等式，也可以建立不等式或其他关系. 在反证法中，算两次又常常用来导出矛盾.

例 1 图 48-1 是由 16 个数组成的一个 4×4 矩阵，其中每一个数都为 ±1，每行右边的数是这行四个数的积，每列下边的数是该列四个数的积. 这八个积的和为零.

1	1	−1	−1	1
1	−1	1	1	−1
1	−1	−1	1	1
−1	−1	1	1	1
−1	−1	1	1	

图 48-1

能否作出一个由 ±1 组成的 25×25 的矩阵，使每行的积(共 25 个)与每列的积(共 25 个)相加得到的和为 0?

解 答案是否定的. 我们采用反证法来证明.

假设有一个 25×25 的矩阵满足要求. 由于 50 个积均为 ±1，相加得到的和为 0，因此其中 $+1$、-1 各为 25 个.

考虑 50 个积的积 a.

一方面，这 50 个积中有 25 个 -1，所以

$$a=(-1)^{25}=-1. \tag{1}$$

另一方面，各行的积的积等于矩阵中所有元素的积 b，各列的积的积也等于 b，所以

$$a=b^2=1. \tag{2}$$

(1)，(2)矛盾，这表明没有一个 25×25 的矩阵能满足要求.

例 2 从数集$\{3,4,12\}$开始，每一次从其中任选两个数 a,b，用$\frac{3}{5}a-\frac{4}{5}b$ 和$\frac{4}{5}a+\frac{3}{5}b$ 代替它们. 能否通过有限多次代替得到

(a) 数集$\{4,6,12\}$?

(b) 数集$\{x,y,z\}$，其中 x,y,z 满足

$$|x-4|<\frac{1}{\sqrt{3}},\ |y-6|<\frac{1}{\sqrt{3}},\ |z-12|<\frac{1}{\sqrt{3}}? \tag{3}$$

解 对于数集$\{a,b,c\}$，考虑量 $a^2+b^2+c^2$.

一方面，由于$\left(\frac{3}{5}a-\frac{4}{5}b\right)^2+\left(\frac{4}{5}a+\frac{3}{5}b\right)^2=a^2+b^2$，因此 $a^2+b^2+c^2$ 保持

不变,即恒有 $a^2+b^2+c^2=3^2+4^2+12^2=13^2$.

另一方面,$4^2+6^2+12^2=14^2\neq13^2$.

所以不能通过代替得到数集$\{4,6,12\}$.

满足(3)的数集$\{x,y,z\}$也满足

$$(x-4)^2+(y-6)^2+(z-12)^2<\frac{1}{3}\times3=1. \tag{4}$$

如果由$\{3,4,12\}$经过代替可以得到$\{x,y,z\}$,那么

$$x^2+y^2+z^2=13^2, \tag{5}$$

即点(x,y,z)在以原点$O(0,0,0)$为心,13为半径的球上.

但另一方面,点$A(4,6,12)$与球O上任一点的距离不小于

$$OA-13=\sqrt{4^2+6^2+12^2}-13=14-13=1. \tag{6}$$

这与(4)矛盾,所以由$\{3,4,12\}$不能通过有限多次代替得到满足(3)的数集.

注 例2中的$a^2+b^2+c^2$是第24讲例7中所说的不变量.

例3 能否从1,2,…,15中选出10个数填入图48-2的圈中,使每两个有线相连的圈中的数相减(大数减小数),所得的14个差恰好为1,2,…,14?

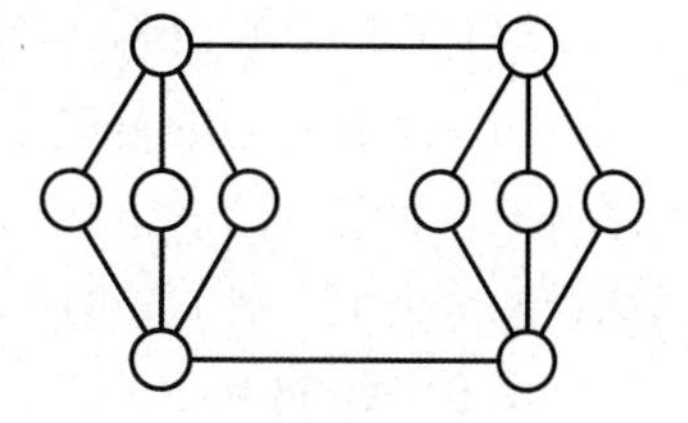

图48-2

解 考虑14个差的和S.

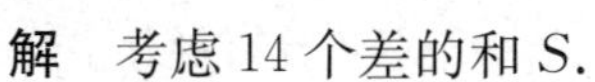

一方面,$S=1+2+\cdots+14=\frac{(1+14)\times14}{2}$是奇数.

另一方面,每两个数a,b的差

$$|a-b|\equiv a+b \pmod 2).$$

因此,如果只考虑奇偶性,14个差可以看作14个和,S可以看作14个和的和.每个圈中的数a与2个或4个圈中的数相加(即相减),对S的贡献为$2a$或$4a$.从而S为偶数.

以上两个方面矛盾,因此不可能得到合乎要求的填法.

例4 25个人组成若干委员会,每个委员会5名成员,每两个委员会至多有1名公共成员.证明委员会的个数不大于30.

解法一 考虑所有委员会中的2人小组的总数S.一方面,显然有

$$S\leqslant C_{25}^2. \tag{7}$$

另一方面,每个委员会中有C_5^2个2人小组,不同委员会中的2人小组均不相同,所以

$$S=a\mathrm{C}_5^2, \tag{8}$$

其中 a 为委员会的个数.

综合(7),(8)得

$$a\leqslant\frac{\mathrm{C}_{25}^2}{\mathrm{C}_5^2}=30. \tag{9}$$

解法二 设 a 为委员会的个数,参加委员会最多的人 A 参加了 b 个委员会.

由于每个委员会 5 个人,总人数为 25,所以平均每人参加的委员会的个数

$$\frac{5a}{25}\leqslant b. \tag{10}$$

另一方面,由于每两个委员会至多有一个相同的成员,所以 A 参加的 b 个委员会中,除 A 外,其他的人各不相同,从而,$1+4b\leqslant 25$,即

$$b\leqslant 6. \tag{11}$$

综合(10),(11)得 $a\leqslant 30$.

很多组合问题的解法是根据问题的特点选择一个适当的量,然后分为三步来考虑这个量,即"一方面(利用一部分条件),另一方面(利用另一部分条件),综合两个方面".例 1 至例 4 均是典型的例子.

例 5 集 $M=\{x_1,x_2,\cdots,x_7\}$,它的子集 $A_1,A_2,\cdots,A_7$ 具有性质:

(ⅰ) M 中每一对元素同属于一个唯一的 $A_j(1\leqslant j\leqslant 7)$;

(ⅱ) $7>|A_k|\geqslant 3(k=1,2,\cdots,7)$.

证明:每两个子集 $A_i,A_j(1\leqslant i<j\leqslant 7)$ 均有一个唯一的公共元素.

解 关于元素与集合,常用一个矩阵(数表),其中第 i 行第 j 列元素

$$a_{ij}=\begin{cases}1,\text{若元素 } x_i\in A_j,\\0,\text{若元素 } x_i\notin A_j\end{cases}(1\leqslant i,j\leqslant 7).$$

这个矩阵的第 i 行的和 r_i 表明元素 x_i 属于 r_i 个集合,第 j 列的和 c_j 表明集 A_j 含有 c_j 个元素.

对于每个二元子集 $\{j,j'\}$,当且仅当

$$a_{ij}\cdot a_{ij'}=1 \tag{12}$$

时,元素 $x_i\in A_j\cap A_{j'}$. 因此,我们考虑和

$$S=\sum_{\{j,j'\}}\sum_i a_{ij}a_{ij'}, \tag{13}$$

其中 i 跑遍 $1,2,\cdots,7$,$\{j,j'\}$ 跑遍 $\{1,2,\cdots,7\}$ 的二元子集.

由于(ⅰ),在 $j\neq j'$ 时,$|A_j\cap A_{j'}|\leqslant 1$,因此

$$S \leqslant \sum_{\{j,j'\}} 1 = C_7^2 = 7 \times 3. \tag{14}$$

另一方面,由(ⅱ) $\sum_i r_i = \sum_j c_j \geqslant 7 \times 3$,所以

$$\begin{aligned} S &= \sum_i \sum_{\{j,j'\}} a_{ij} a_{ij'} \\ &= \sum_i C_{r_i}^2 \ (x_i \text{ 属于 } C_{r_i}^2 \text{ 个 } A_j \cap A_{j'}) \\ &\geqslant 7 \times C_{(r_1+r_2+\cdots+r_7)/7}^2 \left(\frac{x(x-1)}{2} \text{下凸}\right) \\ &\geqslant 7 \times C_3^2 = 7 \times 3. \end{aligned} \tag{15}$$

由(14),(15),$S=7\times 3$,并且在 $j \neq j'$ 时,$|A_j \cap A_{j'}|=1$.

交换和号,是典型的"算两次".二重级数(或二重积分)的和号(或积分号)交换顺序的定理正是富比尼等建立的.

例 6 设 $a_1,a_2,\cdots,a_n$ 为 $1,2,\cdots,n$ 的一个排列,

$$f_k = |\{a_i \mid a_i < a_k, i > k\}|,$$
$$g_k = |\{a_i \mid a_i > a_k, i < k\}|,$$

$k=1,2,\cdots,n$. 证明:

$$\sum_{k=1}^{n} f_k = \sum_{k=1}^{n} g_k. \tag{16}$$

解 考虑集合

$$A = \{(a_i, a_k) \mid a_i < a_k, i > k\}$$

的元素 $|A|$.

显然,先(固定 k)对 i 求和,再对 k 求和,便得到

$$|A| = \sum_{k=1}^{n} f_k. \tag{17}$$

先(固定 i)对 k 求和,再对 i 求和,便得到

$$|A| = \sum_{i=1}^{n} g_i = \sum_{k=1}^{n} g_k. \tag{18}$$

由(17),(18)即得(16).

例 7 地面上有 10 只小鸟在啄食,并且任意 5 只中至少有 4 只在同一个圆周上,问有鸟最多的圆周上最少有几只鸟?

解 9 只鸟在同一圆上,1 只鸟不在这个圆上,这种情况满足题中要求.

设有鸟最多的圆上最少有 l 只鸟,则 $l \leqslant 9$.

我们证明 $l=9$. 显然 $l \geqslant 4$.

如果 $5 \leqslant l \leqslant 8$,那么设圆 C 上有 l 只鸟,则圆 C 外至少有 2 只鸟 b_1, b_2. 对圆

C 上的任 3 只鸟，其中必有 2 只与 b_1,b_2 共圆.设 C 上的 b_3,b_4 与 b_1,b_2 共圆，b_5,b_6 与 b_1,b_2 共圆. 对圆 C 上的第 5 只鸟 b_7 及 b_3,b_5，它们中没有两只能与 b_1,b_2 共圆. 矛盾!

如果 $l=4$，则 C_{10}^5 个 5 只鸟的小组，每组确定一个圆，每个圆上恰有 4 只鸟. 每个这样的圆至多属于 6 个小组，因而至少有 $\frac{C_{10}^5}{6}$ 个圆. 每个圆上有 4 个以鸟为顶点的三角形，所以这样的三角形至少有 $\frac{C_{10}^5\times 4}{6}$ 个. 另一方面，这样的三角形共 C_{10}^3 个. 但

$$\frac{C_{10}^5\times 4}{6}>C_{10}^3,$$

矛盾!

因此 $l=9$.

这里证明 $l\neq 4$ 的方法是计算以鸟为顶点的三角形. 另一种更简单的做法是：

设 $l<10$，则必有 4 只鸟不在同一圆上. 过其中每 3 只作一个圆，共得 4 个圆. 其余 6 只鸟中的每一只与上述 4 只鸟组成 5 元组，因而这只鸟必在(上述 4 个圆中)某一个圆上. 6 只鸟中必有 2 只在同一个圆上，从而这个圆上至少有 5 只鸟.

算两次的精神实质在于将一个量用两(几)种不同的方法表达出来. 这与“换一个观点来看问题”的思想方法是一致的.

例 8 将凸多面体的每一条棱染成红色或黄色. 两边异色的面角称为奇异面角. 某顶点 A 处的奇异面角数称为该顶点的奇异度，记为 S_A. 求证总存在两个顶点 B 和 C，使得

$$S_B+S_C\leqslant 4. \tag{19}$$

解 将自 A 引出的一条棱改变颜色，S_A 不变或增减 2. 如果 A 引出的棱全部同色，$S_A=0$. 不论将这些棱的颜色如何变更，S_A 的奇偶性不变，所以 S_A 恒为偶数.

设多面体有 v 个顶点，e 条棱，f 个面. 我们来估计和

$$S=\sum S_A, \tag{20}$$

其中求和号遍及 v 个顶点.

S 有另一种计算方法，即求出各个面上的奇异面角的个数，然后对各面求和.

设第 j 个面为 $e_j(e_j\geqslant 3)$ 边形，则这个面上的奇异面角的个数

$$S_j \leqslant e_j \leqslant 2e_j - 3, \tag{21}$$

与证明 S_A 为偶数的方法相同,可以得出 S_j 为偶数,从而(21)能加强为

$$S_j \leqslant 2e_j - 4. \tag{22}$$

求和得

$$S = \sum_{j=1}^{f} S_j \leqslant 2\sum_{j=1}^{f} e_j - 4f = 4e - 4f. \tag{23}$$

由欧拉公式

$$v - e + f = 2,$$

所以

$$S \leqslant 4(v-2). \tag{24}$$

(20)与(24)表明必存在顶点 B, C 使

$$S_B < 4, S_C < 4. \tag{25}$$

由于 S_B, S_C 都是偶数,因此

$$S_B + S_C \leqslant 2 + 2 = 4. \tag{26}$$

注 (ⅰ) 由总和导出个别(S_B, S_C)的性质是数学中常用的方法,厄迪斯称之为平均原理,实即抽屉原理的一种形式.这种方法当然需要总和 $S = \sum S_A$ 的另一种表示即 $\sum S_j$.

(ⅱ) 从(21)到(22),这一步虽然简单却很重要.从(25)到(26),又一次利用了这种“偶数的离散性”.

例 9 平面上任给 5 个点,其中每 3 点不共线,每 4 点不共圆.如果一个圆过其中 3 点,并且另 2 点分别在这圆内、外,就称这圆为“好圆”.设好圆的个数为 n,试求 n 可能取的值.

解 对其中任两点 A, B,设过 A, B 的好圆有 S_{AB} 个,则由于每个好圆过 3 个已知点,在和 $\sum S_{AB}$ 中,每个好圆恰出现了 3 次,因此

$$\frac{1}{3} \sum S_{AB} = n, \tag{27}$$

其中和号遍及 5 个已知点的所有二元组合(子集).

问题化为考察 S_{AB}.设其他 3 点为 C, D, E.

(a) 若 C, D, E 在直线 AB 同侧,不妨设 $\angle ACB > \angle ADB > \angle AEB$.显然这时只有过 D 的圆是好圆,即 $S_{AB} = 1$.

(b) 若 C, D, E 不在直线 AB 同侧,不妨设 C, D 在一侧,E 在另一侧,并且 $\angle ACB > \angle ADB$.这时又有三种情况:

(ⅰ) $\pi - \angle AEB > \angle ACB$.这时只有过 D 的圆是好圆,即 $S_{AB} = 1$.

(ⅱ) $\pi - \angle AEB < \angle ADB$.这时只有过 C 的圆是好圆,即 $S_{AB} = 1$.

(ⅲ) $\angle ACB > \pi - \angle AEB > \angle ADB$.这时过 C, D, E 的三个圆均是好圆,

即 $S_{AB}=3$.

注意若 $S_{AB}=3$,则 $S_{AC}=S_{AD}=S_{AE}=1$. 事实上,在$\odot ABC$ 内,延长 CE 交 $\overset{\frown}{AB}$ 于 E',则 $\angle ACE=\angle ACE'>\angle ADE'>\angle ADE$,$\angle ACE'=\angle ABE'>\angle ABE$. 所以 D、B 都在$\odot ACE$ 外,$\odot ACE$ 不是好圆,$S_{AE}=S_{AC}=1$. 因为 $S_{AE}=1$,$\odot AEB$ 是好圆,所以$\odot AED$ 不是好圆,$S_{AD}=1$.

同理 $S_{BC}=S_{BD}=S_{BE}=1$. 并且在 S_{CD},S_{CE},S_{DE} 中也至多 1 个为 3.

于是(27)左边的和,$C_5^2=10$ 项中至多两项为 3,其余均为 1.

另一方面,n 是整数,$\sum S_{AB}$ 必须是 3 的倍数,所以其中 10 项应有 1 项或 4 项或更多项为 3.

综合以上两方面,恰有一个 $S_{AB}=3$,其余的均为 1,好圆的个数 $n=\frac{1}{3}(3+1\times 9)=4$.

图 48-3(ⅲ)也表明 $n=4$ 是可能的.

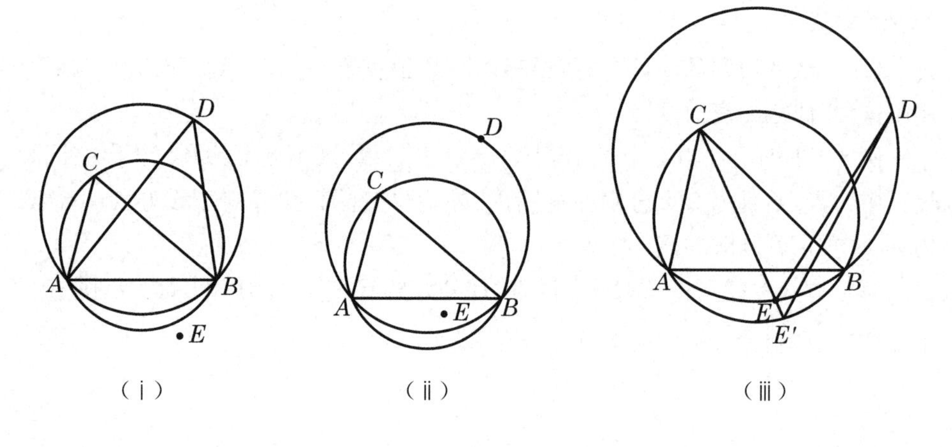

图 48-3

"算两次"就是寻求一个量的不同表示方法,在其他各讲中也有不少算两次的例子,有兴趣的读者还可以参看《算两次》一书(单墫著,中国科学技术大学出版社 1992 年出版).

习 题 48

1. 在例 4 中,是否有 30 个委员会满足要求?

2. 在 $n\times n$ 的方格表的每个方格中,任意填上一个 $+1$ 或 -1,设各行的积依次为 $p_1,p_2,\cdots,p_n$,各列的积依次为 $q_1,q_2,\cdots,q_n$. 证明:在 n 为奇数时,$S=p_1$

$+p_2+\cdots+p_n+q_1+q_2+\cdots+q_n\neq 0$，并且对任意整数 k，$0\leqslant k<\frac{n}{2}$，可设法填写±1，使 $S=2n-4k$.

3. 已知整数 $a_1,a_2,\cdots,a_m,b_1,b_2,\cdots,b_n$，并且 $a_1+a_2+\cdots+a_m=b_1+b_2+\cdots+b_n$. 证明：可以在 $m\times n$ 的表中填入不大于 $m+n-1$ 个正数，使得第 i 行的各数之和等于 a_i，第 j 列的各数之和等于 b_j（$1\leqslant i\leqslant m$，$1\leqslant j\leqslant n$）.

4. 已给自然数 $n>1$，令 S_n 为所有排列（一一对应）$p:\{1,2,\cdots,n\}\to\{1,2,\cdots,n\}$ 的集合. 对每个 $p\in S_n$，令 $F(p)=\sum\limits_{k=1}^{n}|k-(p)k|$. 计算

$$M_n=\frac{1}{n!}\sum_{p\in S_n}F(p).$$

5. 设 $x_1,\cdots,x_n$ 为非负实数，$a=\min\{x_1,\cdots,x_n\}$. 证明：

$$\sum_{j=1}^{n}\frac{1+x_j}{1+x_{j+1}}\leqslant n+\frac{1}{(1+a)^2}\sum_{j=1}^{n}(x_j-a)^2 \text{（约定 } x_{n+1}=x_1\text{）}.$$

6. 课间休息时，n 名儿童围着老师坐下，老师依逆时针方向走动，按以下规则分发糖果：首先给 1 号儿童 1 粒糖果，然后跳过下一位儿童，将糖果发给 3 号，然后跳过两位儿童，将糖果发给 6 号，依此类推. 求出能使每位儿童至少得到一粒糖果（可能在老师转过许多圈以后）的 n 的值.

7. 证明：对任意的 13 边形（不一定是凸的），一定能找到一条直线恰含这 13 边形的一条边.

8. 证明凸多边形不能剪成若干个凹四边形.

9. 是否存在由奇数条长度相同的线段组成的闭折线，它的顶点全是格点？

第 49 讲 组合问题

组合(数学的)问题,就是那些既不属于代数与数论,也不属于几何与三角的问题(通常被称为"杂题").因为这些问题所需知识极少,方法却多种多样,富于创造性,非常适合作为竞赛的试题.本书第 41～48 讲的内容基本上都属于组合数学.这一讲再作一些补充.

首先讨论一下集合的子集族.

设集合 $X=\{1,2,\cdots,n\}$,$A_1,A_2,\cdots,A_t$ 为 X 的不同的子集,$F=\{A_1,A_2,\cdots,A_t\}$是 X 的子集族.

例 1 如果 F 中任意两个元素 $A_i,A_j(1\leqslant i<j\leqslant n)$互不包含,那么 F 称为斯佩纳(E. Sperner, 1905—1980)族,简称 S 族.求证 S 族的元数至多为 $C_n^{[n/2]}$,即

$$\max t=C_n^{[n/2]}. \tag{1}$$

解法一 考虑 n 个元素 $1,2,\cdots,n$ 的全排列,显然全排列的总数为 $n!$.

另一方面,全排列中前 k 个元素恰好组成 F 中某个 A_i 的,有 $k!(n-k)!$ 个.由于 F 是 S 族,因此这种"头"在 F 中的全排列互不相同.设 F 中有 f_k 个 A_i 满足$|A_i|=k(k=1,2,\cdots,n)$,则

$$\sum_{k=1}^{n} f_k k!\,(n-k)!\leqslant n!. \tag{2}$$

熟知 C_n^k 在 $k=\left[\frac{n}{2}\right]$时最大,所以由(2)得

$$t=\sum_{k=1}^{n} f_k\leqslant C_n^{[n/2]}\cdot\sum_{k=1}^{n} f_k\cdot\frac{k!\,(n-k)!}{n!}\leqslant C_n^{[n/2]}.$$

当 F 由 X 中全部$\left[\frac{n}{2}\right]$元子集组成时,$t=C_n^{[n/2]}$.因此(1)式成立.

稍细致一些,可以看出(1)式的充分必要条件是:

(ⅰ) n 为偶数时,F 由 X 中全部$\frac{n}{2}$元子集组成.

(ⅱ) n 为奇数 $2m+1$ 时,F 由 X 中全部 m 元子集组成或 F 由 X 中全部 $m+1$ 元子集组成.

事实上,如果 $n=2m+1$ 并且(1)中等号成立,那么由 C_n^k 仅在 $k=m,m+1$ 时最大,得出 $A_1,A_2,\cdots,A_t$ 都是 m 元或 $m+1$ 元集.假设 $A_1=\{1,2,\cdots,m\}$,那

么对于 $m<l$，$\{l,1,2,\cdots,m\}\notin F$. 全排列 $l,1,2,\cdots,m,\cdots$ 的前 $m+1$ 个元组成的集 $\notin F$，因此前 m 个元组成的集 $\{l,1,2,\cdots,m-1\}\in F$. 这表明对 F 中任一个 A_i，在 $|A_i|=m$ 时，将 A_i 中任一元换成 $\{1,2,\cdots,n\}$ 中其他元时，得出的集 $A_i{}'\in F$. 经过这样的替代，容易导出 $X=\{1,2,\cdots,n\}$ 的全部 m 元子集均在 F 中. 因此 F 由 X 中全部 m 元子集组成，或者 F 不含 X 中的 m 元子集，即 F 由 X 中全部 $m+1$ 元子集组成.

解法二 设 $A_1,A_2,\cdots,A_t$ 中元数最小的为 r 元集，共 f_r 个. 添加 X 的一个元素到这些 r 元集中使它们成为 $r+1$ 元集. 对每个 r 元集，有 $n-r$ 种添加方法，每个 $r+1$ 元集至多可由 $r+1$ 个 r 元集添加而得，所以经过添加后至少产生 $\dfrac{f_r\cdot(n-r)}{r+1}$ 个 $r+1$ 元集. 由于 F 是 S 族，这些 $r+1$ 元集与 $A_1,A_2,\cdots,A_t$ 均不相同.

当 $r<\left[\dfrac{n}{2}\right]$ 时，

$$\frac{f_r\cdot(n-r)}{r+1}>f_r, \tag{3}$$

所以将 $A_1,A_2,\cdots,A_t$ 中的 r 元集换成添加后得到的 $r+1$ 元集，集合的个数即 F 的元数严格增加.

同样，设 $A_1,A_2,\cdots,A_t$ 中元素最大的为 s 元集. 在 $s>\left[\dfrac{n}{2}\right]$ 时，从每个 s 元集中删减一个元素变成 $s-1$ 元集，由于 $\dfrac{s}{n-s+1}\geqslant 1$（每个 $s-1$ 元集至多可由 $n-(s-1)$ 个 s 元集删减一个元素而得），因此将 $A_1,A_2,\cdots,A_t$ 中的 s 元集换成删减后得到的 $s-1$ 元集，$|F|$ 增加.

因此，在 $A_1,\cdots,A_t$ 均为 $\left[\dfrac{n}{2}\right]$ 元集时，t 最大，(1)式成立.

(1)是斯佩纳于 1928 年发现并证明的，因此称为斯佩纳定理. 例 1 的第一种证法为 Lubell、Meshalkin、Yamamoto 等给出（我们作了一点简化）. 由(2)可得

$$\sum_{k=1}^{n}\frac{f_k}{C_n^k}\leqslant 1. \tag{4}$$

(4)称为 LMY 不等式.

例 2 11 个剧团中，每天有一些剧团演出，其他剧团观看（演出的不能观看）. 如果每个剧团都看过其他 10 个剧团的演出，问演出至少几天？

解 设共演出 n 天，第 i 个剧团不演的天数组成集 $A_i(i=1,2,\cdots,11)$，则

$A_1,A_2,\cdots,A_{11}$都是$X=\{1,2,\cdots,n\}$的子集. 由于每个剧团都看过其他剧团的演出,因此$A_i,A_j(1\leqslant i<j\leqslant 11)$互不包含(第$i$个剧团看第$j$个剧团的那一天属于$A_i$不属于$A_j$). 由例1有

$$11\leqslant C_n^{[n/2]}. \tag{5}$$

$C_n^{[n/2]}$随n递增,$C_5^2=10$,$C_6^3=20$,所以$n\geqslant 6$. 即至少演出6天.

例3 $x_1,x_2,\cdots,x_n$为n个绝对值不小于1的实数,从2^n个和

$$x_A=\sum_{i\in A}x_i, A\subset X=\{1,2,\cdots,n\} \tag{6}$$

(约定$x_\phi=0$)中至多能选出多少个,使得每两个被选出的和相差不到1?

解 如果某个$x_j<0$,用$-x_j$代表它. 并将集A换成集

$$A'=\begin{cases}A\cup\{j\}, & 如果\ j\notin A,\\ A\setminus\{j\}, & 如果\ j\in A,\end{cases} \tag{7}$$

和x_A换为和

$$x_{A'}=x_A-x_j.$$

容易看出(7)是一一对应. 所以,不妨设所有x_j均非负.

设$F=\{A_1,A_2,\cdots,A_t\}$,A_i均为X的子集,并且在$i\neq j$时,

$$|x_{A_i}-x_{A_j}|<1. \tag{8}$$

如果$A_i\subset A_j$,那么$|x_{A_i}-x_{A_j}|=|x_{A_j\setminus A_i}|\geqslant 1$,与(8)矛盾,所以$F$为$S$族. 由例1,

$$t\leqslant C_n^{[n/2]}. \tag{9}$$

当$x_1=x_2=\cdots=x_n=1$时,有$C_n^{[n/2]}$个$A\left(X\text{ 的全部}\left[\frac{n}{2}\right]\text{元子集}\right)$,使$x_A=\left[\frac{n}{2}\right]$,它们相差为0. 因此,至多有$C_n^{[n/2]}$个和彼此相差不到1. 并且,$C_n^{[n/2]}$是最佳结果.

注 例3中的“实数”可以改为“复数”.

在数论中,也有许多命题与拉姆赛定理有关,除第47讲例6所说的舒尔定理外,最典型的例子就是范·德·瓦尔登定理.

例4 (范·德·瓦尔登定理)如果将正整数集任意分拆成两部分,那么对于任意给定的正整数l,这两部分中必有一个含有长为l的等差数列.

解 这是舒尔在1920年提出的猜想. 1926年,在德国汉堡大学担任讲师的范·德·瓦尔登从他的荷兰同胞包特(Baudet)那里得知了这个猜想. 经过长时间的思考、讨论,范与他的朋友阿丁(E. Artin)、许莱尔(O. Schreier)产生了两个关键的想法:(1)可考虑更一般的问题,即将正整数集$\mathbf{N}$分拆为k个部分,k

为任一正整数.(2)可以将 **N** 换成它的一个充分大的子集$\{1,2,\cdots,n\}$,这里 $n=n(k,l)$是与 k,l 有关的正整数.这样将结论加强后,便可以利用归纳法.

对 l 用归纳法.当 $l=2$ 时,只需取 $n(k,2)=k+1$ 就可以.假设命题对 l 成立,要证命题对 $m=l+1$ 成立.即已知对任意正整数 k,存在正整数 $n(k,l)$,使得将$\{1,2,\cdots,n(k,l)\}$任意分拆成 k 个部分(更形象的说法是将$\{1,2,\cdots,n(k,l)\}$染上 k 种颜色,每个数任意染其中一种颜色),总有一个部分含长为 l 的等差数列(总有一个长为 l 的等差数列各项同色).要证明对任意正整数 k,存在正整数 $n(k,m)$,使得将$\{1,2,\cdots,n(k,m)\}$任意染上 k 种颜色,总有一个长为 m 的等差数列各项同色.这里为书写方便,将 $l+1$ 改记为 m.

为了定出一个符合要求的数 $n(k,m)$,我们定义:

$$q_0=1,n_0=n(k,l),$$

若对 $s>0$,已有 q_{s-1} 与 n_{s-1},则定义

$$q_s=2n_{s-1}q_{s-1},n_s=n(k^{q_s},l).$$

我们将证明 q_k 就是所求的 $n(k,m)$.为此,设$\{1,2,\cdots,q_k\}$被染上 k 种颜色.将$\{1,2,\cdots,q_k\}$等分为 $2n_{k-1}$ 段,每段长为 q_{k-1}(即由 q_{k-1} 个连续自然数组成).每个数有 k 种染色方法,因此每一段有 $k^{q_{k-1}}$ 种染色方法.将每一段看成一个"数",前 n_{k-1} 个"数"染上 $k^{q_{k-1}}$ 种颜色,而 $n_{k-1}=n(k^{q_{k-1}},l)$,所以其中有 l 个"数"$\Delta_1,\Delta_2,\cdots,\Delta_l$ 染上同一种颜色,并且这 l 个"数"成公差为 d_1 的等差数列.前一句话表明 Δ_i 与 Δ_j $(1\leqslant i<j\leqslant l)$中,染色的方式完全相同,即如果平移使 Δ_i 与 Δ_j 重合,那么每两个重合的数染的颜色相同.后一句话表明 Δ_{i+1} 中的最小的数比 Δ_i 中最小的数大 d_1q_{k-1} $(1\leqslant i<l)$,d_1 是与 i 无关的数.

显然 $d_1<n_{k-1}$,所以可从后 n_{k-1} 个"数"中再找一个"数"Δ_m,且 Δ_m 与 Δ_l 的差也是 d_1,即我们得到 m 个"数"

$$\Delta_1,\Delta_2,\cdots,\Delta_l,\Delta_m, \tag{10}$$

它们成等差数列(公差为 d_1),而且前 l 个"数"同色.

对 Δ_1 进行与上面相同的处理,即先将它分成 $2n_{k-2}$ 段,每段长为 q_{k-2},然后得出 m 个"数"

$$\Delta_{11},\Delta_{12},\cdots,\Delta_{1l},\Delta_{1m}, \tag{11}$$

它们成等差数列(记公差为 d_2),而且前 l 个"数"同色.

将(11)平移,便得出 Δ_i $(1\leqslant i\leqslant m)$中有 m 个"数"

$$\Delta_{i1},\Delta_{i2},\cdots,\Delta_{il},\Delta_{im}, \tag{12}$$

它们成等差数列,公差为 d_2,并且在 $1\leqslant i\leqslant l$ 时,前 l 个"数"同色.

如此继续下去,最后将得到真正的数 $\Delta_{i_1i_2\cdots i_k}$.

考虑 $k+1$ 个数 $\Delta_{11\cdots11}, \Delta_{11\cdots1m}, \cdots, \Delta_{mm\cdots m}$. 其中必有两个数同色(因为只有 k 种颜色). 设 $\Delta_{\underbrace{11\cdots1}_{r个}\underbrace{m\cdots m}_{k-r个}}$ 与 $\Delta_{\underbrace{11\cdots1}_{s个}\underbrace{m\cdots m}_{k-s个}}(r>s\geqslant0)$同色. 我们证明 m 个数

$$c_i=\Delta_{\underbrace{11\cdots1}_{s个}\underbrace{i\cdots i}_{r-s个}\underbrace{m\cdots m}_{k-r个}}(1\leqslant i\leqslant m) \tag{13}$$

组成同色的等差数列.

首先,由作法,在 $i\leqslant l$ 时, $\Delta_{\underbrace{11\cdots1}_{s个}\underbrace{i\cdots i}_{r-s个}}$ 都是 $\Delta_{\underbrace{11\cdots1}_{s个}}$ 中的同色的"数",所以 c_i 同色. 又根据上面所设 c_1 与 c_m 同色,因此(13)中的数同色.

其次,记 $j=i+1(1\leqslant i\leqslant l)$,

$$c_{i,j}=\Delta_{\underbrace{11\cdots1}_{s个}\underbrace{j\cdots j}_{t个}\underbrace{i\cdots i}_{r-s-t个}\underbrace{m\cdots m}_{k-r个}}(0\leqslant t\leqslant r-s),$$

则对 $1\leqslant t\leqslant r-s$,由作法

$$c_{i,t}-c_{i,t-1}=d_{s+t}q_{k-(s+t)}.$$

而对 $1\leqslant i\leqslant l$,

$$c_{i+1}-c_i=\sum_{t=1}^{r-s}(c_{i,t}-c_{i,t-1})=d_{s+1}q_{k-(s+1)}+d_{s+2}q_{k-(s+2)}+\cdots+d_rq_{k-r}$$

与 i 无关.

于是本题结论成立.

上面的证明可以说是初等方法的顶峰. 为了帮助理解,可以举 $k=2, l=2, m=3$ 的例子,这时 $q_0=1, n_0=n(2,2)=3, q_1=2\times3=6, n_1=n(2^6,2)=2^6+1=65, q_2=2\times65\times6=780$.

将 1～780 分为 130 段,前 65 段中,设第 11 段与第 26 段同色:

$\Delta_1=$ | (61), 62, (63), 64, 65, 66 | ,

$\Delta_2=$ | (151), 152, (153), 154, 155, 156 | .

再配上与它们成等差的第 41 段:

$\Delta_3=$ | 241, 242, 243, 244, (245), 246 | .

61、62、63 中有两个数同色. 不妨设 61、63 同色. 将 61, 63, 151, 153 圈上圈,表示它们同色. 考虑 61(即 Δ_{11}), 65(即 Δ_{13}), 245(即 Δ_{33})这 3 个数. 设 61 与 245 同色,这时

$$61, 153(即\ \Delta_{23}), 245$$

三数组成同色的等差数列(若 61 与 65 同色,则换成 61、63、65 这 3 个数. 若 65 与 245 同色,则换成 65,155,245).

证明中定出的 $n(k,l)$ 并非最小的. 事实上,q_s 的递推式可改为 $q_s=(2n_{s-1}-1)q_{s-1}$,证明不需要改变,但这样得出的 $n(k,l)$ 仍不是最小的. 例如用枚举法可以得出 $n(2,3)=9$ 才是最小的.

范·德·瓦尔登定理有各种各样的加强与推广,例如第 50 讲例 1 的拉多定理.

范氏定理是用构造的方法来证明存在性的. 构造,在组合数学中经常需要. 前面(特别是第 5 讲)已经举过一些例子,本讲再举两例(即例 5 与例 6).

例 5 试举例说明第 47 讲例 4 中将 17 改为 16 时,结论不成立.

解 本题即要举出一个有 16 个顶点的完全图,边染上红、黄、蓝 3 种颜色,而没有同色三角形.

抄一个现成的答案并不困难,但显得“不负责任”(这是我的朋友叶中豪先生的评论).应当说明如何去构造这样的图.

考虑系数为 0 或 1 的 16 个 x 的多项式

$0,1,x,x+1,x^2,x^2+1,x^2+x,x^2+x+1,x^3,x^3+1,x^3+x,x^3+x+1,x^3+x^2,x^3+x^2+1,x^3+x^2+x,x^3+x^2+x+1$.

它们可以作为 K_{16} 的 16 个顶点(如果你喜欢,可以将 x 换成 2,16 个多项式就变成数 0～15).

约定两个多项式相加减是 mod 2 的(更确切的说法是在有限域 Z_2 上进行),即有

$$(x^3+x)\pm(x^3+x^2+x+1)=x^2+1,$$

等等,其中 $2x=0$,$-x^2=x^2$ 等等. 于是差仍是这 16 个多项式. 将除去 0 以外的 15 种差(多项式)分成 3 组:

$$\{1,x^3,x^3+x,x^3+x^2,x^3+x^2+x+1\},$$
$$\{x,x+1,x^2+x+1,x^3+x+1,x^3+x^2+1\},$$
$$\{x^2,x^2+1,x^2+x,x^3+1,x^3+x^2+x\}.$$

不难验证同一组的两个多项式的差(即和)不在同一组(正是根据这一条来分组的!),而在其他组中.

对每条边,考虑两个顶点(多项式)的差. 根据差在一、二、三组,分别将边染上红、黄、蓝色.

如果顶点为 i,j,k 的三角形有两条边同色,那么设差 $i-j$,$j-k$ 在同一组,这时

$$i-k=(i-j)+(j-k)$$

不在同一组. 所以没有三边同色的三角形.

读者不难根据上面所说的染色法自己绘图.

下面的例 6 也需要巧妙的构造.

例 6 某次棋赛有 $n(n\geqslant 2)$ 名选手参加,每人恰好与其他每位参赛者各赛一局,每局胜者得 1 分,负者得 0 分,平局各得 0.5 分. 赛完后,排定名次,称得分高的负于得分低的赛局为"爆冷门".

(a) 证明爆冷门的局数少于总局数的 $\frac{3}{4}$.

(b) 证明 $\frac{3}{4}$ 不能换成更小的数.

解 (a) 先设 $n=2m$, $2m$ 名选手的得分为

$$a_1\geqslant a_2\geqslant\cdots\geqslant a_{2m}.$$

对于 $1\leqslant i\leqslant m$,第 i 名至多爆冷门(胜名次在他前面的) $i-1$ 局,因此他不爆冷门的局数大于等于 $a_i-(i-1)$.

对于 $m+1\leqslant j\leqslant 2m$,第 j 名与前 $j-1$ 名比赛至多爆冷门 a_j 局,因此他不爆冷门的局数大于等于 $j-1-a_j$.

在上面的计算中,不爆冷门的局数(a_i 胜或平 a_j, $1\leqslant i\leqslant m$, $m+1\leqslant j\leqslant 2m$)可能被计算了两次,因此不爆冷门的总数

$$\geqslant\frac{1}{2}\left(\sum_{i=1}^{m}(a_i-(i-1))+\sum_{j=m+1}^{2m}((j-1)-a_j)\right). \tag{14}$$

(14)中前一个和号里的 1"贡献" m,后一个和号里的 1"贡献" $-m$,两者正好抵消.前一个和号里的 a_i 大于等于后一个和号里的 $a_j(j=i+m)$,因此它们的差 $a_i-a_j\geqslant 0$,前一个和号里的 i 比后一个和号里的相应的 j(即 $i+m$)正好少 m,因此 $j-i=m$,这样(14)式就

$$\geqslant\frac{1}{2}\sum_{i=1}^{m}m=\frac{1}{2}m^2. \tag{15}$$

总局数为 $C_{2m}^2=\frac{2m(2m-1)}{2}$,所以

不爆冷门的局数 $>\frac{1}{4}\times$ 总局数,爆冷门的局数 $<\frac{3}{4}\times$ 总局数.

在 $n=2m+1$ 时,只需将(14)的后一个和号改为 $\sum\limits_{j=m+2}^{2m+1}$,则 $j=i+(m+1)$ 与 i 的差为 $m+1$,这样(14)式就

$$\geqslant \frac{1}{2}\sum_{i=1}^{m}(m+1)=\frac{1}{2}m(m+1). \tag{16}$$

总局数为 $C_{2m+1}^{2}=\dfrac{(2m+1)\cdot 2m}{2}$,所以结论仍然成立.

(b) 需要构造一个例子,说明爆冷门的局数可以任意接近总局数的$\dfrac{3}{4}$.

为此,首先考虑 $2m+1$ 名选手 $A_1,A_2,\cdots,A_{2m+1}$(约定 $A_{j+2m+1}=A_i$),规定 A_i 胜 $A_{i+1},A_{i+2},\cdots,A_{i+m}$. 这样 $A_1,\cdots,A_{2m+1}$ 均胜了 m 局,得分相同. 我们假定 $A_1,\cdots,A_{2m+1}$ 的名次是 $A_{2m+1},A_{2m},\cdots,A_1$(即暂时放弃对 $A_1,\cdots,A_{2m+1}$ 按得分多少排名的要求,以后再通过他们与其他一些人的比赛来保证上述排名的次序).这样爆冷门的局数就有

$$m\times(m+1)+(m-1)+\cdots+2+1=\frac{m(3m+1)}{2},$$

与总局数 $C_{2m+1}^{2}=\dfrac{(2m+1)\cdot 2m}{2}$ 的比为$\dfrac{m(3m+1)}{(2m+1)\cdot 2m}=\dfrac{3m+1}{4m+2}$,当 m 无限增大时,这比值可以任意接近$\dfrac{3}{4}$$\left(\text{即可以大于任一个比}\dfrac{3}{4}\text{小的实数}\right)$.

现在引进选手 $B_1,B_2,\cdots,B_{2m+1}$,并规定 A_{2m+1} 胜其中 $2m+1$ 名(即全部 B),A_{2m} 胜其中 $2m$ 名,…,A_1 只胜其中 1 名,这样 $A_1,A_2,\cdots,A_{2m+1}$ 的名次顺序就是 $A_{2m+1},A_{2m},\cdots,A_1$ 了.

但这时由于引进选手 $B_k(1\leqslant k\leqslant 2m+1)$,总赛局增加许多,$A_i(1\leqslant i\leqslant 2m+1)$ 爆冷门的局数所占比例就远远小于$\dfrac{3}{4}$了.

这有些像《艾丽丝漫游奇境记》中的艾丽丝,变小了拿不到桌上的钥匙,变大了又进不了花园的门,顾此失彼.

怎么才能两全其美呢?

B_k 的个数应比 A_i 的个数少得多,这样总局数的增加就不会太大. 但为了排定 A_i 的名次,B_k 的个数在数量级上无法减少,即至少是 m 的一次式$\left(\text{充其量减少为}\dfrac{m}{2}\right)$.既然如此,我们增大 A_i 的个数,使之成为 m 的二次式,即考虑 $A_{i,j}(1\leqslant i,j\leqslant 2m+1)$,并约定

$$A_{i,j}\text{ 胜 }A_{i+1,t},A_{i+2,t},\cdots,A_{i+m,t},$$
$$A_{i,j}\text{ 胜 }A_{i,j+1},A_{i,j+2},\cdots,A_{i,j+m},$$
$$A_{i,j}\text{ 胜 }i\text{ 个 }B_k,$$

即 $A_{i,j}$ 相当于原来的 $A_i(1\leqslant i,j,t,k\leqslant 2m+1)$. 至于 $A_{i,j}$ 胜哪 i 个 B_k，无关紧要，B_k 之间的胜负也无关紧要. 这时爆冷门的局数

$$\geqslant\frac{m(3m+1)}{2}\cdot(2m+1)^2$$

(原来 A_i 胜 A_s 爆 1 局冷门，现在 $A_{i,j}$ 胜 $A_{s,t}$ 仍是爆冷门，而且 j,t 均有 $2m+1$ 个).故

$$\text{总局数}=\mathrm{C}_{(2m+1)^2}^2+(2m+1)^3+\mathrm{C}_{2m+1}^2,$$

其中第二项是 B_k 与 $A_{i,j}(1\leqslant i,j,k\leqslant 2m+1)$ 比赛的局数，第三项是 B_k 之间比赛的局数，次数均低于 4 次，因此爆冷门的局数所占比例

$$\geqslant\frac{m(3m+1)(2m+1)^2}{(2m+1)^2((2m+1)^2-1)+\text{低于 4 次的 } m \text{ 的多项式}}\to\frac{3}{4}.$$

当 m 无限增加时，这比值可以任意接近 $\frac{3}{4}$. 所以 $\frac{3}{4}$ 不能改为更小的数.

存在性的问题，除了构造外，也可以利用抽屉原理来解决，在第 46 讲已经举过例子，这里再举一个例子.

例 7 定义 $\{x\}$ 为 x 的小数部分，即

$$\{x\}=x-[x]. \tag{17}$$

现有 n 个在区间 $(0,1)$ 中的实数 $\beta_1,\beta_2,\cdots,\beta_n$，证明必有一个实数 β，使得

$$\sum_{j=1}^{n}\{\beta_j-\beta\}\leqslant\frac{n-1}{2}. \tag{18}$$

解 如果取 $\beta=0$，那么由于每个 $\{\beta_j\}$ 可以非常接近 1，(18) 左边的和接近 n. 取 $\beta=1$，情况类似. 取 β 为某个 β_j，稍好一些，但和仍可能接近 $n-1$. 取 $\beta=\frac{1}{2}$，和 $\leqslant\frac{n}{2}$. 究竟取哪个 β_j，才能使和降至 $\frac{n-1}{2}$ 以下呢?

这要用厄迪斯爱用的方法:从整体到平均. 即陆续取 $\beta=\beta_1,\beta_2,\cdots,\beta_n$，将相应的和加起来，再看一看平均数是多少.

由于在 $0<x<1$ 时，$\{x\}=x$，而 $\{-x\}=-x-[-x]=-x+1$，因此

$$\{x\}+\{-x\}=1. \tag{19}$$

于是，对每一对 $i,j(1\leqslant i,j\leqslant n,i\neq j)$，均有 $\{\beta_i-\beta_j\}+\{\beta_j-\beta_i\}=1$. 从而

$$\sum_{i=1}^{n}\sum_{j=1}^{n}\{\beta_j-\beta_i\}=\mathrm{C}_n^2=\frac{n(n-1)}{2}, \tag{20}$$

平均值为 $\frac{n-1}{2}$. 因此必有一个 β_i，使和

$$\sum_{j=1}^{n}\{\beta_j-\beta_i\}\leqslant\frac{n-1}{2} \tag{21}$$

(这也就是抽屉原理).

本题的$\frac{n-1}{2}$是最佳上界. 当β_n 接近于1,而$\beta_k=\frac{k}{n}(1\leqslant k\leqslant n-1)$时,无论$\beta$怎样选取,(18)左边的和都接近于$\frac{n-1}{2}$.

最后举一个组合几何的问题,它与例6都选自国际城市竞赛.

例8 在一个很大的棋盘上,有$2n$个小方格被染上红色,而且一枚每次只能横走或竖走一格的棋子可以从一个红格走到任一个红格,不穿过没有染色的方格. 证明可将这$2n$个红格分成n个矩形(包括正方形).

解 称具有题述性质的红色区域为连通的. 用归纳法证明$2n$个红格组成的连通区域M可以分成n个矩形.

$n=1$时,结论显然.

假设$n>1$并且在n换成较小的自然数时,结论成立. 考虑n的情形.

(ⅰ) 如果有一个红格A恰与两个红格B,C相邻.

去掉A后,如果红色区域不连通,那么分成的两个部分(连通分支)中必有一个由偶数个红格组成,将A加入另一个部分中,然后应用归纳假设即得.

去掉A后,如果红色区域仍然连通,那么再去掉B. 如果红色区域连通,那么可用归纳假设. 如果红色区域不连通,但有一个连通分支X由偶数个红格组成,那么将A,B加入其余部分中,形成一个连通区域,对X及这个连通区域用归纳假设. 如果每个连通分支都由奇数个红格组成,将A加入含C的连通分支X中,将B加入其余部分中,再分别用归纳假设.

因此,以下设每个红格都不恰好与两个红格相邻.

(ⅱ) 如果有四个红格A,B,C,D形成如图49-1的“田”字形.

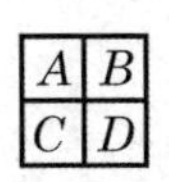

图49-1

先去掉A,B,如果图仍连通,用归纳假设即得. 设图不连通,如果有一个连通分支X由偶数个红格组成,将A,B加入其余部分,再用归纳假设. 如果每个连通分支都由奇数个红格组成,那么连通分支的个数是2或4(因为红格的总数是偶数$2n-2$,不可能为3个奇数的和),其中一个分支X含C,D. 在连通分支个数为2时,可设A与另一个连通分支Y相连;在连通分支个数为4时,可设B

与两个连通分支相连，A 与第四个连通分支 Y 相连（当然 A 也可能还与一个连通分支相连）. 将 A 加入 Y 中，B 加入其余部分中，形成两个连通图，所含红色方格的个数都是偶数，因而又可以应用归纳假设.

以下设 M 中没有“田”字形.

（iii）如果 A 与四个红格 B,C,D,E 相邻（图 49-2），那么由于每个红格都不恰与两个红格相邻，因此或者只有 A,B,C,D,E 这五个红格；或者 F,G,H,I 中至少有一个红格，从而出现“田”字形.

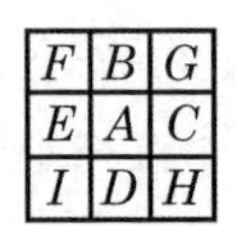

图 49-2

因此，我们可以假设 M 中没有红格与四个红格相邻. 于是，M 中每个红格或者与一个红格相邻，或者与三个红格相邻.

（iv）如果红格 A 与三个红格 B,C,D 相邻（如图 49-3），而 D 又与三个红格相邻，那么与 D 相邻的红格 E,F 必不与 B 相邻，而是如图配置. 这样一直延长至某个红格 Q，它只与前一个红格相邻. 同样，C 那边可能向左延长，也可能到 C 结束.

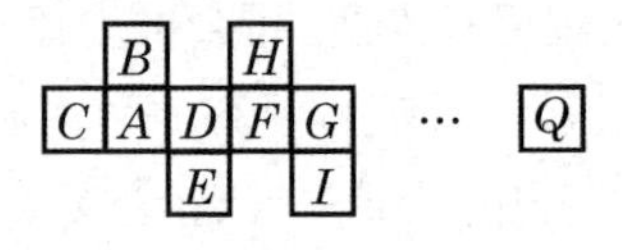

图 49-3

图 49-3 显然可以分成一个 $1\times k$ 的矩形及许多边长为 1 的正方形. 对于 C,A 两个红格，只需要一个 1×2 的矩形. 以后每增加两个红格，矩形的长便增加 1，同样正方形的个数也增加 1，所以 $2n$ 个红格可分为 $1\times(n+1)$ 的矩形与 $n-1$ 个 1×1 的正方形.

本题主要抓住“连通性”来讨论，难度并不太大，但叙述要求层次分明，条理清楚. 中学同学应当逐步养成良好的表达习惯，尤其是书面表达，要“想得清楚，说得明白，写得干净”.

习题 49

1. 设 $F_r=\{A_1,A_2,\cdots,A_t\}$，其中 $A_i(i=1,2,\cdots,t)$ 是 $X=\{1,2,\cdots,n\}$ 的 r 元集. 定义

$$\partial F_r=\{B:B\text{ 是某个 }A_i\text{ 的子集并且}|B|=r-1\}.$$

证明

$$\frac{|\partial F_r|}{C_n^{r-1}}\geqslant\frac{t}{C_n^r},$$

当且仅当 $t=C_n^r$ 时等式成立.

2. 符号同第 1 题. 如果 X 的包含∂F_r 中任一个元素 B 的 r 元集 A 都在 F_r 中,证明 $t=C_n^r$.

3. 证明仅当 $A_1,A_2,\cdots,A_t$ 的元数全都相同时,LMY 不等式中的等号成立.

4. 已知 $x_1,x_2,\cdots,x_n$ 为绝对值不小于 1 的实数,对任意实数 x,在 2^n 个和 $x_A=\sum\limits_{i\in A}x_i$ 中,至多可选出多少个与 x 的差的绝对值小于$\frac{1}{2}$?

5. 假设同第 4 题,证明在 2^n 个和 $\sum\limits_{i=1}^{n}\varepsilon_i x_i(\varepsilon_i=\pm1)$中,至多可以选出 $C_n^{[n/2]}$ 个与 x 的距离小于 1.

6. $2n$ 名选手进行两轮循环赛,每轮每名选手与其他选手各赛一局,胜者得 1 分,负者得 0 分,平局各得 0.5 分. 如果每名选手第一轮的总分与第二轮的总分至少相差 n 分,证明每名选手第一轮的总分与第二轮的总分恰好相差 n 分.

7. 证明对任意的正整数 l,k,s,如果将正整数集 N 任意分拆为 k 个子集,那么总有正整数 a,d,使得 $a+d,a+2d,\cdots,a+ld$ 与 sd 都在同一个子集中.

8. 一张矩形纸片,内部有 n 个矩形的洞,洞的边与纸片的边平行. 如果无论这些洞如何分布,总能将纸片剪成 m 个没有洞的矩形,求 m 的最小值.

9. 设 $S=\{a_1,a_2,\cdots,a_n\}$的子集族 U 具有性质:若 $A\in U,A\subset B$,则 $B\in U$. S 的子集族 V 具有性质:若 $A\in V,A\supset B$,则 $B\in V$. 证明

$$|U\cap V|\cdot 2^n\leqslant|U|\cdot|V|.$$

第 50 讲 谈谈命题

内行的人都知道“命题容易解题难”. 数学题如汪洋大海,可以说要多少有多少,而且这茫茫大海每时每刻都在不断增长,永远取之不竭.

重要的是选择有典型意义的题,注意推陈出新.

试题,尤其是重大比赛的题,往往会产生一定的影响. 这些题应当有指导性,反映现代数学的思想方法,不宜过偏过专,计算量不宜过大(繁复的计算容易“淹没”内在的思想).

好的试题往往有深刻的数学背景(并不要求学生完全了解). 如第一届中国数学奥林匹克的第六题(即本书第 2 讲例 5):

MO 牌足球由若干多边形皮块用三种不同颜色的丝线缝制而成,有以下特点:

(ⅰ) 任一多边形皮块的一条边恰与另一多边形皮块同样长的一条边用一种颜色的丝线缝合;

(ⅱ) 足球上每一结点恰好是三个多边形的顶点,每一结点的三条缝线的颜色不同.

求证:可以在这 MO 牌足球的每一结点上放置一个不等于 1 的复数,使得每一多边形皮块的所有顶点上放置的复数的乘积都等于 1.

这道题与空间的定向及三正则图的 Tait 染色有关,是一道新颖的好题.

再如 1991 年全苏数学冬令营的一道试题(即第 39 讲例 9):

在空间中有一个有限点集 M 和一点 O. 点集 M 由 $n\geqslant 4$ 个点组成,已知对集 M 中任意三个不同的点,一定能在 M 中找出第四个点 D,使得 O 点严格位于四面体 $ABCD$ 的内部,证明 $n=4$.

这道题与高斯球面射影、三角剖分、欧拉定理有关,体现了代数拓扑中的基本方法,也是一道新颖的好题.

这类好题,解答并不复杂,然而却不易想到. 久思不得其解,再看解答,不禁拍案叫绝(如果自己不先思考,直接就看解答,很可能以为平淡无奇,不解其中三昧).

1986 年中国提供给 IMO、并被选中的一道试题是:

平面上给定$\triangle A_1A_2A_3$ 及点 P_0,定义 $A_s=A_{s-3}(s\geqslant 4)$,构造点列 P_0,P_1,P_2,…使得 P_{k+1} 为 P_k 绕中心 A_{k+1} 顺时针旋转 120°时所达到的位置($k=0,1,$

$2,\cdots$). 若 $P_{1986}=P_0$,证明$\triangle A_1A_2A_3$ 是正三角形.

这道题颇为有趣,用复数来解没有太大困难. 由于不少国家缺少用复数解几何题的训练,恰恰被击中要害. 在此之后,各国加强了这方面的训练,各级竞赛中,效颦之作也纷纷出笼,但 IMO 反倒不再考了(正是为了避免众所周知的熟套子). 不过,"十年河东,十年河西",或许在 2006 年(20 年之后),人们已经淡忘的时候,IMO 中又出现一道类似的问题.

中国提供的、1991 年 IMO 的一道试题(即习题 46 第 6 题):

设 $S=\{1,2,3,\cdots,280\}$. 求最小的自然数 n 使得 S 的每个有 n 个元素的子集都含有 5 个两两互素的数.

这道题主要运用抽屉原理. 由于要知道小于 280 的质数共 59 个,必须逐一检验小于 280 的自然数. 这样的计算量未免偏大,耗费过多时间(IMO 中禁止使用计算器).

新颖的题目往往来自科研,这是"题海"的"源头活水". 如"全世界任意 6 个人中,必有 3 个人互相认识或互不相识"就是图论中的著名定理,现在已成为每一本竞赛讲座书中必不可缺的例题.

从科研论文截取一段或采用一个特例,已经是一种流行的命题法. 本书中很多问题均由此而来(如第 43 讲例 6,7 都是图兰(P. Turan,1910—1976)定理的特例,又如第 5 讲例 12 是朱平天与单墫的论文中的一个结论),这正体现了数学普及的大趋势.

当然,很多问题需要经过改造,重新编制. 在这方面苏联数学家做了大量的、相当出色的工作. 美国数学家做得也比较成功.

例 1 设 $a_1,a_2,\cdots,a_n$ 为整数,并且每一个部分和 $a_{i_1}+a_{i_2}+\cdots+a_{i_k}$ $(1\leqslant i_1<i_2<\cdots<i_k\leqslant n)$ 都不为 0. 证明正整数集可以分拆为有限多组,使得 $x_1,x_2,\cdots,x_n$ 在同一组时,

$$a_1x_1+a_2x_2+\cdots+a_nx_n\neq 0. \tag{1}$$

解 本题是拉多(Rado,1895—1965)的半个定理. 这一半看似不难,学习拉多定理的人也往往忽视. 但如果自己去做却未必就能顺顺当当地解决.

解法是取质数

$$p>|a_{i_1}+a_{i_2}+\cdots+a_{i_k}|. \tag{2}$$

将每个自然数写成 p 进制,右起第一个非零数字为 j 的归入第 j $(j=1,2,\cdots,p-1)$ 组,这就将自然数集分为 $p-1$ 组.

如果 $x_1,x_2,\cdots,x_n$ 都在第 j 组,那么这些数的右起第一个非零数字都是 j,当然在某些 x_i 的第 m 位非零时,其他的 x_i 的第 m 位数字可能为 0. 于是有

$$a_1x_1+a_2x_2+\cdots+a_nx_n\equiv j(a_{i_1}+a_{i_2}+\cdots+a_{i_k})(\bmod p^m).$$

由于 $1\leqslant j<p$，$p\nmid j$ 以及(2)和已知 $a_{i_1}+a_{i_2}+\cdots+a_{i_k}\neq 0$，$p\nmid a_{i_1}+a_{i_2}+\cdots+a_{i_k}$，从而 $a_1x_1+a_2x_2+\cdots+a_nx_n\not\equiv 0(\bmod p^m)$. 更有 $a_1x_1+a_2x_2+\cdots+a_nx_n\neq 0$.

拉多定理的另一半，即"如果有某个部分和 $a_{i_1}+a_{i_2}+\cdots+a_{i_k}=0$，那么只要将正整数集分为有限多组(用有限多种颜色染色)，其中必有一组存在元素 $x_1,x_2,\cdots,x_n$ 满足

$$a_1x_1+a_2x_2+\cdots+a_nx_n=0 \tag{3}$$

(即(3)有同色解)". 这一部分比较难证，它与著名的范·德·瓦尔登定理密切相关，本身又可推广为更一般的形式(参见综合习题第 17 题).

例 2 给定正奇数 n 后，计算 $3n+1$，然后尽可能多次地除以 2，直到得出一个奇数，记之为 n^*. 例如

$$7^*=11,11^*=17,17^*=13,13^*=5,5^*=1.$$

(a) 证明如果 $n^*=m$，并且 $m^*=n$，则 $m=n=1$.

(b) 求一个正奇数 n，满足

$$n<n^*<n^{**}<\cdots<n^{\overbrace{**\cdots*}^{20个}}. \tag{4}$$

解 (a) 不妨设 $n\leqslant m$. 如果 $n=1$，显然 $m=1$. 如果 $n>1$，那么 $\frac{3n+1}{4}<n\leqslant m$. 因此 $m=\frac{3n+1}{2}$. 设 $n=m^*=\frac{3m+1}{2^a}$(a 为自然数)，则

$$2^a\cdot n=3m+1=\frac{3(3n+1)}{2}+1=\frac{9n+5}{2}, \tag{5}$$

而
$$4n<\frac{9n+5}{2}<6n, \tag{6}$$

因此不可能有自然数 a 满足(5)式. 从而必须 $n=1,m=1$.

(b) 如果 $n=4k-1$，则 $3n+1=12k-2$，$n^*=6k-1>n$. 因此，设 $n=2^a\cdot k-1$，其中 a 为大于 20 的自然数，便有

$$n<n^*=3\cdot 2^{a-1}\cdot k-1<n^{**}=3^2\cdot 2^{a-2}\cdot k-1<\cdots$$
$$<n^{\overbrace{**\cdots*}^{20个}}=3^{20}\cdot 2^{a-20}\cdot k-1.$$

例 2 源自著名的角谷猜测. 虽然(4)表明 $n,n^*,n^{**},\cdots$ 可以是一个任意长的递增数列，但角谷等人猜测这个数列中迟早要出现 1(从而以后的项全是 1). 这个猜测有大量的实验数据支持它，但至今没有人能够证明它.

例 3 已知在 $n \geqslant 3$ 时,费马方程

$$x^n + y^n = z^n \tag{7}$$

至多有有限多组满足 $(x,y)=1$ 的整数解. 证明存在质数 $p_1 < q_1 < p_2 < q_2 < \cdots$,使得

$$x^{p_i q_i} + y^{p_i q_i} = z^{p_i q_i} \tag{8}$$

$(i=1,2,\cdots)$无正整数解,即费马大定理对 $n=p_i q_i$ 成立.

解 对固定的 n,(7)至多有有限多组满足 $(x,y)=1$ 的解. 设

$$M = \max(|x|,|y|,|z|),$$

其中(x,y,z)跑遍(7)的本原解(即满足 $(x,y)=1$ 的解),则在 $m>M$ 时,

$$x^{mn} + y^{mn} = z^{mn} \tag{9}$$

无正整数解. 不然的话,设 x,y,z 为(9)的本原解(将 x,y,z 同除以 (x,y) 便产生本原解),则 x^m,y^m,z^m 是(7)的本原解,于是

$$x^m, y^m, z^m \leqslant M < m.$$

这就导出 $x=y=z=1$,但(1,1,1)不是(9)的解.

现在取 $n=p_1$(质数),根据上面所说,存在 $M(p_1)$,当 $m>M(p_1)$时,大定理对 $p_1 m$ 成立. 由于质数个数无穷,有质数 $q_1>M(n)$ 及 p_1,从而大定理对于 $n=p_1 q_1$ 成立.

取质数 $p_2>q_1$,用 p_2 代替上面的 p_1,又可得到质数 $q_2>p_2$ 使大定理对于 $n=p_2 q_2$ 成立.

依此类推即得结论.

例 3 是 20 世纪 80 年代的"新产品". 这是第一次证明大定理对无限多个两两互质的指数 n 均成立.

例 4 空间有 n 个点,两两的距离互不相等. 将每一点与距离它最近的点相连. 证明对其中任一点 O,以 O 为端点的线段不超过 14 条.

解 初看起来,以 O 为端点的线段只有 1 条(即 O 与距离最近的点相连). 其实不然,因为其他的点,例如 A,可能与 O 相连,因为 O 是距 A 最近的点.

设 O 与 A_1,A_2 都相连,则 A_1,A_2 中至多有一点距 O 最近. 设 A_1 不是距 O 最近的点,则 O 是距 A_1 最近的点,因此 $A_1A_2>OA_1$.

如果 A_2 也不是距 O 最近的点,那么同样有 $A_1A_2>OA_2$. 如果 A_2 是距 O 最近的点,那么 $A_1A_2>OA_1>OA_2$.

总之,$\triangle OA_1A_2$ 中,A_1A_2 最长,所以

$$\angle A_1OA_2 > 60^\circ. \tag{10}$$

设以 O 为端点的线段 $OA_i(1 \leqslant i \leqslant m)$共 m 条,现证 $m \leqslant 14$.

以 O 为球心，1 为半径作一个球. 设 OA_i 与球的交点为 $B_i(1\leqslant i\leqslant m)$.

以每个 $B_i(1\leqslant i\leqslant m)$ 为顶，作一个球冠，含角为 $60°$，即 $\angle B_iOC_i=30°$，如图 50-1.

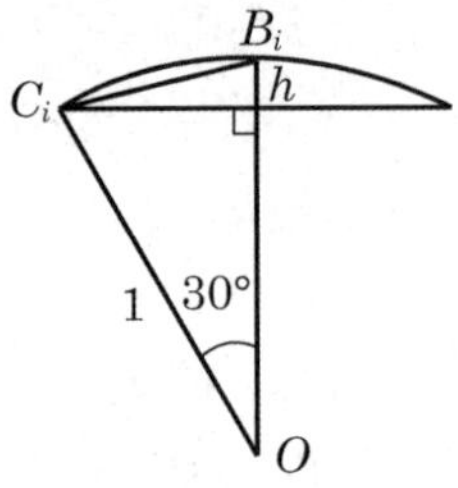

由于(10)，这些球冠互不相交.

球冠的高 $h=1-\frac{\sqrt{3}}{2}$，所以球冠的面积为 $2\pi h=(2-\sqrt{3})\pi$.

图 50-1

因为球面积为 4π，所以球冠的个数

$$\leqslant\frac{4\pi}{(2-\sqrt{3})\pi}=4(2+\sqrt{3})=14.928\cdots.$$

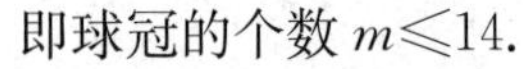

即球冠的个数 $m\leqslant 14$.

本题与著名的数学问题“13 个球的问题”有关(参见《十个有趣的数学问题》，单墫著，上海教育出版社，1999 年出版)，$m\leqslant 14$ 可改进为 $m\leqslant 12$，但证明极为困难.

例 5 已知 p 为质数，集 $S\subseteq\mathbf{Z}$，满足：

(ⅰ) 若整数 a，b 中恰有一个属于 S，则 $ab\in S$；

(ⅱ) 若 $a\in S$，则 $a+p\in S$.

设 S 中最小的正整数为 n. 如果 $n<p$，证明：

(a) $0\in S$；

(b) $n<\sqrt{p}+\frac{1}{2}$.

解 若 $0\notin S$，则 $0=0\cdot n\in S$，矛盾. 所以 $0\in S$.

以下分两种情况来证明(b).

(ⅰ) $-1\notin S$.

因为 $-1\notin S$，$n\in S$，所以 $-n\in S$，$p-n\in S$. 从而 $p-n\geqslant n$(n 是 S 中最小的正整数)，$p\geqslant 2n$. 因为 p 是质数，所以 $p>2n$.

设 $p-in>0(1\leqslant i\leqslant n-1)$，则因为 $i\notin S$，$-n\in S$，所以 $-in\in S$，$p-in\in S$. 从而 $p-in\geqslant n$，$p\geqslant(i+1)n$. 因为 p 为质数，所以 $p>(i+1)n$.

依此类推，直至 $p>n^2$，$n<\sqrt{p}$.

(ⅱ) $-1\in S$.

因为对 $1\leqslant i\leqslant n-1$，$i\notin S$，所以 $-i\in S$. 因为 $n-1\notin S$，所以 $-i(n-1)\in S$，$p-i(n-1)\in S$. 从而在 $p-i(n-1)>0$ 时，$p-i(n-1)\geqslant n$，更有 $p>(i+1)(n-1)$.

因为 $p>n>n-1$，所以逐步递推（即归纳法）得 $p>n(n-1)$，$p\geqslant n^2-n+1>\left(n-\frac{1}{2}\right)^2$，$\sqrt{p}>n-\frac{1}{2}$.

作为 S，可以举 $\bmod p$ 的非平方剩余（即不能与平方数 $\bmod p$ 同余的数）所成的集. 本题的背景即是对 $\bmod p$ 的最小的、正的非平方剩余进行上界估计. 用细致的方法可以得到远为精确的估计. 此外，证明中分两种情况（即根据 -1 是否非平方剩余）讨论. 其实两种情况也可以合起来证明.

从以上一些例题可以看出，应当有一批数学家参加命题. 命题者最好能搞一段科研或至少熟悉一些动态，了解研究前沿的情况，善于将新的结果融入竞赛之中. 如果对于问题的背景毫无所知，那就很难认识“庐山真面目”.

改造陈题，加强、推广、变形……“旧瓶装新酒”，也是重要的命题方法. 但用更高的标准来看，这种方法不能作为命题的主要途径，否则路子会越走越窄，缺乏新意. 说到底，科研才是命题的真正源头.

例 6 有一个天平，两边都可放砝码. 现有 10 个砝码，质量分别为 1，2，4，8，16，32，64，128，256，512 克.

(a) 证明任一质量为 M 克的物体，至多有 89 种称出它的方法.

(b) 给出有 89 种称法的质量 M.

解 显然，我们可以考虑更一般的问题：

用 $1,2,4,\cdots,2^k$ 这 $k+1$ 个砝码称质量为 M 克的物体，至多有多少种不同的称法？

注意 89 是第 11 个斐波纳奇数（第 22 讲例 1）. 因此，一般地，答案应当是 u_{k+2}. 而且通过试验，可以发现仅在 M 为

$$a_k=2^k-2^{k-1}+2^{k-2}-\cdots\pm1 \tag{11}$$

及

$$b_k=2^k-a_k=a_{k-1} \tag{12}$$

时，恰好有 u_{k+2} 种称法（$a_9=341$，$b_9=171$）.

证明当然用归纳法. 奠基显然. 设结论对 $k-1$ 及 k 成立，考虑 $k+1$ 的情况.

因为 $a_k=2^k-b_k=2^k-a_{k-1}=2^{k+1}-2^k+a_{k-1}$，而用 $1,2,\cdots,2^{k-1}$ 克的砝码称 a_{k-1} 克，有 u_{k+1} 种称法，所以称 a_k 克时，如果利用 2^{k+1} 克的砝码也至少有 u_{k+1} 种称法. 另一方面，因为 $a_k<2^k$，所以用到 2^{k+1} 克，也就必须要用 2^k 克的砝码（否则质量 $\geqslant 2^{k+1}-(2^{k-1}-2^{k-2}-\cdots-1)>2^k>a_k$）. 因此称 a_k 克时，用 2^{k+1} 克的称法恰好 u_{k+1} 种. 这样称 a_k 克就有 $u_{k+2}+u_{k+1}=u_{k+3}$ 种方法.

$a_{k+1}=2^{k+1}-a_k=2^{k+1}-2^k+2^{k-1}-\cdots\pm1$ 克当然也有 u_{k+3} 种方法.

如果 $2^{k+1}\leqslant M$，那么称 M 克时必须用到 2^{k+1} 克的砝码，而 $M-2^{k+1}$ 克用 $1, 2, \cdots, 2^k$ 克砝码称，至多有 u_{k+2} 种称法.

如果 $M<2^k$，但 $M\neq a_k$，那么利用 2^{k+1} 克砝码时，也就必须用 2^k 克砝码，而

$$c=(2^{k+1}-2^k)-M=2^k-M$$

用 $1,2,\cdots,2^{k-1}$ 克称，称法至多 u_{k+1} 种.

不利用 2^{k+1} 克砝码时，M 的称法少于 u_{k+2} 种，除非 $M=b_k$. 但 $M=b_k$ 时，

$$c=2^k-M=a_k,$$

用 $1,2,\cdots,2^{k-1}$ 克称，称法少于 u_{k+1} 种.

所以 M 的称法少于 $u_{k+1}+u_{k+2}=u_{k+3}$ 种.

如果 $2^k<M<2^{k+1}$，并且 $M\neq 2^{k+1}-a_k$，那么用 2^{k+1} 克砝码时，

$$c=2^{k+1}-M\neq a_k,$$

用 $1,2,\cdots,2^k$ 克砝码称，称法少于 u_{k+2}，除非 $c=2^k-a_k$，即 $M=2^k+a_k$.

另一方面，不用 2^{k+1} 克砝码称时，必须用 2^k 克砝码，而 $M-2^k$ 克用 $1,2,\cdots, 2^{k-1}$ 克砝码称，至多有 u_{k+1} 种称法. 并且在 $M=2^k+a_k$ 时，$M-2^k=a_k$，用 $1, 2,\cdots,2^{k-1}$ 克砝码称，称法少于 u_{k+1} 种.

所以 M 的称法少于 $u_{k+2}+u_{k+1}=u_{k+3}$ 种.

例 7 设 a,b 为自然数. 如果自然数集 $\mathbf{N}$ 可以分拆为三个子集 N_1,N_2, N_3，使得对任一自然数 n，$n+a$，$n+b$ 与 n 分别各属于一个 $N_i(1\leqslant i\leqslant 3)$. 求 a, b 应满足的充分必要条件.

解 本题原是苏联的一道赛题，其中 a,b 是已给的数一50，1 987，要求证明所说的分拆不存在. 现在改为更一般的问题.

先考虑 a,b 应满足的必要条件.

设 $n\in N_1$，$n+a\in N_2$，$n+b\in N_3$，则

$$n+a+b=(n+a)+b=(n+b)+a\notin N_2\cup N_3,$$

所以 $n+a+b\in N_1$.

因为 $n+2a=(n+a)+a$ 与 $n+a$，$n+a+b$ 分属三个子集，所以 $n+2a\in N_3$，即 n，$n+a$，$n+2a$ 分属三个子集，从而 $n+a$，$n+2a$，$n+3a$ 分属三个子集，$n+3a$ 与 n 在同一个子集中. 同理 $n+3b$ 与 n 在同一个子集中.

设 a,b 的最大公约数 $d=(a,b)$，则有正整数 k,h，使 $ka-hb=d$.

取 $n>3hb$，则 $n+3d=n+k\cdot 3a-h\cdot 3b$ 与 n 在同一个子集中. 因此 $3d\nmid a$，$3d\nmid b$.

如果设 $a=3^s\cdot a_1$，$b=3^t\cdot b_1$，其中 s,t 为非负整数，而 $3\nmid a_1b_1$，那么由 $3d\nmid a$，

$3d\nmid b$ 得出 $s=t$.

同理，$(a+b,3a)\nmid a$，但$(a+b,a)\mid a$，所以必有$(a+b,3a)=3(a+b,a)$，从而 $3\mid(a_1+b_1)$.

于是，所求必要条件如下：

设 $a=3^s a_1$，$b=3^t b_1$，s，t 为非负整数，$3\nmid a_1 b_1$，则必有

$$s=t,3\mid(a_1+b_1). \tag{13}$$

下面证明(13)也是充分条件. 为此，只需构造一个例子. 定义

$N_1=\{j:j\equiv 0,1,\cdots,3^s-1(\bmod 3^{s+1})\}$，

$N_2=\{j:j\equiv 3^s,3^s+1,\cdots,2\times 3^s-1(\bmod 3^{s+1})\}$，

$N_3=\{j:j\equiv 2\times 3^s,2\times 3^s+1,\cdots,3^{s+1}-1(\bmod 3^{s+1})\}$.

不难验证分拆 $\mathbf{N}=N_1\cup N_2\cup N_3$ 及 $a=3^s$，$b=2\times 3^s$ 满足条件.

本题的正整数集可以改为整数集.

例 8 确定是否存在一个正整数 n，n 无平方因子，恰好被 2 000 个不同的质数整除，而且 2^n+1 被 n 整除.

解 2 000 并不是一个重要的数，只是形容 n 的质因数较多. 2 000 可以改成任一个大于 1 的自然数. 在 n 只有一个质因数，即 n 本身是质数时，取 $n=3$ 即可. 并且在 n 为奇质数时，由费马小定理

$$2^n+1\equiv 2+1=3(\bmod n),$$

所以必有 $n=3$.

现在考虑不同质因数的个数大于等于 2，无平方因子，并且满足 $n\mid(2^n+1)$的 n. 显然 n 是奇数.

可以设 n 是满足上述要求的最小的数. 因为

$$2^n\equiv -1(\bmod n), \tag{14}$$

所以可设有一个最小的正整数 s 满足

$$2^s\equiv -1(\bmod n). \tag{15}$$

顺便介绍两个常用的引理.

引理 1 若 r 是满足

$$2^x\equiv 1(\bmod n) \tag{16}$$

的正整数 x 中最小的一个，则对满足(16)的正整数 x 均有 $r\mid x$.

事实上，设 $x=qr+y$，$0\leqslant y<r$，则

$$2^y=2^{x-qr}\equiv 1(\bmod n).$$

所以 $y=0$，$r\mid x$.

引理 2 若 s 是满足

$$2^x \equiv -1 (\bmod n) \tag{17}$$

的正整数 x 中最小的一个，则对满足(17)的正整数 x 均有 $s|x$，并且引理 1 中的 $r=2s$.

事实上，$r>s$. 否则，$r<s$ 时，

$$2^{s-r} \equiv 2^s \equiv -1 (\bmod n)$$

与 s 的最小性矛盾(显然 $r \neq s$). 又由(17)，

$$2^{2s} \equiv 1 (\bmod n),$$

所以由引理 1，$r|2s$. 于是 $r=2s$.

对满足(17)的 x，$2^{2x} \equiv 1 (\bmod n)$，所以由引理 1，$r|2x$，即 $s|x$.

现在回到(14)，(15). 由引理 2，$s|n$. 又由欧拉定理 $2^{\varphi(n)} \equiv 1 (\bmod n)$，所以 $s|\varphi(n)$. 这表明 $s<n$，并且 $s|(2^s+1)$. 由于 n 的最小性，必有 s 为奇质数，从而 $s=3$. 但 n 至少有两个不同的质因数，所以 $n \nmid (2^3+1)$. 矛盾！这表明没有 n 满足题中所有条件.

另一种证法是考虑 n 的最小质因数 p. 因为由费马小定理，$2^p \equiv 2 (\bmod p)$，所以

$$-1 \equiv 2^n = 2^{p \cdot \frac{n}{p}} \equiv 2^{\frac{n}{p}} (\bmod p). \tag{18}$$

引理 2 所说的 s(将 n 改作 p)是 $p-1$ 与 $\frac{n}{p}$ 的公约数，但 $\frac{n}{p}$ 的质因数均大于 p，所以必有 $s=1$，$p=2^s+1=3$.

再考虑 n 的次小的质因数 q，同样可得满足

$$2^s \equiv -1 (\bmod q)$$

的、最小的 s 是 $q-1$ 与 $\frac{n}{q}$ 的公约数，$\frac{n}{q}$ 的质因数中只有 3 比 q 小，所以 $s=3$. 但 2^3+1 只有一个质因数 3. 矛盾！

本题原为第 41 届(2000 年)IMO 的试题，但原题没有“n 无平方因子”这一要求，换句话说，允许 n 有平方因子. 那么满足条件的 n 是否存在呢？这留给读者练习.

通过问题的变形，可以增加难度，也可以降低难度.

例 9 试举出一个关于 x，y 的整系数二次多项式 $f(x,y)$，使得方程

$$f(x,y)=0 \tag{19}$$

(a) 有实数解，没有整数解；

(b) 对任意自然数 m，$f(x,y) \equiv 0 (\bmod m)$ 有整数解.

这道例题就是第 13 讲例 10. 原来的题目是给出 $f(x,y)$，证明它满足(a)、

(b). 改造成现在的形式，困难增加不少.

例 10 已知 $133^5+110^5+84^5+27^5=n^5$，并且 n 在 130 与 170 之间，试确定 n.

这道例题比第 10 讲例 15 容易. 经过这样改造可以充当初中乃至小学的试题. 当然还可以再增加条件使问题变得更简单.

有时问题虽然变更了，原来的解法仍然适用，或者只需要稍作修改. 这样的变更，没有太大的意义. 有时问题变更后，解法有实质性的变化，如第 1 讲例 2 改成习题 1 第 2 题. 再如下面的例 11.

例 11 8×8 的正方形中任写 64 个自然数，然后施行如下的操作：任取一个 3×3 或 4×4 的子正方形，将其中每个数加 1. 能否经过若干次操作，使每个数成为 10 的倍数?

这是全苏数学竞赛的一道试题. 原来的解法如下：

mod10. 如果恒可以使每个数变为 0，那么由各数全为 0 的正方形数表出发，反过来也可以产生任意一组数(若经过一次操作，数表 A 变为 B，则经过 9 次同样的操作，数表 B 变为 A).

3×3 的子正方形有 $(8-3+1)^2=6^2=36$ 个，

4×4 的子正方形有 $(8-4+1)^2=5^2=25$ 个，

共 $36+25=61$ 个. 同一个子正方形变更 10 次又恢复原状，所以经过操作至多产生 10^{61} 个不同的数表(每个子正方形变 $0,1,2,\cdots,9$ 次).

然而，因为表中每个数可为 $0,1,2,\cdots,9$，所以不同的数表有 10^{64} ($>10^{61}$)种. 因此，必有一种数表不能由全为 0 的数表产生. 反过来，必有一种数表不能经过变换使得每个数都被 10 整除.

如果将题中的 4×4 改为 2×2，那么由于 2×2 的正方形有 $(8-2+1)^2=49$ 个，而 $36+49=85>64$，上面的解法不再适用. 需要寻找新的解法，这可以参看第 5 讲例 10.

“处处留心皆学问”，有时可以顺手拈来一些问题.

有一次，我看到一种玩具，20 个木块上分别标有 $1,2,\cdots,20$，围成一个圆圈. 每 4 个连续的木块可以颠倒次序，如 $1,2,3,4$ 可以变成 $4,3,2,1$，这称为一次“颠倒”.

如果木块原来的顺序(依顺时针)是

$$1,2,3,\cdots,20,$$

能否经过若干次颠倒变为

$$5,1,2,3,4,6,7,\cdots,20?$$

能否经过若干次颠倒变为

$$6,1,2,3,4,5,7,8,\cdots,20?$$

如果是 19 个木块呢?

这个问题留给读者练习.

习 题 50

1. 在正 n 边形的每个顶点上各停有一只喜鹊. 偶受惊吓，众喜鹊都飞去. 一段时间后，它们又都回到这些顶点上，仍是每个顶点上一只，但未必都回到原来的顶点. 求所有的正整数 n，使得一定存在 3 只喜鹊，以它们前后所在顶点分别形成的三角形或同为锐角三角形，或同为直角三角形，或同为钝角三角形.

2. 能否从 $\{1,2,\cdots,21\}$ 中选出五个数，使得这五个数中任意四个数 a,b,c,d 满足 $a-b\not\equiv c-d \pmod{21}$? 利用本题结果来考虑习题 43 第 9 题.

3. 一副牌由 n 张不同的牌组成. 洗一次牌指从某处起连续取若干张，然后将它们重新放进去，但这些取出的牌保持原来的顺序而且没有翻过来，需要通过若干次洗牌，将牌的顺序反过来.

(a) 证明 $n=9$ 时，洗 4 次就能做到;

(b) 证明 $n=52$ 时，洗 26 次就能做到，洗 25 次不能做到;

(c) 考虑一般的 n.

4. 若 x,y 为正整数，使得 x^3+y^3-x 被 xy 整除，证明 x 为完全立方.

5. 长为 l 的梯子靠在竖直的墙上，梯子上有一档距水平地面及墙的距离均为 d. 求出梯子所靠地点距地面的高 h(用 l,d 的显式表达).

6. 求出所有满足 $a^2+b^2=c^2, a^2=b+c$ 的正整数 a,b,c.

7. 设方程 $x^n+a_{n-1}x^{n-1}+\cdots+a_1x+a_0=0$ 的系数都是实数，并且 $0<a_0\leqslant a_1\leqslant\cdots\leqslant a_{n-1}\leqslant 1$. 已知 λ 为此方程的复数根，并且 $|\lambda|\geqslant 1$. 证明 $\lambda^{n+1}=1$.

8. 在 9×9 的表格中填入 $+1$ 或 -1. 对任一个方格，将与这方格有公共边的小格中的数相乘，然后将每个方格中的数换成与这个方格相应的积. 是否总可以通过有限多次这种变动，将小方格中的数都变为 1?

9. 已知整数序列 $\{a_0,a_1,a_2,\cdots\}$ 适合条件:

(ⅰ) $a_{n+1}=3a_n-3a_{n-1}+a_{n-2}, n=2,3,\cdots$;

(ⅱ) $2a_1=a_0+a_2-2$;

(ⅲ) 对任意自然数 m，序列 $\{a_0,a_1,a_2,\cdots\}$ 中有连续 m 项都是平方数.

证明 $\{a_n\}$ 的每一项都是平方数.

10. 能否将平面上的每一点染成红色或蓝色，使得每个边长为 1 的正三角形，三个顶点不全同色?

11. 将平面上的点染上红色或蓝色. 如果存在一个(顶点)同色的、边长为 1 的正三角形,证明对任意形状的、有一边为 1 的三角形,都可以将它在平面上移动(平移或旋转),使得三个顶点同色.

12. 在 23×23 的方格纸中,将每个小格填入数字 1~9 中的任意一个,并对所有形如╬的"十字"图形中的五个数字求和. 证明其中必有 11 个和相等.

13. 将 n 个学生分成若干小组(每组任意个人)的每一种分法称为"n 分拆",n 分拆的种数记为 a_n,其中至少有一组只有一个学生的种数记为 b_n. 证明 $a_n=b_n+b_{n-1}$.

14. 记仅由数字 1,3,4 组成的数字和为 n 的自然数的全体为 A_n,仅由数字 1,2 组成的数字和为 n 的自然数的全体为 B_n. $|A_n|=a_n$,$|B_n|=b_n$. 证明:

(a) $b_{2n}=b_n^2+b_{n-1}^2$.

(b) $b_{2n}=a_{2n}+a_{2n-2}$.

(c) $a_{2n}=b_n^2$.

15. $\triangle ABC$,$\triangle A_1BC$ 的内心分别为 I,I_1,证明 $I_1I<A_1A$.

16. 给定 a,$\sqrt{2}<a<2$. 内接于单位圆的凸四边形 $ABCD$ 适合以下条件:

(ⅰ) 圆心 O 在这凸四边形内部;

(ⅱ) 最大边长是 a,最小边长是 $\sqrt{4-a^2}$.

过点 A,B,C,D 依次作四条切线 L_A,L_B,L_C,L_D. 已知 L_A 与 L_B,L_B 与 L_C,L_C 与 L_D,L_D 与 L_A 分别相交于 A',B',C',D' 四点. 求面积之比 $\dfrac{S_{A'B'C'D'}}{S_{ABCD}}$ 的最大值与最小值.

17. $\triangle ABC$ 的外心为 O,内心为 I,旁心为 I_1,I_2,I_3. 证明 $\triangle I_1I_2I_3$ 的外心 K 与 O,I 共线,并且 $\odot O$ 与 I_1I_2,I_2I_3,I_3I_1 的交点是这些线段的中点.

18. 证明圆外切四边形 $ABCD$ 的对角线 AC,BD 的中点 E,F 与圆心 O 共线.

19. 圆 ω_1 与 ω_2 相交于点 A、B. PQ 与 RS 是这两个圆的外公切线,P、R 在 ω_1 上,Q、S 在 ω_2 上. 已知 $RB /\!/ PQ$,射线 RB 与 ω_2 的另一个交点为 W. 试求 $RB:BW$ 的比值.

20. 已知圆内接四边形 $ABCD$ 及圆上一点 M. M 关于 $\triangle ABC$,$\triangle ABD$,$\triangle ACD$,$\triangle BCD$ 的西姆森线分别为 l_1,l_2,l_3,l_4(第 32 讲例 1). 证明 M 在 l_1,l_2,l_3,l_4 上的射影共线. 这直线称为 M 关于四边形 $ABCD$(或四个点 A,B,C,D)的西姆森线.

更一般地,设已知圆内接$(n+1)$边形$A_1A_2\cdots A_{n+1}$及圆上一点M,M关于其中任n个点的西姆森线为$l_1,l_2,\cdots,l_{n+1}$,则M在这些线上的射影共线,这线称为M关于这$n+1$个点的西姆森线(西姆森定理).

21. C,D为$\overset{\frown}{AB}$的三等分点(C距A近),绕A旋转$\frac{\pi}{3}$后,点B,C,D成为B_1,C_1,D_1,AB_1交C_1D于F,E在$\angle B_1BA$的平分线上并且$DE=BD$.证明$\triangle CEF$为正三角形.

22. 16名拳击手参加一拳击大赛.每人每天至多赛一场,已知拳击手力量各不相同,强的胜弱的,每天的程序在前一天晚上决定后不再改变.证明可以组织10天的比赛,决定出选手的强弱次序.

23. 设$(1+x+x^2+x^3+x^4)^{496}=a_0+a_1x+\cdots+a_{1984}x^{1984}$.

(a) 求系数$a_3,a_8,a_{13},\cdots,a_{1983}$的最大公约数;

(b) 证明:$10^{340}<a_{992}<10^{347}$.

综 合 习 题

1. 设 R,r 分别是$\triangle ABC$ 的外接圆半径和内切圆半径,R',r'分别是$\triangle A'B'C'$的外接圆半径和内切圆半径. 证明:若$\angle C=\angle C'$,$Rr'=R'r$,则$\triangle ABC$ 与$\triangle A'B'C'$相似.

2. 已知 A',B',C'分别是$\triangle ABC$ 的外接圆上不包含 A,B,C 的弧$\overset{\frown}{BC}$,$\overset{\frown}{CA}$,$\overset{\frown}{AB}$的中点,BC 分别与$C'A'$,$A'B'$相交于M,N,CA 分别与$A'B'$,$B'C'$相交于P,Q,AB 分别与$B'C'$,$C'A'$相交于R,S. 证明:$MN=PQ=RS$ 的充分必要条件是$\triangle ABC$ 为等边三角形.

3. 设 B,D,C 为同一条直线上的三点,A 为任一点. 证明:

(a) $AB^2\times DC+AC^2\times BD-BC\times BD\times DC=AD^2\times BC$.

(b) 设$\triangle ABC$ 的边长为 a,b,c,重心为 G,则对$\triangle ABC$ 所在平面上任一点P,有

$$PA^2+PB^2+PC^2=3PG^2+\frac{1}{3}(a^2+b^2+c^2).$$

(c) 设 O,H,K 分别为$\triangle ABC$ 的外心,垂心,九点圆的圆心(第 34 讲例 8),则

$$GO^2=R^2-\frac{1}{9}(a^2+b^2+c^2),$$

$$GH^2=4GO^2=4R^2-\frac{4}{9}(a^2+b^2+c^2),$$

$$GK^2=\frac{1}{4}GO^2=\frac{1}{4}R^2-\frac{1}{36}(a^2+b^2+c^2).$$

其中 R 为外接圆半径.

(d) 设 I 为$\triangle ABC$ 的内心,r 为内切圆半径,$s=\frac{1}{2}(a+b+c)$,则

$$GI^2=r^2+\frac{2}{9}(a^2+b^2+c^2)-\frac{1}{3}s^2.$$

(e) 设 I_1 为$\triangle ABC$ 的(与 A 相对的)旁心,r_1 为旁切圆$\odot I_1$ 的半径,则

$$GI_1^2=r_1^2+\frac{2}{9}(a^2+b^2+c^2)-\frac{1}{3}(s-a)^2.$$

4. 设$\triangle ABC$的边长为a,b,c,外接圆半径为R,内切圆半径为r,$s=\frac{1}{2}(a+b+c)$. 证明:

(a) $ab+bc+ca=s^2+r^2+4Rr$.

(b) $a^2+b^2+c^2=2(s^2-4Rr-r^2)$.

(c) $a^3+b^3+c^3=2s(s^2-6Rr+3r^2)$.

对旁切圆考虑类似的问题.

5. 证明$\triangle ABC$的九点圆与内切圆、旁切圆均相切.

6. 圆Γ_1和圆Γ_2相交于点M和N. 设l是圆Γ_1和圆Γ_2的两条公切线中距离M较近的那条公切线. l与圆Γ_1相切于点A,与圆Γ_2相切于点B. 设经过点M且与l平行的直线与圆Γ_1还相交于点C,与圆Γ_2还相交于点D. 直线CA和DB相交于点E,直线AN和CD相交于点P,直线BN和CD相交于点Q. 证明:$EP=EQ$.

7. 设AH_1,BH_2,CH_3是锐角三角形ABC的三条高线,$\triangle ABC$的内切圆与边BC,CA,AB分别相切于点T_1,T_2,T_3. 设直线l_1,l_2,l_3分别是直线H_2H_3,H_3H_1,H_1H_2关于直线T_2T_3,T_3T_1,T_1T_2的对称直线. 证明:l_1,l_2,l_3所确定的三角形,其顶点都在$\triangle ABC$的内切圆上.

8. 已知实数数列$\{a_n\},\{b_n\},\{c_n\},\{d_n\}$满足$a_{n+1}=a_n+b_n,b_{n+1}=b_n+c_n,c_{n+1}=c_n+d_n,d_{n+1}=d_n+a_n$. 并且有某个$k\geqslant1,m\geqslant1$,使$a_{k+m}=a_m,b_{k+m}=b_m$,$c_{k+m}=c_m,d_{k+m}=d_m$. 证明$a_n=b_n=c_n=d_n=0$.

9. 设$a,b,c,a+b-c,a+c-b,b+c-a,a+b+c$是7个两两不同的质数,且$a,b,c$中有两数之和是800. 设$d$是这7个质数中最大数与最小数的差,求$d$的最大可能值.

10. 设p为质数,如果存在整数$b_1,\cdots,b_p$使得$\sum\limits_{k=1}^{p}b_k\sin\frac{2k\pi}{p}=0$,$\sum\limits_{k=1}^{p}b_k\cos\frac{2k\pi}{p}=0$. 试证$b_1=b_2=\cdots=b_p$.

11. 给定一个正整数n,$n\geqslant2$,试求出所有的正整数m,使得对于满足条件$a_1a_2\cdots a_n=1$的任何一组正实数,都有下列的不等式$a_1^m+a_2^m+\cdots+a_n^m\geqslant\frac{1}{a_1}+\frac{1}{a_2}+\cdots+\frac{1}{a_n}$.

12. 设$p(x)$是一个实系数n次多项式,并且$a\geqslant3$是实数,证明:在数$|1-p(0)|,|a-p(1)|,|a^2-p(2)|,\cdots,|a^{n+1}-p(n+1)|$中必有一个大于等

于1.

13. 设 k 是一个正整数. 数列 $\{u_n\}$ 定义为：$u_0=0$，$u_1=1$，且 $u_n=ku_{n-1}-u_{n-2}$，$n\geqslant 2$. 证明：对每一个整数 n，数 $u_1^3+u_2^3+\cdots+u_n^3$ 能被 $u_1+u_2+\cdots+u_n$ 整除.

14. 设 $0<u_1\leqslant u_2\leqslant\cdots\leqslant u_n$，求证：存在 $u>0$ 及正整数 $k_i(1\leqslant i\leqslant n)$，满足：

（ⅰ）$k_{i+1}/k_i(i=1,2,\cdots,n-1)$ 是整数.

（ⅱ）$uk_i\leqslant u_i(i=1,2,\cdots,n)$.

（ⅲ）$\prod_{i=1}^{n}(uk_i)\geqslant 2^{-\frac{n-1}{2}}\prod_{i=1}^{n}u_i$.

15. 已知数列 $\{a_n\}$ 满足 $a_1=a_2=1$，$a_{n+2}=a_{n+1}+a_n(n=1,2,\cdots)$，试证：对于任意自然数 n，有 $\operatorname{arccot}a_n\leqslant\operatorname{arccot}a_{n+1}+\operatorname{arccot}a_{n+2}$，并指出等号成立的条件.

16. (a) 设实数 $c>1$. 实数序列 $z_1,z_2,\cdots$ 对所有 $n\geqslant 1$，满足 $1<z_n$，且 $z_1+\cdots+z_n<cz_{n+1}(n>1)$. 求证：存在常数 $a>1$，使得 $z_n>a^n$，$n\geqslant 1$.

(b) 设正实数序列 $z_1,z_2,\cdots$ 严格增加，且 $z_n\geqslant a^n(n\geqslant 1)$，其中 $a>1$ 是常数，问：是否总存在常数 c，使得 $z_1+\cdots+z_n<cz_{n+1}$ 对所有 $n\geqslant 1$ 成立？

17. 试证明：如果方程 $a_1x_1+a_2x_2+\cdots+a_nx_n=0$ 的系数都是整数，并且某些系数之和为0，那么无论怎样将正整数集分为 k 个部分（k 为任一给定的正整数），方程都有一组解 $x_1,x_2,\cdots,x_n$，它们在同一个部分中（拉多定理的充分性）.

18. 一位魔术师有100张卡片，分别写有数字1到100. 他把这100张卡片放入三个盒子里，一个盒子是红色的，一个是白色的，一个是蓝色的. 每个盒子里至少都放入了一张卡片. 一位观众从三个盒子中挑出两个，再从这两个盒子里各选取一张卡片，然后宣布这两张卡片上的数字之和. 知道这个和之后，魔术师便能够指出哪一个是没有从中选取卡片的盒子. 问共有多少种放卡片的方法，使得这个魔术总能够成功？（两种方法被认为是不同的，如果至少有一张卡片被放入不同颜色的盒子）

19. 设 $n\geqslant 2$ 为正整数. 开始时，在一条直线上有 n 只跳蚤，且它们不全在同一点. 对任意给定的一个正实数 λ，可以定义如下的一种“移动”：

（ⅰ）选取任意两只跳蚤，设它们分别位于点 A 和 B，且 A 位于 B 的左边；

（ⅱ）令位于点 A 的跳蚤跳到该直线上位于点 B 右边的点 C，使得 $\dfrac{BC}{AB}=\lambda$.

试确定所有可能的正实数 λ，使得对于直线上任意给定的点 M 以及这 n 只跳蚤的任意初始位置，总能够经过有限多个移动之后令所有的跳蚤都位于

M 的右边.

20. 设集合 S 是由 1 及仅以 2,3 为素因子的正整数构成的集合,即 $S=\{1,2,3,4,6,8,9,12,16,18,\cdots\}$,求证:对每一个正整数 n,存在若干个不同的 S 中的数 $a_1,a_2,\cdots,a_k$,使 $a_1+a_2+\cdots+a_k=n$,且对任意 $1\leqslant i,j\leqslant k$,有 a_i 不能被 a_j 整除.

21. 设 $M=\{(x,y)\mid x,y$ 是整数$\}$,定义 M 到 M 的映射 $f_i(1\leqslant i\leqslant 4)$ 为

$$f_1(a,b)=(a+b,b),f_2(a,b)=(a-b,b),$$
$$f_3(a,b)=(a,b+a),f_4(a,b)=(a,b-a).$$

如果 M 到 M 的一个映射能够表示成若干个 f_i 的复合,则称其为"加减变换".

(a) 对任意整数 a,b,是否总存在"加减变换"G,使得 $G(a,b)=(b,a)$?

(b) 是否存在"加减变换"H,使得 $H(1,5)=(5,1),H(19,99)=(99,19)$?

22. n 张编号为 $1,2,\cdots,n(n\geqslant 3)$ 的卡片,自上至下连成一堆,从中抽出相连的若干张,不改变它们的顺序,整体地插回堆中的任何位置(包括最上面及最下面),这样叫做一次"抽动",求使这堆卡片反序,即成为 $n,n-1,\cdots,2,1$ 所需的最少抽动次数.

23. n 个连续自然数满足条件:第 1 个的数字和被 1 整除,第 2 个的数字和被 2 整除,…,第 n 个的数字和被 n 整除. 求 n 的最大值.

24. 强盗甲、乙分抢来的 100 个金币. 分法如下:每次由甲取一把金币,并如实说出是多少个,然后由乙决定这一把归谁,这样继续下去,直到有一个人得 9 次(或分完)为止,剩余的全部归另一个人. 问强盗甲最多可以保证得到多少个金币?

25. 在 5×5 的棋盘上,最多可放多少个马,使得每个马恰好可以吃到另两个马?

26. (a) 是否存在一个无穷的实数数列,使得任 10 个连续项的和为正数,且对于每个正整数 n,前 $10n+1$ 个连续项的和为负?

(b) 是否存在一个无穷的整数数列,使得任 10 个连续项的和为正数,且对于每个正整数 n,前 $10n+1$ 个连续项的和为负?

27. 有 n 个砝码,质量分别是 $1,2,\cdots,n$ 克,将它们分成两组放在天平两边,达到平衡. 对任一种平衡的分组,设法从两边各去掉两个砝码,而不影响平衡.

(a) 求证当 $n=100$ 时,一定能成功.

(b) 是否对所有的 $n\geqslant 4$,都一定能成功? 如果有不一定能成功的 n,将它们全部找出来.

28. $2^{n-1}(n\geqslant 3)$个由 0,1 组成的长度为 n 的数列各不相同,且满足下列条件:对

其中的任意三个数列,存在 p 使得这三个数列的第 p 项都为 1. 求证:存在 k 使这 2^{n-1} 个数列的第 k 项都为 1.

29. 设质数依从小到大的顺序排列为 $p_1=2, p_2=3, p_3=5, \cdots, \pi(n)$ 表示不超过 n 的质数个数. 试证明:在 $n>4$ 时,

(a) $\dfrac{n}{\log_2 n}<\pi(n)<\dfrac{4n}{\log_2 n}$.

(b) $\dfrac{1}{4}n\log_2 n<p_n<2n\log_2 n$.

30. 证明:对任意正整数 k,存在正偶数 c,使得方程 $p-p'=c$ 至少有 k 组质数解 (p, p').

31. 是否对任意正整数 n,都可以找到一个整数数列 $a_1, a_2, \cdots, a_n$,对于它至少有两个正整数 d, d',使得 $a_1+d, a_2+d, \cdots, a_n+d$ 及 $a_1+d', a_2+d', \cdots, a_n+d'$ 都是质数.

32. 确定是否存在满足下列条件的正整数 n: n 恰好能够被 2 000 个互不相同的质数整除,且 2^n+1 能够被 n 整除.

33. 对整数的有限集 A,定义

$$A+A=\{a+b \mid a, b\in A\}, A-A=\{a-b \mid a, b\in A\}$$

(a, b 可以相同). 证明或推翻下面的结论:

$$|A-A|\geqslant|A+A|.$$

34. 设 p 为奇质数, a, b, c, d 为整数,且都不是 p 的倍数,使得对任意不被 p 整除的整数 r,

$$\left\{\frac{ra}{p}\right\}+\left\{\frac{rb}{p}\right\}+\left\{\frac{rc}{p}\right\}+\left\{\frac{rd}{p}\right\}=2$$

都成立. 证明数 $a+b, a+c, a+d, b+c, b+d, c+d$ 中必有两个数为 p 的倍数. 这里 $\{x\}=x-[x]$.

35. 给定自然数 k 和 n,它们的差大于 1. 现知 $4kn+1$ 可被 $k+n$ 整除. 证明数 $2n-1$ 与数 $2k+1$ 有大于 1 的公约数.

36. 求整数 n 可以表示为形式 $n=a^3+b^3+c^3-3abc\,(a, b, c\in \mathbf{Z})$ 的充分必要条件.

37. 求证:对任意整数 a, b, c,存在正整数 n,使得 $\sqrt{n^3+an^2+bn+c}$ 不是整数.

38. 求使等式

$$\sum_{i=0}^{mn-1}(-1)^{\left[\frac{i}{m}\right]+\left[\frac{i}{n}\right]}=0$$

成立的正整数对(m,n)所应满足的充分必要条件.

39. 设q,l为自然数,将自然数集$\mathbf{N}$分拆为q个集$B_1,B_2,\cdots,B_q$. 证明一定存在l个自然数$x_1\leqslant x_2\leqslant\cdots\leqslant x_l$及无穷多个自然数$t_1<t_2<t_3<\cdots$,使得所有的$P(x_1,x_2,\cdots,x_l)+t_j(j=1,2,\cdots)$都在某一个集合$B_k(k\in\{1,2,\cdots,q\})$中,其中$P(x_1,\cdots,x_l)$表示由$x_1,x_2,\cdots,x_l$中取一项或几项所作成的和($2^l$个).

40. 某国有16个城市. 国王想建立一个公路系统,使得从任一城市到其他的任一城市中间至多经过一个城市,并且从任一城市至多引出k条路,求k的可能值.

41. 某乒乓球俱乐部组织交流活动,安排符合以下规则的双打赛程表,规则为:

(ⅰ) 每名参加者至多属于两个对子.

(ⅱ) 任意两个不同对子之间至多进行一次双打.

(ⅲ) 凡表中同属一对的两人不在任何双打中作为对手相遇.

统计各人参加的双打次数,约定将所有不同的次数组成的集合称为“赛次集”. 给定由不同的正整数组成的集合$M=\{a_1,a_2,\cdots,a_k\}$,其中每个数都能被6整除. 试问最少有多少人参加活动,才可以安排符合上述规则的赛程表,使得相应的赛次集恰好为M?

42. 将n枚棋子,按任意方式分成若干堆. 设k为堆数,各堆棋子数为

$$n_1\geqslant n_2\geqslant\cdots\geqslant n_k.$$

现进行下面的操作A:从每堆棋子中各取出一枚棋子,组成一新堆. 证明当且仅当$8n+1$为平方数时,不论最初的棋子如何分堆,经过若干次操作后,最终得到$h=\frac{1}{2}(\sqrt{8n+1}-1)$堆棋子,并且各堆棋子数为

$$h>h-1>\cdots>2>1.$$

43. 证明对任意整数n,存在一个唯一的多项式Q,系数$\in\{0,1,\cdots,9\}$,$Q(-2)=Q(-5)=n$.

44. 确定所有的函数$f:\mathbf{R}\to\mathbf{R}$,其中$\mathbf{R}$是实数集,使得对任意$x,y\in\mathbf{R}$,恒有

$$f(x-f(y))=f(f(y))+xf(y)+f(x)-1$$

成立.

45. 设n是一个大于1的自然数. 考虑一块$n\times n$的正方板,它被分成n^2个单位正方格. 板上两个不同的正方格如果有一条公共边,就称它们为相邻的. 将板上N个单位正方格作上标记,使得板上的任意正方格(作上标记的或者没有作上标记的)都与至少一个作上标记的正方格相邻. 试确定N的最

小值.

46. 如图,先写两个 1,然后在每一层的两个数之间插入这两个数的和得下一层. 问第 n 层有多少个 n 出现?

$$
\begin{array}{c}
1 \quad 1 \\
1 \quad 2 \quad 1 \\
1 \quad 3 \quad 2 \quad 3 \quad 1 \\
1\ 4\ 3\ 5\ 2\ 5\ 3\ 4\ 1 \\
\cdots\cdots
\end{array}
$$

47. 设 $U=\{1,2,\cdots,n\}$,$n\geqslant 2$,S 为 U 的一个子集. 如果一个不在 S 中的元素出现在 U 的元素的一个排列中的某处,夹在 S 的两个元素之间,那么 S 就称为被 U 的元素的一个排列分开. 例如,13542 分开$\{123\}$,而不分开$\{345\}$. 证明对 U 的任意 $n-2$ 个子集,每个至少含 2 个元,至多含 $n-1$ 个元,必有 U 的元素的一个排列,分开所有这 $n-2$ 个子集.

48. n 是大于 2 的整数. 一个正整数称为可以达到的,是指它是 1 或者是由 1 经过一系列具有下列性质的运算得到:

(ⅰ) 第一个运算是加法或乘法;

(ⅱ) 此后,加法与乘法交错实行;

(ⅲ) 在每次加法,可以独立地选择加 2 或加 n;

(ⅳ) 在每次乘法,可以独立地选择乘 2 或乘 n.

不能这样得到的正整数,称为不可到达的.

(a) 证明:如果 $n\geqslant 9$,有无穷多个不可到达的正整数.

(b) 证明:如果 $n=3$,除去 7,所有正整数都是可以达到的.

49. 已知一个矩形数阵,每一行与每一列所有数的和都是整数,证明数阵中每一个非整数 x 可以换成$\lceil x \rceil$或$\lfloor x \rfloor$,使得每一行与每一列的和保持不变.

50. 已给正整数 d 及整数 $a_1,\cdots,a_d$,证明存在非空集 $M\subseteq\{1,2,\cdots,d\}$,满足

$$d \Big| \sum_{i\in M} a_i, \tag{1}$$

$$\sum_{i\in M}(a_i,d)\leqslant d, \tag{2}$$

其中(a_i,d)表示 a_i 与 d 的最大公约数.

习题提示与解答(下)

习 题 25

1. 设 n 个元中有 j 对 x,y 满足 $f(x)=y,f(y)=x(x\neq y)$,其余的满足 $f(x)=x$.选 j 对的方法有 C_n^{2j} 种,配对方法有 $(2j-1)!!$ (例 1)种,所以 f 的个数为 $1+\sum_{j=1}^{[n/2]}C_n^{2j}(2j-1)!!$.

2. C_n^{k+h}.

3. $\{11,12,\cdots,43\}$中有 17 个奇数,16 个偶数. 所选两个数或者全是奇数,或者全是偶数. 共有 $C_{17}^2+C_{16}^2=16^2=256$ 种选法.

4. $C_m^2\times C_n^2$.

5. 第一个有 mn 种取法,第二个有$(m-1)(n-1)$种取法,不考虑它们的顺序,所以共有$\frac{1}{2}mn(m-1)(n-1)$种取法.

6. 在允许两个数相等时,j 可与大于$n-j$ 的任一个数搭配,有 $\sum j=\frac{n(n+1)}{2}$ 种取法.不允许两个数相等时,需从上式减去$\left[\frac{n+1}{2}\right]$.

7. $lm+mn+nl+l+m+n+1$ 个区域.

8. 若 a_{10}与 $a_1,\cdots,a_9$ 均不相同,则在 a_{10}选定后,$a_1,\cdots,a_9$ 各有 $k-1$ 种选择. 所以这种序列有$(k-1)^9\cdot k^{n-9}$种,答案为 $k^n-k^{n-9}(k-1)^9$.

9. $C_{m-k_1-\cdots-k_n+n-1}^{n-1}$.

10. 用“吃掉”的方法.答案为$\frac{n}{r}C_{n-(k-1)r-1}^{r-1}$.

11. 吉祥即 $2n$ 根线围成圆圈的方法,由圆周排列公式共$(2n-1)!$ 种. 或由例 1,上端有$(2n-1)!!$ 种连法,在上端连好后成为 n 根线,排成圆周有$(n-1)!$ 种方法,每根线的首尾可以调换,因此共有$(2n-1)!!\times(n-1)!\times 2^{n-1}=(2n-1)!!\times(2n-2)!!=(2n-1)!$种.在上端连好后,下端两两连接的方法有$(2n-1)!!$ 种. 因此,概率为$\frac{(2n-2)!!}{(2n-1)!!}$.

12. 从 40 个数中选 31 个有 C_{40}^{31}种方法,其中最大的是 a_{31},次大的是 20,其余 29 个有 29! 种排法. 剩下的 9 个数有 9! 种排法. 所以$\{a_n\}$共有 $C_{40}^{31}\times 29!\times 9!$ 个.

13. 设正面出现 $t_1,t_2,\cdots,t_k$ 次,则$\{t_1,\cdots,t_k\}\subseteq\{1,2,\cdots,n\}$,且$\{t_1,\cdots,t_k\}$中无连续整数,由例 8,有利机会共 F_n 个,概率为$\frac{F_n}{2^n}$.

14. 其中不含 n 的,共 $F_{n-1}=u_{n+2}$ 种,含 n 的,共 $F_{n-3}=u_n$ 种. 因此选法有 $u_{n+2}+u_n=v_{n+1}$ 种.

习 题 26

1. 设有 a_n 个"尖向上"的正三角形,b_n 个"尖向下"的正三角形,则有递推关系 $a_n=a_{n-1}+C_{n+1}^2$,$b_n=b_{n-1}+C_{n-1}^1+C_{n-3}^1+C_{n-5}^1+\cdots$,并且 $a_1=1,a_2=4,b_1=0,b_2=1$. 所以 $a_n=C_{n+2}^3$, $b_n=b_{n-1}+\left[\frac{n^2}{4}\right]=\sum_{k=1}^{n}\left[\frac{k^2}{4}\right]=\frac{1}{4}\left(\frac{n(n+1)(2n+1)}{6}-\left[\frac{n+1}{2}\right]\right)$. 答案为 $a_n+b_n=\frac{n(n+1)(2n+3)}{8}-\frac{1}{4}\left[\frac{n+1}{2}\right]$. 这是(38)的特殊情况($k=0$).

2. 首先从 X 中选 k 个元组成 $f(x)$,它们是 f 的不动元. 从其余 $n-k$ 个元到 $f(x)$ 的映射是单射(因为(ⅲ)). 所以 f 的个数为 $C_n^k\cdot P_k^{n-k}$.

3. 三角形共 $n-2$ 个,所以必有两个三角形各有两条边是原多边形的邻边. 选定多边形的一个顶点 A_i,组成 $\triangle A_{i-1}A_iA_{i+1}$. 对于 $A_{i-1}A_{i+1}$,另一个以它为边的三角形有两种可能: $\triangle A_{i-1}A_{i+1}A_{i+2}$ 或 $\triangle A_{i-2}A_{i-1}A_{i+1}$. 这样逐步将原多边形剖分,每次两种可能,直至多边形只剩下一个顶点,最后一个三角形含有这点的两条邻边. 于是,由于 A_i 有 n 种选择,并且每两种选择可以导出同一种剖分,所求分法共 $n\times 2^{n-5}$ $(n\geqslant 4)$ 种. $n=3$ 时只有一种分法.

4. 设个数为 $f(r,n)$. 将每个合乎要求的数组中等于 n 的数删去. 若 n 的个数为 $r-k$,则得到的是 k 元数组,并且其中至多有 $i-1$ 个数小于等于 i. 删去的数原来的位置有 C_r^{r-k} 种,所以 $f(r,n)=\sum_{k=0}^{r}C_r^kf(k,n-1)$. 由这递推关系及归纳法易得 $f(r,n)=(n-r)\cdot n^{r-1}$.

5. 将点 $(i-1,f(i-1))$,$(i,f(i))$ 用折线连接起来,折线由一段水平线段、$f(i)-f(i-1)$ 段竖直线段组成,每段长为 1,先沿水平线段到 $(i,f(i-1))$,再沿竖直线段上升至 $(i,f(i))$ $(i=2,3,\cdots,n)$.最后,将 $(n,f(n))$ 与 (n,n) 连接起来.这种折线在直线 $y=x$ 的下方,自 $(1,1)$ 开始,逐步上升,直至 (n,n).在整个过程中,水平线段的和始终不小于竖直线段的和.f 与这种折线一一对应,而折线又与例 9 中的有序数组 $(x_1,x_2,\cdots,x_{2n})$ 一一对应(记每条长为 1 的水平线段为 $+1$,竖直线段为 -1,折线便化为有序数组).因此 f 的个数为 C_n.

6. 可令 $x_i=a_{i+1}-a_i$,化为例 9.答案为 C_n.

7. 将凸 $n+1$ 边形的边顺次标为 $b_1,b_2,\cdots,b_n$,最后一条边记为 0. 对于每一种剖分,设对角线 l 将多边形分为两个部分,不含 0 的那部分中有边 b_i,b_j 与 l 有公共点,我们就在 $b_1b_2\cdots b_n$ 中添一个从 b_i 到 b_j 的括号,共添 $n-2$ 个括号.这是一个一一对应.

8. 将例 8 中对 $b_1b_2\cdots b_{n+1}$ 添加括号后得到的乘积作如下处理:"("变为 $+1$,$b_1,\cdots,b_n$ 变为 -1,去掉所有的")"及 b_{n+1},在最左面添一个 $+1$(作为 x_1),这就产生例 9 中的一个有序数组.这是一个一一对应.

9. 在 P_{k+1} 已经确定后,将其中任两个集合并成一个就产生出小于 P_{k+1} 的 P_k,因此 P_k 有

C_{k+1}^2种. 从而链数为 $\prod\limits_{k=1}^{n-1} C_{k+1}^2=\dfrac{(n-1)!\ n!}{2^{n-1}}$.

10. 第一个点可以取 A_1. 在 $n=2k$ 时,第二点可在 $A_2\sim A_k$ 中选择,设为 A_h,则第三点在 $A_{k+2}\sim A_{k+h-1}$ 中选择. 共有 $\sum\limits_{h=2}^{k}(h-2)=\dfrac{1}{2}(k-1)(k-2)$ 种,但其中每个不等边三角形出现 6 次,每个等腰而不等边的三角形出现 3 次,等边三角形(仅在 $3|n$ 时才有)仅出现 1 次.等腰三角形的第二个顶点 A_h,满足$\dfrac{n}{4}<h-1\leqslant\dfrac{n-1}{2}$,因此有$\left[\dfrac{n-1}{2}\right]-\left[\dfrac{n}{4}\right]$个. 在 $n=2k-1$时,上面的$\dfrac{1}{2}(k-1)(k-2)$应改为$\dfrac{1}{2}k(k-1)$. 于是,在 $n=2k$ 时,所求个数为 $\left[\dfrac{k^2}{12}\right]$,$k\not\equiv3(\bmod 6)$;或$\left[\dfrac{k^2}{12}\right]$,$k\equiv3(\bmod 6)$. 在 $n=2k-1$ 时,所求个数为$\left[\dfrac{k^2+2k}{12}\right]$,$k\equiv0,1,3,4(\bmod 6)$;或$\left[\dfrac{k^2+2k}{12}\right]$,$k\equiv2,5(\bmod 6)$.

11. 仿第 10 题解.

习 题 27

1. 左边 $=C_n^m\sum\limits_{k=m}^{n}C_{n-m}^{n-k}=$ 右边.

2. 设这和为 a_n,则 $a_{n+1}+a_n+a_{n-1}=0$,而 a_1,a_2,a_3 分别为 $0,-1,1$.

3. $C_{n-1}^m-C_n^m=-C_{n-1}^{m-1}$,依此类推即得结论.

4. C_k^m 是 k 的 m 次多项式,由例 9 即得.

5. $\sum kC_n^kx^k(1-x)^{n-k}=nx\sum C_{n-1}^{k-1}x^{k-1}(1-x)^{n-k}=nx$.

6. 考虑从 p 名男生、q 名女生中选出 m 名学生自治会代表的选法. 在女生代表为 k 名的条件下有 $C_p^kC_q^{m-k}$ 种选法.

7. $a_i=\sum C_{n-k+1}^{m-i+1}C_k^i-\sum C_{n-k}^{m-i+1}C_k^i=\sum C_{n-k}^{m-i+1}C_{k+1}^i-\sum C_{n-k}^{m-i+1}C_k^i=\sum C_{n-k}^{m-i+1}C_k^{i-1}=a_{i-1}$. 从而 $a_i=a_0=\sum C_{n-k}^m=C_{n+1}^{m+1}$.

8. 右边 $=\sum\limits_{k=0}^{n}(-1)^{n-k}C_n^k\sum\limits_{i=0}^{k}C_k^if(i)=\sum\limits_{i=0}^{n}(-1)^n\left(\sum\limits_{k=i}^{n}(-1)^kC_n^kC_k^i\right)f(i)$,由第 4 题,其中内和为 0,除非 $i=n$. 因此上式$=(-1)^n(-1)^nf(n)=f(n)$.

9. 设 $a_n=\sum\limits_{k=0}^{[n/2]}(-1)^kC_{n-k}^k$,则 $a_{n+1}-a_n=-a_{n-1}$,$a_0=1$,$a_1=1$,因此 $a_n=1,1,0,-1,-1,0$,根据 $n\equiv0,1,2,3,4,5(\bmod 6)$而定.

习 题 28

1. $(1+x)^s(1+x)^t=(1+x)^{s+t}$中 x^m 的系数.

2. 在上题中取 $t=n,s=n-1,m=n-1$ 即得(注意 $C_n^k=C_n^{n-k}$).

3. 即$(1+x)^n(1-x)^n=(1-x^2)^n$ 中 x^n 的系数.当 n 为奇数时,值为 0;当 n 为偶数时,值为 $(-1)^{\frac{n}{2}}C_n^{n/2}$.

4. 考察$(1+x)^{n+1}=(1-x^2)^{n+1}(1-x)^{-n-1}$中 x^n 的系数.

5. 考察$(1-x^2)^n(1-x)^{-n-1}$中 x^n 的系数.这函数即$(1+x)^n(1-x)^{-1}$,因此 x^n 的系数等于 $\sum C_n^k=2^n$.

6. $\sum\limits_{k=0}^{n}(2-x)^{n+k+1}x^k$ 中 x^n 的系数为等式左边的两倍.另一方面,这函数$=(2-x)^{n+1}\sum\limits_{k=0}^{n}(2x-x^2)^k=(2-x)^{n+1}\dfrac{1-(2x-x^2)^{n+1}}{1-(2x-x^2)}$,只需求$\dfrac{(2-x)^{n+1}}{(1-x)^2}=\dfrac{(1+(1-x))^{n+1}}{(1-x)^2}=\sum C_{n+1}^k(1-x)^{k-2}$ 中 x^n 的系数. x^n 仅在前两项$(1-x)^{-2}$,$C_{n+1}^1(1-x)^{-1}$中出现,并且系数均为 $n+1$.

7. $$q^{n+1}\sum_{k=0}^{n}C_{n+k}^k p^k=q^{n+1}\sum_{k=0}^{n}p^k\sum_{s=0}^{k}(-1)^{k-s}C_{2n+1}^sC_{n-s}^{k-s}\text{(例 7)}$$
$$=q^{n+1}\cdot\sum_{s=0}^{n}C_{2n+1}^s p^s\sum_{h=0}^{n-s}(-1)^hC_{n-s}^h p^h=q^{n+1}\sum_{s=0}^{n}C_{2n+1}^s p^s q^{n-s}$$
$$=\sum_{s=0}^{n}C_{2n+1}^s\cdot p^s q^{2n+1-s}=1-\sum_{k=0}^{n}C_{2n+1}^k p^{2n+1-k}q^k.$$

8. 考虑$(1-x)^n(1-x)^{-m}=(1-x)^{n-m}$中 x^h 的系数.

9. 考虑$(1-x)^{-n}(1-x)^{-m}=(1-x)^{-n-m}$中 x^h 的系数.

10. 考虑$(1-x)^{-h_1-1}\cdots(1-x)^{-h_n-1}=(1-x)^{-h_1-\cdots-h_n-n_1}$ 中 $x^{m-h_1-\cdots-h_n}$ 的系数.

11. 左边$=(1-x)^{-n+m-1}(1-x)^{-(n-m)-1}$ 中 $x^{h+(m-h)}=x^m$ 的系数,右边$=(1-x)^{-2n+2m-2}$ 中 x^m 的系数.

12. 原式 $=\sum\limits_{m=0}^{n}C_{2n-m+1}^m=F_{2n+2}$.

习 题 29

1. 每一个等式都是四边形有内切圆的充分必要条件.

2. 设 D 在 BC 上的射影为 M. $\angle ABD=\angle DBC$,所以它们的余角$\angle ADB=\angle AED$,$AE=AD=DM$,四边形 $AEMD$ 为菱形,$AD \mathrel{\underline{\parallel}} EM \mathrel{\underline{\parallel}} CF$.

3. 必要性:$\angle AFE=\angle ACB$,$\angle OAB=90°-\angle ACB$,$OA\perp EF$. $S_{AFOE}=\dfrac{1}{2}R\cdot EF$.

充分性:由面积关系得 $OA\perp EF$,$OB\perp FD$,$OC\perp DE$. EF,FD,DE 分别与垂足三角形的三边平行,从而$\triangle DEF$ 必与垂足三角形重合.

4. 在 FB 上取 D 使 $FD=AF$. 延长 ED 交外接圆于 G. $\angle BGD=\angle BAE=\angle EDA=\angle BDG$,所以 $BG=BD$. $\angle GEA=180°-2\angle EAD=\angle BAC$,$\overset{\frown}{AG}=\overset{\frown}{BC}$,$\overset{\frown}{BG}=\overset{\frown}{AC}$. 所以 $AC=BG=BD=AB-2AF$.

5. $BA_1-CA_1=\dfrac{c^2-b^2}{a}$, $\sum\dfrac{c^2-b^2}{a}=0$ 导出$(c-b)(b-a)(c-a)(a+b+c)=0$.

6. 设直线 DY 交 PA 于 V，CX 交 PB 于 U. $\frac{XU}{QB}=\frac{XB}{QD}$，$\frac{YV}{AQ}=\frac{YA}{CQ}$，相乘得$\frac{XU\cdot YV}{QB\cdot AQ}=1$，即$\frac{XU}{XC}=\frac{YD}{YV}$. 从而 P，X，Y 共线.

7. 由于 $A'C'\underline{\mathbin{/\!/}}AC$，所以 AA'，CC' 的交点 O 是它们的中点.整个图形关于 O 中心对称. UX，YV，WZ 均过 O 且被 O 平分.

8. 设 O 为 $\triangle ABC$ 的外心，I 为 $\triangle ABC$ 的内心，则 $\angle OAC=\angle BAH$，所以 $\triangle AIO\cong\triangle AIL$，$IL=IO$. 从而 I 为 $\triangle LMN$ 的外心，$\triangle LMN$ 的外接圆半径 $IO=\sqrt{R^2-2Rr}$. O 在这圆上，所以 $\angle MLN=\angle MON=360^\circ-\angle BOC-\angle BOM-\angle CON=360^\circ-2\angle BAC-\left(90^\circ-\frac{\angle MBO}{2}\right)-\left(90^\circ-\frac{\angle NCO}{2}\right)=\frac{1}{2}(\angle ABC+\angle ACB)$. $\angle LMN=\frac{1}{2}(\angle BAC+\angle ACB)$，$\angle LNM=\frac{1}{2}(\angle BAC+\angle ABC)$.

9. 在 A，B，C，D 处分别放质量 λ，1，μ，$\lambda\mu$，则 O 为质心.

习题 30

1. 设 $\triangle EAD$，$\triangle FCD$ 的外接圆相交于 $G(G\neq D)$，则 $\angle CGE=\angle CGD+\angle DGE=\angle DFC+\angle BAF=\pi-\angle ABC$，所以 $\triangle EBC$ 的外接圆过 G. 同理 $\triangle FAB$ 的外接圆过 G.

2. $O_1O_4\mathbin{/\!/}O_2O_3$（均与 AC 垂直），$O_1O_2\mathbin{/\!/}O_3O_4$，所以 O_1O_3 与 O_2O_4 的交点 G 是 O_2O_4 的中点. $\angle O_2PB=90^\circ-\angle PCB=90^\circ-\angle PDA$，所以 $O_2P\perp AD$，$O_2P\mathbin{/\!/}OO_4$. 同理 $O_4P\mathbin{/\!/}OO_2$，所以 OP 过 O_2O_4 的中点 G.

3. 在 BF 上取 G 使 $BG=AF$. $\triangle BGD\cong\triangle AFC$，从而 $DG=CF$，$\angle EDF=\angle EBF=\angle ACF=\angle BDG$，$\angle GDF=\angle BDE=\angle BED=\angle BFD$，$GF=GD=CF$.

4. 如图，设$\odot O$ 与外接圆内切，AO 交外接圆于 M. I 在 AO 上并且 $OP^2=OI\cdot OA$.设 OT 交外接圆于 R，则 TR 是直径，$TO\cdot OR=OM\cdot OA$. 与上式相加（$OP=OT$）得 $OP\cdot TR=MI\cdot OA$. 设过 M 的直径为 MN，易知 $\triangle BMN\backsim\triangle POA$，$OP\cdot MN=BM\cdot OA$. 从而 $MI=BM$. 由此可得 IB 平分 $\angle ABC$，I 为 $\triangle ABC$ 的内心. 当$\odot O$ 与外接圆外切时，I 为旁心，证法类似.

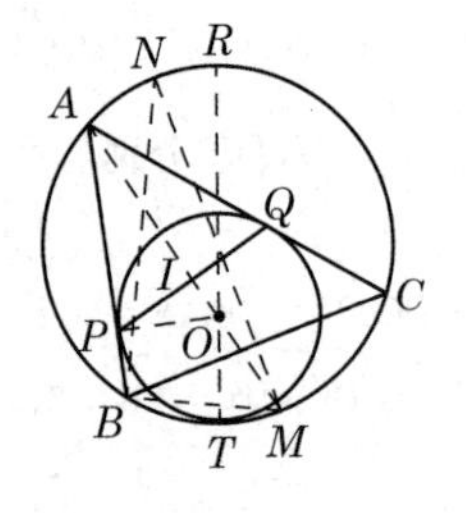

（第 4 题）

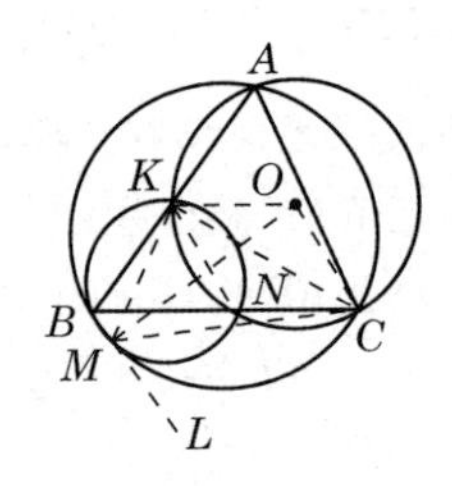

（第 5 题）

5. 如图，$\angle CML=\angle BAC=\angle BNK=\angle BMK$，$\angle KOC=2\angle KAC=2\angle CML=\angle CML+\angle BMK$，从而 K,O,C,M 四点共圆，$\angle OMK=\angle OCK=\angle OKC=\angle OMC$，$\angle BMO=\angle BMK+\angle OMK=90^\circ$.

6. 即上题.

7. 设直线 PQ 交$\odot O_1$ 于 $P'(P'\neq P)$，交$\odot O_2$ 于 $Q'(Q'\neq Q)$，交 EF 于 K. $KP\cdot KP'=KE\cdot KF=KQ\cdot KQ'$，从而 $KP\cdot QP'=KQ\cdot PQ'$，$KP=KQ\Leftrightarrow QP'=PQ'\Leftrightarrow QP'\cdot PQ=PQ'\cdot PQ\Leftrightarrow PC\cdot PD=QA\cdot QB$. 设 AB 与 CD 相交于 O，OA,OB,OC,OD,OP,OQ 分别为 a,b,c,d,p,q，则 $(c-p)(p-d)=(q-a)(b-q)\Leftrightarrow p(c+d)=q(a+b)$（因为 $p^2=ab,q^2=cd$）$\Leftrightarrow ab(c+d)^2=cd(a+b)^2\Leftrightarrow(ac-bd)(ad-bc)=0\Leftrightarrow ac=bd\Leftrightarrow BC/\!/AD$.

8. $A_iO_i\cdot Q_iA_{i+2}=(1-d_i)(1+d_i)$，$\dfrac{A_iQ_i}{Q_iA_{i+2}}=\dfrac{S_{\triangle PA_iA_{i+1}}}{S_{\triangle PA_{i+2}A_{i+1}}}$，所以 $\prod A_iQ_i^2=\prod(1-d_i^2)$.

9. (a) $\angle O_1O_4O_3=180^\circ-\dfrac{1}{2}(\angle BAD+\angle CDA)$，$\angle O_1O_2O_3=180^\circ-\dfrac{1}{2}(\angle ABC+\angle BCD)$. (b) $\dfrac{AB}{r_1}+\dfrac{CD}{r_3}=\sum\cot\dfrac{\angle BAD}{2}$.

10. 设$\triangle ADP$ 的外接圆交 PQ 于 N，则 $QN\cdot QP=QD\cdot QA=b^2$. 从而 $PQ=\sqrt{a^2+b^2}$.

11. 在上题中 $QN\cdot QP=QD\cdot QA=q^2-R^2$，从而 $PQ=\sqrt{p^2+q^2-2R^2}$，$QM=\sqrt{q^2+m^2-2R^2}$，$MP=\sqrt{p^2+m^2-2R^2}$.

12. $OP^2-OQ^2=PM^2-QM^2$，所以 O 在 PQ 的高上.

13. 设 A,B,C 三点共线，M 为线外一点. 由角的关系易知$\triangle MAB$，$\triangle MBC$，$\triangle MCA$ 的外心与 M 共圆，利用上述结论及第 1 题（取 M 为四个圆的公共点）即得.

习 题 31

1. 因为 BC 是切线，所以$\angle BA_1Q=\angle A_1B_1Q$. 因为 $PR/\!/BC$，所以$\angle BA_1Q=\angle A_1AR$. 因此$\angle A_1B_1Q=\angle A_1AR$，$A,Q,B_1,R$ 四点共圆. 同理，A,Q,C_1,P 共圆. 于是$\angle PQR=\angle PQA+\angle AQR=\angle PC_1A+\angle AB_1R=\angle BC_1A_1+\angle A_1B_1C=\angle C_1QA_1+\angle A_1QB_1=\angle C_1QB_1$.

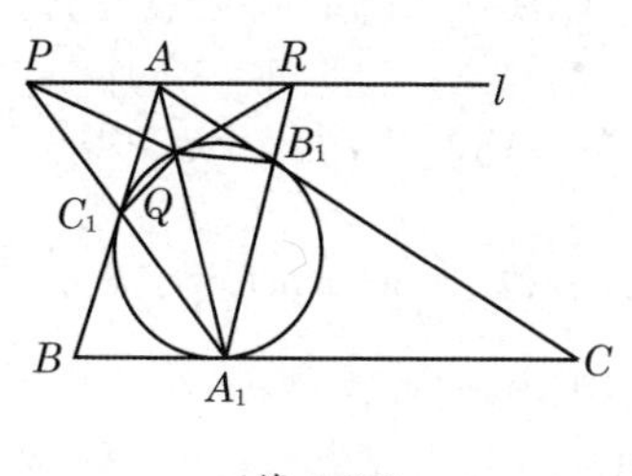

（第 1 题）

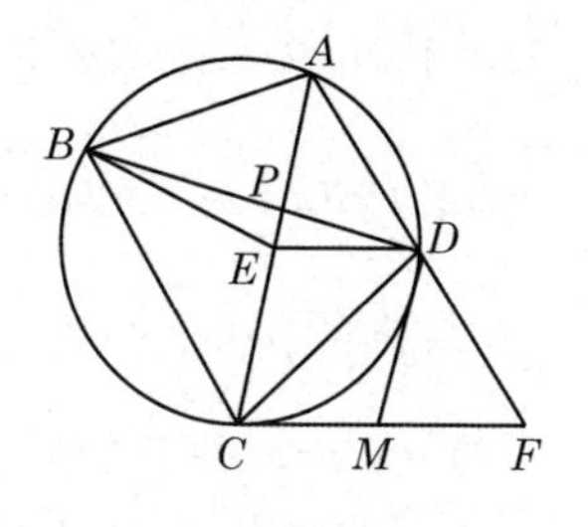

（第 2 题）

2. 延长 AD 到 F，使 $DF=AD$，则 $\triangle DCF\backsim\triangle BCA$. 设 CF 中点为 M，则对应角 $\angle AEB=\angle DMF$. 由 $DM/\!/AC$，$DE/\!/FC$，$\angle AED=\angle ACF=\angle DMF=\angle AEB$. 所以 AE 平分 $\angle BED$，$\dfrac{EB}{ED}=\dfrac{PB}{PD}$.

3. 过 B 作 $\odot O$、$\odot O_1$ 的公切线 BT. $\angle MBA=\angle TBA-\angle TBM=\angle MAB-\angle MNB=\angle ABN$. 所以 AB 平分 $\angle MBN$，$\dfrac{MB}{NB}=\dfrac{MA}{AN}$.同理 AC 平分 $\angle MCN$，$\dfrac{MC}{NC}=\dfrac{MA}{AN}$. 由第 2 题，$DA$ 平分 $\angle BDC$.

又 $\angle BAC=\angle ABN+\angle ACN+\angle BNC=\dfrac{1}{2}(\angle MBN+\angle MCN)+\angle BNC=90^\circ+\angle BNC=90^\circ+\dfrac{1}{2}\angle BDC\left(\text{在上题中，}\angle BCD=\angle BCA+\angle ACD=\angle DCF+\angle ACD=\angle ACF=\dfrac{1}{2}\angle BED\right)$. 所以 A 是 $\triangle BDC$ 的内心.

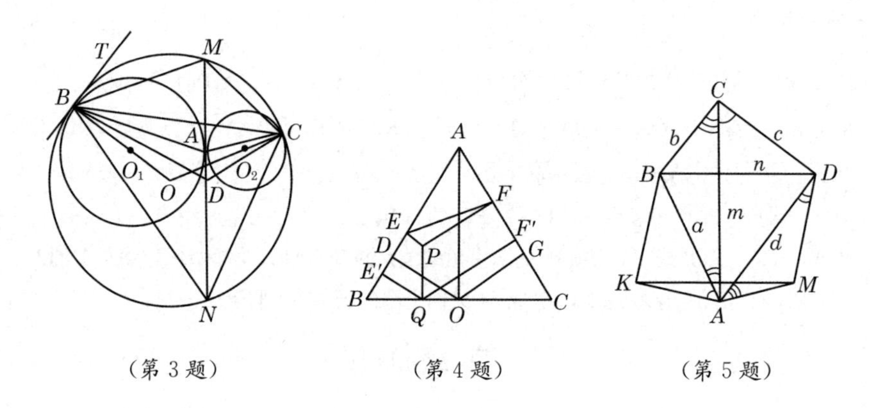

（第 3 题）　　（第 4 题）　　（第 5 题）

4. 设 Q 在 AB，AC 上的射影为 E'，F'，则 $DE'=F'G=OQ\cos B$. $EF=ED+FG=EE'+FF'=2EE'=2PQ\sin B$.

5. 在 AB，AD 边上向外作 $\triangle AKB\backsim\triangle CDA$，$\triangle ADM\backsim\triangle CAB$，则 $AK=\dfrac{ac}{m}$，$AM=\dfrac{bd}{m}$，$KB=DM=\dfrac{ad}{m}$.并且 $\angle KBD+\angle MDB=\angle CAD+\angle ABD+\angle BDA+\angle CAB=180^\circ$，所以 $KB/\!/DM$，四边形 $KBDM$ 是平行四边形，$KM=n$.在 $\triangle AKM$ 中，由余弦定理得 $n^2=\left(\dfrac{ac}{m}\right)^2+\left(\dfrac{bd}{m}\right)^2-2\left(\dfrac{ac}{m}\right)\left(\dfrac{bd}{m}\right)\cos(A+C)$. 本题是布瑞须赖德尔(Bretschneider，1808～1878)发现的“四边形的余弦定理”.由它立即导出托勒密定理(习题 34 第 3 题).

6. P，K，A，N 四点共圆，所以 $\angle PKN=\angle PAN$. 同理 $\angle LKP=\angle LBP$. 又 $\angle PAN=\angle LBP$，所以 PK 平分 $\angle LKN$. 同理 PL，PM，PN 分别平分 $\angle KLM$，$\angle LMN$，$\angle MNK$.因

此 P 到四边形 $KLMN$ 各边的距离相等，四边形 $KLMN$ 有内切圆，内心就是 P，内切圆半径就是 P 到各边的距离 r. 易知 $r=PL\cdot\sin\beta=PB\cdot\sin\alpha\sin\beta$. 在 $AC\perp BD$ 时，$r=PB\cdot\frac{PC}{BC}\cdot\frac{AP}{AB}$. $PC\cdot AP$ 是 P 对 $\odot O$ 的幂，即 R^2-d^2. $\frac{PB}{BC\cdot AB}=\frac{PB\cdot AC}{BC\cdot AB\sin\angle ABC}\cdot\frac{\sin\angle ABC}{AC}=\frac{1}{2R}$. 所以 $r=\frac{R^2-d^2}{2R}$.

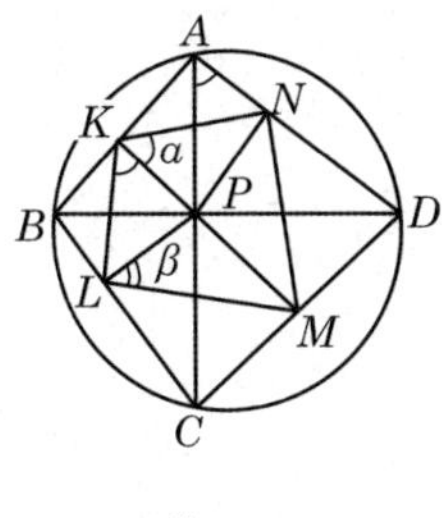

（第 6 题）

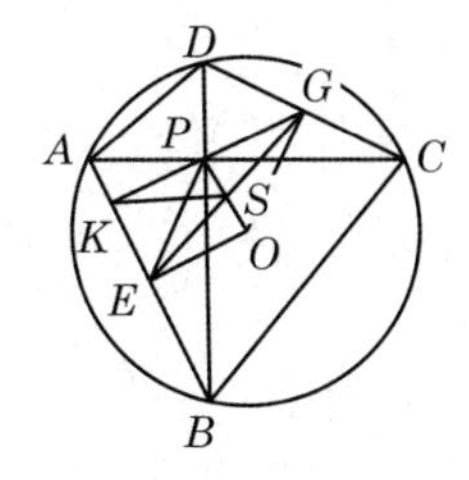

（第 7 题）

7. $\angle GPD=\angle GDP=\angle BAP=90^\circ-\angle APK$，所以 G,P,K 在一条直线上. $OE\perp AB$，所以 $PG/\!/OE$. 同理 $PE/\!/OG$. 所以四边形 $PEOG$ 为平行四边形. 设 S 为 OP 的中点，则 $4\cdot SE^2=2(PE^2+OE^2)-d^2=2(EB^2+OE^2)-d^2=2R^2-d^2$，即 $SE=\frac{1}{2}\sqrt{2R^2-d^2}$. 因为 SK 是直角三角形 GKE 斜边上的中线，所以 $SK=SE=\frac{1}{2}\sqrt{2R^2-d^2}$. 同理可得 SF,SG,SH,SL,SM,SN 均等于 $\frac{1}{2}\sqrt{2R^2-d^2}$. 因此 E,F,G,H,K,L,M,N 在以 S 为圆心，$\frac{1}{2}\sqrt{2R^2-d^2}$ 为半径的圆上.

8. 设双心四边形 $KLMN$ 的内心为 P. 过 K,L,M,N 分别作 PK,PL,PM,PN 的垂线交得四边形 $ABCD$（我们将第 6 题的作法倒过去）. 连接 PA,PB,PC,PD（如第 6 题图）. 因为 $\angle BAD=180^\circ-\angle KPN=\angle PKN+\angle PNK=\frac{1}{2}(\angle LKN+\angle KNM)$，$\angle BCD=\frac{1}{2}(\angle KLM+\angle LMN)$，所以 $\angle BAD+\angle BCD=\frac{1}{2}(\angle LKN+\angle KNM+\angle KLM+\angle LMN)=180^\circ$. 四边形 $ABCD$ 有外接圆. 可证 $\angle APB=180^\circ-(\angle BAP+\angle ABP)=180^\circ-(\angle KNP+\angle KLP)=90^\circ$，故点 A,P,C 共线，点 B,P,D 共线，且 $AC\perp BD$. 设这外接圆圆心为 O，半径为 R. 则由第 6 题，得 $r=\frac{R^2-d^2}{2R}$，其中 $d=OP$. 由第 7 题，四边形 $KLMN$ 的外心 S 为 OP 的中点，并且 $\rho=\frac{1}{2}\sqrt{2R^2-d^2}$，$d=2h$. 于是 $\frac{1}{r^2}=\frac{4R^2}{(R^2-d^2)^2}=\frac{2(\rho^2+h^2)}{(\rho^2-h^2)^2}=\frac{1}{(\rho+h)^2}+\frac{1}{(\rho-h)^2}$. 保持 $\odot O$ 与 P 点不动，让“十字架”AC,BD 绕 P 转动. 在

每一个位置上产生的四边形 $KLMN$ 都是双心四边形，并且内心为 P，内切圆 $r=\dfrac{R^2-d^2}{2R}$，外心为 OP 中点 S，且 $\rho=\dfrac{1}{2}\sqrt{2R^2-d^2}$，也就是说与原双心四边形有相同的内切圆与外接圆.

9. 设 $BC=a$，$AB=c$，$CA=b$，内切圆半径为 r. 又设内切圆切 AB 于 G，切 AC 于 F. 因为 $PD\perp IM$，所以

$PI^2-PM^2=DI^2-DM^2=(r^2+DG^2)-DM^2$

$=r^2+(a-(s-b))^2-\left(a-\dfrac{c}{2}\right)^2=r^2+\left(\dfrac{a+b-c}{2}\right)^2-\left(a-\dfrac{c}{2}\right)^2.$

$PI^2-PN^2=r^2+\left(\dfrac{a+c-b}{2}\right)^2-\left(a-\dfrac{b}{2}\right)^2.$

$PN^2-PM^2=\left(\dfrac{a+b-c}{2}\right)^2-\left(\dfrac{a+c-b}{2}\right)^2+\left(a-\dfrac{b}{2}\right)^2-\left(a-\dfrac{c}{2}\right)^2$

$=\left(\dfrac{b}{2}\right)^2-\left(\dfrac{c}{2}\right)^2=AN^2-AM^2.$

所以 $AP\perp MN$.

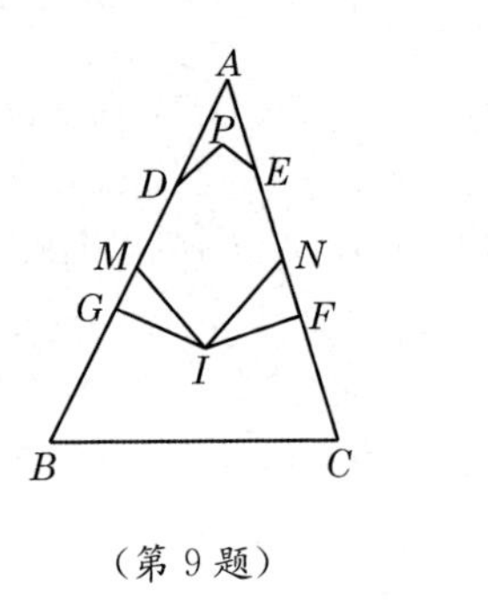

（第 9 题）

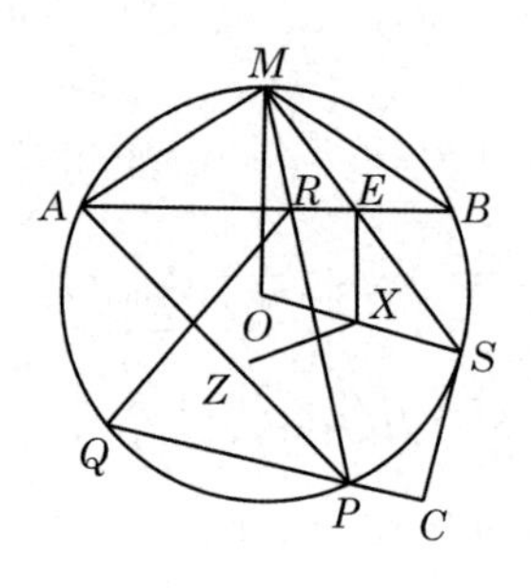

（第 10 题）

10. XE，OM 都与 AB 垂直，所以 $XE/\!/OM$. $\triangle SXE$ 与 $\triangle SOM$ 位似，所以以 X 为圆心，XS 为半径的圆过 E 点，且与 $\odot O$ 相切于 S. $CP\times CQ=CS^2$. 所以 C 在 $\odot Z$ 与 $\odot X$ 的根轴上. 又由于 M 是 $\overset{\frown}{AB}$ 中点，$\angle MAB=\angle MBA=\angle MPA$，所以 $MA^2=MR\times MP$. 同理 $MA^2=ME\times MS$，所以 M 在 $\odot Z$ 与 $\odot X$ 的根轴上. MC 是 $\odot Z$ 与 $\odot X$ 的根轴，$MC\perp ZX$. 同样，$MC\perp ZY$，所以 X,Y,Z 共线.

习 题 32

1. 如图，$\angle O_1B_2A_2=\angle O_1A_2B_2=\angle O_2A_2A_1=\angle O_2A_1A_2$，$O_1B_2/\!/O_2O_3$. 同理 $O_1B_3/\!/O_2O_3$. 所以 B_2,O_1,B_3 共线.

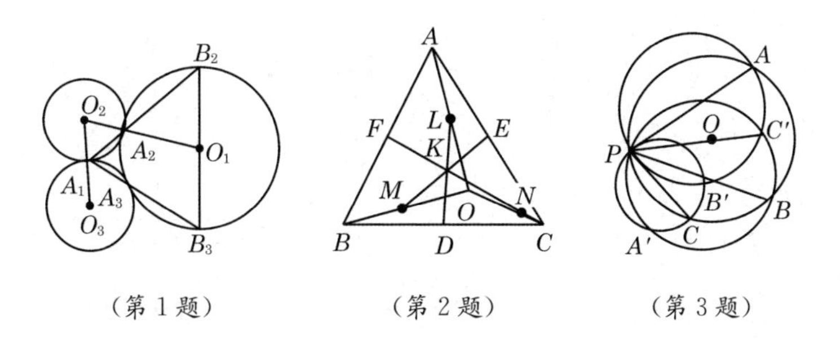

（第 1 题）　　（第 2 题）　　（第 3 题）

2. 如图，四边形 $LMDE$ 是平行四边形，所以 EM 过 DL 的中点 K. 同理 FN 也过 K.

3. 如图，设以 PA 为直径的圆与以 PB 为直径的圆相交于 C'，则 $\angle AC'P+\angle PC'B=90^\circ+90^\circ=180^\circ$，所以 A,C',B 共线并且 C' 是 P 在 AB 上的射影. 根据例 1，P 在 $\triangle ABC$ 三边上的射影共线.

4. 如图，设 YQ 交 CD 于 K，则 $\dfrac{DY}{DA}=\dfrac{DK}{DB}$，从而 $\dfrac{DX}{DA}=\dfrac{DK}{DC}$，$XK\parallel AC$，$XK$ 与 BH 的交点为 N. 由于 $BX\parallel YC$，$AB\parallel QY$，所以 $\angle ABX=\angle QYC$. 再由四点共圆得 $\angle XNM=\angle ABX$，$\angle QYC=\angle QHK=\angle QNK$. 所以 $\angle XNM=\angle QNK$，M,N,Q 共线.

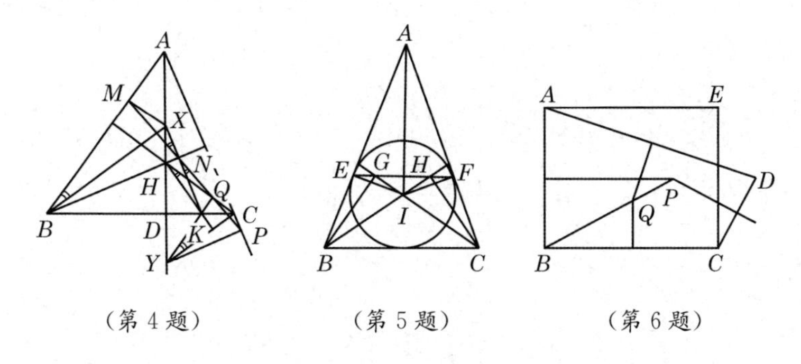

（第 4 题）　　（第 5 题）　　（第 6 题）

5. 如图，$\angle IGB=\angle IEB=90^\circ$，所以 I,G,E,B 共圆，$\angle EGI=180^\circ-\angle EBI$. 又 B,C,H,G 共圆，$\angle HGI=\angle IBC=\angle EBI$，所以 E,G,H 共线.

6. 如图，作矩形 $ABCE$，则 $PE=PC=PD$，$QD=QA=QE$，$BE=AC=BD$，所以 B,P,Q 都在 ED 的垂直平分线上.

7. $\triangle XCM\backsim\triangle YAB$，$\triangle XBM\backsim\triangle ZAC$. 由例 3 即得.

8. 延长 CS，DQ 相交于 L. 由 $PR\perp AB$，$PR=\dfrac{1}{2}AB$，得 $QS\parallel DC$ 且 $QS=\dfrac{1}{2}DC$，所以 Q,S 分别为 LD,LC 的中点. $\triangle LQE$，$\triangle LSG$ 都是等腰直角三角形，由上题即知 E,R,G 共线且 R 是 EG 的中点.

9. 设 H 为垂心，过 E 点切线交 AD 于 P. $\angle PEA=\angle ECB=\angle HAE$，所以 P 是 AH 的中点.

10. 如图，$\overset{\frown}{BA'}=\overset{\frown}{XC}$，所以 $\angle BAA'=\angle XAC$. 由例 7 即得.

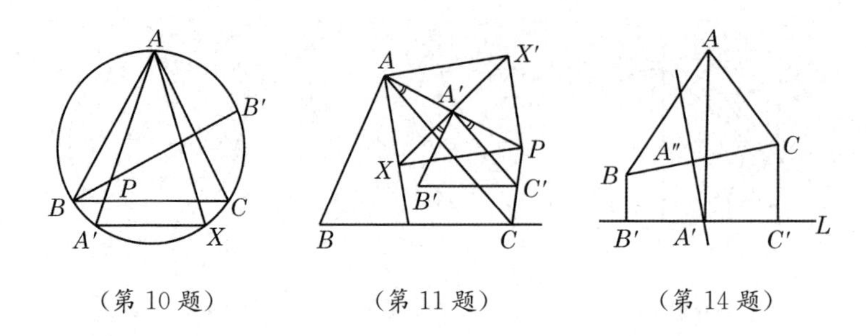

（第 10 题）　（第 11 题）　（第 14 题）

11. 如图,设矩形 $PXAX'$的中心为A',则 $PA'=PA/2$. 类似地定义 B',C',则 $A'C'\parallel AC$,$A'B'\parallel AB$,$\angle PA'C'=\angle PAC=\angle A'AX-\angle BAC/2=\angle A'XA-\angle BAX=\angle XA'B'$. 对$\triangle A'B'C'$应用例 7 即得.

12. (a) 设 BH,CF 相交于 P. 易知 $BH\perp CF$. 所以 P,A,H,G,C 共圆,$\angle GPH=45°$. 同理$\angle EPF=45°$.

(b) 延长 DA 至 K 使 $AK=BC$. 与例 6 类似,证明 BG,CE 是$\triangle KBC$ 的高.

13. $A'B$,AB'都经过 CD 的中点(D 是 C 在 AB 上的射影).

14. 如图所示,$A''B^2-A''C^2=A'B^2-A'C^2=B'B^2-C'C^2+B'A'^2-A'C'^2$. 将类似的三个式子相加得 $A''B^2-A''C^2+B''C^2-B''A^2+C''A^2-C''B^2=0$.由例 8 即得.

15. $\dfrac{X'B}{X'C}\cdot\dfrac{Y'C}{Y'A}\cdot\dfrac{Z'A}{Z'B}=\dfrac{XC}{XB}\cdot\dfrac{YA}{YC}\cdot\dfrac{ZB}{ZA}=-1$.

16. 由塞瓦定理,$\dfrac{XB}{XC}\cdot\dfrac{YC}{YA}\cdot\dfrac{ZA}{ZB}=-1$.而$\dfrac{Y'A}{Z'A}=\dfrac{ZA}{YA}$,$\dfrac{Z'B}{X'B}=\dfrac{XB}{ZB}$,$\dfrac{X'C}{Y'C}=\dfrac{YC}{XC}$,所以$\dfrac{X'B}{X'C}\cdot\dfrac{Y'C}{Y'A}\cdot\dfrac{Z'A}{Z'B}=1$.

习 题 33

1. 在$\triangle EAD$ 为正三角形时,$\angle EBA=\dfrac{180°-90°-60°}{2}=15°$,$\angle EBC=\angle ECB=75°$,$\angle BEC=30°$. 而满足顶角$\angle BEC=30°$的、在正方形同侧的等腰三角形 BEC 只有一个.

2. 过 A,B,D 作圆交 BC 于 E. 设$\angle DBC=\alpha$,则$\angle EDC=\angle ABC=\angle ACB=2\alpha$,$DE=EC$;$\angle DAE=\angle DBE=\angle DBA=\angle DEA=\alpha$,$AD=DE$. 所以 $BE=BD$. $\angle BDE=\angle BED=4\alpha$,从而 $9\alpha=180°$,$\alpha=20°$,$\angle BAC=100°$.

3. $a_{n+1}=3a_n+2a_{n-1}(n\geqslant 2)$满足条件(*). 而满足(*)及初始条件的整数数列只有这一个. 易知 $a_{n+1}\equiv a_n\equiv\cdots\equiv a_2(\mathrm{mod}2)$. 本题表明猜出答案往往可用同一法.

4. 在 BC 上取C',使 $BC'=AE$. 四边形 $ABC'E$ 是平行四边形,从而$\triangle BC'E$ 与$\triangle ABE$ 的周长相等,$BC'+C'E=BC+CE$,$CC'=C'E-CE=0$. C'与 C 重合,$BC=AE$. 同理 $BC=DE$.

5. 过 B 作AD 的平行线交AC 于M',交 CD 于 N'. 又设 AC,BD 相交于 X,因为$\triangle ACD$ 的面

积是$\triangle ABC$的6倍，$\frac{XD}{XB}=6$，$S_{\triangle AM'B}=\frac{7}{6}S_{\triangle AXB}=\frac{7}{6}\times\frac{1}{7}S_{\triangle ABD}=\frac{1}{2}S_{\triangle ABC}$，所以$M'$为$AC$中点，$N'$为$CD$中点. $\frac{AM'}{AC}=\frac{CN'}{CD}=\frac{1}{2}$. M'，N'分别与M，N重合.

6. 设$\triangle ABC$的外接圆的、不含C的半圆以E'为中点，则E'就是E，而且$DE=CD$为圆半径.

7. 在直线BC上取C'，使$AC'=BC=2AD$，则$\angle AC'B=30^\circ$，$\angle BAC'=180^\circ-30^\circ-75^\circ=75^\circ=\angle B$，$BC'=AC'=BC$，$C'$与$C$重合.

8. 设$\angle ABC$的平分线交AC于D'，$\angle ABD'=36^\circ$，$\angle BD'C=72^\circ$，$BC=BD'=AD'$，D'与D重合.

9. 分别以V，A，B，C为圆心作圆，四个圆两两相交得六条公共弦，分别与VA，VB，VC，AB，BC，CA垂直. 每三条公共弦（所在直线）交于一点（这点到三个圆的切线相等，称为根心）. 将这六条公共弦（所在直线）旋转90°，就得到一个与$\triangle A'B'C'$相似的三角形，并且有三条交于一点的公共弦与过A'，B'，C'所作的平行线对应. 所以所作三条线交于一点.

习 题 34

1. 将$\triangle BPC$绕B旋转60°成为$\triangle BP'A$，则$PP'=PB$，$P'A=PC$，$PA\leqslant PP'+P'A$.

2. 将$\triangle BPC$绕B旋转60°成为$\triangle BP'A$，则P'在PA上（因为$\angle BAP=\angle BCP=\angle BAP'$）.

3. 将$\triangle ABC$绕A旋转，使射线AC与AD重合. 再作以A为中心的位似变换使AC成为AD. 这时B成为BD上一点E（因为$\angle ADE=\angle ACB$），并且$\frac{DE}{BC}=\frac{AD}{AC}$. 再由$\triangle ABE\backsim\triangle ACD$得$\frac{BE}{CD}=\frac{AB}{AC}$. 将以上二式去分母相加即得.

4. 参见上题. 利用复数更简单：设四个顶点的复数表示为O，a，b，c. 在恒等式$a(b-c)+c(a-b)=b(a-c)$两边取模即得.

5. 如图，将$\triangle BCP$绕B旋转60°成为$\triangle BAP'$. 则$PP'=BP$. $\triangle APP'$的三边为PA，PB，PC（仅当P在外接圆上时，三角形退化）. 设$\triangle ABC$的外心为O，$OA=R$，$OP=\rho$，则$S_{\triangle APP'}=\frac{\sqrt{3}}{4}BP^2-S_{\triangle PAB}-S_{\triangle BAP'}=\frac{\sqrt{3}}{4}BP^2-S_{\triangle ABC}-S_{\triangle ACP}=\frac{\sqrt{3}}{4}(R^2+\rho^2-2R\rho\cos(\alpha+120^\circ))-3\times\frac{\sqrt{3}}{4}R^2-\frac{1}{2}(R\rho\sin\alpha+R\rho\sin\beta-R^2\sin120^\circ)=\frac{\sqrt{3}}{4}(\rho^2-R^2)(\rho>R)$. 在$R>\rho$时，结果为$\frac{\sqrt{3}}{4}(R^2-\rho^2)$. 因此$P$点的轨迹是$\odot O$的同心圆.

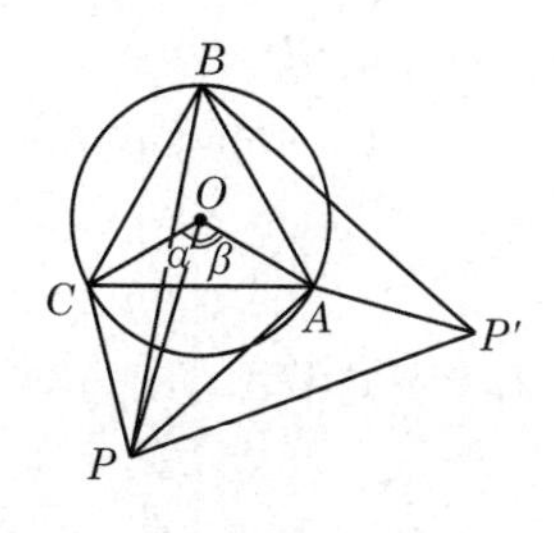

（第5题）

6. 将$\triangle FBD$绕F旋转，使射线FB与FA重合. 再作以F为中心的位似变换使B变为A. 设

这时 D 变为 P，则 $AP=\frac{AF}{FB}\cdot BD=\frac{AE}{EC}\cdot DC$. 而$\angle EAP=360^\circ-\angle PAF-\angle FAE=360^\circ-\angle FBD-\angle FAE=\angle ECD$，于是$\triangle EAP\backsim\triangle ECD$. 经过以 F 为中心的旋转与位似变换，$\triangle FBA$ 变为$\triangle FDP$，$\angle ABF=\angle FDP$. 同理$\angle ECA=\angle EDP$. 相加即得结论.

7. (b)利用(a)，关于 O_1 的旋转化为两次轴对称，第二次的对称轴可选 O_1O_2. 关于 O_2 的旋转也化为两次轴对称，第一次的轴为 O_1O_2. 在 $\alpha_1+\alpha_2<2\pi$ 时，$\triangle O_1O_2O$ 的角为$\frac{\alpha_1}{2}$，$\frac{\alpha_2}{2}$，$\pi-\frac{\alpha_1+\alpha_2}{2}$. 在 $\alpha_1+\alpha_2>2\pi$ 时，为 $\pi-\frac{\alpha_1}{2}$，$\pi-\frac{\alpha_2}{2}$，$\frac{\alpha_1+\alpha_2}{2}$. 在 $\alpha_1+\alpha_2=2\pi$ 时，两次旋转相当于一次平移.

8. 连续作三次旋转，旋转中心依次为 K,L,M，旋转角 α,β,γ(旋转方向相同；同为顺时针或同为逆时针方向). 由于 $\alpha+\beta+\gamma=2\pi$，连续旋转等价于一次平移. 由于 A 点回到原处，这平移为不动，从而前两次旋转的结果相当于绕 M 的旋转. 由上题得$\angle KML=\frac{\gamma}{2}$. 另两角为$\frac{\alpha}{2}$，$\frac{\beta}{2}$.

9. 绕 D 旋转 90°，使$\triangle BAD$ 变为$\triangle B'ED$. 设 BB'交 CE 于 M. 由 $B'E \mathrel{\underline{\parallel}} BC$ 得 M 为 BB'中点，从而 DM 分等腰直角三角形 BDB'为两个等腰直角三角形，M 即为所求.

10. 即$\triangle I_1I_2I_3$ 的九点圆圆心、垂心、外心共线.

11. 绕 A 旋转$\triangle ABE$，旋转 90°后，AB 与 AD 重合，BE 在 FD 延长线上成为 DE'. 这时$\triangle AE'F\cong\triangle AEF$，从而$\triangle AEF$ 的 EF 边上的高等于 AB.

12. l_1,l_2 与 AD,BC 构成菱形，所以$\angle EHF=\frac{1}{2}\angle EHD=\frac{1}{2}(180^\circ-\angle AHE)$. 同理$\angle HEG=\frac{1}{2}(180^\circ-\angle AEH)$. 所以 EG 与 FH 的夹角为 $180^\circ-\angle EHF-\angle HEG=\frac{1}{2}(\angle AHE+\angle AEH)=45^\circ$.

l_1 过 A 的特殊情况是上一题结论的逆命题.

习 题 35

1. 将 n 边形 $A_1A_2\cdots A_n$ 放在正 n 边形 $B_1B_2\cdots B_n$ 中，使边 $A_iA_{i+1}\parallel B_iB_{i+1}$($i=1,2,\cdots,n$. $A_{n+1}=A_1$，$B_{n+1}=B_1$). 点 P 到正 n 边形 $B_1B_2\cdots B_n$ 各边距离的和为定值，A_iA_{i+1} 与 B_iB_{i+1}间的距离也为定值(与 P 点位置无关)，所以 P 到 n 边形 $A_1A_2\cdots A_n$ 的距离的和为定值.

2. 由(22)及 $s=a+c=b+d$ 得 $S_{四边形ABCD}=\sqrt{abcd-abcd\cos^2\varphi}=\sqrt{abcd}\sin\varphi$.

3. $\frac{1}{4}=\frac{S_{\triangle CAD}}{S_{\triangle CAE}}\cdot\frac{S_{\triangle CEB}}{S_{\triangle CDB}}=\frac{CD\cdot CA\cdot\sin\alpha}{CE\cdot CA\cdot\cos\alpha}\cdot\frac{CE\cdot CB\cdot\sin\beta}{CD\cdot CB\cdot\cos\beta}=\tan\alpha\tan\beta$.

4. $S_{\triangle PEF}=S_{\triangle PEO}+S_{\triangle POF}=S_{\triangle PEO}+S_{\triangle POB}=S_{\triangle BEO}=S_{\triangle AEO}=\frac{1}{2}S_{\square AEOH}$. 同样 $S_{\triangle QHG}=\frac{1}{2}$

$S_{\square AEOH}=S_{\triangle PEF}$. $\triangle QHG$ 自 Q 引出的高与 $\triangle PEF$ 自 P 引出的高相等(均等于 $OP\sin\angle QOP$),所以 $HG=EF$.

5. 由已知得 $EF /\!/ AC$, $\dfrac{PA}{QF}=\dfrac{AD}{DF}=\dfrac{AC}{EF}=\dfrac{BA}{BE}=\dfrac{PA}{EQ}$.

6. 延长 AN 交 BC 于 L,易知 $S_{\triangle ABN}=\dfrac{1}{2}S_{\triangle ABL}=\dfrac{1}{2}S_{梯形ABCD}$. 同样 $S_{\triangle DMC}=\dfrac{1}{2}S_{梯形ABCD}$. 所以 $S_{\triangle ABN}+S_{\triangle DMC}=AN\cdot NB+CM\cdot MD$, $\angle ANB=\angle DMC=90^\circ$. BN 既是 $\triangle ABL$ 的中线又是它的高,所以 $AB=BL=BC+AD$.

7. 改记 AM,AN,BM,NC,MN 为 x,y,u,v,w,已知 $\dfrac{xy}{(x+u)(y+v)}=\dfrac{1}{2}$,即 $xy=uy+vx+uv$. 不妨设 $x\geqslant y$. 要证 $3(u+v+w)>x+y$,只需证 $3(u+v+x-y)\geqslant x+y$. 如果 $3(u+v)\geqslant 2y$,结论显然. 如果 $3(u+v)<2y$,那么 $y>3\min(u,v)$, $uy+vx+uv<(u+v)x+\dfrac{1}{3}xy<\dfrac{2}{3}yx+\dfrac{1}{3}xy=xy$,与已知矛盾.

8. 如图,在 $AA_1=A_1A_2=A_2A_3=\cdots$, $BB_1=B_1B_2=\cdots$ 时, $\triangle BAA_1$, $\triangle B_1A_1A_2$, $\triangle B_2A_2A_3$, $\cdots$ 等底,而高成等差数列,所以 $S_{\triangle BAA_1}$, $S_{\triangle B_1A_1A_2}$, $S_{\triangle B_2A_2A_3}$, $\cdots$ 成等差数列. 同理 $S_{\triangle A_1BB_1}$, $S_{\triangle A_2B_1B_2}$, $S_{\triangle A_3B_2B_3}$, $\cdots$ 成等差数列. 于是 $S_{四边形ABB_1A_1}$, $S_{四边形A_1B_1B_2A_2}$, $S_{四边形A_2B_2B_3A_3}$, $\cdots$ 成等差数列,位于中间的面积 $S_{四边形A_iB_iB_{i+1}A_{i+1}}=\dfrac{1}{n}S_{四边形ABCD}$(平均值). 利用习题 29 第 9 题,所求面积比 $=\dfrac{1}{m}S_{四边形A_iB_iB_{i+1}A_{i+1}}/S_{四边形ABCD}=\dfrac{1}{mn}$.

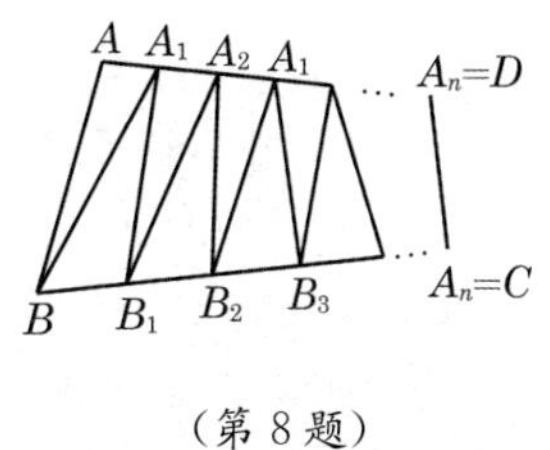

(第 8 题)

习 题 36

1. 满足 $S_{\triangle PDA}+S_{\triangle PBC}=$ 常数的点 $P(x,y)$ 的轨迹方程为 $\begin{vmatrix}1 & x & y\\ 1 & x_D & y_D\\ 1 & x_A & y_A\end{vmatrix}+\begin{vmatrix}1 & x & y\\ 1 & x_B & y_B\\ 1 & x_C & y_C\end{vmatrix}=$ 常数,因而表示一条直线. 易知 $S_{\triangle MDA}+S_{\triangle MBC}=S_{\triangle NDA}+S_{\triangle NBC}=\dfrac{1}{2}S_{ABCD}$,而 $S_{\triangle LDA}+S_{\triangle LBC}=\dfrac{1}{2}(S_{\triangle EDA}+S_{\triangle EBC})=\dfrac{1}{2}S_{ABCD}$(注意这里的面积为有向面积),所以 M,N,L 共线.

2. 设 B,C 坐标为 $(b,0)$, $(c,0)$,则 M 点坐标满足 $m((x-b)^2+y^2)-n((x-c)^2+y^2)=k$,这是圆的方程,圆心在直线 BC 上.

3. 以 O 为原点,底 AB 的方向为 x 轴的方向,各点坐标为 $B(b,-\sqrt{3}b)$, $C(c,\sqrt{3}c)$, $A(-b,-\sqrt{3}b)$, $D(-c,\sqrt{3}c)$, $P\left(-\dfrac{b}{2},-\dfrac{\sqrt{3}}{2}b\right)$, $Q\left(\dfrac{c+b}{2},\dfrac{\sqrt{3}(c-b)}{2}\right)$, $R\left(-\dfrac{c}{2},\dfrac{\sqrt{3}}{2}c\right)$, $PQ^2=$

$QR^2=RP^2=b^2+bc+c^2$.

4. 以 N 为原点，各点坐标为 $C(1,0)$，$P(1,p)$，$M(0,b)$，$A(-1,b)$，MP 方程为 $y=(p-b)x+b$，AC 方程为 $2y+b(x-1)=0$. 两式相减得 NQ 方程为 $y=-px$.

5. 利用法线式即知轨迹为过 P 的直线（夹在三角形内的一段），并且到三边距离和为定值的直线互相平行. 如果 BC 是最短的边，在 AB 上取 M，AC 上取 N，使 $BM=CN=BC$，则 M，N 到三边距离的和均为 $\frac{2S_{MBCN}}{BC}$. 所以过 P 作 MN 的平行线即得所求轨迹. A_1，B_1，C_1 三点到各边距离的总和与 A_2，B_2，C_2 三点到各边距离的总和相等，从而 $G_1G_2 /\!/ MN$.

6. 易知 AD 为 $\angle BAC$ 的平分线. 以 A 为原点，AB，AC 为轴建立斜坐标系. 设各点坐标为 $O(1,1)$，$D(d,d)$，$E(e,0)$，$B(b,0)$，$F(0,f)$，$C(0,c)$. 则 $f=ke$，$\frac{1}{e}+\frac{1}{c}=\frac{1}{b}+\frac{1}{f}$. 记 $\frac{NF}{ND}=\frac{m}{n}(m+n=1)$，则 N 点坐标为 $(md,nf+md)$. 因为 N 在 CE 上，所以 $\frac{md}{e}+\frac{nf+md}{c}=1$，$\frac{m}{n}=\frac{e(c-f)}{(c+e)d-ce}$. 同理 $\frac{MD}{ME}=\frac{d(b+f)-bf}{f(b-e)}$. 注意 $\frac{b+f}{bf}=\frac{c+e}{ce}$，$\frac{c-f}{cf}=\frac{b-e}{be}$，$\frac{NF}{ME}\cdot\frac{MD}{ND}=\frac{e(c-f)}{(c+e)d-ce}\cdot\frac{d(b+f)-bf}{f(b-e)}=\frac{f}{e}=k$.

7. 设 $\triangle ABC$ 的内心为 I，I，M，N 到 AC 的距离分别为 r，h_b-x，$x\cos A$，到 AB 的距离分别为 r，$x\cos A$，h_c-x. 所以

$$
\begin{aligned}
2S_{\triangle IMN}&=\frac{1}{\sin A}\cdot\begin{vmatrix}1 & r & r\\ 1 & h_b-x & x\cos A\\ 1 & x\cos A & h_c-x\end{vmatrix}\\
&=\frac{1}{\sin A}(x^2\sin^2A+(2r\cos A+2r-h_b-h_c)\cdot x+h_bh_c-r(h_b+h_c))\\
&=\sin A(x^2-2Rx+2Rr).
\end{aligned}
$$

类似地有 $S_{\triangle INL}$，$S_{\triangle ILM}$.

8. 利用上题，${x_1}^2-2Rx_1+2Rr={x_2}^2-2Rx_2+2Rr$，故 $x_1+x_2=2R$.

9. $\triangle A_1B_1C_1$ 退化表明 I 在 A_1B_1 上（利用第 7 题），从而 I 是 A_1B_1 与 A_2B_2 的交点. 取 A_1A_2 中点 K，则 $AK=\frac{x_1+x_2}{2}=R$. 设 O 为 $\triangle ABC$ 外心，易知 $\triangle AKI\cong\triangle AOI$，所以 $KI=OI=\sqrt{R^2-2Rr}$. 而 $A_1A_2=x_2-x_1=\sqrt{(2R)^2-4\cdot 2Rr}=2KI$，所以 $IA_1\perp IA_2$.

10. 设 l 的方程为 $y=kx+1$，与 $y=x+\frac{1}{x}$ 联立消去 y 得 $(k-1)x^2+x-1=0$. 这方程有两个不同的正根，所以 $\Delta=1+4(k-1)>0$，并且 $x_1+x_2=\frac{1}{1-k}>0$，$x_1x_2=\frac{1}{1-k}>0$. 从而 $\frac{3}{4}<k<1$. 设切点坐标为 (x_i,y_i)，$i=1,2$，则切线斜率为 $y'|_{x=x_i}=1-\frac{1}{x_i^2}$. 切线方程为 $y-$

$y_i=\left(1-\frac{1}{x_i^2}\right)(x-x_i)$，即 $x_i^2(x-y)+2x_i-x=0$. 切点横坐标 x_i 适合方程 $u^2(x-y)+2u-x=0$ 及 $(k-1)u^2+u-1=0$，其中 (x,y) 为切线交点的坐标. 因此 $\frac{x-y}{k-1}=\frac{2}{1}=\frac{-x}{-1}$. $x=2$，$y=4-2k\in\left(2,\frac{5}{2}\right)$，即轨迹为直线 $x=2$ 上的一段线段，其端点 $(2,2)$ 与 $\left(2,\frac{5}{2}\right)$.

习 题 37

1. 以 AC、BD 的交点 O 为原点，则 $C=\lambda A$，$D=\mu B$，λ、μ 为实数. 设 $M=\mu' B$，则由 $AM /\!/ BC$ 得 $\lambda A-B=\lambda(A-\mu' B)$，所以 $\mu'=\frac{1}{\lambda}$. 同样，$N=\frac{1}{\mu}A$. $\overrightarrow{MN}=\frac{1}{\mu}\boldsymbol{A}-\frac{1}{\lambda}\boldsymbol{B}=\frac{1}{\lambda\mu}(\lambda\boldsymbol{A}-\mu\boldsymbol{B})=\frac{\overrightarrow{DC}}{\lambda\mu}$，所以 $MN /\!/ DC$.

2. 设 $M'=\lambda A+(1-\lambda)B$，$N'=\mu C+(1-\mu)D$，则由 $\overrightarrow{MM'}=\overrightarrow{N'N}$ 得 $\left(\lambda-\frac{1}{2}\right)A+(1-\lambda)B-\frac{1}{2}C+\mu C+\left(\frac{1}{2}-\mu\right)D-\frac{1}{2}B=0$，即 $\left(\lambda-\frac{1}{2}\right)\overrightarrow{BA}=\left(\mu-\frac{1}{2}\right)\overrightarrow{CD}$，所以 $AB /\!/ CD$ 或 $\lambda=\mu=\frac{1}{2}$. 后者表明 M'、N' 分别为 AB、CD 的中点，所以 $AD /\!/ M'N' /\!/ BC$.

3. 设射线 OA、OB 上的单位向量分别为 $\boldsymbol{i}$，$\boldsymbol{j}$，则 $OE=\boldsymbol{C}\cdot\boldsymbol{j}$，$OM=OE\cdot\boldsymbol{j}\cdot\boldsymbol{i}=(\boldsymbol{C}\cdot\boldsymbol{j})(\boldsymbol{j}\cdot\boldsymbol{i})$，$\overrightarrow{MN}\cdot\overrightarrow{OC}=(ON\cdot\boldsymbol{j}-OM\cdot\boldsymbol{i})\cdot\boldsymbol{C}=((\boldsymbol{C}\cdot\boldsymbol{i})(\boldsymbol{i}\cdot\boldsymbol{j})\boldsymbol{j}-(\boldsymbol{C}\cdot\boldsymbol{j})(\boldsymbol{i}\cdot\boldsymbol{j})\boldsymbol{i})\cdot\boldsymbol{C}=(\boldsymbol{i}\cdot\boldsymbol{j})((\boldsymbol{C}\cdot\boldsymbol{i})(\boldsymbol{j}\cdot\boldsymbol{C})-(\boldsymbol{C}\cdot\boldsymbol{j})(\boldsymbol{i}\cdot\boldsymbol{C}))=0$，即 $MN\perp OC$.

4. $0=\overrightarrow{AP}\cdot\overrightarrow{BQ}=(\overrightarrow{MP}-\overrightarrow{MA})\cdot(\overrightarrow{MQ}-\overrightarrow{MB})=\overrightarrow{MP}\cdot\overrightarrow{MQ}+(\overrightarrow{MQ}-\overrightarrow{MP})\cdot\overrightarrow{MB}-MB^2=\overrightarrow{MP}\cdot\overrightarrow{MQ}+\overrightarrow{PQ}\cdot\overrightarrow{MB}-MB^2=\overrightarrow{MP}\cdot\overrightarrow{MQ}+MB^2-MB^2=\overrightarrow{MP}\cdot\overrightarrow{MQ}$. 所以 $MP\perp MQ$.

5. 设 $\overrightarrow{AB}=\boldsymbol{b}$，$\overrightarrow{AC}=\boldsymbol{c}$，$\overrightarrow{AD}=\boldsymbol{d}$，则 $\overrightarrow{CD}=\boldsymbol{d}-\boldsymbol{c}$，$\overrightarrow{BD}=\boldsymbol{d}-\boldsymbol{b}$，$\overrightarrow{BC}=\boldsymbol{c}-\boldsymbol{b}$. 由已知 $\boldsymbol{b}\cdot(\boldsymbol{d}-\boldsymbol{c})=0$，$\boldsymbol{c}\cdot(\boldsymbol{d}-\boldsymbol{b})=0$，两式相减得 $\boldsymbol{d}\cdot(\boldsymbol{c}-\boldsymbol{b})=0$，即 $AD\perp BC$. 在 A、B、C、D 共面时，本题即三角形的三条高交于同一点.

6. 设 $PA\perp B_1C_1$，$PB\perp C_1A_1$，$PC\perp A_1B_1$，又设 $QB_1\perp CA$，$QC_1\perp AB$，即 $(A-P)\cdot(C_1-B_1)=0$，$(B-P)\cdot(A_1-C_1)=0$，$(C-P)\cdot(B_1-A_1)=0$，$(B_1-Q)\cdot(A-C)=0$，$(C_1-Q)\cdot(B-A)=0$. 五式相加得 $(A_1-Q)\cdot(B-C)=0$，即 $QA_1\perp BC$. 所以 $\triangle A_1B_1C_1$ 正交于 $\triangle ABC$.

7. (a) 由例 3，取 P 为外心 O 得 $9R^2=9OG^2+a^2+b^2+c^2\geqslant a^2+b^2+c^2$.

(b) $\sum m_a^2=\frac{3}{4}\sum a^2\leqslant\frac{27}{4}R^2$. $\sum m_a\leqslant\sqrt{3\sum m_a^2}\leqslant\frac{9}{2}R$.

8. 由例 3，$\sum\frac{AP}{PA'}=\sum\frac{AP^2}{PA'\times AP}=\frac{\sum AP^2}{R^2-OP^2}=\frac{3GP^2+\sum GA^2}{R^2-OP^2}=$

$$\frac{3GP^2-3GO^2+3R^2}{R^2-OP^2}=3.$$

9. 由例 3,$R^2-e^2=\frac{1}{9}(a^2+b^2+c^2)$. 而 $r^2=\left(\frac{\Delta}{s}\right)^2=\frac{(s-a)(s-b)(s-c)}{s}\leqslant\frac{1}{s}\left(\frac{s-a+s-b+s-c}{3}\right)^3=\frac{s^2}{27}$,$4r^2\leqslant\frac{4s^2}{27}=\frac{(a+b+c)^2}{27}\leqslant\frac{a^2+b^2+c^2}{9}$.

10. 设 BC 的中点为 M,则$\overrightarrow{OB}+\overrightarrow{OC}=2\overrightarrow{OM}$,$\overrightarrow{OM}$与$\overrightarrow{BC}$垂直,$\overrightarrow{OH}-\overrightarrow{OA}=\overrightarrow{AH}$也与$\overrightarrow{BC}$垂直,所以$\overrightarrow{OH}-\overrightarrow{OA}$与$\overrightarrow{OM}$平行. 从而$\overrightarrow{OH}-\overrightarrow{OA}-\overrightarrow{OB}-\overrightarrow{OC}$与$\overrightarrow{OB}+\overrightarrow{OC}$平行. 由对称性,$\overrightarrow{OH}-\overrightarrow{OA}-\overrightarrow{OB}-\overrightarrow{OC}$也与$\overrightarrow{OC}+\overrightarrow{OA}$平行. 因此$\overrightarrow{OH}-\overrightarrow{OA}-\overrightarrow{OB}-\overrightarrow{OC}$为零向量.

11. $AC\cdot AG=AB\cdot AE+AD\cdot AF\Leftrightarrow\overrightarrow{AC}\cdot\overrightarrow{AG}=\overrightarrow{AB}\cdot\overrightarrow{AE}+\overrightarrow{AD}\cdot\overrightarrow{AF}\Leftrightarrow(\overrightarrow{AB}+\overrightarrow{AD})\cdot\overrightarrow{AG}=\overrightarrow{AB}\cdot\overrightarrow{AE}+\overrightarrow{AD}\cdot\overrightarrow{AF}\Leftrightarrow\overrightarrow{AB}\cdot\overrightarrow{EG}=\overrightarrow{AD}\cdot\overrightarrow{GF}$,因为$\angle BEG=\angle AFG$,所以上式$\Leftrightarrow AB\cdot EG=AD\cdot GF\Leftrightarrow\frac{AD}{AB}=\frac{EG}{GF}$,而易知两边等于$\frac{\sin\angle BAC}{\sin\angle CAD}$.

12. $\sum Q_iA_i=-\frac{1}{R}\sum\overrightarrow{OA_i}\cdot\overrightarrow{A_iP}=-\frac{1}{R}\sum\overrightarrow{OA_i}\cdot(\overrightarrow{OP}-\overrightarrow{OA_i})=-\frac{1}{R}(\overrightarrow{OP}\cdot\sum\overrightarrow{OA_i}-\sum\overrightarrow{OA_i}\cdot\overrightarrow{OA_i})$. 因为绕 O 点旋转$\frac{2\pi}{n}$时,$\sum\overrightarrow{OA_i}$ 不变,所以$\sum\overrightarrow{OA_i}=\mathbf{0}$,从而$\sum Q_iA_i=\frac{1}{R}\sum\overrightarrow{OA_i}\cdot\overrightarrow{OA_i}=nR$.

13. 以 O 为原点. $\sum|\overrightarrow{QP_i}|=\sum|P_i-Q|\cdot|P_i|\geqslant\sum(P_i-Q)\cdot P_i=\sum(1-Q\cdot P_i)=n-Q\cdot\sum P_i=n$.

14. 设$\overrightarrow{AB}=\boldsymbol{b}$,$\overrightarrow{AC}=\boldsymbol{c}$,$\overrightarrow{AD}=\boldsymbol{d}$,则$(AB^2+CD^2)-(AC^2+BD^2)=\boldsymbol{b}^2+(\boldsymbol{d}-\boldsymbol{c})^2-\boldsymbol{c}^2-(\boldsymbol{d}-\boldsymbol{b})^2=-2\boldsymbol{d}\cdot\boldsymbol{c}+2\boldsymbol{d}\cdot\boldsymbol{b}=2\boldsymbol{d}\cdot(\boldsymbol{b}-\boldsymbol{c})=0$(利用第 5 题),即 $AB^2+CD^2=AC^2+BD^2$. 同样 $AC^2+BD^2=BC^2+AD^2$.

习 题 38

1. $\left(1,\frac{1}{2},\frac{-\sqrt{3}}{2}\right)\cdot(0,1,0)=\frac{1}{2}$,$\theta=\arccos\frac{1}{2\sqrt{2}}$.

2. 例 2 中,$\overrightarrow{OC}\times\overrightarrow{AD}=\left(\frac{2\sqrt{3}}{3},0,1\right)$,$\overrightarrow{CA}\cdot\left(\frac{2\sqrt{3}}{3},0,1\right)=\frac{2}{\sqrt{3}}$,$d=\frac{2}{\sqrt{3}}\div\left(\sqrt{2}\times\sqrt{\frac{7}{3}}\right)=\sqrt{\frac{2}{7}}$. 第 1 题中 $d=\sqrt{\frac{3}{14}}$.

3. 设$\overrightarrow{AB}=\boldsymbol{b}$,$\overrightarrow{AC}=\boldsymbol{c}$,$\overrightarrow{AD}=\boldsymbol{d}$,则 $\boldsymbol{b}\cdot\boldsymbol{c}=a^2\cos60^\circ=\frac{a^2}{2}$,$\boldsymbol{b}\cdot\boldsymbol{d}=\frac{a^2}{2}$. 所以 $\boldsymbol{b}\cdot(\boldsymbol{c}-\boldsymbol{d})=\boldsymbol{b}\cdot\boldsymbol{c}-\boldsymbol{b}\cdot\boldsymbol{d}=0$,即 $AB\perp CD$. 取 AB 中点 E,CD 中点 F,易知 $AF=BF$,并且均与 CD 垂直,所以 $FE\perp AB$,$FE\perp CD$. FE 就是所求的公垂线,长度$=\sqrt{AF^2-AE^2}=\sqrt{\left(\frac{\sqrt{3}}{2}\right)^2-\left(\frac{1}{2}\right)^2}=$

$\frac{\sqrt{2}}{2}$. 由于缺乏现成的直角坐标系，本题后一半套用公式(5)反而麻烦. 对正四面体，可取 AB，EF，CD 这三个互相垂直的方向作为坐标的方向(如第5题).

4. $\overrightarrow{AC}\cdot\overrightarrow{BD_1}=(-1,1,0)\cdot(-1,-1,1)=0$，所以 $AC\perp BD_1$. $\overrightarrow{AC}\times\overrightarrow{BD_1}=(1,1,2)$，$\overrightarrow{AB}\cdot(1,1,2)/\sqrt{6}=\frac{1}{\sqrt{6}}$，即 $d=\frac{1}{\sqrt{6}}$.

5. 设 F 为 CD 的中点，以 E 为原点，EF，EA 分别为 y，z 轴建立直角坐标系. D 为 $\left(-\frac{1}{2},\frac{\sqrt{2}}{2},0\right)$，$M$ 为 $\left(\frac{1}{4},\frac{\sqrt{2}}{4},\frac{1}{4}\right)$，$N$ 为 $\left(0,\frac{\sqrt{2}}{3},-\frac{1}{6}\right)$，$\overrightarrow{MN}=\left(-\frac{1}{4},\frac{\sqrt{2}}{12},-\frac{5}{12}\right)$，$\overrightarrow{MN}\cdot\overrightarrow{ED}=\frac{5}{24}$，

$$\theta=\arccos\frac{\frac{5}{24}}{\sqrt{\frac{3}{4}}\cdot\frac{1}{12}\sqrt{9+2+25}}=\arccos\frac{5}{6\sqrt{3}}.$$

$$\overrightarrow{MN}\times\overrightarrow{ED}=\left(\frac{5\sqrt{2}}{24},\frac{5}{24},-\frac{\sqrt{2}}{12}\right),\overrightarrow{EM}\cdot(\overrightarrow{MN}\times\overrightarrow{ED})=\frac{\sqrt{2}}{12},$$

$$d=\frac{\sqrt{2}/12}{\frac{1}{24}\sqrt{50+25+8}}=\frac{2\sqrt{2}}{\sqrt{83}}.$$

6. $\overrightarrow{AC_1}\times\overrightarrow{DP}=(-1,1,1)\times\left(\frac{3}{4},1,\frac{3}{4}\right)=\left(-\frac{1}{4},\frac{3}{2},-\frac{7}{4}\right)$，

$$\overrightarrow{DA}\cdot(\overrightarrow{AC_1}\times\overrightarrow{DP})=-\frac{1}{4},d=\frac{\frac{1}{4}}{\frac{1}{4}\sqrt{1+6^2+7^2}}=\frac{1}{\sqrt{86}}.$$

7. 平面 $A_1B_1C_1D_1$ 的垂线为 DD_1，平面 DEK 的垂线方向即 $\overrightarrow{DE}\times\overrightarrow{DK}=\left(\frac{1}{2},0,1\right)\times\left(0,1,\frac{1}{3}\right)=\left(-1,-\frac{1}{6},-\frac{1}{2}\right)$，$(0,0,1)\cdot\left(-1,-\frac{1}{6},-\frac{1}{2}\right)=-\frac{1}{2}$，所求夹角 $\theta=$

$$\arccos\frac{\frac{1}{2}}{\sqrt{1+\frac{1}{36}+\frac{1}{4}}}=\arccos\frac{3}{\sqrt{46}}.$$

8. $V_{AB_1C_1D_1}=\frac{1}{6}\overrightarrow{AB_1}\cdot(\overrightarrow{AC_1}\times\overrightarrow{AD_1})=\frac{1}{6}|AB_1|\cdot|AC_1|\cdot|AD_1|\sin\alpha\cdot\cos\beta$，$V_{AB_2C_2D_2}=\frac{1}{6}|AB_2|\cdot|AC_2|\cdot|AD_2|\sin\alpha\cos\beta$，其中 $\alpha=\angle C_1AD_1$，β 为 $\overrightarrow{AB_1}$ 与 $\overrightarrow{AC_1}\times\overrightarrow{AD_1}$ 的夹角.

9. 设从 a 的一个端点引出的棱为 c，e，则 $V=\frac{1}{6}\boldsymbol{e}\cdot(\boldsymbol{c}\times\boldsymbol{a})=\frac{1}{6}\boldsymbol{e}\cdot(\boldsymbol{b}\times\boldsymbol{a})=\frac{1}{6}d\cdot|\boldsymbol{b}\times\boldsymbol{a}|=$

$\frac{1}{6}abd\sin\varphi$.

10. 设与这平面垂直的向量为(x,y,z),它与$\overrightarrow{AA_1}=(0,0,1)$垂直,所以$z=0$. $(x,y,0)$与$(1,1,1)$,$(-1,0,1)$所成角相等,所以$\frac{x+y}{\sqrt{3}}=\pm\frac{x}{\sqrt{2}}$,从而$(x,y,0)=(-\sqrt{2},\sqrt{2}\pm\sqrt{3},0)$. 设所求角为$\alpha$,则$\sin\alpha=\frac{(x,y,0)\cdot(-1,0,1)}{\sqrt{x^2+y^2}\cdot\sqrt{2}}=\frac{1}{\sqrt{7\pm2\sqrt{6}}}=\frac{\sqrt{6}\pm1}{5}$,$\alpha=\arcsin\frac{\sqrt{6}\pm1}{5}$.

11. 记$\overrightarrow{AB}=\boldsymbol{b}$,$\overrightarrow{AC}=\boldsymbol{c}$,$\overrightarrow{AD}=\boldsymbol{d}$,则$\overrightarrow{BC}=\boldsymbol{c}-\boldsymbol{b}$,$\overrightarrow{BD}=\boldsymbol{d}-\boldsymbol{b}$. 题中的向量和为$\boldsymbol{b}\times\boldsymbol{c}+\boldsymbol{c}\times\boldsymbol{d}+\boldsymbol{d}\times\boldsymbol{b}+(\boldsymbol{d}-\boldsymbol{b})\times(\boldsymbol{c}-\boldsymbol{b})=\boldsymbol{b}\times\boldsymbol{c}+\boldsymbol{c}\times\boldsymbol{d}+\boldsymbol{d}\times\boldsymbol{b}-\boldsymbol{c}\times\boldsymbol{d}-\boldsymbol{d}\times\boldsymbol{b}-\boldsymbol{b}\times\boldsymbol{c}=\boldsymbol{0}$.

12. 设平面π的法线$\overrightarrow{ON}$与$\overrightarrow{OA}$,$\overrightarrow{OB}$,$\overrightarrow{OC}$所成的角分别为α,β,γ,则$OA'=\sin\alpha$等. 考虑对角线长为1,并且对角线及三边分别在射线ON,OA,OB,OC上的长方体,它的长、宽、高分别为$\cos\alpha,\cos\beta,\cos\gamma$,从而$\cos^2\alpha+\cos^2\beta+\cos^2\gamma=1$, $\sum OA'^2=\sum\sin^2\alpha=2$. 即所求集合为$\{2\}$.

13. 设和为s. 令$\boldsymbol{t}=\frac{\boldsymbol{a}}{|\boldsymbol{a}|}+\frac{\boldsymbol{b}}{|\boldsymbol{b}|}+\frac{\boldsymbol{c}}{|\boldsymbol{c}|}+\frac{\boldsymbol{d}}{|\boldsymbol{d}|}$,$\boldsymbol{a},\boldsymbol{b},\boldsymbol{c},\boldsymbol{d}$为面积向量,则$\boldsymbol{t}^2=4-2s$. 从而$s\leqslant2$. 当$s=2$时,$\boldsymbol{t}=\boldsymbol{0}$. 由于$\boldsymbol{a}+\boldsymbol{b}+\boldsymbol{c}+\boldsymbol{d}=\boldsymbol{0}$,所以$|\boldsymbol{a}|=|\boldsymbol{b}|=|\boldsymbol{c}|=|\boldsymbol{d}|$. 由习题39第14题(e)即知此时四面体为等面四面体. 不妨设$|\boldsymbol{a}|$,$|\boldsymbol{b}|$,$|\boldsymbol{c}|$,$|\boldsymbol{d}|$中$|\boldsymbol{a}|$最大,因为

$$|\boldsymbol{t}|=\left|\frac{\boldsymbol{b}}{|\boldsymbol{b}|}-\frac{\boldsymbol{b}}{|\boldsymbol{a}|}+\frac{\boldsymbol{c}}{|\boldsymbol{c}|}-\frac{\boldsymbol{c}}{|\boldsymbol{a}|}+\frac{\boldsymbol{d}}{|\boldsymbol{d}|}-\frac{\boldsymbol{d}}{|\boldsymbol{a}|}\right|\leqslant\left(\frac{1}{|\boldsymbol{b}|}-\frac{1}{|\boldsymbol{a}|}\right)\cdot|\boldsymbol{b}|+\cdots=$$

$$3-\frac{1}{|\boldsymbol{a}|}(|\boldsymbol{b}|+|\boldsymbol{c}|+|\boldsymbol{d}|)\leqslant3-\frac{1}{|\boldsymbol{a}|}\cdot|\boldsymbol{b}+\boldsymbol{c}+\boldsymbol{d}|=3-\frac{|\boldsymbol{a}|}{|\boldsymbol{a}|}=2,$$所以$s>0$.

14. $(|a|+|b|+|c|+|a+b+c|)^2=a^2+b^2+c^2+(a+b+c)^2+2(|a|+|b|+|c|)|a+b+c|+2(|a|\cdot|b|+|b|\cdot|c|+|c|\cdot|a|)=(a+b)^2+(b+c)^2+(c+a)^2+(|a|+|b|)(|c|+|a+b+c|)+(|b|+|c|)(|a|+|a+b+c|)+(|c|+|a|)(|b|+|a+b+c|)$

$$=\sum|a+b|(|a|+|b|+|c|+|a+b+c|)+\sum(|a|+|b|-|a+b|)(|c|+|a+b+c|-|a+b|)\geqslant\sum|a+b|(|a|+|b|+|c|+|a+b+c|)$$

所以$|a|+|b|+|c|+|a+b+c|\geqslant\sum|a+b|$.

本题如利用Levi定理,只需考虑a、b、c为实数的情况. 这段可假定a、b同号,所以只需证明$|c|+|a+b+c|\geqslant|c+a|+|c+b|$. 在$c+a$与$c+b$同号时,$|c+a|+|c+b|=|c+a+c+b|\leqslant|c|+|a+b+c|$. 在$c+a$与$c+b$异号时,$|c+a|+|c+b|=|c+a-c-b|=|a-b|\leqslant|a+b|\leqslant|c|+|a+b+c|$.

习题 39

1. $AA'\perp BC$,所以$S_{BB'C'C}=4\times6=24$. $S_{侧}=24(1+\sqrt{3})$.

2. 设截面交PB于E,交PC于F,EF的中点为H,BC的中点为D,则H在PD上并与PD

垂直，$\angle HAD=30^\circ$，$AH=\frac{\sqrt{3}}{2}AD=\frac{3}{4}a$，$DH=\frac{\sqrt{3}}{4}a$，$PD=2\times\frac{1}{3}AD=\frac{\sqrt{3}}{3}a$，$\frac{EF}{BC}=\frac{PH}{PD}=\frac{1}{4}$，$S_{截}=\frac{1}{2}\cdot AH\cdot EF=\frac{3}{32}a^2$.

3. 顶点 P 在底面 ABC 上的投影 I 是$\triangle ABC$ 的内心，斜高 $h=2r$，r 为$\triangle ABC$ 的内切圆半径，所以 $S_{侧}=\frac{1}{2}(a+b+c)h=r(a+b+c)=2S_{底}=2\sqrt{12\times5\times4\times3}=24\sqrt{5}$.

4. 底面 $ABCD$ 与 $A_1B_1C_1D_1$ 都必须切开，至少各作为两个四面体的底面. 因此切成的四面体的个数$\geqslant4$. 每个以上述的面为底面的四面体，体积至多为$\frac{1}{3}\cdot\frac{1}{2}a^2\cdot a=\frac{1}{6}a^3$，所以至少有一个不以上述面为底面的四面体，即切成的四面体至少 5 个. 而切去顶点 A,C,B_1,D_1 处的 4 个角可剩下一个四面体，恰好将立方体分为 5 个四面体.

5. 设 $\frac{h}{l}=x$，则底面半径 $r=l\sqrt{1-x^2}$，而 $\frac{a'}{2a}=\frac{h+r}{l+r}$，可解得 $x=\frac{2(aa'-\sqrt{8a^4+6a^2a'^2-12a^3a'-aa'^3})}{8a^2+a'^2-4aa'}$. 注意根号前面只能取负号.

6. 设 M 为 C_1D_1 的中点，则 $MK=\sqrt{2}a$，$PQ=\frac{MK}{1/\sqrt{2}}=2a$. 平面 BCC_1B_1 截下的“角”为棱椎 $R-PQM$ 的$(\frac{1}{2})^3$，因此四面体 $PQRS$ 被平面 BCC_1B_1，ADD_1A_1 截后，剩下$\frac{7}{8}$的体积，即$\frac{7}{8}\cdot\frac{2\sqrt{2}}{3}a^3=\frac{7\sqrt{2}}{12}a^3$. 由于图形关于面 ABC_1D_1 对称，所以被 $ABCD$，ABC_1A_1 所截下的两个“角”相等. PQ 与面 ABB_1A_1 成 45°，所以 P 到该面距离为$\frac{\sqrt{2}}{2}a$. 设 PR，PS 分别交该面于 L，N，则 $LN=\frac{\frac{\sqrt{2}}{2}}{1+\frac{\sqrt{2}}{2}}\cdot RS=2(\sqrt{2}-1)a$. P，R 到面 $ABCD$ 的距离分别为$\frac{\sqrt{2}}{2}a$，a，所以 L 到 AB 的距离为$\frac{1}{1+\frac{\sqrt{2}}{2}}\left(\frac{\sqrt{2}}{2}a\cdot1+a\cdot\frac{\sqrt{2}}{2}\right)=2(\sqrt{2}-1)a$. “角”$P-LNK$ 的体积为$\frac{1}{3}\cdot\frac{\sqrt{2}}{2}a\cdot(\sqrt{2}-1)a\cdot2(\sqrt{2}-1)a=\left(\sqrt{2}-\frac{4}{3}\right)a^3$. 所求公共部分的体积为$\frac{7\sqrt{2}}{12}a^3-2\left(\sqrt{2}-\frac{4}{3}\right)a^3=\left(\frac{8}{3}-\frac{17}{12}\sqrt{2}\right)a^3$.

7. $\frac{9+4\sqrt{5}}{12}a^3$.

8. 设顶点 A 在底面 SBC 上的射影为 H，在棱 SC 上的射影为 D，则 $AH=AD\sin C=a\sin\beta\sin C$.

9. 利用上题，$S_1=\frac{1}{2}ca\sin\alpha$，$S_2=\frac{1}{2}cb\sin\beta$.

10. 设 N 在 AB 上的射影为 L，M 在 AB 上的射影为 K. MN 应垂直于 AB_1，所以 $KN\perp AB_1$. M 应在 OL 上. 设 $AL=ax$，则 $LK=ax$. 进而得到 $\frac{(1-4x)^2}{4}+\left(\frac{1}{2}-\frac{x}{1-2x}\right)^2=\left(\frac{5}{12}\right)^2$，$x=\frac{1}{8}$，最小值为 $\frac{\sqrt{34}}{24}a$.

11. 面角总和为 4π，必有一顶点处三个面角之和 $\leqslant\pi$，其中每一个小于另两个的和，因而都是锐角.

12. 对三面角 $S-ABC$，在其内取一点 O，过 O 作 $S-ABC$ 各面的垂线得到它的补三面角 $O-A'B'C'$. 补三面角的面角与 $S-ABC$ 的二面角互补. $O-A'B'C'$ 的面角和 $<2\pi$，所以 $S-ABC$ 的二面角的和 $>\pi$. 对四面体，将它的每个三面角的二面角相加，便得出四面体的二面角之和 $>\frac{4\pi}{2}=2\pi$. 由习题 38 第 11 题，作四面体的面积向量，这些向量的和为 0，因而它们可以组成四边形，四边形的角即原四面体的 4 个二面角. 易知(空间)四边形的内角和 $<2\pi$，而四个向量可以依不同顺序组成四边形，所以 $\alpha_1+\alpha_2+\beta_1+\beta_2<2\pi$，$\beta_1+\beta_2+\gamma_1+\gamma_2<2\pi$，$\gamma_1+\gamma_2+\alpha_1+\alpha_2<2\pi$，其中 α_1 与 α_2，β_1 与 β_2，γ_1 与 γ_2 均是一对对棱处的二面角. 将以上三式相加即得四面体二面角之和 $<3\pi$.

13. 设三个直角三角形的面积向量为 $\boldsymbol{a}$，$\boldsymbol{b}$，$\boldsymbol{c}$，另一个面的面积向量为 $\boldsymbol{d}$，则 $\boldsymbol{d}=-(\boldsymbol{a}+\boldsymbol{b}+\boldsymbol{c})$，$\boldsymbol{d}^2=(\boldsymbol{a}+\boldsymbol{b}+\boldsymbol{c})(\boldsymbol{a}+\boldsymbol{b}+\boldsymbol{c})=\boldsymbol{a}^2+\boldsymbol{b}^2+\boldsymbol{c}^2$. 或者利用本讲例 7 的(2)(所述顶点对面在其他面上的射影恰好是该顶点处的三个面).

14. 必要性均为显然，只需证充分性.

(a) 由展开图立即得出.

(b) 如图展开，A 为 D_1D_2 中点，B 为 D_1D_3 中点. 有两种情况：左下图中，$AB=CD$，即 $AB=D_2C=CD_3$，所以 $\triangle D_1D_2D_3$ 的边 $D_2D_3=2AB=D_2C+CD_3$，从而 C 在 D_2D_3 上. 右下图中，$BC=AD$，即 $BC=AD_1=AD_3$. 取 D_2D_3 的中点 C'，则 C' 与 C 都在 D_2D_3 的中垂线上，而且 $BC'=\frac{1}{2}D_1D_3=BC$，所以 C，C' 都在以 B 为圆心，BC 为半径的圆上，但在 AB 的同侧，这圆与 D_2D_3 的中垂线只有一个交点，所以 C 与 C' 重合，即 C 在 D_2D_3 上. 因此，(b)⇒(a).

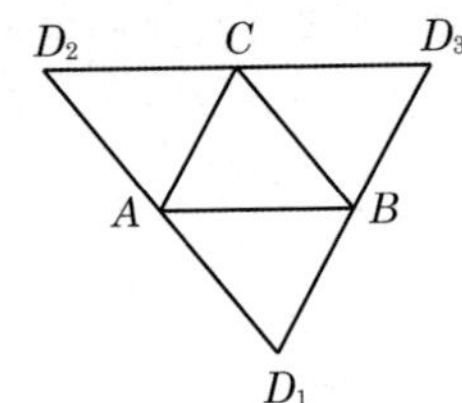

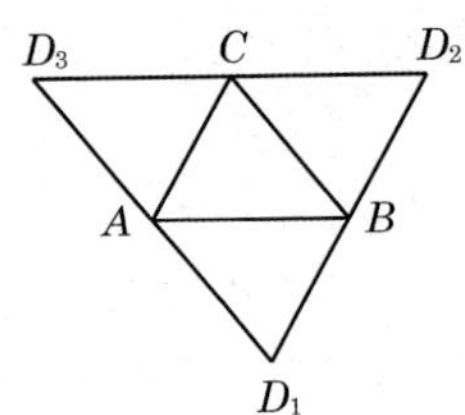

(第 14 题(b))

(c) 设 $AB=CD$, $AC=BD$, $\angle BAD+\angle DAC+\angle CAB=180°$. 由 $\triangle ABD\cong\triangle DCA$, $\angle BAD=\angle CDA$,从而 $\angle CAB=\angle DCA$, $\triangle CAB\cong\triangle ACD$, $AD=BC$,各面全等.

(d) 将四面体剪开得四个三角形,记为 $\triangle ABC$, $\triangle A_1B_1D_1$, $\triangle B_2C_2D_2$, $\triangle A_3C_3D_3$. 其中相同字母(不同下标)表示四面体的同一个顶点. 将四个三角形叠在一起,使得相同的角,即 $\angle ABC$, $\angle A_3D_3C_3$, $\angle B_1A_1D_1$, $\angle B_2C_2D_2$ 重合,如图,这时 $C_3A_3=CA$, $B_2D_2=B_1D_1$,所以 $AC_3\parallel B_2D_1$,但这不可能,所以必须 D_2, C_3 与 $A(B_1)$ 重合, C, B_2 与 $D_1(A_3)$ 重合,即各面全等.

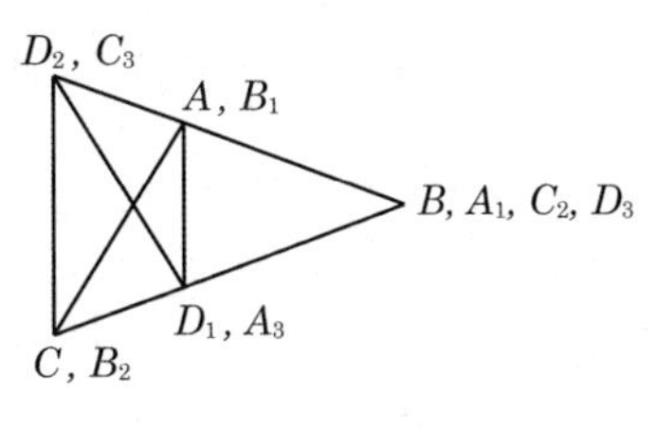

(第 14 题(d))

(e) 作平面 M 与 AB, CD 平行,将四面体射影到平面 M 上. 这时 $S_{\triangle A'B'C'}=S_{\triangle A'B'D'}$, $S_{\triangle A'C'D'}=S_{\triangle B'C'D'}$. 于是四边形 $A'C'B'D'$ 为平行四边形,它的中心 O' 是 AB, CD 中点的射影. 因此由 $A'C'=B'D'$ 得 $AC=BD$. 同理可得 $AD=BC$, $AB=CD$.

(f) 伴随六面体是长方体.

15. 由欧拉公式及 $v\leqslant\frac{2}{3}e$ 得 $f-\frac{1}{3}e\geqslant 2$, $6f>2e$,所以至少有一个面的边数少于 6.

16. 如果每个面至少四条边,每个顶点至少引出四条棱,那么 $e\geqslant 2f$, $e\geqslant 2v$,从而 $v-e+f\leqslant 0$,矛盾.

17. 若各面均三角形, $3|e$. 若至少有一面的边数 $\geqslant 4$,则总棱数 $\geqslant 8$. n 棱椎有 $2n$ 条棱. 将这棱椎切去一个三棱椎,切面距底面的一个顶点充分近,便得到 $2n+3$ 条棱的凸多面体.

18. 设多面体有 f 个面,则每个面的边数在 3 到 $f-1$ 之间,因而必有两个面的边数相等.

习 题 40

1. 设 $\frac{AM}{MC}=\lambda$, $\frac{CN}{NB}=\mu$, $\frac{ML}{LN}=v$,则 $P=\lambda\mu v Q$, $S=Q(\lambda+1)(\mu+1)\cdot(v+1)$. 利用 $(\lambda+1)(\mu+1)(v+1)\geqslant(\sqrt[3]{\lambda\mu v}+1)^3$.

2. 设 $a\geqslant b\geqslant c$, $a^2+b^2+c^2-4\sqrt{3}S=2(a^2+c^2)-2ac\cos B-2ac\cdot\sqrt{3}\sin B=2(a^2+c^2)-4ac\cos\left(\frac{\pi}{3}-B\right)\geqslant 2(a-c)^2\geqslant(a-c)^2+(a-b)^2+(b-c)^2$.

3. 设内心 I 在高 AD 上的投影为 E. 熟知 AI 平分 $\angle OAE$(O 为外心). BI 在 BA 上的射影 $\leqslant\frac{1}{2}AB$,所以 $\angle AOI\geqslant 90°$. $AO\leqslant AI\cdot\cos\frac{\angle OAE}{2}=AE$, $R+r\leqslant AE+ED=h_a$. O 到 AB 的距离 $\leqslant r$,所以 $\angle COI$ 是锐角, $R=CO\geqslant h_c-r$.

4. $RQ\geqslant a-BR\cos B-CQ\cos C$, $\sum RQ\geqslant\sum a-\frac{a+b+c}{3}\sum\cos A\geqslant\sum a-\frac{1}{2}\sum a=\frac{1}{2}\sum a$.

5. (ⅰ) $m_c-m_b=\frac{m_c^2-m_b^2}{m_c+m_b}=\frac{3(b^2-c^2)}{4(m_c+m_b)}=\frac{3(b+c)(b-c)}{4(m_c+m_b)}$.

设重心为G,则$b+c=AB+AC>GB+GC=\frac{2}{3}(m_b+m_c)$,结合上式即得.

(ⅱ) 不妨设$b\geqslant c$. 由(ⅰ),$2(bm_c-cm_b)^2=2(b^2m_c^2+c^2m_b^2-bc(m_b^2+m_c^2)+bc(m_b-m_c)^2)\geqslant 2(b-c)(bm_c^2-cm_b^2)+\frac{1}{2}bc(b-c)^2=\frac{1}{2}(b-c)(b(2a^2+2b^2-c^2)-c(2a^2+2c^2-b^2))+\frac{1}{2}bc(b-c)^2\geqslant\frac{1}{2}(b-c)(2b^3-2c^3+b^2c-bc^2)+\frac{1}{2}bc(b-c)^2=\frac{1}{2}(b-c)^2(2b^2+2bc+2c^2+bc+bc)=(b^2-c^2)^2$.

6. 原式$\Leftrightarrow\left(\frac{1}{a}+\frac{1}{b}+\frac{1}{c}\right)^2(m_a^2+m_b^2+m_c^2+2\sum m_bm_c)\geqslant\frac{225}{4}$. 由中线公式及上题,只需证$\left(\frac{1}{a}+\frac{1}{b}+\frac{1}{c}\right)^2\left[\frac{3}{4}\sum a^2+\frac{1}{2}\sum(2a^2-4b^2-4c^2+9bc)\right]\geqslant\frac{225}{4}$,即$\left(\frac{1}{a}+\frac{1}{b}+\frac{1}{c}\right)^2(2bc+2ca+2ab-a^2-b^2-c^2)\geqslant 25$. 而上式$\Leftrightarrow\frac{1}{16}\sum(b-c)^2(a^2-(b-c)^2)(15a^2-(b-c)^2)+\frac{1}{8}(b+c-a)(c+a-b)(a+b-c)(a^3+b^3+c^3+11abc)+\frac{1}{4}(b+c-a)^2(c+a-b)^2(a+b-c)^2>0$.

7. $abc=4R\triangle$,而新三角形面积是原三角形的$\frac{3}{4}$,只需证明$m_am_bm_c\geqslant\frac{5}{8}abc$(*). (*) $\Leftrightarrow\prod(2b^2+2c^2-a^2)\geqslant 25a^2b^2c^2$. 令$x=b^2+c^2-a^2$,等等. 上式$\Leftrightarrow\prod(4x+y+z)\geqslant 25\prod(x+y)\Leftrightarrow 4\sum x^3-4\sum x^2(y+z)+28xyz\geqslant 0$. 用习题 17 第 12 题的 Schur 不等式立即得出结论. 在三角形为等腰三角形时等式成立.

8. $\frac{t_a}{c}=\frac{\sin B}{\sin\left(B+\frac{A}{2}\right)}$,$\frac{c}{AP}=\frac{\sin C}{\sin\left(B+\frac{A}{2}\right)}$. 所以$\sum\frac{t_a}{AP\sin^2A}=\sum\frac{\sin B\sin C}{\sin^2A\sin^2\left(B+\frac{A}{2}\right)}\geqslant\sum\frac{\sin B\sin C}{\sin^2A}\geqslant 3$(算术-几何平均不等式).

9. 设AD交BC于D',则$\angle BDO=\angle BCO=\angle OBC$,所以$OD'\times OD=OB^2=R^2$. 记$\triangle OBC$,$\triangle OCA$,$\triangle OAB$的面积为$\triangle_1$,$\triangle_2$,$\triangle_3$,则$\frac{R}{OD'}=\frac{OA}{OD'}=\frac{\triangle_2+\triangle_3}{\triangle_1}$. $\prod OD=\prod\frac{R^2}{OD'}=R^3\prod\frac{\triangle_2+\triangle_3}{\triangle_1}\geqslant R^3\prod\frac{2\sqrt{\triangle_2\triangle_3}}{\triangle_1}=8R^3$.

10. 设D为AB的中点,在射线DA上取A_1,使$DA_1^2=DG\times DC$,则过G,C的圆与DA相切于A_1,所以$\angle CA_1G\geqslant\angle CAG$. 类似地,在$DB$上取$B_1$,$\angle CB_1G\geqslant\angle CBG$. 因此在$\angle CA_1G$,$\angle CB_1G$均为锐角时,只需证明$\sin\angle CA_1G+\sin\angle CB_1G\leqslant\frac{2}{\sqrt{3}}$;在$\angle CA_1G$,

$\angle CB_1G$ 有一个不为锐角，比如$\angle CA_1G\geqslant 90^\circ$时，只需证明 $1+\sin\angle CB_1G\leqslant\frac{2}{\sqrt{3}}$. 不妨设 A_1, B_1 就是原来的 A, B. 这时$\left(\frac{c}{2}\right)^2=\frac{1}{3}m_c^2$，从而 $a^2+b^2=2c^2$. $\sin\angle CAG+\sin\angle CBG$ $=\left(\frac{a}{2m_a}+\frac{b}{2m_b}\right)\sin C=\left(\frac{a}{\sqrt{2b^2+2c^2-a^2}}+\frac{b}{\sqrt{2a^2+2c^2-b^2}}\right)\sin C=\frac{1}{\sqrt{3}}\cdot\frac{a^2+b^2}{ab}\sin C$. 而 $\cos C=\frac{a^2+b^2-c^2}{2ab}=\frac{a^2+b^2}{4ab}$. 所以 $2\sin C\leqslant\frac{1}{\cos C}=\frac{4ab}{a^2+b^2}$，$\sin\angle CAG+\sin\angle CBG\leqslant\frac{2}{\sqrt{3}}$. 如果$\angle CAG\geqslant 90^\circ$，那么 $CG^2\geqslant CA^2+AM^2$. 即$\frac{1}{9}(2b^2+2a^2-c^2)\geqslant b^2+\frac{1}{9}(2b^2+2c^2-a^2)$. 因为 $a^2+b^2=2c^2$，所以上式即 $a^2\geqslant 7b^2$. $\sin\angle CBG=\frac{b\sin C}{\sqrt{3}a}=\frac{b}{\sqrt{3}a}\sqrt{1-\left(\frac{a^2+b^2}{4ab}\right)^2}=\frac{1}{4\sqrt{3}}\sqrt{14x-x^2-1}\left(x=\frac{b^2}{a^2}\leqslant\frac{1}{7}\right)\leqslant\frac{1}{4\sqrt{3}}\sqrt{14\times\frac{1}{7}-\left(\frac{1}{7}\right)^2-1}=\frac{1}{7}$. $1+\sin\angle CBG\leqslant 1+\frac{1}{7}<\frac{2}{\sqrt{3}}$.

11. (ⅰ) 由中线公式，原式即 $\sum\frac{b^2+c^2}{4a^2+b^2+c^2}\geqslant 1$. 对满足 $x+y+z=1$ 的正数 x、y、z，由柯西不等式，$\sum\frac{1-x}{1+3x}\cdot\sum(1+3x)(1-x)\geqslant\sum(1-x)=2$，而 $\sum(1+3x)(1-x)=\sum(1+2x-3x^2)=3+2-3\sum x^2\leqslant 2$，所以 $\sum\frac{1-x}{1+3x}\geqslant 1$. 取 $x=\frac{a^2}{a^2+b^2+c^2}$ 等，即得 $\sum\frac{b^2+c^2}{4a^2+b^2+c^2}\geqslant 1$.

(ⅱ) 由第 6 讲例 10，只需证明(ⅲ).

(ⅲ) $\frac{2m_bm_c}{bc}=\left(\frac{m_b}{b}\right)^2+\left(\frac{m_c}{c}\right)^2-\left(\frac{m_c}{c}-\frac{m_b}{b}\right)^2=\frac{2a^2+2c^2-b^2}{4b^2}+\frac{2a^2+2b^2-c^2}{4c^2}-\frac{(bm_c-cm_b)^2}{b^2c^2}\leqslant\frac{2a^2+2c^2-b^2}{4b^2}+\frac{2a^2+2b^2-c^2}{4c^2}-\frac{(b^2-c^2)^2}{2b^2c^2}=\frac{a^2b^2+a^2c^2+b^2c^2}{2b^2c^2}$. 所以 $\sum\frac{bc}{m_bm_c}\geqslant\sum\frac{4b^2c^2}{a^2b^2+a^2c^2+b^2c^2}=4$.

或者设 AC，AB 中点为 E，F. 由托勒密定理的推广，可得 $m_bm_c\leqslant\frac{1}{2}a^2+\frac{1}{4}bc$(直接用代数方法也不难证明)，从而 $\sum\frac{bc}{m_bm_c}\geqslant\sum\frac{4bc}{2a^2+bc}=\sum\frac{4b^2c^2}{2a^2bc+b^2c^2}\geqslant\sum\frac{4b^2c^2}{a^2b^2+a^2c^2+b^2c^2}=4$.

习题 18 第 11 题给定 m_bm_c 的下界，本题给出了 m_bm_c 的上界.

12. (ⅰ) 由第 6 讲例 10，问题等价于 $\sum\frac{m_b^2+m_c^2-m_a^2}{bc}\geqslant\frac{9}{4}$. 而此式$\Leftrightarrow\sum\frac{5a^2-b^2-c^2}{bc}\geqslant$

$9 \Leftrightarrow 5\sum a^3-\sum a^2(b+c)-9abc\geqslant 0$. 由习题17第12题，$\sum a^3-\sum a^2(b+c)+3abc\geqslant 0$，再加上 $4\sum a^3-12abc\geqslant 0$ 即得.

（ⅱ）由 $Y_a=\dfrac{\triangle}{s-a}$，可将原不等式化为 $\sum\dfrac{(b+c)^2-a^2}{m_bm_c}\geqslant 12$. 由第6讲例10，问题等价于 $\sum\dfrac{(m_b+m_c)^2-m_a^2}{bc}\geqslant\dfrac{27}{4}$.

由习题18第11题，$4m_bm_c\geqslant 2a^2-4b^2-4c^2+9bc$，所以 $4\sum\dfrac{(m_b+m_c)^2-m_a^2}{bc}\geqslant$

$$\sum\frac{2(a^2+c^2)-b^2+2(a^2+b^2)-c^2-2(b^2+c^2)+a^2+2(2a^2-4b^2-4c^2+9bc)}{bc}$$

$=\sum\dfrac{9a^2-9b^2-9c^2}{bc}+54$. 由习题17第12题，$\sum a^3-\sum a(b^2+c^2)+3abc\geqslant 0$，所以 $\sum\dfrac{a^2-b^2-c^2}{bc}+3\geqslant 0$，$4\sum\dfrac{(m_b+m_c)^2-m_a^2}{bc}\geqslant 27$.

或者由11（ⅲ）$\sum\dfrac{2bc}{m_bm_c}\geqslant 8$，与（ⅰ）相加即得 $\sum\dfrac{(b+c)^2-a^2}{m_bm_c}\geqslant 12$.

习 题 41

1. 每点引出 C_4^2 条垂线，共 $5C_4^2=30$ 条垂线. 其中每条连线的三条垂线互相平行，每一个三角形的三条高相交于一点，每一个已知点作出 C_6^2 条垂线，所以交点至多 $C_{30}^2-3C_5^2-2C_5^3-5C_6^2=310$ 个.

2. 以5点中3点为顶点的三角形，至少有3个不是锐角三角形（根据5点的凸包进行讨论）. 所以锐角三角形的个数≤总数的 $\left(1-\dfrac{3C_{100}^5}{C_{97}^2C_{100}^3}\right)$.

3. 5点中必有4点组成凸四边形. 因此凸四边形的总数 $\geqslant\dfrac{C_n^5}{n-4}$.

4. $1\times n,2\times n,3\times n,4\times n$ 的棋盘均有裂缝. 对 $4\times n$，如果无裂缝，在 $4+n-2$ 条格子线中，竖的 $n-1$ 条至少各划过2张骨牌（否则竖线两边的方格数不是偶数），横的 $4-1$ 条至少各划过1张骨牌. 因而骨牌数 $\geqslant 2(n-1)+(4-1)=2n+1>\dfrac{4n}{2}$，矛盾. 类似地，$6\times 6$ 的棋盘也有裂缝. 图示表明 $5\times 6,6\times 8$ 的棋盘无裂缝；并且，能铺满 $m\times n$ 无裂缝，也就能铺满 $m\times(n+2)$ 无裂缝. 因此必出现裂缝的仅有前面列举的情况.

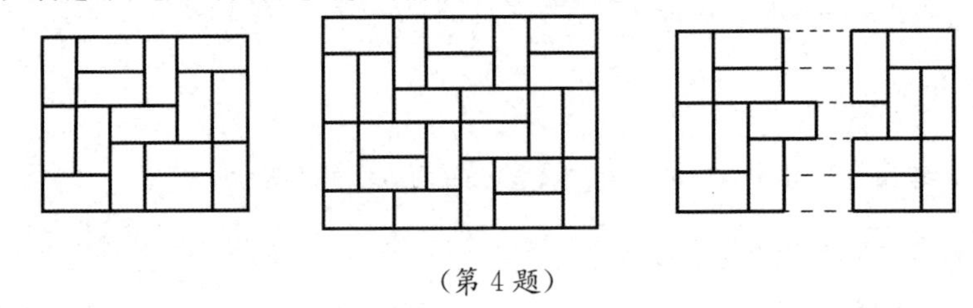

（第4题）

5. 设折线第 i 节长 l_i，在正方形边上的投影为 a_i 与 b_i，则 $1\,000=\sum l_i\leqslant\sum a_i+\sum b_i$. 不妨设 $\sum a_i\geqslant 500$. 在边长为 1 的边上必有一点是折线上大于等于 500 个点的投影. 过这点作这边的垂线即可.

6. 将正方形分为 n 个长条(图中 $n=3$)，每个长条中 n 个点(相邻长条公共边界上的点属于任一个长条，以保证点数为 n). 每个长条内自上而下连成折线. 再将这些折线连成一条，连接方式有两种，如图所示. 两种方式的连接线在水平方向的投影的和$\leqslant 2$，所以必有一种方式的连接线在水平方向上的投影不超过 1. 对这一种连接法，折线在竖直方向上的投影之和$\leqslant n$，在水平方向上的投影之和 $\leqslant 1+(n-1)\sum h\leqslant n$($h$ 为长条的宽). 所以折线之长$\leqslant 2n$.

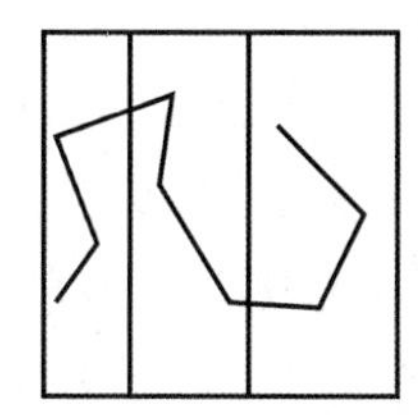
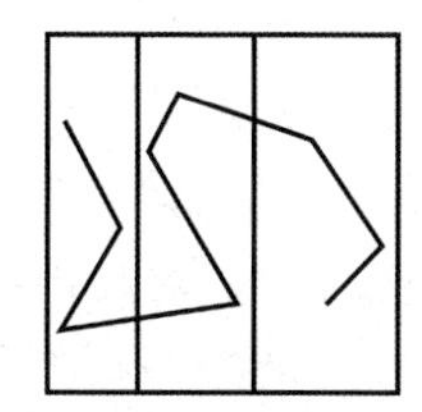

(第 6 题)

7. 设高度为 $a_1>a_2>\cdots>a_n$ 的树木生长在 $A_1,\cdots,A_n$ 处. 折线 $A_1A_2\cdots A_n$ 的长度$\leqslant(a_1-a_2)+(a_2-a_3)+\cdots+(a_{n-1}-a_n)=a_1-a_n<100$.

8. 不能. 假设有这样的点 P,Q，则每一份面积为$\frac{1}{9}$. $\triangle ABP$，$\triangle CDP$ 的面积均应为$\frac{1}{9}$的整数倍. 但它们的和为$\frac{1}{2}$. 矛盾.

9. 作一个充分大的圆包含各直线的交点. $2n$ 条直线将圆周分为 $4n$ 段. 相邻的弧不能同时属于两个角，所以角的个数$\leqslant 2n$. 如果等号成立，那么 $2n$ 段属于角的弧与不属于角的弧相间. 每条直线的两侧各 $2n$ 条弧. 如果直线 l_1,l_2 构成一个角形的部分，夹第一段弧，那么它的对顶角(夹第 $2n+1$ 段弧)也是被分成的部分，但这是不可能的.

10. 对 n 归纳，$n=k^2+1$ 时结论显然. 假设命题对 $n-1\geqslant k^2+1$ 成立，考虑 n 的情况，此时有 k 个点 $A_1,A_2,\cdots,A_k$，使得集 A 中除直线 l 外，其余直线都至少经过 $A_1,A_2,\cdots,A_k$ 中某个点. 不妨设经过 A_1 的直线最多，条数$\geqslant\left\lceil\frac{k^2+1}{k}\right\rceil=k+1$. 如果经过 A_1 有 $k+2$ 条直线，去掉其中一条 l_1，集 A 中其余 $n-1$ 条直线，由归纳假设，可用 k 个点 $B_1,B_2,\cdots,B_k$“钉住”(即每条至少经过某个 $B_i(1\leqslant i\leqslant k)$). A_1 一定在 $B_1,B_2,\cdots,B_k$ 中，否则过 A_1 的 $k+1$ 条直线，每条需要一个点来钉住它，而 B_i 仅有 k 个，矛盾！设 $A_1=B_1$，那么 $B_1,B_2,\cdots,B_k$ 不仅钉住包括 l 的 $n-1$ 条直线，而且也钉住 l_1，从而结论成立. 如果经过 A_1 恰有 $k+1$ 条直线，但经过 A_2 而不经过 A_1 的也有 $k+1$ 条直线，那么去掉一条过 A_2 的直线 l_2，其余 $n-1$ 条可用 k 个点钉住. 根据上面所说，A_1 是其中一点. 同样道理，A_2 也是其中一点

(否则 $k-1$ 个点不能钉住过 A_2 的 k 条直线). 因此这 k 个点实际上钉住 A 中全部直线，结论成立.

依此类推,可知结论仅在下面的情况不成立:过 A_1 有 $k+1$ 条线,过 A_2 不过 A_1 的直线 $\leqslant k$ 条,过 A_3 不过 A_1, A_2 的直线 $\leqslant k-1$ 条,…,过 A_k 不过 $A_1, \cdots, A_{k-1}$ 的直线 $\leqslant 2$ 条. 但这时直线总数 $\leqslant (k+1)+k+\cdots+2+1=\dfrac{(k+1)(k+2)}{2}<k^2+2$. 矛盾!

11. 如果每条蓝弦至少与一条黄弦相交,那么结论成立. 因此假设有蓝弦不与任何黄弦相交. 同理可假设有黄弦不与任何蓝弦相交. 在不与异色弦相交的弦中,必有一条最小. 不妨设蓝弦 AB 是这样的弦. 这时劣弧 $\overparen{AB}$ 中的黄弦必与蓝弦相交,但不与 AB 相交,所以劣弧 $\overparen{AB}$ 中黄点是偶数个,蓝点是奇数个,并且有奇数条蓝弦与 AB 相交. 设它们是 $A_1'A_1$, $A_2'A_2, \cdots, A_{2k+1}'A_{2k+1}$,其中 $A_1, A_2, \cdots, A_{2k+1}$ 在优弧 $\overparen{AB}$ 上,而且依这一顺序排序,A_1', $A_2', \cdots, A_{2k+1}'$ 则在劣弧 $\overparen{AB}$ 上. 任一条与 A_1A_2 相交的黄弦必与 $A_1'A_1$ 或 $A_2'A_2$ 相交. $A_3A_4, \cdots, A_{2k-1}A_{2k}$ 亦是如此. 我们将弦 AB 作为一个点 A_{2k+1}',并将 $A_1'A_1, \cdots, A_{2k}'A_{2k}$ 改为弦 $A_1A_2, \cdots, A_{2k-1}A_{2k}$. 在假定结论对小于 n 的数成立时,现在的图中异色弦的交点数至少是黄点的一半. 从而原来的图也是如此.

$n=1$ 时结论显然成立. 因此由归纳法,结论对一切 n 成立.

12. 棋盘上有

$$6\times6-2\times11=14$$

个空格,将棋盘分为 4 个 3×3 的棋盘,其中必有一个的空格数 $\geqslant \left\lceil\dfrac{14}{4}\right\rceil=4$. 不妨设左上角至少有 4 个空格. 如果 9 是空格,那么 2,4,6,8 都不是空格(否则已经能再放 1 张骨牌). 但 2 与 8 处的骨牌都必须各占左上角一个方格,这样左上角至多只有 3 个空格. 如果 9 不是空格,那么这里的骨牌还要再占一个方格,这又可分为两种情况:

1	2	3
8	9	4
7	6	5

(第 12 题)

1° 这张骨牌在 8 与 9. 1,2,3,4,5,6,7 这 7 张牌中至少有 4 个空格,因而 1,3,5,7 为空格(否则有两个相邻的空格可能放下骨牌),但 2 也必须为空格(否则在 2 处的骨牌无法占据其他方格),因此可放骨牌在 1,2.

2° 这张骨牌在 9 与 6. 7,8,1,2,3,4,5 组成的序列与 1°的 1,2,3,4,5,6,7 相当,同样可得结论.

习 题 42

1. 对 n 归纳. 若点 P_1 引出三条直径 P_1P_2, P_1P_3, P_1P_4,则 P_2, P_3, P_4 均在 $\odot(P_1, R)$ 上. 不妨设 P_3 在 $\overparen{P_2P_4}$ 上. 已知点全在 $\odot(P_1, R)$, $\odot(P_2, R)$, $\odot(P_4, R)$ 围成的区域中,从而 P_3 仅与 P_1 的距离为 R. 去掉 P_3 利用归纳假设即得. 若每点均至多引出两条直径,则直径条数 $\leqslant\dfrac{2n}{2}=n$. 在 n 为奇数时,正 n 边形的顶点即为所求的集,有 n 条直径(最长的对角

线). 在$\odot(P_1, P_{\frac{n+1}{2}}P_{\frac{n+3}{2}})$的弧$\overset{\frown}{P_{\frac{n+1}{2}}P_{\frac{n+3}{2}}}$内部任取一点,就得 $n+1$ 个点有 $n+1$ 条直径.

2. 不成立. 如正三角形.

3. 存在. 用归纳法. 设集 A 中每点恰与集中 n 个点距离为 1,将 A 平移得一点集 A_1. 平移距离为 1,平移的方向与 A 中每两点连线不平行,则 $A\cap A_1=\varnothing$. 以 A 中每一点为圆心,1 为半径作圆,连接圆心与圆的交点. 只要平移方向与这些连线均不平行,则对于 A(或 A_1)中一点,A_1(或 A)中恰有一点与它的距离为 1. 于是 $A\cup A_1$ 中每点恰与 $A\cup A_1$ 中$(n+1)$个点的距离为 1.

4. n 个点的直径记为 A_1A_n,依照各点到 A_1 的距离(从小到大)将它们编为 $A_2, A_3, \cdots, A_{n-1}$. 对 $1<j<k\leqslant n$, $\angle A_1A_jA_n>120^\circ$, $\angle A_jA_1A_n<60^\circ$. 同样$\angle A_kA_1A_n<60^\circ$. 所以三面角 $A_1-A_jA_nA_k$ 的另一面角$\angle A_jA_1A_k<60^\circ+60^\circ=120^\circ$. 从而 A_1A_k 是$\triangle A_jA_1A_k$ 的最大边. 用 $A_k, A_1, A_i(1<i<j), A_j$ 代替 A_1, A_n, A_j, A_k 得$\angle A_iA_kA_j<120^\circ$. 又$\angle A_1A_iA_k>120^\circ$, $\angle A_1A_iA_j>120^\circ$,三面角 $A_i-A_1A_jA_k$ 的另一面角$\angle A_jA_iA_k<120^\circ$. 所以$\triangle A_iA_jA_k$中$\angle A_iA_jA_k>120^\circ$.

5. 考虑抛物线 $y=x^2$ 上横坐标为 $1,2,\cdots,n$ 的点.

6. 用例 10 的图 42-6,每个正六边形一种颜色,相邻的正六边形颜色不同(公共边界上的点染两种中的任何一种). 正六边形边长为 a. 如果$\frac{1}{\sqrt{7}}<a<\frac{1}{2}$,则同色的点距离不为 1.

用 h 种颜色将平面上的点染色,使得同色的点距离不为 1,则 h 的最小值满足 $4\leqslant h\leqslant 7$. 前一不等式见第 47 讲例 9.

7. 将这纸片放在坐标系中. 然后将每个小方格中的部分平移到同一方格中. 由于纸片面积$>n$,小方格面积为 1,必有一个被纸片覆盖 $n+1$ 次. 将坐标轴平移,使这点成为格点,这时纸片就覆盖了 $n+1$ 个格点.

8. 考虑夹角为 60°的斜坐标,以 4 为坐标轴上的单位,这时坐标网构成菱形,每一个的面积为 $8\sqrt{3}$. 记$\left[\frac{S}{8\sqrt{3}}\right]=k$. 适当平移坐标,在所覆盖的区域中必有 k 个格点(利用上题),它们的距离$\geqslant 4$,因而分别在 k 个圆中,这些圆互不相交,面积的和$\geqslant k\pi\geqslant\frac{\pi}{8\sqrt{3}}S$.

9. 考虑单位圆上的点$(\cos\alpha, \sin\alpha)$,其中 $\cos\frac{\alpha}{2}=\frac{1-t^2}{1+t^2}$, t 为任一有理数. 这时 $\sin\frac{\alpha}{2}=\frac{2t}{1+t^2}$ 也是有理数. 而任两个这样的点$(\cos\alpha, \sin\alpha)$, $(\cos\beta, \sin\beta)$之间的距离为 $\sqrt{(\cos\alpha-\cos\beta)^2+(\sin\alpha-\sin\beta)^2}=\sqrt{2-2\cos(\alpha-\beta)}=2\cos\frac{\alpha-\beta}{2}=2\left(\cos\frac{\alpha}{2}\cos\frac{\beta}{2}+\sin\frac{\alpha}{2}\sin\frac{\beta}{2}\right)$是有理数.

10. 不妨设顶点为$(0,0)$, (x,y), (z,t),并且$(x-z)^2+(y-t)^2=n$. 易知格点三角形的面积为有理数,如果$\frac{R}{r}=$有理数,那么 $R(a+b+c)$为有理数,其中 a, b, c 是边长. 因为外心的

坐标为有理数，所以 R^2 是有理数，$(a+b+c)^2=a^2+b^2+c^2+2(ab+bc+ca)$ 是有理数，$ab+bc+ca$ 是有理数 q. $ab+bc=q-ca$，平方得 $a^2b^2+b^2c^2+2b^2ac=q^2+c^2a^2-2qac$. 因为 a^2,b^2,c^2 都是有理数，所以 ac 是有理数. 同理 ab,bc 都是有理数. 于是 a^2,b^2,c^2 这三个整数的非平方因子相同，即 $a^2=ma_1^2,b^2=mb_1^2,c^2=mc_1^2$，其中 a_1,b_1,c_1,m 都是整数，而且 m 无平方因数. 因为 n 无平方因数，所以 $m=n,c_1=1$. 又两边之差 $|a-b|=\sqrt{m}$ $|a_1-b_1|<\sqrt{m}$，所以 $a_1=b_1$. $a^2+b^2-c^2=2(xz+yt)=m(2a_1^2-1)$，所以 m 是偶数，而且不被 4 整除. 从而 xz 与 yt 一偶一奇. 不妨设 x 为偶数，则 y,t 为奇数. 但 $x^2+y^2=ma_1^2$ 为偶数. 矛盾. 所以 R 与 r 的比不是有理数. 如果 n 可以有平方因数，那么 R 与 r 的比可以是有理数. 例如格点 $(0,0),(1,7),(8,8)$ 所成三角形，$R=\frac{25\sqrt{2}}{6}$，$a+b+c=18\sqrt{2}$.

11. 参见第 3 讲例 7.

习 题 43

1. 任取一点 v_1，自 v_1 出发沿边前进，每条边只准经过一次，但点可以通过任意多次. 设走过 l_1 条边后不能继续前进，将这些边记为 $1,2,\cdots,l_1$. 从已走过的点（包括 v_1）中任取一点，自这点出发沿边前进（已走过的边不再走），又走过 l_2 条边不能继续前进，将这些边标为 $l_1+1,\cdots,l_1+l_2$. 照此继续下去，直至任一走过的点均不与未标号的边相邻. 这时所有的边均标有号码，并且若一点引出几条边，则其中有两条边的号码是连续整数或者有一条边为 1（后一情况仅在点为 v_1 时发生）.

2. 即证明图是连通的. 假如图不连通，分成 $t\geqslant 2$ 个分支，各分支的点（城市）数为 $k_1,k_2,\cdots,k_t$，$k_1+k_2+\cdots+k_t=20$，则图中边数 $\leqslant \mathrm{C}_{k_1}^2+\mathrm{C}_{k_2}^2+\cdots+\mathrm{C}_{k_t}^2$（约定 $\mathrm{C}_1^2=0$）. 因为 $\mathrm{C}_a^2+\mathrm{C}_b^2=\frac{1}{2}(a^2+b^2-a-b)=\frac{1}{2}\left(\frac{(a+b)^2+(a-b)^2}{2}-(a+b)\right)$，所以在 $a+b$ 一定时，$\mathrm{C}_a^2+\mathrm{C}_b^2$ 随 $|a-b|$ 的增加而增加，特别地，$\mathrm{C}_a^2+\mathrm{C}_b^2\leqslant \mathrm{C}_{a+b}^2$，于是，图中边数 $\leqslant \mathrm{C}_{k_1+k_2+\cdots+k_{t-1}}^2+\mathrm{C}_{k_t}^2\leqslant \mathrm{C}_{19}^2=171$. 与已知图中有 172 条边矛盾. 因此，图是连通的.

3. 显然 $m=1$ 时，$n=2$. $m=2$ 时，下图表明 K_4 的边二染色时，不存在 2 条同色的边，没有公共端点（图中连出的 3 条边表示红色边，未连出的 3 条边表示蓝色边）. 因此 $n\geqslant 5$.

另一方面，对于 K_5，在边二染色时，如果所有边同色，显然有 2 条边 A_1A_2，A_3A_4 同色而且没有公共端点. 如果不是所有边同色，那么有两条边有公共端点，而颜色不同. 设它们是 A_1A_2 与 A_1A_5，这时无论 A_3A_4 是哪一种颜色，它们与 A_1A_2 或 A_1A_5 中的一条组成同色而且没有公共端点的边. 所以 $n=5$.

（第 3 题）

对一般的 m，猜想 $n=3m-1$. 一方面，在完全图 K_{3m-2} 中，取 $2m-1$ 个顶点，将它们形成的子图 K_{2m-1} 的边全染红，将 K_{3m-2} 中其他的边染蓝. 这时，任意 m 条两两无公共端点的边，有 $2m$ 个端点，必有一个点不在上述子图 K_{2m-1} 内，因而必有一条边不是红的. 又不在 K_{2m-1} 内的点共 $(3m-2)-(2m-1)=m-1$ 个，以它们为端点的蓝边，至多有 $m-1$ 条两两无公共端点. 所以 m 条两两无公共端点的边，必有一条是红的. 因此，$n\geqslant 3m-1$.

另一方面,用归纳法可以证明 $n=3m-1$. 奠基已经完成. 设猜想对 m 成立. 考虑完全图 K_{3m+2} 的二染色. 如果所有边同色,那么 $2m+2$ 个点两两配对,连成的 $m+1$ 条边即为所求. 如果不是所有的边同色,那么必有两条边有公共端点,而且颜色不同. 设它们是 A_1A_2 与 A_1A_{3m+2}. 去掉点 A_1,A_2,A_{3m+2},剩下的完全图 K_{3m-1} 中,根据归纳假设,存在 m 条同色的边,两两无公共端点. 再添上 A_1A_2 或 A_1A_{3m+2},便得到 $m+1$ 条同色的边,两两无公共端点. 因此,$n=3m-1$.

一组两两无公共端点的边,称为一个"匹配".

4. 首先,图的连通分支不是树,因而必有圈. 我们证明:每点次数都大于 2 的图,必有一个圈,圈长不被 3 整除.

假设不然. 图中任取一圈○,由 A_1A_2,A_2A_3,$\cdots$,$A_{3k}A_1$ 组成,圈长为 $3k$,A_i、A_j $(i\neq j)$ 互不相同. 由于每点次数 $\geqslant 3$,圈上每点都与圈外有线相连. 若圈上的点 A_i、A_j 之间有一条链 S:A_iB_1,B_1B_2,$\cdots$,$B_{t-1}B_t$,B_tA_j 相连,而 A_iB_1,B_1B_2,$\cdots$,B_tA_j 都不在原来的圈○中,则由反证法假设,S 的长加上 A_iA_{i+1},$\cdots$,$A_{j-1}A_j$ 这一段的长,被 3 整除;S 的长加上 A_jA_{j+1},$\cdots$,$A_{3k}A_1$,A_1A_2,$\cdots$,$A_{i-1}A_i$ 这一段的长,也被 3 整除. 因此 S 的长的 2 倍被 3 整除,S 的长被 3 整除.

这样,去掉圈○中的边后,圈上的任两个点 A_i,A_j,它们之间没有边相连(S 的长不为 1),也不都与同一个点有边相连(S 的长不为 2). 将圈○缩成一个点 A,A 与所有与 A_i $(1\leqslant i\leqslant 3k)$ 相连的点均相连. A 的次数 $\geqslant 3k$,其余点的次数与原来相同,仍大于 2. 新图中的任一圈,圈长仍被 3 整除(新增加的圈即上面所说的链 S). 对新圈采取同样措施(任取一圈,将它缩为一点). 这样继续下去. 但图的点数有限,不能无穷地操作下去. 所以图中必有圈长不被 3 整除的圈.

5. 城市 v_0 至多与 3 个城市 v_1,v_2,v_3 相连. v_1,v_2,v_3 均至多各与两个不同于 v_0 的城市相连. 此外没有其他城市(否则从 v_0 到该城至少经过两个城市),所以城市总数 $\leqslant 1+3+3\times 2=10$. 下图表明等号可以成立.

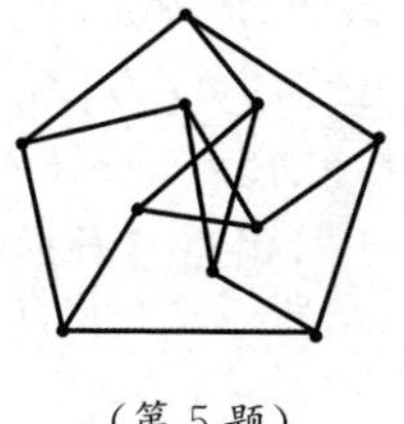

(第 5 题)

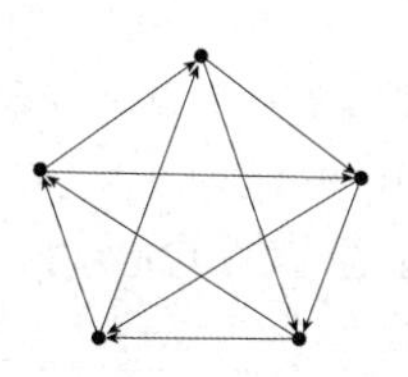

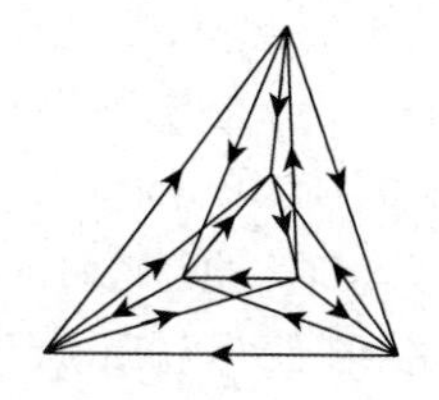

(第 6 题)

6. $n=5$ 与 $n=6$ 如图所示.

设命题对 n 成立. 考虑 $n+2$ 个点,使自 v_{n+1} 至 v_1,$\cdots$,v_n 均有单行道,自 v_1,v_2,$\cdots$,v_n 至 v_{n+2} 均有单行道,自 v_{n+2} 至 v_{n+1} 有单行道,则命题对 $n+2$ 成立. 从而命题对一切 $n>4$ 成立.

7. 有 9 个队未与队 v_1 赛过. 这 9 个队在第一轮比赛中至多组成 4 对厮杀,即必有一队 v_2 未与其他 8 队比赛. 在以后的 7 轮中,v_2 至多与其中 7 个队赛过,因此必有 v_3 未与 v_2 赛过. v_1,v_2,v_3 在前8轮彼此未赛过.

8. 显然 $\sum x_i=\sum y_i=\mathrm{C}_n^2$,同时 $y_i=(n-1)-x_i$,所以 $\sum y_i^2=\sum(n-1-x_i)^2=n(n-1)^2-2(n-1)\sum x_i+\sum x_i^2=(n-1)(n(n-1)-2\sum x_i)+\sum x_i^2=\sum x_i^2$.

9. 至少需要 $\frac{\mathrm{C}_{21}^2}{\mathrm{C}_5^2}=21$ 家航空公司. 21家航空公司可以满足要求(数表示城市,每五元集表示一家公司):

$\{1,2,3,4,5\},\{1,6,7,8,9\},\{1,10,11,12,13\},\{1,14,15,16,17\},\{1,18,19,20,21\},$
$\{2,6,10,14,18\},\{2,7,11,15,19\},\{2,8,12,16,20\},\{2,9,13,17,21\},\{3,6,12,15,21\},$
$\{3,7,13,14,20\},\{3,8,10,17,19\},\{3,9,11,16,18\},\{4,6,11,17,20\},\{4,7,10,16,21\},$
$\{4,8,13,15,18\},\{4,9,12,14,19\},\{5,7,12,17,18\},\{5,9,10,15,20\},\{5,6,13,16,19\},$
$\{5,8,11,14,21\}$.

10. 将人用点表示,对打过招呼的两个人,在相应的两点间连一条线,这就得到一个图. 自一点引出的两条线称为角. 一方面,每点引出 $3k+6$ 条线,形成 C_{3k+6}^2 个角,$12k$ 个点共 $12k\cdot\mathrm{C}_{3k+6}^2$ 个角. 另一方面,设与某两个人都打过招呼的人数为 h,则有 h 个角,角的两边分别过这两个点. 因而共有 $h\cdot\mathrm{C}_{12k}^2$ 个角. 于是 $12k\mathrm{C}_{3k+6}^2=h\mathrm{C}_{12k}^2$,即 $h=\frac{(3k+6)(3k+5)}{12k-1}$. 从而 $16h=\frac{(12k-1+25)(12k-1+21)}{12k-1}=12k-1+25+21+\frac{25\times21}{12k-1}$. 显然 $(3,12k-1)=1$,所以 $(12k-1)\mid 25\times7$. 由于 $12k-1$ 除以4余3,所以 $12k-1=7,5\times7,5^2\times7$,其中只有 $12k-1=5\times7$ 产生整数解 $k=3,h=6$. 另一方面,考虑6个完全图 K_6. 将第 i 个完全图的点标为 $(i,j)(1\leqslant i,j\leqslant6)$. 又将 j 相同的点相连,将坐标差相同的点相连,即在 $i-j=i'-j'$ 时,将点 (i,j) 与 (i',j') 相连,这样每点引出15条线. 对每一对点 $(i,j),(i',j')$,若 $i=i'$,即这两点在同一完全图中,这完全图中已有4点与它们相连,其他点中,有 $(i'-j'+j,j),(i-j+j',j')$ 两点与它们均相连,而且也只有这两点与它们均相连. 若 $i\neq i'$ 而 $i-j=i'-j'$,则 $(i,j'),(i',j)$ 与这两点均相连,对 $i''\neq i,i'$,$(i'',i''-i+j)$ 也与这两点均相连. 此外没有点与这两点均相连. 若 $i\neq i'$ 并且 $i-j\neq i'-j'$,则 $(i,j'),(i',j),(i,i-i'+j'),(i',i'-i+j)$ 与这两点均相连,此外 $(i'-j'+j,j)$,$(i-j+j',j')$ 也与这两点均相连. 没有其他点与这两点均相连. 因此,上面的图满足要求. 这个图也可以表示成下表:

1	6	5	4	3	2
2	1	6	5	4	3
3	2	1	6	5	4
4	3	2	1	6	5
5	4	3	2	1	6
6	5	4	3	2	1

每一行表示一个完全图,每个方格表示一个点.同一行的点当然彼此相连,同一列的点也彼此相连.此外,同一标号(例如同标 2)的点也彼此相连.于是,参加会议的人数为 36.

11. 将珍珠染上红、蓝两种颜色之一,有线相连的珍珠颜色不同.如果能变成项链,红、蓝两种珍珠的个数必须相等,因此 m, n 中至少有一个为偶数.图中显示 m, n 中至少有一个为偶数时,可形成项链.

(第 11 题)

12. 仅当:每个顶点均为偶顶点.用归纳法证明在这条件下,$3|n$.在 $n>3$ 时,剖分图中必有 $\triangle A_1A_2A_3$,A_1, A_2, A_3 是 n 边形 $A_1A_2\cdots A_n$ 的相邻顶点.以 A_1A_3 为边还有一个 $\triangle A_1A_iA_3$.由于 A_3 为偶顶点,$i\neq 4$,$i\neq n$,多边形 $A_3A_4\cdots A_i$ 中除 A_i 外,每个顶点均为偶顶点,因而 A_i 也为偶顶点.由归纳假设,$3|(i-2)$.同理 $3|(n-i+2)$.所以 $3|n$.

当:设 $3|n$ 时,有剖分图为一笔画成的图.对于凸 $n+3$ 边形,$A_1\rightarrow A_{n+3}\rightarrow A_{n+2}\rightarrow A_{n+1}\rightarrow A_n\rightarrow A_{n+2}\rightarrow A_1$ 再接上 n 边形 $A_1A_2\cdots A_n$ 的圈 $A_1\rightarrow\cdots\rightarrow A_n\rightarrow\cdots\rightarrow A_1$ 就得到 $n+3$ 边形的圈.

13. 假设图中没有四边形,又设点 A 的次数 $d(A)$ 最大.

如果 $d(A)=7$,那么其余 7 点 $B_i(1\leqslant i\leqslant 7)$ 均与 A 相连.由于没有四边形,B_1 至多与 $B_i(2\leqslant i\leqslant 7)$ 中一点相连.其他点也是如此.因此 $B_i(1\leqslant i\leqslant 7)$ 之间至多有 3 条边.图中边数 $\leqslant 7+3=10$.

如果 $d(A)=6$,那么 6 个点 $B_i(1\leqslant i\leqslant 6)$ 与 A 相连,另一点 C 不与 A 相连.同前,C 至多与 $B_i(1\leqslant i\leqslant 6)$ 中一点相连.因此图中边数 $\leqslant 6+3+1=10$.

如果 $d(A)=5$,那么 5 个点 $B_i(1\leqslant i\leqslant 5)$ 与 A 相连,另两点 C_1, C_2 不与 A 相连.B_i 间至多 2 条边,每个 C_j 与 $B_i(1\leqslant i\leqslant 5)$ 至多连 1 条边,C_j 间至多 1 条边.图中边数 $\leqslant 5+2+2\times 1+1=10$.

如果 $d(A)=4$,那么 4 个点 $B_i(1\leqslant i\leqslant 4)$ 与 A 相连,另 3 点 C_1, C_2, C_3 不与 A 相连.B_i 间至多 2 条边,C_j 间至多 3 条边,每个 C_j 与 $B_i(1\leqslant i\leqslant 4)$ 至多连 1 条边.图中边数

$$\leqslant 4+2+3+3\times 1=12. \tag{1}$$

在等号成立时,有边 C_1C_2, C_2C_3, C_3C_1.又可设有边 B_1B_2, B_3B_4.但这时 $C_j(1\leqslant j\leqslant 3)$ 中只能有 1 个与 B_1, B_2 中的 1 个相连(否则有四边形).同样,$C_j(1\leqslant j\leqslant 3)$ 中也只能有 1 个与 B_3, B_4 中的 1 个相连.因此,图中边数

$$\leqslant 4+2+3+2\times 1=11. \tag{2}$$

即(1)中等号不能成立.但(2)中等号可以成立,如图所示.

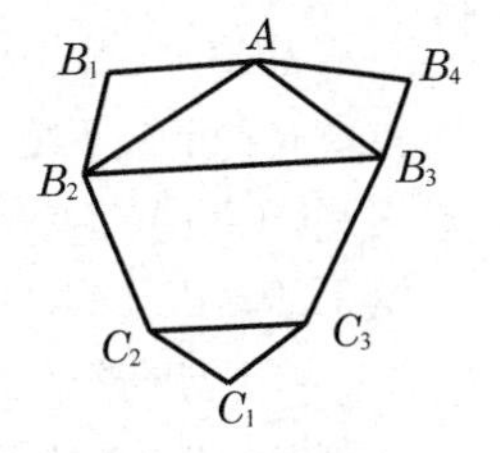

(第 13 题)

如果 $d(A)=3$,那么总的边数 $\leqslant 3\times 8\div 2=12$.因为等号成立,所以每一点的次数都是 3.

设 A 与 B 不相连,与 A 相连的点为 C, D, E,与 B 相连的点为 F, G, H,三点集 $\{C, D, E\}$ 与 $\{F, G, H\}$ 中至多有一点相同.若全不相同,则每个三点集内至多一条线,两个三点集之间至多 3 条线,总的线数 $\leqslant 11$.若恰有一点相同,考虑第 8 个点 K,K 向每个 3 点

集至多引一条线，与 $d(K)=3$ 矛盾.

14. 9 个点分成 3 组，每组 3 个点，同组之间不连线，不同组的点均连线. 共连成 27 个三角形，而没有完全图 K_4.

另一方面，如果三角形的个数 $\geqslant 28$ 个，那么 $\left[\frac{28\times 3}{9}\right]=10$，必有一点 A 成为至少 10 个三角形的公共顶点. 这点 A 的“对边”至少 10 条. 由于没有 K_4，这 10 条边的端点不能构成三角形. 设它们共 n 个，则由例 2，它们之间至多连 $\left[\frac{n^2}{4}\right]$ 条线.

$\left[\frac{n^2}{4}\right]\geqslant 10$，所以 $n\geqslant 7$. 于是 A 的次数为 7 或 8.

若 A 的次数为 8，即 A 与每一点相连，则其余 8 点不能构成三角形，彼此之间的连线条数 $\leqslant\left[\frac{8^2}{4}\right]=16$ 条. 三角形的个数 $\leqslant 16$.

若 A 的次数为 7，则仅有一点 B 与 A 不相连. 其余 7 点之间所连线段条数 $\leqslant\left[\frac{7^2}{4}\right]=12$. 三角形的个数 $\leqslant 12\times 2=24$.

于是至多有 27 个三角形.

习 题 44

1. 已知 T_n 有一个梢. 从这点出发沿边前进，由于没有圈，所经过的点互不相同，一直走到无法再走，这时的点是又一个梢.

2. 共有 $m(n-1)+n(m-1)=2mn-m-n$ 段路，十字路口(点)mn 个. 将图改成树 T_{mn}，应封闭 $2mn-m-n-(mn-1)=mn-m-n+1$ 段路.

3. 如果 v_i 用 v_j 的烟点火，就在 v_i 与 v_j 间连一条边. 这就产生一棵 n 个点的树，只要确定第一个点烟的人，其余的烟就可依次点着. 由下题，树有 n^{n-2} 种，第一个人有 n 种选择，所以点烟方式共 n^{n-1} 种.

4. 设点为 $v_1,v_2,\cdots,v_n$ (*). 对任一树 T_n，设(*)中第一个出现的 T_n 的梢为 v_{i_1}，将 v_{i_1} 及连接它的边 $v_{i_1}v_{j_1}$ 去掉，剩下的树 T_{n-1} 在(*)中的第一个梢为 v_{i_2}，将 v_{i_2} 及边 $v_{i_2}v_{j_2}$ 去掉，如此继续下去得到序列$(v_{j_1},v_{j_2},\cdots,v_{j_{n-2}})$. 反之由$(v_{j_1},\cdots,v_{j_{n-2}})$(* *)可构造树 T_n. 为此先取(*)中第一个不在(* *)中的点 v_{i_1} 将它与 v_{j_1} 相连，从(*)中去掉 v_{i_1}，(* *)中去掉第一项，再取第一个不在(* *)中的 v_{i_2} 与 v_{j_2} 相连，如此继续下去. 最后将(*)中剩下的一个点与 $v_{j_{n-2}}$ 相连. 于是 T_n 与(* *)一一对应，而(* *)的个数为 n^{n-2}.

5. 对路口(点)A 与 B 的距离 n 进行归纳. $n=1$ 时，由已知还存在一点 $C\neq A$，C 与 B 的距离为 1(否则从 B 到其他点必经过 A). 有 A 到 C 的不过 B 的路. 于是从 A 到 B 还有一条与 (A,B) 不同的路(先由 A 到 C，再由 C 到 B). 设命题在距离 $<n$ 时成立，$d(A,B)=n$. 设在 A 到 B 的最短路上与 A 相邻的点为 C. 由归纳假设，从 C 到 B 有两条不相交的路 p,q. 若 p 或 q 过 A，则结论成立. 设 p,q 均不过 A. 由已知存在 A 到 B 而不经过 C 的路 r. 若 r 不

与 p 或 q 相交,则结论成立. 若 r 先与 p 相交,则从 A 沿 r 到此交点,再沿 p 到 B 是一条路,从 A 到 C 再沿 q 到 B 是另一条路.

6. $n=5$. 首先$\sqrt{2},\sqrt{2},-\sqrt{2},-\sqrt{2}$这四个数中任取三个,总有两个数的和为有理数,所以 $n\geqslant 5$. 其次,五个无理数 x,y,z,u,v 中,若两数的和为有理数,则连一条边. 这样的图中无三角形,否则由 $x+y,y+z,z+x$ 为有理数导出 x 为有理数. 同样,图中也无五边形(连接五点的圈). 若有一点 x 至少与三个点 y,z,u 相连,则 y,z,u 即为所求的三个数. 若 x 至多与一点 v 相连,由于 y,z,u 中有两点 y,z 不相连,x,y,z 即为所求. 若每一点均与两个点相连,则形成五边形(即图为一笔画成的圈).

7. 由于道路有限,如果骑士不停地走下去,必有一条边 uv 被重复无限多次,从而必有两次从同一边 zu 进入 uv. 由此逆推又必有两次从同一边 yz 进入 zu,等等. 最后导出行程中必到达自己的城堡.

8. 可以. 图是连通的,考虑它的生成树. 去掉生成树的梢及与它相连的边(树枝). 这样继续下去,直至去掉 200 个点,剩下的图仍然连通.

9. (a) 考虑两部分图 G,G 的一部分点是 $X^{(r)}$ 的元素(即 X 的 r 元子集),另一部分点是 $X^{(r+1)}$ 的元素. 如果 r 元子集 $A\subset(r+1)$元子集 B,就在点 A,B 之间连一条边.

每个 A 包含在$n-r$ 个 $r+1$ 元集中,即每点 A 的次数为 $n-r$,每 k 个 A 的次数之和为 $k(n-r)$. 每个 B 包含 $r+1$ 个 r 元集,即每点 B 的次数为 $r+1$. 因此与每 k 个 A 相邻的 B 至少有 $\left[\frac{k(n-r)}{r+1}\right]\geqslant k$ 个. 根据例 6,存在从 $X^{(r)}$ 到 $X^{(r+1)}$ 的单射 f_r,对每个 $A\in X^{(r)}$ 有 $f_r(A)=B\supset A$.

(b) 考虑补集即化为(a).

10. 将人用点表示. 如果一个男生认识一个女生,就在相应的两点之间连一条边. 问题即证明所得的图有一条哈密尔顿圈. 先让男女相间地围成一个圈,再用例 11 的方法调整.

11. 将 8 行作为 8 个点,8 列也作为 8 个点. 如果在第 i 行 j 列有一个选定的方格,就在点 x_i 与 x_j 之间连一条边,这就得到一个 2 正则的两部分图. 它有 1 因子. 将这个因子的边染成红色也就是将相应的 8 个方格染成红色,其他的方格染成蓝色,则它们满足要求.

12. 先将 n 个点依任意次序排在圆周上. 如果点 u 与右旁的点 v 不相连,那么在圆周上一定有点 u'与 u 相连并且 u'右旁的点 v'与 v 相连,按照例 11 进行调整即可.

13. 如果没有哈氏圈,根据上题,必有两个不相连的点 u,v,它们的次数之和$\leqslant n-1$. 在这 n 个点组成的完全图中,每两点的次数之和为 $2n-2$,所以这图比 K_n 至少少$(2n-2)-1-(n-1)=n-2$ 条边,总边数$\leqslant C_n^2-(n-2)=\frac{(n-1)(n-2)}{2}+1$,与已知矛盾.

14. 任取一点染上任一种颜色,设已经有 k 个点染上颜色,颜色的种数$\leqslant d+1$,并且相邻的点颜色不同. 任取一个未染色的点,由于次数$\leqslant d$,与它相邻的已知染色的点至多有 d 种颜色,将这点染上另一种颜色. 这样就可用 $d+1$ 种颜色将 G 的点全部染色,并且相邻的点颜色不同.

15. 在任一种“好的”染色中，计算每个点引出的蓝色棱的条数，然后相加. 由于每条蓝色棱被算了 2 次，总和是偶数. 红色、紫色也是如此. 而每个 3 次的点引出的蓝、红、紫色的棱都是 1 条，所以这种点引出的蓝、红、紫色的棱，总数都相等，奇偶性当然相同. 从而自 A 引出的 3 种颜色的棱数，奇偶性相同. 由于 A 引出 5 条棱，所以 A 引出的蓝、红、紫色棱的条数都是奇数，即一种颜色的棱 3 条，另两种颜色的棱各 1 条.

假设没有一种“好的”染色，其中有 3 条由 A 引出的相邻的棱被染成相同的颜色. 我们证明由 A 引出 3 条蓝色棱的不同的好的染色，数目是 5 的倍数. 其他两种颜色同样如此. 这与已知矛盾. 设由 A 引出的棱依次为 $AB_1, AB_2, AB_3, AB_4, AB_5$. 其中作为红色与紫色的棱的两个顶点，有 5 种可能：(B_1, B_4)，(B_2, B_5)，(B_3, B_1)，(B_4, B_2)，(B_5, B_3). 将与这 5 种情况相应的“好的”染色数目分别记为 $k_{14}, k_{25}, k_{31}, k_{42}, k_{53}$.

我们证明，$k_{25} \leqslant k_{53}$. 设在某种好的染色中，AB_2 为红，AB_5 为紫. 考察去掉紫色棱后的图. 图中 A 的次数为 4，其余点次数均为 2. 因此，这个图由若干个圈组成. 其中一个圈包含棱 AB_2 及一条过 A 的蓝色的棱. 将这个圈上的棱改变颜色，红的改为蓝的，蓝的改为红的，得到另一种好的染色.

上述过 A 的蓝色的棱有 3 种情况(如图).

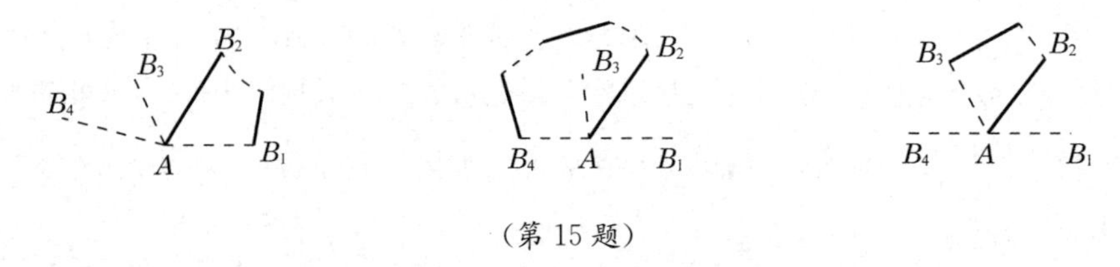

(第 15 题)

如果是 AB_1 或 AB_4，那么在改变颜色之后，有 3 条相邻的棱同为蓝色(AB_2, AB_3, AB_4 或 AB_1, AB_2, AB_3)，这不可能. 因此，只能是 AB_3 这一种，改变后得到的是(B_5, B_3)的那种染色. 不同的染色改变后得到的染色不同，所以 $k_{25} \leqslant k_{53}$.

同理，$k_{53} \leqslant k_{31} \leqslant k_{14} \leqslant k_{42} \leqslant k_{25}$. 因此

$$k_{25} = k_{53} = k_{14} = k_{42} = k_{25}.$$

即由 A 引出 3 条蓝色棱的不同的好的染色，数目是 5 的倍数. 从而产生矛盾.

习 题 45

1. 先在棱上任意标上箭头. 考虑各个顶点的入次的和. 因为箭头总数为偶数，所以入次的和是偶数. 入次为奇数的点，个数是偶数.

沿多面体的棱取一条折线，连接两个入次为奇数的顶点，改变折线上各条棱的箭头方向. 这时折线两端，入次为奇数的顶点变成入次为偶数的顶点，而折线上其他点的入次保持不变. 这样的操作使入次为奇数的顶点减少 2 个. 经过有限步操作即可使所有顶点的入次变为偶数.

2. 从一个顶点沿箭头方向前进，经有限多步后，所走路线中出现圈. 考虑以这圈为边界的半个多面体的那些面. 过圈上一点还有一条棱，箭头方向从这点引出或指向这点. 前者沿箭头方

向前进，后者每次逆着箭头方向前进．有限步后又得到圈（可能与前一个圈有公共部分）．再考虑以新圈为边界的更小的部分．如此继续下去，直至得到的圈恰好是一个面的边界．

3. 集合$\{a,b,c\}$中的元素满足$a\to b,b\to c,c\to a$，则$\{a,b,c\}$满足要求．

另一方面，如果S中的元素个数$\geqslant 4$，那么元素a与3个元素b,c,d的关系中，必有2个相同．设$a\to b,a\to c$（或$b\to a,c\to a$）．这时无论b,c的关系如何，均与性质(2)矛盾．

因此，S至多有3个元素．

4. 首先，将第一年修路时的单行线染上红色并标上箭头表示行车方向．

对一条红色边$A\to B$，在第一年修路时，有一条由B到A的路，由一些红色边与一些尚未染色的边组成，红色边的方向均与前进方向一致．将未染色的边也染成红色，并标上箭头与前进方向保持一致．得到一条$A\to B\to\cdots\to A$的红色圈．

对另一条红色边$C\to D$，同样得到一条由$C\to D$再由D经过若干边到C的红色圈．这圈如与上面的红色圈$A\to B\to\cdots\to A$无公共部分，或有公共部分而公共部分方向相同，则不必更改．如与$A\to B\to\cdots\to A$有公共部分，而且公共部分方向相反，如图所示，则$F\to\cdots\to G\to E$的一段可以改走

$$F\to\cdots\to A\to B\to\cdots\to E.$$

这样仍有一条$C\to D\to\cdots\to C$的红色圈．

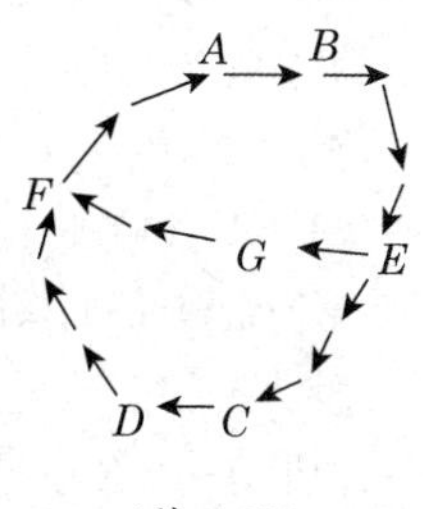

（第4题）

对每一条红色边均这样处理．

最后，将剩下的未染色的边，按第二年修路时规定的单行线方向标上箭头．这样，全城街道都标上了箭头，变成单行线．我们证明这时可从任一地点X驱车到其他的任一顶点Y．

为此，取第二年修路时X到Y的路．这条路上现在已标好箭头．如果是未染色的边，它的方向当然与前进方向相同．如果是红色的边，它的方向可能与前进方向相同，也可能与前进方向不同．后者则是一个红色圈上的一条边．将这条边或这条边及以后几条方向相同的边，换成圈上的其余的边，这些边的方向即与前进方向相同．于是，总可以从X沿标定的单行线驱车到Y．

5. $2n$个人作为点，朋友之间连边，得一个图G．

如果G中有奇顶点A．设A与$B_1,B_2,\cdots,B_k$相连，k为奇数．考虑$B_1,B_2,\cdots,B_k$所成子图G'．G'中奇数点个数为偶数，所以k个点中必有一点是偶顶点．设它为B_1，则A与B_1的公共朋友为$B_2,B_3,\cdots,B_k$中的偶数个．

因此，可设G中每一点都是偶顶点．

设点A与$B_1,B_2,\cdots,B_k$相连，k为偶数．在图G中去掉点A及A所连的边，又去掉图中不与$B_i(1\leqslant i\leqslant k)$相连的边．得到图$G'$．$G'$有$2n-1$个顶点，其中奇顶点个数为偶数，因而必有1个偶顶点，这个偶顶点不是$B_i(1\leqslant i\leqslant k)$，因为$B_i$在$G$中是偶顶点，在$G'$中是奇顶点（$B_i$在$G'$中的次数比在$G$中的次数少1）．设这个偶顶点为$C$，则$C$与$A$的公共朋友数为偶数．

6. 只考虑新独立国家的668个城市．以它们为点，它们之间的单行道为有向边，形成一个有向

图 G. 假设结论不成立，则 G 中有一个点 A，不能到达另一个点 B.

设 A 能到达的点(包括 A 本身在内)有 a 个. 这些点构成的子图为 X；A 不能到达的点有 b 个(其中当然有 B)，这些点构成的子图为 Y. 显然

$$a+b=668.$$

X 与 Y 之间的有向边，都是由 Y 的点指向 X 的点(因为 Y 的点不属于 X).

先设 $a \geqslant b$，于是 $a \geqslant \frac{668}{2}=334$.

在图 Y 中，点的出次和=入次和=边数$=C_b^2=\frac{b(b-1)}{2}$. 因此，Y 中出次最大的点 E，出次 $\geqslant \frac{b-1}{2}$. 从而在 G 中，E 的出次

$$\geqslant \frac{b-1}{2}+a=\frac{a+(a+b-1)}{2}=\frac{a+668-1}{2} \geqslant \frac{334+668-1}{2}>500.$$

与已知矛盾.

在 $a<b$ 时，改取 X 中入次最大的点 F，同样导致矛盾.

7. 以城市为点，航线为边，得一个图 G.

每个航空公司的航线及航线的端点构成 G 的子图. 子图中每两条边都有公共端点，因而只能是三角形或"刺猬"，即有一个公共端点 A 的若干条边.

$k=1$ 时，如果这个公司(子图)是三角形，将它的 3 个顶点分属 3 组，其余 $n-3$ 个点均放入第一组即可. 如果这个公司是"刺猬"，将公共端点 A 分在一组，其余的点分在另一组即可.

假设结论对于 $k-1$ 成立. 考虑 k 的情况.

如果有一个公司(子图)是"刺猬"，将它的公共端点 A 去掉. G 中剩下的点构成的子图，只会有 $k-1$ 个航空公司，根据归纳假设，可分为 $k+1$ 组，同一组的点不相邻. 将 A 归于第 $k+2$ 组即可.

如果所有航空公司都是三角形，G 共有 $3k$ 条边. n 个点当然可以分为 n 组(每组一个点)，同一组的 2 个点没有连线. 假设最少可将 n 个点分为 m 组，同一组的 2 个点没有连线. 这时，每两组之间至少有一条边，否则可将两组合并，与 m 为最少矛盾. 于是，图中至少有 C_m^2 条边. $3k \geqslant C_m^2=\frac{m(m-1)}{2}$，所以 $m \leqslant k+2$.

8. 先考虑染上 1、2 两种颜色的边及它们的端点所成的子图 G_1.

在 G_1 中，如果有长度为奇数(由奇数条边组成)的圈，那么圈上一定有 2 条相邻的边同色，不妨设 A_1A_2，A_2A_3 都是第 1 种颜色. 由已知，A_3A_4，A_4A_5 都是第 2 种颜色，…. 由于圈长 m 为奇数，A_mA_1，A_1A_2 应当同色，但 A_1A_2 与 A_2A_3 同色，而 A_mA_1 与 A_2A_3 不应同色. 矛盾表明 G_1 中没有长度为奇数的圈.

G_1 可分为若干个连通分支. 在每个连通分支中，任取一点 v 作为起点，由 v 经奇数条边到达的点归于集合 V_1，经偶数条边到达的点(包括 v 本身)归于集合 V_2. 由于 G_1 中没有长为奇数的圈，这样的分类是合理的，即每一点的归属是唯一确定的，在 V_1 的点之间没有 G_1

的边. V_2 也是如此.

同样,考虑第 3,4 两种颜色的边及它们的端点所成的子图 G_2. G_2 的顶点可分为 V_3,V_4 两个集,V_3 的点之间没有 G_2 的边. V_4 也是如此.

G 的顶点可分为 4 个集:$V_1\cap V_3$,$V_1\cap V_4$,$V_2\cap V_3$,$V_2\cap V_4$. 每个集的内部,没有相邻的顶点.

9. $n=1$ 时,$m=6$. 一方面,五边形是三连的图,但没有三角形(1 叶风车). 另一方面,由第 47 讲例 1 可知 6 个点的三连的图中必有三角形.

$n\geqslant 2$ 时,$m=4n+1$.

一方面,取 $4n$ 点,前 $2n$ 个点组成完全图 K_{2n},后 $2n$ 个点也组成 K_{2n},但两个 K_{2n}之间无边相连. 这个图是三连的,但没有 n 叶的风车.

另一方面,设 G 是 $4n+1$ 个点的三连图.

任取一点 O. 设与 O 相连的点为 $A_1,A_2,\cdots,A_k$,不与 O 相连的点为 $B_1,B_2,\cdots,B_h$,则 $k+h=4n$. 这时有以下三种情况:

(1) $k\geqslant 2n+1$.

由于图为三连,所以每三点中有 2 个相连,因此,可设 A_1,A_2 相连,A_3,A_4 相连,…,直至 A_{2n-1},A_{2n},A_{2n+1}中可设 A_{2n-1},A_{2n}相连. 于是 $O,A_1,A_2,\cdots,A_{2n-1},A_{2n}$成$n$ 叶风车,其中 O 是风车的"中心".

(2) $h\geqslant 2n+1$.

由于图为三连,而 B_i,$B_j(i\neq j)$不与 O 相连,所以 B_i 与 B_j 一定相连. $B_1,B_2,\cdots,B_{2n+1}$成完全图 K_{2n+1},含有 n 叶风车(可以任一点 B_i 为风车的中心).

(3) $k=h=2n$.

这时 $B_i(1\leqslant i\leqslant 2n)$成完全图 K_{2n}. 如果有一点 A_j 与 $B_i(1\leqslant i\leqslant 2n)$中两个点,设为 B_1,B_2 相连,那么 $B_1,A_j,B_2,B_3,\cdots,B_{2n}$成$n$ 叶风车(以 B_1 为中心). 如果每个 A_j 至多与一个 B_i 相连($1\leqslant i,j\leqslant 2n$),那么 A_1,A_2 必与某个 B_i 均不相连(因为 $2n>2$). 由于图是三连的,A_1 与 A_2 相连. 同理每两个 A_j,A_t 均相连($1\leqslant i<t\leqslant 2n$). 于是 $A_1,A_2,\cdots,A_{2n}$成K_{2n},它与 O 组成以 O 为中心的 n 叶风车.

10. 只需对 $k=1$ 证明. 首先,如果图中有 2 个次数为 m 的点相连,去掉相连的边. 于是可设图中次数为 m 的点均不相连. 令 X 为图中次数为 m 的点所成的集,Y 为其余的点所成的集,去掉 Y 中各点间的连线,得到一个新图 G'. G'是两部分图. 对于 X 的任一个子集 X_1,令 Y_1 是与 X_1 中的点有边相连的点集. X_1 与 Y_1 之间共有 $m|X_1|$条边,而 Y_1 的点次数均小于 m,所以必有$|X_1|<|Y_1|$. 由第 44 讲例 6 的荷尔定理,存在包含 X 中所有点的一个匹配(1 因子). 在 G 中去掉这个 1 -因子. 得到的新图,每一点的次数$\leqslant m-1$,并且$\geqslant n-1$.

11. 以队员为点,在认识的人之间连边,得到一个图 G. 由上题(取 $k=30$,$n=50$,$m=100$)得图 G',每点次数$\geqslant 20$,并且$\leqslant 70$.

对图 G'中的每一点 A,取定 20 个与它相邻的点. 取定的点可能有重复,重复的次数$\leqslant$

70. 以这些取定的点为顶点作一个新图 H，在 H 中原先与同一点相邻的 20 个点互相连接. 这样得到的图 H 中，每一点次数 $\leqslant 70\times(20-1)=1\ 330$. 由习题 44 第 14 题知可用 1 331种颜色将 H 的顶点染色，使得相邻的点不同色. 图 G 的点，在 H 中的，保持这一颜色；不在 H 中，均染第一种颜色. 这时 G 中每一点，与它相邻的点中至少有 20 种不同的颜色.

12. $n=10$.

以头为点，颈子为边，得一个图，100 条边.

如果有一点 A 的次数 $\leqslant 10$，对着与 A 相邻的至多 10 个点，斩掉与它们相连的边. 至多斩 10 次，即可使 A 次数为 0，即击败多头蛇. 因此可设每点次数 $\geqslant 11.2\times100\div11<19$. 图中至多 18 个点. 每点不相邻的点 $\leqslant 18-1-11=6$. 对一点 A，斩掉与它相邻的边. A 变成次数 $\leqslant 6$ 的点，用上一段的方法，至多再斩 6 次即可击败多头蛇.

另一方面，考虑一个两部分图，X，Y 两个集各有 10 个点，每点与另一个集中任一点相连，共得 100 条边.

如果斩 9 剑，那么 X，Y 中各有一个头未受打击，设它们分别为 A，B. 对其余的任一个头 C，每一剑都使 C 与 A，B 中恰好一个相连. 而 A、B 始终相连. 因此，9 剑后，图仍是连通的.

习 题 46

1. 对每个 a_i，设以 a_i 为首项的、每项整除后面的项的子数列中最长的共 l_i 项. 若有 $l_i\geqslant n+1$，则结论成立. 若所有 $l_i\leqslant n(i=1,2,\cdots,mn+1)$，则必有 $m+1$ 个 l_i 相同. 这时相应的 $m+1$ 个 a_i 互不整除.

2. 若 n^2+1 个数中仅有 n 种不同的值，则必有 $n+1$ 个是同一数值. n^2 个数结论不成立，如 1，2，…，n 各 n 个.

3. 如有 $l+1$ 个人年龄相等，结论成立. 否则将年龄相等的人只保留一个，这样人数(至少)为 $mn+1$ 个，年龄互不相同. 由例 5 即得.

4. 在每一位上，由于数字仅 10 个，11 个数中必有两个数在这位具有相同的数字，由 11 个数中每次取 2 个的组合仅 C_{11}^2 种，数位有无穷多，所以必有 2 个数在无穷多位上具有相同的数字. 在数字相同的数位上，它们的差的数字为 0 或 9，从而差或者有无穷多个数字 0，或者有无穷多个数字 9.

5. 子集共 2^{10} 个. 10 个两位数的和 $\leqslant 1\ 000<2^{10}$. 因此必有子集 $A\neq B$，A，B 中各数的和相等. 从 A，B 中去掉公共元素，剩下的集 A_1，B_1 即为所求.

6. $n=217$. 一方面，令 $A=A_2\cup A_3\cup A_5\cup A_7$，其中 $A_i=\{S$ 中被 i 整除的数$\}(i=2,3,5,7)$. 由容斥原理易得 $|A|=216$. A 中任意 5 个数中必有两个数属于同一个 A_i，从而它们不互质. 于是 $n\geqslant 217$. 另一方面，令 $B_1=\{1\}\cup\{S$ 中的质数$\}$，$B_2=\{2^2,3^2,5^2,7^2,11^2,13^2\}$，$B_3=\{2\times131,3\times89,5\times53,7\times37,11\times23,13\times19\}$，$B_4=\{2\times127,3\times83,5\times47,7\times31,11\times19,13\times17\}$，$B_5=\{2\times113,3\times79,5\times43,7\times29,11\times17\}$，$B_6=\{2\times109,3$

$\times 73, 5\times 41, 7\times 23, 11\times 13\}$. 易知每个 B_i 中的数两两互质,并且 $|B_1|=60$. 为了使任 5 个元素不两两互质,从 S 中必须去掉 B_1 的 $56(=60-4)$个元,B_2,B_3,B_4 各 2 个元,B_5,B_6 各 1 个元. 即至少去掉 $56+2\times 3+1\times 2=64$ 个元. 从而任一 $217(=280-63)$元集必有 5 个元两两互质.

7. 在一条直线上取 O 点,过 O 作其他 7 条线的平行线,将平角分为 8 份,其中必有一份$\leqslant \frac{180^\circ}{8}<23^\circ$.

8. 每个数可写成 $2^k\cdot j$,其中 j 为奇数,称为 $2^k\cdot j$ 的奇数部分. 如果有两个数奇数部分相同,那么一个是另一个的倍数. 如果 100 个数的奇数部分互不相同,考虑小于 16 的那个数 a,设 a 的奇数部分为 j. (a) $j=15$,则 $a=15$. a 整除奇数部分为 45 的数. $j=9,11,13$ 的情况与此类似. (b) $j=7$,$a=7$ 或 14. 奇数部分为 21 与 63 的两个数中,或者有一个是 a 的倍数,或者它们是 21 与 63,而 $21|63$. $j=5$ 的情况类似. (c) $j=1$,则 $a=1,2,4,8$. 奇数部分为 3,9,27,81 的数中,或者有一个是另一个的倍数,或者它们是 $2^{k_1}\times 3, 2^{k_2}\times 9, 2^{k_3}\times 27, 81$ $(k_1>k_2>k_3>0)$,从而 $a|2^{k_1}\times 3$. $j=3$ 的情况类似.

9. 能,如 $101,102,\cdots,200$.

10. 每个人都可转动桌子,使自己与名字符合. 人有 15 个,转动只有 14 种,因此必有一种转动使至少有两个人与他们的名字相符.

11. a_i 意义同例 2,$i=1,2,\cdots,105$. 因为

$$a_{105}\leqslant 13\times 15=195.\ 195+1-105=91.$$

$$a_{91}+21\leqslant 13\times \frac{91}{7}+21<195.$$

所以在 $a_1,a_2,\cdots,a_{105},a_1+21,a_2+21,\cdots,a_{91}+21$ 这 196 个中必有两个相同.

12. 设红点最多,则红点数$\geqslant \frac{12\times 12}{3}=48$. 平均每行 4 个. 往证存在顶点均为红色的矩形. 假设这样的矩形不存在,不妨设第一行为行、列中红点个数最多的,有 $k_1\geqslant 4$ 个红点,且在前 k_1 列. 在前 k_1 列组成的 $12\times k_1$ 的矩形中,其余每行至多一个红点,因此删去这 k_1 列及第一行,剩下红点数

$$\geqslant 48-(k_1+11)=37-k_1.$$

在剩下的 $11\times(12-k_1)$的矩阵中,每列平均>3 个红点,不妨设第一列有 $h_1\geqslant 4$ 个红点,且在前 h_1 行,删去第一列及前 h_1 行,剩下红点数

$$\geqslant 37-k_1-(h_1+11-k_1)=26-h_1.$$

平均每行$\geqslant \frac{26-h_1}{11-h_1}>3$ 个. 因而可设(现在的)第一行有 $k_2\geqslant 4$ 个红点,且在前 k_2 列. 删去这行及前 k_2 列,剩下红点数

$$\geqslant 26-h_1-(k_2+10-h_1)=16-k_2.$$

平均每列$\geqslant \frac{16-k_2}{11-k_1-k_2}>3$ 个. 设(现在的)第一列有 $h_2\geqslant 4$ 个红点,且在前 h_2 行,删去这

些行、列,剩下红点数

$$\geqslant 16-k_2-(h_2+10-k_1-k_2)=6+k_1-h_2\geqslant 6.$$

而剩下行数$=10-h_1-h_2\leqslant 2$,列数$=10-k_1-k_2\leqslant 2$. 矛盾.

习 题 47

1. 将每个三角形的最大边染成红色. 根据例 1,必有一个三角形三边为红色(不可能无色,因为每个三角形至少有一条红色边),它的最小边是一个三角形的最大边.

2. 认识的连红线,否则连蓝线. 若点 v 引出 5 条红线 $vv_1, vv_2, \cdots, vv_5$,则 $v_1, \cdots, v_5$ 互不相识或其中有两个人互相认识,他们与 v 也互相认识. 若点 v 引出 9 条蓝线,则由例 7 即得.

3. 由例 1 有一个同色三角形,删去这个三角形的一个顶点,剩下 6 点又构成一个同色三角形. 如果这两个同色三角形有公共点,删去公共点得到第三个同色三角形. 设$\triangle v_1v_2v_3$,$\triangle v_4v_5v_6$ 无公共点. 若它们同红,v_7 向一个三角形引出两条红线时有第三个红色三角形. v_7 向每个三角形引出两条蓝线时,设 v_7v_1,v_7v_2,v_7v_4 蓝,则$\triangle v_4v_1v_2$ 为红色或$\triangle v_4v_1v_7$($\triangle v_4v_2v_7$)为蓝色. 若$\triangle v_1v_2v_3$ 红,$\triangle v_4v_5v_6$ 蓝. v_4v_1,v_4v_2,v_4v_3 中有两条红时有红色三角形. 在 v_4v_1,v_4v_2,v_5v_1(或 v_5v_2)均蓝时,有蓝色三角形.

4. 不一定. 如图所示.

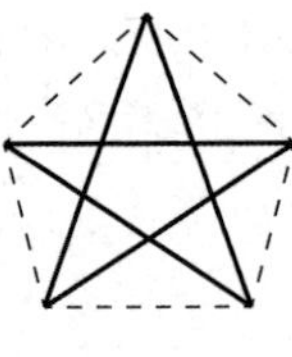

(第 4 题)

5. 考虑 $r(m,n-1)+r(m-1,n)$个点的完全图,边染上红色或蓝色. 若点 v_1 引出 $r(m,n-1)$条蓝色边,这些边的另一端构成红色的 K_m 或蓝色的 K_{n-1},后者结合 v_1 得到蓝色的 K_n. 若点 v_1 引出 $r(m-1,n)$条红色边,情况类似.

(3) 可由(2)用归纳法推得.

6. $e_4=4, e_5=6, e_6=7, e_7=9, e_8=11$.

7. 题组成 28 元的点集 X,人组成 m 元点集 Y. 若人 y 解出题 x,就在 x,y 间连边. 设点 $x\in X$ 的次数为 n,它与 $y_1, y_2, \cdots, y_n$ 相连,则 $X\setminus\{x\}$中每一点恰与两个 y_i($1\leqslant i\leqslant n$)相连. 因此 $2\times 27=6n$,$n=9$. 这图共有 $28\times 9=7m$ 条边,所以 $m=36$. 设初试共 s 道题,如果解出 1,2,3 道初试题的人数为 α, β, γ,并且 $\alpha+\beta+\gamma=36$,那么 $\alpha+2\beta+3\gamma=9s$,$\beta+C_3^2 r=2C_s^2$. 消去 α, γ 得 $\beta=-2s^2+29s-108<0$,矛盾.

8. 将认识的人连上边. 6 点图(或其补图)中存在$\triangle v_1v_2v_3$,其他点至多与 v_1,v_2,v_3 中一个相连,否则结论已真. 设 v_4 不与 v_2,v_3 相连,若 v_5(或 v_6)不与 v_2,v_3 相连,则 v_2,v_4,v_3,v_5 即为所求. 设 v_5 与 v_2 相连. 若 v_6 与 v_2 相连,则不与 v_3 相连,v_1,v_5,v_3,v_6 为所求. 若 v_6 与 v_3 相连,则 v_4 与 v_5 相连时,v_1,v_3,v_6,v_4 为所求. 若 v_4 与 v_5,v_6 均不连,则 v_4,v_5,v_1,v_6 为所求.

9. $K_{1\,024}$共有 $C_{1\,024}^2$条边,2 染色有 $2^{C_{1\,024}^2}$ 种方法. 其中有同色的 20 边形的至多 $C_{1\,024}^{20}\times 2\times 2^{C_{1\,024}^2-C_{20}^2}$ 种. 因为 $C_{1\,024}^{20}=\dfrac{1\,024\times 1\,023\times\cdots\times 1\,005}{20\times 19\times\cdots\times 1}<\dfrac{1\,024^{20}}{2^{20}}=2^{180}<2^{C_{20}^2-1}$,所以必有无同色 20 边形

的染法.

10. 在每个选手之间连一条线. 如果编号大的选手胜编号小的,就将这条线染成红色. 否则就染成蓝色. 图中必有一个同色三角形.

11. 先作一个 r_m-1 个点的完全图 K,并将它的边染上 m 种颜色,使得图中无同色三角形. 再将每个点换成一个 r_n-1 个点的完全图,并将它的边染上另外的 n 种颜色,使得图中无同色三角形. 这些 r_n-1 个点的完全图,彼此之间的连线与原先将这些完全图作为点时,所连的线颜色相同. 这样就得到 $(r_m-1)(r_n-1)$ 个点的完全图,染上 $m+n$ 种颜色,并且无同色三角形.

12. 图中 8 个点,每两点之间连一条线,红色线用实线表示,蓝色线在图上没有画出来. 图中没有红色的 K_3,也没有蓝色的 K_4(即没有三点被连成三角形,也没有四点,每两点之间没有连线).

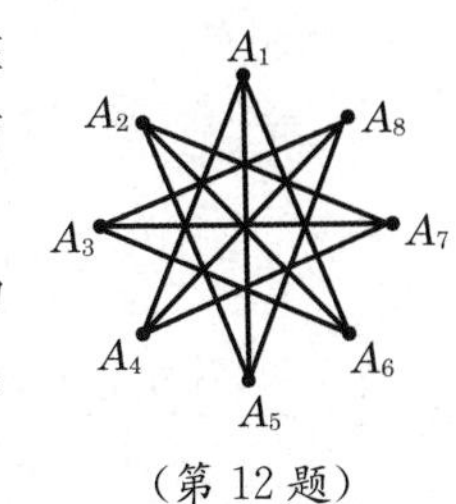

(第 12 题)

13. $n=10$. 一方面,考虑完全图 K_{10}. 其中有同色三角形,设 $\triangle ABC$ 为红色. 若结论不真,则剩下 7 点中有 $\triangle IJK$ 为蓝色. 另外四点 D, E, F, G 可归结为两种情况:

(1) DE, EF, FG, GD 蓝, DF, GE 红. 这时 A 到 D, E, F, G 的线中至多两条蓝线,而且这两条蓝线只可能是 AE, AG(或 AD, AF). 因此可设有一个红三角形 ADF. I 到 B, C 的线中至少有一条蓝色, J, K 也是如此. 于是可设 C 至少向 J, K 引出蓝线,存在一个蓝色三角形 CJK. ID, IF 中至少有一条蓝色, IG, IE 也是如此,因而存在一个蓝色三角形,比如说 $\triangle IDG$,矛盾.

(2) DE, EF, GD 蓝, DF, GE, FG 红. 若有红三角形 ADF,则有蓝三角形 CJK. IG, IF 为蓝, ID, IE 为红.

1° IB 蓝,则 BG 红, BE 蓝, BF, BD 红, AI 蓝, AG 红, AE 蓝, CD 蓝, CG 红, CE 蓝,得出又一个蓝三角形 CED,矛盾.

2° IB 红,则 IC 蓝, BE 蓝, BF, BD 红, BG 蓝, CF 蓝, CE 红, AE 蓝, CG 蓝, CD 红, AG 蓝, AI 红. 若 KF 红,则 KG, KD 蓝,有两个蓝三角形 KGD, CIJ. 若 KF 蓝, KE 红, KG 蓝, GJ 红, JF 蓝,有两个蓝三角形 KJF, CIG.

于是没有红三角形 ADF. 即 AG, AF 蓝, AD, AE 红, B, C 亦如此. 对称地, I, J, K 也是如此. AI 蓝, $\triangle AIG$ 与 $\triangle KJF$ 蓝,矛盾.

另一方面,作红三角形 ABC,蓝三角形 IJK,又作 DE, DF 蓝, EF 红, D 与 $\triangle IJK$ 的连线红,与 $\triangle ABC$ 的连线蓝, E, F 正好与 D 相反,其他线颜色任意. 这时蓝三角形必以 I, J, K 中至少一个为顶点,红三角形必以 A, B, C 中至少一个为顶点.

习 题 48

1. $\{1,2,3,4,5\}$, $\{6,7,8,9,10\}$, $\{11,12,13,14,15\}$, $\{16,17,18,19,20\}$, $\{21,22,23,24,25\}$, $\{1,6,11,16,21\}$, $\{1,7,12,17,22\}$, $\{1,8,13,18,23\}$, $\{1,9,14,19,24\}$, $\{1,10,15,20,25\}$, $\{2,7,13,19,25\}$, $\{2,8,14,20,21\}$,

$\{2,9,15,16,22\}$, $\{2,10,11,17,23\}$, $\{2,6,12,18,24\}$, $\{3,8,15,17,24\}$,
$\{3,9,11,18,25\}$, $\{3,10,12,19,21\}$, $\{3,6,13,20,22\}$, $\{3,7,14,16,23\}$,
$\{4,9,12,20,23\}$, $\{4,10,13,16,24\}$, $\{4,6,14,17,25\}$, $\{4,7,15,18,21\}$,
$\{4,8,11,19,22\}$, $\{5,10,14,18,22\}$, $\{5,6,15,19,23\}$, $\{5,7,11,20,24\}$,
$\{5,8,12,16,25\}$, $\{5,9,13,17,21\}$即为合乎要求的 30 个委员会.

2. $p_1p_2\cdots p_n=q_1q_2\cdots q_n$,因而 $p_1,p_2,\cdots,p_n,q_1,q_2,\cdots,q_n$ 中-1的个数为偶数 $2h$,$+1$的个数为偶数 $2n-2h$,$s=2n-4h$,在 n 为奇数时,$s\neq 0$. 在前 $2k$ 行放-1,则 $s=2n-4k$.

3. 作一条长为 $a_1+a_2+\cdots+a_m=b_1+b_2+\cdots+b_n$ 的线段. 先将它分为 m 份,第 i 份的长为 a_i,再将它分为 n 份,第 j 份的长为 b_j. 这样共有 $m+n-2$ 个分点与 $m+n-1$ 条线段. 将属于第一种分法中线段 a_i 与第二种分法中线段 b_j 的线段长写在表的第 i 行第 j 列.

4. 交换和号,$M_n=\frac{1}{n!}\sum_{k=1}^{n}\sum_{p\in S_n}|k-p(k)|=\frac{(n-1)!}{n!}\sum_{k=1}^{n}\sum_{j=1}^{n}|k-j|=\frac{2}{n}\sum_{\substack{k=1\\k>j}}^{n}\sum_{j=1}^{n}(k-j)=\frac{2}{n}\sum_{i=1}^{n}i(n-i)=\frac{1}{3}(n^2-1)$.

5. 令 $y_j=x_j-a$, 则 $\sum_{j=1}^{n}\frac{1+x_j}{1+x_{j+1}}=\sum_{j=1}^{n}\frac{1+a+y_j}{1+a+y_{j+1}}=n+\sum_{j=1}^{n}\frac{y_j-y_{j+1}}{1+a+y_{j+1}}=n+\sum_{j=1}^{n}y_j\left(\frac{1}{1+a+y_{j+1}}-\frac{1}{1+a+y_j}\right)=n+\sum_{j=1}^{n}\frac{y_j(y_j-y_{j+1})}{(1+a+y_j)(1+a+y_{j+1})}\leqslant n+\frac{1}{(1+a)^2}\sum_{j=1}^{n}y_j^2$.

6. 若 $n\neq 2^k$. 设奇素数 p 为 n 的因数,则 $1,1+2,\cdots,1+2+\cdots+(p-1),1+2+\cdots+(p-1)+p$ 这 p 个数中末两个 $\bmod p$ 同余,因而不构成 $\bmod p$ 的完系. 因为 $1+2+\cdots+p=\frac{p(p+1)}{2}\equiv 0(\bmod p)$,所以发 p 粒糖果后重复以前发糖的过程,至少有一个儿童始终得不到糖果.

若 $n=2^k$. $1,1+2,\cdots,1+2+\cdots+(n-1)$都不是 n 的倍数,并且互不同余$(\bmod n)$. 这是因为在 $0\leqslant m<l<n$ 时,$\frac{l(l+1)}{2}\equiv\frac{m(m+1)}{2}(\bmod 2^k)\Leftrightarrow(l-m)(l+m+1)\equiv 0(\bmod 2^{k+1})$,但 $l-m$ 与 $l+m+1$ 的奇偶性相反,而且 $0<l-m<l+m+1<2^k+2^k=2^{k+1}$,所以 $2^{k+1}\nmid(l-m)(l+m+1)$. 另一方面,$1+2+\cdots+(2n-1)=n(2n-1)\equiv 0(\bmod n)$,所以每一个儿童均能得到糖果.

7. 假设有一 13 边形,含有它一条边的直线至少还含有另一条边. 由于 13 为奇数,必有一条直线至少含有 3 条边,6 个顶点,经过每个顶点引出的另一条直线上至少有 2 条边,因而边数 $\geqslant 2\times 6+3=15$,矛盾!

8. 设凸多边形 M 被剪成凹四边形 $M_1,M_2,\cdots,M_n$. 考虑多边形 N 的内角的"和"$f(N)$,其中凡大于 $180°$的角均需减去 $360°$. 显然 $f(M)>0$, $f(M_i)=0$, 所以 $f(M)>\sum_{i=1}^{n}f(M_i)$. 另一方面,比较每个 M_i 的顶点 A 对 $f(M)$ 与 $\sum f(M_i)$ 的贡献. 如果 A 也是 M 的顶点,它对

两者的贡献相同. 如果 A 在 M 的边上，它对 $f(M)$ 的贡献为 0，对 $\sum f(M_i)$ 的贡献为 $180°$. 如果 A 在 M 内并且有一个 M_i 在 A 点的角大于 $180°$，A 对 $f(M)$，$\sum f(M_i)$ 的贡献均为 0. 如果 A 在 M 内并且以 A 为顶点的多边形 M_i 在 A 点的角均小于 $180°$，A 对 $f(M)$ 的贡献为 0，对 $\sum f(M_i)$ 的贡献为 $360°$ 或 $180°$. 总之应有 $f(M) \leqslant \sum f(M_i)$，矛盾！

9. 假设有这样的折线，顶点 $A_1, A_2, \cdots, A_n = A_1$ 都是格点，n 为奇数. 设 A_{i+1} 的坐标减去 A_i 的坐标得 a_i, b_i. 则每一段的长 c 的平方 $= a_i^2 + b_i^2$. 如果 $4 \mid c$，那么所有 a_i, b_i 都是偶数. 可以以 A_1 为圆心，$\frac{1}{2}$ 为相似系数作位似变换，得到的折线仍满足要求. 因此可假定 $4 \nmid c$. 从而 $c \equiv 1, 2 \pmod 4$. $c \equiv 1 \pmod 4$ 时，a_i, b_i 一奇一偶. 但 $\sum a_i = 0$，$\sum b_i = 0$，所以 $\sum (a_i + b_i) = 0$. 而在 a_i, b_i 一奇一偶时，$a_i + b_i \equiv 1 \pmod 2$，$\sum (a_i + b_i) \equiv n \equiv 1 \pmod 2$，矛盾！$c \equiv 2 \pmod 4$ 时，所有 a_i, b_i 均为奇数，从而 $\sum a_i \equiv n \equiv 1 \pmod 2$，与 $\sum a_i = 0$ 矛盾！

习 题 49

1. 原式即 $\frac{|\partial F_r|}{r} \geqslant \frac{t}{n-r+1}$，可参看例 1 解法 2. 等号成立条件见第 2 题.

2. X 中每个 r 元素删减一个元成为 $(r-1)$ 元集，$(r-1)$ 元集添加一个元成为 r 元集. 经过逐步删减与添加可使任一 r 元集 A_1 变为任一 r 元集 A. 这样一串集 $A_1, B_1, A_2, B_2, \cdots, B, A$ 中，如果 $A_1 \in F_r$，那么 $B_1 \in \partial F_r$，从而由已知 $A_2 \in F_r$. 依次类推得 $A \in F_r$. 即 X 的任一 r 元集 A 均在 F_r 中.

3. 设 $A_1, A_2, \cdots, A_t$ 中元数最多的为 r 元集. 将每个 r 元集删减一个元素成为 $(r-1)$ 元集. 由于第 1 题，将这些 $(r-1)$ 元集代替 r 元集后，LMY 仍为等式，从而 $f_r = C_n^r$，即 X 的所有 r 元集均在 F 中，从而 F 的元均为 X 的 r 元子集.

4. 若 $|x_A - x| < \frac{1}{2}$，$|x_B - x| < \frac{1}{2}$，则 $|x_A - x_B| < 1$，因此至多可选出 $C_n^{[n/2]}$ 个.

5. 令 $y = \sum x_i$，则 $\left| x - \sum \varepsilon_i x_i \right| = \left| x + y - \sum (1+\varepsilon_i) x_i \right| = 2 \left| \frac{x+y}{2} - \sum \frac{1+\varepsilon_i}{2} x_i \right|$，$\frac{1+\varepsilon_i}{2} = 0$ 或 1. 本题称为李特伍德(J.E.Littlewood，1885～1977)问题.

6. 令 $A = \{$第一轮总分高于第二轮的人$\}$，$B = \{$第二轮总分高于第一轮的人$\}$，$|A| = k$，$|B| = h$，则 $k + h = 2n$. 不妨设 $k \geqslant n \geqslant h$. 考虑 A 中的人的第一轮总分的和 S. 一方面，$S \leqslant C_k^2 + kh$. 另一方面，A 中的人的第二轮总分的和 $\geqslant C_k^2$，所以 $S \geqslant C_k^2 + kn$. 综合以上两方面得 $h \geqslant n$，从而 $k = h = n$，并且以上不等式均应为等式，A 中的人第一轮的总分比第二轮恰好多 n 分. 同样，B 中的人第二轮的总分比第一轮恰好多 n 分.

7. 将 N 改为有限集 $\{1, 2, \cdots, n\}$. 对 k 用归纳法. $k=1$ 时，取 $a = d = 1$，$n_1 = \max\{l+1, s\}$. 设 $k > 1$，并且对所有 $l, s \in N$，存在数 $n_{k-1} = n(l, k-1, s)$. 取 $n_k = n(l, n, s) = sn(ln_{k-1}, k)$，

其中 $n(ln_{k-1},k)$ 是例 4 中的范氏函数. 将 $\{1,2,\cdots,n_k\}$ 任意 k 染色，在 $\{1,2,\cdots,n(ln_{k-1},k)\}$ 中必存在 ln_{k-1} 项的等差数列 $\{a+id',i=1,2,\cdots,ln_{k-1}\}$，各项同为红色. 这时有两种可能：

(1) 有一个数 $j\in\{1,2,\cdots,n_{k-1}\}$，使 $sd'j$ 是红的，则取 $d=d'j$，$a+d$，$a+2d$，$\cdots$，$a+ld$，sd 都是红的.

(2) 对每个数 $j\in\{1,2,\cdots,n_{k-1}\}$，$sd'j$ 都不是红的，则集 $\{sd'j,j=1,2,\cdots,n_{k-1}\}$ 只有 $k-1$ 种颜色. 由 n_{k-1} 的定义，在这集中有 $sd'(a'+d'')$，$sd'(a'+2d'')$，$\cdots$，$sd'(a'+ld'')$ 与 $sd'(sd'')$ 同色，比如说同为蓝色. 取 $d=sd'd''$，$a=sd'a'$，则 $a+d$，$a+2d$，$\cdots$，$a+ld$ 与 sd 都是蓝的.

于是，对任意的正整数 l,k,s，都有 $n=n(l,k,s)$，使得将 $\{1,2,\cdots,n\}$ 任意 k 染色后，必有正整数 a,d，使 $a+d$，$a+2d$，$\cdots$，$a+ld$ 与 sd 同色.

8. 沿着洞的竖边剪，直至到达纸片的边或者另一个洞的边，这样将纸片分成许多无洞的矩形小纸片. 我们证明这些纸片的个数是 $3n+1$. $n=1$ 时结论显然. 设命题对 $n-1$ 成立. 考虑 n 个洞. 可设第 n 个洞的下方没有洞. 在第 n 个洞出现前，纸片可剪成 $3(n-1)+1$ 个无洞的矩形. 沿着第 n 个洞的一条竖边剪，这条线将原有的一个矩形小纸片分为两个. 沿另一条竖边剪也是如此. 再将原纸片在第 n 个洞的横边正下方的线段向上推，直至到达第 n 个洞的横边（与这条线段相交的竖线也随之上移），它扫过一个无洞的矩形纸片，再上推扫过第 n 个洞. 这样原矩形纸片被剪成 $3(n-1)+1+1+1+1=3n+1$ 个矩形纸片.

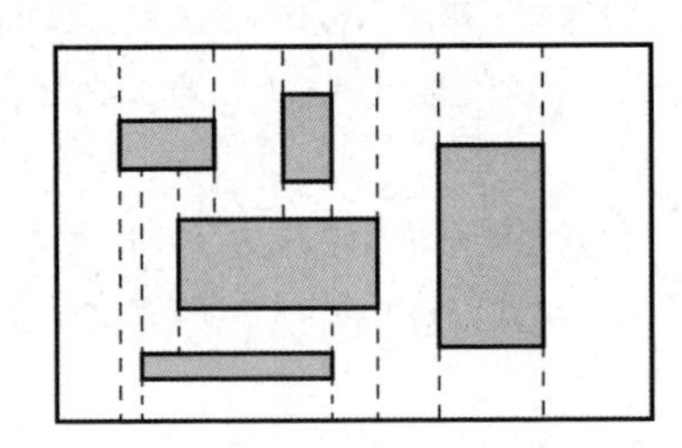
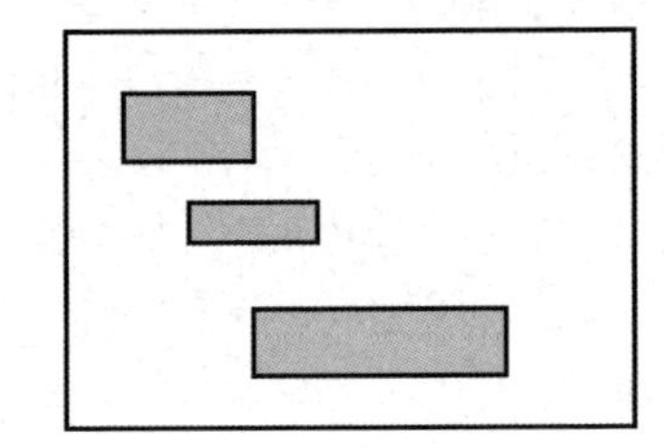

（第 8 题）

$3n+1$ 不能再减少了. 为此，考虑右图. 每个洞在前一个洞的右下方，并且彼此各有一条竖边在另一个的两条竖边之间. 无论怎样剪，$2n$ 条竖边中任意两条不在同一个无洞的矩形纸片中. 从上向下数的 $2n$ 条横边中，只有第 2、第 3 条，第 4、第 5 条，$\cdots$，第 $2n-2$ 与第 $2n-1$ 条可以在同一个矩形纸片中. 任一条横边与竖边不可以在同一个无洞的矩形纸片中. 所以至少剪成 $2n+1+(n-1)+1=3n+1$ 个矩形.

因此所求最小值 $m=3n+1$.

9. 对 n 进行归纳. 奠基显然. 假设命题对于 $n-1$ 成立. 设 $U\cap V$ 由 S 的 k 个子集组成，其中 k_1 个含 a_n，k_2 个不含 a_n，$k_1+k_2=k$. U 中含 a_n 的子集所成族记为 U_1，不含 a_n 的子集所成族记为 U_2，U_1 中每个子集去掉 a_n 后，所得的集组成集族 U_1'，$|U_1|=|U_1'|=u_1$，$|U_2|=u_2$，$u_1+u_2=|U|$. 并且易知 $u_1\geqslant u_2$. 类似地定义 V_1，V_2，V_1'，v_1，v_2，易知 $v_1\leqslant v_2$. 由归纳假设，

$k_2 \cdot 2^{n-1} \leqslant u_2 v_2$. 又对于 U'_1, V'_1,同样有 $k_1 \cdot 2^{n-1} \leqslant u_1 v_1$. 所以

$k \cdot 2^n = (k_1 + k_2) \cdot 2^n \leqslant 2(u_1 v_1 + u_2 v_2) \leqslant (u_1 + u_2)(v_1 + v_2) = |U| \cdot |V|$.

习 题 50

1. 设鸟原来位置组成正 n 边形 $A_1 A_2 \cdots A_n$. 不妨设鸟 A_1(即原来在点 A_1 的鸟)仍回到点 A_1. 如果 $n = 2k (k \geqslant 2)$,设鸟 A_i 飞到 A_{k+1}. 在 $i \neq k+1$ 时,鸟 A_1, A_i, A_{k+1} 前后同为直角三角形. 在 $i = k+1$ 时,鸟 A_1, A_{k+1}, A_2 前后同为直角三角形.

如果 $n = 2k+1 (k \geqslant 3)$,称 $\overset{\frown}{A_1 A_{k+1}}$ 为左边,$\overset{\frown}{A_{k+2} A_1}$ 为右边,鸟 A_2, A_3, A_4 原来均在左边,后来必有两只在同一边. 不妨设 A_2, A_3 仍在同一边,则鸟 A_1, A_2, A_3 前后组成钝角三角形.

$n = 3$ 时,鸟 A_1, A_2, A_3 始终成正三角形.

$n = 5$ 时,鸟 A_2, A_3, A_4, A_5 分别飞到点 A_4, A_2, A_5, A_3 处,则任三鸟前后所成三角形分别为锐角(钝角)三角形、钝角(锐角)三角形.

因此 $n \geqslant 3$ 并且 $n \neq 5$.

2. $\{1, 2, 7, 9, 19\}$ 就是一组满足要求的数. 将这组数平移,即将每个数加上 $j (j = 0, 1, 2, \cdots, 20)$,就得到习题 43 第 9 题中所要求的 21 家航空公司(每个数(mod21)代表 1 个城市). 一般地,对于素数的自然数幂 p^k,存在 $p^k + 1$ 个数,每两个的差互不同余($\mathrm{mod}(p^{2k} + p^k + 1)$).

3. (b)中的第二问不正确. 事实上,在 $2^{k-1} < n \leqslant 2^k$ 时,最少的次数为 k. 首先,$2^k \equiv -1 (\mathrm{mod}\,(2^k + 1))$. 对于 2^k 张牌,取前 2^{k-1} 张,并交错地插入后 2^{k-1} 张中,即第 j 张牌变为

$$f(j) = \begin{cases} 2j, j \leqslant 2^{k-1} \\ 2(j - 2^{k-1}) - 1, j > 2^{k-1} \end{cases} \equiv 2j (\mathrm{mod}(2^k + 1)).$$

这样进行 k 次后,j 变为 $2^k j \equiv -j \equiv (2^k + 1 - j)(\mathrm{mod}(2^k + 1))$. 即牌的顺序恰好反过来. 对于 $n < 2^k$ 张牌,可补充若干张"幽灵"牌参加洗牌. 总之 k 次可达到目的. 其次,将 n 张任意分成两组必有一组张数大于 2^{k-2},因此用归纳假设即知至少要洗 $k-1$ 次牌,从而至少共洗牌 k 次才能将顺序完全颠倒.

请与综合习题第 22 题比较.

4. 设 $x^3 + y^3 - x = mxy$,m 为整数. 对任一素数 p,若 $p^{3k+1} \mid x$,则 $p^{3k+1} \mid y^3$,从而 $p^{k+1} \mid y$,$p^{3(k+1)} \mid (x^3 + y^3 - x)$,$p^{3(k+1)} \mid x$. 因此 x 为完全立方.

5. 设梯子底端到墙的距离为 b. 则 $b^2 + h^2 = l^2$,$d(b+h) = bh$(等于所成三角形面积的 2 倍). 于是 $(b+h)^2 - 2d(b+h) = l^2$,$b + h = d + \sqrt{l^2 + d^2}$,$h = \dfrac{d + \sqrt{l^2 + d^2} \pm \sqrt{l^2 - 2d^2 - 2d\sqrt{l^2 + d^2}}}{2}$.

6. 由 $a^2 + b^2 = c^2$ 得 $c = d(u^2 + v^2)$,$b = d(u^2 - v^2)$,$a = d \cdot 2uv$,或 $c = d(u^2 + v^2)$,$b = d \cdot 2uv$,$a = d(u^2 - v^2)$. 代入 $a^2 = b + c$ 可知,只有后一种情况有解,并且 $d = 1$,$u = v + 1$,$a = 2v + 1$,$b = 2v(v+1)$,$c = v^2 + (v+1)^2$.

7. $(\lambda - 1)(\lambda^n + a_{n-1}\lambda^{n-1} + \cdots + a_0) = 0$,即 $\lambda^{n+1} = (1 - a_{n-1})\lambda^n + \cdots + a_0$,$|\lambda|^{n+1} \leqslant (1 -$

$a_{n-1})|\lambda|^n+\cdots+(a_1-a_0)|\lambda|+a_0\leqslant|\lambda|^n$，从而$|\lambda|=1$，并且$(1-a_{n-1})\lambda^n,\cdots,(a_1-a_0)\lambda$与$a_0$同为非负实数，$\lambda^{n+1}$也是非负实数，$\lambda^{n+1}=1$.

8. 图中其余地方均放$+1$，则经7次变动恢复原状. 因此经过有限次变动不能使所有数均变为1.

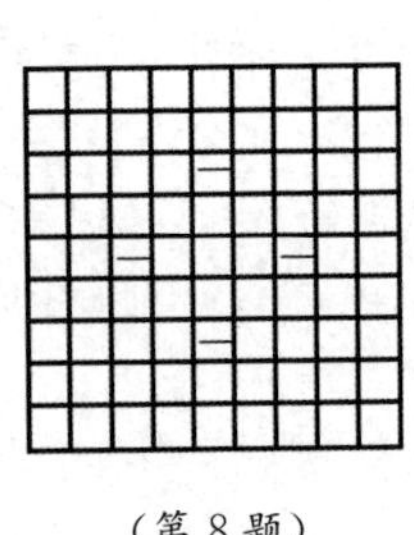

（第8题）

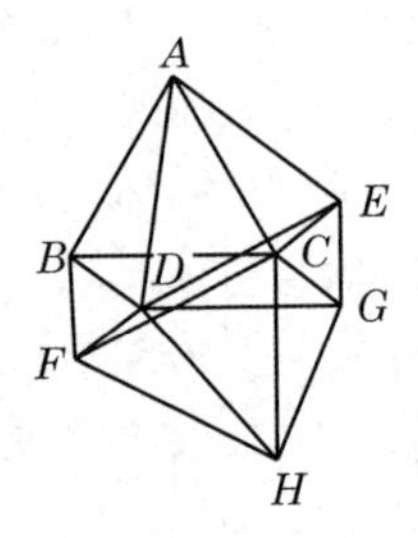

（第11题）

9. 特征方程$\lambda^3=3\lambda^2-3\lambda+1$有三个重根1，所以$a_n=c_2n^2+c_1n+c_0$. 由(b)得$c_2=1,c_0=a_0$. 有充分大的$n$，使$n^2+c_1n+c_0=(n+d)^2$. 比较即知$d^2\leqslant c_0$或$2d\leqslant c_1$，从而$c_1=2d,c_0=d^2,a_n=n^2+c_1n+c_0=(n+d)^2$.

10. 可以. 将平面分成彼此平行的带形，宽均为$\frac{\sqrt{3}}{2}$. 每个带形包含下边界，不包含上边界. 然后红、蓝相间地染带形区域即可.

11. 如图，$\triangle ABC$是边长为1的正三角形，顶点均红，$\triangle ABD$为任意形状的三角形. 将它绕B旋转$60°$得$\triangle CBF$，绕A旋转$60°$得$\triangle ACE$. 若D,E,F中有一个红点，则结论成立. 设D,E,F全为蓝色. 如图再作$\triangle DFH$，$\triangle GED$均与$\triangle ABD$全等. 若G,H均红，则$\triangle CGH$即为所求.

12. $5\leqslant$和$\leqslant5\times9=45$. 共有$21\times21=441$个"十字". 因而必有$\left\lceil\frac{441}{45-5+1}\right\rceil=11$个和相等.

13. 设每组至少2名学生的分拆种数为c_n. 只需证$c_n=b_{n-1}$. 为此，对每种每组至少2名学生的分拆，将其中第n号学生所在的组拆成若干只有1名学生的小组，并将第n号学生移去，就得到$n-1$个学生的、至少有一组只有一个学生的分拆. 反之，由后者将仅含1个学生的小组并为一组并加入第n号学生就得到前者.

14. (a) B_{2n}的数可分为两类：从左到右将数字逐一相加，能出现n的在第一类，否则在第二类. 第一类共b_n^2个，第二类共b_{n-1}^2个. (b) 对B_{2n}的数b，从左到右，凡出现数字2时，将它与右面的那个数字相加，这样继续到最右边（如果个位是2就将这个2去掉），产生A_{2n}或A_{2n-2}中的一个数. 这种对应是一一对应. (c)由(a)，(b)，$a_{2n}+a_{2n-2}=b_n^2+b_{n-1}^2$. 而$a_2=b_1^2=1$，所以$a_{2n}=b_n^2$.

15. 设$\triangle ABC$，$\triangle A_1BC$的边长分别为a,b,c和a,b_1,c_1. 不妨设$b+c\geqslant b_1+c_1$. 由$a\cdot\overrightarrow{IA}+b\cdot\overrightarrow{IB}+c\cdot\overrightarrow{IC}=\mathbf{0}$，$a\cdot\overrightarrow{I_1A_1}+b_1\cdot\overrightarrow{I_1B}+c_1\cdot\overrightarrow{I_1C}=\mathbf{0}$相减得$(\overrightarrow{I_1A_1}-\overrightarrow{IA})a+\overrightarrow{I_1B}\cdot b_1-$

$\overrightarrow{IB}\cdot b+\overrightarrow{I_1C}\cdot c_1-\overrightarrow{IC}\cdot c=\mathbf{0}$. 以$\overrightarrow{I_1A_1}-\overrightarrow{IA}=\overrightarrow{I_1I}+\overrightarrow{AA_1}$, $\overrightarrow{IB}=\overrightarrow{II_1}+\overrightarrow{I_1B}$, $\overrightarrow{IC}=\overrightarrow{II_1}+\overrightarrow{I_1C}$代入上式得$\overrightarrow{I_1I}\cdot(a+b+c)+\overrightarrow{AA_1}\cdot a+\overrightarrow{I_1B}\cdot(b_1-b)+\overrightarrow{I_1C}\cdot(c_1-c)=\mathbf{0}$. 取模并注意$|\overrightarrow{I_1B}|<c_1$, $|\overrightarrow{I_1C}|<b_1$(因为$\angle AI_1B$, $\angle AI_1C$均为钝角)得$|\overrightarrow{I_1I}|\cdot(a+b+c)\leqslant |\overrightarrow{AA_1}|\cdot a+|\overrightarrow{I_1B}|\cdot|\overrightarrow{AA_1}|+|\overrightarrow{I_1C}|\cdot|\overrightarrow{AA_1}|<|\overrightarrow{AA_1}|\cdot(a+b_1+c_1)\leqslant|\overrightarrow{AA_1}|(a+b+c)$.

16. 设$\angle AOB=2\alpha$, $\angle BOC=2\beta$, $\angle COD=2\gamma$, $\angle DOA=2\delta$, 则 $S_{ABCD}=\frac{1}{2}\sum\sin2\alpha$, $S_{A'B'C'D'}=\sum\tan\alpha$.

不妨设 $2\sin\alpha=a$, $2\sin\delta=\sqrt{4-a^2}$, 则 $\alpha+\delta=90^\circ$, $\beta+\gamma=90^\circ$.

$$\sum\tan\alpha=\frac{\sin(\alpha+\delta)}{\cos\alpha\cos\delta}+\frac{\sin(\beta+\gamma)}{\cos\beta\cos\gamma}=\frac{2}{\sin2\alpha}+\frac{2}{\sin2\beta}=\frac{2(\sin2\alpha+\sin2\beta)}{\sin2\alpha\sin2\beta},$$

所以

$$\frac{S_{A'B'C'D'}}{S_{ABCD}}=\frac{2}{\sin2\alpha\sin2\beta}.$$

在$\beta=\alpha$时, 比值取最大值$\frac{8}{a^2(4-a^2)}$.

在$\beta=45^\circ$时, 比值取最小值$\frac{4}{a\sqrt{4-a^2}}$.

17. $\triangle I_1I_2I_3$的垂心为I, $\triangle ABC$是$\triangle I_1I_2I_3$的垂足三角形, 所以O是$\triangle I_1I_2I_3$的九点圆的圆心. 结论由此立得.

18. 因为$AD+BC=AB+CD$, 所以$S_{\triangle OAD}+S_{\triangle OCB}=S_{\triangle ODC}+S_{\triangle OBA}$. 由习题36第1题的解答即得结论.

19. 设直线AB交PQ于X, 则$XP^2=AX\cdot BX=XQ^2$, 即X是线段PQ的中点. 易知$PR\parallel AB$, 所以$RB=XP=\frac{1}{2}PQ=\frac{1}{2}RS$. 又$RS^2=RB\cdot RW$, 所以$RW=2RS$. $RB:BW=\frac{1}{3}$.

20. 设M在AB, AC, AD上的射影分别为B_1, C_1, D_1. 则$\triangle B_1C_1D_1$的边即三条l_i. 显然B_1, C_1, D_1在以AM为直径的圆上, 因而M在上述三条l_i上的射影共线. 同时可考虑以B为顶点的三条边BC, BD, BA, 从而导出结果. 从n到$n+1$与此类似. 上述定理首次出现是在20世纪60年代初, 但实际上1940年斯图尔(Stewart)一篇文章中建立的定理, 以它为特殊情况.

21. 如图. 由于$\triangle DAD_1$是正三角形, $D_1D=D_1A$, 又$CD=CA$, 所以CD_1是AD的中垂线, 通过$\odot ABC$的圆心O. 同样弦AD_1的中垂线DC_1过$\odot AB_1C_1$的圆心O_1. 由于$\triangle AOO_1$是正三角形, $OO_1=OA$, O_1在$\odot O$上, 记$\overset{\frown}{AB}=6\alpha$(为方便起见. 设$6\alpha>\pi$), 则$\angle AO_1C_1=2\alpha$, $\angle \dot{O}_1C_1A=\frac{\pi}{2}-\alpha$, $\angle FAC_1=2\alpha$. 于是$\angle AFC_1=$

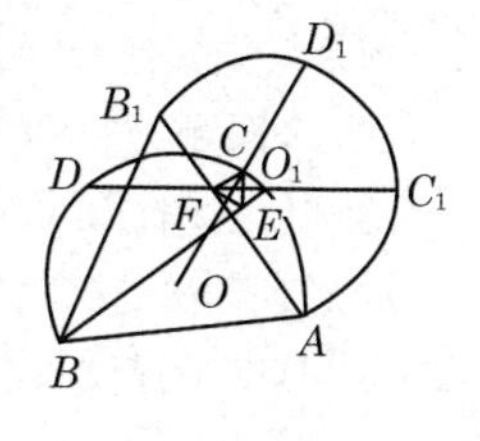

(第21题)

$\frac{\pi}{2}-\alpha=\angle FC_1A$，$AF=AC_1=AC=DC=BD=DE$. 又$\angle BDE=\pi-2\angle DBE=\pi-2\left(2\alpha-\frac{1}{2}\angle O_1OA\right)=\pi-4\alpha+\frac{\pi}{3}$，$\angle CDE=\angle CDB-\angle BDE=\pi-2\alpha-\left(\pi-4\alpha+\frac{\pi}{3}\right)=2\alpha-\frac{\pi}{3}=\angle FAC_1-\angle CAC_1=\angle FAC$，所以$\triangle DCE\cong\triangle ACF$，$CE=CF$. $\angle FCE=\angle DCE+\angle ACF-\angle DCA=2\angle DCE-(\pi-2\alpha)=2\alpha-\angle CDE=\frac{\pi}{3}$. 所以$\triangle FCE$为正三角形.

22. 设$s+t=2^n$，并且s名选手$A_1,A_2,\cdots,A_s$已依此顺序排定强弱，t名选手$B_1,B_2,\cdots,B_t$也同样排定强弱. 我们证明这$s+t$名选手可经n天比赛排定强弱. 不妨设$s\leqslant t$，第一天令A_i与$B_{2^{n-1}-i+1}(1\leqslant i\leqslant s)$比赛. 如果$A_s$胜$B_{2^{n-1}-s+1}$，只需要考虑$A_1,\cdots,A_s$与$B_1,\cdots,B_{2^{n-1}-s+1}$的顺序，借助归纳假设，$n-1$天可以完成. 如果$A_s$负于$B_{2^{n-1}-s+1}$，设$A_k$是(第一天)$A_i$中标号最小的失败者，只需考虑$A_1,\cdots,A_{k-1}$与$B_1,\cdots,B_{2^{n-1}-k+1}$的顺序以及$A_k$，$A_{k+1},\cdots,A_s$与$B_{2^{n-1}-k+1},\cdots,B_t$的顺序. 仍可由归纳假设得出结果. 于是，对于$2^n$名选手排定顺序共需$1+2+\cdots+n=\frac{n(n+1)}{2}$天. 特别地，在$n=4$时需要10天.

23. 令$x=1$得$a_0+a_1+\cdots+a_{1984}=5^{496}$. 又令$x$为$\xi=\mathrm{e}^{\frac{2\pi i}{5}}$，得$(a_0+a_5+\cdots)+(a_1+a_6+\cdots)\xi+(a_2+a_7+\cdots)\xi^2+(a_3+a_8+\cdots)\xi^3+(a_4+a_9+\cdots)\xi^4=0$. 由$1+x+x^2+x^3+x^4$的既约性得$a_0+a_5+\cdots=a_1+a_6+\cdots=a_2+a_7+\cdots=a_3+a_8+\cdots=a_4+a_9+\cdots=\frac{5^{496}}{5}=5^{495}$(参见综合练习第10题解答). 又易知$a_{1983}=496$. 所以$a_3,a_8,\cdots,a_{1983}$的最大公约数为1. 由于$a_0,a_1,\cdots,a_{1984}$均为正，所以$a_{992}<5^{496}<10^{347}$. 另一方面可用归纳法证明$(1+x+x^2+x^3+x^4)^n=a_0+a_1x+\cdots+a_{2n}x^{2n}+a_{2n+1}x^{2n+1}+\cdots+a_{4n}x^{4n}$的系数$a_0\leqslant a_1\leqslant\cdots\leqslant a_{2n}$. 并且易知$a_0=a_{4n}$，$a_1=a_{4n-1}$，$\cdots$，$a_{2n-1}=a_{2n+1}$. 所以$a_{992}\geqslant\frac{5^{496}}{1\,985}>10^{340}$.

综合习题

1. 因为$\frac{R'}{R}=\frac{r'}{r}$，可作一相似变换，使得$\triangle A'B'C'$变成分别以$R$，$r$为外接圆半径和内切圆半径的$\triangle A''B''C''$. 这时$\angle C''=\angle C'=\angle C$. 由正弦定理，$\triangle ABC$与$\triangle A''B''C''$的边$c=c''$. 于是可设边$A''B''$与$AB$重合. $\triangle ABC$，$\triangle A''B''C''$的内心I与I''均在与AB平行并且距离为r的直线l上(l与C在AB同侧). 设$\overparen{AB}$的中点为M，熟知$MA=MI=MI'$，所以I，I'都在以M为圆心，MA为半径的圆上. 这圆与l有两个公共点，所以I与I'重合，或者I'，I关于AB的垂直平分线对称. 从而$\triangle A''B''C''$与$\triangle ABC$重合，或者$\triangle A''B''C''$与$\triangle BAC$全等. 因此$\triangle A'B'C'$与$\triangle ABC$相似.

2. 设$\triangle ABC$的角为$2\alpha\geqslant 2\beta\geqslant 2\gamma$，外接圆的直径为1，则由正弦定理，$MN=BC-BM-NC=\sin 2\alpha-\left(\frac{\sin\alpha\sin\gamma}{\sin(\alpha+\gamma)}+\frac{\sin\alpha\sin\beta}{\sin(\alpha+\beta)}\right)=\sin 2\alpha-\frac{\sin 2\alpha\cos(\beta-\gamma)}{2\cos\beta\cos\gamma}=\frac{(\sin 2\alpha)^2}{4\cos\alpha\cos\beta\cos\gamma}$. PQ，RS有类

似的表达式. 从而 $MN=PQ=RS \Leftrightarrow \alpha=\beta=\gamma$.

3. (a) 设 A 到 BC 的垂线与 BC 相交于 E,则原式 $\Leftrightarrow EB^2\times DC+EC^2\times BD-BC\times BD\times DC=ED^2\times BC$. 取直线 BC 为数轴,E 为原点,上式即 $b^2(c-d)+c^2(d-b)-(c-b)(d-b)(c-d)=d^2(c-b)$.

这是不难验证的. 本题的结论称为斯图尔定理.

(b) 设 D 为 BC 中点,则由斯图尔定理,$3PG^2=PA^2+2PD^2-\frac{2}{3}AD^2=PA^2+\left(PB^2+PC^2-\frac{1}{2}a^2\right)-\frac{1}{3}\left(b^2+c^2-\frac{1}{2}a^2\right)=PA^2+PB^2+PC^2-\frac{1}{3}(a^2+b^2+c^2)$.

另一种证法见第 37 讲例 3.

(c) 在(2)中取 P 为 O 即得.

(d) $GI^2=\frac{1}{3}(IA^2+IB^2+IC^2)-\frac{1}{9}(a^2+b^2+c^2)=\frac{1}{3}(r^2+(s-a)^2+r^2+(s-b)^2+r^2+(s-c)^2)-\frac{1}{9}(a^2+b^2+c^2)=r^2+\frac{2}{9}(a^2+b^2+c^2)-\frac{1}{3}s^2$.

(e) $GI_1^2=\frac{1}{3}(r_1^2+s^2+r_1^2+(s-b)^2+r_1^2+(s-c)^2)-\frac{1}{9}(a^2+b^2+c^2)=r_1^2+\frac{2}{9}(a^2+b^2+c^2)-\frac{1}{3}(s-a)^2$.

4. $abc=2Rbc\sin A=4\triangle R=4Rrs$. 所以 a,b,c 是方程 $(x-a)(x-b)(x-c)=x^3-2sx^2+qx-4sRr=0$ 的三个根,其中 $q=ab+bc+ca$. 令 $x=s$ 得 $(s-a)(s-b)(s-c)=-s^3+qs-4sRr$,即 $s(-s^2+q-4rR)=\frac{\triangle^2}{s}=sr^2$,所以 $q=s^2+r^2+4Rr$. $a^2+b^2+c^2=(a+b+c)^2-2q=4s^2-2(s^2+r^2+4Rr)=2(s^2-4Rr-r^2)$. $\sum a^3=2s\sum a^2-q\sum a+12sRr=2s(4s^2-3q+6Rr)=2s(s^2-6Rr-3r^2)$. 对旁切圆 $\odot I_1$ 可将 a,s,r 分别换为 $-a,s_1=s-a,-r_1$,其他量不变. 类似的关系有 $q_1=-ab-ac+bc=s_1^2+r_1^2-4Rr_1$,$\sum a^2=2(s_1^2+4Rr_1-r_1^2)$.

凡 a,b,c 的对称式都可以用 $R,r,s(R,r_1,s_1)$ 来表示.

5. 由斯图尔定理,$IO^2+2IK^2=3IG^2+6GK^2$. 所以 $2IK^2=\left(3r^2+\frac{2}{3}\sum a^2-s^2\right)-(R^2-2Rr)+6\left(\frac{1}{4}R^2-\frac{1}{36}\sum a^2\right)=3r^2+2Rr+\frac{1}{2}R^2-s^2+\frac{1}{2}\sum a^2=2r^2-2Rr+\frac{R^2}{2}=2\left(\frac{R}{2}-r\right)^2$. $IK=\frac{R}{2}-r$. 于是 $\odot I$ 与 $\odot K$ 内切. 同样(将 r 换为 $-r_1$)有 $I_1K=\frac{R}{2}+r_1$. 所以 $\odot K$ 与 $\odot I_1$ 外切.

本题结论称为费尔巴哈定理.

类似地,可求出 $IH^2=4R^2+2r^2-\frac{1}{2}\sum a^2=4R^2+4Rr+3r^2-s^2$,$I_1H^2=4R^2+2r_1^2-$

$\frac{1}{2}\sum a^2 = 4R^2 - 4Rr_1 + 3r_1^2 - s_1^2$.

6. 如左图,设 MN 交 AB 于 G,则 $GA=\sqrt{GM\times GN}=GB$. 因为 $CD\,/\!/\,AB$,所以 $MP=MQ$. 只需证 $EM\perp CD$.

如右图,设半径 O_1A,O_2B 分别交 CD 于 S,T,则 S,T 分别为 CM,MD 的中点,所以 $AB=ST=\frac{1}{2}CD$. A 是 CE 的中点,$EM\,/\!/\,AS$. 因而 $EM\perp CD$.

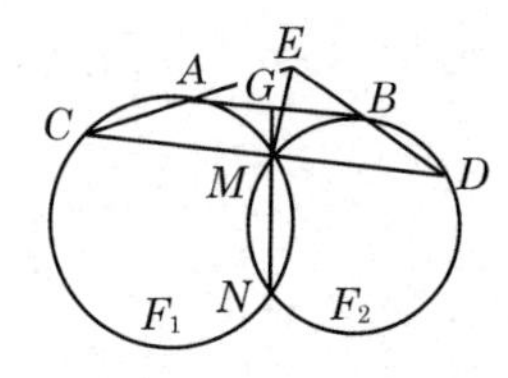

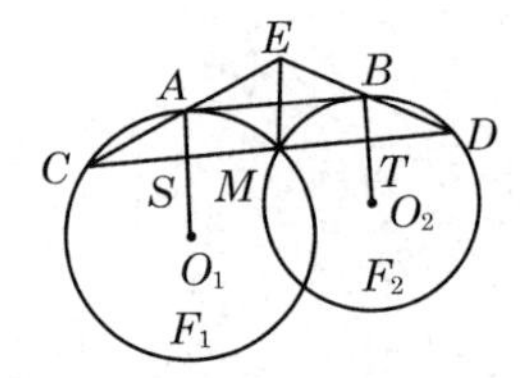

（第 6 题）

7. 设内心为 I,AI 交 BC 于 D,分别交 H_2H_3,T_2T_3,l_1 于 K,E,F,显然 $AI\perp T_2T_3$. l_1 与 AI 所成的角$=\angle AKH_2=\angle AH_3H_2+\frac{1}{2}\angle BAC=\angle ACB+\frac{1}{2}\angle BAC=\angle ADB$. 所以,$l_1\,/\!/\,BC$. 同理 $l_2\,/\!/\,CA$,$l_3\,/\!/\,AB$. l_1,l_2,l_3 所成的三角形 $\triangle A'B'C'\backsim\triangle ABC$.

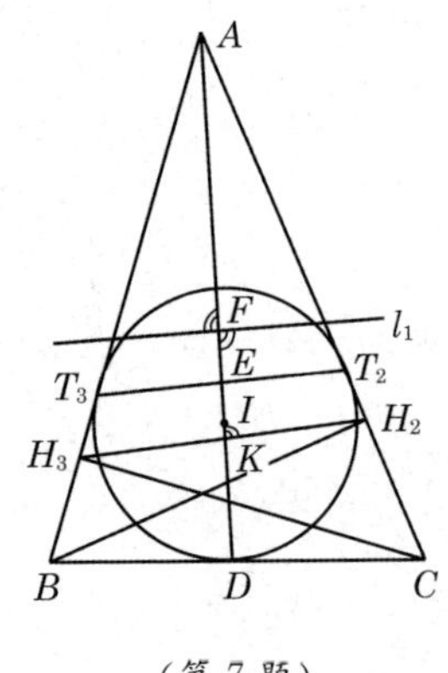

（第 7 题）

$AK=AD\times\frac{AH_3}{AC}=AD\cos A$,$AE=AT_2\cos\frac{A}{2}=AI\cos^2\frac{A}{2}$,$FI=AI+AK-2AE=AI\left(1-2\cos^2\frac{A}{2}\right)+AD\cos A=(AD-AI)\cos A=ID\cos A$. 因此 I 到 l_1 的距离$=r\cos A$,其中 r 为内切圆半径. 同理 I 到 l_2,l_3 的距离分别为 $r\cos B$,$r\cos C$. 因为 $\triangle ABC$ 的外心到三边的距离为 $R\cos A$,$R\cos B$,$R\cos C$,所以 $\triangle A'B'C'$ 的外心到三边距离之比也为 $\cos A:\cos B:\cos C$. 因此 I 是 $\triangle A'B'C'$ 的外心,并且半径是 r. 即 A',B',C' 都在 $\triangle ABC$ 的内切圆上.

8. 设 $A_n=a_n+b_n+c_n+d_n$,则 $A_{n+1}=2A_n=\cdots=2^nA_1$. 因为 $A_{k+m}=A_m$,所以 $A_1=0$,$A_n=0$. 从而 $a_n+c_n=A_{n-1}=0$,$b_n+d_n=A_{n-1}=0$. 设 $B_n=a_n^2+b_n^2+c_n^2+d_n^2$,则 $B_{n+1}=2B_n+2(a_nb_n+b_nc_n+c_nd_n+d_na_n)=2B_n=\cdots=2^nB_1$. 因为 $B_{k+m}=B_m$,所以 $B_1=0$,$B_n=0$,$a_n=b_n=c_n=d_n=0$.

9. $d=1\,594$. 不难验证 $a=797$,$b=787$,$c=13$ 时,$a+c-b=23$,$b+c-a=3$,$a+b-c=1\,571$,$a+b+c=1\,597$都是质数.

另一方面,如果 $800+a$ 与 $800-a$ 都是质数,那么 $a\neq 3$(否则 $800+3$ 被 11 整除),并且 $a\neq 1(\bmod 3)$. 所以必有 $800-a=3$,$a=797$. $a+b+c=1\,597$,从而 $d=1\,597-3=1\,594$. 这是

d 的唯一的值.

10. 多项式 $x^{p-1}+x^{p-2}+\cdots+x+1=\dfrac{x^p-1}{x-1}$是既约多项式. 事实上,令 $x-1=y$,则原式化为 $y^{p-1}+py^{p-2}+C_p^2y^{p-3}+\cdots+p$,用艾森斯坦判别法即知它既约. 设 $\xi=e^{\frac{2\pi i}{p}}=\cos\dfrac{2\pi}{p}+i\sin\dfrac{2\pi}{p}$,则 ξ 是 $x^{p-1}+x^{p-2}+\cdots+1$ 的根. 因为$\sum\limits_{k=1}^{p}b_k\xi^k=0$,所以 ξ 是多项式$\sum\limits_{k=1}^{p}b_kx^{k-1}$ 的根. $\sum\limits_{k=1}^{p}b_kx^{k-1}$ 与既约多项式 $x^{p-1}+x^{p-2}+\cdots+1$ 有公共根,因而必被后者整除. 由于两者次数相等,因此$\sum\limits_{k=1}^{p}b_kx^{k-1}=c(x^{p-1}+x^{p-2}+\cdots+1)$,其中 c 为常数,于是 $b_1=b_2=\cdots=b_p$.

11. 取 $a_2=a_3=\cdots=a_n=a>1$,则由原不等式得$(n-1)a^m+\dfrac{1}{a^{(n-1)m}}\geqslant a^{n-1}+\dfrac{n-1}{a}$,从而 $m\geqslant n-1$$\left(\text{如果 } m<n-1,\text{则 } n-1+\dfrac{1}{a^{mn}}\geqslant a^{n-1-m}+\dfrac{n-1}{a^{m+1}}\text{在 } a \text{ 足够大时不成立}\right)$. 另一方面,在 $m\geqslant n-1$ 时,$a_1^m+a_2^m+\cdots+a_n^m\geqslant n\left(\dfrac{a_1^{n-1}+a_2^{n-1}+\cdots+a_n^{n-1}}{n}\right)^{\frac{m}{n-1}}$. 因为 $a_1^{n-1}+a_2^{n-1}+\cdots+a_{n-1}^{n-1}\geqslant(n-1)\sqrt[n-1]{a_1^{n-1}a_2^{n-1}\cdots a_{n-1}^{n-1}}=\dfrac{n-1}{a_n}$,将类似的不等式(共 n 个,每个中有一个 a_i 不出现)相加得 $a_1^{n-1}+a_2^{n-1}+\cdots+a_n^{n-1}\geqslant\dfrac{1}{a_1}+\dfrac{1}{a_2}+\cdots+\dfrac{1}{a_n}\left(\geqslant n\sqrt[n]{\dfrac{1}{a_1a_2\cdots a_n}}=n\right)$,所以 $a_1^m+a_2^m+\cdots+a_n^m\geqslant n\cdot\dfrac{\dfrac{1}{a_1}+\dfrac{1}{a_2}+\cdots+\dfrac{1}{a_n}}{n}=\dfrac{1}{a_1}+\dfrac{1}{a_2}+\cdots+\dfrac{1}{a_n}$.

12. $C_{n+1}^0|1-P(0)|+C_{n+1}^1|a-P(1)|+C_{n+1}^2|a^2-P(2)|+\cdots+C_{n+1}^{n+1}|a^{n+1}-P(n+1)|\geqslant\left|\sum\limits_{k=0}^{n+1}(-1)^{n+1-k}C_{n+1}^ka^k-\sum\limits_{k=0}^{n+1}(-1)^{n+1-k}C_{n+1}^kP(k)\right|=(a-1)^{n+1}$(利用第 27 讲例 9). 因此 $|1-P(0)|,|a-P(1)|,\cdots,|a^{n+1}-P(n+1)|$中必有一个$\geqslant\dfrac{(a-1)^{n+1}}{C_{n+1}^0+C_{n+1}^1+\cdots+C_{n+1}^{n+1}}=\left(\dfrac{a-1}{2}\right)^{n+1}\geqslant1$.

13. 递推数列的特征方程是 $\lambda^2-k\lambda+1=0$. 它的根 $\alpha=\dfrac{k+\sqrt{k^2-4}}{2}$,

$\beta=\dfrac{1}{\alpha}$. $u_n=\dfrac{\alpha^n-\beta^n}{\sqrt{k^2-4}}$.

$$
\begin{aligned}
u_1+u_2+\cdots+u_n&=\frac{1}{\sqrt{k^2-4}}\left(\frac{1-\alpha^{n+1}}{1-\alpha}-\frac{1-\beta^{n+1}}{1-\beta}\right)\\
&=\frac{(\alpha^n-1)(1-\alpha^{n+1})}{\sqrt{k^2-4}(1-\alpha)\alpha^n}.
\end{aligned}
$$

$$u_1^3+u_2^3+\cdots+u_n^3=\frac{1}{(k^2-4)^{3/2}}\left(\sum_{h=1}^{n}\alpha^{3h}-\sum_{h=1}^{n}\beta^{3h}-3\sum_{h=1}^{n}(\alpha^h-\beta^h)\right)$$

$$=\frac{1}{(k^2-4)^{3/2}}\cdot\frac{(\alpha^{3n}-1)(1-\alpha^{3n+3})}{(1-\alpha^3)\alpha^{3n}}-\frac{3\sum u_n}{k^2-4}.$$

$$\frac{\sum u_n^3}{\sum u_n}=\frac{1}{k^2-4}\left(\frac{(\alpha^{2n}+\alpha^n+1)(\alpha^{2n+2}+\alpha^{n+1}+1)}{\alpha^{2n}(1+\alpha+\alpha^2)}-3\right)$$

$$=\frac{(\alpha^n+\beta^n+1)(\alpha^{n+1}+\beta^{n+1}+1)-3(k+1)}{(k+1)(k^2-4)}.$$

$v_n=\alpha^n+\beta^n$ 满足初始条件 $v_0=2,v_1=k$ 及递推关系 $v_{n+1}=kv_n-v_{n-1}$. 因此 v_n 是 k 的 n 次整系数多项式. $f(k)=(\alpha^n+\beta^n+1)(\alpha^{n+1}+\beta^{n+1}+1)-3(k+1)$ 是 k 的整系数多项式. 在 $k=2$ 时,$\alpha=\beta=1$;在 $k=-2$ 时,$\alpha=\beta=-1$;在 $k=-1$ 时,$\alpha=\frac{-1+\sqrt{3}\mathrm{i}}{2}=\mathrm{e}^{\frac{2\pi\mathrm{i}}{3}}$,$\beta=\mathrm{e}^{\frac{4\pi\mathrm{i}}{3}}$,均有 $f(k)=0$. 于是 $f(k)$ 被 $(k+1)(k^2-4)$ 整除. 因为 $(k+1)(k^2-4)$ 的首项系数为 1,所以商也是 k 的整系数多项式. 因此 $\sum u_n^3$ 被 $\sum u_n$ 整除.

14. 设 $u_i=2^{\beta_i}$,β_i 为实数,则 $\beta_1\leqslant\beta_2\leqslant\cdots\leqslant\beta_n$. 不妨设 $\beta_1=0$(即 $u_1=1$),否则用 $\frac{u_i}{u_1}$,$\frac{u}{u_1}$ 代替 u_i 与 u. 设 β_i 的小数部分为 $\beta_i-[\beta_i]=r_i$. 令 $u=2^{\beta-1}$,β 为 0~1 之间的数,$k_i=2^{\alpha_i}$,$\alpha_i=\begin{cases}[\beta_i]+1(若\ \beta<r_i),\\ [\beta_i](若\ \beta\geqslant r_i).\end{cases}$ 显然 k_i 为正整数,(ⅰ),(ⅱ)均成立. (ⅲ)即 $\frac{n-1}{2}\geqslant\sum_{i=1}^{n}(\beta_i-\alpha_i+1-\beta)$. 不妨设 $\gamma_1\leqslant\gamma_2\leqslant\cdots\leqslant\gamma_n$,当 $\beta=r_j$ 时,这和的值为 $(j-1)+\sum r_i-nr_j$. 在 j 跑过 $1,2,\cdots,n$ 时,这些和的平均值为 $\frac{1}{n}\sum_{j=1}^{n}(j-1)=\frac{n-1}{2}$. 因此至少有一个 j 使 $\frac{n-1}{2}\geqslant\sum_{i=1}^{n}(\beta_i-\alpha_i+1-r_j)$ 成立. 即取 $\beta=r_j$. 这时(3)也成立.

容易看出 $\beta_i-\alpha_i+1-\beta=\{r_i-\beta\}$. 因此也可利用第 49 讲例 7 求解.

15. 原不等式即 $a_n(a_{n+1}+a_{n+2})\geqslant a_{n+1}a_{n+2}-1$. 由斐波那契数的性质,又可化为 $a_{n+1}^2-a_na_{n+2}\leqslant 1$. 由第 22 讲(11),左边 $=(-1)^n$. 所以在 n 为偶数时等式成立.

16. (a) 取自然数 $k\geqslant c$,$1<a<\min\left\{z_1,\sqrt{z_2},\cdots,\sqrt[k]{z_k},1+\frac{k-c}{kc}\right\}$. 于是,可设 $a=1+b$,$b<\frac{k-c}{kc}$. 显然 $z_n>a^n$ 对 $n=1,2,\cdots,k$ 成立. 假设 $z_n>a^n(n\geqslant k)$,则 $cz_{n+1}>a+a^2+\cdots+a^n=\frac{a(a^n-1)}{a-1}=ca^{n+1}\cdot\frac{1}{bc}\left(1-\frac{1}{a^n}\right)\geqslant ca^{n+1}\cdot\frac{1}{bc}\left(1-\frac{1}{a^k}\right)$. $1-\frac{1}{a^k}=1-\frac{1}{(1+b)^k}>1-\frac{1}{1+kb}>1-\frac{1}{1+\frac{k-c}{c}}=1-\frac{c}{k}=\frac{k-c}{k}>bc$. 所以 $z_n>a^n$ 对所有的 n 均成立.

(b) 不是. 先取 $z_1=a$,$z_2=z_3=a^3$,$z_4=\cdots=z_7=a^7$,…这时对任意的常数 c,当 $2^{n-2}>c$

时，$cz_{2^n-1}=ca^{2^n-1}<(2^{n-1}-1)a^{2^n-1}=z_{2^{n-1}}+z_{2^{n-1}+1}+\cdots+z_{2^n-2}$. 要使$\{z_n\}$严格递增，只需将上述 z_n 各自增加或减少一个很小的正数(互不相同)即可.

17. 不妨设 $a_1+a_2+\cdots+a_m=0$，$1\leqslant m\leqslant n$. 若 $m=n$，则取 $x_1=x_2=\cdots=x_n$，结论显然. 设 $m<n$，又设$(a_1,a_2,\cdots,a_m)=s$，$a_{m+1}+a_{m+2}+\cdots+a_n=B$，则有整数 $\lambda_1,\lambda_2,\cdots,\lambda_m$，使 $\lambda_1a_1+\lambda_2a_2+\cdots+\lambda_ma_m=-sB$. 取定正整数 $l>\max\{|\lambda_1|,|\lambda_2|,\cdots,|\lambda_m|\}$. 由习题 49 第 7 题，在正整数集分成 k 部分(染成 k 种颜色)时，有正整数 a,d，使 $a+d,a+2d,\cdots,a+(2l+1)d$ 与 sd 同色. 改记 $a+ld$ 为 A，则 $A+\lambda_1d,A+\lambda_2d,\cdots,A+\lambda_md$ 与 sd 同色. 而 $x_i=A+\lambda_id(1\leqslant i\leqslant m)$，$x_j=sd(m+1\leqslant j\leqslant n)$是方程的解.

18. 不妨设 1 在红盒子 A_1 中，白盒子 A_2 中最小的数 a 小于蓝盒子 A_3 中最小的数 b. 如果 $a>2$，那么 $2,\cdots,a-1\in A_1$，而 $b+(a-1)=(b-1)+a$，所以 $b-1\in A_2$. $(b-1)+2=b+1$，是无法判定的情况. 所以 $a=2$. 如果 $100>b>3$，那么$(b+1)+1=b+2$ 表明 $b+1\in A_1$. 但$(b+1)+2=b+3$，是无法断定的情况. 所以 $b=3$ 或 $b=100$. 如果 $b=3$，那么 $2+3=1+4$ 推出 $4\in A_1$，$3+4=2+5$ 推出 $5\in A_2$，$4+5=3+6$ 推出 $6\in A_3$. 设 $3k\in A_3$，则由 $3k+2=(3k+1)+1$ 推出 $3k+1\in A_1$，由 $3k+4=(3k+2)+2$ 推出 $3k+2\in A_2$，$3k+6=(3k+3)+3$ 推出 $3k+3\in A_3$. 因此这时 $A_1=\{1,4,7,\cdots,97,100\}$，$A_2=\{2,5,8,\cdots,98\}$，$A_3=\{3,6,9,\cdots,99\}$. 如果 $b=100$，那么对于 $k\in A_2$ 并且 $k<99$，因为 $100+1=(101-k)+k$，所以 $101-k\in A_2$. 因为 $100+2=(101-k)+(k+1)$，所以 $k+1\in A_2$. 从而 $A_2=\{2,3,\cdots,99\}$，$A_1=\{1\}$，$A_3=\{100\}$.

19. $\lambda\geqslant\frac{1}{n-1}$. 如果 $\lambda\geqslant\frac{1}{n-1}$，可设跳蚤已经跳开，形成 n 个点，相邻两点的距离$\geqslant1$. 以后最后那只跳蚤跳过第一只跳蚤，这样每两只跳蚤之间的距离$\geqslant1$，而且跳蚤中最后一只的位置每次至少前移 1. 因此经有限多次后，所有跳蚤到达任一指定点 M 的右方. 如果 $\lambda<\frac{1}{n-1}$，可设第一只跳蚤在这直线(数轴)上的 1，其余 $k=n-1$ 只在原点. 跳蚤跳过第一只跳蚤产生一条长为 λ 的线段. 在以后的跳跃中产生的线段长是 λ 的多项式，系数为正整数，不含常数项. 如果其中有 λ 的一次项，那么这只跳蚤必从区间$[0,1]$上空跃过. 而从$[0,1]$上空跃过只有 k 次，所以所有 λ 的系数的和是 k. 同样，从长为 λ 的区间上跃过才能产生 λ^2 项. 长为 λ 的区间有 k 个，每个区间可以有 k 只跳蚤跃过，因而 λ^2 的系数的和是 k^2. 依此类推，跳蚤跳跃中产生的线段总长为 $1+k\lambda+k^2\lambda^2+\cdots$. 由于 $\lambda<\frac{1}{k}$，这和收敛于$\frac{1}{1-k\lambda}$，是有界的，因此取 $M=\frac{1}{1-k\lambda}$，则跳蚤跳不到 M 的右方.

20. 用归纳法. 设 $n=2^\alpha\cdot3^\beta\cdot m$，若 α,β 中有一个为正，则 $m<n$，用归纳假设即得. 设 $2\nmid n$，$3\nmid n$，则 $3\mid(n-2)$或 $3\mid(n-4)$. 设 $n=2^\alpha+3h$，其中 α 已经最大，则 $h<2^\alpha$，否则 $n=2^\alpha+3\cdot2^\alpha+3(h-2^\alpha)=2^{\alpha+2}+3(h-2^\alpha)$. 由归纳假设，$h$ 有所说表示，从而 n 也有符合要求的表示.

21. (a) 先设 $a>b>0$. 作辗转相除，$a=q_1b+r_1$，$b=q_2r_1+r_2$，$\cdots$，$r_{n-1}=q_{n+1}r_n$，$b>r_1>r_2$

$>\cdots>r_n$. 则$(a,b)\to(r_1,b)\to(r_1,r_2)\to\cdots\to(r_{n-1},r_n)$或$(r_n,r_{n-1})$. 再变为$(r_n,r_n)\to(r_n,r_{n-1})$或$(r_{n-1},r_n)\to\cdots\to(b,r_1)\to(b,a)$. 对于都小于 0 的数$-a$, $-b(a>b>0)$,可仍照上法进行,只是$r_1,r_2,\cdots,r_n$ 都换成$-r_1,-r_2,\cdots,-r_n$. 对于一正一负的数a, $-b(a>0,b>0)$,设$ka-b>0$,则$(a,-b)\to(a,ka-b)\to\cdots\to(ka-b,a)\to(-b,a)$. $(a,0)\to(a,-a)\to(0,-a)\to(-2a,-a)\to(-2a,a)\to(0,a)$.

(b) $(1,5)\to(1,1)\to(5,1)$, $(19,99)\to(19,4)\to(3,4)\to(3,1)\to(1,1)\to(1,3)\to(4,3)\to(4,19)\to(99,19)$.

22. 答案是$\left[\frac{n}{2}\right]+1$. 在$n=2k+1$时,先将$k+1$, $k+2$ 号移到 1 前. 再将k 与$k+3$ 插在$k+1$ 与$k+2$之间,以后陆续抽取$k-1$ 与$k+4$, $k-2$ 与$k+5$, $\cdots$, 2 与$2k+1$,并将每一对放在上次抽取的一对之间. 最后将$k+1,k,\cdots,2$ 放到$k+2$ 与 1 之间. $n=2k$ 时,先将k, $k+1$ 号移到 1 号前,再陆续抽取$k-1$ 与$k+2$, $\cdots$, 1 与$2k$,并将每一对放在上次抽取的一对之间,最后将$k,k-1,\cdots,1$ 放在$k+1$ 的后面.

为了证明$\left[\frac{n}{2}\right]+1$是最少次数,我们考虑每相邻两张牌号数的差. 开始时是$n-1$ 个负数,最后是$n-1$ 个正数. 一次抽取,比如说将b 至c 移到e 与f 之间,则原来的差$a-b$, $c-d$, $e-f$ 变为$a-d$, $e-b$, $c-f$. 和$(a-b)+(c-d)+(e-f)=(a-d)+(e-b)+(c-f)$,所以抽动后至多比原来少两个负数. 但第一次抽动,由于$a<d$, $c<f$,因此只减少一个负数. 最后一次抽动也是如此(可以反过来,看成从$n,n-1,\cdots,1$ 中抽动一次,只增加一个负数). 于是在$n=2k+1$时,至少要$1+2\times(k-1)\div2+1=k+1$ 次抽动. $n=2k$时,至少要$1+2\times(k-2)\div2+1+1=k+1$ 次抽动.

a	b c	d e	f

23. n 的最大值是 21. 若有 22 个数$a_1,a_2,\cdots,a_{22}$满足要求,则$a_1,a_2,\cdots,a_{20}$这 20 个数中至少有两个数的个位数字是 9,而且这两个数中必有一个数的十位数字不是 9,令它为a_j. 因为数字和$s_{(a_{j-1})}\not\equiv s_{(a_j)}\equiv s_{(a_{j+1})}\not\equiv s_{(a_{j+2})}\pmod 2$,而$j\mid s_{(a_j)}$, $(j+1)\mid s_{(a_{j+1})}$,所以$s_{(a_j)}$与$s_{(a_{j+1})}$必为偶数,$s_{(a_{j-1})}$与$s_{(a_{j+2})}$为奇数,但$j-1$ 与$j+2$ 中有一个为偶数,与$(j-1)\mid s_{(a_{j-1})}$, $(j+2)\mid s_{(a_{j+2})}$矛盾. 因此$n\leqslant21$. 另一方面,取$a_{12}=48\underbrace{00\cdots0}_{k个0}$(4,8 可改为任两个和为 12 的数字),则$i\mid s_{(a_i)}$, $i=12,13,\cdots,21$. 而$a_{11},a_{10},\cdots,a_2$ 的数字和为$11+9k$, $10+9k$, $\cdots$, $2+9k$,因此取k 为$2,3,\cdots,11$ 的最小公倍数,则$a_1,a_2,\cdots,a_{21}$满足要求.

24. 甲可保证得到 46. 甲抓 16 次,每次 6 个金币,又抓 1 次 4 个金币,则乙如果先取 9 次,至多有$9\times6=54$ 个金币. 甲如果先取 9 次,至少有$8\times6+4=52$ 个金币. 因此,甲至少可得$100-54=46$ 个金币. 另一方面,如果乙采取如下策略:甲抓的金币$\geqslant6$,乙就要,否则就不要. 这样甲至多得$\max(100-6\times9,5\times9)=46$ 个.

25. 至多可放 16 只马. 图(1)表明可放 16 只马. 另一方面,将棋盘染上黑、白两色(如图(2)),因为每只白马恰可攻击 2 只黑马,每只黑马恰受 2 只白马攻击(即每只黑马恰可攻击 2 只白马),所以设有 k 只白马,则黑马数为 $2k\div2=k$. 即白马数与黑马数相等. 如果白马数 $k\geqslant9$,那么图(3)中,a,b,c,d 四个白格中至少有 1 只马. 设 a 中有马. 因为 a 中的马可以攻击 6 个黑格中的马,所以其中有 4 个黑格无马. 这样,其余 9 个黑格中都必须有马. 特别地,中央有马,但这马可攻击 8 个白格中的马,所以其中至少有 6 个白格无马. 白格中的马至多 $12-6=6$ 个,与 $k\geqslant9$ 矛盾.

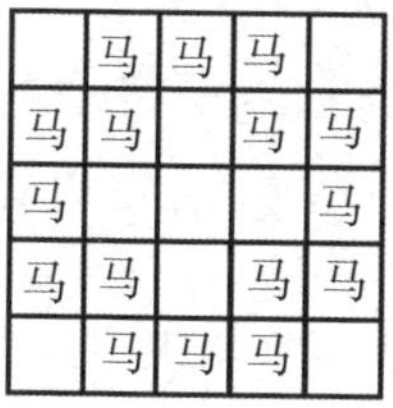

	马	马	马	
马	马		马	马
马				马
马	马		马	马
	马	马	马	

图(1)

图(2)

a b d c

图(3)

(第 25 题)

26. (a) 存在. 因为第 1,11,21,…项为负,我们设它们为-1. 又设 $a_2=a_3=\cdots=a_{10}=\frac{1}{9}\left(1+\frac{1}{2}\right)$,$a_{12}=a_{13}=\cdots=a_{20}=\frac{1}{9}\left(1+\frac{1}{2^2}\right)$,$a_{22}=a_{23}=\cdots=a_{30}=\frac{1}{9}\left(1+\frac{1}{2^3}\right)$,…. 不难验证这个数列符合要求.

(b) 不存在. 若有这样的数列,则 $a_{i+1}+a_{i+2}+\cdots+a_{i+10}>0$,从而 $a_{i+1}+a_{i+2}+\cdots+a_{i+10}\geqslant1$. 于是 $a_1+(a_2+\cdots+a_{11})+(a_{12}+\cdots+a_{21})+\cdots+(a_{2+10k}+\cdots+a_{11+10k})\geqslant a_1+k$. 在 k 充分大($k>-a_1$)时,上式非负.

27. 设对 $1,2,\cdots,n$ 不一定能成功. 可设这种情况发生时,$1,2,\cdots,t-1$ 在左盘,t 在右盘. 如果还有 k 在右盘,那么 $k+1$ 也在右盘(否则可从左盘去掉 $t-1$ 与 $k+1$,右盘去掉 t 与 k,天平仍平衡). 从而 k 至 n 均在右盘. 不妨设 k 是右盘第一个大于 t 的砝码. 如果 $k>t+2$,那么左盘可去掉 $t+1$ 与 $k-1$,右盘可去掉 t 与 k,天平仍平衡. 所以 $k=t+1$ 或 $t+2$. 于是不能成功的情况只有 $1+2+\cdots+(t-1)=\frac{1}{2}(1+2+\cdots+n)$ 或 $1+2+\cdots+(t-1)+(t+1)=\frac{1}{2}(1+2+\cdots+n)$,即 $\frac{1}{2}t(t-1)=\frac{1}{4}n(n+1)$ 或 $\frac{1}{2}(t+1)t+1=\frac{1}{4}n(n+1)$. 因为 $\frac{1}{2}\times70\times71+1<\frac{1}{4}\times100\times101<\frac{1}{2}\times71\times72$,所以 $n=100$ 时,一定能成功.

上面两个方程又可写成 $(2n+1)^2-2(2t-1)^2=-1$ 或 $(2n+1)^2-2(2t+1)^2=15$. 后一个方程 mod5 即知无解. 前一个方程可由习题 13 第 7 题导出解为 $n=x_k$,$t=\frac{z_k+1}{2}$($k=2,3,\cdots$). 特别地,$n=20$,$t=\frac{29+1}{2}=15$ 是一组解.

28. 假设命题对 $n-1$ 成立(奠基 $n=3$ 显然). 若这 2^{n-1} 个数列的第一项不全为 1,则其中有数列的第一项为 0. 如果这样的数列个数为 2^{n-2},那么根据归纳假设,不妨设其中 2^{n-2} 个的第二项都是 1. 因为个数$\geqslant2^{n-2}$,所以后面的 $n-2$ 项穷尽所有情况,特别地,有数列(0,1,

$0,0,\cdots,0)$. 于是 2^{n-1} 个数列中任一个数列的第二项必须为 1. 如果第一项为 0 的数列少于 2^{n-2}，那么第一项为 1 的个数多于 2^{n-2}. 去掉第一项得出 $n-1$ 项的数列，个数多于 2^{n-2}. 因为每个数列 x 都有一个补数列 y，即 x 的某项为 0(或 1)，则 y 的相应项为 1(或 0)，两者一一对应，总个数为 2^{n-1}，所以上述 $n-1$ 项的数列，个数多于 2^{n-2} 时，其中必有两个互补. 设 x 与 y 互补，则添上第一项 1 后的两个 n 项的数列与第一项为 0 的 n 项数列，没有 p 使得它们的第 p 项都是 1，与已知矛盾，因而这种情况不会发生.

29. 由习题 8 第 11 题，$2^n<f(n)<4^n$. 而 $f(n)=\prod\limits_{p^r\leqslant n<p^{r+1}} p^r$，所以 $2^n<n^{\pi(n)}$，并且 $4^n>\prod\limits_{p^r\leqslant n<p^{r+1}} n^{\frac{r}{r+1}}>n^{\frac{1}{2}\pi(n)}$. 因此 $\dfrac{n}{\log_2 n}<\pi(n)<\dfrac{4n}{\log_2 n}$. 这样的关于 $\pi(n)$ 的估计式，称为契比雪夫定理. 更强的结论 $\pi(n)\sim\dfrac{n}{\ln n}$ $\left(\text{即 }\pi(n)\text{ 与 }\dfrac{n}{\ln n}\text{ 的差远小于 }\dfrac{n}{\ln n}\right)$ 称为质数(素数)定理. 将上面的 n 换成 p_n 得 $\dfrac{p_n}{\log_2 p_n}<n<\dfrac{4p_n}{\log_2 p_n}$. 所以 $p_n>\dfrac{1}{4}n\log_2 n$，并且 $\pi(n^2)>\dfrac{n^2}{\log_2 n^2}>n$，所以 $p_n<n^2$，$p_n<n\log_2 p_n<2n\log_2 n$(可以证明更强的结论 $p_n\sim n\ln n$).

30. 考虑质数数列 $\{p_n\}$. 差 $p_{i+1}-p_i(i=2,3,\cdots,n+1)$ 均为偶数. 如果每个差出现的次数均不超过 k，那么这 n 个差的和 $p_{n+1}-3\geqslant\left(2+4+6+\cdots+2\cdot\left[\dfrac{n}{k}\right]\right)k\geqslant n\left(\dfrac{n}{k}-1\right)$. 但 $p_{n+1}<2(n+1)\cdot\log_2 2(n+1)$，而 $2(n+1)\log_2 2(n+1)>n\left(\dfrac{n}{k}-1\right)$ 在 n 足够大时不成立，所以必有一个差 c 作为相邻质数差 $p_{i+1}-p_i$ 出现的次数在 k 次以上.

31. 由上题，我们知道存在正偶数 c，使得 $p-p'=c$ 有 $n+1$ 组解. 设 $b_i,c_i(1\leqslant i\leqslant n)$ 并且 $c_1\geqslant 3$ 是解，则令 $a_i=c_i-2(1\leqslant i\leqslant n)$，$d=2$，$d'=2+c$ 即得出一个合乎要求的数列 $\{a_n\}$.

32. 首先证明对 $\alpha\in\mathbf{N}$，$2^{3^\alpha}+1$ 被 3^α 整除. $\alpha=1$ 时结论显然. 设对 α 结论成立，则 $2^{3^{\alpha+1}}+1=(2^{3^\alpha}+1)(2^{2\times 3^\alpha}-2^{3^\alpha}+1)$. 后一括号中的项是 3 的倍数，所以 $3^{\alpha+1}\mid(2^{3^{\alpha+1}}+1)$. 而且最大公约数 $(2^{3^\alpha}+1,2^{2\times 3^\alpha}-2^{3^\alpha}+1)=(2^{3^\alpha}+1,2^{3^\alpha}-2)=(2^{3^\alpha}+1,3)=3$. 于是取 $\alpha\geqslant 2\,000$，则 $2^{3^\alpha}+1$ 被 3^α 整除，而且有一质因数 p_1 不是 $2^{3^{\alpha-1}}+1$ 的因数，$2^{3^{\alpha-1}}+1$ 又有一质因数 p_2 不是 $2^{3^{\alpha-2}}+1$ 的因数，$\cdots$. $2^{3^{\alpha-1\,999}}+1$ 有一质因数 $p_{1\,999}$ 不是 $2^{3^{\alpha-2\,000}}+1$ 的因数. $2^{3^\alpha p_1p_2\cdots p_{1\,999}}+1$ 被 $3^\alpha p_1p_2\cdots p_{1\,999}$ 整除. 取 $n=3^\alpha p_1p_2\cdots p_{1\,999}$ 即可.

33. 结论不成立. 如 $A=\{1,2,3,5,8,9,13,15,16\}$，则 $A+A=\{2,3,\cdots,32\}\backslash\{27\}$，$|A+A|=30$. 而 $A-A=\{-15,-14,\cdots,15\}\backslash\{\pm 9\}$，$|A-A|=29$. 这是 Conway 在 1969 年举出的反例.

34. 不妨设 $1\leqslant d\leqslant c\leqslant b\leqslant a\leqslant p-1$，这时(取 $r=1$ 得)$a+b+c+d=2p$. 如果 a,b,c,d 中有相等的，可以将它乘以适当的 r，$\bmod p$ 后变为 1，1. 从而另两个(作同样处理后)只能为 $p-1,p-1$. 结论成立. 于是设 $d=1<c<b<a$，而 $a=p-t$，$b=p-s$，$s>t$. 从而 $c=s+t-1$. 显然 $s<\dfrac{p}{2}$，否则 $1+c+b\leqslant p$，$1+c+b+a<2p$. 设 $t\geqslant 2$. 如果有整数 j，使 $\dfrac{p}{c}<j<\dfrac{p}{s}$，则 $j,jc-p,p-js,p-jt$ 四个自然数的和为 p，与已知矛盾(取 $r=j$). 于是，有正整

数 k，使 $k<\frac{p}{c}<\frac{p}{s}<k+1$（显然 $k\geqslant 2$）. 从而 $\frac{1}{k}>\frac{c}{p}>\frac{s}{p}>\frac{1}{k+1}$. 从 $\frac{1}{k}$，$\frac{1}{k+1}$ 开始，作它们之间的法雷数列（习题 9 第 17 题），最终必有

$$\frac{1}{k}\geqslant\frac{m}{l}>\frac{c}{p}>\frac{n}{j}>\frac{s}{p}>\frac{h}{g}\geqslant\frac{1}{k+1}. \qquad (*)$$

其中 $\frac{m}{l}$，$\frac{n}{j}$，$\frac{h}{g}$ 是连续的法雷分数，即 $j=l+g$，$n=m+h$，而且 $\frac{m}{l}-\frac{h}{g}=\frac{1}{lg}$ $\left((*)\text{中}\frac{n}{j}\text{不可能与}\frac{c}{p}\text{或}\frac{s}{p}\text{相等，否则在}\frac{1}{k+1}\text{与}\frac{1}{k}\text{之间的分数只有一个分母为 }p\right)$. $l\geqslant k\geqslant 2$，$g\geqslant k+1\geqslant 3$. 由 $(*)$ 得 $\frac{pm}{l}>c$，即 $\frac{pm-1}{l}\geqslant c$. 所以 $\frac{1}{p}\left(\frac{pm-1}{l}-(t-1)\right)>\frac{h}{g}$，即 $\frac{pm-1-l(t-1)}{lp}>\frac{h}{g}$，化简得 $p>g(1+l(t-1))$. 从而 $p>t(l+g)+g-gl+(gl-l-g)t\geqslant tj+g-gl+2(gl-l-g)=tj+gl-2l-g=tj+(g-2)(l-1)-2\geqslant tj-1$. $p>tj$. 于是取 $r=j$，四个自然数 j，$jc-np$，$np-js$，$p-jt$ 的和为 p. 与已知矛盾. 因此必有 $t=1$，$a+d=p$，$b+c=p$.

35. 设结论不成立，则 $(2n-1,2k+1)=1$，从而 $(k+n,2n-1)=(2k+1,2n-1)=1$，但 $k+n=(k+n,4kn+1)=(k+n,4n^2-1)=(k+n,(2n-1)(2n+1))=(k+n,2n+1)$. 而 $2n+1<2(k+n)$，所以 $k+n=2n+1$，$n+1=k$，与已知矛盾.

36. $n=3k\pm 1$ 时，取 $a=b=k$，$c=k\pm 1$，则 $a^3+b^3+c^3-3abc=(a+b+c)\times\frac{1}{2}((a-b)^2+(b-c)^2+(c-a)^2)=n$. $n=9k$ 时，取 $a=k+1$，$b=k-1$，$c=k$，则 $a^3+b^3+c^3-3abc=9k$. 在 $n=3k$ 时，若 $a^3+b^3+c^3-3abc=n$，则 mod3 得 $a^3+b^3+c^3\equiv 0$，但 $a+b+c\equiv a^3+b^3+c^3$，所以 $a+b+c\equiv 0$. 又不难验证这时 $(a-b)^2+(b-c)^2+(c-a)^2\equiv 0 \pmod 3$. 从而 $9\mid n$. 因此所求充分必要条件是 $n\not\equiv 3,6 \pmod 9$.

37. 令 $f(n)=n^3+an^2+bn+c$. 因为 $f(n+2)-f(n)\equiv(2n^2+2b) \pmod 4$，所以 $f(n+2)$ 与 $f(n)$ 有相同的奇偶性. 如果它们都是平方数，那么 $f(n+2)\equiv f(n)\equiv 0$ 或 $1 \pmod 4$. 从而 $f(n+2)-f(n)\equiv 0 \pmod 4$. 但在 n 的奇偶性与 b 不同时，$2n^2+2b\not\equiv 0 \pmod 4$，所以这时 $\sqrt{f(n)}$ 或 $\sqrt{f(n+2)}$ 不是整数.

38. 当 m,n 均为奇数时，和 $S_{(m,n)}=\sum_{i=0}^{mn-1}(-1)^{\left[\frac{i}{m}\right]+\left[\frac{i}{n}\right]}$ 是奇数个 ± 1 的和，不为 0. 当 m,n 的奇偶性不同时，因为 $\left[\frac{i}{m}\right]+\left[\frac{i}{n}\right]+\left[\frac{mn-1-i}{m}\right]+\left[\frac{mn-1-i}{n}\right]=\left[\frac{i}{m}\right]+\left[n-\frac{i+1}{m}\right]+\left[\frac{i}{n}\right]+\left[m-\frac{i+1}{n}\right]=\left[n-\frac{1}{m}-\left\{\frac{i}{m}\right\}\right]+\left[m-\frac{1}{n}-\left\{\frac{i}{n}\right\}\right]=n-1+m-1$ 是奇数，所以 $(-1)^{\left[\frac{i}{m}\right]+\left[\frac{i}{n}\right]}$ 与 $(-1)^{\left[\frac{mn-1-i}{m}\right]+\left[\frac{mn-1-i}{n}\right]}$ 正好抵消，此时 $S=0$. 如果 m,n 都是偶数，设 $m=2k$，$n=2h$，则因为 $\left[\frac{2j}{2k}\right]=\left[\frac{2j+1}{2k}\right]=\left[\frac{j}{k}\right]$，$\left[\frac{2j}{2h}\right]=$

$\left[\frac{2j+1}{2h}\right]=\left[\frac{j}{h}\right]$，所以 $S_{(2k,2h)}=2\sum_{\substack{i=0\\ i\text{为偶数}}}^{4kh-1}(-1)^{\left[\frac{i}{2k}\right]+\left[\frac{i}{2h}\right]}=2\sum_{i=0}^{2kh-1}(-1)^{\left[\frac{i}{k}\right]+\left[\frac{i}{h}\right]}=$ $2\sum_{i=0}^{kh-1}\left((-1)^{\left[\frac{i}{k}\right]+\left[\frac{i}{h}\right]}+(-1)^{\left[\frac{i+kh}{k}\right]+\left[\frac{i+kh}{h}\right]}\right)=2(1+(-1)^{h+k})\sum_{i=0}^{kh-1}(-1)^{\left[\frac{i}{k}\right]+\left[\frac{i}{h}\right]}$ $=2(1+(-1)^{h+k})S_{(k,h)}$. 于是，$S_{(2k,2h)}=0\Leftrightarrow S_{(k,h)}=0$. 从而 $S_{(m,n)}=0$ 当且仅当质因数 2 在 m,n 中的次数不同.

39. 首先证明引理："存在自然数 M_l，使得任一个长为 M_l 的'片段'$\{n+1,n+2,\cdots,n+M_l\}$ 分拆为 q 个子集 $B_1,B_2,\cdots,B_q$ 时，必有 l 个自然数 $x_1\leqslant x_2\leqslant\cdots\leqslant x_l$ 及自然数 t，使得 $P(x_1,x_2,\cdots,x_l)+t$ 在同一个集合 B_k 中."采用归纳法. $l=1$ 时，取 $M_l=q+1$，则有 t 及 $x+t$ 在同一个 B_k 中. 假设引理对于 $l-1$ 成立，即有 M_{l-1}，使得任一长为 M_{l-1} 的片段分为 q 个子集时，有自然数 $x_1\leqslant x_2\leqslant\cdots\leqslant x_{l-1}$ 及 t 使得 $P(x_1,x_2,\cdots,x_{l-1})+t\in B_k$. 显然 $x_{l-1}=(x_{l-1}+t)-t\leqslant M_{l-1}-1$. 令 $M_l=M_{l-1}\cdot(q(M_{l-1}-1)^{l-1}+1)$，则在 $\{n+1,n+2,\cdots,n+M_l\}$ 分拆为 $B_1,B_2,\cdots,B_q$ 时，由于 $\{n+1,\cdots,n+M_l\}$ 有 $q(M_{l-1}-1)^{l-1}+1$ 个长为 M_{l-1} 的互不相交的片段，每个片段中有一个 B_k 含有相应的 $x_1\leqslant x_2\leqslant\cdots\leqslant x_{l-1}$ 及 t. 由于 $x_{l-1}\leqslant M_{l-1}-1$，这 $q(M_{l-1}-1)^{l-1}+1$ 个数组 $(x_1,x_2,\cdots,x_{l-1})$ 中至少有 $q+1$ 个是相同的. 又由于 B_k 只有 q 个，所以必有同一个 B_k，含有 $P(x_1,x_2,\cdots,x_{l-1})+t$ 及 $P(x_1,\cdots,x_{l-1})+t'$，$t'>t$. 令 $t'-t=x_l$，则 B_k 中含有 $P(x_1,x_2,\cdots,x_l)+t$. 于是引理成立.

对于 $N=B_1\cup B_2\cup\cdots\cup B_q$，由于 N 中有无限多个互不相交的片段长为 M_l，从而有无限多个相同的 $x_1\leqslant x_2\leqslant\cdots\leqslant x_l$（因为 x_l 以 M_l 为界），相应的 $P(x_1,x_2,\cdots,x_l)+t_j$ $(t_1<t_2<\cdots)$，在同一个 B_k 中.

40. 首先在 $k\geqslant5$ 时，这是可能的. 图示是 $k=5$ 时的公路系统.

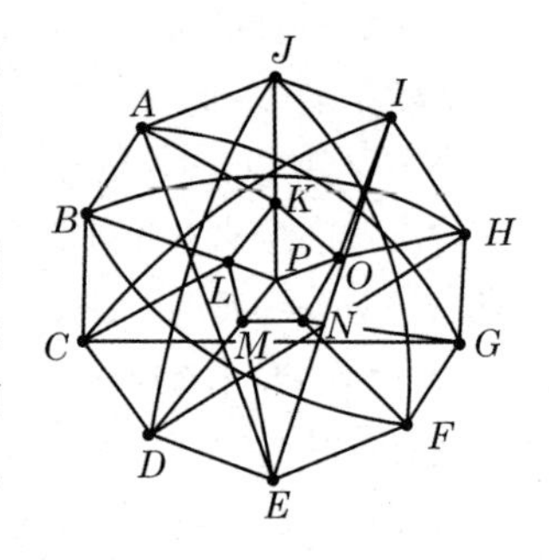

（第 40 题）

$k\leqslant4$ 时，不可能. 如果有一个城市 A 只引出 3 条路，那么它至多达到 $3+3\times3=12$ 个城市（图(a)）. 所以每一个城市都必须引出 4 条路.

如果城市 A 不是三角形也不是四边形的顶点，那么如图(b)，A 以外至少有 16 个城市，与已知不符. 如果 A 是三角形顶点，那么如图(c)，A 只能到达 14 个城市. 如果 A 是两个四边形的顶点，那么如图(d)，A 也只能到达 14 个顶点，所以每个城市都恰好是一个四边形的顶点.

于是 16 个城市组成 4 个四边形 $A_iB_iC_iD_i$ $(i=1,2,3,4)$. A_1 不可能与另一个四边形的两个顶点相连（否则出现三角形或另一个以 A_1 为顶点的四边形）. 因此 A_1 与其他两个四边形各有一个顶点相连，不妨设 A_1 与 $A_2B_2C_2D_2$，$A_3B_3C_3D_3$ 的各一个顶点 A_2，A_3 相连，记之为 $A_1(2,3)$. B_1 必与 C_2 或 C_3 相连，不妨设 B_1 与 C_2 相连. 这时 A_1 与 $A_4B_4C_4D_4$ 的顶点也需要通过 B_1，D_1 这两点来连，所以 B_1 应记为 $B_1(2,4)$. 从而 B_1 不与 $A_3B_3C_3D_3$ 的顶点 C_3 相连. A_1 与 C_3 需通过 D_1 来连，即 D_1 应记为 $D_1(3,4)$. 于是，三个点所记的有序数对 $(2,3)$，$(3,4)$，$(2,4)$ 互不相同. 点 C_1 与 A_1、B_1，点 C_1 与 D_1、A_1 也应如此，但这不可能同时做到.

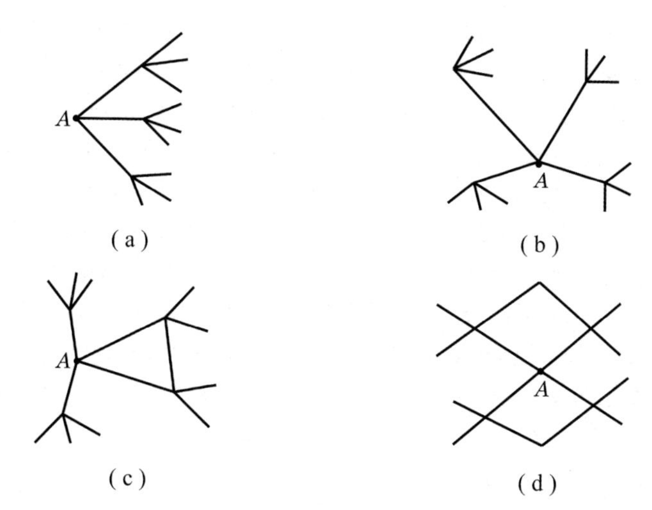

(a) (b) (c) (d)

41. 设 $a_1<a_2<\cdots<a_k$. 又设 $a_i=6b_i(1\leqslant i\leqslant k)$. 最少需要 $3(b_k+1)$ 人参加比赛. 一方面,如果赛 a_k 次的选手 A 属于一个对子,那么与他比赛的对子有 a_k 个,a_k 个对子至少有 $\frac{2\times a_k}{2}=a_k$ 个人(因为每人至多属于两个对子). 加上 A 与 A 的搭档,人数 $\geqslant a_k+2$. 如果赛 a_k 次的选手 A 属于两个对子,那么设与第一对比赛的有 e 对,与第二对比赛的有 f 对,$e+f=a_k$. 不妨设 $e\geqslant f$,则与 A 比赛过的人数 $\geqslant\frac{2e}{2}=e\geqslant\frac{a_k}{2}$. 加上 A 与 A 的 2 个搭档,人数 $\geqslant\frac{a_k}{2}+3$. 因为 $a_k+2\geqslant\frac{a_k}{2}+3$,所以人数至少为 $\frac{a_k}{2}+3$,即 $3(b_k+1)$. 另一方面,设参赛人数为 $3(b_k+1)$,要证明可以安排比赛,使赛次集为 M. 考虑 b_k+1 个三角形,每个顶点代表一个人,$\triangle ABC$ 中,A 与 B,C 都曾组成对子. 再将每个三角形作为一个"点","点"之间适当连线. 如果 $\triangle ABC$ 与 $\triangle DEF$ 所成的两个"点"之间连线,那么就表示对子 (A,B) 与 (D,E),(E,F),(F,D) 各赛一场,(B,C),(C,A) 也是如此,于是每个人都赛了 6 场. 因此只需证明可将"点"适当连接,使"点"引出的线的条数所成的集为 $\{b_k,b_{k-1},\cdots,b_1\}$. 在 $k=1$ 时,将 b_1+1 个"点"两两相连,则每人的比赛场数都是 $6b_1=a_1$. 在 $k=2$ 时,取 b_1 个"点",每"点"与其他的 b_2 个"点"相连. 这样,$3b_1$ 个人,每人赛 $6b_2$ 场,余下的 $3(b_2-b_1+1)$ 个人,每人赛 $6b_1$ 场. 假设 $k\geqslant3$ 并且结论对少于 k 的自然数成立. 取 b_1 个"点",每"点"与其他的 b_k 个"点"相连. 剩下 b_k+1-b_1 个"点". 其中 b_k-b_{k-1} 个不再与任何"点"相连. 还有 $b_{k-1}+1-b_1$ 个"点",根据归纳假设,可将它们适当连线,使得赛次集为 $\{6(b_{k-1}-b_1),6(b_{k-2}-b_1),\cdots,6(b_2-b_1)\}$. 于是整个比赛的赛次集为 M.

42. 必要性:因为 $n=h+(h-1)+\cdots+2+1=\frac{1}{2}h(h+1)$,所以 $8n+1=4h(h+1)+1=(2h+1)^2$,是平方数.

充分性:设 $8n+1=(2h+1)^2$,即 $n=\frac{1}{2}h(h+1)$. 将棋子用第一象限的格点表示. 第 i 堆

棋子的横坐标为 i，纵坐标为 $1,2,\cdots,n_i(1\leqslant i\leqslant k)$. 首先求出各棋子的横坐标与纵坐标的和，再求出这些和的总和 S. 每一次操作可分为两步，第一步将最下面一行棋子移为第一列，其他棋子均向右下方斜移(即横坐标加 1 而纵坐标减 1). 此时，最下面一行的棋子横坐标与纵坐标对调，坐标和不变，其他棋子的坐标和也不变，所以 S 不变. 第二步按各堆棋子的个数调整成递减顺序. 这时纵坐标均不改变，而每一列与右面一列对调时，横坐标减少 1 的棋子比增加 1 的多，所以 S 减少. 由于 S 是自然数，不能无限递减下去，所以经过若干次操作后，S 保持不变，即不再需要第二步调整. 这时，在操作中，每枚棋子在一条直线 $x+y=m+1$ 上移动，经 m 次操作回到原来位置. 设其中 m 的最大值为 M，不妨设在格点$(M,1)$处有一枚棋子. 如果直线 $x+y=M$ 上的某个格点$(i,M-i)(1\leqslant i<M)$处没有棋子，那么经 M 次操作，在整点$(i+1,M-i-1)$处没有棋子. 经$(M-1-i)M$ 次操作，在$(M-1,1)$处没有棋子，而$(M,1)$处有棋子，这是不可能的. 因此直线 $x+y=M$ 上的(第一象限的)整点处均有棋子. 从而棋子总数 n 满足 $1+2+\cdots+(M-1)=\dfrac{M(M-1)}{2}$ $<n\leqslant 1+2+\cdots+M=\dfrac{M(M+1)}{2}$. 在 $n=\dfrac{h(h+1)}{2}$ 时，$M=h$，并且直线 $x+y=M+1$ 上的(第一象限的)整点处均有棋子，即各堆棋子个数为 $h>h-1>\cdots>2>1$.

43. 唯一性易证. 若 $Q(x)$，$Q_1(x)$均合乎要求，则令 $f(x)=Q(x)-Q_1(x)=b_kx^k+b_{k-1}x^{k-1}+\cdots+b_1x+b_0$，其中 $b_i\in\{0,\pm1,\cdots,\pm9\}$，$0\leqslant i\leqslant k$. 由 $f(-2)=0$ 得 $2|b_0$. 由 $f(-5)=0$ 得 $5|b_0$. 所以 $10|b_0$. 但$|b_0|<10$，所以 $b_0=0$. 再由$\dfrac{1}{2}f(-2)=\dfrac{1}{5}f(-5)=0$ 得 $10|b_1$，$b_1=0$. 依此类推即有 $f(x)=0$.

由唯一性的证明，易想到合乎要求的 $Q(x)$，其系数 $a_0,a_1,\cdots$应满足 $a_0\equiv n(\mathrm{mod}2)$，$a_0\equiv n(\mathrm{mod}5)$及 $a_k(-2)^k+a_{k-1}(-2)^{k-1}+\cdots+a_1(-2)+a_0\equiv n(\mathrm{mod}2^{k+1})$，$a_k(-5)^k+a_{k-1}(-5)^{k-1}+\cdots+a_1(-5)+a_0\equiv n(\mathrm{mod}5^{k+1})$，其中 a_k 为 x^k 的系数.

由这些方程组及中国剩余定理确实能逐步定出 $a_0,a_1,\cdots,a_k,\cdots\in\{0,1,2,\cdots,9\}$. 但如何证明只有有限多个系数非 0? 仅用初等方法，不涉及 p-adic 收敛概念似难以解决. 因此改用下面的解法.

如果多项式 $f(x)$与 $g(x)$在 $x=-2$ 与 $x=-5$ 时值均相等，就记成 $f(x)=g(x)$. 如 $x^2+7x+10=0$. 在 $n\in\{0,1,2,\cdots,9\}$时，常数 n 就是满足要求的多项式 $Q(x)$. 在 $n=10$ 时，$Q(x)=x^3+6x^2+3x$ 满足要求. 将它简记为$(0,3,6,1)$. 一般地，$Q(x)=a_kx^k+a_{k-1}x^{k-1}+\cdots+a_0$ 简记为$(a_0,a_1,\cdots,a_k)$.

设 $Q(x)=(a_0,a_1,\cdots,a_k)$的系数$\in\{0,1,2,\cdots,9\}$. 我们证明存在多项式 $P(x)=Q(x)+1$，$P(x)$的系数$\in\{0,1,2,\cdots,9\}$且 $P(x)$的系数和等于 $Q(x)$的系数和加 1. 为此，对 $Q(x)$的系数和 $a_0+a_1+\cdots+a_k$ 进行归纳. 奠基显然. 设对系数和较小的多项式结论成立. 若 $a_0<9$，结论显然. 若 $a_0=9$，则$(a_0,a_1,\cdots,a_k)+1=(0,a_1,\cdots,a_k)+(0,3,6,1)$.

(i) 若 $3+a_1\leqslant 9$，则$(0,a_1,\cdots,a_k)+(0,3,6,1)=(0,a_1+3,a_2,\cdots,a_k)+(0,0,6,1)$. 对多项式$(a_2,a_3,\cdots,a_k)$用归纳假设，得多项式$(a_2',a_3',\cdots,a_h')=(a_2,a_3,\cdots,a_k)+1$. 继续对

所得多项式用归纳假设,直至得到$(a_2^{(6)},\cdots,a_t^{(6)})=(a_2,a_3,\cdots,a_k)+6$. 再由归纳假设得$(a_2^{(6)},\cdots,a_t^{(6)})+(0,1)=(a_2^{(7)},a_3^{(7)},\cdots,a_r^{(7)})$. 多项式$(0,a_1+3,a_2^{(7)},a_3^{(7)},\cdots,a_r^{(7)})$即为所求的$P(x)$.

(ⅱ)若$3+a_1\geqslant 10$,则令$a_1'=a_1-7$,$(0,a_1,\cdots,a_k)+(0,3,6,1)=(0,a_1',a_2,\cdots,a_k)+(0,0,9,7,1)$. 当$a_2=0$时,上式即$(0,a_1',9,a_3,\cdots,a_k)+(0,0,0,7,1)$,情况与(i)类似. 当$a_2\geqslant 1$时,令$a_2'=a_2-1$,则上式$=(0,a_1',a_2',a_3,\cdots,a_k)+(0,0,10,7,1)=(0,a_1',a_2',a_3,\cdots,a_k)$. 同样,可以证明存在多项式$R(x)$,系数$\in\{0,1,2,\cdots,9\}$,且$R(x)=Q(x)-1$(这只要注意$Q(x)-1=Q(x)+(9,7,1)$,再多次利用上面关于$Q(x)+1$的结果即得).

因此,对一切整数n,均有合乎要求的多项式$Q(x)$存在.

44. 令$x=f(y)=k$,由已知的方程

$$f(x-f(y))=f(f(y))+xf(y)+f(x)-1 \tag{1}$$

得

$$f(0)=2f(k)+k^2-1,$$

即

$$f(k)=\frac{f(0)+1-k^2}{2},k\in f(\mathbf{R}). \tag{2}$$

如果对所有$k\in\mathbf{R}$,(2)都成立,那么令$k=0$得$f(0)=\dfrac{f(0)+1}{2}$,从而$f(0)=1$,$f(k)=1-\dfrac{1}{2}k^2$. 因此,可以提出猜测:

$$f(x)=1-\frac{1}{2}x^2.$$

不难验证这个函数满足要求.

以下证明猜测成立.

如果f恒为0,(1)成为$0=-1$,矛盾,所以某个y,使$f(y)=h\neq 0$. 取$x=\dfrac{1}{h}$,由(1)得

$$f(x-h)=f(h)+f(x),$$

即

$$-f(x)=f(h)-f(x-h). \tag{3}$$

所以

$$f(0-f(x))=f(f(h)-f(x-h)). \tag{4}$$

注意由(1),(2)得

$$f(x-f(y))=\frac{f(0)+1-f^2(y)}{2}+xf(y)+f(x)-1,$$

即

$$f(x-f(y))=\frac{f(0)-1}{2}-\frac{1}{2}(x-f(y))^2+\frac{1}{2}x^2+f(x). \tag{5}$$

所以(4)即

$$\frac{f(0)-1}{2}-\frac{1}{2}f^2(x)+f(0)$$

$$=\frac{f(0)-1}{2}-\frac{1}{2}(f(h)-f(x-h))^2+\frac{1}{2}f^2(h)+f(f(h)).$$

由(2),(3),上式即 $f(0)=\frac{f(0)+1}{2}$,所以

$$f(0)=1. \tag{6}$$

从而(5)即

$$f(x-f(y))=-\frac{1}{2}(x-f(y))^2+\frac{1}{2}x^2+f(x). \tag{7}$$

在(1)中令 $y=0$ 得

$$f(x-1)=f(1)+x+f(x)-1,$$

即

$$1-f(1)-f(x)=x-f(x-1). \tag{8}$$

所以

$$f((1-f(1))-f(x))=f(x-f(x-1)).$$

由(7),上式即

$$-\frac{1}{2}((1-f(1))-f(x))^2+\frac{1}{2}(1-f(1))^2+f(1-f(1))$$

$$=-\frac{1}{2}(x-f(x-1))^2+\frac{1}{2}x^2+f(x). \tag{9}$$

而

$$f(1-f(1))=-\frac{1}{2}(1-f(1))^2+\frac{1}{2}+f(1). \tag{10}$$

由(8),(9),(10)得

$$f(x)=\frac{1}{2}+f(1)-\frac{1}{2}x^2. \tag{11}$$

在(11)中令 $x=0$ 并利用(6)得 $f(1)=\frac{1}{2}$,所以

$$f(x)=1-\frac{1}{2}x^2.$$

又解　令 $c=f(0)$. 在(1)中令 $x=y=0$ 得 $f(-c)=f(c)+c-1$,所以 $c\neq 0$. 令 $x=f(y)=k$,得(2),即

$$f(k)=\frac{c+1-k^2}{2}. \tag{2'}$$

又取 $y=0$ 得

$$f(x-c)-f(x)=cx+f(c)-1. \tag{12}$$

因为 $c\neq 0$，所以对任一实数 x，有 $x_1=\dfrac{x+1-f(c)}{c}$. 再由(12)得 $k_1=f(x_1-c)$，$k_2=f(x_1)$满足 $k_1-k_2=x$. 于是对任一实数 x，

$$f(x)=f(k_1-k_2)=f(k_2)+k_1k_2+f(k_1)-1=\frac{c+1-k_2^2}{2}+k_1k_2+\frac{c+1-k_1^2}{2}-1=c-\frac{(k_1-k_2)^2}{2}=c-\frac{x^2}{2}. \tag{13}$$

比较(13)与(2′)得 $c=1$. 并且对所有实数 x，$f(x)=1-\dfrac{x^2}{2}$. 这函数显然满足条件.

45. $N=\begin{cases}k(k+1), & \text{若 } n=2k.\\ (2h+1)^2, & \text{若 } n=4h+1.\\ (2h+1)(2h+3), & \text{若 } n=4h+3.\end{cases}$

在 $n=2k$ 时，将棋盘上的方格染上黑、白两色，使同色的方格不相邻. 从左下到右上的最长的对角线上有 $2k$ 个黑格. 在左上方与这条对角线平行的、有 $4j+1(j=0,1,\cdots)$个白格的斜线上，取 $2j+1$ 个白格，每两个无公共端点. 在右下方与这条对角线平行的、有 $4i+3(i=0,1,\cdots)$个白格的斜线上，取 $2(i+1)$个白格，每两个无公共端点. 共有

$$1+2+3+\cdots+k=\frac{k(k+1)}{2}$$

个白格. 每两个不与同一个黑格相邻. 因此作上标记的黑格至少$\dfrac{k(k+1)}{2}$个.

两条最长的对角线将棋盘分成 4 块，左边一块，上述白格的下方各取一个黑格，下边一块，则在(上述)白格的右方取黑格. 右边在白格上方取，上边在白格左方取，这样得到 $\dfrac{k(k+1)}{2}$个黑格，每两个不与同一个白格相邻. 因此作上标记的白格不少于$\dfrac{k(k+1)}{2}$个. $N\geqslant k(k+1)$.

上述 $k(k+1)$个方格如果作上标记，则棋盘中每个方格均与作标记的方格相邻. 所以 $N=k(k+1)$.

在 $n=4h+1$ 时，染色同前，最长对角线上有 $4h+1$ 个黑格，在左上方与这条对角线平行的、有 $4j+1(j=0,1,\cdots,h)$个黑格的斜线上取 $2j+1$ 个黑格. 右下方同样如此. 共有

$1+3+\cdots+(2h+1)+1+3+\cdots+(2h-1)=h^2+(h+1)^2$ 个黑格. 从而作标记的白格$\geqslant h^2+(h+1)^2$ 个.

同上将棋盘分为 4 块(左边一块包括从左上角到中心的对角线，不包括从左下角到中心的对角线). 除中心外，按上面方法在黑格的旁边取白格. 可知作标记的黑格数$\geqslant h^2+(h+1)^2-1$. 因此 $N\geqslant h^2+(h+1)^2+h^2+(h+1)^2-1=(2h+1)^2$.

将一条主对角线(最长的对角线)上的上述黑格依这条线向着中心斜移一格，而中心不动. 将上述方格(其中一些黑格已经斜移)除中心外作上标记，并在中心旁边任取一格作上标记，则每个方格均与作标记的方格相邻. 因此 $N=(2h+1)^2$.

在 $n=4h+3$ 时，同前可知应有

$$2(1+3+\cdots+(2h+1))=2(h+1)^2$$

个白格作上标记. 同前取白格,但中心的两边只取一个白格,从而应有 $2(h+1)^2-1$ 个黑格作上标记.

将上述方格作上记号,但主对角线的记号向中心斜移一格(这时有两个记号移到中心),并在中心的左或右添一个记号. 这时每个方格与一个有记号的方格相邻. 所以 $N=2(h+1)^2+2(h+1)^2-1=(2h+1)(2h+3)$.

46. 显然每层的相邻二数互质. 又设 a,b 互质,则有序数对 a,b 作为相邻的数恰出现一次:采用归纳法. 设 $a<b$,对 b 归纳. 因为 $b>a$,所以 a 是从上一层继承下来的数,而 b 是新加的,并且 $b=a+(b-a)$. 因为 $b-a<b$,并且 $(a,b-a)=(a,b)=1$,所以由归纳假设,有序数对 a,$b-a$ 作为相邻的数恰出现一次,从而 a,b 作为相邻的数也恰出现一次. 易知第 n 层(或以后各层)相邻二数之和大于 n(可用归纳法证). 所以第 n 层后的 n 都是从第 n 层继承下来的. 因为表 $n=a+b$,a,b 互质的方法,即表 $n=a+(n-a)$,a 与 n 互质的方法($n=a+b$ 与 $n=b+a$ 作为不同的表法)共有 $\varphi(n)$ 种,每一种表法的数对 a,b 在宝塔图中作为相邻的数恰出现一次,所以第 n 层的 n 恰有 $\varphi(n)$ 个.

47. 对 n 进行归纳. $n=3$ 显然,假设命题对于 n 成立,考虑 $n+1$ 元集

$$U_{n+1}=\{1,2,\cdots,n+1\}$$

及 $n-1$ 个子集,$A_1,A_2,\cdots,A_{n-1}$,每个满足 $2\leqslant|A_i|\leqslant n(1\leqslant i\leqslant n-1)$.

其中元数为 n 的子集至多 n 个,因而必有一个公共元,设为 $n+1$.

如果 $n+1\in A_1$,而 $\notin A_2,\cdots,A_{n-1}$ 中的二元集,那么由归纳假设,$U_n=\{1,2,\cdots,n\}$ 的 $n-2$ 个子集 $A_i\setminus\{n+1\}(2\leqslant i\leqslant n-1)$ 被一个 $1,2,\cdots,n$ 的排列

$$a_1,a_2,\cdots,a_n \qquad ⊛$$

分开,显然⊛也分开 $A_2,A_3,\cdots,A_{n-1}$.

⊛中有一元素 $a_i\in A_1$,也有一元素 $a_j\notin A_1$. 将 $n+1$ 添入⊛中,使 a_j 在 a_i 与 $n+1$ 之间,则所得的排列分开 $A_1,A_2,\cdots,A_{n-1}$.

如果 $n+1$ 恰属于 s 个二元集 $A_i=\{n+1,b_i\}(1\leqslant i\leqslant s)$,那么 $U_n=\{1,2,\cdots,n\}$ 的 $n-2$ 个子集

$$A_i\setminus\{n+1\}(s<i\leqslant n-1),$$
$$B_i=U_n\setminus\{b_i\}(2\leqslant i\leqslant s)$$

被一个排列⊛分开.

因为 B_i 被⊛分开,所以 b_i 不是 a_1,也不是 a_n. 不妨设 $b_1\neq a_1$. 将 $n+1$ 放在⊛的最前面,所得的排列分开 $A_1,A_2,\cdots,A_s,A_{s+1},\cdots,A_{n-1}$.

因此命题对一切 n 成立.

48. (a) 如果 n 是偶数,那么由 1 出发,可得 $3,1+n,2,n$. 以后所得的数均为偶数,因此有无穷多个奇数不可到达.

如果 n 是大于 3 的奇数,那么 $n\neq5$ 时,5 是不可达到的数;$n=5$ 时,9 是不可达到的数.

设奇数 a 不可达到，并且 $n\nmid a$. 分成两种情况：

(1) $a\not\equiv 1 \pmod n$.

这时 $2a+n$ 是奇数，不可达到. 事实上，从 $2a+n$ 向前回溯，只能是

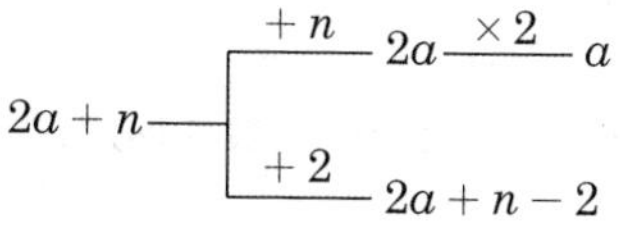

$$2a+n \begin{cases} \xrightarrow{+n} 2a \xrightarrow{\times 2} a \\ \xrightarrow{+2} 2a+n-2 \end{cases}$$

然后就无法继续回溯.

(2) $a\equiv 1 \pmod n$.

这时 $4a+4+n$ 是奇数，不可达到，事实上，从 $4a+4+n$ 向前回溯，只能是

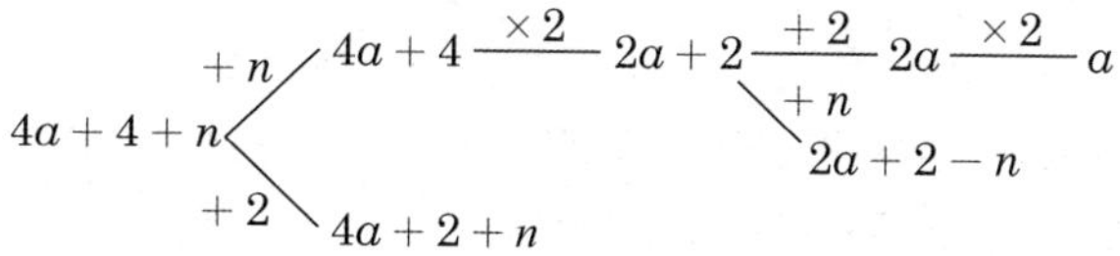

$$4a+4+n \begin{cases} \xrightarrow{+n} 4a+4 \xrightarrow{\times 2} 2a+2 \begin{cases} \xrightarrow{+2} 2a \xrightarrow{\times 2} a \\ \xrightarrow{+n} 2a+2-n \end{cases} \\ \xrightarrow{+2} 4a+2+n \end{cases}$$

($4a+2\equiv 6, 4a+4\equiv 8, 2a+2\equiv 4 \pmod n$)，所以 $4a+2, 4a+4, 2a+2$ 都不是 n 的倍数). 然后就无法继续回溯.

(b) 由 a 向前回溯. 若 a 为奇数，先减去 3，再除以 2；若 a 为偶数，先减去 2，再除以 2. 这样进行下去，直至以下三种情况出现：

(1) 出现 1. 这时 a 是可以达到的.

(2) 出现 3. 最后再减去 2 便得到 1. 这时 a 也是可以达到的.

(3) 出现 2. 这又分成两种情况：

① 最后两步是 $6\xrightarrow{-2}4\xrightarrow{\div 2}2$.

改为 $6\xrightarrow{-3}3\xrightarrow{\div 3}1$，从而 a 是可以达到的，又 $2=1\times 2, 4=1\times 2+2$ 也都是可以达到的.

② 最后两步是 $7\xrightarrow{-3}4\xrightarrow{\div 2}2$.

这时不难验证 7 是无法达到的. 从而上述回溯过程中出现 7 的那些 a 均需另行设法证明它们可以到达. 这些数如下图所示，可以分为三类，第一类是图中加方框的数：

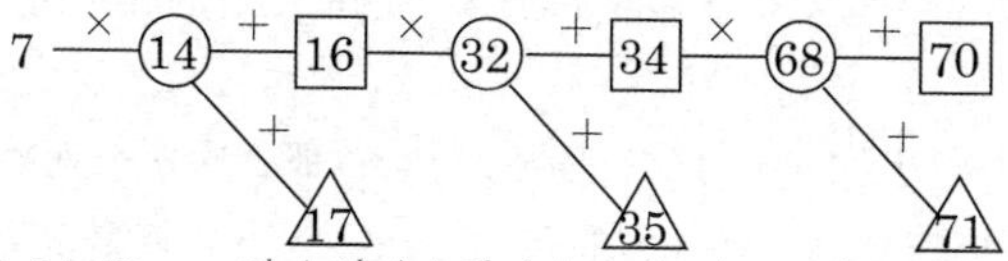

$$7 \xrightarrow{\times} (14) \xrightarrow{+} \boxed{16} \xrightarrow{\times} (32) \xrightarrow{+} \boxed{34} \xrightarrow{\times} (68) \xrightarrow{+} \boxed{70}$$
$$(14)\xrightarrow{+}\triangle 17,\quad (32)\xrightarrow{+}\triangle 35,\quad (68)\xrightarrow{+}\triangle 71$$

$16, 34, 70, \cdots, 2^k+2^{k-4}+2^{k-5}+\cdots+4+2=2^k+2^{k-3}-2, \cdots$

这类数可改成如下的方式回溯：

$16\xrightarrow{\div 2}8\xrightarrow{-2}6\xrightarrow{\div 2}3\xrightarrow{-2}1$. 在 $k>4$ 时，

$2^k+2^{k-3}-2\xrightarrow{\div 2}2^{k-1}+2^{k-4}-1\xrightarrow{-2}2^{k-1}+2^{k-4}-3$

$\xrightarrow{\div 3} 3\times 2^{k-4}-1 \xrightarrow{-3} 3\times 2^{k-4}-4 \xrightarrow{\div 2} 3\times 2^{k-5}-2 \xrightarrow{-2} 3\times 2^{k-5}-4 \longrightarrow \cdots$（不断除以 2 再减去 2）$\xrightarrow{-2} 2 \xrightarrow{\div 2} 1$.

第二类是图中加三角框的数：

$$17,35,71,\cdots,2^k+2^{k-3}-1,$$

它们也可回溯到 1，回溯过程已包含在上一类数的回溯过程中（在那里 $2^k+2^{k-3}-1$ 写成 $2^{k-1}+2^{k-4}-1$）.

第三类是图中加圆圈的数：

$$14,32,68,\cdots,2^k+2^{k-3}-4,\cdots$$

它们也可回溯到 1：

$$2^k+2^{k-3}-4 \xrightarrow{-2} 2^k+2^{k-3}-6 \xrightarrow{\div 3} 3\times 2^{k-3}-2$$

以下过程已包含在第一类回溯过程中（在那里 $3\times 2^{k-3}-2$ 写成 $3\times 2^{k-5}-2$）.

于是，除去 7，所有正整数都是可以达到的.

49. 显然每个数加上或减去一个整数，不影响结论，所以可以将每个非整元素的整数部分去掉，成为区间 $(0,1)$ 中的数. 每个整数元素均可改为 0. 以下考虑这样的数阵 A.

先设数阵 A 中没有 0（即没有整数元素）.

记行数为 n，列数为 m，第 j 列的元素之和为 s_j，第 i 行的元素之和为 r_j.

将数阵的第 j 列的前 s_j 个元素改为 1，其余元素改为 0，得一新数阵 M.

在 M 中，对任意自然数 k（$k\leqslant$ 行数 n），每一列的前 k 个元素不小于原数阵的前 k 个元素，因而 M 的前 k 行的和 $\geqslant r_1+r_2+\cdots+r_k$. 我们只需证明在这一条件下，有 $n\times m$ 的数阵，元素为 0 或 1，并且各列和为 $s_1,s_2,\cdots,s_m$，各行和为 $r_1,r_2,\cdots,r_n$.

对 n 归纳. $n=1$ 显然. 设对 $n-1$ 成立. 考虑 n 行数阵 M. 对自然数 k（$1<k\leqslant n$），M 的第一行的和 r_1'，如果等于 r_1，那么 M 的第 2 行至第 k 行的和 $\geqslant r_2+r_3+\cdots+r_k$. 由归纳假设，结论成立.

如果 $r_1'>r_1$，设 $r_1'-r_1=h$. 选择 h 个第一行的 1 下移：先移第二行为 0 的那些列中的 1，再移第二行不为 0、第三行为 0 的那些列中的 1，依此类推，直至 h 个 1 从第一行移走. 所得矩阵记为 J. J 的第一行的和为 r_1. 对于任意 k（$1<k\leqslant n$），有两种情况：

（ⅰ）J 的前 k 行中有 h 个下移的 1，那么 J 的前 k 行的和 $=M$ 的前 k 行的和 $\geqslant r_1+r_2+\cdots+r_k$.

（ⅱ）J 的前 k 行中仅有 q 列有下移的 1，$q<h$，那么这 q 个列中，每一列的第 2 至第 k 个元素的和 $\geqslant$ 原矩阵 A 相应的元素的和. 其余的列，第 2 至第 k 个元素全是 1，因而它们的和也 $\geqslant A$ 的相应的元素的和. 从而 J 的第 2 至第 k 行的和 $\geqslant r_2+r_3+\cdots+r_k$.

于是用 J 代替 M，即成为上面说过的情况.

现在考虑有 0 的情况. 称这些原有的 0 为"死 0"，其余的 0 为"活 0".

仍将第 j 列的前 s_j 个元素改为 1，这里"死 0"不参加计数，即如果第 1 个元素是"死 0"，那么第 2 个元素算作第 1 个，依此类推. 此时仍有上面所说的优超性：每一列的前 k 个元素（“死 0”也算在内）$\geqslant$原数阵相应的和，所以新数阵前 k 行的和$\geqslant r_1+r_2+\cdots+r_k$.

同样用归纳法证明有 $n\times m$ 的数阵，元素为 0 或 1，保持原来全部“死 0”，并且各列和为 $s_1,s_2,\cdots,s_m$，各行和为 $r_1,r_2,\cdots,r_n$. 只需将前面证明中的 0 都改为“活 0”.

50. 设对于 $d<n$ 结论成立，考虑 $d=n$. 若 n 为素数，熟知有 M 使(1)成立，而这时(2)当然成立(若有 a_i 被 n 整除，则 $|M|=1$. 否则 $(a_i,n)=1$).

设 n 为合数. 对素数 $p|n$，定义

$$I=\{i\,|\,(a_i,n)=1\},$$
$$S_p=\{i\,|\,p\,|\,a_i\},$$
$$T_p=\{i\,|\,(a_i,n)>1\}\backslash S_p.$$

(1) $|S_p|+\dfrac{1}{p}|I|\geqslant\dfrac{n}{p}$对某个素数 p 成立.

(ⅰ) 若 $|S_p|\geqslant\dfrac{n}{p}$，取 $\dfrac{n}{p}$ 元集 $S_p'\subseteq S_p$，对 $\dfrac{1}{p}S_p'$ 及 $\dfrac{n}{p}$ 用归纳假设$\left(\dfrac{1}{p}S_p'=\left\{\dfrac{a_i}{p}\,|\,a_i\in S_p'\right\}\right)$.

(ⅱ) 若$|S_p|<\dfrac{n}{p}$，则$\dfrac{|I|}{p}\geqslant\dfrac{n}{p}-|S_p|$，在$|I|$中存在$\dfrac{n}{p}-|S_p|$个子集 I_j，元数均$\leqslant p$，互不相交，满足 $p\mid\sum\limits_{i\in I_j}a_i\left(1\leqslant j\leqslant\dfrac{n}{p}-|S_p|\right)$.

对于$\dfrac{n}{p}-|S_p|<j\leqslant\dfrac{n}{p}$，令 I_j 为单元集，各含 S_p 中一个元素.

对于$\dfrac{n}{p}$及$\dfrac{n}{p}$个元：$\dfrac{1}{p}\sum\limits_{i\in I_j}a_i\left(1\leqslant j\leqslant\dfrac{n}{p}-|S_p|\right)$ 与$\dfrac{1}{p}S_p$ 中的元，由归纳假设有 $R\subseteq\left\{1,2,\cdots,\dfrac{n}{p}\right\}$及

$$\frac{n}{p}\ \Big|\ \sum_{j\in R}\left(\frac{1}{p}\sum_{i\in I_j}a_i\right),\tag{3}$$

$$\sum_{j\in R}\left(\frac{1}{p}\sum_{i\in I_j}a_i,\frac{n}{p}\right)\leqslant\frac{n}{p}.\tag{4}$$

令 $M=\bigcup\limits_{j\in R}I_j$，在 $1\leqslant j\leqslant\dfrac{n}{p}-|S_p|$时，

$$\sum_{i\in I_j}(a_i,n)=\sum_{i\in I_j}1=|I_j|\leqslant p\leqslant(\sum_{i\in I_j}a_i,n).$$

而在$\dfrac{n}{p}-|S_p|<j\leqslant\dfrac{n}{p}$时，因 I_j 为单元集，$\sum\limits_{i\in I_j}(a_i,n)=(\sum\limits_{i\in I_j}a_i,n)$ 显然成立，故由(3)，(4) 得(1)，(2).

以下假定对所有 $p|n$ 均有

$$|S_p|+\frac{|I|}{p}<\frac{n}{p}.\tag{5}$$

设 $p_1,\cdots,p_k$ 为 n 的全部不同的素因数. 对(5)求和得

$$\sum_{i=1}^{k}|S_{p_i}|+|I|\sum\frac{1}{p_i}<n\sum\frac{1}{p_i}. \tag{6}$$

因为 $I\cup S_{p_1}\cup\cdots\cup S_{p_k}=\{1,2,\cdots,n\}$，所以

$$|I|+\sum_{i=1}^{k}|S_{p_i}|\geqslant n,$$

减去(6)导出 $\sum\frac{1}{p_i}>1$. 从而存在素因数 $p\geqslant 5$.

(2) $|T_p|\geqslant\frac{3n}{2p}$.

任取一个$\frac{n}{p}$元子集 $A_1\subseteq T_p$，存在 $I_1\subseteq A_1$，使

$$\frac{n}{p}\mid\sum_{i\in I_1}a_i, \tag{7}$$

$$\sum_{i\in I_1}\left(a_i,\frac{n}{p}\right)\leqslant\frac{n}{p}. \tag{8}$$

由(8)及 T_p 的定义得 $2|I_1|\leqslant\frac{n}{p}$，$|I_1|\leqslant\frac{n}{2p}$. 于是有$\frac{n}{p}$元子集 $A_2\subseteq T_p\backslash I_1$，从而又有 $I_2\subseteq A_2$，满足与(7)，(8)类似的式子.

由于

$$|S_p|+|T_p|+|I|=n, \tag{9}$$

$$T_p\cap I=\varnothing,$$

所以

$$|T_p\cup I-I_1-I_2|\geqslant n-|S_p|-2\times\frac{n}{2p}>n-\frac{n}{p}-\frac{n}{p}=\frac{(p-2)n}{p}.$$

$T_p\cup I-I_1-I_2$ 中有 $p-2$ 个元数为$\frac{n}{p}$的 A_j，互不相交，从而存在 $I_3,\cdots,I_p$ 满足(7)，(8)这样的式子.

对 $\sum_{i\in I_j}a_j\,(j=1,2,\cdots,p)$ 及 p，有 $R\subseteq\{1,2,\cdots,p\}$，满足

$$n\mid\sum_{j\in R}\sum_{i\in I_j}a_i,$$

$$\sum_{j\in R}\sum_{i\in I_j}(a_i,n)=\sum_{j\in R}\sum_{i\in I_j}\left(a_i,\frac{n}{p}\right)\leqslant|R|\cdot\frac{n}{p}\leqslant n.$$

令 $M=\bigcup_{j\in R}I_j$，则以上二式产生(1)，(2).

(3) $\frac{n}{p}\leqslant|T_p|<\frac{3n}{2p}$.

同(2)得 I_1. 由(5)，(9)消去$|S_p|$得

$$|T_p|+\frac{p-1}{p}|I|>\frac{p-1}{p}n.$$

从而

$$|T_p \cup I - I_1| = |T_p| + |I| - |I_1| > n - \frac{|T_p|}{p-1} - \frac{n}{2p}$$

$$> n - \frac{3n}{2p(p-1)} - \frac{n}{2p} > n - \frac{3n}{8p} - \frac{n}{2p} (p \geqslant 5) > \frac{(p-1)n}{p}.$$

于是有 $p-1$ 个 $\frac{n}{p}$ 元集 $A_2, \cdots, A_p \subseteq T_p \cup I - I_1$，互不相交，从而有 $I_j \subseteq A_j$ ($j = 2, \cdots, p$)，满足类似于(7)，(8)的式子，导致结论成立.

(4) $|T_p| < \frac{n}{p}$.

取 $T_p \cup I$ 的 $\frac{n}{p}$ 元子集 $A_1 \supseteq T_p$ 及 $I_1 \subseteq A_1$ 同前. 因为

$$\frac{n}{p} \geqslant \sum_{i \in I_1} \left(a_i, \frac{n}{p}\right) = \sum_{i \in I_1 \cap T_p} + \sum_{i \in I_1 \cap I} \geqslant 2 \mid I_1 \cap T_p \mid + \mid I_1 \cap I \mid,$$

及

$$\frac{n}{p} - |T_p| = |A_1 \cap I| \geqslant |I_1 \cap I|,$$

所以(两式相加再除以 2)

$$\frac{n}{p} - \frac{1}{2}|T_p| \geqslant |I_1|.$$

在上款中已有

$$|T_p| + |I| > n - \frac{|T_p|}{p-1} \geqslant n - \frac{|T_p|}{4} > n - \frac{|T_p|}{2},$$

所以

$$|T_p \cup I - I_1| = |T_p| + |I| - |I_1| > n - \frac{|T_p|}{2} - \left(\frac{n}{p} - \frac{|T_p|}{2}\right) = \frac{p-1}{p} n.$$

以下与上款相同.

图书在版编目（CIP）数据

数学竞赛研究教程 / 单墫著. — 上海：上海教育出版社, 2018.5
（2023.10重印）
（单墫解题研究丛书）
ISBN 978-7-5444-8010-9

Ⅰ. ①数… Ⅱ. ①单… Ⅲ. ①数学－竞赛题－解法Ⅳ. ①O1-44

中国版本图书馆CIP数据核字(2018)第101040号

策划编辑　刘祖希
责任编辑　张莹莹
书籍设计　陆　弦

单墫解题研究丛书
数学竞赛研究教程
单墫　著

出版发行　上海教育出版社有限公司
官　　网　www.seph.com.cn
地　　址　上海市闵行区号景路159弄C座
邮　　编　201101
印　　刷　上海龙腾印务有限公司
开　　本　700×1000　1/16　印张 37.75　插页 2
字　　数　660 千字
版　　次　2018年5月第1版
印　　次　2023年10月第7次印刷
书　　号　ISBN 978-7-5444-8010-9/G·6625
定　　价　98.00 元（全二册）

如发现质量问题，读者可向本社调换　电话：021-64373213